主编介绍

戴福隆(1932.5—) 1953年7月毕业于南京工学院土木工程系。毕业后在清华大学任教，1984年晋升教授，1985为博士生导师。曾出访并任美国弗吉尼亚工学院、美国韦恩州立大学、新加坡南洋理工大学等院校客座教授。主要从事激光技术和近代光学为主要技术手段的现代光测力学研究。在全息光弹法的测量方法和技术、云纹干涉法的实验理论、方法、实验技术以及在细微观力学、材料科学和微电子封装等领域取得重要研究进展。相关研究成果获得1982和1997年国家发明三等奖，1989年国家发明四等奖，1988、1995和1997年国家教委科技进步二等奖，1997年国防科工委科技进步二等奖，以及1979年全国科学大会奖。发表论文200余篇,论著7种。

先后担任中国力学学会第二、三、五、六届理事会理事，实验力学专业委员会第一、二、三届副主任委员和第四、五届主任委员，中国《力学学报》第四、五、六届编委会常务编委，《实验力学》学报副主编、主编。

沈观林(1935.10—) 1953—1957年清华大学土木系工业与民用建筑专业学习，1957—1959年清华大学工程力学研究班学习，毕业后在工程力学系任教，清华大学教授。长期从事固体力学、实验力学和复合材料力学教学和科研，曾获国家教委科技进步二等奖(1993)，参编的《实验应力分析》和《振动量测与应变电测基础》分别获清华大学优秀教材二等奖；编著《复合材料力学》(1996)，新主编《复合材料力学》教材(2006)，参编《应变电测与传感技术》专著(1991)和《应变电测

与传感器》教材（1999）等；曾获清华大学教学成果二等奖（复合材料力学课程）（1996），清华大学实验技术成果二等奖、三等奖多项（1994—1996）；负责起草《电阻应变计》国家标准（GB/T 13992—1992）主编标准培训班讲义；历任全国应变计及其应用技术专业委员会副主任委员，现任应力测试专业委员会委员；1986年以来先后在专业核心刊物、重要刊物及各种学术会议上发表学术论文六十余篇。

谢惠民（1965.4— ） 分别于1986，1989，在北京理工大学获得固体力学专业学士和硕士学位，于1993年3月在清华大学获固体力学专业博士学位，在博士毕业后留校任教，一直从事实验力学的教学和科研工作。现任清华大学教授、博士生导师、固体力学研究所副所长，教育部应用力学重点实验室副主任；*Optics and Lasers in Engineering* 副主编（中国区）；*Strain* 编委；*The Journal of Strain Analysis for Eng. Design* 编委；中国力学学会理事；中国力学学会实验力学专业委员会主任委员。近期一直从事实验力学测试方法和技术及其应用研究。近期主要研究与开发近代实验力学方法，作为项目负责人和学术骨干承担国家自然基金和部级项目10余项。相关研究成果已发表于国内外重要学术刊物，共计90余篇。先后获得了多项学术奖励，包括：国家发明三等奖（1997，排名第二）、教育部技术发明一等奖(2007，排名第二)。2005年入选教育部新世纪优秀人才支持计划，2006年获得国家杰出青年科学基金。

普通高等教育“十一五”国家级规划教材

高等院校力学教材
Textbook in Mechanics for Higher Education

实验力学

戴福隆 沈观林 谢惠民 主编
Dai Fulong Shen Guanlin Xie Huimin
何小元 何存富 刘战伟 副主编
He Xiaoyuan He Cunfu Liu Zhanwei

清华大学出版社
北京

内 容 简 介

本书全面、系统地阐述了实验力学的各种方法的基本原理、实验技术和应用。全书分为应变电测与传感器技术和超声波检测新技术、光学测试技术两篇。第1篇包含应变电测和传感器技术基本原理、应变计、传感器、测试仪器、静、动态应力应变测量技术、特殊条件下的应力测量技术和测量数据处理方法、超声波检测新技术等内容。第2篇包括光学基础知识、光弹性的基本原理和方法、全息干涉法、全息光弹性法、云纹法、云纹干涉法、散斑干涉法和数字图像相关方法及其应用等内容。

本书可供高等院校工程力学、航空航天、机械、土建等专业本科生和研究生作为教材和参考书，亦可供有关专业教师和科研人员参考。

图书在版编目(CIP)数据

实验力学/戴福隆，沈观林，谢惠民主编．—北京：清华大学出版社，2010.7 (2025.8重印)
(普通高等教育"十一五"国家级规划教材，高等院校力学教材)
ISBN 978-7-302-22570-6

Ⅰ. ①实…　Ⅱ. ①戴…　②沈…　③谢…　Ⅲ. ①实验应力分析－高等学校－教材　Ⅳ. ①O348

中国版本图书馆 CIP 数据核字(2010)第 074960 号

责任编辑：石　磊　赵从棉
责任校对：赵丽敏
责任印制：曹婉颖

出版发行：清华大学出版社
　网　　址：https://www.tup.com.cn，https://www.wqxuetang.com
　地　　址：北京清华大学学研大厦 A 座　　**邮　　编**：100084
　社 总 机：010-83470000　　**邮　　购**：010-62786544
　投稿与读者服务：010-62776969，c-service@tup.tsinghua.edu.cn
　质 量 反 馈：010-62772015，zhiliang@tup.tsinghua.edu.cn
印 装 者：涿州市般润文化传播有限公司
经　　销：全国新华书店
开　　本：175mm×245mm　**印　张**：31.25　**插　页**：1　**字　数**：648 千字
版　　次：2010 年 7 月第 1 版　　**印　次**：2025 年 8 月第10次印刷
定　　价：88.00 元

产品编号：009418-04

前　言

实验力学是人类认识自然现象和为解决工程问题的需要而发展起来的。几十年来实验力学学科发展迅速，在国民经济建设和国防建设中发挥了重要作用，解决了许多技术难题。

实验力学的发展动力来源于力学理论发展和工程应用的实际需要。在科学技术飞速发展的今天，实验力学学科面临着前所未有的挑战，如天空飞行器的可靠性评价、高速列车的安全、微重力下的测试技术、生物活体组织的力学行为、微/纳米器件的力学行为、新型功能材料的力学行为和深空探测技术等。

经典的实验力学包括应变电测方法和各种光测方法，如光弹性法、贴片光弹法、全息光弹法、全息干涉法、云纹法、云纹干涉法、散斑干涉法等。近年来计算机和图像处理技术发展迅速，出现了电子散斑法和数字散斑相关法，数据的自动化采集和处理提高了实验效率和精度。

本书结合作者多年教学经验和近年来国内外发展的最新研究成果，全面、系统地介绍实验力学的各种测试方法的基本原理和实验技术，并列举各种应用。

本书内容分两篇，第 1 篇为应变电测与传感器技术和超声波检测新技术，共 8 章。第 1～7 章由沈观林编写，第 8 章由何存富、焦敬品编写。第 2 篇为光学测试技术，包括第 9 章～16 章。第 9 章由刘战伟、刘先龙、蔺书田编写，第 10 章由戴福隆编写，第 11 章由戴福隆、谢惠民编写，第 12 章由戴福隆、刘战伟编写，第 13 章由谢惠民、方萃长编写，第 14 章由戴福隆、谢惠民编写，第 15 章由何小元编写，第 16 章由潘兵编写。全书由戴福隆、沈观林、谢惠民统稿。

在本书编写过程中，亚敏、唐敏锦参加一部分编稿和制图工作，特此致谢。

本书可供高等院校工程力学、航空航天、机械、土建等专业本科生和研究生作为教材和参考书，亦可供有关专业教师和科研人员参考。

由于编者经验和水平有限，书中难免存在不当甚至错误之处，敬请广大读者批评指正。

编 者

2010年5月

目录

第1篇　应变电测与传感器技术和超声波检测新技术

第2篇　光学测试技术

第1篇

Part 1

应变电测与传感器技术和超声波检测新技术

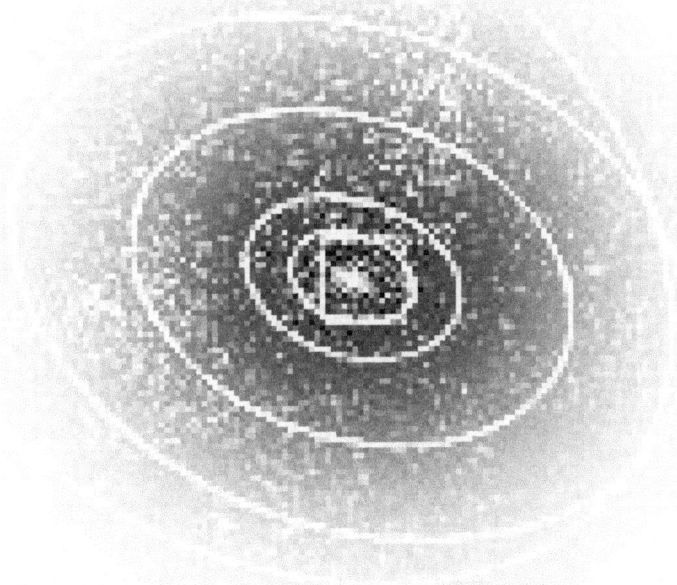

第1章 概论

1.1 实验力学应变电测技术发展概况

早在1856年W. Thomson铺设海底电缆时，就发现了电缆的电阻值随海水深度不同而变化，从而对铜丝和铁丝进行拉伸试验，得出结论：铜丝和铁丝的应变与其电阻变化成不同的函数关系，且由于应变而产生的微小电阻变化可用惠斯顿电桥进行测量。这些结论正是应变电测技术的理论基础，它指出应变可转换成电阻变化并用电学方法测量。

1936—1938年，E. Simmons与A. Ruge等人制出纸基丝式电阻应变计，并由美国Baldwin Lima Hamilton（简称BLH）公司专利生产，取他们名字字首命名为SR-4型号。1952年英国P. Jackson制出第一批箔式电阻应变计。1954年C. S. Smith发现锗硅半导体的压阻效应，1957年制出了第一批半导体应变计，后来W. P. Mason等人应用半导体应变计制作传感器。此前已出现用电阻应变计制作各种传感器，后来还出现了其他各种电学传感器，用它们可测量力、压强、荷重、位移和加速度等物理量。电阻应变计也已研制出多种类型，如用于高温、低温的应变计及半导体应变计品种规格已达2万多种，各种传感器也品种繁多，应用范围也日益广泛。与此同时出现了不同类型的测试仪器，随着电子技术的发展，测试仪器由手工操作、数字显示发展到可进行自动数据采集显示打印、软盘记录、数据传送处理分析的多功能测量系统。总之，这种应变电测与传感器技术（简称电测技术）已广泛应用于各种工程结构、机械设备及其模型的应力、应变、受力和变形、运动等测量分析，并可用于各种特殊环境条件下进行力学量测量，而且测量精度、质量和技术水平均不断提高。

1.2　应变电测与传感器技术的特点

这里主要介绍以电阻应变计为敏感元件时，应变电测技术的主要特点和优点。其他电学敏感元件则稍有差别，如尺寸较大、不适应于某些特殊环境等。其主要特点和优点如下。

(1) 电阻应变计尺寸小、重量轻，一般不会干扰构件的应力分布，安装(如粘贴)方便。

(2) 测量灵敏度高，最小应变读数可达 10^{-6}(1微应变，μm/m)，常温静态应变测量精度可达1%～2%。

(3) 测量应变量程大，一般为1%～2%(10^4～2×10^4 μm/m)，特制的大应变电阻应变计可测量10%～25%(10×10^4～25×10^4 μm/m)的应变量。

(4) 常温箔式电阻应变计最小栅长为0.2 mm，可测量应力集中处的应变分布。

(5) 频率响应高，可测量静态到50万赫兹的动态应变。

(6) 测量输出为电信号，采用电子仪器容易实现测量过程自动化和远距离传递，测量数据可数字显示、自动采集、打印、存储和计算机处理分析。也可利用无线电发射和接收方式进行遥测。

(7) 可在高温、低温(－269～＋1000℃)、高压(几百兆帕)液下，高速旋转(几万转/分)、强磁场(大于10万高斯)和(或)核辐射等特殊环境中进行结构应力、应变测量。

(8) 用电阻应变计配合专门弹性元件制成各种传感器，用于测量力、荷载、压强、扭矩、位移和加速度等物理量。这些应变计式传感器的测量精度可达0.5%～0.01%，工业上可广泛用于自动化监测控制，商业上普遍用于称重、计量自动化，工程和科学实验中用于实验自动化和控制装置。

后来发展的其他应变传感元件，如电容应变计等，可用于高温结构长期应变测量；其他各种电学传感器可用于测量和控制。

这种技术的限制和主要缺点如下。

(1) 应变电测方法通常为逐点测量，不易得到构件的全域性应力应变分布。

(2) 一般只能测量构件表面上的应变，对于塑料、混凝土等可安装内埋式应变计的构件，可测量其内部应变。

(3) 应变计所测应变值是其敏感栅覆盖面积内构件表面的平均应变，对于应力梯度很大的构件表面或应力集中的情况应选用栅长很小的应变计(如栅长为0.2～1.0 mm)，否则测量误差较大。

1.3 应变电测与传感器技术的各种应用

应变电测技术几十年来广泛应用于各种工程结构的实验应力分析，并且制成各种传感器应用于各领域。下面简要列举一些实际例子。

1.3.1 航空航天工程

1) 美国波音公司 Boeing 767 飞机静力结构试验

美国波音公司 Boeing 767 飞机静力结构试验采用了 2204 个单个应变计，1162 个应变花，使用应变测量仪器约 4100 个通道，在飞机结构上采用 120 个液压加载器。试验中测量飞机结构在静载下很多部位的应力应变，使用费用约 4100 万美元。

2) 我国某型号飞机飞行载荷测量

飞机在飞行中结构承受各种载荷，除了飞机重力、惯性力外，还有发动机推力和空气动力。试验人员采用应变电测方法测量了某型号飞机尾翼在飞行中的载荷。在垂直尾翼主梁等处布置各应变计测量弯矩、剪力和扭矩。在地面上用加载校准试验，建立作用载荷与应变的关系，在垂直和水平尾翼上分别有 18 个和 15 个加载点。飞行试验，飞行了 35 个架次，试飞周期为 2～3 年，测量了各种机动飞行时的飞行参数和垂直、水平尾翼的机动载荷。

3) 导弹端头结构模拟热应力试验

我国某型号导弹采用碳-碳复合材料作端头，为研究端头在快速飞行中引起的热应力，在实验基地对试件端头在模拟瞬态高温加热下进行测量。采用自制高温电阻应变计，粘贴在导弹端头上若干部位，经加热固化后接成桥路经动态应变仪、A/D 转换器、微机、打印机、绘图仪，在快速加热端头瞬态高温下测量记录应变计读数得出随温度变化的热应力。

4) 模拟返回舱结构在起吊和运输过程中的应力测试

模拟返回舱是航天员的训练设备，它在结构上参考真实金属返回舱，采用不同材料和工艺，主要由玻璃钢壳体、硬木桁条和隔框、金属端框等部件组成，要求舱体结构能承受静载和起吊、运输过程中的动载。为保证返回舱在实际使用条件下安全、可靠，采用应变电测方法作了玻璃钢材料力学性能试验和返回舱在起吊和运输过程中的应力测量。返回舱起吊试验见图 1-1，舱结构应变测点共 20 多个，起吊试验采用数字应变测量系统。公路运输试验采用动态应变仪、磁带记录仪测量动应变，用信号处理仪计算应力幅值，运输过程试验时将仪器装入舱内，测试人员也在舱内工作，舱内四周有软衬垫，公路道路不平引起颠簸不影响人员和仪器正常工作。运输时的照片如图 1-2 所示。

图 1-1 模拟返回舱起吊试验

图 1-2 返回舱公路运输试验

1.3.2 电力、动力工程

1）秦山核电厂安全壳结构整体性试验

安全壳是核反应堆的围护结构，是核燃料包壳、压力壳之外最后一道安全屏障，在运行前必须对安全壳结构的整体性能作全面检验。

安全壳是高 65 m、内径 36 m、壁厚 1 m，带有密封钢衬里的预应力钢筋混凝土结构，预应力束 1000 根，试验最大压力 299 kPa。示意图见图 1-3。检测内容有：①安全壳壳体变形测量 40 点，信号 43 个；②钢筋应力测量 27 点，信号 54 个；③混凝土应变测量 45 点，信号 74 个；④钢束力测量 6 点；⑤温度测量 86 点；⑥压力测量2 点；⑦气象观测 40 点；⑧裂缝测量 12 个区域，合计 246 点，信号 269 个。试验采用多种应变计、传感器测量多种力学参数，采用数据采集器与计算机组成网络，经 28 个荷载过程应力、应变、变形、温度、压力测量，历时 11 昼夜，最后得出安全壳结构整体性良好的结论。

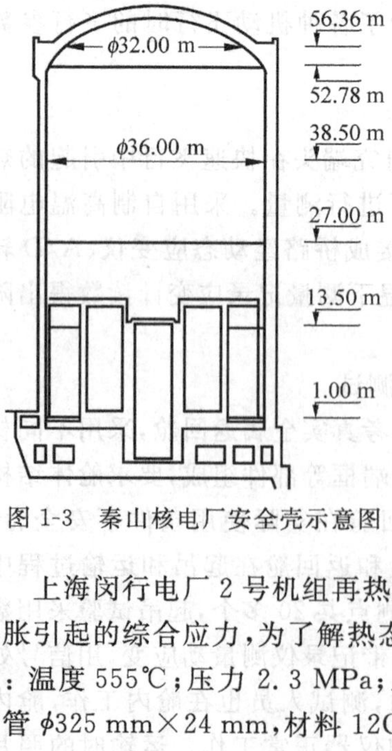

图 1-3 秦山核电厂安全壳示意图

2）电厂再热蒸汽管道蝶式加强焊制三通热态工况下应力测量

上海闵行电厂 2 号机组再热蒸汽管道蝶式加强焊制三通受内压、高温及管道热膨胀引起的综合应力，为了解热态工况下实际应力分布，进行现场测试。管道蒸汽参数：温度 555℃；压力 2.3 MPa；三通主管 ϕ470 mm×15 mm，材料 10CrMo910 钢；支管 ϕ325 mm×24 mm，材料 12Cr1MoV 钢；蝶式加强幅板厚 15 mm，高 120 mm。

共 4 个焊制三通，测试其中一个主管和幅板。采用国产 550℃焊接式高温应变计共 14 个测点，37 个应变计，半桥补偿，用高温导线接线，用 4 台静态应变仪测应变，同时在测点上用镍铬-镍硅热电偶及电位差计测温度。焊制三通测点布置示意图见图 1-4。

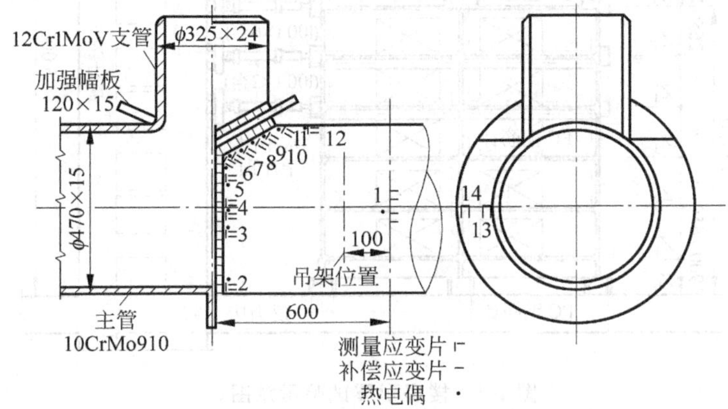

图 1-4　电厂焊制三通高温应力测点布置示意图

在大修后安装高温应变计及热电偶（用专用点焊机），接线后经检查加保护罩及保温层。起动到运行状态，随时间测量记录温度和应变，计算各测点主应力。测量结果表明：较大应力在 6# ～10# 间，起动过程中热应力最大，运行时应力减小；最大应力在 10#；直管测点 1# 应力较小。结果反映了实际应力分布规律，对管道设计和研究有重要参考价值。

1.3.3　土木建筑及水利工程

1）楼房耐震试验

日本建筑研究所采用与五层楼房实物一样大小的试验楼房进行耐地震试验，以水平方向在侧墙上用油压千斤顶加相当于地震时所受的力，最大加载 1600 t 相当于 0.8g（重力加速度）。为测量结构应变和位移，使用电阻应变计和位移传感器，应变计安装在钢筋上 342 片，安装在墙壁、房梁、地板等混凝土表面共 135 片，应变测量通道为 477 个，位移测点 14 个。用多点数字测量系统记录并用计算机处理数据。楼房加载示意图如图 1-5 所示。

2）广东国际大厦 63 层主楼模型静载试验

国际大厦主楼地面以上共 63 层，高约 220 m，用有机玻璃按 1∶70 比例制作模型，进行静载下应变和位移测量。楼房受自重、竖向载荷和地震形成侧向荷载。在模型上布置约 200 个电阻应变计测量应力、应变，在顶点和各层楼面布置侧向位移测

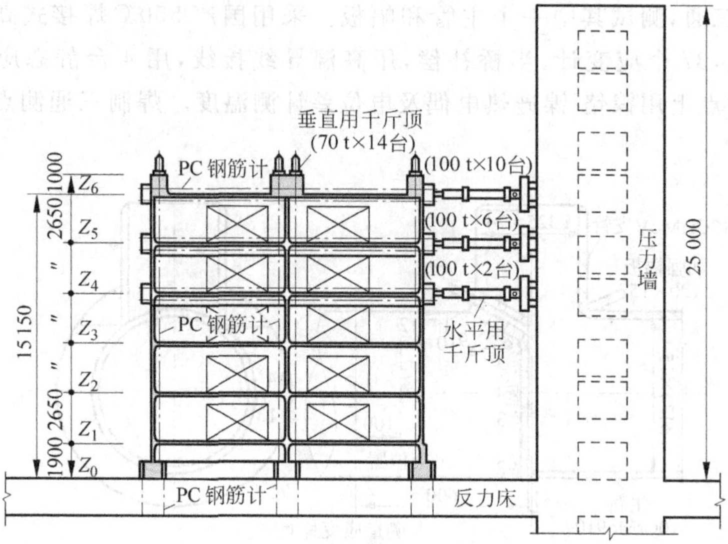

图 1-5 楼房耐震试验示意图

点，用日本数字应变测量系统测量记录各荷载下应变（换算成应力）和位移。结果表明顶点侧向位移与结构高度之比为 1∶1800，比设计要求 1∶600 低很多，说明设计计算方法合理。

3）大型水坝施工及蓄水过程监测

日本真名川水坝是拱式混凝土水坝，坝高 127.5 m，坝长 357 m，坝体 50 多万立方米，储水量 1.15 亿立方米，水坝可防洪、灌溉和发电。在建造水坝时为施工和完成后维修监测埋设了温度计 187 个，应变计 43 个，及应力计、钢筋计、裂缝计等共 600 多个测量元件，测量仪器有数据采集仪等。施工过程中测量各处温度，完成施工后测量坝体应力，开始蓄水时观测各种应力、温度等。图 1-6 为拱式水坝照片。

图 1-6 日本大型拱式水坝照片

1.3.4 桥梁和道路工程

1）北京德胜口大桥静载试验

大桥结构为 5 孔 30 m 钢筋混凝土双曲拱桥，全长 186 m，桥宽 12 m，每拱有 8 个拱柱、6 个腹拱，静载试验内容有设计载荷下桥梁 3 号、4 号孔跨中最大正弯矩、竖向挠度，$\frac{3}{8}L$（孔跨度）截面最大正弯矩和拱脚处最大负弯矩等。测量用电阻应变计、位移传感器（测挠度），测试仪器用日本 TML 数据采集仪，加载用加载车，荷载分 40%、80%、90%、100%四级。拱桥部分示意图见图 1-7。

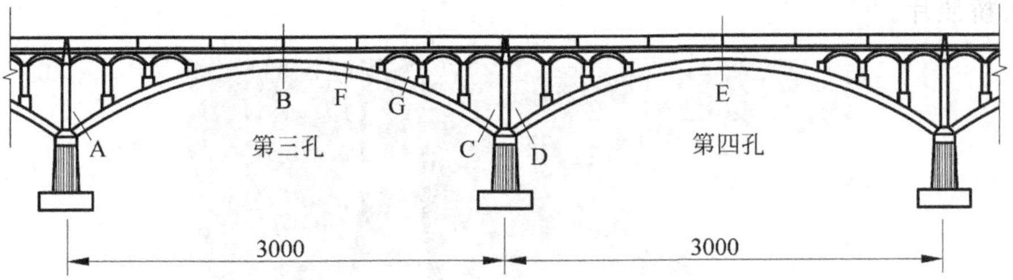

图 1-7 德胜口大桥测试部分示意图

2）日本关门悬索桥通车前静载试验

日本九州与本州间的关门悬索桥，试验用载重量 14 t 的自卸汽车上下行各 30 辆，共 60 辆，总重 840 t。从中央到桥一端东西侧桁架及主塔吊架上下弦杆、部分腹杆等处，布置防水应变计，共 340 个测点，用多台静态应变仪测量不同载荷情况下的各点应变，并用经纬仪等测主塔挠曲和桁架变形（共 26 点），悬索桥设计数据和实测数据进行比较验证。图 1-8 为悬索桥示意图，桥面上有载重自卸车 60 辆。

图 1-8 日本悬索桥通车前静载试验

3）上海南浦大桥静、动载试验

上海南浦大桥系双塔双索面大跨度斜拉桥，主桥总长 846 m，主跨 423 m，全桥共 180 根索。主桥横断面设 6 车道，两钢主梁间距 24.55 m，两侧各设 2 m 人行道，桥面总宽 30.35 m。静载试验测试项目有：主梁中跨跨中正弯矩最不利布载时测主梁挠度，塔顶水平位移，主梁跨中断面应力，跨中附近 8 根斜拉索的索力等。主梁跨中、辅助墩顶等 3 个应力测试断面共 144 个测点，其中钢梁部分现贴应变计 72 个测点，钢筋混凝土桥面板预埋钢筋应力计 72 个测点，用日本静态数据采集仪测量记录。加载程序是：首先将 24 辆试验车按跨中对称加载方式布载，然后全部前移 2.25 m；再将

24 辆车按跨中偏心加载方式布载；最后将 36 辆车按辅助墩顶对称方式布载。动载试验在中跨跨中截面上布设 8 个测点，加载程序是：一辆满载车以 10、20、30、40 km/h 速度行驶，每次记录各点动应变，两辆满载车并排同样行驶时测量，一辆满载车不同速度跨越障碍物后停车及行到跨中急刹车记录动应变曲线。图 1-9 为上海南浦大桥照片。

图 1-9 上海南浦大桥照片

4）高速公路隧道内部及周围应力和压力测量

日本中央高速公路惠那山隧道全长 8500 m，其中 2100 m 附近断层为花岗岩地带，条件恶劣，施工困难。为掌握地层情况，进行了应力和压力测量，采用电阻应变计测量钢拱中应力，用荷重传感器测量支承反力，用钢筋应力计和土压力计测量钢筋混凝土应力，用位移计测量地层位移等共 180 个测点。随工程进展进行测量元件的埋设和测量，最初 10 天每日测量 2 次，工程完成后 30 天每日 1 次，其后每隔 2 日 1 次，最后完成了 180 天的测量，测点示意图见图 1-10。

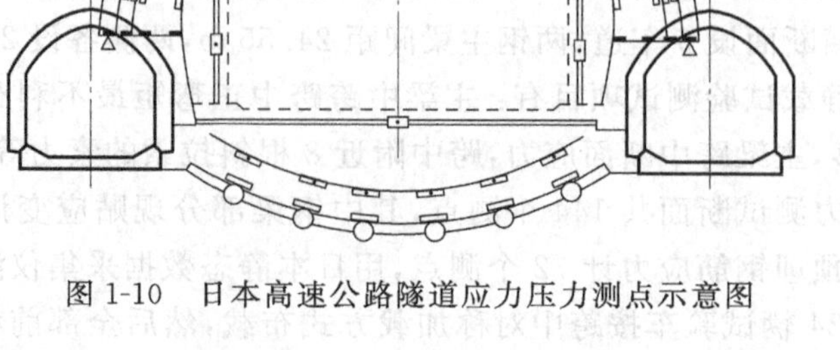

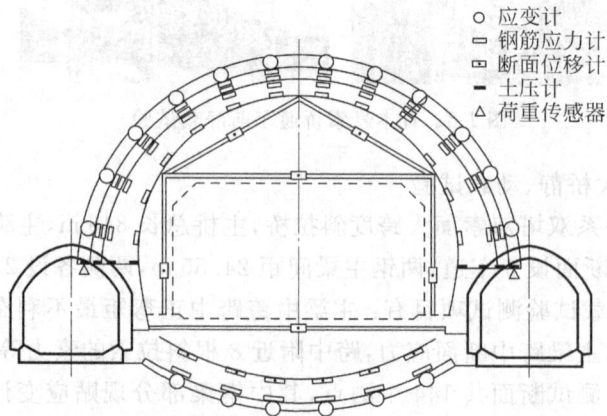

图 1-10 日本高速公路隧道应力压力测点示意图

1.3.5 机械和化学工程

1）秦山核电厂二期稳压容器水压试验应变测试

秦山核电厂二期工程第二台稳压容器结构和应变测点位置示意图如图 1-11 所示。容器两端封头外侧用普通应变花 9 个，一端封头和筒体内壁用日本防水应变花 6 个，应变计通道共 40 个，用日本多通道数字应变仪、微机和数据采集软件，水压试验压力 p 以 2～3 MPa 一级加载到 23.5 MPa 后卸载，测得应变经换算成主应力。主应力-压力关系曲线呈线性，测试结果与计算值相差在 4%以内。

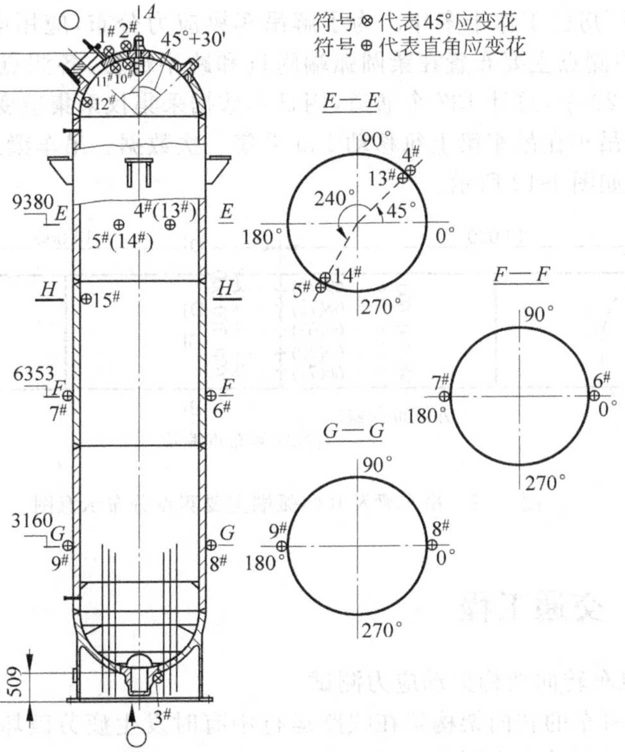

图 1-11 稳压容器结构和应变测点示意图

2）空调机管路动应力测试

空调机在空调制冷过程中，流动的制冷剂在管路上产生动应力，尤其是在压缩机启动和停止时，引起动应力更大，在交变应力的长期作用下管路的应力集中部位，尤其是焊接接头处会出现疲劳裂纹而使制冷剂泄漏。为此用应变电测方法测量管路在启动、运行、停止时应力集中处动应力情况。小栅长箔式电阻应变计粘贴在管路弯曲处和焊接接头处应力集中部位，用日本 TML8 通道动态应变仪接微机测量记录动应变并用软件处理数据和评估强度。

3）大型球罐水压试验时应力测量

北京石油化工厂进口四台9%Ni钢制大型球罐，用于存放化工原料聚乙烯，球罐直径15 m，厚度27.6 mm，使用前进行水压试验，并测量应力。球罐由各种焊缝将各分片焊接制成，在球罐内、外壁对接型、T型、Y型焊缝六个区域和支承区布置应变计、直角应变花共198片，将应变计用导线接到日本数据采集仪测量记录应力-应变。结果表明球壳区应力-应变线性好，焊缝区压力-应变非线性，有较大残余应变；在0～2.86 MPa（130%设计压力）试验后0～1.85 MPa时线性良好，说明球罐可安全运行。

4）宝钢炼钢厂主厂房吊车梁静态应力测试

宝钢炼钢厂主厂房第一跨内安装有两台430 t吊车，一台175 t吊车，三台吊车配合三座炼钢转炉实行24小时工作制。吊车梁为大型焊接工字型钢梁，梁高3.8 m，最长约30 m，厂房已工作十多年。为了解吊车梁应力分布，应用电测方法进行静态应力测试，应力测点主要布置在梁圆弧端附近和跨中部位，各测点布置应变花42个和单向应变计20个，总计137个通道，用日本数据采集仪采集应变，吊车梁长加轮距共46 m，430 t吊车在吊车梁上每移动1 m采集一次数据。吊车梁及其圆弧端主要测点分布示意图如图1-12所示。

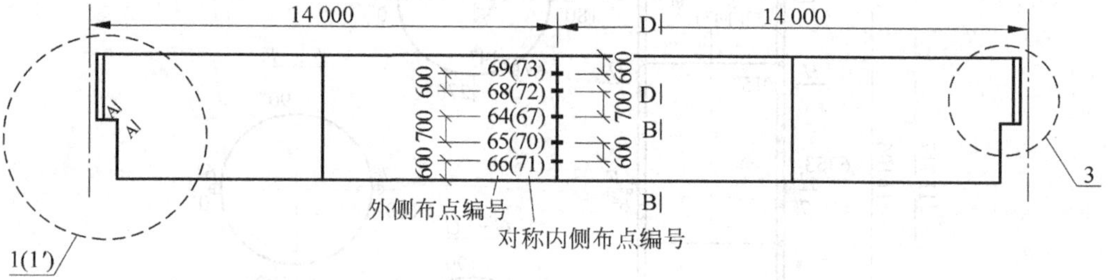

图1-12 吊车梁及其圆弧端主要测点分布示意图

1.3.6 交通工程

1）铁路机车转向架构架动应力测试

我国铁路机车的转向架构架在线路运行中有时发生疲劳破坏，为此用应变电测方法进行实地运行动应力测量试验。在转向架构架车体制动臂、横梁、侧梁、纵梁等多处布置电阻应变计70余个，应变计接到日本TML多通道动态应变仪及微机，在武昌—郑州区间进行往返线路试验连续动应力测试，140～180 km/h不同速度级动应力试验，120～160 km/h不同速度级制动试验。由动应力谱进行疲劳强度评估，结果说明除个别测点部位外构架满足疲劳强度要求。

2）纤维增强塑料(FRP)制成小轿车耐冲撞性试验

试验有小轿车以时速50 km冲撞障碍壁和FRP车身小轿车与金属车身小轿车在车速25 km/h时相对冲撞两种。为测量车体前后方向加速度，在车前座、后座底板上安装加速度传感器，在前座假人头部、腹部上下前后方向安装加速度传感器，在假人肩部和左右腰带安装荷载传感器。这些传感器输出由动态应变仪放大通过记录仪记录。两车对撞时冲撞车的情况通过遥测仪无线传送信号进行测量。另外用高速摄影机对车变形状况、减速及冲撞部位等进行摄影，图 1-13 是两车相对冲撞时的照片。

图 1-13 两辆小轿车相对冲撞时的照片

3）大型矿石运输船头部近浪负载试验

日本矿石运输船笠木山号船体长 247 m，宽 40.6 m，船深 23 m，载重量 11.75 万吨，在航海中周围波浪对船体造成冲击，用水压计（19 点）测量对船体压力，使用应变计（13 点）测量船体结构应力，用加速度传感器（4 点）测量船体运动加速度。图 1-14 为运输船试验测点分布示意图，这些检测元件用电缆连接到船尾测试室中由动态应变仪、磁带记录仪测量记录。运输船在日本—澳大利亚间运输矿石往返航行时测试，每天一次定时进行及每当风浪大发生冲击时进行测试，共计 5 次往返测试。

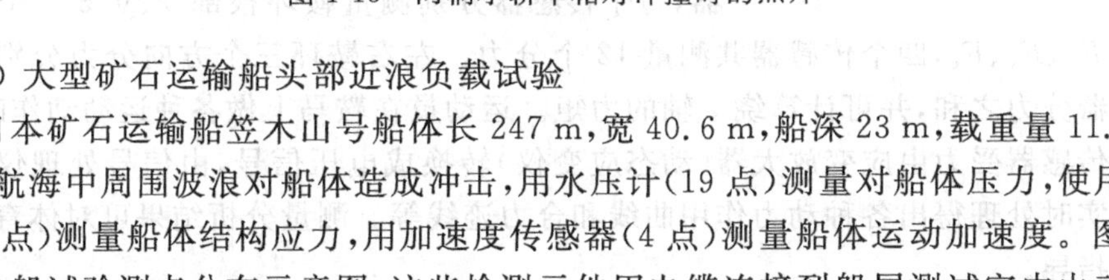

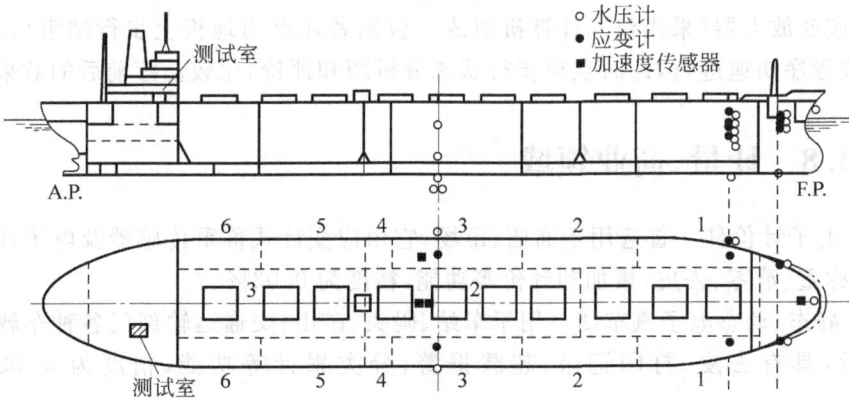

图 1-14 大型矿石运输船试验测点分布示意图

1.3.7 医学、生物力学和体育运动领域

1）人体骨盆应力分布实验

人体骨盆是由骶骨、尾骨、左右髋骨连接成的环状结构，它既是重力传递的枢纽，

又是维持身体平衡的结构，同时起保护骨盆内脏器作用。临床骨盆骨折很常见，为预防骨折需测量模拟骨盆受力状态下骨盆骨折易发部位的表面应力分布，确定薄弱部位。采用国人新鲜尸体骨盆，保留第五腰椎，下肢在股骨中部截开，在试样骨盆各部位粘贴电阻应变计，如图1-15所示为测点分布图。用材料试验机加压力：P＝300、600、900 N，用静态电阻应变仪测量各点应变量并换算成应力。试验结果得出骨盆骶骨耳状面三角区中央主应力最大，为薄弱部位。

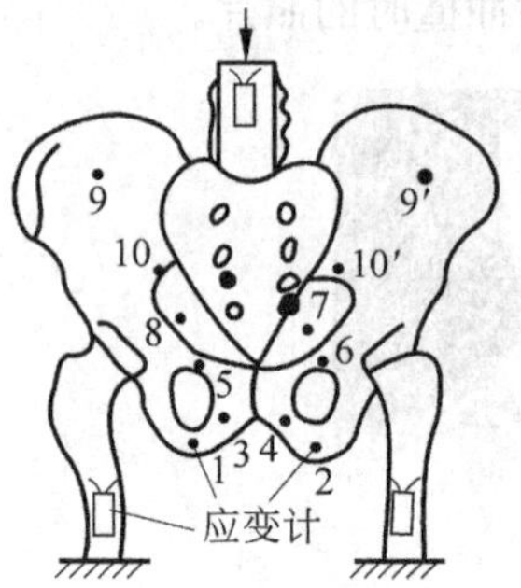

图1-15 骨盆应变计测点分布图

2）运动员在鞍马上做动作时，鞍马受到运动员动力作用的实时测量

在鞍马的两个鞍环根部安装四个三维测力传感器，每个传感器分别测量鞍环根部x、y、z三个方向的分力F_x、F_y、F_z，四个传感器共测量12个分力。左右鞍环三个方向分力分别为两个传感器分力之和，并可计算绕z轴的力矩。运动员在鞍马上做各种运动动作时，三维测力传感器受力由应变放大器（动态应变仪）转换成电压信号，由信号处理仪进行测量和实时处理得出各种动力作用曲线和合力迹线等。测量分析结果可对体育训练作科学指导。

3）用超大型地板反力传感器和采集仪、计算机进行步态分析

患中风后人的运动动作障碍以其异常步态来评价。超大型地板长10.8 m，宽1.2 m，反力传感器是三个方向分力应变式传感器，装在8块地板内的测量系统由各传感器、应变放大器（采集仪）、计算机组成。被测者在反力地板上步行结束后，测量和处理按程序快速进行，即时获得步行状态分析图和评价，比较治疗前后的效果。

1.3.8 计量、商业领域

（1）电子计价秤　普遍用于商店、市场，它由应变计式称重传感器及电子线路组成，具有称重、清零、去皮、累加和计价等功能，精度为0.03%。

（2）静态、动态电子汽车衡　用于车站、码头、矿山、交通运输部门各种车辆整车物资计量，具有去皮、打印记录、超载报警、分类累计等功能，精度为0.02%～0.05%。

（3）静态、动态电子轨道衡　用于港口、铁路工矿企业大宗货物快速自动计量和控制。

（4）电子配料系统　主要由工控机、称重传感器、称重料斗、进料器等组成，应用于建材、冶金、化工、粮食和饲料加工等行业中的多种原料配比称重控制。

第 2 章 电阻应变计

2.1 电阻应变计的基本构造和工作原理

2.1.1 电阻应变计的基本构造

电阻应变计的基本构造如图 2-1(a)所示，由敏感栅、基底、粘结剂、盖层及引线组成。早期的应变计敏感栅由金属细丝绕成栅形，敏感栅材料常用的有康铜(铜镍合金)、镍铬合金等。各种类型电阻应变计的敏感栅材料列在表 2-1 中。基底和盖层除用纸外，常用的是有机树脂胶膜，即将敏感栅上下面涂以胶膜、有机树脂(粘结剂)。用于各种电阻应变计的粘结剂有快干胶环氧树脂、酚醛树脂等，列在表 2-2 中。引线一般用镀锡或镀银细铜丝。

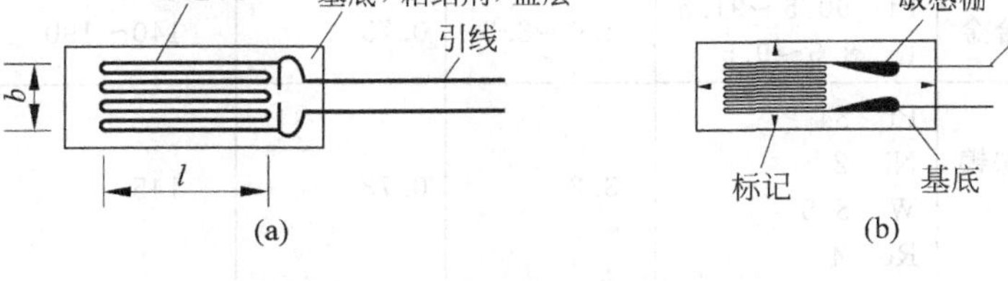

图 2-1 电阻应变计基本构造示意图

(a) 丝式；(b) 箔式

后来发展的箔式电阻应变计，基本构造如图 2-1(b)所示，敏感栅用金属箔，厚度在 0.003～0.006 mm 间，栅形由光刻制成，图形很复杂且精细，栅的尺寸可很小，栅长最小至0.2 mm。它可制成多种应变花和图形。敏感栅做成栅形主要是为在保证要求的电阻值条件下，尽量减小尺寸，以测量较小面积内的应变。

表2-1　常温、中高温电阻应变计用敏感栅材料性能

合金类型	牌号	成分/%	灵敏系数K_0	电阻率ρ/($\Omega\cdot mm^2/m$)	电阻温度系数/($10^{-6}℃^{-1}$)	备　注
铜镍合金	康铜	Cu 55 Ni 45	1.9～2.1	0.40～0.54	±20	常温用，<250℃
镍铬合金	镍铬	Ni 80 Cr 20	2.1～2.3	1.0～1.1	110～130	高温用，<450℃
	6J22（卡玛）	Ni 74 Cr 20 Al 3 Fe 3	2.1～2.4	1.24～1.42	±20	<400℃用
	6J23	Nj 75 Cr 20 Al 3 Cu 2	2.4～2.6	<1.15	−3～12	<400℃用
铁铬铝合金		Fe 67 Cf 25 Al 5.4 V 2.6	2.6～2.8	1.3～1.5	±30～40	500～900℃用
镍钼合金	HM-8	Ni 78 Al 3 Mo 22	2.2	～1.5	7.3	<450℃用
镍铬铁合金	恒弹性合金	Ni 36 其余 Fe Cr 8	3.2	1.0	175	230℃动态用
铂合金	铂	Pt 100	4.6	0.1	3900	1000℃用
	铂铱合金	Pt 80～90 Ir 10～20	4.0	0.35	590	700℃用
	铂钨合金	Pt 90.5～91.5 Ir 8.5～9.5	3.0～3.2	0.75	140～190	800℃用
	铂钨铼镍合金	Pt 84 Ni 2 W 8.5 Re 4	3.2	0.78	145	900℃用
金合金	金钯合金	Pt 7 Au 50 Pd 33 Cr 7	1.4～1.8	110	−38～7	800℃用

表 2-2 常用的应变计粘结剂

名称	型号	主要成分	最低固化条件	工作温度/℃	用途
快干胶	502	α氰基丙烯酸乙酯等	室温下指压 1 min	−30～60	粘贴常温应变计
酚醛-缩醛树脂	1720	聚乙烯醇缩甲乙醛、酚醛树脂等	70℃，1 h；120℃，1 h；160～180℃，1～2 h，(压力 0.1 MPa)	−100～100	常温应变计粘贴和制造
	204	聚乙烯醇缩甲乙醛有机硅树脂等	180℃，2 h(压力 0.1～0.2 MPa)	−196～200	低、中温应变计制造和粘贴
环氧树脂粘结剂	914	环氧树脂等双组分	室温指压固定	−60～80	常温应变计粘贴
	EA-2(日)	环氧树脂等双组分	室温 24 h	−196～80	低温应变计粘贴
	NP-50(日)	环氧树脂等双组分	室温固化	−55～300	中温应变计粘贴
环氧-酚醛粘结剂	M-Bond 610(美)	环氧、酚醛	160℃，2 h(压力 0.2～0.3 MPa)；205～230℃，后固化 2 h	(长期)−269～230 (短期)−269～370	高精度传感器用应变计粘贴
有机硅树脂型	4107 等	有机硅树脂、某些氧化物等	180℃，1 h；300℃，3 h；430℃，3～4 h	400	高温应变计制造和粘贴
磷酸盐粘结剂	LN-3，GJ-14	磷酸二氢铝、SiO_2、CrO_3 等	180℃，0.5 h；400℃，1 h	550	高温应变计制造和粘贴
	P12-2	磷酸二氢铝、CrO_3、SiO_2 等	200℃，1 h；400℃，1 h	700	高温应变计制造和粘贴
	P12-9	磷酸二氢铝、CrO_3、SiO_2 等	200℃，1 h；400℃，1 h	800	高温应变计制造和粘贴
	U-529(英)	磷酸二氢铝等	350℃，1 h	−200～700	高温应变计制造和粘贴
	M-Bond GA-100(美)	陶瓷等	175℃，15 min；315℃，1 h	(长期)−269～705 (短期)−269～815	高温应变计制造和粘贴
金属氧化物		Al_2O_3 或 MgO、Al_2O_3 混合物	喷涂法固定	静态 800 动态 1000	高温临时基底应变计安装

2.1.2 电阻应变计的工作原理

将电阻应变计安装(如粘贴)在被测构件表面上，构件受力而变形时，电阻应变计的敏感栅随之产生相同应变，其电阻值发生变化，用仪器测量此电阻变化即可测量出构件表面沿敏感栅轴线方向的应变。因为电阻应变计的主要性能与敏感栅有关，现取敏感栅材料为金属细丝，研究其把应变转换成电阻变化的关系。

金属细丝的电阻 R 与丝的长度 L 成正比，而与其截面积 A 成反比。按物理学有下列公式：

$$R=\rho\frac{L}{A} \tag{2-1}$$

式中，ρ 是金属的电阻率。当细丝因受拉力而伸长时，其电阻发生变化。此变化可由对上式的微分求得

$$\frac{\mathrm{d}R}{R}=\frac{\mathrm{d}\rho}{\rho}+\frac{\mathrm{d}L}{L}-\frac{\mathrm{d}A}{A} \tag{2-2}$$

细丝伸长由泊松效应（ν 为泊松比）引起截面变化：

$$\frac{\mathrm{d}A}{A}=-2\nu\frac{\mathrm{d}L}{L}$$

代入上式有

$$\frac{\mathrm{d}R}{R}=\frac{\mathrm{d}\rho}{\rho}+(1+2\nu)\frac{\mathrm{d}L}{L}$$

据高压下金属丝性能研究，发现有

$$\frac{\mathrm{d}\rho}{\rho}=m\frac{\mathrm{d}V}{V}$$

式中，V 为金属细丝的初始体积，$V=AL$；m 为比例系数。在一定应变范围内，对特定材料和加工方法，m 是常数。由细丝轴向应变 $\varepsilon=\frac{\mathrm{d}L}{L}$，$\frac{\mathrm{d}V}{V}=(1-2\nu)\frac{\mathrm{d}L}{L}$，得

$$\frac{\mathrm{d}R}{R}=[1+2\nu+m(1-2\nu)]\varepsilon=K_0\varepsilon \tag{2-3}$$

$$K_0=1+2\nu+m(1-2\nu)$$

在一定应变范围内 ν、m 是常数，因此 K_0 也是常数，即电阻相对变化与应变成比例。K_0 称为金属丝的灵敏系数。对于康铜，$m\approx1$，$K_0=2.0$，$\frac{\Delta R}{R}=K_0\varepsilon$。它表示应变-电阻效应，电阻应变计就是利用这一效应制成的。制成的电阻应变计的灵敏系数 K 与金属丝的灵敏系数 K_0 有关，但有差别，因为应变计敏感栅是丝或箔的一定尺寸栅形，另外包括粘结剂、基底尺寸和性能及制造工艺的影响，所以一般 $K<K_0$。当基底尺寸远大于敏感栅尺寸时，应变计的灵敏系数 K 与丝（箔）材灵敏系数 K_0 之间的关系可用下式表示：

$$K=\frac{K_0}{1+\frac{4h}{ab}\cdot\frac{A}{L}(1+\nu_b)\frac{E_s}{E_b}}$$

式中，h 为基底和粘结剂层总厚度；b 为基底和粘结剂传递应变到敏感栅的过渡区有效宽度；a 为过渡区的长度；A 为敏感栅的丝栅截面积；L 为敏感栅栅长；ν_b 为基底和

粘结剂层的泊松比；E_b 为基底粘结剂层的弹性模量；E_s 为敏感栅材料的弹性模量。过渡区长度 a 和宽 b 可由试验得到，它们随敏感栅弹性模量和厚度以及粘结剂厚度增加而增大，随基底和粘结剂弹性模量及泊松比增加而减小。

2.2 电阻应变计的各项工作特性

电阻应变计主要用于测量结构或机械部件的应变和作为传感器中的敏感元件，这两大用途对电阻应变计的工作特性要求有所不同。电阻应变计的工作特性有很多项，对于常温、中高温、低温不同工作温度使用的电阻应变计又有不同工作特性项目。下面先列出常温电阻应变计的工作特性项目（参考新修订的中华人民共和国国家标准《金属粘贴式电阻应变计》）。

(1) 灵敏系数(K)

(2) 电阻值(R)

(3) 横向效应系数(H)

(4) 零点漂移(P)和蠕变(θ)

(5) 机械滞后(Z_j)

(6) 应变极限(ε_{lim})

(7) 疲劳寿命(N)

(8) 热输出(ε_T)

(9) 绝缘电阻(R_m)

(10) 灵敏系数随温度变化(K_T)

其中最重要的工作特性为灵敏系数、横向效应系数和热输出。下面详细说明其含义及测定方法。

2.2.1 应变计的灵敏系数

应变计的灵敏系数(K)是指安排在被测试件上的应变计，在其轴向受到单向应力时引起的电阻相对变化$\left(\dfrac{\Delta R}{R}\right)$与由此单向应力引起的试件表面轴向应变 ε_x 之比，即

$$K=\frac{\dfrac{\Delta R}{R}}{\varepsilon_x} \tag{2-4}$$

式中，K 为应变计灵敏系数，其大小主要取决于敏感栅材料，另外与敏感栅形状、尺寸和基底材料、工艺有关，一般对一定形状尺寸的应变计，每批的灵敏系数不全相等。

由于应变计安装后，通常不能取下再用，因此只能采用抽样方法，在专门的灵敏

系数检定装置上实验测定每批电阻应变计的灵敏系数。将抽样检定得到的 K 的平均值及其标准误差，作为表征该批应变计的灵敏系数特性。

1. 灵敏系数检定装置

将应变计安装在单向应力状态的试件上。单向应力状态的试件有拉伸试件和弯曲梁两种。由于拉伸试件容易偏心造成应力分布不均匀，又需加很大荷载才能实现约 1000 μm/m 的应变量，而弯曲梁不需加很大荷载又可在较大面积区域内形成均匀应变分布，可安装相当数量的应变计检定灵敏系数，因此常用弯曲梁作为灵敏系数检定装置。其中又有三种具体形式：①等应力悬臂梁；②纯弯曲梁；③刚架梁。其示意图如图 2-2 所示。采用三点挠度计测量等应力悬臂梁和纯弯曲梁受弯后的挠度 f，由挠度按下式计算梁表面应变 ε：

$$\begin{cases} \varepsilon_{f_+} = \dfrac{h}{\dfrac{c^2}{f_-} + f_+ - h - \dfrac{1}{3}\nu h} \\ \varepsilon_{f_-} = \dfrac{h}{\dfrac{c^2}{f_-} + f_- + h + \dfrac{1}{3}\nu h} \end{cases} \tag{2-5}$$

式中，ε_{f_+}—当梁上表面受拉时，梁表面机械应变；

ε_{f_-}—当梁上表面受压时，梁表面机械应变；

c—挠度计中点至支点间的距离，即 $2c$——挠度计跨度；

f_+—当梁上表面受拉时，挠度计中点挠度；

f_-—当梁下表面受压时，挠度计中点挠度；

h—检定梁的厚度；

ν—检定梁材料泊松比。

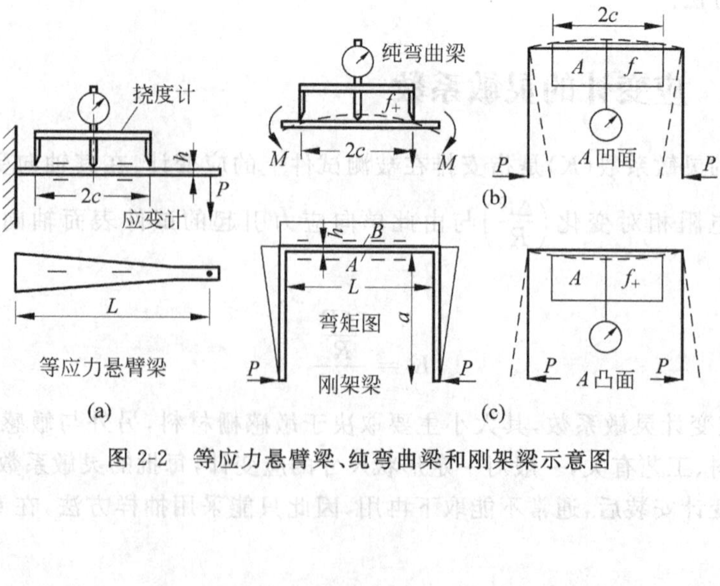

图 2-2 等应力悬臂梁、纯弯曲梁和刚架梁示意图

计算梁表面应变的近似公式为

$$\varepsilon = \frac{hf}{c^2} \tag{2-6}$$

式中，ε 和 f 分别为梁表面应变和挠度计中点挠度。

对于刚架梁装置，根据挠度计测得梁中点挠度。计算梁表面应变的公式如下。

当梁的 A 面受压，B 面受拉时：

$$\begin{cases} \varepsilon_{jA_-} = \dfrac{\left(1+\dfrac{h}{6a}\right)h}{\dfrac{c^2}{f_-}+f_-+h+\dfrac{1}{3}\nu h} \\ \varepsilon_{jB_+} = \dfrac{\left(1-\dfrac{h}{6a}\right)h}{\dfrac{c^2}{f_-}+f_--h-\dfrac{1}{3}\nu h} \end{cases} \tag{2-7}$$

当梁的 A 面受拉、B 面受压时：

$$\begin{cases} \varepsilon_{jA_+} = \dfrac{\left(1+\dfrac{h}{6a}\right)h}{\dfrac{c^2}{f_+}+f_+-h-\dfrac{1}{3}\nu h} \\ \varepsilon_{jB_-} = \dfrac{\left(1-\dfrac{h}{6a}\right)h}{\dfrac{c^2}{f_+}+f_++h+\dfrac{1}{3}\nu h} \end{cases} \tag{2-8}$$

式中，ε_{jA_+} 和 ε_{jA_-} 为梁的 A 面受拉和受压时，A 面表面应变；

ε_{jB_+} 和 ε_{jB_-} 为梁的 B 面受拉和受压时，B 面表面应变。

各检定装置中以刚架梁检定精度最高，后面将介绍 A 级精度的应变计应用刚架梁装置检定灵敏系数。

2. 检定方法及灵敏系数计算

将抽样检定的应变计分为数量相近的两部分，分别安装在梁工作段的受拉和受压表面，要求应变计轴线与梁表面应力方向平行。使梁预加载三次，每次使梁表面产生约±1100 μm/m 的应变量；然后正式检定，加载于梁 0～±1000 μm/m 三次，同时测量梁中点挠度和各应变计的指示应变。每个应变计的灵敏系数 K_i 为

$$K_i = \frac{\left|\dfrac{\Delta R_+}{R}\right| + \left|\dfrac{\Delta R_-}{R}\right|}{|\varepsilon_+| + |\varepsilon_-|} \tag{2-9}$$

式中，$\left|\dfrac{\Delta R_+}{R}\right|$ 和 $\left|\dfrac{\Delta R_-}{R}\right|$ 分别为同一应变计受拉和受压时，加载和卸载时，电阻相对变化差值之三次平均值的绝对值。$|\varepsilon_+|$ 和 $|\varepsilon_-|$ 分别为同一应变计受拉和受压时，梁表面的机械应变。如采用电阻应变仪（$K_{仪}=2.00$）测量应变计的指示应变 $\varepsilon_{仪}$，则有

$$\left|\frac{\Delta R_{\pm}}{R}\right| = 2.00 \times |\varepsilon_{仪}|$$

若应变计只受拉或只受压，单个应变计的 K_i 为

$$K_i = \frac{\frac{\Delta R}{R}}{\varepsilon} = \frac{2.00 \times \varepsilon_{仪}}{\varepsilon} \tag{2-10}$$

设被检定应变计的平均灵敏系数为 $\overline{K}$，则

$$\overline{K} = \frac{\sum_{i=1}^{n} K_i}{n} \tag{2-11}$$

式中，n 为被检定应变计的个数(即样本个数)。

应变计灵敏系数的分散用 $t\sigma$ 表示。t 是 t 分布的置信系数(置信度 95%)，t 与 n 有关，其数值见表 2-3。σ 为灵敏系数相对标准偏差，有

$$\sigma = \frac{s}{\overline{K}} \times 100\%, \quad s = \sqrt{\frac{\sum_{i=1}^{n}(K_i - \overline{K})^2}{n-1}} \tag{2-12}$$

s 为标准偏差。一般应变计灵敏系数分散为 1%～3%。

表 2-3　t 分布的置信系数 t 数值表

n	t	n	t	n	t	n	t
6	2.57	13	2.18	20	2.09	27	2.06
7	2.45	14	2.16	21	2.09	28	2.05
8	2.36	15	2.14	22	2.08	29	2.05
9	2.31	16	2.13	23	2.07	30	2.04
10	2.26	17	2.12	24	2.07	35	2.03
11	2.23	18	2.11	25	2.06	40	2.02
12	2.20	19	2.10	26	2.06	60	2.00

一般应变计包装盒上都标明该批应变计的 K 及其分散，例如 2.18±1%。

2.2.2　横向效应系数

横向效应系数(H)是指应变计横向灵敏系数 K_B 与纵向灵敏系数 K_L 之比值，即 $H=\frac{K_B}{K_L}\times 100\%$，用百分数表示。横向效应系数 H 与应变计材料、敏感栅形状尺寸及工艺有关，H 值一般由专门检定装置抽样检定。检定横向效应系数的装置原理上有两种：一种是用单向应变标定梁装置，如图 2-3 所示；另一种是检定灵敏系数的装置，为单向应力标定梁。

用单向应变标定梁装置时，在梁表面上造成只有纵向应变 ε_L，而横向应变 $\varepsilon_B=$

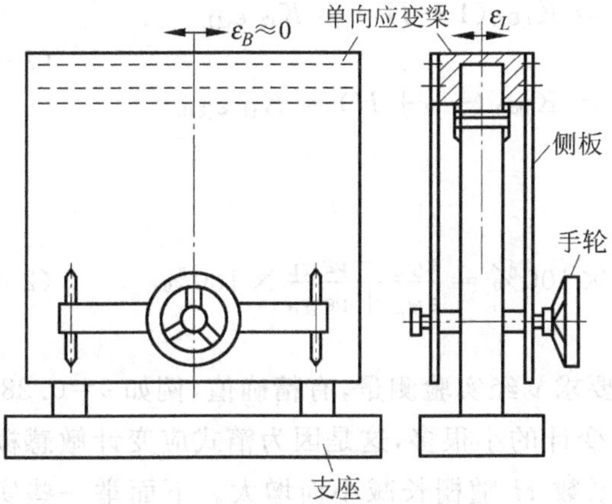

图 2-3 单向应变横向效应系数检定装置

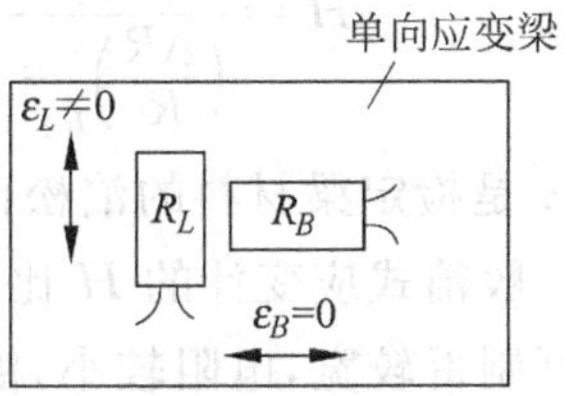

图 2-4 单向应变横向效应系数检定原理图

0。将两枚应变计分别粘贴在单向应变方向和无应变方向，则由图 2-4 所示，可列出两应变计的电阻相对变化$\frac{\Delta R_L}{R}$和$\frac{\Delta R_B}{R}$如下：

$$\begin{cases}\frac{\Delta R_L}{R}=K_L\varepsilon_L+K_B\varepsilon_B=K_L\varepsilon_L=K_{仪}\ \varepsilon_{仪L}\\\frac{\Delta R_B}{R}=K_B\varepsilon_L+K_L\varepsilon_B=K_B\varepsilon_L=K_{仪}\ \varepsilon_{仪B}\end{cases}\tag{2-13}$$

则有

$$H=\frac{K_B}{K_L}=\frac{\varepsilon_{仪B}}{\varepsilon_{仪L}}\times100\%\tag{2-14}$$

式中，$\varepsilon_{仪B}$—横向粘贴的应变计指示应变；

$\varepsilon_{仪L}$—纵向粘贴的应变计指示应变；

$K_{仪}$—取为 2.00。

实际标定时，将若干应变计粘贴在梁表面横向（B 方向，垂直于纵向 L 方向），另有两个应变计粘贴在梁表面纵向（L 方向），采用电阻应变仪测量各应变计指示应变。加载 $\varepsilon_L=1000\ \mu m/m$ 三次，得横向各应变计指示应变平均值 $\bar{\varepsilon}_{仪B}$ 和纵向两个应变计指示应变平均值 $\bar{\varepsilon}_{仪L}$，则 H 为

$$H=\frac{\bar{\varepsilon}_{仪B}}{\bar{\varepsilon}_{仪L}}\times100\%$$

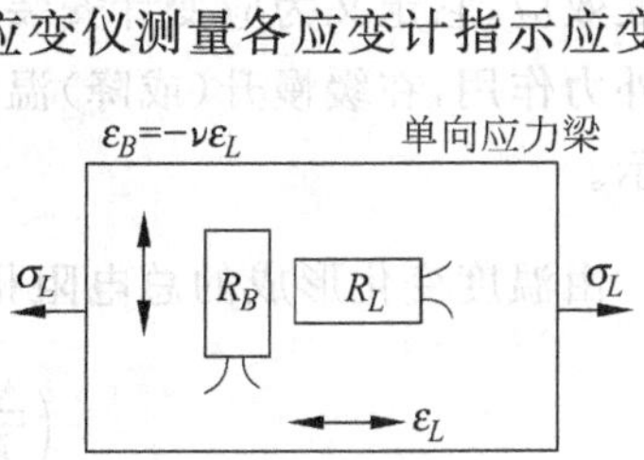

图 2-5 单向应力试件

用单向应力检定梁（检定 K 用）时，分别沿梁纵向和横向各粘贴一应变计，则其电阻相对变化为（见图 2-5）

$$\begin{cases}\dfrac{\Delta R_L}{R}=K_L\varepsilon_L+K_B\varepsilon_B=K_L\varepsilon_L(1-H\nu)=K_{仪}\ \varepsilon_{仪L}\\ \dfrac{\Delta R_B}{R}=K_B\varepsilon_L+K_L\varepsilon_B=K_B\varepsilon_L(-\nu+H)=K_{仪}\ \varepsilon_{仪B}\end{cases}\tag{2-15}$$

由式(2-15)解出

$$H=\frac{\left(\dfrac{\Delta R}{R}\right)_B+\nu\left(\dfrac{\Delta R}{R}\right)_L}{\left(\dfrac{\Delta R}{R}\right)_L+\nu\left(\dfrac{\Delta R}{R}\right)_B}\times 100\%=\frac{\varepsilon_{仪B}+\nu\varepsilon_{仪L}}{\varepsilon_{仪L}+\nu\varepsilon_{仪B}}\times 100\%\tag{2-16}$$

式中，ν 是检定梁材料的泊松比。这里要求 ν 经实验测量，有精确值，例如 $\nu=0.285$。

一般箔式应变计的 H 比丝绕式应变计的小很多，这是因为箔式应变计敏感栅的横栅可制得较宽，电阻较小，横向效应系数 H 随栅长减小而增大。下面举一些实测例子。

箔式应变计	BX-5	栅长 5 mm，$H=0.8\%$
	BX-3	栅长 3 mm，$H=1.2\%$
	BX-1	栅长 1 mm，$H=1.6\%$
	BX-0.5	栅长 0.5 mm，$H=2.0\%$
丝绕式应变计	SZ-10	栅长 10 mm，$H=1\%$
	SZ-5	栅长 5 mm，$H=2\%$

2.2.3 热输出

应变计是利用应变电阻效应测量应变的，但金属材料的电阻率受温度影响，有

$$\rho_T=\rho_0(1+a_T\Delta T)$$

式中，ρ_T、ρ_0 分别是温度 T 和室温 T_0 时的电阻率；$\Delta T=T-T_0$；a_T 是电阻温度系数。制成的应变计粘贴在某构件上，由于环境温度变化引起构件温度变化 ΔT，所产生的电阻相对变化称为应变计的温度效应。用“热输出”(ε_T)这一工作特性度量应变计的温度效应，它定义为应变计安装在具有某线膨胀系数的试件上，试件可自由膨胀并不受外力作用，在缓慢升(或降)温的均匀温度场内，由温度变化引起的指示应变，用 ε_T 表示。

由温度变化形成的总电阻相对变化 $\left(\dfrac{\Delta R}{R}\right)_T$ 对应的热输出 ε_T 可表示为

$$\varepsilon_T=\frac{\left(\dfrac{\Delta R}{R}\right)_T}{K}=\frac{a_T}{K}\Delta T+(\beta_e-\beta_g)\Delta T\tag{2-17}$$

式中，β_e 是试件材料线膨胀系数；β_g 是敏感栅材料的线膨胀系数；ΔT 为温度变化。上式说明：ε_T 除与 a_T、β_g 有关外还与试件材料的 β_e 有关，即在 β_e 不同的材料上，同

种应变计的热输出大小是不同的。

衡量应变计热输出(ε_T 是随温度变化的函数)的指标,称为平均热输出系数。它定义为

$$C = \frac{\varepsilon_{T\max} - \varepsilon_{T\min}}{T_m - T_0} \tag{2-18}$$

式中,$\varepsilon_{T\max}$、$\varepsilon_{T\min}$分别为各应变计的平均热输出曲线上的代数最大值和最小值;T_m 和 T_0 分别为极限工作温度和室温。对不同形状的热输出曲线按 $\varepsilon_{T\max}$、$\varepsilon_{T\min}$ 代数值计算 C,见示意图 2-6。

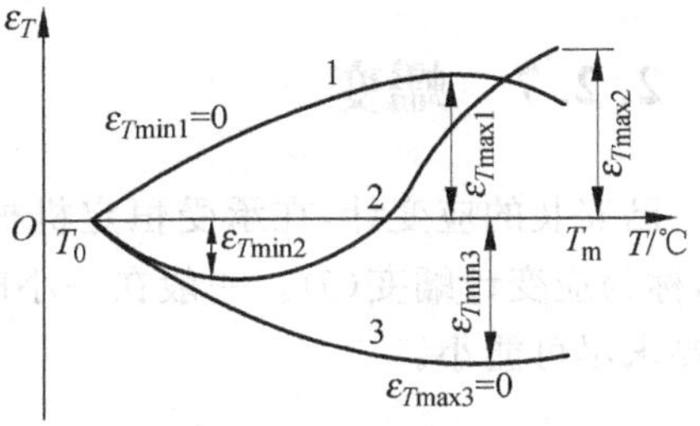

图 2-6 不同热输出曲线示意图

热输出检定方法是将若干枚电阻应变计安装在某试件上(一般厚度 2~3 mm),并固定一热电偶以测温度。将应变计接线到电阻应变仪,取 $K_{仪}=2.00$,将试件放在加热装置内,在室温时调整应变仪指示为零,然后以 3~5℃/min 的速率递级升温或以不高于 2℃/min 的速率连续升温至极限工作温度,逐级升温的温度间隔级应不少于 5 个。

由每一温度级下各应变计热输出读数计算平均值 ε_T 及标准误差 s_T,给出平均热输出曲线。计算平均热输出系数 C_T,用工作温度范围内最大标准误差 $s_{\max}$ 的 t 倍,即 $ts_{\max}$表示热输出的分散。t 为前面表 2-3 中所列的 t 分布置信系数。

2.2.4 应变计电阻

应变计在制造单位制成后应逐个测量其电阻值(R),并按规定公差,分格存放,并包装进盒,盒面应标明应变计电阻值及公差。使用者在粘贴应变计之前,应复测其电阻值。应变计电阻是指在没有安装,也不受外力的情况下室温时测定的电阻值。

2.2.5 机械滞后

对于已安装的应变计,当温度恒定时,在增加和减少机械应变过程中,同一机械应变下指示应变的差数,称为机械滞后(Z_j)。它与应变计敏感栅和基底粘结剂材料有关。要求机械滞后尽可能小,机械滞后可在检定应变计灵敏系数过程中检定(加卸载前后应变读数之差)。

2.2.6 应变计漂移

对于已安装的应变计，在温度恒定、试件不受应力的条件下，指示应变随时间的变化称为应变计漂移(P)。常温应变计应用于应力分析时，这一工作特性不很重要，但应用于传感器时应测定室温漂移，以保证传感器性能稳定。

2.2.7 蠕变

已安装的应变计，在承受恒定机械应变情况下，温度恒定时指示应变随时间变化，称为应变计蠕变(θ)。一般在一小时内检定，对于常温应变计要检定室温下蠕变并要求尽可能小。

2.2.8 应变极限

已安装的应变计，在温度恒定时，指示应变和真实应变的相对误差不超过规定数值时的最大真实应变值，称为应变计应变极限(ε_{lim})。测定应变极限时，以相对误差±10%为限制值，一般常温应变计应变极限在8000～20 000 μm/m，大应变应变计应变极限可高达5万(5%)、10万(10%)～20万(20%) μm/m。

2.2.9 绝缘电阻

已安装的应变计，其敏感栅及引线与被测试件之间的电阻值，称为应变计的绝缘电阻(R_m)。常温应变计的室温绝缘电阻一般很高，达500～1000 MΩ，如受潮湿或粘结剂固化不完全会引起R_m不稳定和急剧减小，致使无法进行测量。中高温应变计由于粘结剂和基底材料在高温下绝缘性变化，极限工作温度下绝缘电阻一般较低，但较稳定，能正常进行测量。测定应变计绝缘电阻采用15～100 V电压的兆欧表或高阻表。

2.2.10 疲劳寿命

已安装的应变计，在恒定幅值的交变应力作用下，连续工作到疲劳损坏时的循环次数，称为应变计的疲劳寿命(N)。测定应变计疲劳寿命时，规定交变应变的幅值为±1000 μm/m。测定疲劳寿命的装置为等应力梁，由马达带动偏心轮，使梁表面应变正负交替变化，要求梁材料有很高的疲劳极限。应变计的疲劳损坏一般指应变计断路或指示应变幅值变化达10%。

2.2.11 灵敏系数随温度变化

应检定常温、中温、高温、低温应变计在工作温度范围内，灵敏系数随温度变化(K_T)的数据。检定装置通常采用带有加热控温装置的等弯矩梁，测定应变计在不同温度级下的灵敏系数及其分散，并计算工作温度范围内每100℃灵敏系数 K_T 的变化 d_K：

$$d_K = \frac{100(K_{T\mathrm{m}} - K_0)}{K_0(T_\mathrm{m} - T_0)} \times 100\% \tag{2-19}$$

式中，T_m 和 T_0 分别为极限工作温度和室温；$K_{T\mathrm{m}}$ 和 K_0 分别为极限工作温度和室温的应变计平均灵敏系数。

2.2.12 热滞后和瞬时热输出

已安装的应变计，当试件可自由膨胀并不受外力作用时，在室温与极限工作温度之间升温和降温，同一温度下指示应变的差数，称为应变计的热滞后，以 Z_T 表示。

当应变计安装在某一线膨胀系数的试件上，试件可自由膨胀并不受外力作用，以一定速率快速升(或降)温时，由温度变化引起的指示应变，称为瞬时热输出，以 ε_{sT} 表示。

2.2.13 工作特性等级

应变计各单项工作特性分为A、B、C三级，各等级的工作特性应符合国家标准《金属粘贴式电阻应变计》中规定的技术要求指标(见表2-4(a)、(b))，作为应变计的等级评定也分为A、B、C三级。国家标准中规定对不同用途的电阻应变计，提出不同的应测工作特性项目：常温应变计分静态和动态两类使用。静态使用又分两种：一种用于应力分析，另一种用于传感器作敏感元件。中、高温和低温应变计也有静态动态等不同使用，按不同用途应变计使用要求的重要性，将其工作特性项目分为应测定项目和评定等级项目两类。各种用途应变计应测定的工作特性和评级工作特性项目见表2-5，应测项目用○表示，评级项目用●表示。

合格批应变计，根据测定结果依国家标准表2-4及表2-5，按下列原则评定应变计等级。

A级应变计：评级的工作特性必须全部达到A级，应测的工作特性均达到C级以上。

B级应变计：评级的工作特性必须全部达到B级，应测的工作特性均达到C级以上。

C级应变计：评级和应测的工作特性必须全部达到C级。

表 2-4(a)　用于应力分析的应变计单项技术指标

序号	工作特性	说　明			级别		
					A	B	C
1	应变计电阻	对平均值的允差	单栅	±%	0.3	0.5	0.8
			双栅		0.7	1.0	1.5
			多栅		0.8	1.0	1.5
		对标称值的偏差		±%	1.0	1.5	2.0
2	灵敏系数	对平均值的分散		±%	1	2	3
3	机械滞后	室温下的机械滞后		μm/m	3	5	8
		极限工作温度下的机械滞后		μm/m	10	20	30
4	蠕变	室温下的蠕变		μm/m	3	5	10
		极限工作温度下的蠕变		μm/m	20	30	50
5	横向效应系数	室温下的横向效应系数		±%	0.5	1	2
6	灵敏系数的温度系数	工作温度范围内的平均变化		±%/100℃	1	2	3
		每一温度下灵敏系数对平均值的分散		±%	3	4	6
7	热输出	平均热输出系数		μm/(m·℃)	1.5	2	4
		对平均热输出的分散		±μm/m	60	100	200
8	漂移	室温下的漂移		μm/m	1	3	5
		极限工作温度下的漂移		μm/m	10	25	50
9	热滞后	每一工作温度下		μm/m	15	30	50
10	绝缘电阻	室温下的绝缘电阻		MΩ	10^4	2×10^3	10^3
		极限工作温度下的绝缘电阻		MΩ	10	5	2
11	应变极限	室温下的应变极限		μm/m	2×10^4	10^4	8×10^3
		极限工作温度下的应变极限		μm/m	8×10^3	5×10^3	3×10^3
12	疲劳寿命	室温下的疲劳寿命		循环次数	10^7	10^6	10^5
		极限工作温度下的疲劳寿命					

表 2-4(b) 用于传感器的应变计单项技术指标

序号	工作特性	说明			级别		
					A	B	C
1	应变计电阻	对平均值的允差	单栅	±%	0.2	0.3	0.6
			双栅		0.7	1.0	1.5
			多栅		0.8	1.0	1.5
		对标称值的偏差		±%	0.5	0.8	1.5
2	灵敏系数	对平均值的分散		±%	1	2	3
3	机械滞后	室温下的机械滞后		μm/m	3	5	8
		极限工作温度下的机械滞后		μm/m	10	20	30
4	蠕变	蠕变对平均值的分散		±μm/m	3	5	10
		极限工作温度下的蠕变		μm/m	无	30	50
5	灵敏系数的温度系数	工作温度范围内的平均变化		±%/100℃	1	2	3
		每一温度下灵敏系数对平均值的分散		±%	3	4	6
6	热输出	平均热输出系数		μm/(m·℃)	1.5	2	4
		对平均热输出的分散		±μm/m	30	100	200
7	漂移	室温下的漂移		μm/m	1	3	5
		极限工作温度下的漂移		μm/m	10	25	50
8	疲劳寿命	室温下的疲劳寿命		循环次数	10^6	10^5	10^4

表 2-5 各种用途应变计应测工作特性项目及评级工作特性项目表

序号	工作特性	常温应变计			中温、高温和低温应变计		
		静态		动态	静态	动态	快速升(降)温
		用于应力分析	用于传感器				
1	应变计电阻	○●	○●	○●	○	○	○
2	灵敏系数	○●	○●	○●	○		○
3	机械滞后	○	○●				
4	蠕变	○●	○				
5	横向效应系数	○	○		○		
6	灵敏系数的温度系数	○	○		○●	○●	○●
7	热输出	○●*	○●		○●		

续表

序号	工作特性		常温应变计			中温、高温和低温应变计		
			静态		动态	静态	动态	快速升(降)温
			用于应力分析	用于传感器				
8	漂移			○				
9	热滞后					○		
10	瞬时热输出							○●
11	绝缘电阻		○	○	○			
12	应变极限		○	○	○			
13	疲劳寿命		○	○	○●			
14	极限工作温度	机械滞后				○		○
15		漂移				○●		
16		蠕变				○	○	
17		应变极限				○	○	○
18		绝缘电阻				○	○	○
19		疲劳寿命					○●	

○：出厂检验应测的工作特性(简称应测)。

●：评定应变计等级的工作特性(简称评级)。

*：非温度自补偿的应变计可不做热输出检验。

2.3 电阻应变计的种类

电阻应变计的种类、规格很多，按敏感栅材料可分为金属电阻应变计和半导体应变计两大类。金属电阻应变计按敏感栅结构、制造方法、基底材料、工作温度范围、安装方式和用途不同可分为很多种类，如表 2-6 所示。现将常用的各种金属电阻应变计的特点说明如下。

表 2-6 金属电阻应变计的种类

分类方法	应变计类型	说明
工作温度	常温应变计	−30～60℃
	低温应变计	最低−30℃以下
	中温应变计	60～350℃
	高温应变计	最高350℃以上

续表

分类方法	应变计类型	说　明
敏感栅制造方法	丝式应变计	
	箔式应变计	
	薄膜式应变计	
敏感栅结构	单轴应变计	
	多轴应变计(应变花)	
	复式应变计	传感器用栅形
基底材料	纸基应变计	
	胶基应变计	
	浸胶玻璃纤维基应变计	
	金属基应变计	粘贴或焊接
	临时基底应变计	粘贴或喷涂
安装方式	粘贴式应变计	
	焊接式应变计	金属基
	喷涂式应变计	临时基底
	埋入式应变计	埋入混凝土、塑料中测量内部应变
用途	一般用途应变计	应力应变分析、传感器用
	特殊用途应变计	测大应变,残余应力,特殊条件下(强磁场、辐射、水下)使用
	传感器专用应变计	弹模自补偿、蠕变自补偿等应变计

2.3.1 按工作温度范围分类

电阻应变计按工作温度范围可分为常温、低温、中温、高温应变计。

(1) 常温应变计　工作温度范围为−30～60℃,有的常温应变计可使用至+100℃。

(2) 低温应变计　最低工作温度低于−30℃。

(3) 中温应变计　最高工作温度高于60℃,低于350℃。

(4) 高温应变计　最高工作温度高于350℃。

2.3.2 按敏感栅制造方法分类

电阻应变计按敏感栅制造方法分为丝式、箔式、薄膜式等。

（1）丝式应变计　其敏感栅用直径 20～50 μm 的合金丝在专用的制栅机上制成。常见的有丝绕式和短接式，各种温度下工作的应变计都可制成丝式应变计，尤其是高温应变计。受绕丝设备限制，丝式应变计栅长不能小于 2 mm。短接式应变计的横向效应系数较小，可用不同丝材组合成栅，实现温度自补偿；但焊点多，不适用于动态应变测量。

（2）箔式应变计　其敏感栅用 3～5 μm 厚的合金箔光刻制成，栅长最小可做成 0.2 mm。由于散热面积大，允许工作电流较大。箔式应变计敏感栅端部形状和尺寸可根据横向效应、蠕变性能等要求设计，横向效应可远小于丝式应变计，蠕变可减到最小，应变极限一般为 20 000 μm/m。疲劳寿命可达 10^6～10^7 循环次数。箔式应变计质量易控制，应用范围更广泛，是使用最普遍的电阻应变计。

（3）薄膜式应变计　其敏感栅是用真空蒸发或溅射等方法做在基底材料上，形成薄膜，再经光刻制成。薄膜厚度约为箔厚的$\frac{1}{10}$以下。敏感栅与基底附着力强，蠕变和滞后很小，采用镍铬合金薄膜和氧化铝基底的薄膜应变计可使用至 540℃。还可制成高达 800℃使用的应变计。

2.3.3　按敏感栅结构分类

电阻应变计按敏感栅结构分为单轴应变计、多轴应变计和复式应变计。

（1）单轴应变计用于测量敏感栅轴线方向的应变。

（2）多轴应变计又称应变花，在同一基底上有两个或两个以上敏感栅排列成不同方向，用于测定测点主应力和主应力方向。另有排列在同一方向的多个敏感栅的应变计称为应变计链，用于确定应力集中区内的应力分布。

（3）复式应变计是在同一基底上将多个敏感栅排列成所需形状，且连接成电路回路，它主要用于传感器。

各种常温应变计结构示意图如图 2-7 所示。

2.3.4　按基底材料分类

电阻应变计按基底材料可分为纸基、浸胶纸基、胶基、浸胶玻璃纤维基、金属基和临时基底六种。常温和中、低温应变计常用前面四种基底；金属基底常用于高温应变计，多用焊接方法安装，但也有网状金属基底，除焊接外可用粘结方法安装；框架式临时基底（采用铜片或聚四氟乙烯薄膜）用于高温应变计，采用粘胶或喷涂方法安装。

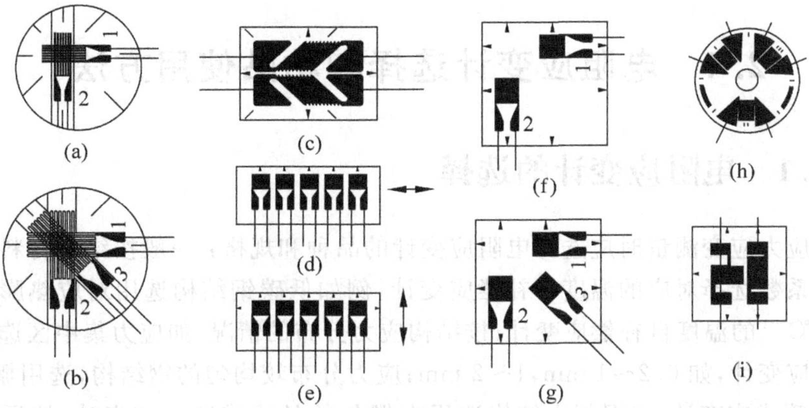

图 2-7 各种类型应变计示意图

(a)、(f) 直角应变花；(b)、(g) 45°应变花；(c) ±45°应变花；
(d)、(e) 纵向、横向应变计链；(h) 残余应力计；(i) 直角应变花

2.3.5 按安装方式分类

电阻应变计按安装方式可分为粘贴式应变计、焊接式应变计、喷涂式应变计和埋入式应变计四类。大多数应变计用粘结剂粘贴安装，对中温、高温应变计粘结剂需加热固化处理，才能有良好粘结效果。焊接式应变计安装时采用专用焊接设备，将应变计金属基底点焊或滚焊在被测构件表面上，这类应变计主要用于安装后不能对粘结剂进行高温固化处理的大型钢结构构件表面的高温应力测量。喷涂式应变计采用喷涂高纯 Al_2O_3 或其他陶瓷粉等方法使应变计敏感栅直接固定在构件表面上。采用火焰或等离子喷枪将 Al_2O_3 等粉末熔化，呈雾状喷到应变计表面，冷却后敏感栅则被固定在构件表面上。埋入式应变计可埋入混凝土或塑料中以测量其内部的应变。

2.3.6 按用途分类

电阻应变计按用途可分为一般用途、特殊用途和传感器专用应变计三类。前两种一般用于结构应力应变测量和作传感器敏感元件，后者用于专门性能要求的传感器中。例如：为使传感器输出随温度变化保持恒定的弹性模量自补偿应变计；在温度恒定时，使传感器输出随时间变化很小的蠕变自补偿应变计等。

2.4 电阻应变计选择和粘贴使用方法

2.4.1 电阻应变计的选择

结构应力应变测量时应选择电阻应变计的品种和规格：一般按结构材料的性能和热膨胀系数选择对应的温度自补偿应变计，例如低碳钢结构选用对应热膨胀系数11×10^{-6}℃$^{-1}$的温度自补偿应变计；按结构应力分布的情况，如应力集中区选用小栅长的箔式应变计，如0.2～1 mm，1～2 mm；应力分布较均匀的钢结构，选用栅长5～10 mm的箔式应变计；对混凝土结构选用大栅长的丝式或箔式应变计；按混凝土石子直径4倍以上选用50、100、200 mm栅长的应变计。

对于结构杆件处于单向应力状态的情况选用单栅电阻应变计，结构处于平面应力状态的部位，如主应力方向已知的选用0°/90°直角双栅电阻应变花，如主应力方向未知则选用0°/45°/90°或等角0°/60°/120°三栅电阻应变花。

选用应变计电阻一般有120 Ω和350 Ω两种，高电阻(350 Ω)应变计较好，在相同供桥电压作用下其发热量小得多，还能减小导线电阻及其随温度变化的影响，可大大提高信噪比。

当结构处于较高环境温度，比常温稍高，如100℃，则应选用工作温度约100～120℃的电阻应变计及相应的粘结剂，一般常温应变计工作温度为80℃以下。

一般电阻应变计的特性参数在其型号中表示，如国产的电阻应变计，按国家标准规定，其型号由汉语拼音字母和数字组成，共有7项。第一项字母表示应变计类别；第二项字母表示应变计基底材料种类；第三项数字表示应变计标称电阻值；第四项数字表示应变计栅长，栅长小于1 mm时，小数点省略，如0.2 mm表示为02；第五项由两个字母组成，它们表示应变计的结构形状；第六项数字表示应变计的极限工作温度，对于常温应变计此项省略；第七项括号内的数字，表示温度自补偿应变计的适用试件材料的线膨胀系数，对于非温度自补偿应变计此项省略。

例如：BA120-3CD150(16)为三轴、箔式温度自补偿聚酰亚胺基底应变计，电阻值120 Ω，栅长3 mm，工作温度150℃，适用于线膨胀系数为16×10^{-6}℃$^{-1}$的试件材料。

2.4.2 电阻应变计粘贴使用技术

1）常温电阻应变计的粘贴使用技术

可用多种粘结剂对应变计进行粘贴，主要有快干胶和室温固化双组分胶两种，其中快干胶应用最广泛。快干胶属氰基丙烯酸酯类，它固化快速，使用方便，常用于金属等结构应力分析的场合。另外，室温固化双组分胶例如环氧树脂与固化剂（双组分）混合后可在几小时内室温固化，常用于混凝土材料结构的应变测量。

2）粘贴安装技术的主要步骤

（1）试验表面的准备。

（2）电阻应变计的准备。

（3）涂粘结剂。

（4）夹紧和固化。

（5）导线连接和检查。

（6）涂防护涂层。

（7）粘贴质量检查。

3）粘贴安装用各种器材和工具

粘贴安装用的器材和工具主要有：粘结剂、试验件、电阻应变计、清洗溶剂、脱脂棉或布、防潮剂、砂纸（100# ～300#）、划线笔、钢板尺、尖镊子、接线端子、导线、电烙铁、焊锡丝、焊油或松香、数字万用表等。

4）试验表面的准备

（1）结构试验表面如有油污（如漆层、机油等）应用去油剂如甲苯、丙酮除去油污，如有铁锈应用砂纸（100# ～200#）打磨到光亮。图 2-8(a)表示在一试件上用砂纸转圈打磨（也可用±45°方向打磨）的示意。粘贴应变计的表面要求平滑而无光泽。

（2）在准备粘贴应变计的部位划出定位标记线。为了使应变计精确对中，在试验表面上划出两条十字交叉线，如图 2-8(b)所示。划线要求不在表面上产生毛刺，可用 4H 铅笔或无油圆珠笔芯来划线。

（3）用脱脂棉球或布沾清洗溶剂（一般用丙酮）单方向擦洗试验表面待贴应变计部位，直到棉球保持洁白为止，如图 2-8(c)所示。清洗后试验表面不得用手指触摸，表面准备和粘贴之间允许较短的间隔时间以免表面氧化，一般钢材不得超过 45 min，对铝或铜为 30 min。

5）电阻应变计的准备

一般在粘贴前，对电阻应变计用数字万用表逐个检测电阻值，不得用手指拿应变计，应用干净圆头镊子夹应变计的引线部位，不得碰及箔栅和基底。

6）电阻应变计的粘贴

（1）准备粘结剂。新打开一瓶快干胶时应按图 2-8(d)所示，在针与快干胶瓶口之间隔一张纸，以防针刺通瓶口时胶液飞溅出来。

（2）分清应变计基底的表里，在没有箔栅的基底里面涂粘结剂，如图 2-8(e)所示。左手抓住应变计引线，基底向上，右手轻按胶瓶，流出少量胶液涂在基底上。

（3）将应变计对准试件表面标记线，右手拿一张聚四氟乙烯薄膜放在应变计上，如图 2-8(f)所示。用拇指轻按在薄膜上保持 1 min，如图 2-8(g)所示。

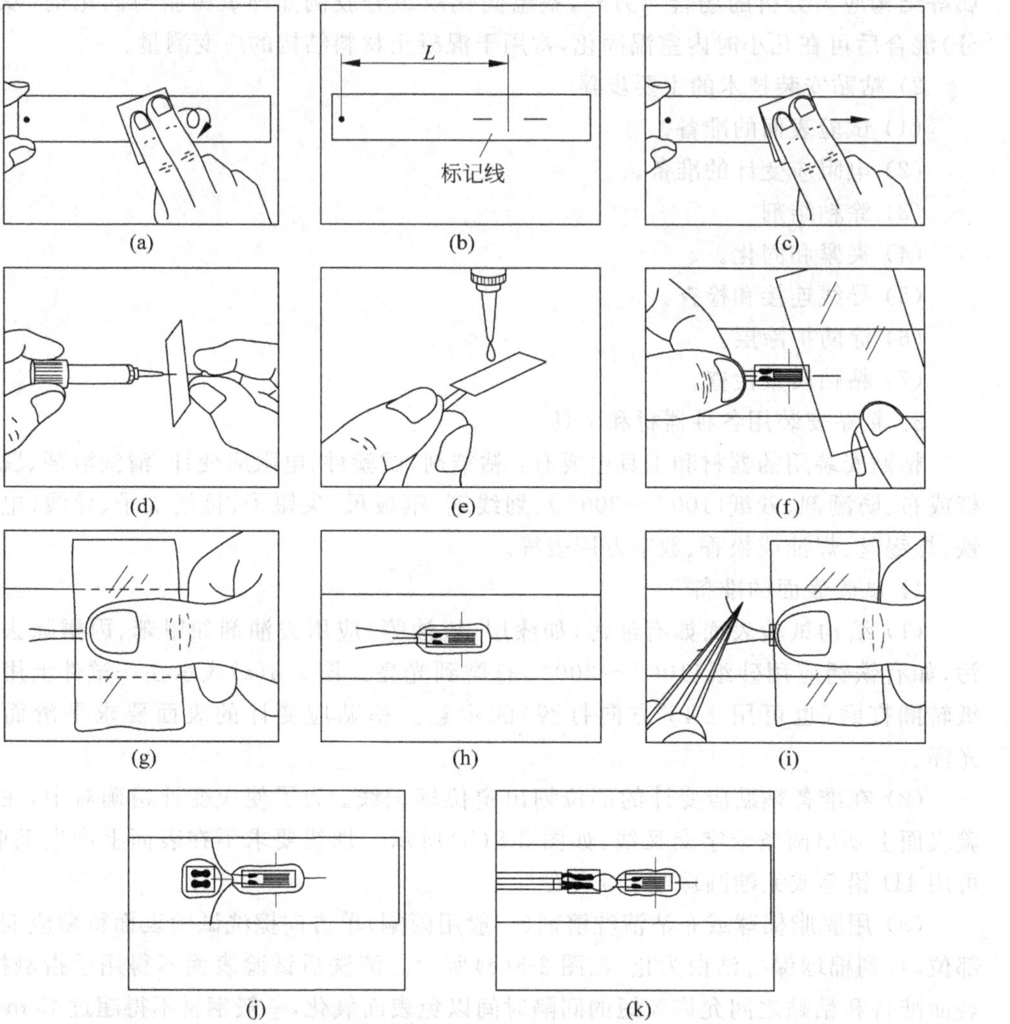

图 2-8　应变计粘贴安装工序

(4) 粘结剂固化后轻揭起薄膜，应变计基底四周都有胶挤出，如图 2-8(h)所示，这样粘结状态良好。

(5) 将薄膜垫在应变计上用拇指按住，用镊子将引线轻轻提起，如图 2-8(i)所示，准备焊接导线。

7) 焊接导线

(1) 在应变计基底附近约 5 mm 处用快干胶粘贴一对接线端子，如图 2-8(j)所示。粘贴方法与应变计不同，在试件表面上涂少量胶液，用镊子夹接线端子放在试件涂胶位置上，用镊子按压端子 1 min，端子即固定不动。

(2) 用电烙铁将应变计引线焊接在接线端子一侧(事先端子上挂锡)，多余的引线头剪去。

(3) 将导线(两芯或三芯)一端剥去塑料皮约 3 mm 长,另一端剥去皮约 10 mm 长,露出多股铜线挂锡。将导线短的一端用电烙铁焊在接线端子上,如图 2-8(k)所示。应注意:疲劳试验时,用接线端子的接法。

(4) 用数字万用表通过导线另一端测量电阻应变计的电阻值,应与原应变计电阻值 120 Ω 或 350 Ω 接近,相差仅 0.3 Ω 之内(导线长度在 1 m 之内时)。

8) 检查电阻应变计

(1) 按 7)中(4)所述检查应变计电阻值。

(2) 用数字万用表检测应变计一根导线与试件之间的绝缘电阻,要求最好 500 MΩ 以上,一般也应在 100 MΩ 以上。

9) 电阻应变计的防护

在一般气候条件下粘贴后的电阻应变计应作防潮处理。因为常用应变计和粘结剂会吸收空气中的水分,尤其在室外工作时会遇到露水和雨水等,受潮后应变计和粘结剂的绝缘电阻和粘结强度下降,从而影响应变计的工作特性。

常温工作环境下短期防潮用石蜡防护,先将石蜡置于烧杯中加热熔化并煮沸,使其中所含水分挥发干净,然后冷却至 40~50℃时涂在事先用灯加热到 40~50℃的试件粘贴应变计的部位(包括应变计表面、引线、接线端子与导线连接处等),涂层厚度略超过直径,确保防护层严密无缝隙。长期防潮可用环氧树脂加固剂配成常温下使用的防潮剂等。具体防潮处理方法如下。

(1) 防潮处理前应将应变计表面焊接时的助焊剂、锡焊料等清除干净,检验应变计电阻值和绝缘电阻,应符合测量要求。

(2) 防护材料面积要比应变计基底面积大 2 倍以上,包括导线端部约 30 mm 范围内,导线表面应清洗干净,以确保与防护材料浸润结合。

(3) 防护层边缘与试件表面应形成圆滑界面,不能出现缝隙,导线与试件表面形成一定角度,从防护层表面引出。

(4) 防护处理后,两次检查应变计电阻值和绝缘电阻值并与覆盖前进行比较,应无变化,否则应检查原因,排除故障,重新防护。防护后应变计的部位构造示意图见图 2-9。

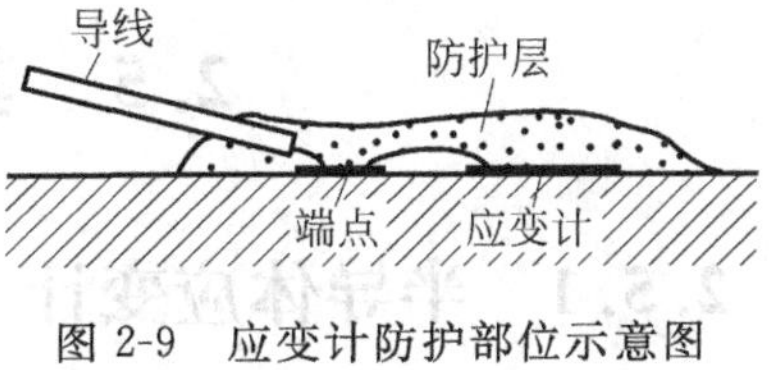

图 2-9 应变计防护部位示意图

10) 粘贴质量的检查

在应变计粘贴和接导线后除检查应变计电阻值和绝缘电阻外,还可检查粘贴质量。

(1) 在粘贴应变计后,先用量角器测量应变计轴线方向是否与试验表面标记线重合,偏离角度如超过允许误差范围应予重贴。

(2) 应变计敏感栅下的胶层若有气泡,则影响应变计传递应变的性能。将应变计接到测量仪器后,应变计的指示应变可出现很大的零点漂移或加载后指示应变值远低于真实应变值。检查气泡的方法有两种:一种是用放大倍数约10倍的放大镜观察;另一种是将应变计接入测量仪器后用橡皮轻按应变计敏感栅部分,观察仪器读数变化能否复原,若不能复原,且随时间变化有较大漂移,则应变计应剔除重贴。

以上检查应在防护前进行,如做了防护就不便检查了。

2.4.3 电阻应变计其他粘贴安装技术

本节介绍常温电阻应变计的粘贴技术。与2.4.2节介绍用快干胶或室温固化双组分胶粘贴安装技术不同,这种应变计不是用于应力分析而是用于传感器,这时一般采用需加热固化的粘结剂粘贴安装电阻应变计。由于这种粘结剂品种很多,其加热固化的程序也不同,这里只以其一般技术进行说明,用某种粘结剂举例。

(1) 在试验表面准备好并清洗、划标记后,用细毛笔在待测表面上涂一薄层粘结剂,其面积比电阻应变计基底稍大。晾干后给表面缓慢升温(1℃/min)到100℃左右,保持半小时,使胶层半固化。

(2) 将电阻应变计基底背面上涂一薄层粘结剂,放在待测表面上对准标记,垫以聚四氟乙烯薄膜,加一块硅橡胶薄板,再加一重物或加压物保持压强约0.1 MPa。晾几小时后缓慢升温(1℃/min)到100℃左右半小时,后升温到140℃(粘结剂完全固化),缓慢冷却至室温,撤除重物、硅橡胶板和薄膜。

(3) 连接导线,检测应变计电阻和绝缘电阻,再进行防护,这样电阻应变计具有良好的工作特性,用于传感器可具有很小的零点漂移、机械滞后和蠕变。这种粘贴安装技术还可以用于中温、低温、高温粘贴式电阻应变计的粘贴安装,只是所用粘结剂不同,其加热固化的具体程序不同,这在后面高低温度条件下应变测量技术(第5章)中再详述。

2.5 其他应变计简介

2.5.1 半导体应变计

1. 半导体应变计的工作原理

金属电阻应变计虽然可做成较小尺寸,但受敏感材料性能所限,其灵敏系数较小。30多年来,半导体理论研究和材料工艺技术的发展,为新型敏感元件的产生和发展创造了有利条件。1954年,C. S. Smith等人发现锗和硅等单晶半导体沿其晶轴方向受到应力时其电阻值产生很大变化(这种现象称为压阻效应),不久出现了由此材料制成的半导体应变计,其灵敏系数比金属的高几十倍,敏感栅尺寸可小很多。典型的体型半导体应变计如图 2-10 所示,它由一小条单晶硅或锗作为敏感栅,由连接端子、基底和内外引线构成。当构件的应变通过基底使敏感栅沿轴向受应力时,其电阻相对变化与金属应变计类似,由下式表示:

$$\frac{\Delta R}{R}=(1+2\nu)\varepsilon+\frac{\Delta\rho}{\rho} \tag{2-20}$$

式中,ν 为材料泊松比;ε 为敏感栅轴向应变;ρ 为材料电阻率。

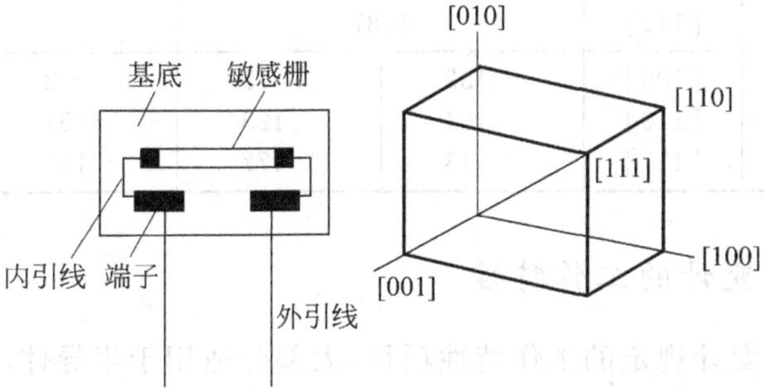

图 2-10 体型半导体应变计及晶体晶轴方向、符号

根据半导体的压阻效应,立方晶系的硅或锗受应力后电阻率相对变化为

$$\frac{\Delta\rho}{\rho}=\Pi_l s=\Pi_l E\varepsilon \tag{2-21}$$

式中,Π_l 为纵向压阻系数;E 为材料弹性模量;s、ε 分别为应力和应变。将上式代入式(2-20)得

$$\frac{\Delta R}{R}=(1+2\nu+\Pi_l E)\varepsilon=K_s\varepsilon \tag{2-22}$$

式中,K_s 为半导体应变计的灵敏系数,与金属应变计不同的是金属应变计的$\frac{\Delta\rho}{\rho}$变化很小,而半导体材料的$\frac{\Delta\rho}{\rho}=\Pi_l E\varepsilon$ 变化很大,$K_s\approx\Pi_l E\gg(1+2\nu)$。另外 K_s 不只取决于材料,还与半导体材料的晶向和杂质浓度等有关。表 2-7 中列出 N 型和 P 型的单晶硅及锗,不同晶向的压阻系数、弹性模量和灵敏系数。

从表 2-7 中所列参数可见,半导体材料的压阻系数和灵敏系数与切割栅条时所选晶向关系极大。因此一般制造半导体应变计时,用 N 型单晶硅做敏感栅应选择[100]或[110]晶向,对单晶锗应选择[111]晶向。K_s 较金属的大 30～50 倍。

此外,在单晶硅或锗中加入一些金属或非金属元素,如添加适量硼、铝、镓等形成 P 型半导体,添加适量磷、锑、砷等形成 N 型半导体,这称为掺杂。杂质浓度对材料电阻率有很大影响,表 2-7 中 N 型、P 型不同,参数相差很大。

表 2-7 单晶硅和单晶锗的性能参数

性能参数	晶向	硅 Si(ρ=0.1 Ω·m) N型	硅 Si P型	锗 Ge($\rho\approx6\times10^{-2}$ Ω·m) N型	锗 Ge P型
$\Pi_l/(10^{-12}\ m^2/N)$	[100]	−10.2	0.65	−0.3	−0.6
	[110]	−6.3	7.1	−7.2	4.75
	[111]	−0.8	9.3	−9.5	6.5
$E/(10^{13}\ N/m^2)$	[100]	1.30		1.04	
	[110]	1.67		1.38	
	[111]	1.87		1.55	
K_s	[100]	−132	10	−2	−5
	[110]	−104	123	−97	65
	[111]	−13	177	−147	103

2. 半导体应变计的工作特性

对金属电阻应变计规定的工作特性项目,大部分适用于半导体应变计,其中主要的工作特性有以下几种。

1) 灵敏系数

式(2-22)说明半导体应变计的灵敏系数主要与敏感栅材料的压阻系数 Π_l 和弹性模量 E 有关。而 Π_l 和 E 与材料种类、晶向和所掺杂质的浓度有关。图 2-11 给出的曲线,表明杂质浓度对硅或锗的电阻率的影响,杂质浓度增加,其电阻率急剧下降。图 2-12 的一组曲线表示 P 型硅应变计$\frac{\Delta R}{R}$与 ε 的关系。曲线边的数字表示材料杂质浓度(杂质原子数/cm^2),P 型硅应变计的 K 通常为正值,随着杂质浓度增加,K 下降。N 型硅应变计的 K 通常是负值,随着杂质浓度增加,K 的绝对值减小。为

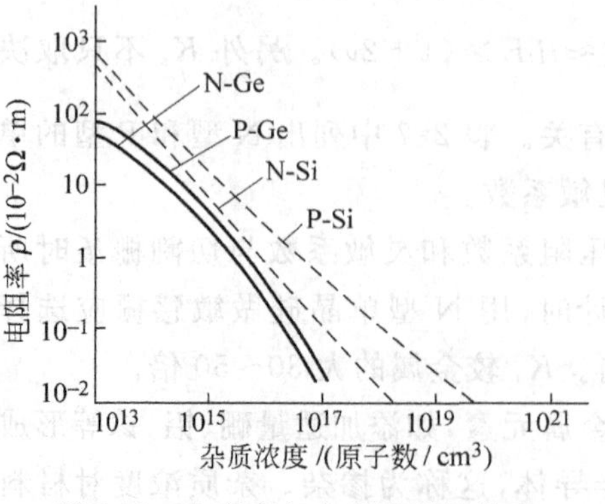

图 2-11 电阻率与杂质浓度的关系

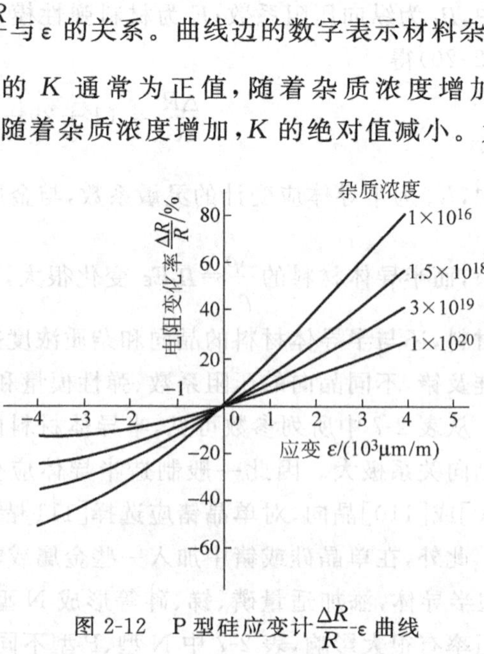

图 2-12 P 型硅应变计$\frac{\Delta R}{R}$-ε 曲线

使应变计获得高而稳定的 K 和减小其分散性，不只要选择材料晶向，而且要严格控制杂质浓度。

从图 2-12 中还可看出，半导体应变计的灵敏系数会随应变增加而有很大变化，即在较小应变范围内 K 保持常数$\left(\frac{\Delta R}{R}\text{-}\varepsilon\right.$ 保持线性关系$\left.\right)$。以硅应变计为例，对于 1%线性要求，P 型硅应变计的工作范围约 ±300 μm/m。因此用半导体应变计制造传感器时，弹性元件在满负荷时应变量不能很大，否则难以保证传感器的线性精度。

2）热输出

当工作温度变化时，安装在被测试件上的半导体应变计由于敏感栅材料的电阻温度系数及膨胀系数差异产生热输出。半导体材料的电阻温度系数比金属的大很多，故热输出比金属的大很多。但电阻温度系数可随杂质浓度变化。图 2-13 表示 P 型硅应变计电阻-温度变化曲线，从中可见，杂质浓度增加时电阻随温度变化减小；选择杂质浓度较高的 P 型硅材料应变计，其热输出较小，但灵敏系数也明显下降，因此确定杂质浓度应综合考虑。例如，P 型硅应变计的 ρ 在 $0.1\sim10\ \Omega\cdot m\times10^{-2}$ 范围内，杂质浓度为 1×10^{17} 原子数/cm^3 左右时，K 可保持 100～180，其平均热输出系数约 20～50 μm/(m·℃)。

传感器用半导体应变计时，多采用半桥或全桥电路，便于温度补偿，因此要求严格控制应变计之间热输出的分散性。

3）灵敏系数随温度的变化

半导体应变计的灵敏系数随温度升高而逐渐减小。从图 2-14 看出变化曲线是非线性的。当温度增高时，压阻系数 Π_l 和弹性模量 E 都发生变化。Π_l 与 T 的关系为

$$\Pi_l = AT^{-a}$$

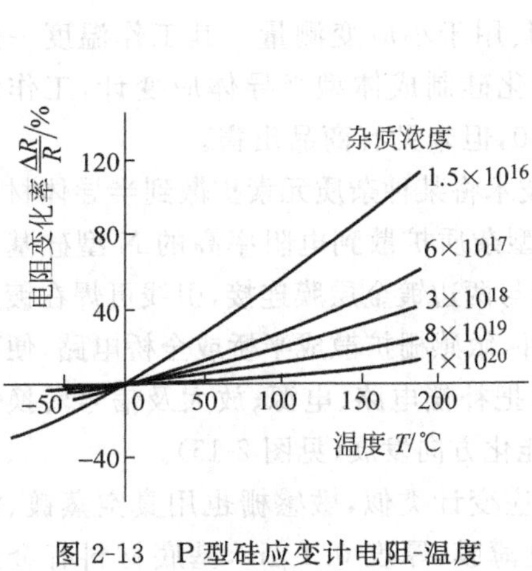

图 2-13 P 型硅应变计电阻-温度变化曲线

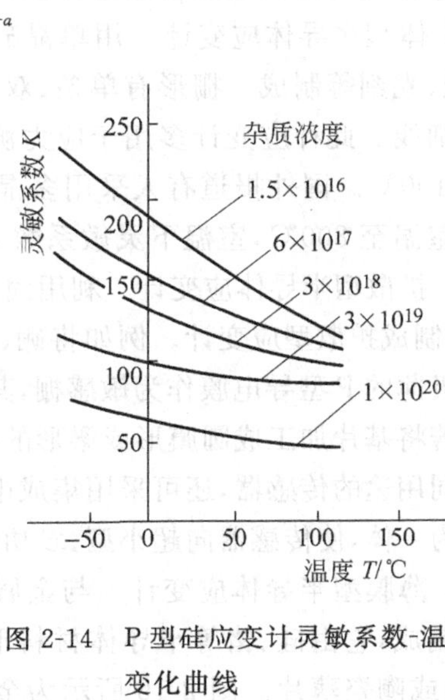

图 2-14 P 型硅应变计灵敏系数-温度变化曲线

式中，常数 A 与 α 由半导体材料的类型和杂质浓度决定。从图 2-14 中可见，对于 P 型硅应变计，材料杂质浓度愈高，其灵敏系数随温度变化愈平缓，同时热输出也较小(见图 2-13)。但是过高的杂质浓度使掺杂工艺困难，造成材料电阻率不均匀，K 很低且分散大。因此确定杂质浓度要综合考虑多方面的因素，希望灵敏系数 K 较高并且随温度的变化和热输出较小。

4) 横向效应系数

半导体应变计的敏感栅多为扁平栅条，双条或多条形栅的横栅垂直于所选晶轴方向，横栅的灵敏系数远小于纵向栅条，所以横向效应系数很小(=0.5%)，这有利于微型应变计的应用。

5) 机械滞后、蠕变和应变极限

在较小应变范围内，半导体材料弹性很好，单晶硅或锗的机械滞后和蠕变很小，应变计的滞后和蠕变主要由基底和粘结剂引起。如应变值超出半导体材料的弹性范围，则应变计滞后和蠕变将增大。

半导体应变计的应变极限比金属的要低很多，常温下约 5000 μm/m。

6) 疲劳寿命

一般半导体应变计，在±500 μm/m 交变应变下工作，疲劳寿命可达 10^7 次；应变在±1000 μm/m 时，疲劳寿命约为 10^6 次。影响因素主要是半导体材料微观表面的抛光质量。采用先进的光刻技术制造敏感栅，可使应变计在±1000 μm/m 应变时疲劳寿命提高到 10^8 次循环。

3. 半导体应变计的种类

半导体应变计按敏感栅制造方法分类有三种。

(1) 体型半导体应变计　用单晶硅或单晶锗按一定晶轴方向切成薄片，经过掺杂、抛光、光刻等制成。栅形有单条、双条或多条型，栅长一般为 1～5 mm，内引线采用纯金细线。此种应变计多用于应力测量，尤其用于小应变测量。其工作温度一般不超过 100℃。国外报道有人采用多晶 α 相碳化硅制成体型半导体应变计，工作温度可由室温至 800℃，室温下灵敏系数为 20～30，但未见有商品出售。

(2) 扩散型半导体应变计　利用固体扩散技术将某种杂质元素扩散到半导体材料上，这样制成扩散型应变计。例如将硼、铝等 P 型杂质扩散到电阻率高的 N 型硅基片上形成极薄的 P 型导电膜作为敏感栅，其接线端与两边镀金层膜连接，引线可焊在镀金膜上。若将基片加工成圆膜形或梁形的受力元件，敏感栅扩散成半桥或全桥电路，便可制成不同用途的传感器，还可采用集成电路技术把补偿电路、电源、放大及信号转换等电路组为一体，使传感器向超小型、多功能及智能化方向发展(见图 2-15)。

(3) 薄膜型半导体应变计　与金属薄膜型应变计类似，敏感栅也用真空蒸镀、沉积方法制成，它由硅、锗等半导体材料形成导电薄膜，厚度 0.1 μm，基底材料有金属箔、玻璃或陶瓷薄片。图 2-16 所示为金属箔基底的薄膜型半导体应变计的构造。敏感栅与基底之间有氧化硅绝缘层，其膨胀系数与敏感栅接近，敏感栅有内外引线引出。这种应变计的灵敏系数一般小于体型半导体应变计(约为 20～50)，它们的电阻-温度变化曲线的线性较好，灵敏系数随温度变化及热输出也很小。表 2-8 列出半导体锗薄膜应变计与其他应变计的性能比较，可供参考。薄膜型半导体应变计常用于直接在弹性元件上蒸镀出薄膜型敏感栅桥路，制成各种微型测力计、血压计或其他用途的压力传感器等。

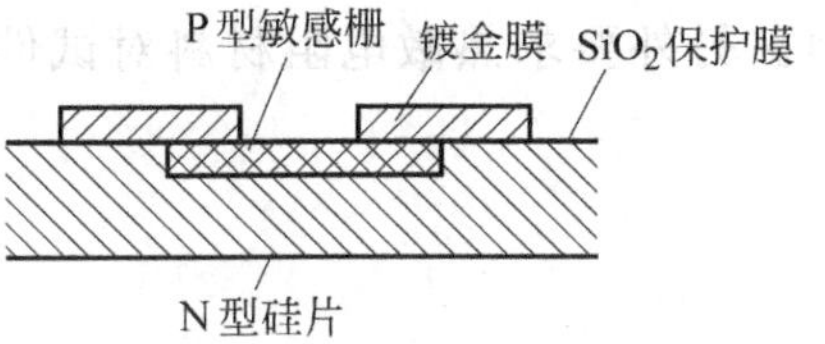

图 2-15 扩散型半导体应变计

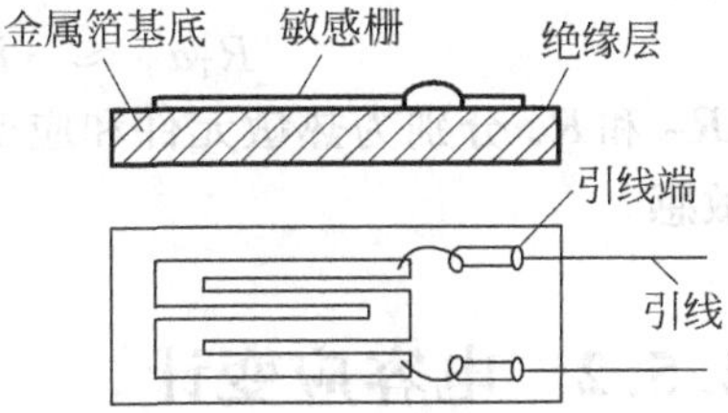

图 2-16 薄膜型半导体应变计

表 2-8 锗薄膜应变计与其他应变计的性能比较

应变计类型	灵敏系数 K	4000 μm/m 时非线性/%	电阻温度系数/(10^{-6}℃$^{-1}$)	K-T 变化/(10^{-2}℃$^{-1}$)
锗薄膜型应变计	20～50	0.2	20	0.05
体型半导体应变计	100～150	1.0	200	0.20
金属丝式应变计	2	0.1	2～20	0.02

按照温度补偿类型分类，半导体应变计可分为灵敏系数补偿型与热输出补偿型，后者又可分为单栅温度自补偿、双栅半桥自补偿及热敏元件补偿等类型。

(1) 灵敏系数补偿型应变计　随着温度升高，半导体应变计灵敏系数绝对值减小，使应变计输出减小。为了补偿灵敏系数变化，可采用恒流源的测量电路，通过选择应变计灵敏系数的温度系数和电阻温度系数，使它们的影响相互抵消，据此原理制成灵敏系数补偿型应变计。

(2) 单栅温度自补偿应变计　半导体应变计的热输出可用下式表示(与前面金属电阻应变计类似)：

$$\varepsilon_T = \left[\frac{a_T}{K} + (\beta_e - \beta_g)\right]\Delta T$$

为达到温度自补偿，必须满足

$$a_T = K(\beta_g - \beta_e)$$

单晶锗与硅的电阻温度系数 a_T 很大且为正值，β_g 小于金属材料的 β_e，因此只能选择 $K \ll 0$ 的敏感栅材料，才能满足上述温度自补偿条件。例如某 N 型硅应变计的 $K=-110$，$a_T=10.8\times10^{-4}$℃$^{-1}$，适用于补偿 $\beta_e=(11\sim12)\times10^{-6}$℃$^{-1}$ 的钢材料。这种补偿型应变计应用范围较窄，只能用于特定试件。

(3) 双栅半桥式自补偿应变计　由于 N 型和 P 型单晶硅或锗材料的 a_T 均为正

值，而 K 符号相反，据此采用 $K>0$ 的 P 型半导体敏感栅与 $K<0$ 的 N 型敏感栅组成半桥制成自补偿应变计。这种应变计有更大的灵敏系数，但应用范围也有限。

(4) 热敏元件补偿型应变计　这种应变计的敏感栅由一个应变敏感栅和一个温度敏感栅组成串联或并联电路，使它们因温度变化而产生的电阻变化相互抵消。例如，用热敏电阻与半导体应变计敏感栅串联为一桥臂的电桥电路，为达到温度补偿，热敏元件的电阻温度系数 a_T 应与应变敏感栅电阻温度系数 a_g 的符号相反，并满足下式要求：

$$R_T a_T \approx -R_g[a_T + K(\beta_e - \beta_g)]$$

式中，R_T 和 R_g 分别为热敏元件和应变栅的电阻。另外要求热敏电阻材料对试件应变不敏感。

2.5.2 电容应变计

1. 电容应变计的工作原理

金属电阻应变计已广泛用于各种结构应力应变测量，具有很高精度和灵敏度，并能应用于特殊高温、低温等环境。但对于很高温度条件下的长时间测量，高温电阻应变计常常受限制，甚至无法使用，这主要是因为：①难以找到一种电阻合金能满足长期高温静态测量中的稳定性和重复电阻温度特性的要求；②用于将敏感栅粘结到试件材料上的粘结剂，在高温下绝缘性受到限制，难以应用。人们发现电容装置避免了以上两个主要影响因素，利用电容原理制成应变计，可用于高温且长期的应变测量。对一简单的平行板电容器，其工作原理用下式表示：

$$C \propto \frac{Ak}{\delta} \tag{2-23}$$

式中，A 为平行板面积；k 为介电常数；δ 为平行板之间的距离；C 为电容。假如电容器两端与地绝缘，则所选用材料的电性能相对不太重要，只需满足力学要求。但是电容应变计的研制还要解决下列主要技术问题。

(1) 被测构件表面的应变场不均匀，应变量比较小，要求应变计尺寸小。而小尺寸电容装置其电容量很小，需较高灵敏度。

(2) 电容装置的电极与介电材料在高温下正常工作，要求有抗氧化能力，且介质电学性质受温度变化影响很小。

由式(2-23)可知，利用 A、k、δ 各参数的变化，可制成多种电容式传感器。电容应变计主要是将构件表面应变引起的相对位移转换成电极板距离或面积变化，并由此引起电容变化，因此要求电极间介质的介电常数大且受温度影响小。电容应变计的灵敏系数可表示如下：

$$K = \frac{\frac{\Delta C}{C}}{\varepsilon} \tag{2-24}$$

式中，ε 为应变计安装方向构件表面的单向应变；$\frac{\Delta C}{C}$是应变计在 ε 作用下引起的电容相对变化。工作温度不变时，电容应变计的灵敏系数只与电极尺寸、介质性能有关，因此电容应变计的工作温度不受电极材料电学性能变化影响，比电阻应变计有更高的工作温度。

2. 高温电容应变计

20 世纪 60～70 年代，美国休斯(Hughes)飞机公司、波音(Boeing)飞机公司和海特克(Hitec)公司以及英国塞勒(Cerl)和普兰纳(Planer)公司等分别研制了高温电容应变计。它们的结构原理各有特点，工作性能也不相同。现简介一种拱形电容应变计。

为了测量电力工业中涡轮发电机组结构在高温(600℃)下，由热负荷引起的瞬态应变和长期蠕变应变，用一般高温电阻应变计能测量 600～700℃应变，但缺乏测量长期蠕变的高稳定性能。高温结构钢的基本蠕变过程分为三个阶段：大约 10^4 小时内初始阶段蠕变应变约 1‰(1000 μm/m)；第二阶段线性变化，蠕变约在 10^5 小时后达 3‰应变；最后进入导致断裂的第三阶段(10^5 小时以上)。为了测量初始阶段蠕变应变，应变计的稳定性应小于 0.1(μm/m)/h，如需测量第二阶段蠕变应变，应变计稳定性应达 0.03(μm/m)/h。

由英国 Nohingk 等人研制的拱形电容应变计，其结构构造示意图如图 2-17 所示。它由两块拱形板条构成，一块为顶拱，在另一块(为底拱)的上面；有两块电容极板，一块固定在顶拱下面，另一块固定在底拱顶上，在两块电容极板之间留一小空气间隙，拱板宽 4 mm，厚 0.1 mm。这样只需很小的轴向力就可使其弯曲。拱板两端用单点焊使其与被测构件连接，当构件产生轴向应变时，电容应变计底拱弯曲量比顶拱大，其空气间隙和电容随之变化。电容变化可由任一瞬时拱高计算出来。图 2-18 表示拱形电容应变计的电容与应变关系曲线，电容与应变关系是非线性的，且电容随拉应变而减小，随压应变而增大。用现代数据处理方法可将电容转换成应变。电容应变计被制成由自由状态向拉、压两个方向大致相等的±0.5%(5000 μm/m)的应变，总测量能力为 1%。

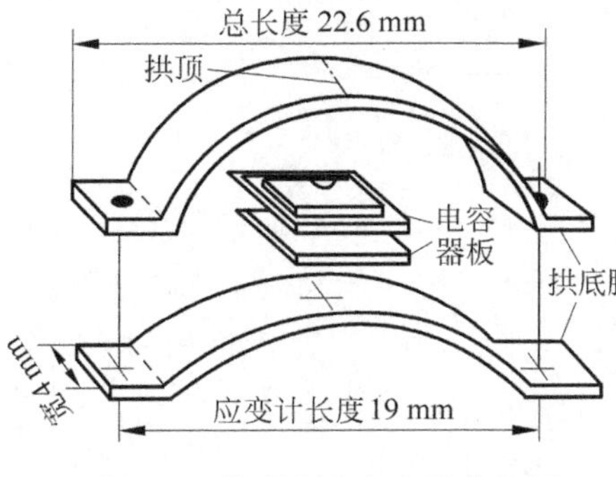

图 2-17　拱形电容应变计分解图

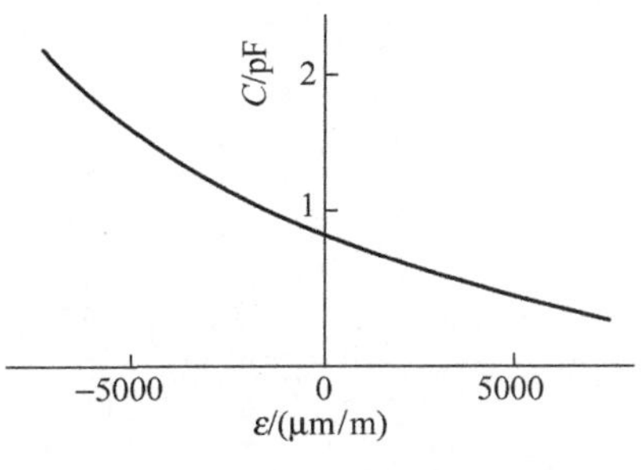

图 2-18　电容-应变关系示意图

由于空气间隙、环境压力和温度变化会引起介电常数的微小变化，但若给定压力温度条件，则介电常数不变，因此应变计的稳定性取决于所用材料和应变计的工作方式。电容器极板的平台被焊接到拱形板条上。焊接时是不受力的，铂电容极板与平台之间有氧化铝绝缘层，与电容极板相连的引线与测量电缆连接。拱形板在构件拉应变 0.5%时端部受力小于 300 g，因此端焊点和底脚应力应变很小。拱板选用镍基合金，可经受 750℃高温，有足够抗蠕变能力并与构件材料的膨胀系数相适应，应变计的热输出很小。

拱形电容应变计的安装：在构件清洁平表面上焊接固定两根导线(常用高温铠装密封导线)，将电容应变计拱形板条一端点焊在表面上，应变计两电极上悬空的引线与导线焊接，将测量仪表接入电路，监视应变计的输出。应变计拱板另一端点适当移动，当所需预定的应变计读数指示时，将此端点焊住。

经研制改进 Cerl/Planer 公司生产的各种型号拱形电容应变计分别适用于两种膨胀系数(11×10^{-6}℃$^{-1}$和 17×10^{-6}℃$^{-1}$)的钢材，其工作特性如下。

(1) 灵敏系数　由于生产上存在尺寸公差，每个应变计由厂方提供标定灵敏系数。由图 2-18 可见：C-ε 之间为非线性关系，拉应变时 $K\approx-100$，压应变时 $K\approx400$。当工作温度达到 750℃时，由于空气介电常数等随温度变化，而使 K_T 大约变化 4%～5%。

(2) 应变计热输出　制造时选用不同拱形板材料，使之与被测构件材料膨胀系数匹配，得到较小的应变计热输出。某些拱形电容应变计热输出在 600℃范围内最大不超过 120 μm/m，且升降温热输出循环曲线重合性很好，热滞后不大于10 μm/m。

(3) 高温下零漂和蠕变　某些应变计在某合金试件上 600℃空气中零漂第 100 h 时小于 50 μm/m，长期 1800 h 时降至每小时 0.03 μm/m。

另外，美国波音公司和美国 NASA 飞行研究中心共同研制的差动式高温电容应变计工作温度 800℃，应变测量范围可达±20 000 μm/m 以上，线性良好，热输出较小，长期稳定性也很好。这里不作详细介绍，读者可参考其他文献资料。

第3章 应变测量仪器

3.1 引　言

应变电测方法是利用金属电阻应变计，将结构、材料的应变转换成电阻变化，需要用测量仪器测量其电阻变化，间接测出应变。由于结构应变一般很小，以应变 $\varepsilon=\frac{\Delta L}{L}\approx 1000\ \mu\text{m/m}$ 计，由金属应变计的 $\frac{\Delta R}{R}=K\varepsilon$，一般 $K\approx 2.0$，则 $\frac{\Delta R}{R}\approx 2‰$。对于 $R=120\ \Omega$ 的应变计，$\Delta R\approx 0.24\ \Omega$，如要测量更微小的应变 $1\sim 5\ \mu\text{m/m}$，则 $\Delta R\approx 0.000\,24\sim 0.0012\ \Omega$。这样微小的电阻变化，如用电桥直接测量应变计在应变前后的电阻值则至少需要六、七位精密电桥，而且测量极不方便，因此需要采用某些测量电路将 $\frac{\Delta R}{R}$ 的测量转换成电压或电流变化的测量。下面介绍的电桥测量电路就把 $\frac{\Delta R}{R}$ 变成电桥的电压变化 ΔU，再经放大器组成专门的电阻应变测量仪器，可方便、精确地直接测量和显示应变。这种应变测量仪器最早称为电阻应变仪，它体积小，重量轻，便于携带，适合于室内或野外使用。它测量的实质是电阻变化，用应变读数显示。电阻应变仪中除电桥外还有放大器等将电压变化放大。后来又发展成数字电阻应变仪，它直接用数字显示应变，并发展成可打印记录，可进行多点快速应变测量。对于随时间变化很快的动态应变信号又发展了数据采集系统，它由计算机进行操作，可进行实时数据采集、传送、储存和处理。下面先介绍电桥测量电路。

3.2　电桥测量电路

各种应变计可接入电桥的各桥臂，电桥接桥方式分单臂、半桥和全桥。电桥的电源可以是直流或交流，电桥可以分电压输出桥和电流（功率）输出桥，电桥常用恒压源，也有用恒流源。下面从直流电桥开始讨论各种电桥电路的特性。

3.2.1　直流电桥

1. 电压输出桥

将电阻应变计及电阻接入电桥各桥臂，电桥由直流电压供源，电压输出桥示意图如图3-1所示。4个桥臂电阻分别为 R_1、R_2、R_3、R_4，供源电压为 U，电桥输出（B、D 间）为 ΔU_g。一般常用全等臂电桥，即初始桥臂电阻 $R_1=R_2=R_3=R_4=R$，这时电桥处于平衡状态，$\Delta U_g=0$。

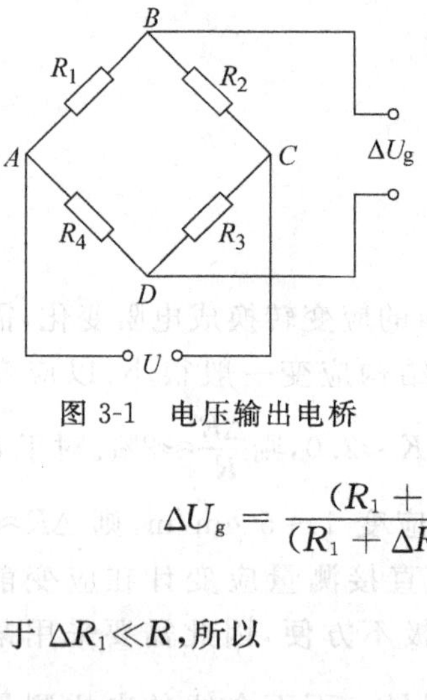

图3-1　电压输出电桥

对于半桥方式，R_1、R_2 为应变计，R_3、R_4 为平衡用固定电阻，其中 R_1 为测量应变计，R_2 为温度补偿应变计。当测量应变计感受构件应变 ε 时，电阻 R_1 变成 $R_1+\Delta R_2$，设温度补偿应变计 R_2 不变，R_3、R_4 也不变，则产生电压输出 ΔU_g：

$$\Delta U_g=\frac{(R_1+\Delta R_1)R_3-R_2R_4}{(R_1+\Delta R_1+R_2)(R_3+R_4)}U=\frac{\Delta R_1}{4\left(R_1+\frac{1}{2}\Delta R_1\right)}U \tag{3-1}$$

由于 $\Delta R_1 \ll R$，所以

$$\Delta U_g \approx \frac{U}{4}\cdot\frac{\Delta R_1}{R_1}=\frac{U}{4}K\varepsilon \tag{3-2}$$

当4个桥臂电阻都用应变计，且均发生应变而电阻变化时，即 $R_1\to R_1+\Delta R_1$，$R_2\to R_2+\Delta R_2$，$R_3\to R_3+\Delta R_3$，$R_4\to R_4+\Delta R_4$，则可得下式：

$$\begin{aligned}\Delta U_g&=\frac{(R+\Delta R_1)(R+\Delta R_3)-(R+\Delta R_2)(R+\Delta R_4)}{(2R+\Delta R_1+\Delta R_2)(2R+\Delta R_3+\Delta R_4)}U\\&\approx\frac{R(\Delta R_1-\Delta R_2+\Delta R_3-\Delta R_4)}{4R^2+2R(\Delta R_1+\Delta R_2+\Delta R_3+\Delta R_4)}U\\&\approx\frac{U}{4}\left(\frac{\Delta R_1}{R_1}-\frac{\Delta R_2}{R_2}+\frac{\Delta R_3}{R_3}-\frac{\Delta R_4}{R_4}\right)\\&\approx\frac{U}{4}K(\varepsilon_1-\varepsilon_2+\varepsilon_3-\varepsilon_4)\end{aligned} \tag{3-3}$$

其中假设$\frac{\Delta R_1}{R_1}$、$\frac{\Delta R_2}{R_2}$等较小，分母中小量可忽略，电压输出与各桥臂的电阻变化(或应变)的代数和近似为线性关系，且相邻桥臂的符号相反，相对桥臂的符号相同。

以半桥接法，单臂应变计感受应变 ε 为例，说明由 $\Delta U_g=\frac{\Delta R_1}{4\left(R_1+\frac{1}{2}\Delta R_1\right)}U\approx\frac{U}{4}\cdot\frac{\Delta R_1}{R_1}=\frac{U}{4}K\varepsilon$，即由非线性关系近似到线性关系引起的误差 e 与 ε 或$\frac{\Delta R}{R}$有关：

$$\Delta U_g=\frac{U}{4}\cdot\frac{\Delta R_1}{R}\frac{1}{\left(1+\frac{1}{2}\cdot\frac{\Delta R_1}{R}\right)}$$

$$=\frac{U}{4}\cdot\frac{\Delta R}{R}\left[1-\frac{1}{2}\cdot\frac{\Delta R}{R}+\left(\frac{1}{2}\cdot\frac{\Delta R}{R}\right)^2-\cdots\right]$$

$$\approx\frac{U}{4}\cdot\frac{\Delta R}{R}\approx\frac{U}{4}K\varepsilon$$

当 $\varepsilon=1000\ \mu\text{m/m}$，$K=2.0$ 时，引起的误差 $e=\frac{1}{2}\cdot\frac{\Delta R}{R}=\frac{K\varepsilon}{2}$约为 0.1%。当 ε 较大时，误差也增大，如 $\varepsilon=20\ 000\ \mu\text{m/m}$，$e\approx2\%$。

对于半等臂电桥，即 $R_1=R_2=R_a$，$R_3=R_4=R_b$ 时，也有相同的关系式：

$$\Delta U_g=\frac{U}{4}\left(\frac{\Delta R_1}{R_1}-\frac{\Delta R_2}{R_2}+\frac{\Delta R_3}{R_3}-\frac{\Delta R_4}{R_4}\right)$$

2. 电流输出桥及功率输出桥

除了上述电压输出桥在应变测量仪器中用得比较普遍外，有些也会应用电流输出桥，在电桥输出对角端直接接检流计或指针式仪表(如图 3-2 所示)，输出电流为 ΔI_g，检流计或指针式仪表的负载电阻 R_g 一般较小，电桥输出的电流不仅决定于电表的电阻，而且还取决于电桥的内阻。由于电表偏转需要一定的功率，所以还应从取得最大功率考虑，使电桥内阻与 R_g 有最佳匹配，这样的电桥称为功率输出桥。

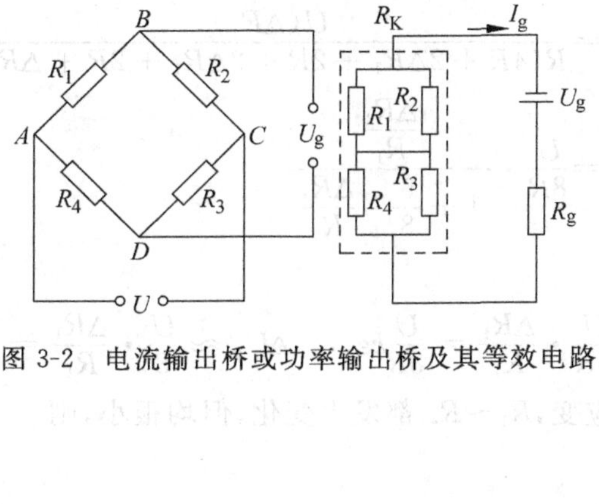

图 3-2 电流输出桥或功率输出桥及其等效电路

按其等效电路，设 $R_g=\infty$ 求出 BD 两端空载时电压 $\overline{U}_g=\dfrac{R_1R_3-R_2R_4}{(R_1+R_2)(R_3+R_4)}U$，作为电源，则有

$$I_g=\frac{\overline{U}_g}{R_g+R_K},\quad U_g=I_gR_g=\frac{\overline{U}_gR_g}{R_g+R_K} \tag{3-4}$$

其中 $R_K=\dfrac{R_1R_2}{R_1+R_2}+\dfrac{R_3R_4}{R_3+R_4}$，代入上式得

$$\begin{cases} I_g=\dfrac{(R_1R_3-R_2R_4)U}{R_g(R_1+R_2)(R_3+R_4)+R_1R_2(R_3+R_4)+R_3R_4(R_1+R_2)} \\ U_g=\dfrac{(R_1R_3-R_2R_4)U}{\dfrac{(R_1+R_2)(R_3+R_4)+[R_1R_2(R_3+R_4)+R_3R_4(R_1+R_2)]}{R_g}} \end{cases} \tag{3-5}$$

如 $R_1R_3=R_2R_4$，则 $I_g=U_g=0$，电桥处于平衡状态。$R_1\sim R_4$ 如有变化则产生输出电压和电流：ΔU_g 和 ΔI_g。

电桥输出功率 $P_g=I_g^2R_g$，求极值，由 $\dfrac{\partial P_g}{\partial R_g}=0$，得

$$2I_gR_g\frac{\partial I_g}{\partial R_g}+I_g^2=0$$

将式(3-5)代入上式得

$$R_g=\frac{R_1R_2}{R_1+R_2}+\frac{R_3R_4}{R_3+R_4}=R_K \tag{3-6}$$

上式表明，当电桥负载电阻 R_g 与电桥内阻 R_K 相等时电桥输出功率最大，此时得最佳匹配。

将式(3-6)代入式(3-5)得

$$\begin{cases} I_g=\dfrac{U}{2}\cdot\dfrac{R_1R_3-R_2R_4}{R_1R_2(R_3+R_4)+R_3R_4(R_1+R_2)} \\ U_g=\dfrac{U}{2}\cdot\dfrac{R_1R_3-R_2R_4}{(R_1+R_2)(R_3+R_4)} \end{cases} \tag{3-7}$$

对全等臂电桥 $R_1=R_2=R_3=R_4=R$，$R_g=R_K=R$，如 $R_1\to R_1+\Delta R_1$，则代入式(3-5)得

$$\Delta I_g=\frac{U(\Delta R_1)}{R(4R+2\Delta R_1+2R+2\Delta R_1+2R+\Delta R_1)}$$

$$=\frac{U}{8R}\cdot\frac{\dfrac{\Delta R_1}{R_1}}{1+\dfrac{5}{8}\cdot\dfrac{\Delta R_1}{R_1}}$$

因为 $\Delta R_1\ll R_1$，有

$$\Delta I_g\approx\frac{U}{8R}\cdot\frac{\Delta R_1}{R_1}=\frac{U}{8R}k\varepsilon_1,\quad \Delta U_g\approx\frac{U}{8}\cdot\frac{\Delta R_1}{R_1}=\frac{U}{8}k\varepsilon_1 \tag{3-8}$$

若 4 个应变计都感受应变，$R_1\sim R_4$ 都发生变化，但均很小，则

$$\begin{cases}\Delta I_{g}\approx \dfrac{U}{8R}\left(\dfrac{\Delta R_1}{R_1}-\dfrac{\Delta R_2}{R_2}+\dfrac{\Delta R_3}{R_3}-\dfrac{\Delta R_4}{R_4}\right)\approx \dfrac{U}{8R}K(\varepsilon_1-\varepsilon_2+\varepsilon_3-\varepsilon_4)\\ \Delta U_{g}\approx \dfrac{U}{8}\left(\dfrac{\Delta R_1}{R_1}-\dfrac{\Delta R_2}{R_2}+\dfrac{\Delta R_3}{R_3}-\dfrac{\Delta R_4}{R_4}\right)\approx \dfrac{U}{8}K(\varepsilon_1-\varepsilon_2+\varepsilon_3-\varepsilon_4)\end{cases} \tag{3-9}$$

对半等臂电桥，$R_1=R_2=R_a$，$R_3=R_4=R_b$，$R_g=\dfrac{R_a}{2}+\dfrac{R_b}{2}$，如 $R_1\to R_1+\Delta R_1$，则有

$$\Delta I_{g}\approx \frac{U}{4(R_a+R_b)}\frac{\Delta R_1}{R_1}\approx \frac{UK\varepsilon_1}{4(R_a+R_b)},\quad \Delta U_{g}\approx \frac{U}{8}\cdot \frac{\Delta R_1}{R_1}$$

比较以上两种输出电桥，可得以下几点结论。

(1) 当$\dfrac{\Delta R}{R}$很小时，电桥输出电压 ΔU_g 或电流 ΔI_g 与$\dfrac{\Delta R}{R}$呈线性关系，电压输出桥的输出电压 ΔU_g 为功率桥的 ΔU_g 的 2 倍。

(2) 对于功率输出桥，由于电桥输出阻抗在仪器设计时按各桥臂标准电阻值($R=120\ \Omega$)匹配，因此如应变计电阻值不同于标准值时，电桥输出应予修正。

(3) 由全等臂电桥全桥接法得出关系可见：电桥输出电压与各桥臂$\dfrac{\Delta R}{R}$的代数和成正比，其中 R_1、R_3 桥臂为正号，R_2、R_4 桥臂为负号。因此利用这一特性，根据构件各种不同受力状态，采用合理接桥方法可增加电桥输出的灵敏度，以及消除一些不需要的应变读数，并进行温度补偿。

早期的应变测量仪表——电阻应变仪大都采用交流载波电桥的原理，其原因是：①不用直流放大器，因为在当时的电子技术水平下直流放大器有较大的零点漂移；②选用较高载波频率，可远离 50 Hz 市电干扰，对小信号的放大很有利。由于这种载波式电阻应变仪电路简单，性能好，价格便宜，目前仍在继续使用。对于交流电桥，采用交流电源，其电桥特性与直流电桥有相似之处，但也有区别。

3.2.2 交流(载波)电桥

交流电桥的桥臂应按阻抗来考虑，桥臂上存在分布电容，尤其当应变计与应变仪之间距离较大时，连接导线的分布电容和电感增大，另外测量静态或动态应变时电桥输出是一调幅信号。

1. 交流电桥输出信号的频带

先假设桥臂阻抗为纯电阻，应变 ε 引起电阻变化$\dfrac{\Delta R}{R}$，设电源是单一载波角频率 ω_c 的正弦电压(设 φ_c 相位角为零)，有

$$U(t)=U\sin(\omega_c t+\varphi_c)=U\sin\omega_c t$$

则对于静态应变 ε_0 的输出为

$$\Delta U_g(t) = \frac{U(t)}{4}K\varepsilon = \frac{K\varepsilon}{4}U\sin\omega_c t \tag{3-10}$$

如 ε 为正，则有上式，如静态应变为 $-\varepsilon$，则有

$$\Delta U_g(t) = \frac{K\varepsilon}{4}U\sin(\omega_c t - \pi)$$

正负应变引起的输出电压都是等幅正弦波（如图 3-3 所示）。

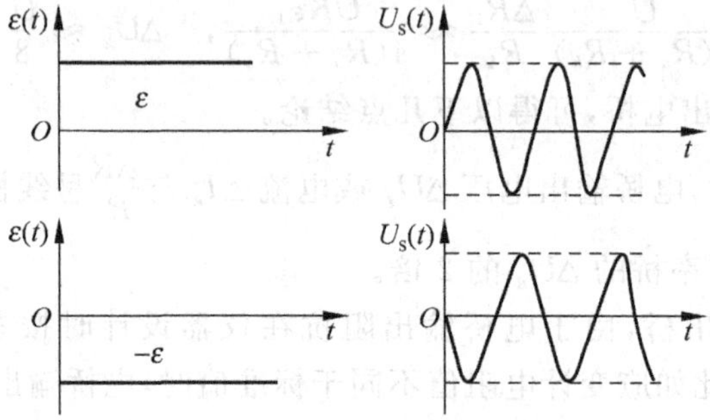

图 3-3 静态应变的输出电压波形

对于动态应变，假设为单一频率的正弦动应变 $\varepsilon(t)=\varepsilon_0\sin(\omega_0 t)$，式中 ε 为动态应变的幅值，ω_0 为动态应变的角频率，则电桥输出电压 $\Delta U_g(t)$ 为

$$\begin{aligned}\Delta U_g(t) &= \frac{1}{4}K\varepsilon(t)U(t) = \frac{1}{4}K\varepsilon_0\sin\omega_0 tU\sin\omega_c t \\ &= \frac{1}{8}K\varepsilon_0 U[\cos(\omega_c - \omega_0)t - \cos(\omega_c + \omega_0)t] \\ &= \frac{1}{8}K\varepsilon_0 U[\cos(2\pi f_c - 2\pi f_0)t - \cos(2\pi f_c + 2\pi f_0)t]\end{aligned} \tag{3-11}$$

此式表明，当应变频率 ω_0 低于载波频率 ω_c 时，产生一对载频的调幅波，它也可分解为两个频率为 $(\omega_c-\omega_0)$ 和 $(\omega_c+\omega_0)$ 的等幅波。载波桥压、动态应变和输出电压在时域的波形图如图 3-4(a)所示，其频域的频谱图如图 3-4(b)所示。其中载波角频

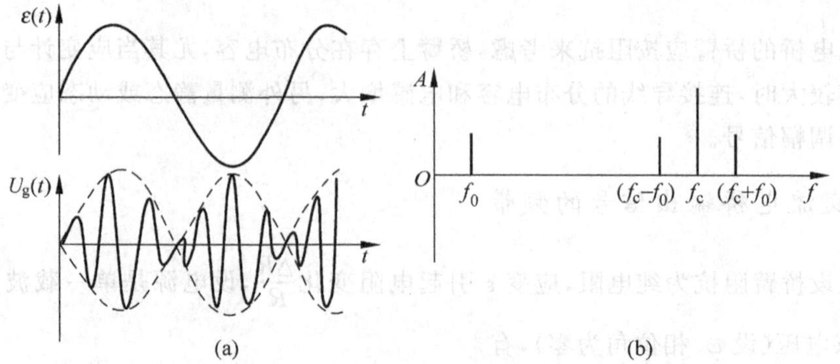

图 3-4 交流电桥动应变的电桥输出

(a) 波形图；(b) 频谱图

率 $\omega_c=2\pi f_c$，应变角频率 $\omega_0=2\pi f_0$，f_c、f_0 为频率，ω_c、ω_0 为角频率。由式(3-11)和图 3-4 可见，若应变信号频率为 f_0，则输出 (f_c+f_0) 和 (f_c-f_0) 两个频率的等幅波，如果动态应变信号占有 $0\sim f_0$ 频带，则电桥输出的频带为 $(f_c-f_0)\sim(f_c+f_0)$。必须注意载频 f_c 与信号最高频率 f_0 之间的关系，首先 f_c 应远远高于 f_0，为了不致产生混叠误差，使输出波形的包络线与应变信号波形接近，一般要求 f_c 为 $(7\sim10)f_0$。例如某动态电阻应变仪，交流载波频率为 10 kHz，工作频率为 0～1500 Hz。

2. 桥臂分布电容的影响

应变计敏感栅本身和栅与粘贴的金属构件之间存在分布电容；应变计与电阻应变仪之间用长导线连接，导线本身也存在分布电容和电感。由于交流电桥载频不是太高，分布电感可忽略，只考虑分布电容的影响。为分析方便，用一集中电容代表，图 3-5 表示单臂或半桥接法桥臂分布电容的等效电路。C_1、C_2 代表分布电容，分别与桥臂电阻 R_1 和 R_2 并联，仪器内部两个平衡桥臂阻抗 Z_3、Z_4 不计分布电容和电感，可用纯电阻 R 表示。

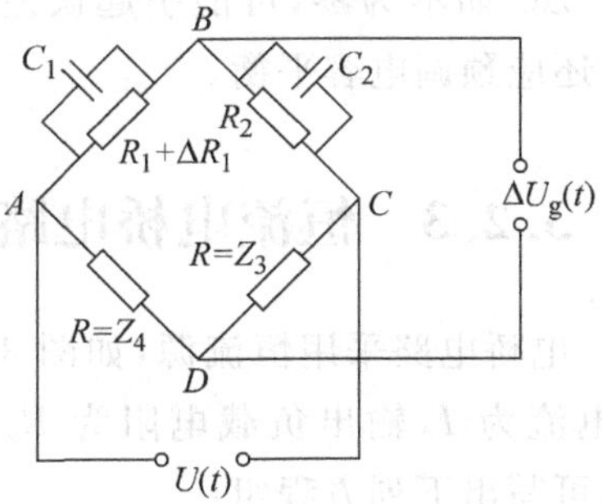

图 3-5 桥臂分布电容的等效电路

在单臂电桥接法时，$R_1=R+\Delta R$，$R_2=R_3=R_4=R$，则 AB 桥臂的阻抗 Z_1、BC 桥臂的阻抗 Z_2 分别为

$$\begin{cases} Z_1=\dfrac{(R+\Delta R)\left(\dfrac{1}{\mathrm{j}\omega_c C_1}\right)}{R+\Delta R+\dfrac{1}{\mathrm{j}\omega_c C_1}}=\dfrac{R+\Delta R}{1+\mathrm{j}\omega_c C_1(R+\Delta R)} \\ Z_2=\dfrac{R}{1+\mathrm{j}\omega_c C_2 R} \end{cases} \tag{3-12}$$

则有

$$\Delta U_g(t)=\frac{Z_1Z_4-Z_2Z_3}{(Z_1+Z_2)(Z_3+Z_4)}U(t)$$

将式(3-12)代入上式得

$$\Delta U_g(t)=\frac{\Delta R+\mathrm{j}\omega_c R(R+\Delta R)(C_2-C_1)}{2R+\Delta R+\mathrm{j}\omega_c R(R+\Delta R)(C_1+C_2)}=\frac{U(t)}{2}$$

在 $\Delta R\ll R$ 时，桥臂不平衡电容 $\Delta C=C_2-C_1$，平均电容 $C_0=\dfrac{C_1+C_2}{2}$，于是有

$$\Delta U_g(t)\approx\frac{\dfrac{\Delta R}{R}+\omega_c^2R^2C_0\Delta C+\mathrm{j}\omega_c R\Delta C-\mathrm{j}\omega_c C_0\Delta R}{1+\omega_c^2R^2C_0^2}\cdot\frac{U(t)}{2} \tag{3-13}$$

与直流电桥相比，交流电桥有以下特点。

(1) 当 $\omega_c=0$ 时即为直流电桥的输出。

(2) 交流电桥输出电压公式的分母中增加 $\omega_c^2R^2C_0^2$ 一项，当 $f_c=10\,000$ Hz，$C_0=5000$ pF，$R=120\ \Omega$ 时有 $\omega_c^2R^2C_0^2\approx1.4\times10^{-4}$，与 1 相比是很小的，可忽略不计。

(3) 式(3-13)右边分子中除 $\dfrac{\Delta R}{R}$ 外增加了三项，第二项在电容平衡时 $\Delta C=0$，则此项为零。第三和第四项与载频相位差 90°或 270°，它在应变仪的相敏检波器输出时被抵消，但这一信号也通过放大器，如信号太大，要占据放大器的动态范围，因此要求第三、四项之和尽量小些。

ΔC 如不为零，可能引起误差，因此交流载波式应变仪中除预先调整电阻平衡外，还应预调电容平衡。

3.2.3 恒流电桥电路

电桥电路采用恒流源，如图 3-6 所示，设恒流源电流为 I，输出负载电阻为 R_g，按基耳霍夫定律，可写出下列方程组：

$$\begin{cases}I_2=I_1+I_g\\ I=I_1+I_4=I_2+I_3\\ I_1R_1-I_gR_g-I_4R_4=0\\ I_2R_2+I_gR_g-I_3R_3=0\end{cases}\tag{3-14}$$

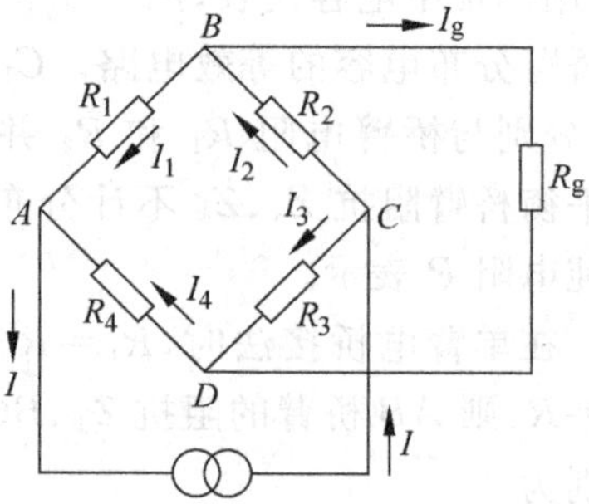

图 3-6 恒流电桥电路

解此方程组，得流经 R_g 的电流 I_g 为

$$I_g=I\frac{R_1R_3-R_2R_4}{R_g(R_1+R_2+R_3+R_4)+(R_1+R_4)(R_2+R_3)}\tag{3-15}$$

负载 R_0 两端电压为

$$\Delta U_g=I\frac{R_1R_3-R_2R_4}{R_1+R_2+R_3+R_4+\dfrac{(R_1+R_4)(R_2+R_3)}{R_g}}\tag{3-16}$$

当 $R_g\gg R_i(i=1,2,3,4)$，输出看成开路，上式简化为

$$\Delta U_g=I\frac{R_1R_3-R_2R_4}{R_1+R_2+R_3+R_4}\tag{3-17}$$

对于 $R_1=R_2=R_3=R_4=R$ 全等臂电桥，当电桥各桥臂有相应电阻变化 ΔR_1、ΔR_2、ΔR_3、ΔR_4 时，上式为

$$\Delta U_g=\frac{IR}{4}\cdot\frac{\dfrac{\Delta R_1}{R}-\dfrac{\Delta R_2}{R}+\dfrac{\Delta R_3}{R}-\dfrac{\Delta R_4}{R}}{1+\dfrac{1}{4}\left(\dfrac{\Delta R_1}{R}+\dfrac{\Delta R_2}{R}+\dfrac{\Delta R_3}{R}+\dfrac{\Delta R_4}{R}\right)}\tag{3-18}$$

如果对应变计及传感器采用双恒流源电路，其原理图如图 3-7 所示。图中 R_{AB}、R_{AD}分别是桥臂上的应变计(或数个应变计串联)，设两个恒流源的电流分别为 I_1 和 I_2，AB 两端和 AD 两端电压分别为 $U_{AB}=I_1R_{AB}$，$U_{AD}=I_2R_{AD}$。采用高内阻测量仪表，BD 两端为开路，其电压 $\Delta U_{BD}=U_{AB}-U_{AD}=I_1R_{AB}-I_2R_{AD}$，当应变计电阻变化时，$R_{AB}\to R_{AB}+\Delta R_{AB}$，$R_{AD}\to R_{AD}+\Delta R_{AD}$，这样电压变化 $\Delta U_{BD}=(I_1R_{AB}-I_2R_{AD})+(I_1\Delta R_{AB}-I_2\Delta R_{AD})$，由于各应变计原电阻值都相等，$R_{AB}=R_{AD}=R$，又采用相同的恒流源 $I_1=I_2=I_0$，则

$$\Delta U_{BD}=I_0(\Delta R_{AB}-\Delta R_{AD})=I_0(\Delta R_1-\Delta R_2+\Delta R_3-\Delta R_4) \tag{3-19}$$

各应变计$\dfrac{\Delta R}{R}=K\varepsilon$，代入则

$$\Delta U_{BD}=I_0RK(\varepsilon_1-\varepsilon_2+\varepsilon_3-\varepsilon_4) \tag{3-20}$$

说明输出电压与各应变计应变代数和呈线性关系。

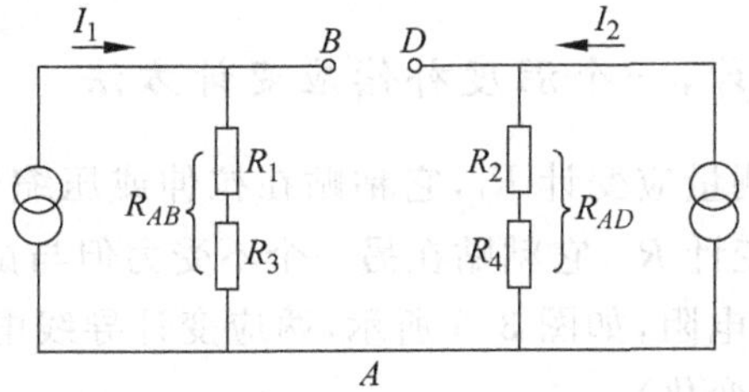

图 3-7 双恒流源电路原理图

双恒流源测量电路与恒压电桥电路比较，有以下优缺点。

(1) 恒压电桥电路，输出电压与各桥臂应变计电阻的变化关系是非线性的；而双恒流源电路的输出电压 ΔU_{BD} 与应变计电阻变化值之间呈线性关系。

(2) 应变计有最大工作电流 $I_{\max}$的限制，当应变计通过电流为 $I_{\max}$，采用双恒流源电路时，输出电压为

$$\begin{aligned}\Delta U_{BD}&=I_{\max}(\Delta R_1-\Delta R_2+\Delta R_3-\Delta R_4)\\&=I_{\max}R\left(\frac{\Delta R_1}{R}-\frac{\Delta R_2}{R}+\frac{\Delta R_3}{R}-\frac{\Delta R_4}{R}\right)\end{aligned}$$

而采用恒压电桥电路时，输出电压

$$\begin{aligned}\Delta U_{BD}&=\frac{U}{4}\left(\frac{\Delta R_1}{R}-\frac{\Delta R_2}{R}+\frac{\Delta R_3}{R}-\frac{\Delta R_4}{R}\right)\\&=\frac{1}{2}I_{\max}R\left(\frac{\Delta R_1}{R}-\frac{\Delta R_2}{R}+\frac{\Delta R_3}{R}-\frac{\Delta R_4}{R}\right)\end{aligned}$$

(因 $U=2I_{\max}R$)可见，采用双恒流源电路比恒压电桥电路输出电压大一倍。

(3) 恒压电桥电路的电源比双恒流源电路的电源简单，成本低。

总之，采用双恒流源电路，可提高测量性能和精度。

3.3 应变计各种接桥方法

应变测量时用应变计接到电桥电路中有多种接法，下面分别介绍。

1. 一个测量应变计方法

电桥的一个桥臂接入测量应变计 R_1，应变计粘贴在拉伸或压缩试件的轴线方向，在拉力或压力作用下，试件轴向有应变，其他三个桥臂接入固定电阻，如图 3-8 所示。设应变计导线电阻为 r，应变计电阻为 R_1，假设环境温度不变。这时电桥输出电压 $\Delta U=\frac{U}{4}\cdot\frac{\Delta R_1}{R_1}=\frac{U}{4}K\varepsilon_1$，如 $\varepsilon_1=100\times10^{-6}$，电桥电压 U 为 2 V，应变计灵敏系数 $K=2.00$，则输出电压 ΔU 为 0.1 mV。

2. 一个测量应变计，一个温度补偿应变计方法

电桥一个桥臂接入测量应变计 R_1，它粘贴在拉伸或压缩试件的轴线方向，另一个桥臂接入温度补偿应变计 R_2，它粘贴在另一个不受力但与试件材料一样的补偿块上，另两个桥臂接入固定电阻，如图 3-9 所示，两应变计导线电阻皆为 r，这时电桥输出电压为(环境温度有小变化)

$$\Delta U=\frac{U}{4}\left(\frac{\Delta R_1}{R_1}-\frac{\Delta R_2}{R_2}\right)=\frac{U}{4}(K\varepsilon_1+K\varepsilon_t-K\varepsilon_t)=\frac{U}{4}K\varepsilon_1 \tag{3-21}$$

其中，ε_t 为环境温度变化引起应变计的热输出；$\frac{\Delta R_1}{R_1}=K\varepsilon_1+K\varepsilon_t$；$\frac{\Delta R_2}{R_2}=K\varepsilon_t$。温度补偿应变计只有热输出，两个应变计的热输出相等，按电桥特性电压输出只有应变计 ε_1 引起的部分。

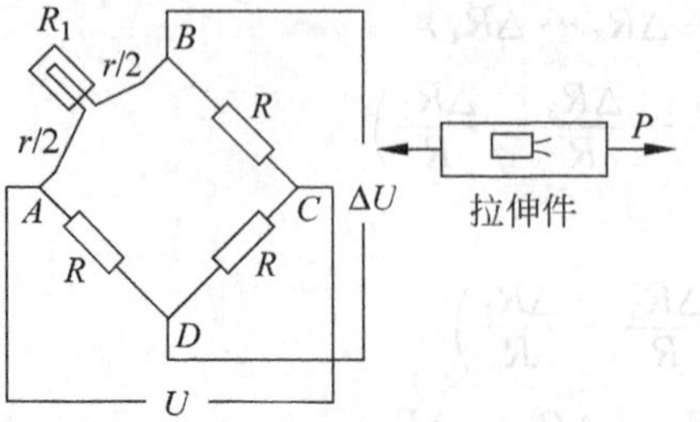

图 3-8 一个测量应变计方法

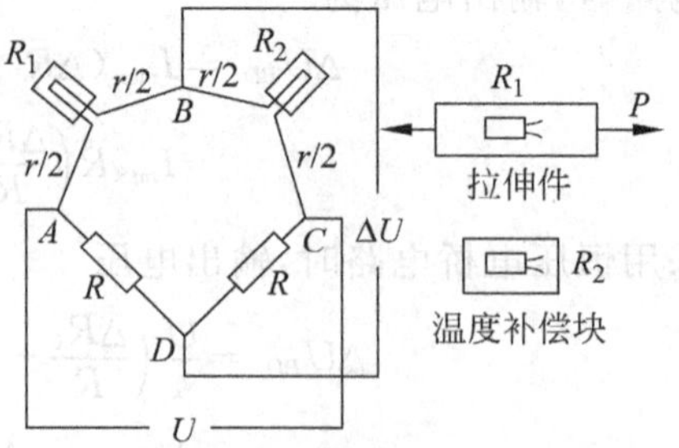

图 3-9 一个测量应变计、一个温度补偿应变计法

3. 两个测量应变计方法

在一个弯曲试件的上下表面轴向各粘贴一个测量应变计 R_1、R_2，电桥的一个桥臂接入测量应变计 R_1，另一个(相邻)桥臂接入 R_2，另两个桥臂接入固定电阻，如图 3-10 所示。环境温度有小变化，但两个应变计的热输出相等，电桥电压输出为 $\Delta U=\frac{U}{4}\left(\frac{\Delta R_1}{R_1}-\frac{\Delta R_2}{R_2}\right)=\frac{U}{4}K(\varepsilon_1-\varepsilon_2)$。由于弯曲引起上下表面应变 ε_1 和 ε_2 大小相等，方向相反(拉，压)，即 $\varepsilon_2=-\varepsilon_1$，因此 $\Delta U=\frac{U}{4}[\varepsilon_1-(-\varepsilon_1)]=\frac{U}{4}2K\varepsilon_1=\frac{U}{2}K\varepsilon_1$，可知电压输出为单个应变计时的 2 倍，其中上下两应变计的热输出 ε_t 相抵消。

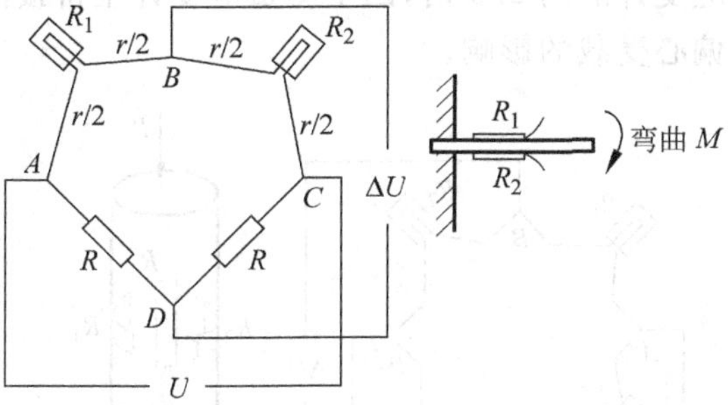

图 3-10 两个测量应变计方法(弯曲)

如果在一拉伸试件的轴向和横向各粘贴一测量应变计 R_1、R_2，将这两应变计分别接入电桥两相邻桥臂，另两桥臂接入固定电阻，如图 3-11 所示，电桥输出电压为 $\Delta U=\frac{U}{4}\left(\frac{\Delta R_1}{R_1}-\frac{\Delta R_2}{R_2}\right)=\frac{U}{4}(K\varepsilon_1-K\varepsilon_2)$。由于拉伸时，$\varepsilon_2=-\nu\varepsilon_1$，其中 ν 是材料泊松比，对于钢材约为 0.3，则输出电压

$$\Delta U=\frac{U}{4}K(\varepsilon_1+\nu\varepsilon_1)=\frac{U}{4}K\varepsilon_1(1+\nu) \tag{3-22}$$

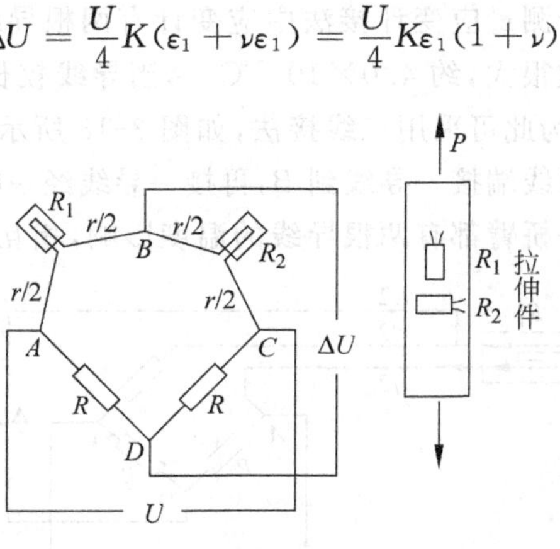

图 3-11 两个测量应变计方法(拉伸)

电压输出增大约为30%，这里实现了温度补偿。

4. 四个测量应变计(全桥)接法

四个测量应变计分别接入电桥各桥臂，它们分别粘贴在受压圆柱表面轴向和横向，如图3-12所示，当圆柱受压力 P 时，各应变计有应变产生，电桥输出电压 $\Delta U=\frac{U}{4}\left(\frac{\Delta R_1}{R_1}-\frac{\Delta R_2}{R_2}+\frac{\Delta R_3}{R_3}-\frac{\Delta R_4}{R_4}\right)=\frac{U}{4}K(\varepsilon_1-\varepsilon_2+\varepsilon_3-\varepsilon_4)$，由于 $\varepsilon_2=-\nu\varepsilon_1$，$\varepsilon_4=-\nu\varepsilon_3$，$\varepsilon_1=\varepsilon_3$，则有

$$\Delta U=\frac{UK}{4}(\varepsilon_1+\nu\varepsilon_1+\varepsilon_1+\nu\varepsilon_1)=\frac{UK}{4}\times 2\varepsilon_1(1+\nu) \tag{3-23}$$

电桥输出为一个测量应变计的约2.6倍，四个测量应变计全桥接法增大了输出，并可实现温度补偿和消除偏心受载的影响。

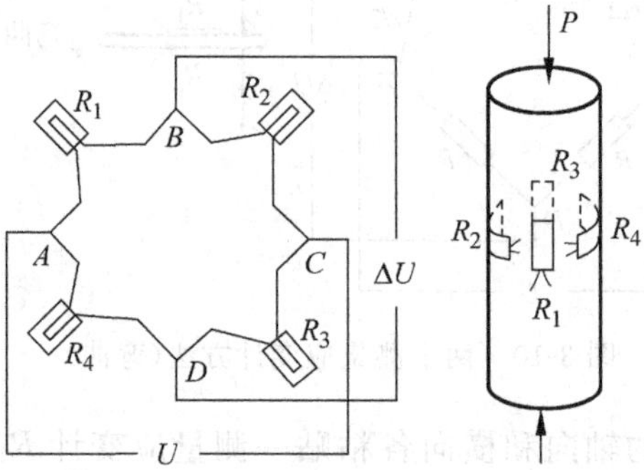

图3-12 四个测量应变计方法

5. 一个测量应变计三线接法

如图3-8所示，一个测量应变计接法中应变计有两根导线，电阻为 r，一般用铜导线，因其电阻温度系数很大，约 4.0×10^{-3}℃$^{-1}$，当导线较长时环境温度变化引起导线的热输出比较大。为此可采用三线接法，如图3-13所示，一个应变计一根引线端接一导线到 A，另一引线端接一导线到 B，再接一导线经一电阻 R 到 C。由于相邻桥臂电阻变化相减，每一桥臂都有两根导线的温度影响，相互消除，这种接法常用于

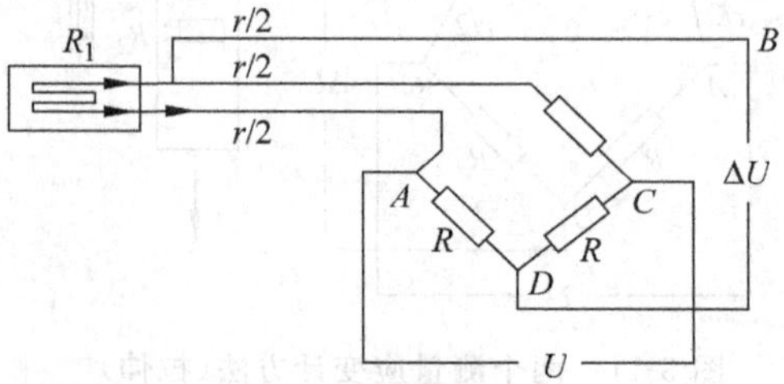

图3-13 一个测量应变计三线接法

长导线和环境温度变化较大的情况。

表 3-1 列出各种接桥方法的例子。

表 3-1 各种接桥方法举例

应变计接法	应变计数	电桥电路	输出	备注
1 应变计 2 线 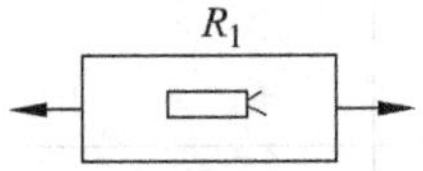 单向应力(拉、压)	1	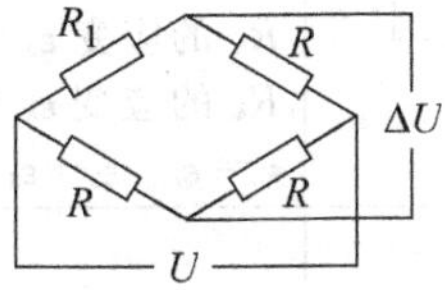	$\Delta U=\frac{U}{4}K\varepsilon_1$ $=\frac{U}{4}\cdot\frac{\Delta R_1}{R_1}$ R_1 为测量应变计电阻 K 为灵敏系数	环境温度变化较小 温度未补偿 输出 1 倍
1 应变计 3 线 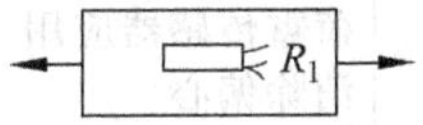 单向应力(拉、压)	1	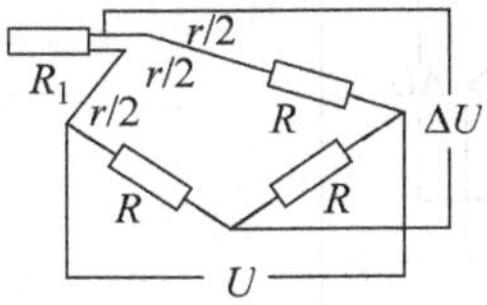	$\Delta U=\frac{U}{4}K\varepsilon_1$ r 为导线电阻	导线温度影响消除 输出 1 倍
测量应变计 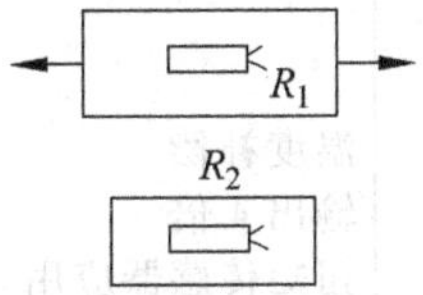 补偿应变计	2	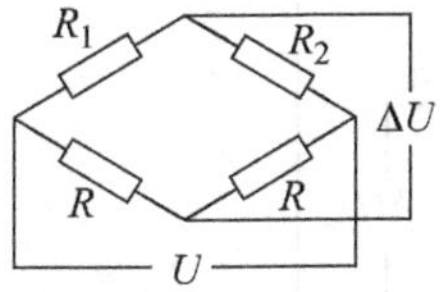	R_1 为测量应变计 R_2 为补偿温度计 $\Delta U=\frac{U}{4}K\varepsilon_1$	温度补偿 导线温度影响消除 输出 1 倍
2 应变计 弯曲 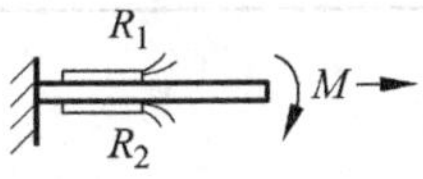	2	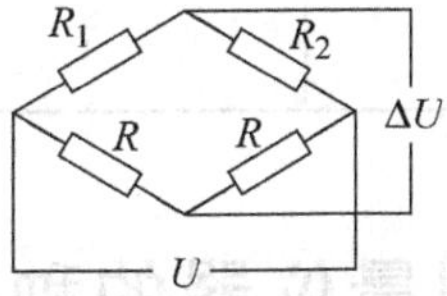	$\Delta U=\frac{U}{4}K\varepsilon_0=\frac{U}{2}K\varepsilon_1$ R_1 的应变 ε_1 R_2 的应变 $-\varepsilon_1=\varepsilon_2$ $\varepsilon_0=\varepsilon_1-\varepsilon_2=2\varepsilon_1$	温度补偿 拉压影响消除 输出 2 倍
2 应变计 拉、压 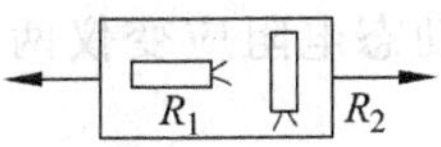 R_1 轴向 R_2 横向	2	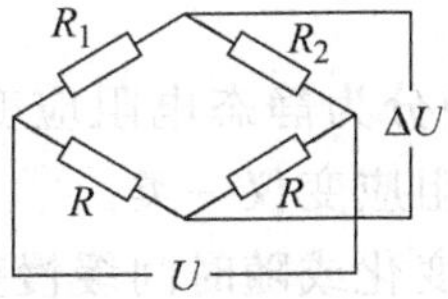	$\Delta U=\frac{U}{4}K\varepsilon_0$ $=\frac{U}{4}K(1+\nu)\varepsilon_1$ R_1 的应变 ε_1 R_2 的应变 $\varepsilon_2=-\nu\varepsilon_1$ ν 为泊松比	温度补偿 导线温度影响消除 输出 $1+\nu$ 倍
对边两应变计 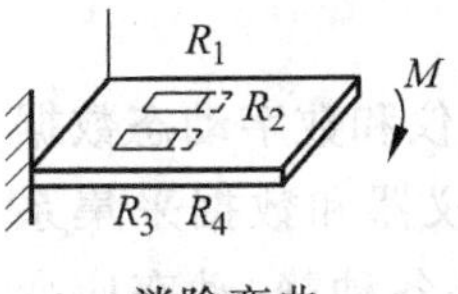 消除弯曲	2	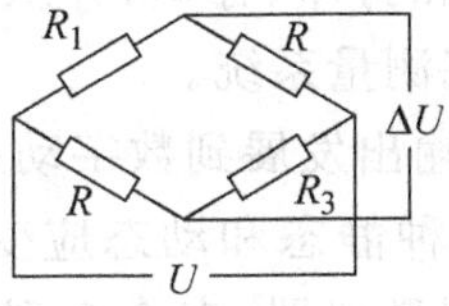	$\Delta U=\frac{U}{4}K\varepsilon_0=\frac{U}{2}K\varepsilon_1$ R_1 的应变 ε_1 R_3 的应变 $\varepsilon_3=\varepsilon_1$ $\varepsilon_0=\varepsilon_1+\varepsilon_3=2\varepsilon_1$	温度补偿 弯曲应变消除 输出 2 倍

续表

应变计接法	应变计数	电桥电路	输 出	备 注
4 应变计法 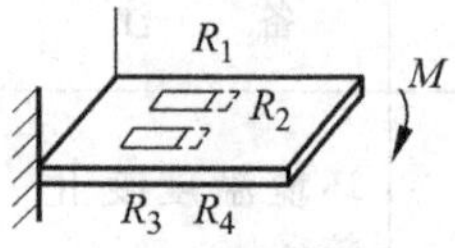 弯曲应力	4	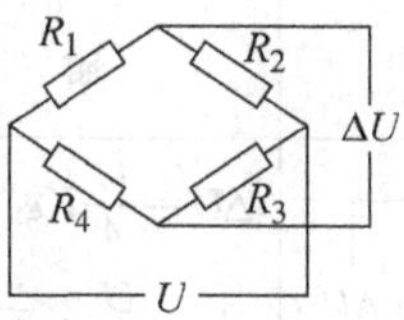	$\Delta U=\frac{U}{4}K\varepsilon_0=UK\varepsilon_1$ R_1 的应变 ε_1 R_2 的应变 $\varepsilon_2=-\varepsilon_1$ R_3 的应变 $\varepsilon_3=\varepsilon_1$ R_4 的应变 $\varepsilon_4=-\varepsilon_1$ $\varepsilon_0=\varepsilon_1-\varepsilon_2+\varepsilon_3-\varepsilon_4=4\varepsilon_1$	温度补偿 输出 4 倍
4 应变计法 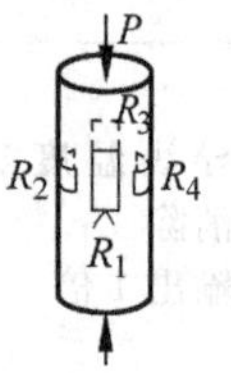 轴力测量	4	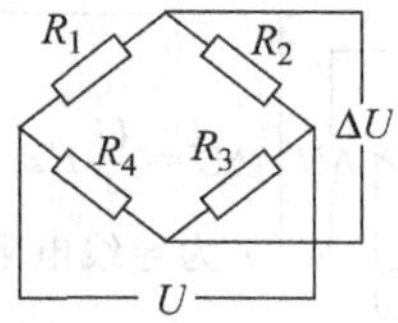		温度补偿 输出 $2(1+\nu)$倍 荷重传感器应用 消除偏心
4 应变计法 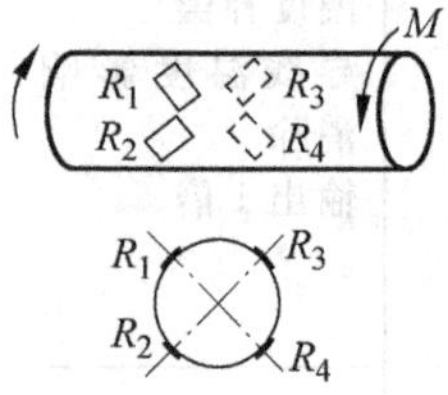 扭矩测量	4	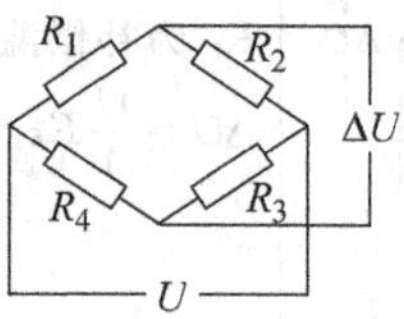		温度补偿 输出 4 倍 扭矩传感器应用 消除拉力、弯曲

3.4 应变测量仪器的种类

首先，按测量应变随时间变化的快慢分为静态电阻应变仪和动态电阻应变仪两类。动态电阻应变仪中还分出超动态电阻应变仪一类。

静态电阻应变仪一般测量不随时间变化或随时间缓慢变化的应变。早先静态应变仪靠手动转换测点，手动调整平衡和读数，后来发展成数字显示静态应变仪，自动调整平衡，自动转换测点，自动显示监视和打印、存储，并从测应变发展到测电压、温度等多参数，称为数据采集仪或应变数字测量系统。

动态电阻应变仪由多通道模拟信号输出发展到数字动态应变仪和数字动态数据采集系统。现在国内外已发展并供应多种静态和动态应变测量仪器和数据采集系统。表 3-2 列出国产各种静、动态应变测量仪器，表 3-3 列出国外各种静、动态应变测量仪器和数据采集系统。

表 3-2 国产各种静、动态应变测量仪器

型 号	基本误差	量 程	分辨率	桥 压	灵敏系数	稳 定 性	测点数	类别
YJ-33	±0.1%±2 μm/m	±30 000 μm/m	1 μm/m	DC±1.2 V	1.00～9.999	(±5 μm/m) /4 h	20 配转换箱	静态
YE2539	±0.3%±2 μm/m	±19 999 μm/m	1 μm/m	DC±1 V	可设定	(±3 μm/m)/4 h	配转换箱	静态
DH3816	±0.5%±3 μm/m	±19 999 μm/m	1 μm/m	DC2 V	1.0～3.00	(±4 μm/m)/4 h	60 配箱	静态
XL2101	±0.2%±2 μm/m	±10 000 μm/m	1 μm/m	DC2 V	1.0～3.00	(±3 μm/m)/4 h	10、16 等	静态
YJZ-8/16	±0.2%±1 μm/m	±19 999 μm/m	1 μm/m	DC2.5 V	0.001～9.999	(±2 μm/m)/4 h	8/16	静态
YD-34	±0.1%线性	±10 000 μm/m	工作频率 0～1500 Hz	DC2 V	2.00	±0.5%/2 h	8	动态
DH5937	±0.1%线性	±30 000 μm/m	0～2500 Hz	DC2 V	2.00 可调	(3 μm/m)/4 h	8	动态
XL2102B	±0.1%线性	±50 000 μm/m	0～20 kHz	DC2 V	2.00	(±0.5 μm/m)/4 h	6	动态

表 3-3 国外各种静、动态应变测量仪器和数据采集系统

名 称	型 号	主 要 特 点	生产国、厂
数据采集仪	TDS-303	接扫描箱可达 1000 点，精度±0.05%，数显打印存盘	日本 TML
数据采集仪	TDS-602、630	接扫描箱可达 1000 点，精度±0.05%，数显彩屏有硬盘	日本 TML
高速数据采集仪	TDS-530	接扫描箱可达 1000 点，精度±0.05%，数显彩屏存盘卡	日本 TML
高速数据采集仪	THS-1100	接扫描箱可达 1000 点，精度±0.1%，每秒 1000 点，接微机	日本 TML

续表

名　称	型　号	主 要 特 点	生产国、厂
数据采集系统	Data System 5000	最多1200点，接应变计、传感器等，静态，接微机、软件	美国 Vishay
数据采集系统	Data System 6000	最多1200点，接应变计、传感器等，静动态，接微机、软件	美国 Vishay
数据采集系统	Solatron-3595	最多600点接微机，测应变、温度等	英国输力强
智能数据采集仪	DT-500,800,80	微机软件采集温度、应变、电压等	澳大利亚 Data Taker
动态应变仪	SDA810/830	交流载波，频响 0～2.5/10 kHz，8通道，量程 25 000 μm/m	日本 TML
数字动态应变仪	DRA-107A	交流载波，0～2.5 kHz，10通道，计算机采集、分析软件	日本 TML
小型动态应变仪	DC-204R	直流供桥 0.5～2 V，0～10 kHz，每台4通道，可连8台，测应变、电压	日本 TML
多通道动静态应变仪	DRA-30A	动静态30通道最多可接10台，测应变、电压，动态频响 0～3 kHz，接微机软件	日本 TML
小型多通道数据采集系统	TMR-200	最多80通道，0～10 kHz，可测应变、温度、电压等	日本 TML
超动态应变仪	DC-96A/97A	直流供桥，0～200/500 kHz，±100 000 μm/m	日本 TML
智能数据采集仪	UCAM-70A	接扫描箱可达1000点，显示屏，打印存盘	日本共和
高速数据采集仪	UCAM-500A	接扫描箱可达1000点，需微机	日本共和

3.5 电阻应变仪的基本工作原理

早期常用的电阻应变仪是交流供桥载波式应变仪，它由载波振荡器提供电桥交流电源，测量电桥中还有电阻、电容平衡调整电路，其组成包括测量电桥、载波振荡器、载波放大器、相敏检波器、低通滤波器和稳压电源等。其原理框图如图 3-14 所示。下面分别讨论各组成部分的主要作用，其中读数电桥是静态电阻应变仪的组成部分。

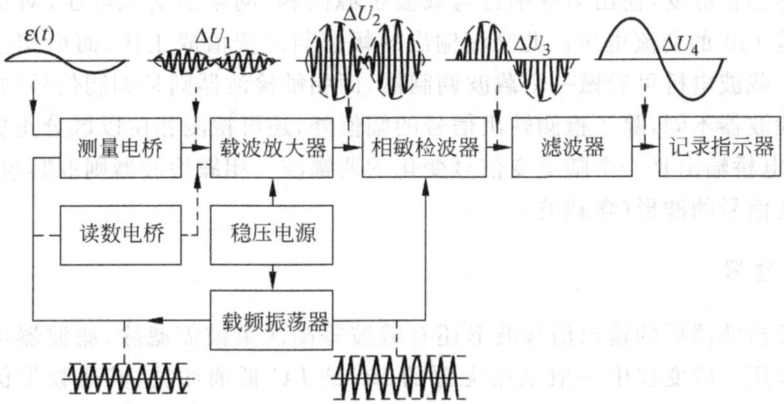

图 3-14 交流载波式应变仪原理框图

1. 测量电桥

由载波振荡器提供电桥交流电源，接到电阻应变计上。测量电桥可按不同要求接成单臂$\left(\frac{1}{4}\text{桥}\right)$半桥和全桥，还应提供补偿或平衡桥臂，测量电桥中还备有电阻平衡和电容平衡电路。动态应变信号经测量电桥输出为前述的含载波的调幅波(见图 3-14)。

2. 读数电桥

在静态应变仪中采用零读数法，其作用是用读数电桥产生的不平衡电压抵消测量电桥输出的不平衡电压，使应变仪的指零仪表指示为零，直接从读数电桥的度盘上读出应变值。为了使用不同灵敏系数的应变计，在读数电桥上设有灵敏系数调节装置。

3. 交流载波放大器

交流载波放大器接收电桥的输出电压，只放大载波调幅电压，滤掉直流、50 Hz等干扰电压，放大后的输出电压送到相敏检波器，还原成原信号（已放大）。一般放大器的输入输出端都有耦合变压器，其作用一是作阻抗匹配，二是使电桥电路、相敏检波器和放大器在电路上不直接相连，而通过变压器的磁耦合在三者间传送信号，同时提高应变仪的抗干扰能力。

4. 相敏检波器

对于静态正应变，输出为等幅且与载波桥源同相、同频的交流电压，对负应变则为相位相差180°的交流电压。此交流输出的幅值与应变值成正比，而由相位区别应变的正负。载波电桥可看做一个载波调制器，而相敏检波器则是调制信号的解调器，它与普通检波器不同，除了检测输出信号的幅值外，还可检测相位以区分正负。对于动态应变，电桥输出是一个随应变信号变化的调幅波。相敏检波器则取其包络线，复现出原应变信号的波形（含载波）。

5. 滤波器

经相敏检波器后的输出信号波形还有载波等高次谐波需滤除，滤波器可起滤除高频波的作用。应变仪中一般采用无源的 RC 或 LC 低通滤波，其通频带保证信号频带 $0 \sim f_0$（f_0 为最大工作频率）能很好地通过，而将高次谐波滤除。

6. 载波振荡器

载波振荡器产生频率和幅值稳定的载波电压，经耦合变压器输至测量电桥和读数电桥，另有一组输至相敏检波器作参考电源。

7. 整流稳压电源

整流稳压电源将50 Hz、220 V市电整流稳压后，向载波放大器和振荡器提供稳定的直流电源。

8. 指示或记录仪表

在静态应变测量时，指示仪表指示测量电桥输出的平衡或与读数电桥的输出相互抵消；动态测量时指示测量电桥调节电阻和电容的平衡。记录仪器则记录应变信号随时间变化的过程及波形。

除以上各部分外，动态应变仪还有“衰减装置”、“标定装置”等电路。

3.6 电阻应变仪的技术指标及其检定

3.6.1 概述

电阻应变仪按其测量应变变化的频率范围可分为静态应变仪和动态应变仪，两种应变仪有不同技术性能指标和各种准确度级别，按我国电阻应变仪国家标准和检定规程规定如下。

1. 准确度级别及技术指标

(1) 静态应变仪各准确度级别的技术指标应符合表 3-4 的规定。

表 3-4 静态应变仪各级别的技术指标

准确度级别	示值误差	灵敏系数(K)示值误差/%	稳定度	
			零点漂移(4 h)/(μm/m)	示值稳定性(4 h)/%
0.1	±(0.1%red±1 μm/m)	±0.1	±1	±0.02
0.2	±(0.2%red±2 μm/m)	±0.2	±2	±0.05
0.5	±(0.5%red±3 μm/m)	±0.5	±3	±0.1
1.0	±(1.0%red±3 μm/m)	±0.5	±3	±0.2

(2) 动态应变仪各准确度级别的技术指标应符合表 3-5 的规定。

表 3-5 动态应变仪各级别的技术指标

准确度级别	示值误差	非线性误差(FS)/%	标定值误差	衰减误差/%	信噪比/dB	稳定度	
						零点漂移(2 h)/(μm/m)	标值稳定性(2 h)/%
0.2	±(0.2% red±2 μm/m)	±0.05	±(0.2% red±1 μm/m)	±0.2	≥50	±2	±0.05
0.5	±(0.5% red±3 μm/m)	±0.1	±(0.5% red±1 μm/m)	±0.5	≥40	±3	±0.1
1.0	±(1.0% red±5 μm/m)	±0.2	±(1.0% red±2 μm/m)	±1.0	≥30	±5	±0.2

2. 其他技术性能

(1) 应变仪的电阻平衡范围应不小于±5000 μm/m。

(2) 电容平衡范围应不小于 2000 pF。

(3) 低通滤波器　动态应变仪除本身频响特性外，一般还具备可选多个截止频率的低通滤波器。截止频率是指传输系数下降 3 dB 的频率。

3.6.2 静态应变仪的检定

1. 检定用设备

标准模拟应变量校准器：其最大允许误差绝对值应不大于被检应变仪最大允许误差绝对值的 1/3，测量范围 0～10^5 μm/m，最小步进值为 0.1 μm/m，工作频率范围 0～50 kHz。

2. 检定项目

示值误差，灵敏系数示值误差，稳定度(零点漂移、示值稳定性)。

3. 检定方法

1) 静态应变仪示值误差检定

检定连接线路示意图如图 3-15 所示。对于数显式或计算机控制式静态应变仪示值误差的检定，可从标准模拟应变量校准器给出标准应变值 ε_B，然后从被检应变仪读数装置上读取相应应变读数值 ε_i，其正负应变方向均应检定，检定值的选择有：1000，2000，3000，…，10 000，11 000，…，20 000，…，100 000 μm/m 等。被检定应变仪的示值误差 δ 按下式计算：

$$\delta_i = \frac{\varepsilon_i - \varepsilon_B}{\varepsilon_B} \times 100\% \tag{3-24}$$

式中，ε_i 为被检应变仪的标称值，μm/m；

ε_B 为标准模拟应变量校准器的示值，μm/m。

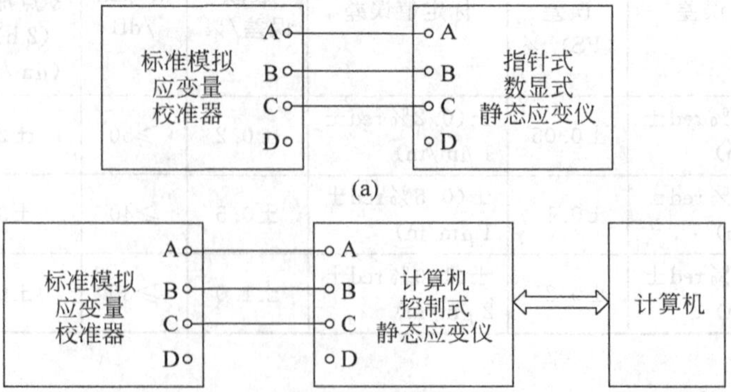

图 3-15　静态应变仪检定连接线路示意图

(a) 指针式和数显式静态应变仪检定连接线路；(b) 计算机控制式静态应变仪检定连接线路

2）灵敏系数示值误差检定

对由程序计算灵敏系数的静态应变仪，检定连接线路示意图同上所示。

将应变仪的灵敏系数设定为 $K=2.00$ 进行零位平衡，在 $K=2.00$ 时将标准模拟应变校准器的示值 ε_B 置于被检应变仪基本量程上限值的 70%左右，从被检应变仪读数装置上读取相应的应变读数值 ε_i。改变灵敏度系数设定值，调节并读取标准模拟应变量校准器的示值 ε_m，使被检应变仪读数装置上仍保持原来 $K=2.00$ 时的应变读数值 ε_i。对应于检定灵敏系数的各设定值，其实际值 K_m 按下式计算：

$$K_m = \frac{2\varepsilon_m}{\varepsilon_B} \tag{3-25}$$

式中，K_m 为灵敏系数设定值的实际值；

ε_B 为在 $K=2.00$ 时标准模拟应变量校准器的示值，μm/m；

ε_m 为灵敏系数设定值为 K_i 时标准模拟应变量校准器示值，μm/m。

灵敏系数设定值的误差 δ_K 按下式计算：

$$\delta_K = \frac{K_i - K_m}{K_m} \times 100\% \tag{3-26}$$

式中，K_i 为灵敏系数设定的标称值。

3）稳定度的检定

（1）零点漂移检定

检定连接路线示意如图 3-15 所示。将标准模拟应变量校准器的示值置于零位，进行零位平衡后，从被检定应变仪读数装置上读取零位值 ε_0。在 4 h 内第 1 小时每隔 15 min 以后每隔 30 min 分别从被检应变仪读数装置上读取相应的零位值 ε_i，被检应变仪的零点漂移 Δ_{zi} 按下式计算：

$$\Delta_{zi} = \varepsilon_i - \varepsilon_0 \tag{3-27}$$

（2）示值稳定性检定

检定连接线路示意图同上，进行零位平衡，将标准模拟应变量校准器的示值置于被检应变仪基本量程上限值，从被检应变仪读数装置上读取读数值 ε_s，然后将标准模拟应变量校准器的示值置回零位，从被检定应变仪读数装置上读取零位值 ε_0。在 4 h 内第 1 小时每隔 15 min，以后每隔 30 min，重复进行将标准模拟应变量校准的示值置于被检定应变仪基本量程上限值，从被检定应变仪读取读数值 ε_j；然后将应变量校准器示值置回零位，从被检定应变仪读取读数值 ε_{j0}。被检定应变仪的示值稳定性 δ_j 按下式计算：

$$\delta_j = \frac{(\varepsilon_j - \varepsilon_{j0}) - (\varepsilon_s - \varepsilon_0)}{\varepsilon_s - \varepsilon_0} \times 100\% \tag{3-28}$$

由于静态应变仪在测量中通常与转换箱（或扫描箱）配合使用，所以这些配套设备亦需进行示值误差检定。

3.6.3 动态应变仪的检定

1. 检定设备

(1) 标准模拟应变量校准器　同前。

(2) 数字电压表　直流电压测量最大允许误差≯±0.01%，交流电压测量最大允许误差≯±0.1%，最大工作频率应大于100 kHz。

(3) 标准信号发生器(检定直流供桥型应变仪频率响应时使用)　0.1 Hz～1 MHz，应能输出1 mV电压。

(4) 应变仪频率响应测量仪(检定交流供桥型应变仪频率响应时使用)　20 Hz～10 kHz；幅频特性误差±(0.3～1)%，相频特性≤3°。

(5) 交流电阻箱　最大允许误差±0.05%，测量范围0～10 kΩ，最小步进值≤1 Ω。

2. 检定项目

示值误差，非线性误差，标定值误差，衰减误差，频响误差，低通滤波器滤波特性，稳定度，信噪比。

3. 检定方法

1) 示值误差检定

检定连接线路示意图如图3-16所示。若被检应变仪是模拟输出式动态应变仪用图(a)连接线路，若被检应变仪系统由“应变仪＋数据采集器＋计算机”组成，则由图(b)连接线路，用标准模拟应变量校准器给出被检定点的标准应变值 ε_B，从计算机上读取该应变读数值 ε_D。被检定应变仪系统示值误差 δ_i 按式(3-24)计算。被检定

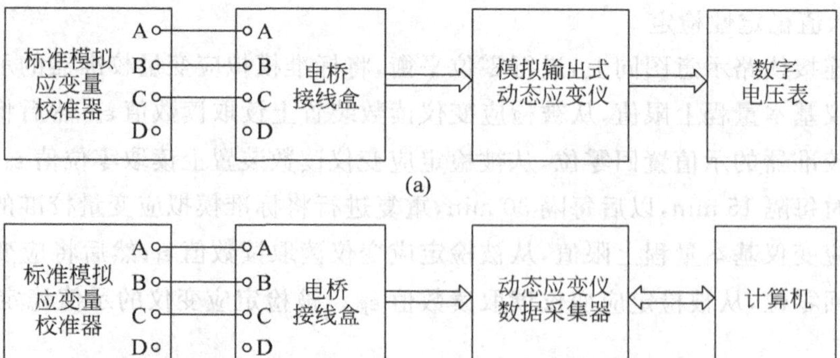

图 3-16　动态应变仪检定连接线路示意图

(a) 模拟输出式动态应变仪检定连接线路；(b) 动态应变仪＋数据采集器检定连接线路

点的选择：在被检应变仪系统的各个量程，分别按低、中、高的原则选择几个具有代表性的示值。

2）非线性误差检定

检定连接线路示意图如图 3-16 所示，在被检应变仪的基本量程内确定 n 个检定点，通常取基本量程上限值的 0、20%、40%、60%、80%、100%。

由标准模拟应变量校准器依次给出各检定点的标准应变值 ε_{Bi}，从被检应变仪输出读数装置上读取各检定点的输出读数值 ε_i，其非线性误差 δ_{Li} 按下式计算：

$$\delta_{Li}=\frac{(\varepsilon_i-\varepsilon_0)-A_i}{A_{max}}\times 100\% \tag{3-29}$$

式中，ε_i—各检定点的输出读数值；

ε_0—检定开始的零位值；

A_i—各检定点的理论值；

A_{max}—检定点为基本量程上限值时的输出读数值减去零位(ε_0)后的值。

A_i 值由下式确定：

$$A_i=\frac{\varepsilon_{Bi}}{\varepsilon_{max}}\times A_{max} \tag{3-30}$$

式中，ε_{Bi}—各检定点的标准模拟应变值，μm/m；

ε_{max}—检定点为基本量程上限时的标准模拟应变值，μm/m。

3）标定值误差检定

若被检应变仪带有内部标定器时，则需进行该项检定。通常采用替代法和补偿法，当被检定应变仪的"标定"与"测量"开关不能共用时应采用替代法。用替代法进行检定的步骤如下。

由被检定应变仪内部标定器和标准模拟应变量校准器分别给出大小相等、方向相同的应变值，并在被检应变仪上读取各自的读数 A_D 和 A_B，此时被检应变仪衰减量程应放在与被检定的标称值相适应的位置，以保证被检应变仪读数能在线性范围内。其标定值误差 δ_c 按下式计算：

$$\delta_c=\frac{(A_D-A_{D0})-(A_B-A_{B0})}{A_B-A_{B0}}\times 100\% \tag{3-31}$$

式中，A_D—被检应变仪标定器给出被检定点标称值时输出读数值；

A_{D0}—被检应变仪开关置于标定值时零位值；

A_B—标准模拟应变量校准器给出被检定点标称值时的输出读数值；

A_{B0}—被检应变仪开关置于"测量"时的零位值。

4）频率响应误差检定

对于不同供桥电压的动态应变仪，其频率响应误差的检定应采用不同的检定方法。

(1) 交流供桥型动态应变仪频率响应误差检定

检定连接线路示意图如图 3-17 所示。将被检应变仪进行零位平衡，根据被检应

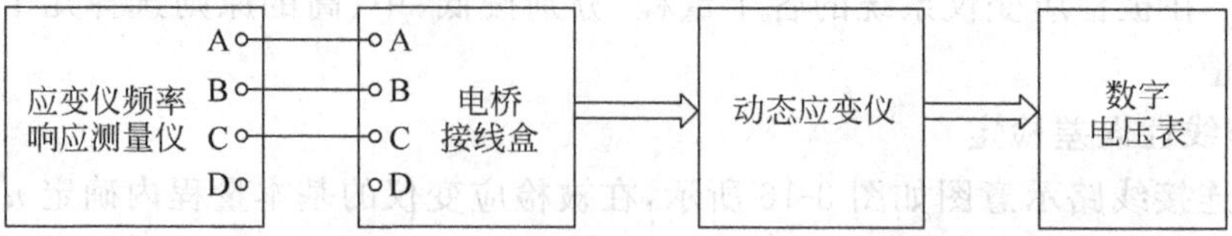

图 3-17 交流供桥型动态应变仪频率响应检定连接线路示意图

变仪的频率范围，用应变仪频率响应测量仪给出参考频率 f_0，并给出信号电压，使被检应变仪输出读数装置的读数接近应变仪基本量程上限值的 70%，并读取该读数值 A_{f0}；然后只改变应变仪频率响应测量仪的频率 f_i（信号电压的幅值应始终保持不变），再从被检应变仪输出读数装置上读取各输出读数值 A_{fi}，其频率响应误差按式(3-32)或式(3-33)计算：

$$\delta_{Fi} = \frac{A_{fi} - A_{f0}}{A_{f0}} \times 100\% \tag{3-32}$$

$$\delta'_{Fi} = 20\lg\frac{A_{fi}}{A_{f0}} = 20\lg(1+\delta_{Fi}) \tag{3-33}$$

式中，δ_{Fi}—频率响应误差，%；

δ'_{Fi}—频率响应误差，dB；

A_{f0}—参考频率 f_0 下的输出读数值；

A_{fi}—测试频率 f_i 下的输出读数值。

(2) 直流供桥型动态应变仪频率响应误差检定

检定连接线路示意图如图 3-18 所示（将标准信号发生器的输出接在动态应变仪电桥盒的信号端上）。断开标准信号发生器，将被检定应变仪进行零位平衡。

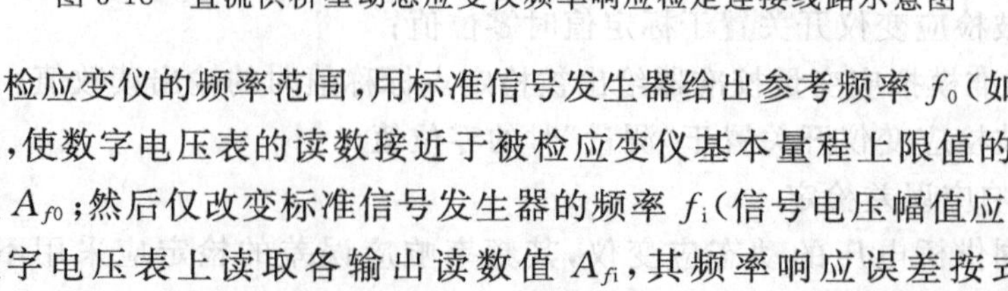

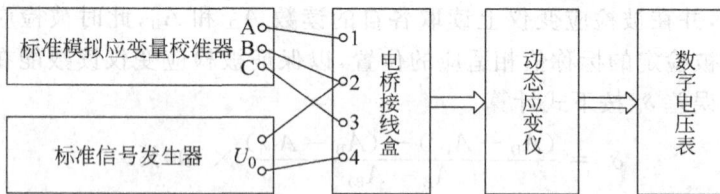

图 3-18 直流供桥型动态应变仪频率响应检定连接线路示意图

根据被检应变仪的频率范围，用标准信号发生器给出参考频率 f_0（如 20 Hz），给出信号电压，使数字电压表的读数接近于被检应变仪基本量程上限值的 70%，并读取该读数值 A_{f0}；然后仅改变标准信号发生器的频率 f_i（信号电压幅值应始终保持不变），再从数字电压表上读取各输出读数值 A_{fi}，其频率响应误差按式(3-32)或式(3-33)计算。检定频率的选择：原则上选取被检应变仪频率范围上限值的 10%、30%、50%、70%、100%几个点即可。

5）低通滤波器滤波特性检定

若被检应变仪带有低通滤波器，则需检定其滤波特性。检定连接线路示意图如图 3-18 所示。检定步骤与直流供桥型动态应变仪频率响应误差检定步骤相同。

6）稳定度检定

动态应变仪稳定度的检定步骤与静态应变仪稳定步骤相同（参见 3.6.2 节），只是考核时间规定为 2 h，分别在 15、30、60、90、120 分时读数。检定连接线路示意图如图 3-16 所示。

7）信噪比测试

连接线路示意图如图 3-19 所示，将标准模拟应变校准器的示值置零，将被检动态应变仪增益置最大，调平衡后用数字电压表读取 U_z 值（输出噪声）。被检动态应变仪的信噪比 N 按下式计算：

$$N = 20\lg \frac{U_m}{U_z} \tag{3-34}$$

式中，U_m—被检动态应变仪最大输出电压值；

U_z—被检动态应变仪输出噪声值。

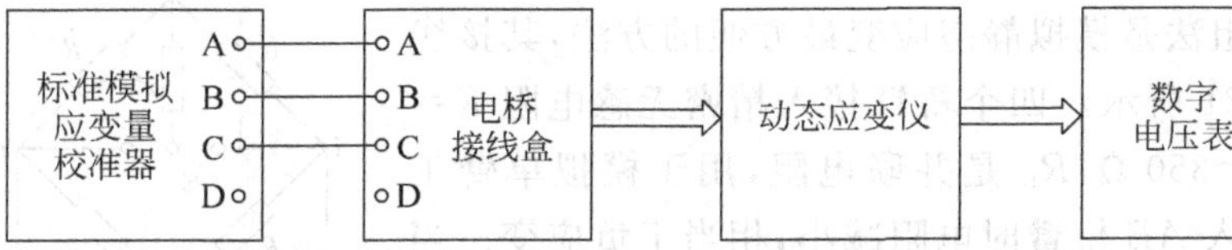

图 3-19 动态应变仪信噪比测试连接线路示意图

3.6.4 电阻、电容平衡范围测试

1. 电阻平衡范围测试

连接线路示意图如图 3-15、图 3-16 所示。首先将标准模拟应变量校准器的示值置于零位，进行零位平衡；然后将标准模拟应变量校准器的示值置于 5000 μm/m，调节被检应变仪电阻平衡旋钮或按键，平衡指标读数应仍能回到零位。

2. 电容平衡范围测试

若被检应变仪为交流供桥型的，则需进行该项检定，测试连接线路示意图如图 3-20 所示。首先将电容器断开，将标准模拟应变量校准器的示值置于零位，进行零位平衡；然后并入电容器，调节被检定应变仪电容平衡旋钮或按键，平衡指标读数应仍能回到零位。

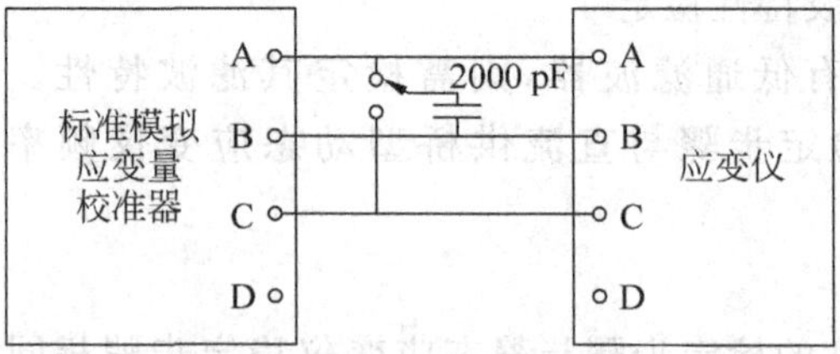

图 3-20 应变仪电容平衡范围测定连接线路示意图

在进行动态应变仪示值误差、非线性误差、标定值误差检定和电阻、电容平衡范围测试时，其正、负应变方向均应检定和测试。

3.6.5 标准应变模拟仪

标准应变模拟仪，又称标准模拟应变量校准器，简称应变校准器，用于对电阻应变仪进行检定和校准。已有多种标准模拟应变量校准器，国产的有 DBYM-1 标准应变模拟仪和 DR-6 标准模拟应变量校准器。下面简单介绍并联电阻法和列表介绍各种标准应变模拟仪。

并联电阻法是模拟静态应变最方便的方法，其接线方法如图 3-21 所示。四个桥臂接入精密无感电阻 $R=120\ \Omega$ 或 $R=350\ \Omega$，R_B 是并联电阻，用于模拟单臂工作，当 R_B 并入 AB 桥臂时电阻减小，相当于负应变。当 R_B 并入 BC 时，相当于正应变。R_B 与 R 并联后引起电阻变化 $\dfrac{\Delta R}{R}$ 为

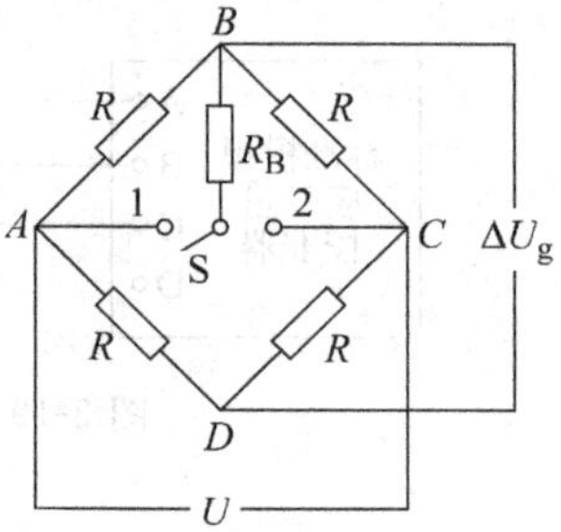

图 3-21 并联电阻模拟应变法

$$\frac{\Delta R}{R}=\frac{R-\dfrac{RR_B}{R+R_B}}{R}=\frac{R}{R+R_B}=K\varepsilon_B$$

相应 $\varepsilon_B=\dfrac{1}{K}\cdot\dfrac{R}{R+R_B}$，如设计校准电路，已知 ε、K、R，求 R_B 可得

$$R_B=R\left(\frac{1}{K\varepsilon_B}-1\right)$$

如 $\varepsilon_B=1000\ \mu\text{m/m}$，$K=2$，$R=120\ \Omega$，则由上式可得

$$R_B=120\left(\frac{1}{2\times10^{-3}}-1\right)=59\ 880(\Omega)$$

其校准误差取决于 R 和 R_B 的误差，如 R 和 R_B 分别有相对误差 δ_R 和 δ_{RB}，则校准误差最大值为 $\delta_\varepsilon=\delta_R+\delta_{RB}$。

表 3-6 列出了各种标准应变模拟仪(应变校准器)。

表 3-6 几种标准应变模拟仪

名称、型号	主 要 特 性
DBYM-1(国产)	量程：±11 110 μm/m 基本误差：0.5～5 kHz ±0.05%±0.1 μm/m 5～10 kHz ±0.1%±0.2 μm/m
DR-6(国产)	量程：±111 111 μm/m 基本误差：±0.05%
日本 TML CBA-131A 应变校准器	量程：±1 000 000 μm/m 基本误差：±0.01%
日本 TML CBM-122A/352A 应变校准器	全桥静动态±100～±40 000 μm/m 基本误差±0.02%
日本 TML CBM-123A/353A 应变校准器	量程±500～±100 000 μm/m 基本误差±0.02%
美国 Vishay 1550A 应变校准器	量程 半桥±99 900 μm/m 基本误差±0.025% 1/4 桥±49 950 μm/m

3.7 数字应变测量系统及数据采集系统

随着微电子技术和计算机技术快速发展，应变测量仪器也向着数字化、计算机化方向发展，进而出现了各种数字应变测量系统和通用数据采集系统。它可将静态、动态的应变、温度及各种物理信号进行快速采集、数字显示、打印、储存、变换和分析处理，从而大大提高测量分析的效率和质量。下面以几种国外产品作为例子介绍其各种功能和特点。

1. 日本 TML TDS-530 全自动多通道高速数据采集仪

TML TDS-530 全自动多通道高速数据采集仪可以将各种应变计、应变计式传感器、热电偶、铂电阻等接入主机和扫描箱，快速测量应变、温度、直流电压、压力、位移、荷重和扭矩等。数据采集仪主机外形照片如图 3-22 所示，数据采集仪系统图如

图 3-22 全自动多通道高速数据采集仪 TDS-530 主机外形照片

图 3-23 所示。数据采集仪的放大器、A/D 转换器，把信号放大并数字化，信号数据可在彩色显示屏上显示。监视器有 1～10 个监测信号，可以数字或波形方式显示。可在内置高速打印机高速打印，有数据存储卡 128 MB、512 MB 和 1 GB Flash 卡，主机最多 30 通道，外接扫描箱可增加到 1000 通道，用高速扫描箱因每 10 通道有一 A/D 转换器，总采集时间为 0.4 s，每通道采集时间 0.04 s。电脑可通过 RS-232、USB 2.0 或 LAN 以太网络接口对仪器进行控制。

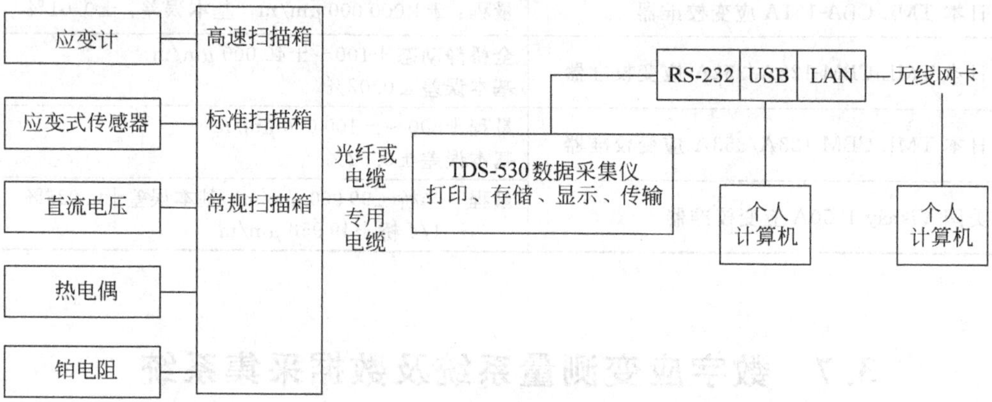

图 3-23 TDS-530 数据采集仪系统示意图

主要技术规格如下。

(1) 应变测量

桥压：DC2.0 V 24 ms(50 Hz)

初始值存储范围：±160 000 μm/m

精度：±0.05%量程+1 字

分辨率 ±40 000 μm/m 时为 1 μm/m
±80 000 μm/m 时为 2 μm/m
±160 000 μm/m 时为 4 μm/m
±640 000 μm/m 时为 16 μm/m

全桥高分辨率模式：桥压 DC5 V 48 ms(50 Hz)

测量范围 ±4000.0 μm/m 时分辨率 0.1 μm/m
±16 000.0 μm/m 时分辨率 0.4 μm/m
±64 000.0 μm/m 时分辨率 1.6 μm/m

(2) 直流电压测量

初始值存储范围 V1/1±160.000 mV
V1/100±16.0000 V

测量范围 V 1/1 ±40.000 mV 时分辨率 0.001 mV
±160.000 mV 时分辨率 0.004 mV

(3) 热电偶测量：可用 T、K、J 等多种热电偶

(4) 铂电阻测量温度：适用铂电阻 PT 100 3 W、PT100 4 W

(5) 扫描速度：0.04 s/次

(6) 测量模式：Initial、Direct、Measure 三种

(7) 通道程序设定

系数：±(0.0001～99 999)

单位：μm/m、mV、mm、℃、N 等 38 种

小数点：小数点以下 0～6 位

(8) 时间间隔定时器

功能：设定时间间隔，定时启动测量

实时启动：年/月/日/时/分/秒

时间间隔：时/分/秒，最大 99 时 59 分 59 秒

循环次数：每步最大 99 次或无限

步数：最多可 50 步

休眠功能：扫描时间间隔超过 5 min，自动启动

(9) 监视比较器

功能：依据监视通道(1 点)设定变化量，自动测量

变化数值：每步可选最大值±999 999

循环次数：每步 99 次或无限

步数：最多 50 步

(10) 接口：RS-232、USB 2.0、LAN

(11) 内置高速打印机

打印内容：测量数据、设定值、检查结果、显示画面等

打印方式：热印，24 位/行

打印速度：1 通道行/0.05 s

适用纸：P-80(纸宽 80 mm，25 m/卷，7200 行/卷)

(12) 内置扫描箱

通道数：最多 30 通道，标准 10 通道

应变测量 $\frac{1}{4}$桥 3 线 120/240/350 Ω

半桥 60～1000 Ω

全桥 60～1000 Ω

恒流全桥 350 Ω

高分辨率全桥 120～1000 Ω

恒流高分辨率全桥 350 Ω

传感器电缆延长范围：4 应变计恒电流 350 Ω 电缆往复电阻 400 Ω 以内

4 应变计恒电流高分辨率 350 Ω 电缆往复电阻 160 Ω 以内

(13) 外部扫描箱

普通扫描箱：ASW、SSW、ISW，每箱 50 通道，扫描速度 0.06 s，1 箱总扫描时间 3 s

高速扫描箱：IHW-50G，每箱 50 通道，扫描速度 0.04 s，1～20 箱总扫描时间 0.4 s

(14) 其他特点

① TDS-7130 静态测量软件(选配件)处理应变数据。

② 内置扫描箱扩展选项：标准单元等同于 ISW-G 型扫描箱，高速单元等同于 IHW-G 型扫描箱。

③ 可采用 1 应变计 4 线测量方法，应变计的 4 根导线通过标准接头连接到数据采集仪，不会因导线电阻导致灵敏度下降，无导线热输出影响，无接触电阻的影响，接线方便、迅速。

④ 采用 TML 温度集成型应变计可在一个通道同时测量应变和温度。

2. 日本 TMR-200 多通道动态数据采集系统

TMR-200 系统由显示单元 TMR-281、控制单元 TMR-211、全桥应变测量单元 TMR-221、电压/热电偶单元 TMR-231、电压输出单元 TMR-241 组成。可根据测量要求进行多种传感器的自由组合测量应变、电压、热电偶转数，最多可测量 80 个通道(10 个输入单元，每单元 8 个通道)。可插入闪存卡及接计算机，可选实时频率分析软件。

系统外观照片见图 3-24，系统框图如图 3-25 所示。

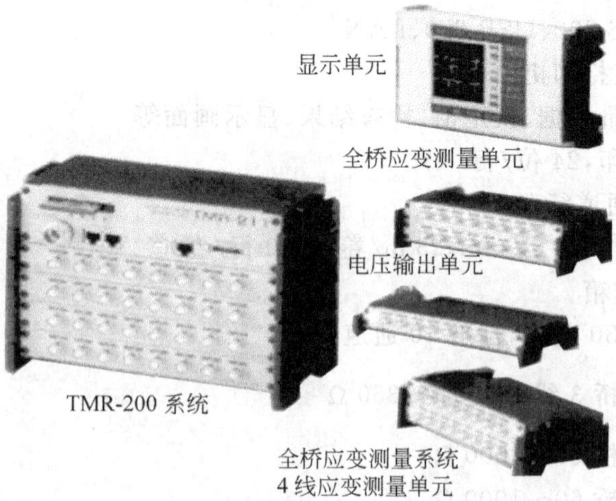

图 3-24 TMR-200 动态数据采集系统外形照片

(1) 控制单元 TMR-211

采样速度 高速模式 0.01，0.02，0.05，0.1，…，0.5 ms

低速模式 1，2，5，10，20，…，500 ms；1，2，5，10，20 s

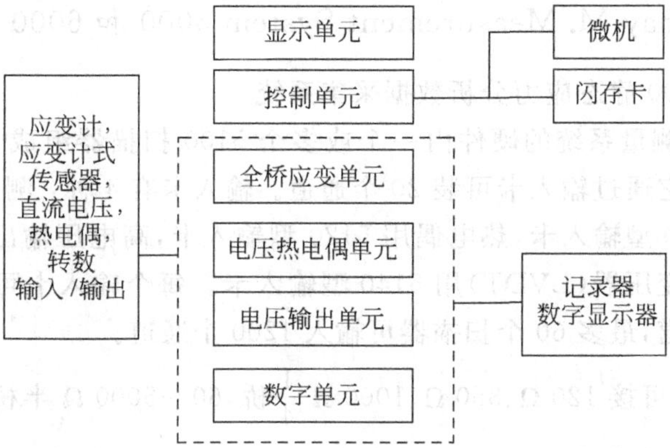

图 3-25 TMR-200 动态数据采集系统框图

数据存储器：1 MB/通道(高速模式，64 通道)

接口：LAN，USB

记录：Flash 数据存储卡(最大 4 GB)

(2) 全桥应变测量单元 TMR-221

8 通道/单元，最多 8 个单元 64 通道

激励桥压直流：0.5 V，2 V

测量范围：$\pm 20\,000\times 10^{-6}$应变

电子自动平衡，范围：$\pm 10\,000\times 10^{-6}$应变

测量精度：±0.2%FS

频率响应：DC～10 kHz

(3) 电压/热电偶单元 TMR-231

通道数 8，输入 DC 电压，热电偶(T、K、J)

测量范围：±20 V

频率响应：DC～10 kHz

精度：±0.2%FS

热电偶测量精度±0.5%rdg+1℃

(4) 电压输出单元 TMR-241

通道数：8

输出精度：±0.5%FS

(5) 显示单元 TMR-281

显示器：5.7 英寸彩色 LCD 触摸屏

功能：数字，直方图，T-Y 图、X-Y 图监视，具有多种分析功能(如频率分析等)

3. 美国 Vishay M. Measurement System 5000 和 6000 测量系统

1）System 5000 静态应力分析数据采集系统

System 5000 测量系统的硬件由一个或多个 5100 扫描器组成，每个 5100 扫描器是一个仪器箱，它通过输入卡可装 20 个通道。输入卡有 4 种：测量应变计和应变计式传感器用 5110 型输入卡，热电偶用 5120 型输入卡，高电压输出用 5130 型输入卡，线性变化差动变压器(LVDT)用 5140 型输入卡。每个输入卡可接 5 个通道，每个扫描器共 20 通道，最多 60 个扫描器可输入 1200 个通道。

应变计输入卡可接 120 Ω、350 Ω、1000 Ω $\frac{1}{4}$桥，60～5000 Ω 半桥和全桥，测量范围±16 380 μm/m，分辨率 1 μm/m；最高±163 800 μm/m，分辨率 10 μm/m。桥压 DC 0.5～10 V。

热电偶输入卡可接入各种热电偶，内置电子冷端补偿。

线性变化差动变压器输入卡输入半桥和全桥传感器，测量范围±(0.5～5)V，激励电压 3.0 V，5000 Hz 正弦波。

扫描器扫描速率每次 1 ms，典型使用每秒 50 次扫描，16 位 A/D 转换，配置应力分析软件 Strain Smart 和附加硬件接口。

2）System 6000 静动态应力分析数据采集系统

该系统由 6100 型扫描器、6200 型扫描器、6010 型应变计输入卡、6020 型热电偶输入卡、6030 型高电压输入卡、6040 型 LVDT 输入卡和 6050 型压电式传感器输入卡等组成，并配置应力分析软件 Strain Smart。

6100 型扫描器每台最多可装 20 个通道，共 60 个扫描器，可扩展到 1200 通道。用高速 PCI 硬件接口，每通道最大扫描速率为每秒 10 000 个采样，整个系统最大容量为每秒 20 万个采样数据。

6200 型扫描器每台最多可装 16 通道，系统总通道数和容量不受限制，以太网接口，每通道最大扫描速率每秒 10 000 个采样，每台扫描器容量每秒 160 000 个采样。遥控操作，通过标准 TCP/IP 约定局域网和 Internet 进行设定，试验控制和下载数据，扫描器耐冲击和振动，适用于恶劣环境中车载测试。

3）Strain Smart 软件

Strain Smart 是一套在 Windows 平台上操作的专用测试软件，用于对应变计、应变计式传感器、热电偶、LVDT、压电式传感器等测量的数据采集、处理、显示和储存，它与系统 5000 和 6000 配套使用。Strain Smart 软件在输入传感器、结构材料和仪器参数后自动输出标有工程单位的测试结果，可永久保存测量数据，以便离线显示或数据库文字处理及图表功能使用。软件具有在时域和频域内处理数据的能力，对于扫描器以每秒 100 采样或更高速率采集的数据可选用快速傅里叶变换算法(FFT)分析。

软件能采集、显示、处理实验数据。

① 对等边三角形、直角形和 T 形应变花的数据处理，包括主应变到主应力的计算。

② 对通用失效判据的等效应力计算。

③ 关键通道的在线监视，也可对完全处理和修正后的数字和图像格式中的应变花进行在线监视。

④ 数字和图像格式的所有处理后数据的离线表示。

⑤ 热输出修正、补偿，应变计灵敏系数的温度系统修正，电桥非线性修正，横向效应修正。

⑥ 热电偶线性化，电桥测量臂数目。

⑦ 在时限或用户确定的时间间隔内记录，事后分析和处理的数据储存。

⑧ 快速傅里叶变换(FFT)(System 6000)。

⑨ 自动数据检查跟踪。

图 3-26 是 System 5000/5100 扫描器和各种输入卡的照片，图 3-27 是 System 6000/6200 扫描器前后面板和应变计输入卡的照片。

图 3-26 System 5000/5100 扫描器和各种输入卡的照片

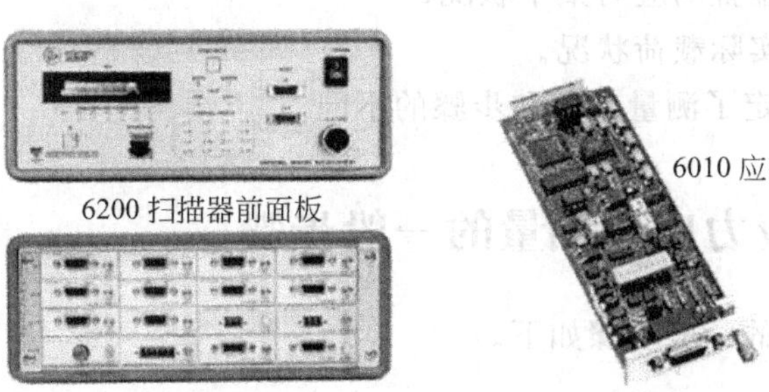

图 3-27 System 6000/6200 扫描器前后面板和应变计输入卡的照片

第 4 章 静、动态应力应变测量技术

4.1 静态应力应变测量技术

常温下结构构件的应力应变测量随荷载情况分为静态和动态两种情况，当荷载基本不变或缓慢变化时，构件应力应变也随时间不变或缓慢变化，这时属静态应力应变测量。其测量目的通常有以下几点。

(1) 得到构件应力应变分布资料；

(2) 检验构件的强度储备；

(3) 研究构件局部位置的应力集中状况；

(4) 研究构件所受实际载荷状况。

不同的测量目的决定了测量内容和步骤的不同。

4.1.1 静态应力应变测量的一般步骤

静态应力应变测量的一般步骤如下。

1) 确定测量方案

根据测量目的选择测点位置，确定应变计布置方案，这是测量的总体设计工作。选择测点位置要根据受载构件应力分布的计算资料，在应力较大或特殊的若干点布置测点。如无现成计算资料，可参考类似构件应力分布资料或用其他实验方法（如脆性涂层法）在该构件上的测量结果作为选择测点的依据。

应变计布置方案要考虑测点应力状态、构件受载情况和温度补偿原则。单向应

力测点布置单轴应变计；主方向已知的平面应力状态测点，布置双轴应变计；主方向未知的采用三轴应变计或应变花。温度相近的区内各应变计可共用一个温度补偿应变计，最好采用温度自补偿应变计，测点布置方式确定后，应编写总体测量方案文件，包括布置应变计图、编号、测量线路及仪器、试验步骤等。

2）实验室准备

选用应变计及测量仪器，并进行性能检测。根据构件尺寸、材料、测量精度要求和应力梯度选择应变计栅长和形式，并对所用应变计事先检测电阻值。根据精度要求、测点数目及速度选择测量仪器，对于测点不多的静态测量可用一般数字静态电阻应变仪，对测点较多或应力状态变化较快的静态测量，应采用自动记录的数字应变仪或数字应变测量系统。

3）现场测量

在现场对被测构件进行应变计安装、接线、防护和检查。粘贴应变计的技术直接影响测量精度，应根据应变计型号采用相应粘结剂按规定工艺粘贴，构件表面应打磨、清洗、划定位线，粘贴时保证方位准确。测量导线布置应整齐，避开电磁场干扰，接线后检查编号、绝缘电阻和应变计阻值，并进行防潮处理。

各测点应变计与测量仪器连接、调试。预先加卸载 2～3 次后进行预调平衡或初始读数记录和储存，如可能正式加载测量应重复 2～3 次，以保证测量数据的可靠性。

4）完成测量报告

分析处理数据，将应变转换成应力。如采用自动记录数字应变测量系统，分析处理数据可快速完成，经分析对测量结果给出精度评价，测量报告应包括必要的原始数据、处理结果、精度评价和测试结论等。

4.1.2 应变花计算公式

对于主应力方向未知的平面应力测点，必须布置三个不同方向的应变计或采用具有三个敏感栅的多轴应变计——应变花，如图 4-1 所示。沿任意三个方向 θ_1、θ_2 和 θ_3 粘贴三个应变计，测出三个应变 ε_{θ_1}、ε_{θ_2} 和 ε_{θ_3}，根据应变状态理论有下式：

$$\varepsilon_{\theta_i}=\frac{\varepsilon_x+\varepsilon_y}{2}+\frac{\varepsilon_x-\varepsilon_y}{2}\cos 2\theta_i+\frac{\gamma_{xy}}{2}\sin 2\theta_i,\quad i=1,2,3 \tag{4-1}$$

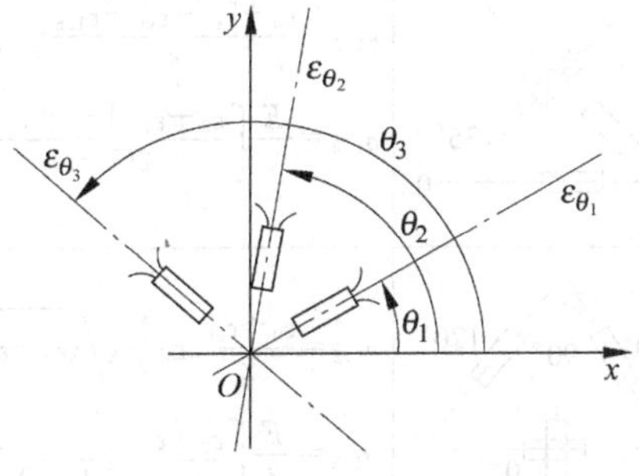

图 4-1　主方向未知时应变计粘贴

由三个公式可解出三个未知量 ε_x、ε_y 和 γ_{xy}，再由它们计算出主应变 ε_1、ε_2 和主方向与 x 轴的夹角 φ：

$$\begin{cases}\varepsilon_{1,2}=\dfrac{\varepsilon_x+\varepsilon_y}{2}\pm\dfrac{1}{2}\sqrt{(\varepsilon_x-\varepsilon_y)^2+\gamma_{xy}^2}\\ \varphi=\dfrac{1}{2}\arctan\dfrac{\gamma_{xy}}{\varepsilon_x-\varepsilon_y}\end{cases}\tag{4-2}$$

将主应变 ε_1、ε_2 代入下列胡克定律，可求得主应力 σ_1、σ_2：

$$\begin{cases}\sigma_1=\dfrac{E}{1-\nu^2}(\varepsilon_1+\nu\varepsilon_2)\\ \sigma_2=\dfrac{E}{1-\nu^2}(\varepsilon_2+\nu\varepsilon_1)\end{cases}\tag{4-3}$$

式中，E、ν 分别为构件材料的弹性模量和泊松比。

实际上，为了简化计算，三个应变计与 x 轴的夹角 θ_1、θ_2 和 θ_3 总是选取特殊角，如 0°、45°和 90°或 0°、60°和 120°，并将三个敏感栅制在同一基底上形成应变花，这样其计算公式就标准化了，列在表 4-1 中。在具有大量应变计测点的试验中，从应变花数据计算主应力和主方向角，可编制程序用计算机快速完成应力计算。三轴直角 45°应变花主要用于主方向大致已知的情况，三轴等角 60°应变花主要用于主方向无

表 4-1　应变花计算公式

简　图	主应变和主应力公式	σ_1 和 0°线夹角 φ
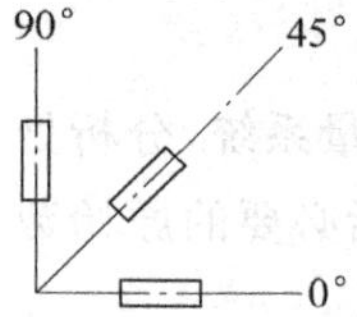	$\varepsilon_{1,2}=\dfrac{\varepsilon_0+\varepsilon_{90}}{2}\pm\sqrt{(\varepsilon_0-\varepsilon_{90})^2+(2\varepsilon_{45}-\varepsilon_0-\varepsilon_{90})^2}$ $\sigma_{1,2}=\dfrac{E}{2}\left[\dfrac{\varepsilon_0+\varepsilon_{90}}{1-\nu}\pm\dfrac{1}{1+\nu}\sqrt{(\varepsilon_0-\varepsilon_{90})^2+(2\varepsilon_{45}-\varepsilon_0-\varepsilon_{90})^2}\right]$	$\dfrac{1}{2}\arctan\dfrac{2\varepsilon_{45}-\varepsilon_0-\varepsilon_{90}}{\varepsilon_0-\varepsilon_{90}}$
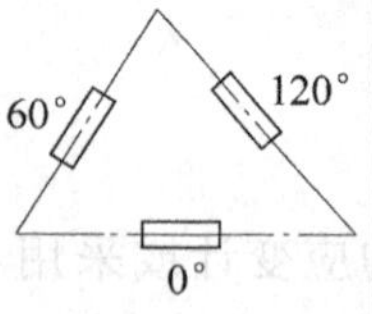	$\varepsilon_{1,2}=\dfrac{\varepsilon_0+\varepsilon_{60}+\varepsilon_{90}}{3}\pm\sqrt{\left(\varepsilon_0-\dfrac{\varepsilon_0+\varepsilon_{60}+\varepsilon_{90}}{3}\right)^2+\dfrac{1}{3}(\varepsilon_{60}-\varepsilon_{120})^2}$ $\sigma_{1,2}=$ $E\left[\dfrac{\varepsilon_0+\varepsilon_{60}+\varepsilon_{90}}{3(1-\nu)}\pm\dfrac{1}{1+\nu}\sqrt{\left(\varepsilon_0-\dfrac{\varepsilon_0+\varepsilon_{60}+\varepsilon_{90}}{3}\right)^2+\dfrac{1}{3}(\varepsilon_{60}-\varepsilon_{120})^2}\right]$	$\dfrac{1}{2}\arctan\dfrac{\sqrt{3}(\varepsilon_{60}-\varepsilon_{120})}{2\varepsilon_0-\varepsilon_{60}-\varepsilon_{120}}$
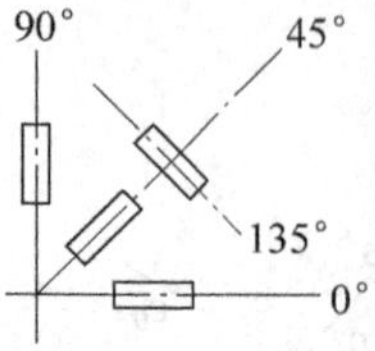	$\varepsilon_{1,2}=\dfrac{\varepsilon_0+\varepsilon_{45}+\varepsilon_{90}+\varepsilon_{135}}{4}\pm\dfrac{1}{2}\sqrt{(\varepsilon_0-\varepsilon_{90})^2+(\varepsilon_{45}-\varepsilon_{135})^2}$ $\sigma_{1,2}=\dfrac{E}{2}\left[\dfrac{\varepsilon_0+\varepsilon_{45}+\varepsilon_{90}+\varepsilon_{135}}{2(1-\nu)}\pm\dfrac{1}{1+\nu}\sqrt{(\varepsilon_0-\varepsilon_{90})^2+(\varepsilon_{45}-\varepsilon_{135})^2}\right]$	$\dfrac{1}{2}\arctan\dfrac{\varepsilon_{45}-\varepsilon_{135}}{\varepsilon_0-\varepsilon_{90}}$
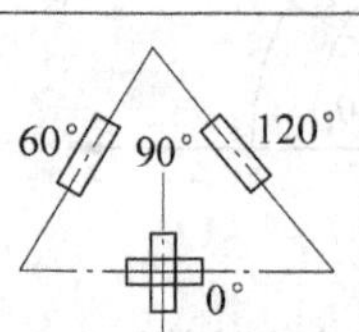	$\varepsilon_{1,2}=\dfrac{\varepsilon_0+\varepsilon_{90}}{2}\pm\dfrac{1}{2}\sqrt{(\varepsilon_0-\varepsilon_{90})^2+\dfrac{4}{3}(\varepsilon_{60}-\varepsilon_{120})^2}$ $\sigma_{1,2}=\dfrac{E}{2}\left[\dfrac{\varepsilon_0+\varepsilon_{90}}{1-\nu}\pm\dfrac{1}{1+\nu}\sqrt{(\varepsilon_0-\varepsilon_{90})^2+\dfrac{4}{3}(\varepsilon_{60}-\varepsilon_{120})^2}\right]$	$\dfrac{1}{2}\arctan\dfrac{2(\varepsilon_{60}-\varepsilon_{120})}{\sqrt{3}(\varepsilon_0-\varepsilon_{90})}$

法估计的情况。另外有四轴应变花，例如在等角 60°应变花中加一个 90°敏感栅，测出四个应变读数，其间有关系：

$$\frac{1}{2}(\varepsilon_0+\varepsilon_{90})=\frac{1}{3}(\varepsilon_0+\varepsilon_{60}+\varepsilon_{120})$$

可利用第四个应变读数检验其他三个读数的准确度。另一种四轴应变花中的 135°敏感栅也起类似作用。

4.1.3 环境温度和湿度影响

1. 温度影响

前面讨论应变计工作特性时已提到，应变计粘贴到构件上后，当环境温度变化 ΔT 时，一般应变计的热输出 ε_T 可表示为：$\varepsilon_T=\left[\frac{\alpha_T}{K}+(\beta_e-\beta_g)\right]\Delta T$。为了减小热输出，常制成温度自补偿应变计或采用线路补偿法尽量消除温度影响。一般常温静态应变测量时，若温度变化不大，应变计热输出较小。有时，还需考虑温度对导线的影响，因一般用的铜导线有较大电阻温度系数(约 4×10^{-3}℃$^{-1}$)，若测量应变计和补偿应变计的导线温度变化不同(例如相差 1℃，导线电阻 R_L 为应变计阻值 R 的 1% 时)，会引起附加的热输出(约 20 μm/m)，因此需保持测量和补偿应变计的导线具有相同规格和长度，并处于相同温度环境。

在测点较多时，若干个测量应变计可共用一个补偿应变计。对于金属构件由于其散热性较好，一个补偿应变计可共补偿 5～10 个测量应变计；对于导热较差的塑料构件，应采用对塑料的温度自补偿应变计及专门的循环温度补偿措施。箔式应变计比丝式应变计有较好的散热性。

2. 湿度影响

环境湿度会对电阻应变测量带来很多不利影响。首先，对于应变计的基底及粘结剂，湿度引起粘结强度下降，降低胶层传递应变的能力；其次，湿度引起应变计绝缘电阻下降，造成应变读数不稳定，甚至无法测量。此外，潮湿环境会引起应变计敏感栅产生腐蚀，使其电阻值变化，并影响导线分布电容变化等。

为避免环境湿度影响，实践中要采取有效的防潮措施，将湿气与应变计及其引线完全隔离，如用石蜡、中性凡士林或松香、石蜡和黄油混合防潮剂等。对于常温水下或有压力液下应变测量及高温蒸汽条件下应变测量，将在后面专门介绍其防护技术和措施。

4.1.4 若干测量技术问题

1. 应变计栅长选择

应变计是以其栅长范围内的平均应变来表示这一长度内某点的应变的，其误差由栅长大小和其中应变梯度决定。

设应变计栅长范围内应变分布可用多项式表示：

$$\varepsilon_x = a_0 + a_1 x + a_2 x^2 + a_3 x^3 + \cdots$$

当 $a_1, a_2, \cdots$ 为零时，ε_x 是均匀应变；$a_2, a_3, \cdots$ 为零时，ε_x 为线性变化。如用栅长 L 内平均应变 ε_a 代表栅长中点 M 点的应变 ε_M，则只有在均匀应变和线性变化应变时才是准确的。对于按二次函数变化的应变，平均应变 ε_a 为

$$\varepsilon_a = \int_0^L \varepsilon_x \mathrm{d}x / L = a_0 + a_1 \frac{L}{2} + a_2 \frac{L^2}{3}$$

而中点 M 的应变为

$$\varepsilon_M = a_0 + \frac{a_1 L}{2} + \frac{a_2}{4} L^2$$

ε_a 与 ε_M 之差为

$$\delta_\varepsilon = \varepsilon_a - \varepsilon_M = \frac{a_2}{12} L^2$$

误差大小与 L 和 a_2 有关。按三次或更高次函数分布的应变，其误差更大，因此对于应力集中区，应选择栅长很小的应变计。国内外箔式应变计栅长最小为 0.2 mm，对于应力集中区已足够了。但是在误差允许的条件下应选择栅长较大的应变计，因为粘贴时方向易于准确，且应变计的横向效应也较小(栅长越小，横向效应越大)。

对于非均质材料制成的构件，如混凝土构件，由于石子、砂子和水泥弹性模量差别较大，且内部应变分布不均匀，应采用大栅长的应变计，栅长至少应为石子直径的 4～5 倍(例如 50、100 mm 栅长)。在混凝土构件表面上最好用环氧树脂型粘结剂粘贴应变计以防水。

2. 粘贴方向的影响

应变计粘贴后的方向如果与测点要求的方向不重合，则会给测量结果带来误差，如图 4-2 所示。设预定测点基准线与主应变方向夹角为 φ，而实际应变计粘贴方向与主应变方向夹角为 φ'，角度偏差为 $\Delta\varphi = \varphi' - \varphi$。沿预定被测方向的应变为 ε_φ，可用主应变 ε_1、ε_2 表示为

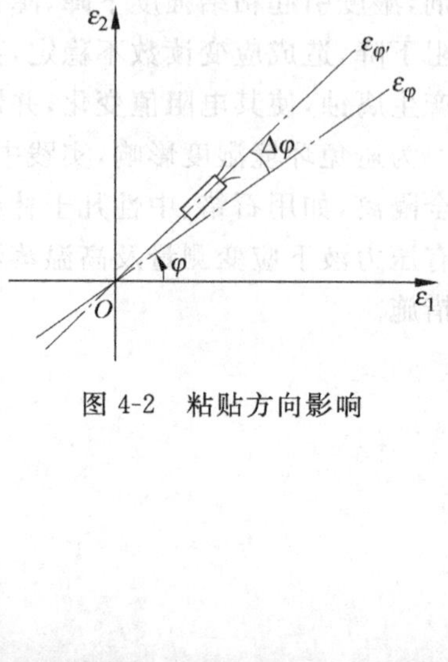

图 4-2 粘贴方向影响

$$\varepsilon_{\varphi}=\frac{\varepsilon_1+\varepsilon_2}{2}+\frac{\varepsilon_1-\varepsilon_2}{2}\cos 2\varphi$$

由于粘贴方向不准，实际测出应变 $\varepsilon_{\varphi'}$ 为

$$\varepsilon_{\varphi'}=\frac{\varepsilon_1+\varepsilon_2}{2}+\frac{\varepsilon_1-\varepsilon_2}{2}\cos 2(\varphi+\Delta\varphi)$$

应变测量误差 $\Delta\varepsilon$ 为

$$\Delta\varepsilon_{\varphi}=\varepsilon_{\varphi'}-\varepsilon_{\varphi}=\frac{\varepsilon_1-\varepsilon_2}{2}[\cos 2(\varphi+\Delta\varphi)-\cos 2\varphi]$$

$$=(\varepsilon_1-\varepsilon_2)\sin(2\varphi+\Delta\varphi)\sin\Delta\varphi \tag{4-4}$$

由上式可知，误差不仅与 $\Delta\varphi$ 有关，还与夹角 φ（被测应变方向与主应变方向夹角）有关，一般 $\varphi<45°$，φ 愈大，误差愈大。

例如，对单向应力状态，应变计沿主应力方向粘贴即 $\varphi=0$，按式(4-4)考虑到 $\varepsilon_2=-\nu\varepsilon_1$，则 $\varepsilon_1-\varepsilon_2=(1+\nu)\varepsilon_1$，有

$$\Delta\varepsilon_{\varphi}=(1+\nu)\varepsilon_1\sin^2\Delta\varphi$$

相对误差 e_{φ} 为

$$e_{\varphi}=\frac{\Delta\varepsilon_{\varphi}}{\varepsilon_{\varphi}}(1+\nu)\sin^2\Delta\varphi$$

设 $\nu=0.3$，$\Delta\varphi\leqslant 5°$，则得 $e_{\varphi}\leqslant 1\%$。

如测 $\varphi=45°$ 的应变（单向应力状态），则有

$$\Delta\varepsilon_{45}=(\varepsilon_1-\varepsilon_2)\sin\left(\frac{\pi}{2}+\Delta\varphi\right)\sin\Delta\varphi=\frac{\varepsilon_1}{2}(1+\nu)\sin 2\Delta\varphi$$

实际应变误差为

$$\Delta\varepsilon_{45}=\frac{1}{2}(\varepsilon_1+\varepsilon_2)=\frac{1}{2}(1-\nu)\varepsilon_1$$

相对误差 e_{φ} 为

$$e_{\varphi}=\frac{\Delta\varepsilon_{45}}{\varepsilon_{45}}=\frac{1+\nu}{1-\nu}\sin 2\Delta\varphi$$

设 $\nu=0.3$，$\Delta\varphi=1°$ 时，$e_{\varphi}=6.5\%$；$\Delta\varphi=5°$ 时，$e_{\varphi}=32\%$。这说明在 φ 较大时，粘贴角度偏差影响很大。

对于平面应力状态，例如 $\varepsilon_1=-\varepsilon_2$，则有

$$\Delta\varepsilon_{\varphi}=2\varepsilon_1\sin(2\varphi+\Delta\varphi)\sin\Delta\varphi$$

$$e_{\varphi}=\frac{\Delta\varepsilon_{\varphi}}{\varepsilon_{\varphi}}=2\frac{\sin(2\varphi+\Delta\varphi)\sin\Delta\varphi}{\cos 2\varphi}$$

若 $\varphi=0°$，则 $\Delta\varphi=1°$ 时，$e_{\varphi}=0.06\%$；$\Delta\varphi=5°$，$e_{\varphi}=1.5\%$。

若 $\varphi=30°$，则 $\Delta\varphi=1°$ 时，$e_{\varphi}=6.1\%$；$\Delta\varphi=5°$，$e_{\varphi}=32\%$。

总之，与主应变方向夹角 φ 愈大，误差愈大，在粘贴应变计时，应力求减小方向偏差。如采用同一基底上有多轴敏感栅的应变花，则有助于提高粘贴方向的准确性。

3. 应变计横向效应的影响

应变计工作特性之一是横向效应系数 H，它是横向灵敏系数 K_B 和轴向灵敏系数 K_L 之比，一般应变计的 $H<2\%$。现讨论横向效应对应变测量的影响，并设法修正。

设在平面应力状态下，在主应力方向分别粘贴应变计以测量主应变 ε_1 和 ε_2。由于应变计存在横向效应，测出应变读数 ε_{i1} 和 ε_{i2}。由应变电阻效应，有下列公式：

$$\varepsilon_{i1}=\frac{\left(\frac{\Delta R}{R}\right)_1}{K}=\frac{1}{K}(K_L\varepsilon_1+K_B\varepsilon_2)=\frac{K_L}{K}(\varepsilon_1+H\varepsilon_2) \tag{4-5}$$

$$\varepsilon_{i2}=\frac{\left(\frac{\Delta R}{R}\right)_2}{K}=\frac{1}{K}K_L(\varepsilon_2+H\varepsilon_1) \tag{4-6}$$

式中 K 为应变计灵敏系数，它在单向应力状态的梁上测定，此时有 $\varepsilon_2=-\nu_0\varepsilon_1$，其中 ν_0 是梁材料的泊松比。因此应变计的 K 与 K_L 有下列关系：

$$K=K_L(1-\nu_0 H) \tag{4-7}$$

将上式代入式(4-5)和式(4-6)得

$$\varepsilon_{i1}=\frac{1}{1-\nu_0 H}(\varepsilon_1+H\varepsilon_2)$$

$$\varepsilon_{i2}=\frac{1}{1-\nu_0 H}(\varepsilon_2+H\varepsilon_1)$$

由上两式解出实际应变 ε_1 和 ε_2 为

$$\varepsilon_1=\frac{1-\nu_0 H}{1-H^2}(\varepsilon_{i1}-H\varepsilon_{i2})$$

$$\varepsilon_2=\frac{1-\nu_0 H}{1-H^2}(\varepsilon_{i2}-H\varepsilon_{i1})$$

由于 $H\ll 1$，H^2 与 1 相比可忽略，得出

$$\begin{cases}\varepsilon_1=(1-\nu_0 H)(\varepsilon_{i1}-H\varepsilon_{i2})\\ \varepsilon_2=(1-\nu_0 H)(\varepsilon_{i2}-H\varepsilon_{i1})\end{cases} \tag{4-8}$$

上两式为由应变读数 ε_{i1}、ε_{i2} 考虑应变计横向效应的修正公式，由此可得出实际应变。当 $\varepsilon_{i2}<\varepsilon_{i1}$ 时，ε_1 受 ε_{i2} 的影响较小，ε_2 受 ε_{i1} 的影响较大。以测量材料泊松比为例，用轴向和横向两个应变计，在单向拉伸试验中测得 ε_{i1} 和 ε_{i2}，一般 $\varepsilon_{i2}\approx -0.3\varepsilon_{i1}$，则经修正后由 ε_1 与 ε_2 得出的泊松比 ν 比由 ε_{i2} 与 ε_{i1} 得出的 ν 值增大百分之几到百分之十几(与 H 大小有关)。

当主应力方向未知，使用 45°应变花时，据式(4-8)可导出对 0°、90°应变计，有

$$\begin{cases}\varepsilon_0=(1-\nu_0 H)(\varepsilon_{i0}-H\varepsilon_{i90})\\ \varepsilon_{90}=(1-\nu_0 H)(\varepsilon_{i90}-H\varepsilon_{i0})\end{cases} \tag{4-9}$$

现在 135°方向虚设一应变计，由式(4-8)同样可得

$$\begin{cases}\varepsilon_{45} = (1-\nu_0 H)(\varepsilon_{i45} - H\varepsilon_{i135}) \\ \varepsilon_{135} = (1-\nu_0 H)(\varepsilon_{i135} - H\varepsilon_{i45})\end{cases} \tag{4-10}$$

由应变状态理论有

$$\varepsilon_0 + \varepsilon_{90} = \varepsilon_{45} + \varepsilon_{135}$$

将此式代入前式消去 ε_{135}，再与式(4-9)联合求解，可得

$$\varepsilon_{45} = (1-\nu_0 H)[(1+H)\varepsilon_{i45} - H(\varepsilon_{i0} - H\varepsilon_{i90})]$$

对于 60°等角应变花，经类似推导可得以下修正公式：

$$\begin{cases}\varepsilon_0 = (1-\nu_0 H)[\varepsilon_{i0} - H(\varepsilon_{i60} + H\varepsilon_{i120})] \\ \varepsilon_{60} = (1-\nu_0 H)[\varepsilon_{i60} - H(\varepsilon_{i120} + H\varepsilon_{i0})] \\ \varepsilon_{120} = (1-\nu_0 H)[\varepsilon_{i120} - H(\varepsilon_{i0} + H\varepsilon_{i60})]\end{cases} \tag{4-11}$$

4. 长导线影响及其修正

应变测量中如构件尺寸很大(如塔式或门式起重机)，或出于安全考虑，测量仪器需离结构构件有很大距离(如压力容器充压时应力测量)，这就需要很长的导线连接应变计和测量仪器。这时导线电阻 R_L 与应变计电阻 R 相比不可忽略，导线分布电容也较大，将影响应变测量结果。

设应变计用两根导线连接到测量仪器，导线电阻为 R_L，则由应变电测原理得

$$\frac{\Delta R}{R} = K\varepsilon$$

实际应变 ε 与应变计本身电阻相对变化之间的关系为

$$\frac{\Delta R}{R+R_L} = K\varepsilon_i$$

由于导线电阻影响，所测应变 ε_i 与实际应变 ε 之间有一系统误差，将以上两式相除可得

$$\varepsilon = \varepsilon_i\left(1+\frac{R_L}{R}\right) \tag{4-12}$$

这说明，导线电阻存在使应变测量值偏小，必须按不同桥路接法进行修正。

在单臂测量时，如每个应变计用两根导线与应变仪连接，其桥臂电阻为 $R+R_L=R+2r_L$，其中 r_L 为一根导线电阻，则修正公式可写成 $\varepsilon=\varepsilon_i\left(1+\frac{2r_L}{R}\right)$。

若每个应变计用一根导线与应变仪连接，另一端就近连在一起，再用一根公共长导线与仪器连接，则修正公式为 $\varepsilon=\varepsilon_i\left(1+\frac{r_L}{R}\right)$。对于两个应变计组成的半桥测量电路，如采用公共导线方式，修正公式也用此式。对于四个应变计先组成全桥电路，然后再用四根长导线引到应变仪，则不必对测量读数进行修正，只需考虑它们对桥路电源或放大器输入阻抗的影响。

对导线间分布电容，只有在使用交流供桥的应变仪时才考虑其影响。在半桥连

接时，如相邻桥臂长导线分布电容分别为 C_1 和 C_2，只有在桥臂电阻和分布电容都相等的条件下电桥才能平衡。分布电容的存在会影响电桥灵敏度，一般由此引起的测量误差可写成

$$e_C = \omega^2 C^2 R^2 \times 100\%$$

式中，ω 为电桥交流电源的角频率；R 为桥臂电阻；$C=\dfrac{C_1+C_2}{2}$。若电源 ω 不太高，R 不太大，则 e_C 常可忽略。

4.1.5 静态应力应变测量的误差分析

应变电测方法具有测量精度高、应用方便等许多优点。对于静态应变测量，这一优势更为明显，但是影响应变测量精度的因素较多，如不仔细分析并采取有效措施，就可能带来很大的测量误差。从测量系统的组成来看，它由应变计、导线和测量仪器三部分组成，在分析测量误差时必须分别加以考虑。凡是属系统误差可采用修正或校准的方法消除，凡属随机误差则需进行估算，然后进行综合得出总的测量误差。关于实验误差的理论和分析详见第 7 章。

1. 电阻应变计

对于正确选择和安装并进行正常温度补偿的应变计，基本上消除了由于粘贴方向不准以及热输出等影响，引起测量误差的主要原因是应变计灵敏系数分散、机械滞后、蠕变等工作特性，其中 K 的分散，属随机误差，由厂家给出。应变计横向效应引起的是系统误差，可用式(4-8)等进行修正，修正时需已知应变计的 H 及厂家测定 K 时所用梁材料的泊松比 ν_0。若应变计产品说明中未提供 H 和 ν_0，可向厂家索取。

2. 导线

导线电阻的影响可按式(4-12)等修正，此外还有导线分布电容、湿度引起绝缘电阻变化，导线受温度变化及导线接头接触电阻变化等引起测量误差。为此应保证应变计防护以避免绝缘电阻变化，保证导线接头的接触电阻稳定，并采用三线法布置导线以消除导线受温度影响。采取以上措施后，导线引起的测量误差将很小。

3. 应变测量仪器

静态应变测量仪器的主要工作特性是基本误差和稳定性，一般国产静态应变仪基本误差为±(0.1～0.2)%，稳定性为 4 h 内零漂 1～5 μm/m。测量前应检测测量仪器的基本误差和稳定性。国外的静态电阻应变仪或数字式应变测量系统一般基本误差为 0.05%～0.1%，稳定性一般为 1～2 μm/m。为了消除操作者或仪器的读数误差，通常在静态应变测量时要求重复加载测量 2～3 次，取平均读数。

以上三部分误差中的系统误差基本用修正或校准方法进行消除，其随机误差可按误差理论进行传递和综合。设 $y=f(x_1,x_2,\cdots,x_r)$ 表示 $x_1,x_2,\cdots,x_r$ 共 r 个直接测量或已知的物理量与间接测量的物理量 y 之间的函数关系，则 y 的标准误差 S_y 与各 x_i 的标准误差 $S_1,S_2,\cdots,S_r$ 之间按随机误差理论有

$$S_y = \sqrt{\left(\frac{\partial f}{\partial x_1}\right)^2 S_1^2 + \left(\frac{\partial f}{\partial x_2}\right)^2 S_2^2 + \cdots + \left(\frac{\partial f}{\partial x_r}\right)^2 S_r^2}$$

对于 $y=x_1x_2x_3\cdots x_r$ 的情况（y 为 $x_1,x_2,\cdots,x_r$ 的乘除函数关系），并设各物理量相对标准误差为$\frac{S_y}{y}=e_y,\frac{S_1}{x_1}=e_1,\frac{S_2}{x_2}=e_2,\cdots,\frac{S_r}{x_r}=e_r$，则可导出相对标准误差的传递公式为

$$e_y = \sqrt{e_1^2 + e_2^2 + \cdots + e_r^2} \tag{4-13}$$

对于静态应力应变测量，根据以上所述分析各种误差来源，凡是可避免的影响因素都尽量消除或减到最小，凡系统误差均进行修正，最后将其余无法避免的随机误差进行综合。按照应变电测的基本公式，被测应变 ε 为

$$\varepsilon = \frac{K_{\mathrm{i}}\varepsilon_{\mathrm{i}}}{K}$$

式中，K 为应变计灵敏系数；K_{i} 为应变测量仪器的灵敏系数（或灵敏度）。一般 $K_{\mathrm{i}}=K$，但应变计 K 有分散，K_{i} 也有基本误差，由 ε 为 $K_{\mathrm{i}},\varepsilon_{\mathrm{i}}$ 和 K 的函数，由式(4-13)可得

$$e_\varepsilon = \sqrt{e_{K_{\mathrm{i}}}^2 + e_K^2 + e_{\varepsilon_{\mathrm{i}}}^2} \tag{4-14}$$

式中 ε_{i} 为应变读数，$e_{\varepsilon_{\mathrm{i}}}$ 为应变读数误差。

一般应变计灵敏系数分散 $e_K=\pm(1\sim2)\%$，应变测量仪器的基本误差 $e_{K_{\mathrm{i}}}=\pm(0.1\sim1)\%$，应变读数误差 $e_{\varepsilon_{\mathrm{i}}}$ 为 $\pm0.5\%$，如取 $e_K=\pm1\%$，$e_{K_{\mathrm{i}}}=\pm1\%$，$e_{\varepsilon_{\mathrm{i}}}=\pm0.5\%$，则 $e_\varepsilon=\pm1.5\%$。对于基本误差较小的应变仪，$e_{K_{\mathrm{i}}}=\pm0.2\%$，则 e_ε 中 $e_{K_{\mathrm{i}}}$ 影响很小，但一般 $e_K\geqslant1\%$，因此一般静态应变测量精度为 1%～3%。考虑到构件材料弹性模量 E 和泊松比 ν 的测量误差，则静态应力测量精度为 3%～5%。

4.2 动态应力应变测量技术

4.2.1 动态应变种类及其频谱

动态应变产生的原因有的是载荷随时间变化，也有的是因构件运动。按动态应变随时间变化的性质可分为确定性和非确定性两类：应变随时间变化的规律可以用明确的数学关系式描述的称为确定性动态应变，否则属于非确定性动态应变。

确定性动态应变又可分为周期性和非周期性两种。一般复杂的周期性应变都可用傅里叶级数表示：

$$\varepsilon(t) = \varepsilon_0 + \sum_{n=1}^{\infty} \varepsilon_n \cos(2\pi n f_1 t + \theta_n), \quad n = 1,2,3,\cdots \tag{4-15}$$

这样，它可看做由一静态应变 ε_0 和多个称为谐波的余弦分量（应变幅值为 ε_n，相位为 θ_n）组成，而各谐波分量频率都是基频 f_1 的整数倍，用振幅-频率式(4-15)和图4-3表示。图中纵坐标表示应变幅值 ε_n，横坐标表示频率 f。纵坐标轴上的线段是频率为零、幅值为 ε_0 的静应变，以垂直线段表示频率为 f_n、幅值为 ε_n 的第 n 次谐波分量。该图为频谱图，此频谱是离散谱。图4-4(a)表示常应变，图(b)表示简单周期性应变 $\varepsilon=\varepsilon_1\cos(2\pi f_1 t+\theta_1)$ 的频谱。

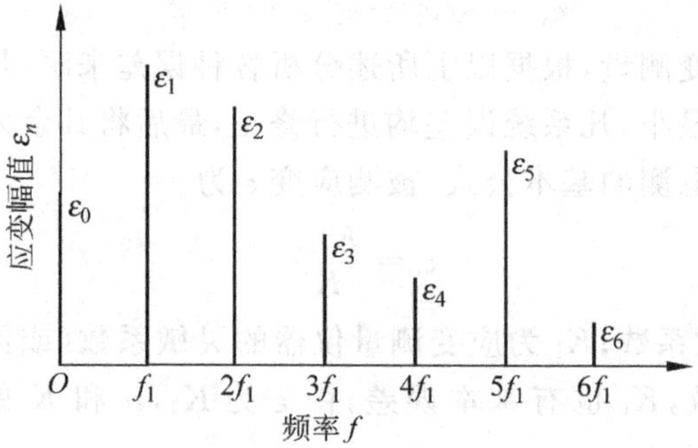

图4-3 复杂周期性应变的频谱

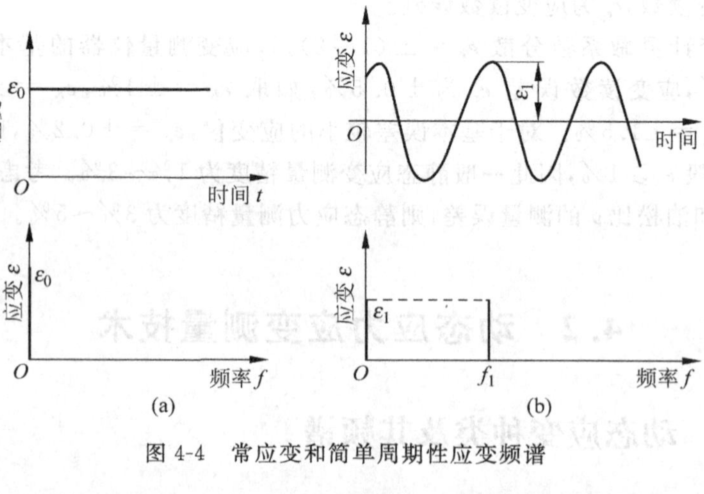

图4-4 常应变和简单周期性应变频谱

非周期性应变又分为两种。一种是准周期性应变，例如由几个转速不成比例的发动机同时工作的机械组合成的构件振动应变，其各谐波频率之间不成最小公倍数，各谐波分量是周期性的，合成的应变不是周期性的。它的频谱图也是离散谱，但各谐波频率分布无一定规律，如图 4-5 所示。另一种是瞬变性应变，又称冲击应变，它由突加载荷引起。这种应变的频谱是连续谱，其谐波频率连续变化，高频分量占的比重可能较大，在测量分析中应予重视。瞬变性应变的频谱举例如图 4-6 所示。

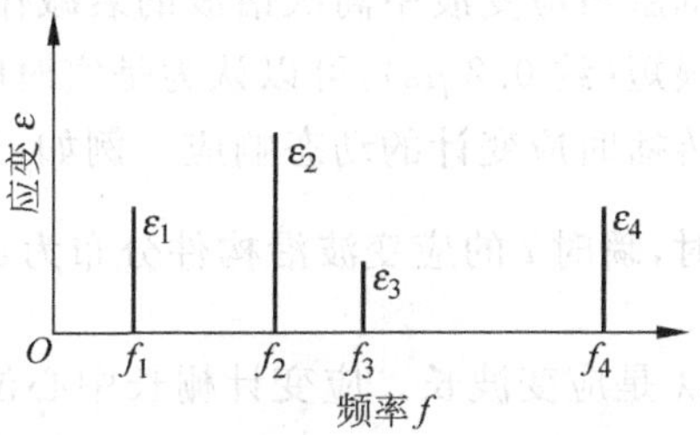

图 4-5 准周期性应变频谱图

随机性应变属于非确定性应变，许多机械运行中所受的载荷很不规则，由此引起构件的动态应变不能用明确的数学表达式表示，称为随机性应变。对于它虽然无法预测其未来时刻的数值，但在大量重复的试验中又表现出统计规律性，可以用概率统计方法描述和分析。对于非确定性应变，要选用频率响应范围很宽的测量记录系统，进行大量重复试验，研究其统计特性。随机性应变的特点可由图 4-7 的举例中看出。

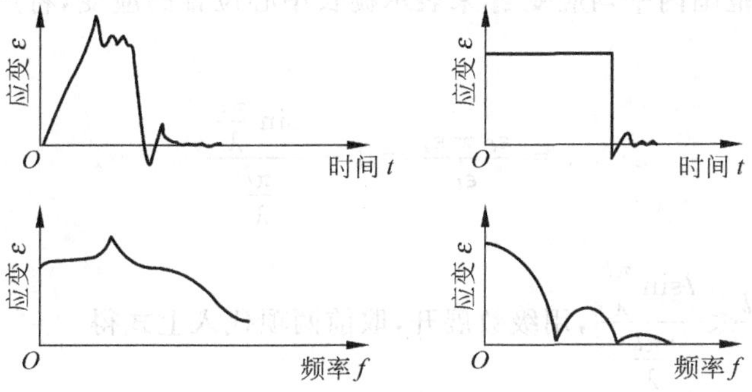

图 4-6 瞬变性应变频谱举例

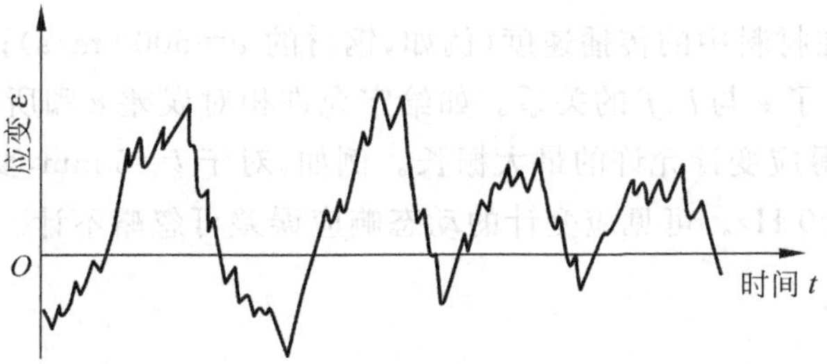

图 4-7 随机性应变举例

4.2.2 应变计的动态响应和疲劳寿命

1. 动态响应

用电阻应变计测量动态应变时，要考虑构件表面瞬时应变与应变计同一瞬时测得的应变之间的响应关系。一般虽然在构件应变波传递到敏感栅的过程中会受到粘结剂层对应变波中高次谐波的衰减作用，但因粘结剂层很薄，敏感栅对应变的响应时间很短（约 0.2 μs），可以认为是实时响应。因此只需考虑构件应变沿应变计栅长方向传播时应变计的动态响应。例如，当构件应变沿应变计栅长方向按正弦波规律传播时，瞬时 t 的应变波沿构件分布为 $\varepsilon_{(x)}=\varepsilon_0\sin\frac{2\pi}{\lambda}x$，其中 ε_0 是正弦波的最大应变振幅，λ 是应变波长。应变计栅长中心位置 x_l 的应变 ε_l 为 $\varepsilon_l=\sin\frac{2\pi}{\lambda}x_l$，栅长 l 范围内平均应变为

$$\varepsilon_a=\frac{1}{l}\int_{x_l-\frac{1}{2}}^{x_l+\frac{1}{2}}\varepsilon_0\sin\frac{2\pi}{\lambda}x\,dx=\frac{\varepsilon_0\sin\frac{2\pi}{\lambda}x_l\sin\frac{\pi l}{\lambda}}{\frac{\pi l}{\lambda}}$$

在瞬时 t，用栅长范围内平均应变 ε_a 来表示栅长中心位置的应变，将产生误差。其相对误差 e 为

$$e=\frac{\varepsilon_l-\varepsilon_a}{\varepsilon_l}=1-\frac{\sin\frac{\pi l}{\lambda}}{\frac{\pi l}{\lambda}} \tag{4-16}$$

由于 $l\ll\lambda$，$\frac{\pi l}{\lambda}\ll\frac{l\sin\frac{\pi l}{\lambda}}{\frac{\pi l}{\lambda}}$，用级数展开，取前两项代入上式得

$$e\approx\frac{\pi}{6}\left(\frac{l}{\lambda}\right)^2=\frac{1}{6}\left(\frac{\pi lf}{v}\right)^2 \tag{4-17}$$

式中，v 是应变波在材料中的传播速度（例如，钢材的 $v=5000$ m/s）；f 是应变波的频率。式(4-17)给出了 e 与 l、f 的关系。如给定允许相对误差 e 和所测动态应变的最高频率 f_{max}，可求得应变计允许的最大栅长。例如，对于 $l=5$ mm，要求 $e=\pm1\%$时，允许[f]为约 70 000 Hz。可见应变计的动态响应误差可忽略不计。

2. *疲劳寿命*

应变计用于动态应变测量时，若测点应变变化频率较快，测量时间较长，应变计经受的应变循环次数很多，这时要求所选用的应变计具有较高的疲劳寿命。一般的电阻应变计常温下疲劳寿命为 $10^5\sim10^6$ 次，动态应变计的疲劳寿命可达 $10^7\sim10^8$ 次。厂家提供的应变计的疲劳寿命是在 ±1000 μm/m 的应变幅值下实验检定的。因此当应变幅值大于 ±1000 μm/m 时，应变计实际疲劳寿命将低于检定值。试验研究表明：疲劳寿命为 10^6 次的箔式应变计在 $\pm(2000\sim5000)$ μm/m 应变幅值下工作，疲劳寿命可能降至 2×10^3 次左右。

4.2.3　动态应变测量的仪器系统

动态应变测量要求得到应变随时间的变化过程，因此在测量仪器系统中，除必要的动态应变仪外，还必须配备相应的记录装置。由于被测应变的频率不同，各种动态应变和记录仪器的频率适用范围都有限制，因此应根据动态应变频率范围选择合适的测量仪器系统。图 4-8 所示为常用测量仪器系统中仪器组合框图，并标出有关仪器的适用频率范围，供选用时参考。此外，还需注意仪器之间的阻抗匹配问题。滤波器的选用要根据测量目的而定。当只需要测量动态应变在某一频带中的谐波分量时，应选用相应通频带的带通滤波器；当只需要测量低于某一频率的谐波分量时，应选用有相应截止频率的低通滤波器；对一般频率结均无特殊要求时可不用滤波器。

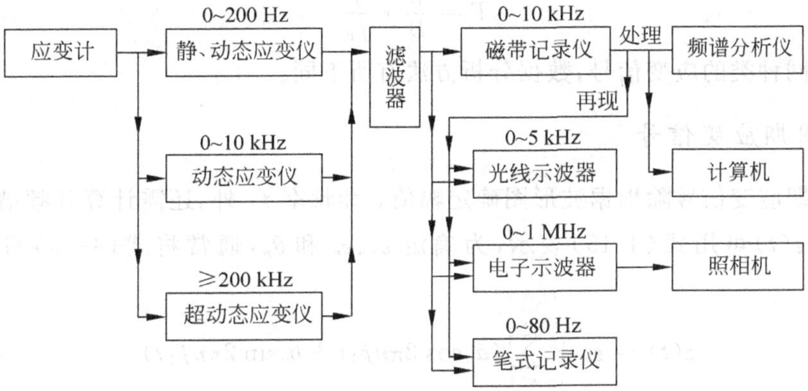

图 4-8　动态应变测量仪器系统

一般频率在 80 Hz 以下的动态应变可用笔式记录仪（包括 X-Y 函数记录仪）；记录 1000 Hz 以下（或左右）的动态应变常采用光线示波器；更高频率的动态应变采用磁带记录器记录，它可以在现场记录，回到实验室再现，且易于输出给频谱分析仪或计算机进行分析处理。现在已发展到用数字动态应变仪采集数据由计算机用软件处理数据，由时域信号变成频域信号并可用图形显示测量结果。

4.2.4　动态应变波形图及数据分析

动态应变测量的直接结果是记录应变波形图，记录应变波形前后应进行标定，典型波形图如图 4-9 所示。波形图上有应变幅值和时间的比例标记，波形图上幅高为 h 对应的应变值 ε_h 为 $\varepsilon_h=\dfrac{h}{H}\varepsilon_H$，$H$ 取记录前后标定 H_1 和 H_3 的平均值，对于正、负幅标不等的情况，则对正应变取正幅标，负应变取负幅标。时标是用一已知频率为 f_B 的信号，记录在波形图的一侧，波形图上应变变化和时标的周期记录长度各为

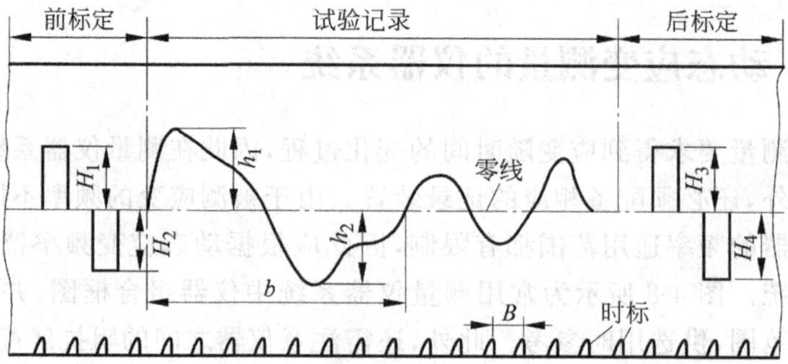

图 4-9 动态应变波形图举例

b 和 B，则应变波形周期 T 为

$$T=\frac{b}{B}\cdot\frac{1}{f_{\mathrm{B}}}$$

对不同种类的应变信号，数据分析方法有所不同。

1. 周期应变信号

对周期应变信号除根据波形图确定幅值 ε 和频率 f_1 外，还需计算其频谱。复杂周期应变 $\varepsilon(t)$ 可用式(4-15)表示，为确定 ε_0、ε_n 和 θ_n，通常将式(4-15)写成以下形式：

$$\varepsilon(t)=\varepsilon_0+\sum_{n=1}^{\infty}(a_n\cos 2\pi nf_1t+b_n\sin 2\pi nf_1t) \tag{4-18}$$

式中 ε_0、a_n、b_n 称为傅里叶系数，并按下式计算：

$$\begin{cases}\varepsilon_0=\dfrac{1}{T}\displaystyle\int_0^T\varepsilon(t)\mathrm{d}t\\ a_n=\dfrac{2}{T}\displaystyle\int_0^T\varepsilon(t)\cos 2\pi nf_1t\mathrm{d}t\\ b_n=\dfrac{2}{T}\displaystyle\int_0^T\varepsilon(t)\sin 2\pi nf_1t\mathrm{d}t\end{cases} \tag{4-19}$$

由此第 n 次谐波的幅值 ε_n 和相位 θ_n 可由 a_n、b_n 确定：

$$\begin{cases}\varepsilon_n=\sqrt{a_n^2+b_n^2}\\ \theta_n=\dfrac{\arctan a_n}{b_n}\end{cases},\quad n=1,2,\cdots,\infty \tag{4-20}$$

因此计算周期信号的频谱即为确定 $\varepsilon(t)$ 时间历程的傅里叶系数，对于实测得到的波形曲线 $\varepsilon(t)$，由于未知其解析式，只能进行近似数值计算，由 $\varepsilon(t)$ 记录曲线离散处理后得一组数值，再进行数值积分。将波形周期 T 分为 N 等份，分点编号为 $k=0,1,2,\cdots,N-1$，分点时间间隔为 Δt，$T=N\Delta t$，$t_k=k\Delta t$，$f=\dfrac{1}{T}=\dfrac{1}{N\Delta t}$，则傅里叶系数计算

公式为

$$\begin{cases} \varepsilon_0 = \dfrac{1}{N}\sum\limits_{k=0}^{N-1}\varepsilon(t_k) \\ a_n = \dfrac{2}{N}\sum\limits_{k=0}^{N-1}\varepsilon(t_k)\cos 2\pi\dfrac{nk}{N} \\ b_n = \dfrac{2}{N}\sum\limits_{k=0}^{N-1}\varepsilon(t_k)\sin 2\pi\dfrac{nk}{N} \end{cases} \tag{4-21}$$

傅里叶系数的项数 n 设为 m，即 $n=1,2,\cdots,m$，则包括 ε_0 在内的傅里叶系数共有 $2m+1$ 个，由 N 个数值来确定 $2m+1$ 个系数，则要求 $m=\dfrac{N}{2}-1$。因此用离散方法计算应变信号的频谱时，所得到的最高谐波次数不超过$\dfrac{N}{2}-1$次。如取 N 为偶数，由于对 $n=\dfrac{N}{2}$有$\dfrac{\sin 2\pi nk}{N}=0$，所以 $b_n=b\dfrac{N}{2}=0$。这时待定傅里叶系数只有 $2m$ 个，即 $m=\dfrac{N}{2}$。实用上为计算方便，常取 $N=6,12,24$ 等偶数。例如取 $N=12$，最多只能求得信号的 6 次谐波，这时 $\varepsilon(t)$的级数展开式为

$$\begin{aligned}\varepsilon(t) = {} & \varepsilon_0 + a_1\cos 2\pi f_1 t + a_2\cos 4\pi f_1 t + \cdots + a_6\cos 12\pi f_1 t \\ & + b_1\sin 2\pi f_1 t + b_2\sin 4\pi f_1 t + \cdots + b_5\sin 10\pi f_1 t\end{aligned}$$

系数 a_n、b_n 的计算可用表格法完成(也可用计算机完成)。求得 a_n、b_n 后再计算各次谐波的幅值ε_n 和相位角 θ_n，这样即确定了周期信号的幅值和相位频谱。

2. 瞬变性应变信号

瞬变性应变信号属于非周期性应变信号，其时间历程 $\varepsilon(t)$不能展开成上述傅里叶级数形式，但是可以把它看成周期 T 趋近于无穷大时的周期信号，并且由此可得到傅里叶积分的形式：

$$\varepsilon(t) = \varepsilon_0 + \sum_{n=1}^{\infty}\left(\frac{a_n - \mathrm{j}b_n}{2}\mathrm{e}^{2\pi\mathrm{j}nf_1 t} + \frac{a_n + \mathrm{j}b_n}{2}\mathrm{e}^{-2\pi\mathrm{j}nf_1 t}\right) \tag{4-22}$$

式中，$\mathrm{j}=\sqrt{-1}$；f_1 为基频；$\mathrm{e}^{2\pi\mathrm{j}nf_1 t}$是三角函数的复数形式。令 $c_n=\dfrac{a_n-\mathrm{j}b_n}{2}$，则有

$$\varepsilon(t) = \sum_{n=-\infty}^{\infty} c_n \mathrm{e}^{2\pi\mathrm{j}nf_1 t} \tag{4-23}$$

式中，$c_n = \dfrac{1}{T}\int_{-\frac{T}{2}}^{\frac{T}{2}}\varepsilon(t)\mathrm{e}^{-2\pi\mathrm{j}nf_1 t}\mathrm{d}t = |\,c_n\,|\,\mathrm{e}^{\mathrm{j}\theta_n}$。$c_n$ 为$\varepsilon(t)$的复数频谱分量，其中$|c_n|$及辐角 θ_n 分别等于信号第 n 次谐波的振幅及相位。T 为有限值时，周期信号各次谐波频率仅出现在离散的 nf_1 各点，频率间隔 $f_1=\Delta f=\dfrac{1}{T}$；当 $T\to\infty$时，$\Delta f=f_1\to 0$，离散点 nf_1 变为连续变量 f_1，这时信号频谱变为无限密集的连续频谱。

将复数频谱分量 c_n 除以频率间隔 Δf，得

$$\frac{c_n}{\Delta f}=\frac{c_n}{f_1}=\int_{-\frac{T}{2}}^{\frac{T}{2}}\varepsilon(t)\mathrm{e}^{-2\pi\mathrm{j}nf_1t}\mathrm{d}t$$

当 $T\to\infty$ 时，有

$$\lim_{T\to\infty}\left(\frac{c_n}{f_1}\right)=\int_{-\infty}^{\infty}\varepsilon(t)\mathrm{e}^{-2\pi\mathrm{j}ft}\mathrm{d}t=F(f)\tag{4-24}$$

$F(f)$ 称为 $\varepsilon(t)$ 的信号频谱密度。这时式(4-23)求和运算变为积分运算：

$$\varepsilon(t)=\sum_{n\to-\infty}^{\infty}c_n\mathrm{e}^{2\pi\mathrm{j}nf_1t}=\sum_{n\to-\infty}^{\infty}\frac{c_n}{f_1}\mathrm{e}^{2\pi\mathrm{j}nf_1t}\Delta f=\int_{-\infty}^{\infty}F(f)\mathrm{e}^{2\pi\mathrm{j}nf_1t}\mathrm{d}f\tag{4-25}$$

$F(f)$ 称为 $\varepsilon(t)$ 的傅里叶积分变换，$\varepsilon(t)$ 为 $F(f)$ 的傅里叶逆变换。$F(f)=|F(f)|\mathrm{e}^{\mathrm{j}\theta(f)}$ 模 $|F(f)|$ 与 $\theta(f)$ 分别称为应变信号的幅值谱密度和相位谱密度。一般说来，瞬变应变信号的频谱包括从零到无限大的所有频率成分谐波分量的连续谱。对于实测得到的瞬变应变曲线，可通过数值积分或离散傅里叶变换完成频谱计算。式(4-25)表示的傅里叶变换是在 $-\infty\to+\infty$ 时间范围内进行的。但实测应变信号曲线的计算只能在 $0\to T$ 有限时间范围内进行，这时的变换是有限的傅里叶变换，其定义为 $F(f,T)=\int_0^T\varepsilon(t)\mathrm{e}^{-2\pi\mathrm{j}ft}\mathrm{d}t$。进行数值计算时，先将应变信号时间历程 $\varepsilon(t)$ 离散化为 $\varepsilon(t_k)$，$k=1,2,\cdots,N-1$，计算得离散频率为 $f_n=\frac{n}{N\Delta t}$，其中 $n=0,1,2,\cdots,N-1$，$N=\frac{T}{\Delta t}$ 为离散数据个数。这样变换式为

$$F(f_n,T)=\sum_{k=0}^{N-1}\varepsilon(t_k)\mathrm{e}^{-2\pi\mathrm{j}nk\frac{1}{N}}\Delta t$$

式中 $F(f_n,T)$ 表示信号在频率 f_n 处的频谱密度。

将频谱密度 $F(f_n,T)$ 乘以频率时间 $\Delta f=\frac{1}{N\Delta t}$，则此乘积表示在频率 f_n 处信号的频谱分量，用符号 $F(f_n)$ 表示，即

$$F(f_n)=\frac{F(f_n,T)}{N\Delta t}=\frac{1}{N}\sum_{k=0}^{N-1}\varepsilon(t_k)\mathrm{e}^{-2\pi\mathrm{j}nk\frac{1}{N}},\quad n=0,1,\cdots,N-1$$

信号的频谱分量 $F(f_n)$ 是离散数据 $\varepsilon(t_k)$ 的有限离散傅里叶变换。同样可知，数据 $\varepsilon(t_k)$ 是频谱分量 $F(f_n)$ 的有限离散傅里叶逆变换，并且有

$$\varepsilon(t_k)=\sum_{n=0}^{N-1}F(f_n)\mathrm{e}^{\pi\mathrm{j}nk\frac{1}{N}},\quad k=0,1,\cdots,N-1\tag{4-26}$$

上式实际上是傅里叶级数的复数表示形式，它与周期信号的傅里叶级数表达式在形式上没有区别，但在理论上周期信号与瞬变信号是不同的。在有限离散傅里叶变换中，记录或采样的有限时间范围 T，被当作傅里叶级数的周期。

4.3 数字信号处理

4.3.1 信号的描述及分类

一个被观察的对象，其各方面的运动状态是通过一系列物理参数随时间的变化过程反映出来的。通常我们将这些随时间变化的物理量称为信号，它们从不同的角度反映了被测对象各种运动状态的信息。宇宙中的自然现象或科学实验现象都是以各种信号形式表达出来的。例如，声音是以声波的强度、频率信号表达出来；图像可以看做二元空间变量的亮度函数。力学实验中，应力、应变、位移、速度、加速度、振动频率等，都是信号。

1. 信号的描述

信号可以来源于电、磁、光、声等各种对象，这些各自不同的物理量，有的是相关的，有的是独立的，各有其不同的性质。但是它们都可有一种共同的表现形式，即在某一定的观察点或条件下，随着时间的变化，其物理量值都有一定的变化轨迹。若把时间作为横坐标，各种物理量作为纵坐标，便可以得到一个变化的图形，这就是信号的波形，其幅值随时间变化的情形可表示成时间的函数，这就是常用的信号的时域描述。信号时域描述比较简单、直观，但是不能明确揭示信号的频率成分和物理系统的传输特性。随着研究的深入，常常需要对信号进行频谱分析或其他正交变换，研究信号的频率结构和对应的幅值大小，这就是信号的频域描述。有时为了知道信号幅值大小的分布情况和研究信号间的相互关系，也常用幅值域或时延域来描述信号。

所谓域的不同，系指描述信号的图形横坐标物理参数（自变量）不同。例如，时域的横坐标为时间 t，频域的横坐标为频率 f，幅值域的横坐标为幅值 x，而时延域的横坐标为时延 τ。随研究的目的不同，必须进行各种变换，分别在所需域来分析，才能很好地解决问题。

2. 信号的分类

不同性质的信号，其分析、测试和处理的方式也是不同的。因此，正确掌握信号的性质十分重要。工程上，一般将信号分为确定性信号（规则的）和非确定性信号（非规则的）两大类，非确定性信号又称随机信号。能够精确地用数学关系式来描述的信号称为确定性信号；不能精确地用数学关系式来描述、无法预测其任意时刻的精确值的信号称为非确定性信号，它只能用概率术语如统计、平均等来描述。

确定性信号可根据其时间历程是否有规律地重复而分为周期信号和非周期信

号。对于确定性信号，在它们的时间历程上，如果每隔一定的周期重复出现，则称为周期信号，最典型的周期信号就是正弦信号；否则为非周期信号，如冲击信号等。

非确定性信号则分为平稳随机信号和非平稳随机信号。如果随机信号的统计特征与开始统计的时刻无关，则称为平稳随机信号；否则便称为非平稳随机信号。实践中，许多信号是随机的，如火车、汽车运行时的振动，高楼受到的风力作用等。

根据信号的特点，可以对信号作如下分类。

- 动态信号
  - 确定性信号
    - 周期信号
      - 简谐周期信号
      - 复杂周期信号
    - 非周期信号
      - 准周期信号
      - 瞬变信号
  - 非确定性信号（随机信号）
    - 平稳随机信号
      - 各态历经信号
      - 非各态历经信号
    - 非平稳随机信号
      - 一般非平稳信号
      - 瞬变随机信号

通常我们测得和记录的信号既有确定性的成分，又有非确定性的成分。例如旋转机械动不平衡引起的振动是确定性的。振动频率和转速频率一致，动不平衡越大，引起的振动也越大。但在实测中由于环境的振动等干扰，测得的信号中有大量的干扰噪声，使信号失真，而这些干扰噪声的特性总是不可能完全确定的。也有许多情况，一个确定性信号完全淹没在随机干扰噪声中，严格地讲，试验观察的结果总是受一定条件的限制，得到的结果总具有一定的随机性，绝对确定性的信号是不存在的，实际信号总具有某些随机因素。但另一方面，如果对产生信号的物理现象的基本规律有足够的认识，就可以用较精确的公式来描述它。因此，也可以说，真正随机的信号也是不存在的。

虽然信号可以用许多方法表示，但是在所有情况下，信号可以用某种方式变化的一个图形来表示。例如，信号可以取随时间变化之图形或随空间变化之图形。各种信号在数学上可以表示为一个或几个独立变量的函数。由于信号常表示为时间的函数，因而在讨论与信号有关的问题时，“信号”与“函数”这两个词常常互相通用。通常的习惯是把信号之数学表达式中的独立变量当作时间，尽管事实上它可以不代表时间。信号之数学表达式中的独立变量既可以是连续的，也可以是离散的。从是否连续的观点，可以将信号分为连续时间信号和离散时间信号。连续时间信号（简称连续信号）是指在一段连续时间内，对任何时刻，都可给出确定的函数值，此信号称为连续信号（见图 4-10）。在一些离散的瞬间给出函数值，其他时间没有定义的信号，则为离散信号（见图 4-11）。信号 $x(kT)$ 仅在瞬间 $t=0,T,\cdots$，才有确定的幅值，而在其余时间，函数 $x(kT)$ 没有幅值。至于离散瞬间的间隔，则可以是均匀的，也可以是不均匀的。幅值、时间都连续的信号称为模拟信号；时间连续、幅值离散（即幅值进行量化）的信号称为连续时间阈值信号；如果时间离散而幅值是连续的，则该信号为时域抽样数据信号;时间和幅值两者都是离散的信号,则为数字信号。数字信号处理技术就是采用各种计算方法来处理数字信号,其他类型的信号必须转换为数字信号才可进行数字处理。

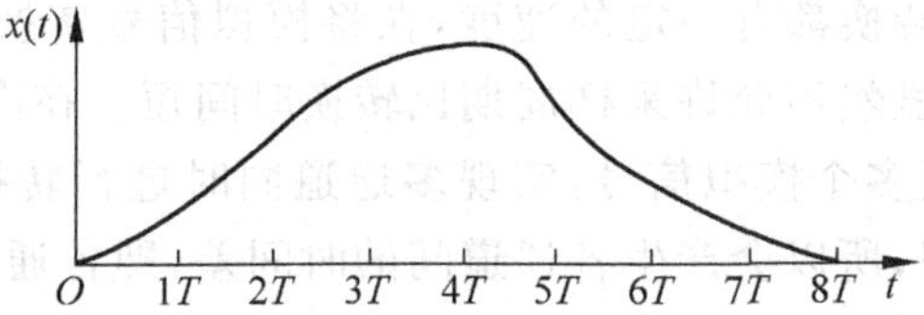

图 4-10 连续信号

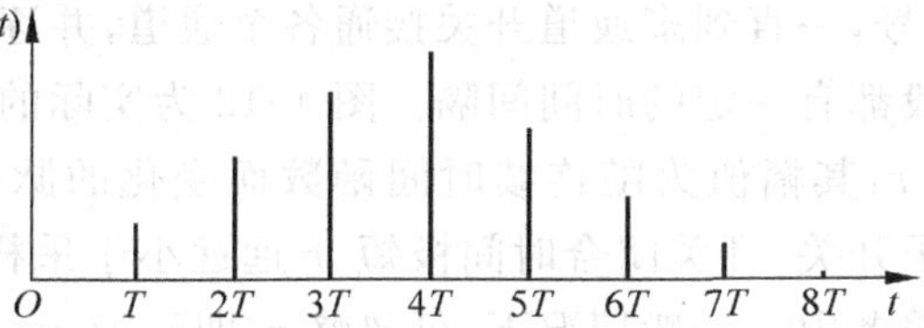

图 4-11 离散信号

4.3.2 数据的采集与预处理

1. 数据的采集

在力学量测中,由于传感器一般是输出模拟电量,所以要对数据进行数字处理,必须得到以数值表示的波形瞬时值。这时要以一定的时间间隔对波形进行采样,以取得数值序列,这一个一个数值就称为采样值,两相邻采样点之间的时间间隔称为采样间隔或采样周期 ΔT,对应的频率称为采样频率 f_s,$f_s=\frac{1}{\Delta T}$。

需要特别指出的是,在数据转换之前,要对原始信号进行分析。在获得或记录信号过程中,可能有严重的噪声、信号丢失、传感器失灵等引起的信号异常,必须对信号的时间历程的波形作直观检查,凭经验判断去除它们。数据一旦转换为数字的形式,就不易发现原信号中哪怕是很明显的差错,而这些差错可能对将来的数据分析带来严重的影响。

信号的采集包括采样、量化和编码三部分工作。采样就是采集测量系统的信号,取得需要观察点的离散值。量化就是把采样点上的数据值转换成数字量。编码则是将这些数据量转换为二进制代码等。

1) 信号采样

在采样系统中,把时间上连续的模拟信号转变成时间上离散的脉冲或数字序列,完成信号转换的装置称为采样器或采样开关。如果采样开关是等时间间隔开闭,则称为周期采样或普通采样;若有多个采样开关,所有采样开关等周期同时开闭,则称为同步采样；等周期但不同时开闭，则为非同步采样；若各开关以不同周期采样，则为多速采样。一般采用最广的为同步周期采样。有时，也采用一个多路调制器进行切换，只用一个采样器进行多路保持采样，这种采样为准同步周期采样。

模拟/数字(A/D)转换都有一定的速度，在将模拟信号转换为数字信号过程中，需要一定的转换时间，显然不允许采样周期比转换时间短。在准同步周期采样时，用一多通道开关轮流接通多个模拟信号，实现多通道同时进行转换。但每一采样点的转换总是需要一定时间，所以会产生各通道间的时间差，即各通道间对应的采样点不是在同一瞬时，而是随着通道次序略有后移，这样会引起误差，特别对高频成分。为了解决这个问题，可使用采样保持电路，此电路实现对所有输入数据通道同时采样，然后保持这些采样信号，一直到多通道开关接通各个通道，并逐个量化完毕为止。另一方面，采样脉冲一般都有一定的时间间隔。图 4-12 为实际的采样脉冲系列。采样后所得的波形宽度为 r，其幅值为随连续时间函数而变化的脉冲系列。在实际应用中，采样开关均为电子开关，开关闭合时间极短，r 远远小于采样周期 T，但对于极高频的信号，在采样时需考虑。一般情况下，可忽略 r，即认为 $r=0$，这即为理想采样过程。一般情况下，信号采样均认为是理想采样。

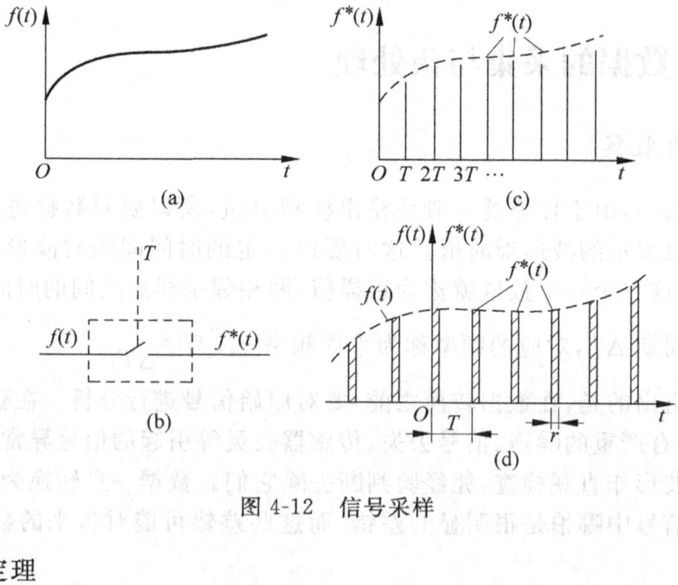

图 4-12　信号采样

2）采样定理

采样的过程实际上是对连续模拟信号进行抽样和截断，从而得到采样信号。数字信号处理即是针对得到的采样信号进行分析，因而势必会提出这样一个问题：为了复现连续模拟信号，对采样间隔是否有一定的要求？从图 4-13 可以看出，如果采样周期 ΔT 取得很小，即采样间隔很密，就不难从采样信号的包络中描绘出模拟信号来；反之，若 ΔT 很大，则不可能还原。采样一般是等间隔进行的。因此，问题的关键是如何确定一个适当的采样周期 ΔT，即确定采样频率 f_s。显然采样周期无下限的限制，因为当采样周期 ΔT 趋于零时，离散采样信号实际上转变为连续模拟信号。采样周期 ΔT 越小，即采样频率 f_s 越高，离散采样信号越能如实反映信号的变化。但从实际应用而言，采样频率未必越高越好。采样周期太小，采样点太多，要求计算机的计算处理速度加快，存储容量增大，从而增加计算的工作量和提高了成本。同时，采样频率太高，干扰对系统的影响明显上升。从直观上也可以看出，若采样间隔 ΔT 太长，采样点很少，则在两采样点之间可能丢失信号中的重要信息，得到的离散数据不能完全反映并代替原连续信号，因而，对采样频率 f_s 必须有一个下限的要求。实际上，数字信号处理的理论早已对采样信号的频谱作了精确的分析，并由此推导出确定采样频率的采样定理。

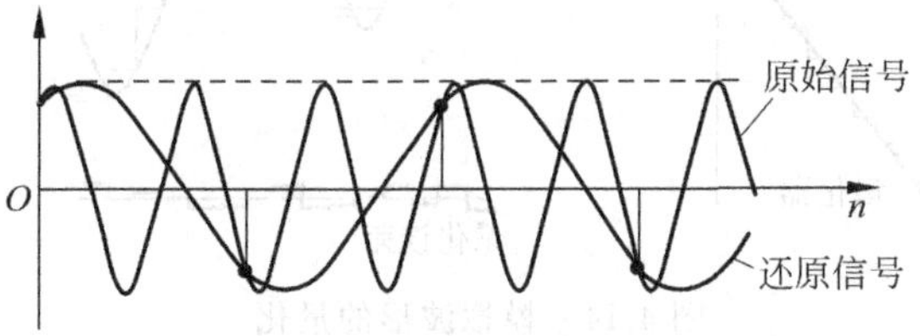

图 4-13　不同采样频率下信号还原

采样定理　若对于一个具有有限频谱（$|f|<f_m$）的连续信号 $x(t)$ 进行采样，当采样频率满足

$$f_s \geqslant 2f_m \tag{4-27}$$

时，则采样函数 $x^*(n\Delta T)$ 能无失真地恢复到原来的连续信号 $x(t)$。式中，f_m 为信号 $x(t)$ 有效频谱的最高频率；f_s 为采样频率，$f_s=\dfrac{1}{\Delta T}$。

若实际的采样频率不满足采样定理的要求，则会使采样信号与模拟信号之间产生误差，甚至完全失真，引起所谓的频率混淆问题，后面将对此作深入说明。

采样定理为确定采样频率提供了理论依据。由此，在对具体问题进行采样时，事先估计待测信号的频谱宽度就十分重要。在实际应用中，不将采样频率恰好取在 $2f_m$，而是比它高出三四倍，留有充分的余地。

3）量化与编码

采样点确定后，将该点的幅值与离散电平值（电压量）比较，用最接近于采样点幅值的电平值代替该幅值，每一个离散电平值对应一个数字量，从而实现量化。在量化过程中，会引入量化误差。当用波形的采样值进行波形处理分析时，只要所用数值的位数有限，就无法精确地表示原波形。在一般情况下，通常用二进制的 8～16 位表示数值，所以最小的量级为 $2^{-8}\sim2^{-16}$ $\left(即\dfrac{1}{256}\sim\dfrac{1}{65\,536}\right)$，这种只能以某种数量间隔表示数值而产生的畸变，称为量化畸变。信号受到量化畸变的影响，就相当于在原始信号中加上噪声，这种噪声称为量化噪声。量化误差即因量化单位有限而造成的误差

(用 e 表示),见图 4-14,它是数字误差的一部分。数字量最低位所代表的数值称为量化单位,用 q 表示。当用数值表示采样值时,就相当于让采样值通过图 4-14 所示的具有阶梯状输入输出特性的装置,这样得到的输出信号将是阶梯状波形。这表明,即使模拟信号是无噪声信号,经过数据采集之后,仍然包含不可避免的量化误差。

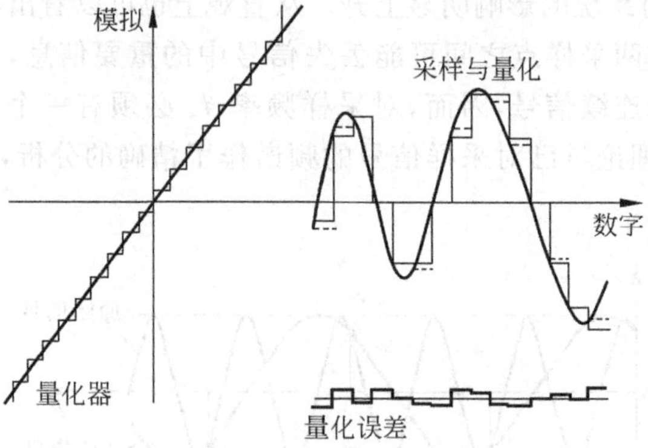

图 4-14　模拟波形的量化

模/数转换的位数愈多,量化电平 q 愈小,则量化噪声也就愈低。如二进制的 12 位 A/D 转换器,满量程输出为 5 V,则

$$q=\frac{5}{2^{12}-1}=0.0012(\mathrm{V})$$

$$e=\pm\frac{1}{2}q=\pm 0.0006(\mathrm{V})$$

编码是将数字量转化为二进制或其他进制的代码,一般用电脉冲信号构成一组代码,用以表示一定数量的大小。如 8 位二进制数,第一位为符号位,0 代表正值,1 代表负值,则 10100010 表示十进制的 −34。

2. 数据的预处理

数据的预处理包括:改变数据形式、数据校准、可疑点剔除和趋势项的去除等。

1) 改变数据形式

改变数据形式就是将模数转换系统所产生的数据形式改变为计算机系统所能接受的标准形式,使数据的位数、表达方式等都符合要求。

2) 数据校准

数据校准就是将数据单位转换成合适的物理单位。标准数据是在测量系统中,对传感器加载一个标准的已知物理量,或是去掉传感器,代之以输入一个标准电压,然后根据传感器的电压灵敏度换算得到具有物理单位的已知量。这与通常所说的标定工作相似。工程中常用的两种校准方法为台阶校准和正弦校准,即标准信号是阶跃式的或正弦式的。一般认为测量系统在线性范围内工作,所以校准信号有两个值就行了。可取一个零值,另一个约等于被测值的最大值。其他经采样、量化后的被分析数据可与这些标准信号进行比较,可用插值法内插或外推来确定其大小。

3) 可疑点的剔除

大多数的数据采集系统有时会把一些虚假数据掺入正常的数据之中。造成此结果的因素较多,如数模转换器失效,由这些故障所产生的可疑点在以后的分析中会引起很多的问题。由此,在全部数据复原程序中,最好要包括可疑点的检测和消除。这样一组计算机程序的操作步骤如下:首先通过数据把可疑点检测出来;然后,用打印机将所得的信息以表格或图像的形式表示出来。分析人员检查完这些打印输出信息之后,就把它们输入到下一步程序中去,或者将这些可疑点剔除,并以合理值取代之。

4) 趋势项的去除

有时需要将一种线性的或者缓慢变化的趋势项从一种特定的时间历程中消除。

一个或多个分量被积分的情况将引进两种类型的误差。第一种误差是由于零点校正不对,致使每一个时间采样值均有一个小的误差项,当积分时,这个常数项将变为一次项。第二种误差是由于积分过程放大了相应于低频噪声的功率所引起的,当积分时,数据具有缓慢变化的趋势。

在趋势项去除时,对于缓慢变化的趋势项,最好用高通滤波器去除;而多项式趋势项则可以用最小二乘法的原理加以去除。

5) 数据检验

在数据的预处理中,有时还进行数据的平稳性、周期性和正态性等基本特性的检验。这些检验有时也作为信号处理的一部分来进行。

4.3.3 数字信号处理技术

数字信号处理技术随着计算机技术和电子技术的发展,在近十余年已发展成为一门崭新的先进技术。人类每时每刻都要发生、传递和记录大量的信号和信息,数字信号处理技术可以对大量的包含着无穷信息的各种各样的信号(数据、波形和图像等)进行快速处理,去伪存真,提取有用的信息和找出它们的规律,其重要性与日俱增。掌握有关数字信号处理的基本理论和应用知识,在现代科学技术领域中是十分必要的。

目前,对于动态信号的处理,可以实现在时间域、频率域或幅值域中进行分析。这三个域的关系是为

$$\text{频率域}\xrightarrow{\text{傅里叶变换}}\text{时间域}\xrightarrow{\text{概率统计}}\text{幅值域}$$

采用不同的域,有不同的处理方法。一般而言,时间域中的“波形分析”、频率域中的“频谱分析”与幅值域中的“随机信号处理”是现代数字信号处理的三个主要部分。下面作一简单介绍。

1. 波形分析

波形分析一般指对信号波形在时间域内进行分析（如叠加平均、曲线平滑、相关分析等），给出各种量的幅值关系，如幅值大小、幅值对时间的分布、起始时间与持续时间、时间滞后、相位滞后、波形的畸变、分解与合成以及波形的相关性等。

下面介绍叠加平均、曲线拟合及相关分析等。

1）叠加平均

物理量的测量常受到噪声的影响。如果噪声的频谱高于或低于信号的频谱，可以用一般滤波技术滤去噪声，将有用的信号从噪声中分离出来。如果信号与噪声频谱相互重叠，一般模拟滤波技术不再运用。这时用叠加平均方法可以有效地改善信噪比。

叠加平均方法适用于周期信号或重复信号，它将各个周期的信号与噪声同时叠加后再加以平均。如果噪声是随机的，则叠加过程中会相互抵消，而信号是有规律的，叠加平均后幅值不变，从而提高了信噪比。显然，必要条件是噪声应具有随机性，而信号则应具有重复特性，且两者互不相关。

应该指出，叠加平均方法的有效性还与叠加次数有关。图 4-15 给出了不同叠加次数 m 的波形图。

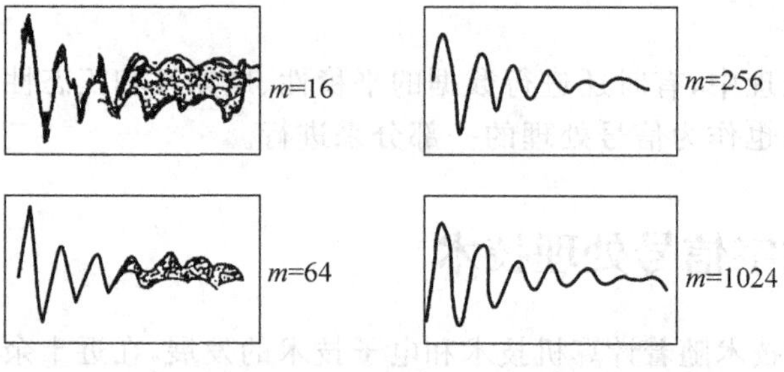

图 4-15　叠加平均波形图

图 4-16 所示为现场平衡时水轮机主轴振动的原始波形，其纵坐标表示振幅，横坐标表示时间，由于水力作用的干扰使波形明显紊乱。图 4-17 是进行了 128 次时域

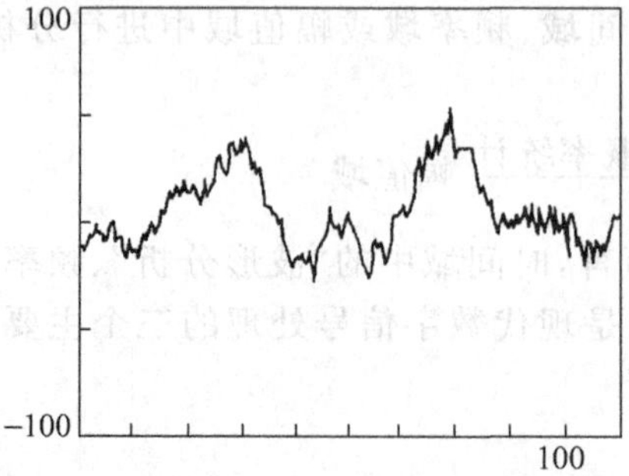

图 4-16　水轮机主轴的振动波形

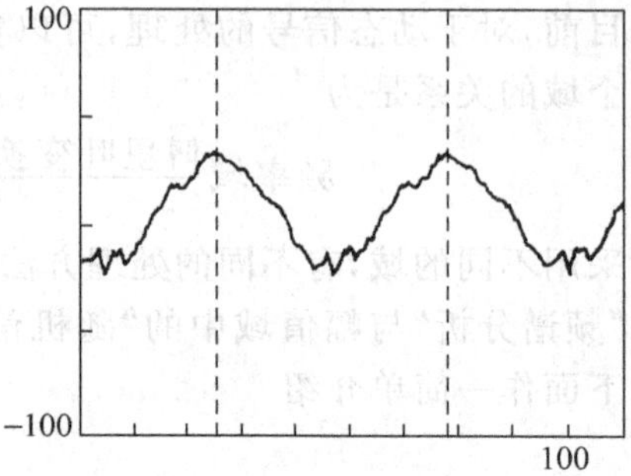

图 4-17　平均处理后的主轴振动波形

平均处理后的波形，图中波形的紊乱已消失。

2) 曲线拟合

在数字信号处理中，观测得到的时域数据是一组离散值：(t_i, x_i)，$i=1,2,\cdots,n$，n 为观测点数。现在要求估计非测量点的数据，则必须求得 t_i 和 x_i 之间的一个近似函数关系 $x=x(t)$。一般采用最小二乘法进行拟合。其基本思路是：根据原始信号所对应的曲线的基本形状，计算出一条以解析式表示的函数曲线，当以后者来近似表示(拟合)前者时，其各点误差值的平方和最小。最常用的解析式是 n 阶多项式 $x(t)=a_0+a_1t+a_2t^2+\cdots+a_nt^n$，有时亦采用其他正交函数来拟合。

例 对5个点的离散信号(表4-2)，用直线来进行最小二乘拟合。

表 4-2 离散点数据

i	1	2	3	4	5
t_i	−2	−1	0	1	2
x_i	0	1.1	2.3	3.3	4.3

假设用来拟合这5个点数据的直线方程为

$$x = kt + b$$

则其误差平方和为

$$F(k,b) = \sum_{i=1}^{5}(x_i - x)^2 = \sum_{i=1}^{5}[x_i - (kt_i + b)]^2$$

为使得 $F(k,b)$ 最小，则应有 $\frac{\partial F}{\partial k}=0$，$\frac{\partial F}{\partial b}=0$，联立得

$$\begin{cases} \dfrac{\partial F}{\partial k} = \displaystyle\sum_{i=1}^{5} 2[x_i - (kt_i + b)](-t_i) = 0 \\ \dfrac{\partial F}{\partial b} = \displaystyle\sum_{i=1}^{5} 2[x_i - (kt_i + b)](-b) = 0 \end{cases}$$

代入(t_i, x_i)，可求得 $k=1.08$，$b=2.20$，方差为 $F=0.016$。因此拟合的直线方程为

$$x = 1.08t + 2.20$$

对表4-2的数据，若采用二次曲线 $x=a_0+a_1t+a_2t^2$ 来拟合，则同理令 $\frac{\partial F}{\partial a_0}=0$，$\frac{\partial F}{\partial a_1}=0$，$\frac{\partial F}{\partial a_2}=0$，计算可得 $a_0=2.26$，$a_1=1.30$，$a_2=0.0286$，其误差平方和 $F=0.048\,86$。二次曲线拟合方程为 $x=2.26+1.30t-0.0286t^2$。

以上通过例子给出了5点一次和5点二次拟合。实际上，可以进行各种点数和次数的拟合。在数据分析中已证明，在同一区间对同一类函数，增加结点数，提高多项式的阶次时，并不一定增加插值多项式的准确性。同时，如果插值多项式的阶次越高，则计算就越复杂，因此，选择拟合阶次时，应观察采样点的图形，选择合适的阶次

进行拟合。有时，对于原始数据比较复杂的曲线，要想用统一的多项式来拟合其全部过程，误差往往很大。为此，可以把待拟合的曲线分为几段，每段各有特点，分别用不同的多项式来拟合，这就是分段拟合的方法。这种方法，如果分段恰当，可以很好地提高精度。

3）相关分析

相关分析能从淹没在噪声或其他无关信号的信号中找出信号两部分之间或两个信号之间的相互关系，判别它们的相似性，并进行相互特征的检测与提取。现在相关分析已广泛应用在许多领域中，成为数字信号处理中一种很有用的技术。

相关函数是两个波形之间时间偏移的函数，可以分为自相关函数与互相关函数两种。对于两个波形 $x(t)$、$y(t)$，自相关函数的数学定义如下：

$$R_{xx}(\tau) = \lim_{T\to\infty} \frac{1}{2T}\int_{-T}^{T} x(t)x(t+\tau)\mathrm{d}t \tag{4-28}$$

互相关函数的数学定义如下：

$$R_{xy}(\tau) = \lim_{T\to\infty} \frac{1}{2T}\int_{-T}^{T} x(t)y(t+\tau)\mathrm{d}t \tag{4-29}$$

它们之间的相关系数为

$$\rho_{xy} = \frac{\int_{-\infty}^{+\infty} y(t)x(t)\mathrm{d}t}{\left[\int_{-\infty}^{+\infty} y^2(t)\mathrm{d}t\int_{-\infty}^{+\infty} x^2(t)\mathrm{d}t\right]^{\frac{1}{2}}} \tag{4-30}$$

上述诸式中，τ 为延时时间。显然，自相关函数与互相关函数的区别仅在于前者是一个信号对自身的延时信号进行计算，而后者则是两个信号之间相似程度的计算。

图 4-18 是两个波形的相关分析示意。其中，图(a)是正弦波的自相关函数图形，图(b)是两个正弦波的互相关函数图形，其中两者相位相差 φ 角。

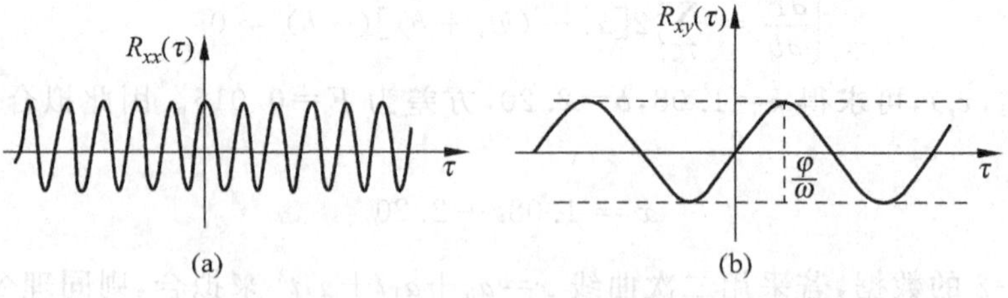

图 4-18 信号波形相似程度分析

自相关函数主要能显示出信号本身的特征，如信号的周期性、信号中噪声的带宽等。互相关函数只含有两个波形的共同频率分量，它可以表征两个信号之间究竟有无因果关系，以及是怎样的关系；在几个信号之间，究竟哪两个信号关系更为密切等。

利用信号的相关特性还可以进行相关滤波，在噪声背景下提取有用信息。相关滤波是借助相乘、积分、平均环节来实现的。设参考信号为 $B\sin 2\pi ft$，被分析信号为 $x(t)=A\sin(2\pi ft+\varphi)+N(t)$，$N(t)$为噪声，平均时间为 T，则运算表达式为

$$\frac{1}{T}\int_0^T B\sin 2\pi ft[A\sin(2\pi ft+\varphi)+N(t)]\mathrm{d}t$$
$$=\frac{1}{T}\int_0^T B\sin 2\pi ft[A\sin(2\pi ft+\varphi)]\mathrm{d}t+\frac{1}{T}\int_0^T B\sin 2\pi ftN(t)\mathrm{d}t$$
$$=\frac{AB}{\pi}\cos\varphi$$

式中第二项为噪声 $N(t)$ 与正弦信号相乘、积分、平均，因为不相关，故计算结果为零。从上式可以看出，利用已知参考信号 $B\sin 2\pi ft$，通过相乘、积分、平均就可以从信号 $x(t)$ 中提取出同频率信号的幅值、相位信息。

4) 数字滤波

众所周知，滤波的简单含义是把复合信号中的某个分量分离出来或者把它滤掉。数字滤波的目的是对数字信号进行计算，实现平滑数据、分离频率分量和评定各频率区间的性质。从滤波效果看，与模拟滤波一样，数字滤波亦分为低通、高通或带通等。数字滤波有非递归滤波和递归滤波两种方法。

(1) 非递归滤波 假定有一个随时间连续变化的模拟量 $x_0(t)$，等间隔地对它进行采样之后可以得到离散值 x_n，$n=1,2,\cdots,N$；N 为采样点数。则非递归滤波的运算为

$$y_n=\sum_{i=-M}^{M}h_i x_{n-i}$$

式中，x_n 为输入值序列；y_n 为滤波后的输出序列；h_i 为 $2M+1$ 个常数，数字滤波器的特性完全取决于这组常数。显然，这是一种平滑平均技术，h_i 为加权平均常数。由于输出 y_n 的值不仅与输入信号的对应值 x_n 有关，而且还与输入信号的相邻值（$-x_{n-N}\sim x_{n+N}$）有关，计算结果可以把输入信号中那些偏离较大的值拉回来。这样，输出信号 y_n 与输入信号 x_n 相比较，就变得平滑了。计算非递归滤波时，要用到输入信号的将来值。在实际问题的处理上是把采集到的原始信号先放在内存之中，计算时往外调用。

(2) 递归滤波 与非递归滤波不同，递归滤波的输出结果不仅与其相邻时刻的输入值有关，而且也用了先前的输出作为输入，这在工程上称为反馈。简单的标准递归滤波由下式表示：

$$y_n=cx_n+\sum_{i=1}^{M}h_i y_{n-i}$$

这里用了 M 个以前的输出和一个输入，c、h_i 均为权系数，如递归低通滤波可选用下式：

$$y_n=cx_n+(1-c)y_{n-1}$$

其中 $0\leqslant c<1$。

数字滤波的特性由权系数 c 及 h_i 决定。c 及 h_i 可根据具体情况选定，如可采用最小二乘法求解系统的权函数等。

递归滤波比非递归滤波要优越一些，它使用的资料点数比非递归滤波要少得多，所以权系数也少得多，运算速度较高。递归滤波在实际中应用较多。非递归滤波亦有其优点，如相位特性较好、幅度特性能够随意设计，所以非递归滤波也越来越被人们所注意和应用。

2. 频谱分析

动态信号可以频率为横坐标(称为在频率域)来描述。在频率域里能得到各种振幅频率图，即连续的频谱或离散的频谱。频谱特性是动态信号的基本特征之一。众所周知，一般的动态信号都不是单纯的正弦波形，按照傅里叶分析法，动态信号可以分解为许多谐波分量，而每一个谐波分量可由其振幅和相位来表征。各次谐波可以按其频率高低依次排列起来而成谱状，按照这样排列的各次谐波的总体称为频谱。按表征信号的幅值、相位、能量(或功率)等随频率的变化情况，频谱可以分为幅值谱、相位谱、能量(或功率)谱等。以前，如不加说明，频谱一词常指振幅频谱。现在随着频谱分析技术的发展，产生了自功率谱分析和互功率谱分析、功率倒频谱和复倒频谱分析等，因而，频谱一词有了更广泛的含义。

频谱分析对信号波形在频率域内进行分析，获得信号的幅值谱、相位谱、功率谱等各种谱及与频域有关的信息，来解决问题。

频谱分析有广泛的应用。如在旋转机械的故障诊断中，通过对旋转机械的振动或噪声信号进行频谱分析，判断是否由于转子质量不平衡、轴承及联轴器安装对中不良、轴承损坏、轴承油膜振荡或其他原因造成机器的振动或噪声过大，从而确定排除故障的对策。

频谱分析是以傅里叶级数及傅里叶积分为基础的。

1) 频谱

由数学分析可知，一个复杂的动态周期信号 $x(t)$ 的波形可以展开成傅里叶级数，即可以将波形分解为许多不同频率的正弦和余弦曲线之和。

动态周期信号展开成傅里叶级数的三角函数表达式为

$$x(t) = A_0 + \sum_{n=1}^{\infty}[a_n\cos(2\pi nf_1t) + b_n\sin(2\pi nf_1t)]$$

式中

$$f_1 = \frac{1}{T_1} \quad (\text{基频})$$

$$a_n = \frac{1}{T_n}\int_0^{T_n} x(t)\cos(2\pi nf_1t)\,\mathrm{d}t$$

$$b_n = \frac{1}{T_n}\int_0^{T_n} x(t)\cos(2\pi nf_1t)\,\mathrm{d}t$$

其中 T_n 为 $x(t)$ 的周期，$n=1,2,3,\cdots$。亦可表示为

$$x(t) = A_0 + \sum_{n=1}^{\infty} A_n \sin(2\pi n f_1 t + \varphi_n)$$

式中，A_n 为各谐波振幅；φ_n 为其对应的相位。可以看出，一个信号 $x(t)$ 可以用其各次谐波的振幅及相位来表示。

一个时间信号 $x(t)$，可以通过傅里叶变换，用频率函数(频谱密度)$\chi(\omega)$ 来表示。其定义为

$$\chi(\omega) = \int_{-\infty}^{+\infty} x(t) \mathrm{e}^{-\mathrm{j}\omega t} \mathrm{d}t \tag{4-31}$$

已经证明

$$x(t) = \frac{1}{2} \int_{-\infty}^{+\infty} \chi(\omega) \mathrm{e}^{\mathrm{j}\omega t} \mathrm{d}t \tag{4-32}$$

即 $\chi(\omega)$ 为 $x(t)$ 的傅里叶变换，$x(t)$ 为 $\chi(\omega)$ 的傅里叶逆变换。$\chi(\omega)$ 是虚函数，$|\chi(\omega)|$ 就是幅值谱，而辐角函数就是相位谱。ω 为圆频率。

确定性的、持续时间有限的连续非周期信号，以全时间轴 $(-\infty, +\infty)$ 为基本区间作傅里叶变换，形成连续频谱，此时频率为连续变量，而傅里叶变换中的 $|\chi(\omega)|$ 是频谱密度。对于确定性的连续周期信号，则经常采用傅里叶级数而不用傅里叶变换。实质上，傅里叶级数是傅里叶变换的一种特殊情况。周期信号的傅里叶级数，其各次谐波的幅值与相位构成离散频谱，表示信号在频域中的特征。

2）功率谱

对一个时间函数(信号)$x(t)$，可以求得自身的自相关函数 $R_{xx}(\tau)$，自功率谱密度为自相关函数的傅里叶变换，即

$$S_{xx}(f) = \int_{-\infty}^{+\infty} R_{xx}(\tau) \mathrm{e}^{-\mathrm{j}2\pi f\tau} \mathrm{d}\tau \tag{4-33}$$

功率谱的物理意义在于，它表明了信号各频率分量在总能量中各自占有的分量。在一些结构分析中，通过功率谱计算，往往可以找出问题的症结。图 4-19 为测量电机噪声的功率谱图。由图中可以看到，在 100、490 与 1370 Hz 处分别有 3 个高峰。分析机械结构就不难确定发出这些噪声的部位。如 100 Hz 恰为电源频率的一倍，490 Hz 正好是转速乘以滚动轴内的滚珠数等，从而便于采取相应措施来改进结构，降低噪声。

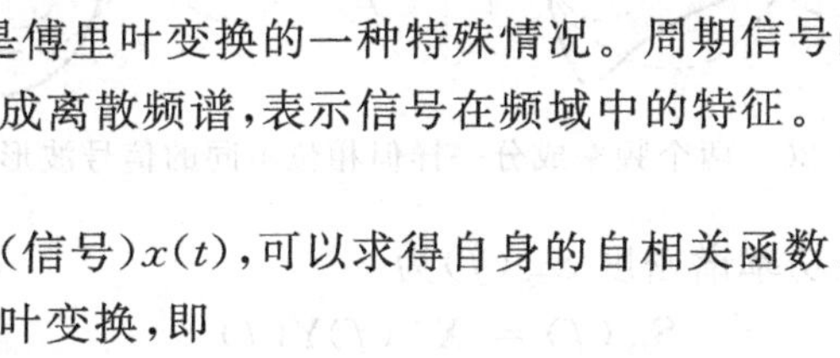

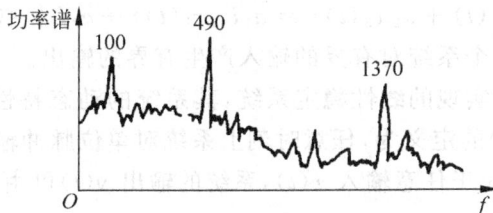

图 4-19 电机噪声的功率谱图

可以证明，自功率谱密度 $S_{xx}(f)$ 也等于

$$S_{xx}(f) = X(f)X^{*}(f)$$

其中，$X(f)$ 为信号的傅里叶谱；$X*(f)$ 为傅里叶谱的共轭函数。因此 $S_{xx}(f)$ 就成为仅具有幅值信息的实函数，而与相位无关。

同样，可以定义互功率谱密度函数。它为两个时间函数（信号）$x(t)$、$y(t)$ 的互相关函数 $R_{xy}(\tau)$ 的傅里叶变换，其表达式为

$$S_{xy}(f) = \int_{-\infty}^{+\infty} R_{xy}(\tau) e^{\frac{-j2\pi}{\tau}} d\tau \tag{4-34}$$

互相关函数虽能说明两个时间波形的相似程度，但只靠它来解释波形的相似性是有局限性的。图 4-20 给出的两个波形实际具有相同的频率分量，但由于相位不同，合成的波形差别很大。采用互谱分析技术可以揭示两个信号波形频率成分的相似性。同时，互谱分析技术还能表现两信号中相应频率成分的相位关系。

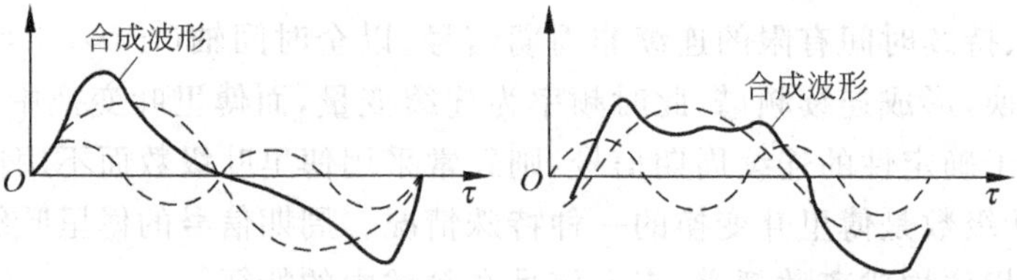

图 4-20 两个频率成分一样但相位不同的信号波形

同样，可以证明，互功率谱密度 $S_{xy}(f)$ 为

$$S_{xy}(f) = X^{*}(f)Y(f)$$

其中，$X^{*}(f)$ 为信号 $x(t)$ 的傅里叶谱的共轭函数；$Y(f)$ 为信号 $y(t)$ 的傅里叶谱。一般情况下，$S_{xy}(f)$ 与 $S_{yx}(f)$ 不相等，它们不但有幅值信息，而且还具有辐角信息。

3）传递函数

一个物理系统，其作用可以看做是将系统输入映射为输出，输出 $y(t)$ 即对输入 $x(t)$ 的响应：$y(t)=L\{x(t)\}$，L 为其映射关系，它表示系统本身的特性。在力学上研究的一般为线性稳定系统，所谓线性稳定系统满足如下条件：①线性系统；②稳定系统。

所谓线性系统是指系统 L 对任意 a_1、a_2、$x_1(t)$ 及 $x_2(t)$，存在如下关系：

$$L\{a_1x_1(t) + a_2x_2(t)\} = a_1L\{x_1(t)\} + a_2L\{x_2(t)\}$$

稳定系统则是指一个系统对有界的输入产生有界的输出。

对于一个物理上可实现的线性稳定系统，其系统的动态特性可用系统脉冲响应函数 $h(\tau)$ 来描述。$h(\tau)$ 的定义为，任意时刻上系统对单位脉冲输入（τ 时间之前作用于系统）的输出响应。对于任意输入 $x(t)$，系统的输出 $y(t)$ 可由卷积来表示：

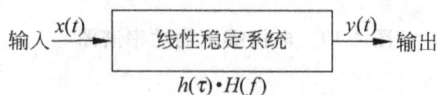

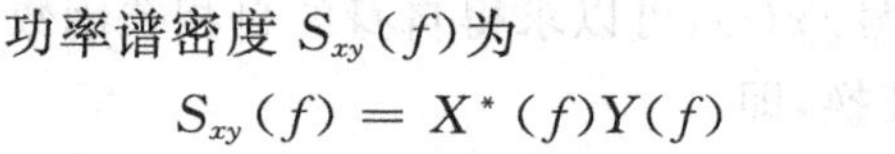

$$y(t)=\int_{-\infty}^{+\infty}h(\tau)x(t-\tau)\mathrm{d}\tau$$

同时此系统也可用传递函数(频率响应函数)$H(f)$来描述。它定义为脉冲响应函数$h(\tau)$的傅里叶变换,即

$$H(f)=\int_{0}^{\infty}h(\tau)\mathrm{e}^{-\mathrm{j}2\pi f\tau}\mathrm{d}\tau$$

传递函数是在频域上反映线性稳定系统的动态特性。已经证明,它可以用输入信号的频谱$X(f)$与输出信号的频谱$Y(f)$表示:

$$H(f)=\frac{Y(f)}{X(f)} \tag{4-35}$$

传递函数一般是复值量,可写成

$$H(f)=|H(f)|\mathrm{e}^{\mathrm{j}\varphi(f)} \tag{4-36}$$

其中模$|H(f)|$称为系统的增益因子。也就是说,一个信号输入系统后,其输出幅值是输入的$|H(f)|$倍,相位差为$\varphi(f)$。图 4-21 表示输入信号$x(t)=A\sin\omega t$,通过系统后,得到了输出信号为$y(t)=B\sin(\omega t+\varphi)$的情况。

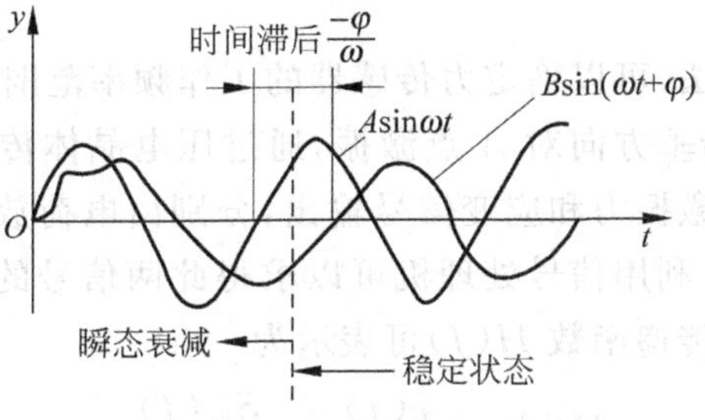

图 4-21 对正弦输入的响应

传递函数还可以用功率谱来表示:

$$H(f)=\frac{S_{xy}(f)}{S_{xx}(f)} \tag{4-37}$$

其中,$S_{xx}(f)$为输入信号的自功率谱密度;$S_{xy}(f)$为输入与输出信号的互功率谱密度。

4) 相干函数

相干函数也称为凝聚函数或谱相关函数。数学定义为

$$\gamma_{xy}^2(f)=\frac{|S_{xy}(f)|^2}{S_{xx}(f)S_{yy}(f)} \tag{4-38}$$

其中,$S_{xx}(f)$和$S_{yy}(f)$为输入与输出信号的自功率谱密度;$S_{xy}(f)$为它们的互功率谱密度;$\gamma_{xy}^2(f)$为 0～1 中的任意实数。

如果在某些频率上$\gamma_{xy}^2=1$,则表示两个信号完全相干,输出信号百分之百起因于输入信号;若$\gamma_{xy}^2=0$,则表示两个信号在这些频率上不相干,这也是不相关的另一种说法;若$\gamma_{xy}^2=0.5$,表示输出信号的半数起因于输入信号。图 4-22 表示两个时域信

号 $x(t)$ 与 $y(t)$ 及它们的相干函数。在频率 f_1 处，两信号完全不相干；在 f_2 处，$y(t)$ 完全取决于 $x(t)$；而在 f_3 处，$y(t)$ 的一半起因于 $x(t)$。

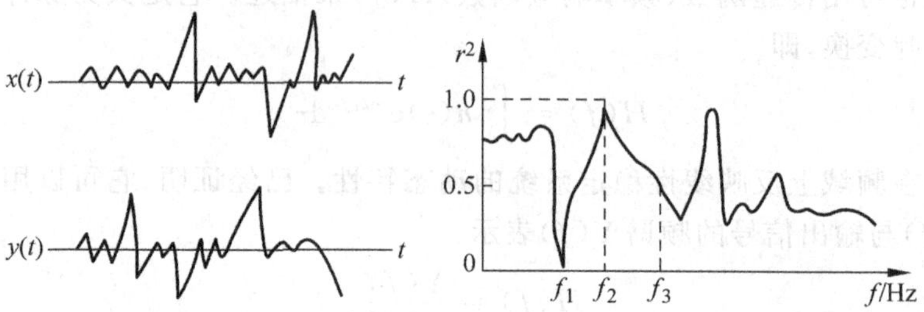

图 4-22　相干函数

显然，对暂态突变性现象，以相关函数进行分析为好。对一些用频率特性来描述的现象，利用相干函数来分析更为合适。

如 γ_{xy}^2 值太小，通常有三个可能原因：①系统的非线性程度较强；②由于测量值中混入了较强的噪声；③$y(t)$ 输出是 $x(t)$ 与其他输入信号的综合输出。

5）频谱分析实例

利用频谱分析的方法，可以确定力传感器的工作频率范围。采用如图 4-23 所示的测试系统，用力锤沿铅垂方向对 A 点激振，通过压电晶体传感器和 S 型传感器上的应变计（接成全桥）将激振力和应变信号输出，分别由电荷放大器和应变放大器放大后，输入信号处理机。利用信号处理机可以求得此两信号的凝聚函数及传递函数的幅频、相频曲线，此时传递函数 $H(f)$ 可表示为

$$H(f)=\frac{\varepsilon(f)}{F(f)}=\frac{S_{F\varepsilon}(f)}{S_{FF}(f)}$$

此式表示的传递函数为 S 型传感器应变信号与激振力的比值，它表示了在不同频率时，S 型传感器受单位力时应变值（或灵敏系数标定值）在零赫兹处相当静态标定值，随着频率增高传递函数的幅值和相位发生变化。如以静态标定值（零赫兹值）作为基准，频率发生变化所产生的误差可由下式表示：

$$e=\frac{|H(f)|-|H(0)|}{|H(0)|}$$

式中，$|H(f)|$ 和 $|H(0)|$ 分别为 f 频率与零频率时传递函数的幅值。

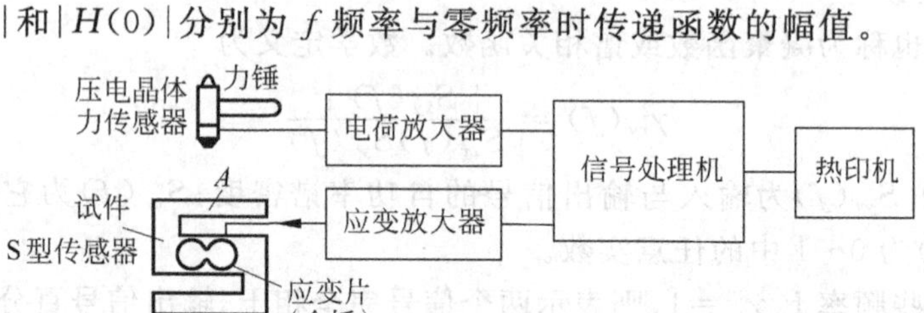

图 4-23　S 型传感器标定测试系统

为检验输入和输出信号的相干性，可作出两个信号的相干函数 $\gamma_{F\varepsilon}^2(f)$ 曲线，其定义为

$$\gamma_{F\varepsilon}^2(f)=\frac{|S_{F\varepsilon}(f)|^2}{S_{FF}(f)S_{\varepsilon\varepsilon}(f)}$$

相干函数 $\gamma_{F\varepsilon}^2(f)$ 的最大值为 1。利用相干函数可检查两个信号在各频率范围之间的相干性，判断不同频率时测试数据的准确性。

在测试时，将激振力 $F(t)$ 和响应信号 $\varepsilon(t)$ 输入信号处理机，经 A/D 变换，并进行快速傅里叶变换(FFT)求得此两信号的互功率谱 $S_{F\varepsilon}(f)$ 和激振力信号及应变响应信号的自功率谱 $S_{FF}(f)$ 及 $S_{\varepsilon\varepsilon}(f)$，利用上列诸式，即可得到传递函数的幅频、相频及相干函数曲线。

图 4-24 为一 S 型传感器响应信号的功率谱。从图中可以看出，在 0～5 kHz 范围内共振频率分别为 1170、2260、4300 Hz 三阶。图 4-25 为所得传递函数的幅频和相频及凝聚函数的曲线，移动光标可由信号处理机读出相应的数值。其结果如表 4-3 所列。

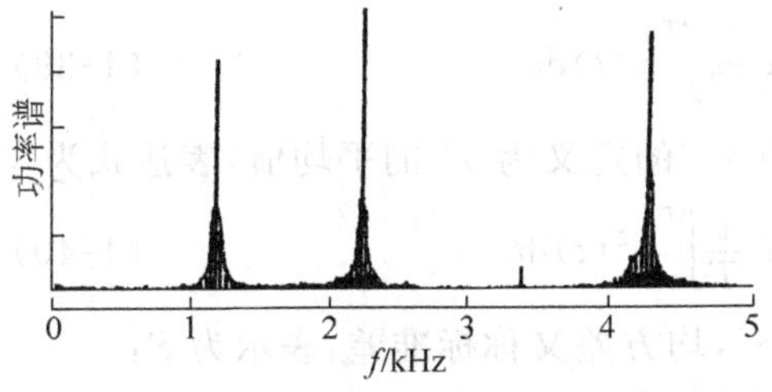

图 4-24　S 型传感器响应信号功率谱

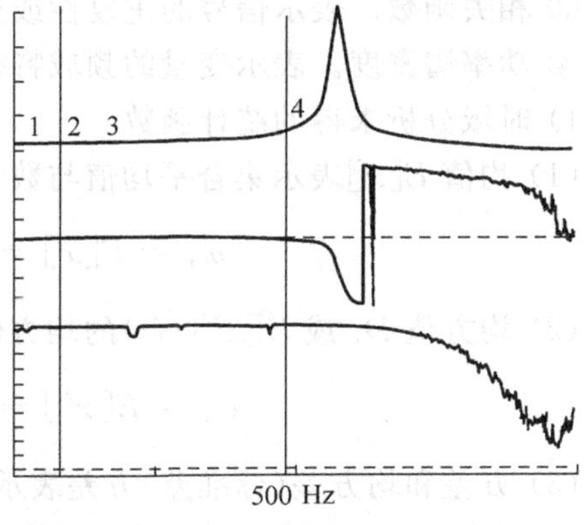

图 4-25　S 型传感器传递函数与相干函数曲线

表 4-3　传感器传递及相干函数的部分读值

频率 f/Hz	0	30	150	350	970
幅值比	1	1.007	1.051	1.107	2.618
幅值误差 e/%	0	0.71	5.1	10.5	161
相位差 φ/(°)	0		−0.3		−6.7
f/f_i/%	0	2.6	12.8	29.9	80.7
$\gamma_{F\varepsilon}^2(f)$	1.00	1.00	1.00	1.00	1.00

注：固有频率 f_i=1171.5 Hz。

从所得结果，可得如下几点结论。

① 传感器的灵敏系数标定值随频率 f 的变化而变化；

② 如允许误差 e 在5%以内，则该S型传感器的工作频率范围为0～150 Hz；

③ 在工作频率范围内（即 $e<5\%$），相位差小于0.4°，其影响可忽略；

④ 对恒定在某一高频下工作的传感器，可根据传递函数幅值曲线，修正灵敏系数标定值，以减小误差。

3. 随机信号处理

随机信号的各种参量（包括随机振动、随机应力、随机疲劳等领域中的各种动力学参数）的数据处理，是在分析确定性信号的基础上发展起来的。随机信号与确定性信号分析有明显的区别，主要是随机信号处理需要考虑概率与统计的因素，需要通过幅值域中统计平均计算概率密度，再通过相关分析与频谱分析，在时域与频域进行处理。

为了对随机信号进行分析处理，习惯上用四种主要的统计特征来描述随机过程。

① 概率分布或概率密度函数。

② 数字特征。如均值、均方值、方差等。

③ 相关函数。表示信号的重复性或周期性。

④ 功率谱密度。表示变量的频域特征和能量分配。

1) 时域分析求得的统计函数

(1) 均值 $E[x]$ 表示集合平均值与数学期望均值，也即平均值 m_x，其表示式为

$$m_x = E[x] = \lim_{T\to\infty}\frac{1}{T}\int_0^T x(t)\mathrm{d}t \tag{4-39}$$

(2) 均方值 D_x 或 $E[x^2]x(t)$ 的均方值 $E[x^2]$ 的定义为 x^2 的平均值，表达式为

$$D_x = E[x^2] = \lim_{T\to\infty}\frac{1}{T}\int_0^T x^2(t)\mathrm{d}t \tag{4-40}$$

(3) 方差和均方差（标准差）方差表示为 S^2，均方差又称标准差，表示为 S：

$$S^2 = E[(x-E(x))^2]$$

即方差为 x 对 $E[x]$ 的偏差的平方的平均值，可导得

$$S^2 = E[x^2]-(E[x])^2 \tag{4-41}$$

(4) 概率密度函数 $p(x)$

$$p(x) = \lim_{\Delta x\to 0}\frac{P(x)-P(x+\Delta x)}{\Delta x} \tag{4-42}$$

其中，$P(x)$ 与 $P(x+\Delta x)$ 为概率分布函数。

(5) 概率分布函数

$$P(x) = \int_{-\infty}^{x} p(\eta)\mathrm{d}\eta$$

也即随机变量幅值不大于某值的累积概率：

$$P(x) = P\,\mathrm{rob}(\eta \leqslant x)$$

式中，x 为随机变量幅值；Prob 为概率。

(6) 自相关函数 $R_{xx}(\tau)$

$$R_{xx}(\tau) = E[x(t)x(t+\tau)] = \lim_{T\to\infty}\frac{1}{T}\int_0^T x(t)x(t+\tau)\mathrm{d}t \tag{4-43}$$

在自相关函数中还可求得自相关系数,即信号 $x(t)$ 的自相关函数与该信号的均方值之比:

$$\rho(\tau) = \frac{R_{xx}(\tau)}{R_{xx}(0)} = \frac{E[x(t)x(t+\tau)]}{E[x^2(t)]} \tag{4-44}$$

自相关系数值是在 $-1\sim1$ 之间的任意数。

由于确定性信号(特别是周期信号)一般在所有时间位移上都有自相关函数,而随机信号在时间位移 τ 稍大时,自相关趋于零(当 $m_x=0$ 时),所以常用自相关函数来检测混淆在随机信号中的确定性信号(尤其是周期信号)。

(7) 互相关函数 $R_{xy}(\tau)$

$$R_{xy}(\tau) = E[x(t)y(t+\tau)] = \lim_{T\to\infty}\frac{1}{T}\int_0^T x(t)y(t+\tau)\mathrm{d}t \tag{4-45}$$

互相关函数表示两个信号波形相差 τ 时的相似程度,也即时域中两个信号的相似性可以用互相关函数来表示。同时也可以得到互相关系数 $\rho_{xy}(\tau)$,即信号 $x(t)$ 与 $y(t)$ 的互相关函数与这两个信号均方值的乘积的平方根之比:

$$\rho_{xy}(\tau) = \frac{R_{xy}(\tau)}{\sqrt{R_{xx}(0)R_{yy}(0)}} \tag{4-46}$$

对任何延迟时间,互相关系数都满足 $-1\leqslant\rho_{xy}(\tau)\leqslant1$。

2) 频域分析求得的统计函数

(1) 自功率谱密度函数

对于随机信号,一般是非周期的,且是无限持续的,因此,严格地讲,随机信号不存在傅里叶变换,只能通过自相关和功率谱来描述其特点。

对于平稳随机过程,自功率谱密度为自相关函数的傅里叶变换:

$$S_{xx}(f) = \int_{-\infty}^{+\infty} R_{xx}(\tau)\mathrm{e}^{-\mathrm{j}2\pi f\tau}\mathrm{d}\tau \tag{4-47}$$

(2) 互功率谱密度函数

对于平稳随机过程,互功率谱密度函数为两随机过程间的互相关函数的傅里叶变换:

$$S_{xy}(f) = \int_{-\infty}^{+\infty} R_{xy}(\tau)\mathrm{e}^{-\mathrm{j}2\pi f\tau}\mathrm{d}\tau \tag{4-48}$$

若两个随机过程互相独立,均值至少有一个为零时,互功率谱密度在任何频率处均为零;若均值皆不等于零时,互功率密度是 $f=0$ 处的冲激函数,反映两者的直流分量。

(3) 相干函数

对于两个在统计上互相独立的随机过程,则对所有的频率相干函数均为零。

对于线性系统来说，相干函数 $\gamma_{xy}^2(f)$ 可解释为在频率 f 处的一部分输出的均方值，这部分输出是由输入 $x(t)$ 引起的。而 $1-\gamma_{xy}^2(f)$ 的部分则是 $y(t)$ 的另一部分（不是由输入 $x(t)$ 形成的）均方值。

4. 小结

本节中，我们在时域、频域和幅值域上进行了信号的波形分析、频谱分析及随机信号处理，讨论了信号处理中一些基本概念及重要函数。图 4-26 表示了这些函数之间的相互关系。

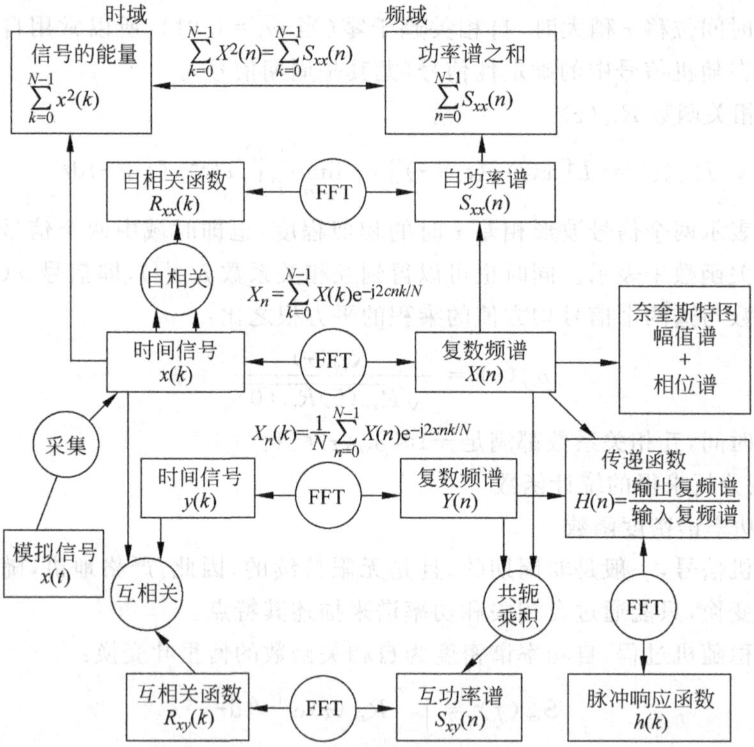

图 4-26　函数的相互关系

波形分析是在时间域上，对幅值、相位、作用时间和周期等进行分析。除相关外，一般是用通常的分析方法，以简单而迅速的直观方式进行的。频谱分析，是对动态信号在频率域内进行分析，分析的结果是以频率为坐标的各物理量的谱线或曲线，可得到各种幅值以频率为变量的频谱函数。频谱分析过程较为复杂，它是以傅里叶级数和傅里叶积分为基础的。

波形分析（时间域）与频谱分析（频率域）是可以互相转换的，也就是通过傅里叶变换及其逆变换把它们联系起来。时间域与频率域表明了对模拟信号的两个观察面。一般来说，时域的表示较为形象与直观；频域分析则更为简练，剖析问题更为深刻和方便。目前,信号分析的趋势是从时域向频域发展。然而,它们是互相联系、缺一不可、相辅相成的。

随机信号处理,是将概率统计方法与确定性信号的分析方法(波形分析、频谱分析)相结合而发展起来的。研究随机信号有两条常见的途径:一条途径侧重于研究概念结构,如研究某时刻信号所取状态与以前另一些时刻的信号的联合分布函数或联合概率密度;另一条途径则侧重于统计平均性质的研究,如研究随机信号的相关函数等。随机信号处理需要考虑概率和统计的因素,因而与确定性信号的分析方法有相似之处,但亦有明显的区别。

4.3.4 数字信号处理中的几个重要问题

在数字信号处理中,有很多具体的细节问题,诸如波形离散采样所产生的混叠、波形截断所产生的泄漏等,对数字信号处理的计算和得到的结论都有一定的影响,有时甚至使分析处理失效。本节讨论它们的影响和处理办法。

1. 混叠的机理和控制

前面我们曾提到进行数字信号处理时,要求采样频率 f_s 必须高于信号成分中最高频率 f_m 的两倍,即

$$f_s \geqslant 2f_m$$

这就是采样定理。

图 4-27 表示对两个不同频率的简谐信号 $x_1(t)$ 和 $x_2(t)$,采用相同的采样间隔进行采样时的情况。由于该采样频率对 $x_2(t)$ 来说太低了,结果对这两个不同信号的采样得到相同的时间序列,这就是说两个不同的频率被混淆了。

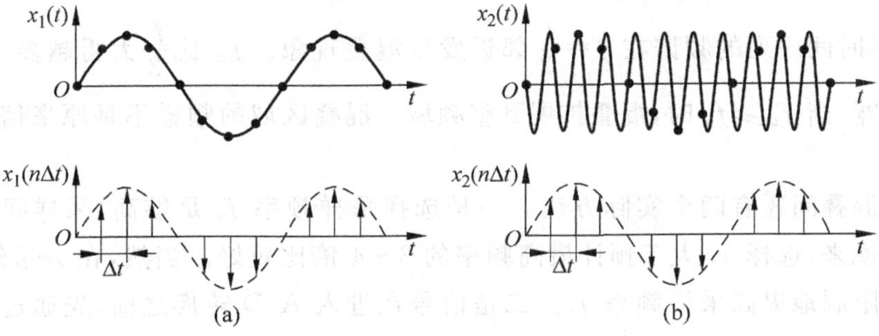

图 4-27 频率混淆实例

在对连续信号进行采样时,如果采样间隔过大、采样频率过低,则离散的时间序列可能不足以反映原来信号的波形特征,这就是通常说的频率混淆或称为混叠现象。频率混淆的现象可以由图 4-28 来说明。

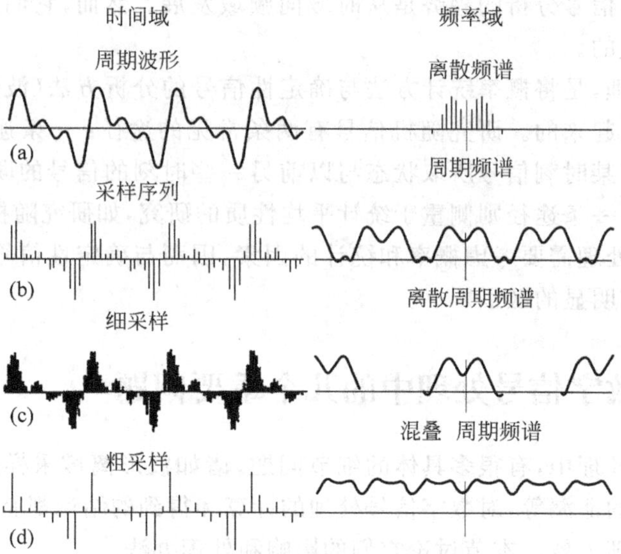

图 4-28　不同采样频率与信号频谱的关系

图 4-28(a)为连续信号 $x(t)$ 及其离散谱，而图(b)、(c)、(d)为以不同采样间隔得到的离散时间序列及其对应的连续周期频谱。如缩短时间轴上的采样间隔，则在频率轴上以它们的倒数表示的周期就增大。如果采样间隔很短，则可以得到如图(c)所示的周期频谱，其中在 $-f_m \sim f_m$ 以外的区域数值为零(f_m 为信号上限频率)，信号不失真。反之，如将时间轴上的采样间隔比图(b)取得更宽一些，则其频谱如图(d)所示，在端部产生重叠。而一旦发生混叠以后，那就无法加以分离了。这样，就使时间轴上的波形采样值序列对应于其他波形的采样序列，无法再现原始波形。由于这种原因产生的波形畸变，称为折叠畸变。从图 4-28 可以看出，若 $f_s < 2f_m$，不满足采样定理，采样时间序列的频谱在 $f=\frac{f_s}{2}$ 邻近发生混叠现象。f_m 比 $\frac{f_s}{2}$ 大得越多，混叠的范围就越宽，当 $f_m \geqslant f_s$ 时，混叠扩展到整频域。混叠区域的频谱不是原来信号的真实频谱。

处理混叠问题有两个实际方法。一是选择采样频率 f_s 足够高，采样间隔足够短。一般说来，选择 f_s 大于预计最高频率的 3～4 倍比较好。当然，在实际分析中，不可能无限制地提高采样频率 f_s。二是信号在进入 A/D 转换之前，先通过一个模拟式的低通滤波器，使得所研究的最高频率 f_m 以上的信息不再包含在滤波后的数据中，或者可在 A/D 转换之后，经过一个数字式滤波器，滤除信号中不必考虑的高频成分。当然，无论是模拟式还是数字式滤波器都不可能有理想的滤波特性，在其截止频率以外，总存在一段逐渐衰减的过渡段。因此，一般的采样频率应取滤波器截止频率的 2.5～3 倍。从节省时间和成本的观点来看，第二种方法比较好。

2. 泄漏和窗函数

在数字信号处理中，由于受到处理时间和计算机容量的限制，只能截取有限长的波形进行分析，这就意味着对时域信号的截断。这种截断将导致偏差，其效果是使得本来集中于某一频率的功率（或能量），部分地被分散到该频率的邻近频域，这种现象称为泄漏效应。

由傅里叶变换的性质可导得：在时域中，两个函数 $x(t)$ 和 $h(t)$ 乘积的结果为 $x_T(t)$；设 $x(t)$ 和 $h(t)$ 的傅里叶变换为 $X(f)$ 和 $H(f)$，则在频域内，$x_T(t)$ 的傅里叶变换 $X_T(f)$ 等于 $X(f)$ 与 $H(f)$ 的卷积，即

$$x_T(t) = x(t) \cdot h(t) \Leftrightarrow H(f) * X(f) = X_T(f) \tag{4-49}$$

这就是常说的卷积定理。

时域信号 $x(t)$ 在时间长度上的截断等于用矩形窗函数

$$w_e(t) = \begin{cases} 1, & |t| \leqslant \dfrac{T}{2} \\ 0, & \text{其他} \end{cases} \tag{4-50}$$

对信号进行调制。显然，信号被截断等于被乘以一个窗函数。由卷积定理，截断信号的频谱等于原信号的频谱与窗函数频谱的卷积，即

$$x_T(t) = x(t)w_e(t) \Leftrightarrow X_T(f) = X(f) * W_R(f) \tag{4-51}$$

式中，$W_R(f)$ 是 $w_e(t)$ 的傅里叶变换。可求得

$$W_R(f) = \int_{-\frac{T}{2}}^{\frac{T}{2}} 1 \cdot e^{-\pi f j t} dt = T \cdot \frac{\sin \pi f T}{\pi f T} \tag{4-52}$$

其频谱图形如图 4-29 所示。

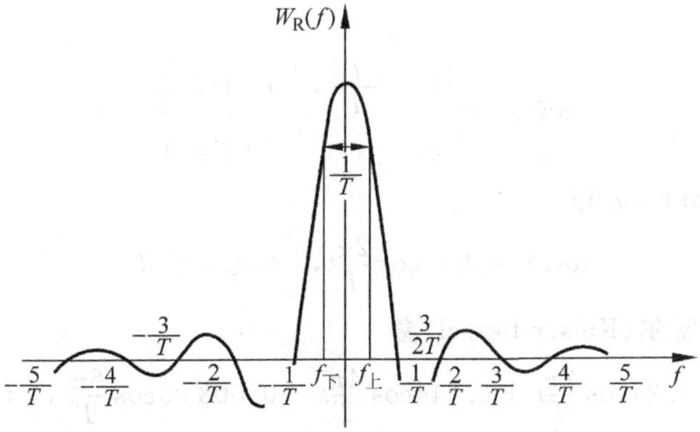

图 4-29 矩形窗函数频谱 $W_R(f)$ 的图形

图 4-30 表示余弦信号 $x(t) = A\cos \pi f_0 t$ 被截断前后的频谱变化。由于矩形窗函数的频谱（图 4-29）是包含一个主瓣和许多旁瓣的连续谱，卷积的结果，截断信号 $x_T(t)$ 的频谱由原来的离散频谱变为在 $\pm f_0$ 处各有一主瓣、两旁各有许多旁瓣的连

续谱。也就是说,原来集中在频率 f_0 处的功率,泄漏到 f_0 邻近很宽的频带上。

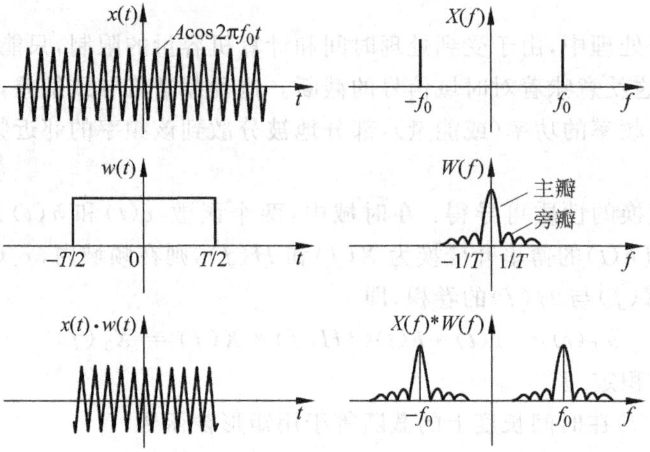

图 4-30 余弦信号被矩形窗截断形成的泄漏

为了抑制泄漏,有时需采用特种窗函数来替换矩形窗函数,对截断的信号序列进行特定的不等权处理,这一过程称为窗处理,或称加窗。对窗函数的频谱要求主要有下列两点:

① 主瓣尽可能窄,使通频带陡峭,从而有助于提高谱线分辨率;

② 旁瓣尽可能小,使能量集中于主瓣。

窗函数有多种,常用的有以下几个。

(1) 矩形窗

$$w(t)=1,\quad 0\leqslant t\leqslant T$$

(2) 三角窗

$$w(t)=\begin{cases}1-\dfrac{|t|}{T}, & |t|<\dfrac{T}{2}\\ 0, & |t|\geqslant T\end{cases}$$

(3) 汉宁(Hanning)窗

$$w(t)=1-\cos\frac{2\pi}{T}t,\quad 0\leqslant t\leqslant T$$

(4) 凯塞-贝塞尔(Kaiser-Bessel)窗

$$w(t)=1-1.24\cos\frac{2\pi}{T}t+0.244\cos\frac{4\pi}{T}t-0.00305\cos\frac{6\pi}{T}t,\quad 0\leqslant t\leqslant T$$

(5) 平顶窗

$$w(t)=1-1.93\cos\frac{2\pi}{T}t+1.29\cos\frac{4\pi}{T}t-0.388\cos\frac{6\pi}{T}t+0.0322\cos\frac{8\pi}{T}t,\quad 0\leqslant t\leqslant T$$

图 4-31 给出上述五种窗函数的时域图像和频谱。

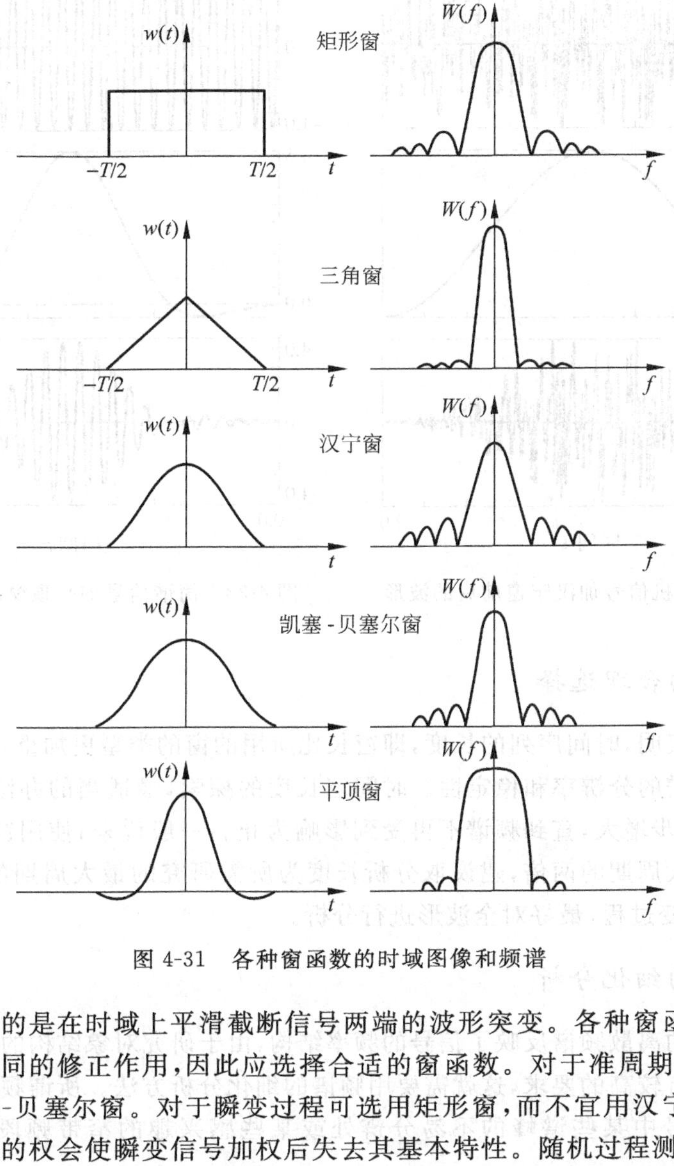

图 4-31 各种窗函数的时域图像和频谱

加窗的目的是在时域上平滑截断信号两端的波形突变。各种窗函数特性不同，则对信号起不同的修正作用，因此应选择合适的窗函数。对于准周期信号可选用旁瓣很低的凯塞-贝塞尔窗。对于瞬变过程可选用矩形窗，而不宜用汉宁窗，因为汉宁窗起始端很小的权会使瞬变信号加权后失去其基本特性。随机过程测量通常选用汉宁窗，因为它可以在不太加宽主瓣情况下较大地压低旁瓣的高度，从而有效地减少了功率泄漏。

图 4-32 表示一宽带随机信号用汉宁窗加权后的波形。对于周期信号或准周期信号可选用旁瓣很低的平顶窗或凯塞-贝塞尔窗，图 4-33 表示简谐信号加平顶窗加权后的波形，其频谱能较准确给出原来信号的真实谱值。

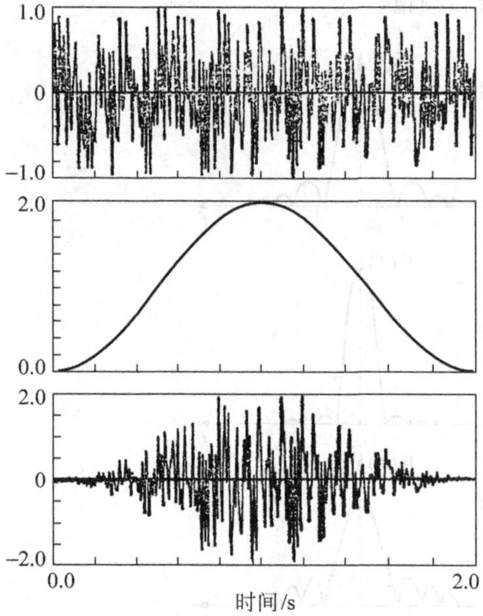

图 4-32 宽带随机信号加汉宁窗前后的波形

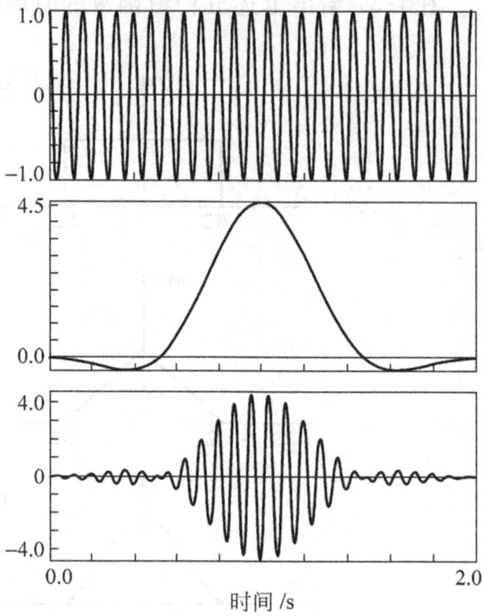

图 4-33 简谐信号加平顶窗前后的波形

3. 窗长的合理选择

经验研究表明，时间序列的长度，即窗长比所用的窗的类型更加重要。窗的长度直接决定了频谱的分辨率和稳定性。时间窗长度的探索，最适当的办法是从小的时间长度开始，逐步增大，直到频谱不再受到影响为止。一般说来，使用窗的长度至少是信号波形最大周期的两倍，建议取分析长度为所需研究的最大周期的2倍到8～10倍。对于瞬变过程，最好对全波形进行分析。

4. 频谱的细化分析

测试信号的离散频谱反映了信号的频率结构，由于研究对象结构的复杂性，有时对频率分辨率有较高的要求，这就需要用频谱的细化分析方法。所谓频谱细化分析，就是对宽带信号中某些谱峰的不易分辨处或某些感兴趣的窄带频段处进行细化分析。

我们知道，标准的傅里叶分析的频谱结果的频率分布在零赫兹到 f_c（截止频率）的范围内，若设计时域采样间隔为 ΔT，N 为采样点数，f_s 为采样频率，则其频率分辨率 Δf（即两条谱线之间的间隔）为

$$\Delta f = \frac{f_s}{N} = \frac{1}{N\Delta T}$$

由此式可知，Δf 与 N、ΔT 有关，若要提高 Δf，可以增大采样点数 N，这将使工作量

增大，且受计算机内存容量及计算速度的影响；而若增大 ΔT，即减小采样频率，则将引起上限频率变小，并且还可能引起频域混叠。因此，在内存、采样长度有限制的情况下，不损失上限频率而要提高分辨率，是十分困难的。采用细化分析，则可以提高某一部分频率的分辨率。细化分析就像电视摄像机中用变焦距镜头放大整个画面中的局部图像一样，能使某些感兴趣的重点频区得到较高的分辨率。通过这种细化方法轮流地按频区逐段局部放大，就能使整个频谱图得到详细的分析。图 4-34 所示为普通谱图与细化谱图。

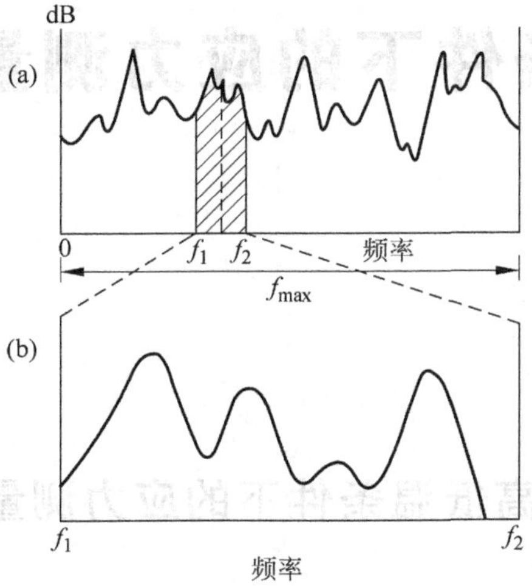

图 4-34 普通谱图与细化谱图

(a) 原始谱图；(b) 图(a)阴影部分 10 : 1 比例的"细化"

频谱细化分析有多种实现方法，如线性调频 Z 变换法，移频 ZOOM-FFT 法及相位补偿 ZOOM-FFT 法等。现在许多信号处理机如 HP5423 等都配有频谱细化的功能，可在需要时选用。

第5章 特殊条件下的应力测量技术

5.1 高低温条件下的应力测量技术

很多机械部件和结构构件在各种非常温环境下负载运行，特别是航空航天、核工程、化工和动力等部门的很多设备、机械处于高温或低温下工作，除解决材料本身的高(低)温强度问题外，研究结构在温度和机械负载综合作用下的强度和刚度问题，迫切需要进行模型或实物在热(或冷)态工况下的应力、应变测量。特别在高温环境中，测量条件很恶劣，一般的变形测量仪表难于接近高温，非接触式的测量技术如云纹法、全息干涉法等要在高温条件现场应用还有困难，采用专门的电阻应变计在非常温环境中进行应力应变测量是现实可行的一种方法。

5.1.1 非常温条件应变电测的主要特点

非常温条件应变电测的主要特点如下。

(1) 需用专门的电阻应变计。常温电阻应变计一般只适用于－30～60℃。由于应变计材料性能限制，在更高或更低温度条件下需采用适合不同工作温度范围的应变计，例如中温(350℃以下)、高温(350℃以上)或低温(低于－30℃)电阻应变计。这些应变计通常应具有温度自补偿的功能，即在使用温度范围内的热输出较小。一般温度自补偿应变计只适用于某种线膨胀系数的材料。实际上温度自补偿应变计的热输出不可能完全消除，在整个工作温度范围内仍产生几十到几百微应变的热输出，应变测量时必须根据专门标定的热输出曲线和测点实际温度，对应变读数进行热输出修正。除此之外，要求应变计的灵敏系数随温度的变化较小且稳定，有较高的应变极限和绝缘电阻、较小的蠕变和零漂等。

(2) 采用特殊的应变计安装方法和测量导线。高、低温应变计安装方式有粘贴、焊接和喷涂等，有特殊的工艺，比常温应变计粘贴(用快干胶)复杂得多。测量导线视温度范围不同有康铜、卡玛合金、铁铬铝等，它们有较大的电阻率和较小的电阻温度系数，测量导线与应变计引线的连接除锡焊(100～150℃)外有点焊、熔焊、钎焊等方法(高于 200℃)。

(3) 应同时测量温度分布和变化。结构构件上的温度分布很不均匀且随时间变化，必须在测量应变的同时准确地测量各测点的实际温度变化，并用于应变计热输出、灵敏系数等特性的修正，且可按实测温度参数对理论计算结果进行修正。

(4) 测量数据处理分析比常温下的应变测量复杂得多。由于应变计工作特性随温度变化，一般要对测量数据进行多种修正才能得到实际应力应变结果，这将在后面详细介绍。

5.1.2 专门的电阻应变计的种类、工作特性及选用

1. 专门的电阻应变计的种类

由于温度变化，应变计一般应是温度自补偿的，按实现温度自补偿的方法不同可分为以下两种。

(1) 单丝(箔)温度自补偿应变计　它由单一合金丝或箔制成。所用合金按其材料性能和被测材料性能之间满足应变计热输出为零的条件进行选择。根据应变计热输出 ε_T 的如下关系：

$$\varepsilon_T = \frac{1}{K}\alpha_T \Delta T + (\beta_e - \beta_g)\Delta T$$

若 $\varepsilon_T = 0$，则有

$$\alpha_T = K(\beta_g - \beta_e) \tag{5-1}$$

式中，α_T 为敏感材料的电阻温度系数；β_e 为被测材料的线膨胀系数；β_g 为敏感栅材料的线膨胀系数。由式(5-1)，针对被测材料的 β_e，选用 β_g、α_T 和 K 满足此条件的合金丝或箔材制成敏感栅，这种应变计测量该试件材料应变时具有温度自补偿效果。目前广泛采用的康铜、卡玛等合金，其 α_T 可通过改变合金成分及不同热处理方式加以调整，使应变计具有温度自补偿效果。但这种应变计是针对某种被测材料的 β_e，因此对不同被测材料有不同型号(如图 5-1 所示)。

(2) 半桥、全桥焊接式温度自动补偿应变计　半桥焊接式应变计是管状结构，如图 5-2(a)所示。其工作栅和补偿栅是两根变截面的合金丝，合金丝细的部分是敏感

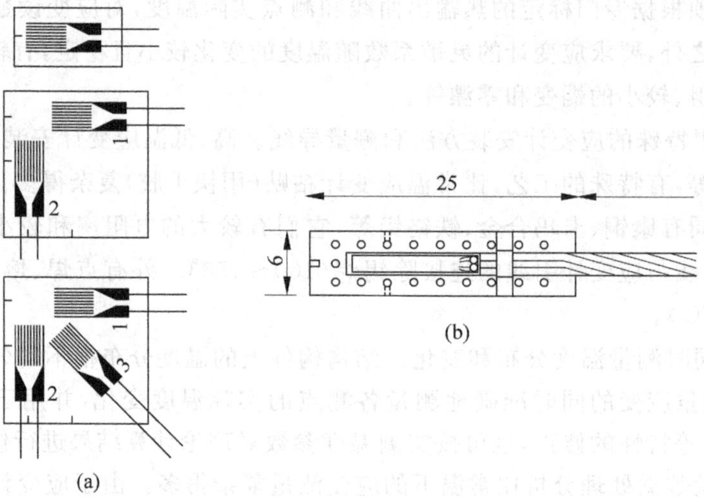

图 5-1 中温应变计(单栅温度自补偿)

(a) 粘贴式;(b) 焊接式

栅,粗的部分是引线。补偿栅合金丝绕在工作栅外部,两栅都装在一个不锈钢细管内。细管内两栅间用氧化镁细粉填实,细管又与不锈钢基底焊接。细管一端压扁封口,另一端与带导线的不锈钢管焊接。这种应变计特别适用于高温(≤800℃)水(或蒸汽、燃气)应变测量,国外(日本、美国)专利生产这种高温应变计,性能好但价格很贵。全桥焊接式应变计产品在半桥三线高温电缆端接一温度补偿线路板再全桥四线输出,根据使用的被测材料线膨胀系数,调节线路板中的电阻使应变计热输出调节到很小值,其构造如图 5-2(b)所示。

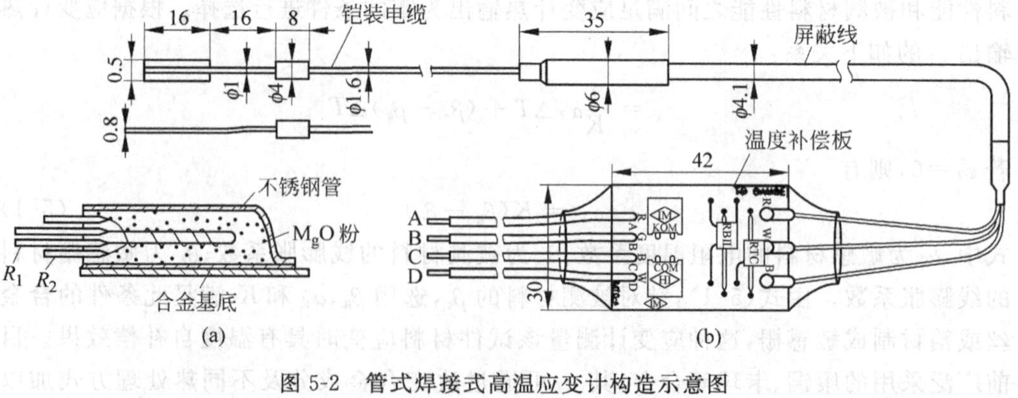

图 5-2 管式焊接式高温应变计构造示意图

按工作温度范围分有以下几种应变计(高、中、低温):①150~250℃、300℃中温应变计;②400、600、800℃高温应变计;③-196℃低温应变计。国内外各种应变计产品列于表 5-1 中。

表 5-1 国内外各种高、中、低温电阻应变计

序号	名　　称	敏感栅材料	粘结剂	基　底	使用温度/℃	产　地
1	中温应变计	卡玛合金	树脂	胶基	200～250	中国
2	QF 箔式应变计	康铜	NP-50 胶或 C-1 胶	聚酰亚胺胶基	≤200	日本 TML
3	ZF 箔式应变计	卡玛合金	NP-50 胶	聚酰亚胺胶基	≤300	日本 TML
4	AW 焊接式应变计	卡玛合金	点焊	金属	≤300	日本 TML
5	高温应变计	卡玛合金	有机硅胶	浸胶玻璃布等	≤400	中国
6	高温应变计	特殊合金	P12-9	浸胶玻璃布等	≤800	中国
7	AWH 焊接管式应变计	铂钨合金	点焊	高温合金	≤600 静态 ≤800 动态	日本 TML
8	CF 低温应变计	特殊合金	EA-2	胶基	−196	日本 TML

2. 高、中、低温电阻应变计的主要工作特性

除了常温应变计的各项工作特性外，高、低温电阻应变计有以下主要工作特性：①热输出曲线；②灵敏系数随温度的变化；③极限工作温度下的机械滞后；④极限工作温度下的零漂和蠕变；⑤极限工作温度下的应变极限；⑥极限工作温度下的疲劳寿命；⑦高温绝缘电阻等。其中最重要的是①和②两项。电阻应变计的各项工作特性测定方法和精度等级的工作特性的技术要求已在 GB/T 13992—1992 电阻应变计国家标准中详细规定，可参看表 2-4。

3. 应变计的选用，导线选择

应变计的选用必须考虑测量的要求和构件情况，主要包括以下内容。

(1) 被测构件材料及其物理力学性能(如弹性模量、泊松比、屈服极限、强度极限和线膨胀系数及随温度变化的数据)。

(2) 构件形状、尺寸、表面曲率、应力状况及静、动态应力。

(3) 工作温度范围、分布以及变化速度。

(4) 环境介质(如干燥空气、高温蒸汽或燃气)。

(5) 测量精度要求。

对于形状不太复杂的中小型构件，中温可选用粘贴式自补偿应变计；尺寸较大的钢构件，较高温度应选用焊接式应变计；高温高湿环境应用管状密封式高温应变计等。

导线选择主要根据工作温度范围，有的导线还需加绝缘套管，用作导线合金材料的选择可参见表 5-2。国内有售的高温绝缘测控导线，最高工作温度有 300、500、700

及1000℃等几种，有单芯、双芯、三芯等结构形式及相应的热电偶。用于裸导线的绝缘套管，有聚四氟乙烯管、玻璃纤维套管、石英玻璃纤维套管等。特殊测量场合也可用铠装绝缘导线。

表5-2 中高温导线材料选用参考表

序号	导线材料	使用温度范围/℃	特 点	与应变计引线连接方法
1	紫铜线	−269～200	电阻率 ρ 小，α_T 大	锡焊、银焊
2	康铜线	≤300	α_T 小	锡焊、熔焊
3	考铜线	≤400	α_T 小	银焊、熔焊
4	银线	≤400	ρ 小，价贵	银焊
5	镍铬线	≤800	ρ 大，α_T 大	熔焊
6	卡玛合金线	静态≤550 动态≤700	ρ 大，α_T 小	熔焊
7	镍线	≤800	ρ 小，α_T 大	熔焊
8	铁铬铝线	500～1000	ρ 大，α_T 小	熔焊
9	铂钨线	≤800	α_T 大，价贵	熔焊
10	金钯线	≤800	α_T 小，价贵	熔焊

5.1.3 三线法及温度测量

1. 三线法

在非常温条件下进行应变测量时，导线电阻受温度变化的影响也产生热输出。由于许多场合下很难准确模拟出导线所要经历的温度变化状态，无法测定导线的热输出以进行修正，因此常采用导线的三线连接方法来消除导线热输出的影响。如图5-3所示，在每个应变计引线上接出三根尺寸、长度和材料相同的导线，由于工作臂和补偿臂（或平衡臂）中的导线电阻相等，并处于同样的温度变化状态中，所产生的电阻变化能够互相抵消，起到温度补偿作用。采用三线法进行测量，虽增加了导线数量及准备工作量，但使用效果良好又可省去导线热输出的标定，因此这种方法常被采用。

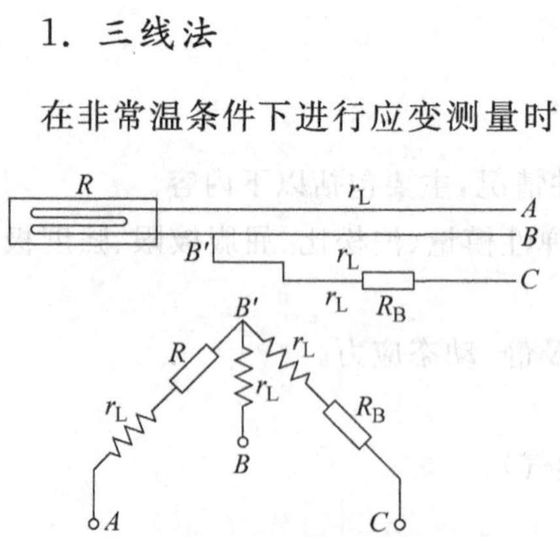

图5-3 三线法的工作原理

2. 温度测量

在非常温条件下进行应力应变测量时，需同时测量构件表面测点的温度，常用的方法有热电偶法和热电阻(测温片)法。

热电偶使用方便，价格便宜，且测量精度较高，因此经常被采用。常用的热电偶材料有铜-康铜、镍铬-镍硅、镍铬-考铜等，其直径为 0.2～0.5 mm。温度变化较快的场合应选用较细的热电偶丝。裸热偶丝的绝缘按工作温度及环境条件选择玻璃纤维套管和瓷管等，也可制成产品：带绝缘层的热电偶线，还有带金属套管的铠装热电偶。为保证热电偶热端与构件表面牢固接触，可采用高温胶粘结或点焊，测量时热电偶冷端最好置于冰瓶内(保持 0℃)，精度要求不高时可用冷端温度补偿及采用相应补偿导线。

在应变电测中利用热电阻测量温度，采用测温片较方便。测温片可以像应变计那样粘贴在测点表面上，敏感栅与构件表面接触好，对温度响应较快。测温片采用铜或镍作敏感栅，用类似箔式应变计制造工艺制成，分别可用于－50～150℃或－195～290℃测温。对于高温，有厚膜铂电阻测温片，可用到 600℃，其电阻值(0℃)为 100 Ω，电阻温度系数为 3.85×10^{-3}℃$^{-1}$。铜和镍的电阻温度系数分别为 4.3×10^{-3}℃$^{-1}$和 6.8×10^{-3}℃$^{-1}$。测温片的电阻变化可用测量电阻或电压的仪器测量和记录，也可用电阻应变仪或数字式测量系统测量，但应事先标定测温片的输出特性曲线。试验表明，测温片位置构件的应变不大于 2000 μm/m 时，会产生 1～2℃的测量误差，应变较大时应予修正。采用电阻应变仪测量测温片的电阻变化时，需采用专门的无源网络电路，它可提供较大的刻度值 10～100 (μm/m)/℃，还能改善测温片输出特性的线性。

5.1.4 高温应变计的特殊安装方法

对于中、高温应变计，采用粘贴方法安装时一般需加热固化。例如 SF-200 粘贴式中温应变计用 204 胶粘贴后，需经 180～220℃保温 2 h 固化处理。BHP-700 高温应变计用 P12-2 粘结剂粘贴后，需经 200℃ 1 h、400℃ 1 h 及 700℃ 1 h 固化和稳定化处理。此外，还有以下特殊的安装方法。

(1) 对于金属基底高温电阻应变计，采用焊接方法，即用专门点焊机或滚焊机和焊枪进行焊接。点焊机有两种，一种是储能电容点焊机，它利用电容充放电原理，利用应变计金属基底与钢构件之间、电极下局部区域，瞬时通过大电流，使基底局部熔化而牢固安装在构件上。它还可用于引线与导线焊接以及固定导线用的不锈钢薄片的焊接。另一种是可控硅控制的点(滚)焊机，它利用主变压器次级输出大电流，并用可控硅控制回路，控制输出电流，实现应变计基底焊接。这种点焊机容量较大，可焊接基底厚度 0.2～0.5 mm，一般金属基底为 0.13～0.15 mm。焊接安装时，先在金属基底四周点焊四点固定，然后以 0.8～1.5 mm 间隔在高温应变计的金属基底四周点焊(或滚焊)两圈，这样就能完全传递构件的应变，其焊点情况如图 5-4 所示。

(2) 还有一种临时基底的高温应变计，它是将应变计敏感栅制造在临时基底上(紫铜或聚四乙烯布框架)，如图 5-5 所示。这种高温应变计安装时一般用喷涂金属氧化物的方法。喷涂安装方法有两种。一是火焰喷涂。即将氧气和乙炔在喷枪内混合燃烧形成火焰，然后将棒状氧化铝以一定速度送入喷枪中被火焰熔化，同时喷枪中经过过滤的压缩空气(压力约为 0.55 MPa)将熔融的氧化铝从喷嘴中喷出，喷在构件表面上，形成均匀细致的氧化铝涂层。二是等离子喷涂。喷枪内有正负极，激发两电极产生电弧，通过被送入喷枪的惰性气体压缩成一束等离子火焰，将氧化铝细粉灌入喷枪中，氧化铝粉被火焰熔化后喷出，在试件表面上形成涂层。后一种装置火焰温度高，喷涂速度快，因此涂层质量高，但装置复杂、耗电量大。采用喷涂安装方法时，先对构件表面安装应变计部位清除油污，再进行表面喷砂处理，砂粒度 40～70 目，压力 0.2～0.3 MPa，然后喷涂一层厚度 0.01～0.07 mm 的金属热膨胀过渡层，再喷涂 0.1～0.2 mm 氧化铝底涂层。将临时基底应变计框架向上用胶带固定在底涂层上。将喷嘴垂直于表面并距离 100 mm 左右，沿敏感栅栅长方向移动喷涂氧化铝，用溶剂溶去临时基底框架，然后对敏感栅喷涂使其全部被涂层覆盖，只露出应变计引线。这种高温应变计常用于大构件 800～1000℃高温应力应变测量。

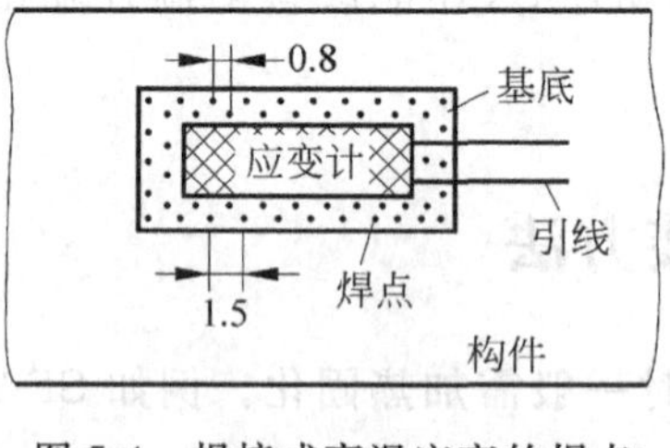

图 5-4 焊接式高温应变的焊点

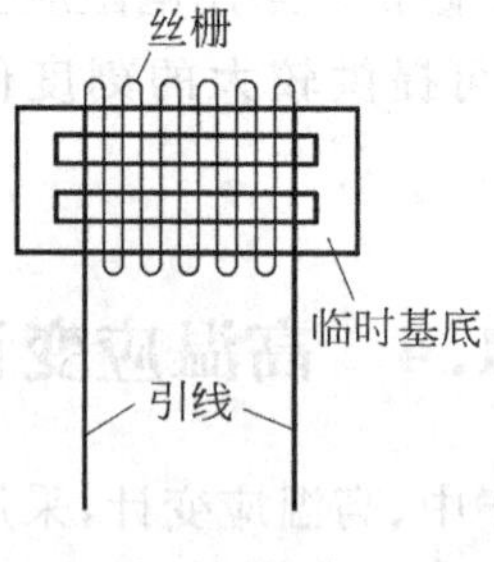

图 5-5 临时基底高温应变计

5.1.5 测量数据处理及误差分析

非常温环境中应变测量的数据处理大致有以下内容。

1. 导线电阻修正

在中、高温条件下的应变测量，用作导线的耐高温合金电阻率较高，导线虽不很长，其电阻值可达几至十几欧。单臂双线接法的电阻修正公式为式(4-12)，如用三线法，则导线电阻修正公式为 $\varepsilon=\varepsilon_i\left(1+\frac{r_L}{R}\right)$，其中 r_L 是一根导线的电阻。

2. 热输出修正

按照抽样标定或在构件上实际标定的热输出曲线，用测点实际温度下的热输出对应变读数进行修正，即

$$\varepsilon_i'=\varepsilon_i-\varepsilon_T \tag{5-2}$$

为了处理数据方便，标定应变计热输出曲线时，令仪器灵敏系数 $K_i=2.00$。在测量应变时也使 $K_i=2.00$，这样可以从应变读数中直接扣除相应温度下的热输出。标定应变计热输出时，若包含了导线电阻影响，则实际测量时的导线接法及温度场的变化状态应与标定时相同，且要先修正热输出，然后再进行导线电阻修正。

3. 灵敏系数修正

由于应变计灵敏系数随温度而变化，仪器的灵敏系数 K_i 则为固定值(如 $K_i=2.00$)，因此应按测点的实际温度进行灵敏系数修正：

$$\varepsilon_i''=\frac{K_i\varepsilon_i'}{K_T} \tag{5-3}$$

式中，K_T 为应变计在不同温度下的灵敏系数。

4. 其他参数修正

对于长时间的应变测量，还应考虑应变计在不同温度下的零漂和蠕变的影响。对于多次升、降温循环的应变测量，要对应变计的热滞后等因素引起的系统误差进行修正。

经过一系列修正后，才能得到应变计所测得的真实应变，据此再计算出测点的应力(弹性情况下，需有各温度下材料弹性模量和泊松比数据 E_T、ν_T)。

除了以上系统误差修正外，对于应变计灵敏系数的分散和热输出分散等随机误差是无法修正的。在中高温条件下，应变计灵敏系数的分散误差约为 2%～4%，而应变计热输出的分散要大得多。例如中温应变计热输出的标准误差可达 30～50 μm/m，一般的高温应变计为 50～100 μm/m，若测量的应变在 500～1000 μm/m 范围内，其热输出分散误差可达到 10%以上。所以对于非常温条件下的应变测量，提高测量精度的关键是减小应变计热输出的分散。较理想的方法是在每个应变计安装在构件表面之后，按照测点的实际温度变化状况，事先标定各应变计的热输出(为了避免构件受热应力的影响，应缓慢地升降温度)，这只能用在尺寸较小的构件上及温度变化能重复实现的情况。对于大型钢结构构件高温应力测量，可采用焊接式高

温应变计，这种应变计的金属基底具有一定刚性，可在焊接前进行空片热输出的分选，把热输出较接近的应变计一起使用，这样其热输出的分散明显减小。应变计的空片热输出分选采用一不锈钢盒子，盒内分成几层，每层可放置10个应变计，将应变计引线焊接导线并引出盒子到高温炉外，接电阻应变仪，在电炉升温过程中测量各应变计空片热输出，挑选热输出较接近的各应变计一起使用。

5.1.6 应用举例——显像管玻壳在排气炉中的热应力测试

显像管在生产中需要送入高温排气炉中，抽真空封口，温度在350～400℃间，此过程中显像管玻壳有时会爆炸损坏。这时显像管玻壳内已装好各种电子器件，损坏的显像管完全报废。一般显像管排气时破损率应小于1%，破损过多会影响生产成本。破损原因主要是高温排气时玻壳局部热应力较大，为此进行了有限元计算和热应力测试。玻壳在排气炉中进行热应力测试需解决一系列的测量技术问题。

1）研制用于玻壳材料的粘贴式温度自补偿高温电阻应变计

采用专门的镍钼合金高温应变丝和磷酸盐粘结剂制成的粘贴式应变计。对玻壳材料实现温度自补偿，其典型热输出曲线如图5-6所示。平均热输出系数约1.4 μm/m/℃。并测定室温到400℃的灵敏系数 K 随温度变化数据。用此高温应变计和玻壳材料的梁，测定了弹性模量 E、泊松比 ν 随温度变化的数据，如表5-3中所列。试验表明，研制的高温应变计可用于玻壳高温应力测量，粘结剂性能良好，可用至500℃，且不需对玻壳表面进行打磨（玻壳表面也不允许用砂布打磨，因微小裂纹会导致玻壳加热时开裂）。

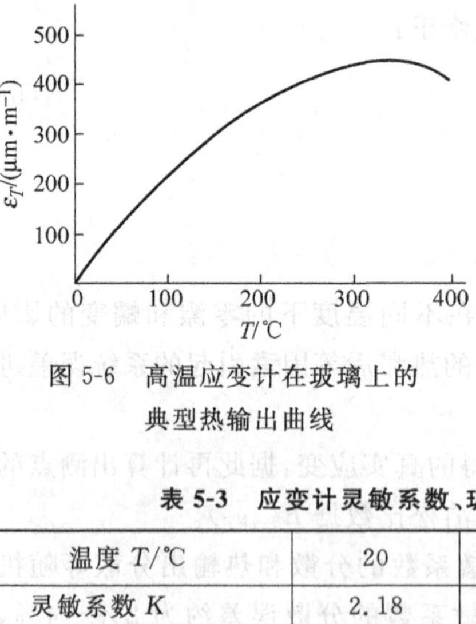

图5-6 高温应变计在玻璃上的典型热输出曲线

表5-3 应变计灵敏系数、玻璃弹性模量、泊松比随温度变化数据

温度 T/℃	20	100	200	300	400
灵敏系数 K	2.18	2.14	2.12	2.10	2.10
弹性模量 E/GPa	74.5	72.3	67.0	64.3	62.8
泊松比 ν	0.20	0.18	0.19	0.21	

2）玻壳高温应力测试方案及过程

根据计算和分析，应变计布置在玻壳外表面较平整部位，其中对称轴上沿轴布置2个应变计，非对称轴上各测点用3个应变计组成45°应变花。每一应变测点布置热电偶，较近测点共用一热电偶，共对3个53 cm彩色显像管玻壳作了热应力测试，第Ⅰ个玻壳布置有11个测点，27个应变计，9个热电偶；第Ⅱ、Ⅲ玻壳各布置9个测点，

20个应变计,7个热电偶。图5-7表示出第Ⅱ、Ⅲ玻壳测点的布置情况。应变计采用三芯镍铬高温绝缘电缆,热电偶用镍铬-镍硅高温电缆。固定电缆的不锈钢卡子事先用高温粘结剂粘贴在玻壳表面,同应变计一起经400℃固化处理。高温电缆引出排气炉外接常温导线,采用日本数字测量系统测量和记录应变及温度。

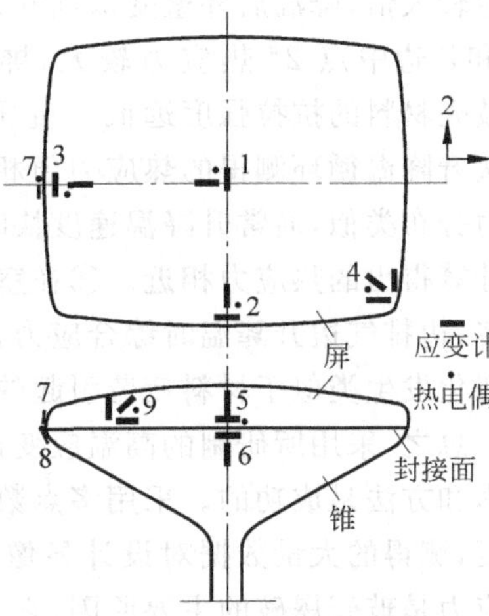

图5-7 Ⅱ、Ⅲ玻壳测点布置图

玻壳在单独排气炉中,先在很慢的升降温速度下测定各应变计的热输出曲线,然后按实际生产升降温速度测量各测点温度和应变(热应力)。试验进行两个升降温循环。后两个玻壳进行边排气边升降温综合应力测试,同时还进行室温下排气时的应力测试。

3) 玻壳应力测试主要结果及其分析

测试应变读数经热输出修正(从读数 ε_i 扣除对应温度下各自应变计的热输出 ε_T)、导线电阻修正(三线法修正一根导线电阻影响)、灵敏系数修正得实际应变值,再由胡克定律计算主应力(按不同应变花情况及采用相应温度下的材料 E 和 ν 值)。表5-4中列出Ⅰ、Ⅱ玻壳部分测点较大的应力值。

表5-4 Ⅰ、Ⅱ玻壳部分测点热应力值

玻壳	测点	循环1				循环2			
		时间 t/min	温度 T/℃	应力/MPa		时间 t/min	温度 T/℃	应力/MPa	
				σ_1	σ_2			σ_1	σ_2
Ⅰ	1	36	升270	−25.6	−14.9	34	升291	−26.9	−15.8
		70	降328	11.7	9.6	59	降380	7.6	7.7
	2	31	升274	−25.8	−13.6	29	升293	−27.9	−14.9
		70	降306	16.9	8.6	59	降354	10.0	3.7
	3	27	升217	−11.1	−23.9	26	升251	−8.9	−23.1
		64	降355	7.6	13.9	59	降369	7.3	12.1
	4	25	升211	−24.6	−17.3	21	升211	−25.9	−18.4
		64	降355	12.5	8.8	59	降362	12.2	6.5
Ⅱ	1	33	升269	−20.9	−12.9	33	升300	−28.1	−16.6
		54	降366	16.9	6.3	54	降370	2.4	2.4
	2	33	升333	−19.3	−5.4	30	升325	−25.0	−11.1
		75	降222	21.2	13.4	65	降269	11.5	5.1
	3	21	升205	−15.6	−15.4	18	升213	−22.0	−21.0
		91	降159	19.2	22.1	90	降163	10.7	15.6
	4	36	升390	−31.0	−3.2	36	升377	−31.8	−6.0
		65	降260	15.3	7.5	69	降262	15.3	8.3

从结果可看出：①玻壳在升温过程中，外壁各点承受双向压应力，在30 min左右达较大值；降温后外壁受双向拉应力，在60～70 min达较大值。升温时屏中心点1# 和长边中点2# 热应力较大，屏对角点4# 应力也很大，其余测点热应力较小。②玻壳材料的抗拉强度远低于抗压强度，因此玻壳在受拉应力较大处有破坏危险。两次升降温循环测得的热应力值相近，变化趋势和分布规律也相同。3个玻壳的热应力分布类似，通常升降温速度快时热应力较大，这与理论分析结论相同，并与有限元计算得出的热应力相近。③在室温下排气时测得应力为2～5.8 MPa，比热应力小很多，边排气边升降温时综合应力在某些点有所增加。多次升降温使玻壳因应力拉压变化发生类似于材料疲劳引起的破坏。

总之，采用所研制的高温应变计在单独排气炉中升降温条件下测定玻壳应力的技术和方法是成功的。采用多点数字测量系统和逐个对应变计热输出修正具有相当精度，测得的大量数据对设计显像管玻壳和排气工艺有重要价值。测试分析表明：热应力是玻壳爆破的主要原因，它与排气过程升降温度及速度有关。

5.2 高压液下的应力测量技术

工程中有许多设备，如化工容器、锅炉、管道及压缩机等，在有压力流体介质中工作，内部压力低的不到1 MPa，高的达数十甚至上千兆帕。这些设备工作时不允许发生破坏，否则将带来国家财产和人民生命的极大损失。因此必须通过力学理论进行计算和实验测量，确保设备的强度和安全可靠。对于形状复杂的高压容器，准确计算应力分布有些困难；用有限元法可进行数值计算，但需要进行实验验证。高压液下应力应变测量是十分重要和必不可少的。应变电测方法是目前几乎唯一可用的测量实际容器受压时内外壁应力应变的方法。测量时需解决以下几个特殊的技术问题。

5.2.1 应变计和导线的安装与防护

为了保证应变计与被测构件之间有足够的绝缘电阻，并防止液体介质渗入而使粘结剂失效，必须对应变计进行防护。工程压力设备中使用的工作介质多种多样，不同介质应有不同防护方法。在实际测量中，常采用油或水作加压介质。如用空气作加压介质，一般不需防护，但是空气可压缩性大，使用时如容器有缺陷而破损，将引起爆破。因此一般不用空气加压。

1) 用油作介质

最好采用变压器油作为加压介质，它的成分纯洁，绝缘性好，对应变计、粘结剂不起化学反应。因此一般不需特别防护，只在灌油前为防止应变计受潮，涂一层石蜡或凡士林。有些油类如机油等对某些应变计、粘结剂会起化学反应，这将导致粘结强度下降，因此需事先进行试验，必要时应采用胶膜基箔式应变计和环氧树脂粘结剂。用变压器油作加压介质，测试方法简单可靠，但不如用水作加压介质经济，一般只用于小型容器或高压下测量。对于测点很多的非破坏性试验，若防护不方便，即使较大型容器也可采用变压器油加压。变压器油可重复使用，免去了大量防护工作，测量结果绝大多数是可靠的，总体上看还是经济的。后面举的应用实例，就是用变压器油作加压介质的。

2）用水作加压介质

由于水是导电介质和良好溶剂，应变计和粘结剂与水接触后绝缘电阻大大下降，致使应变计敏感栅被腐蚀，粘结剂失效，因此必须对应变计严密防护，使之与水完全隔绝。应变计的防护过去有机械密封方法，它是用橡皮膜加机械罩壳密封，可抗水流冲刷，但结构复杂，对构件测点有局部加强效应，影响应力分布，一般只用于低压力厚壁容器的情况，现已经很少使用。

目前最常用的是化学涂层法。它是在应变计和引出导线处涂一层或几层化学防水剂，要求防水剂有良好的绝缘性，与构件有很好的附着力和粘结性能，低弹性模量，无腐蚀性且操作简单。常用的防水剂涂层按软硬程度分为以下三种。

(1) 软性涂层　有医用凡士林、黄油、二硫化钼和褐色炮油。使用时先将防水剂加热熔化除去水分，冷却后直接涂在已固化的应变计及清洗干净的构件表面上。操作要求仔细认真，避免孔隙和气泡。防护层构造如图 5-8 所示，它可以在 20～100 MPa 压力水下实现有效密封。实测中用得最多的是医用凡士林或黄油。

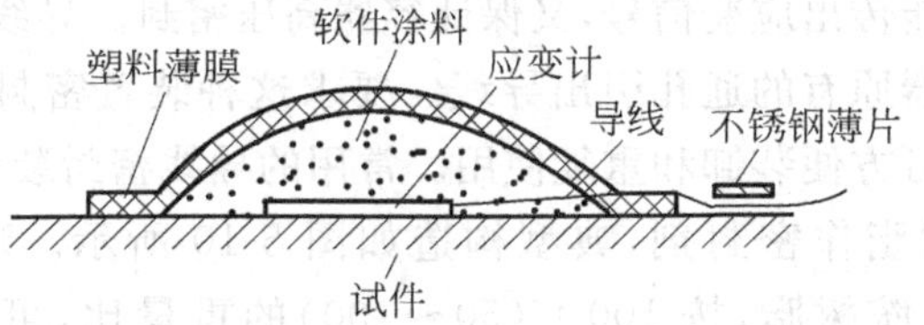

图 5-8　软性防水涂层的构造

(2) 半固化涂层　有半固化环氧树脂和凡士林-松香-石蜡混合物。前者配方是环氧树脂：邻苯二甲酸二丁酯：乙二胺＝100：5：2.5(重量比)。先将前两种成分在 60℃下混合和慢慢搅拌，直至无气泡后冷却到 40℃左右，再加入乙二胺搅匀即可涂用。后者按凡士林：松香：石蜡＝60：30：10(重量比)，一起加热熔化去水分后冷却到 60℃左右涂用。

(3) 固化涂层　一般用全固化环氧树脂，增加固化剂用量(上述三种成分重量比为 100：5：5)，配制后在 10 min 内涂用完，涂层有一定硬度，可防水流冲刷，对于薄壁构件稍有加强效应，一般不单独使用。

为综合利用各种涂层的优点，可采用组合式防水涂层。例如，内层为凡士林，外层为固化或半固化环氧树脂，最外层再涂凡士林等方式。

对于较低的压力(如 5 MPa),也可采用组合式防水涂层。例如,内层为凡士林,外层为固化或半固化环氧树脂,最外层再涂凡士林等方式。

一般的高压水下应变测量可直接采用高强度漆包线或聚氯乙烯绝缘导线作测量导线,需注意的是必须做到:①导线的绝缘层完好,不得有任何细小的损坏,这可事先在水下进行绝缘检查;②导线与应变计的接头、导线中间接头都要作密封防水处理。

国外如日本有专门的防水型电阻应变计产品,它是在应变计上盖一层环氧树脂膜片,并将应变计引线与导线(一定长度)连接点封包起来,如图 5-9 所示。这种应变计用粘结剂粘贴后即可直接用于相当水压下测量,不需作以上防护。应变计有单栅、双栅和三栅应变花几种,使用方便、可靠。如水压特高或在高速冲击水流下测量,则还需外加防护涂层。这种应变计带导线有 1、3、5 m 长度,并有两线和三线规格。

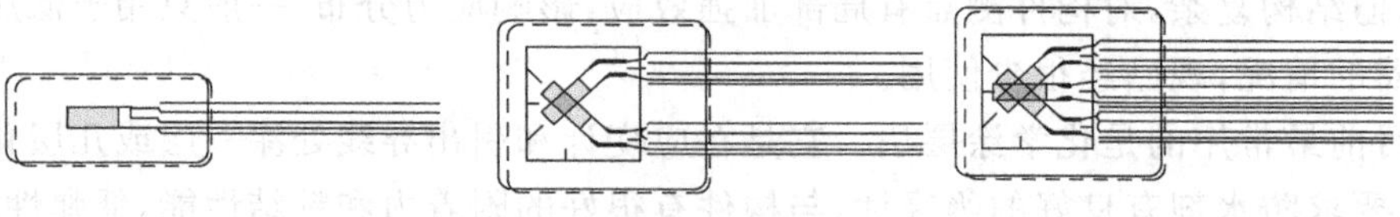

图 5-9　防水应变计示意图

5.2.2　高压液下导线密封装置

高压液下应变测量时,容器内应变计的导线必须通过导线密封装置引出到容器外的应变测量仪器,既能传出应变信号,又保证容器高压密封。导线密封装置一般安装在容器外壁上,利用容器原有的通孔引出导线。要求这种装置密封可靠、结构紧凑,可引出导线数量较多,并可方便装卸和重复使用。常用的导线密封装置有以下两种。

(1) 采用环氧树脂作密封剂,典型构造如图 5-10 所示。环氧树脂密封剂配方为:环氧树脂与聚酰胺树脂,按 100∶(50～100)的重量比,可承压 100 MPa 以上。通常用高强度漆包线作导线,如用带塑料外皮的导线,在高压下为防止水渗漏,需将塑料外皮剥去一段并埋入密封剂,使导线与密封剂更好地结合。

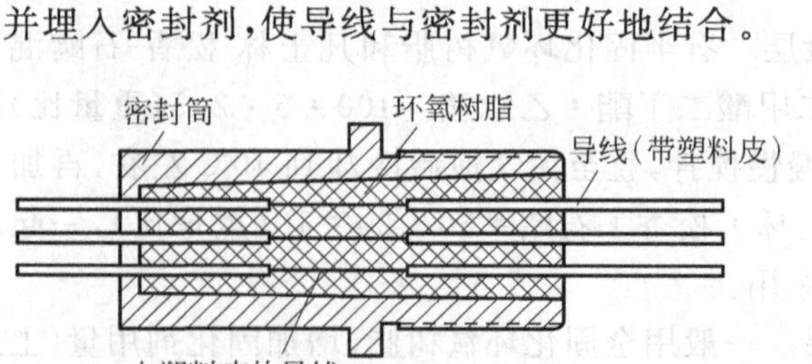

图 5-10　环氧树脂导线密封装置

(2) 采用锥塞型密封装置,典型构造如图 5-11 所示。装置内腔锥度约 1∶5,以增强密封材料的自紧性能,顶部有 7 个小孔,每个小孔可穿过数根细导线。装置的外壁有两条环槽，装有O型橡胶圈和垫圈，共三道密封。内腔用黄油、松香(或凡士林、松香)的混合物加上细石英砂作填料一次浇注而成，配方为(重量比)黄油∶松香∶100目干燥石英砂＝12.5∶87.5∶20。这种装置简单可靠，又能随时装卸，可多次重复使用，已多次成功应用于高于150 MPa压力的水下多点应变测量。

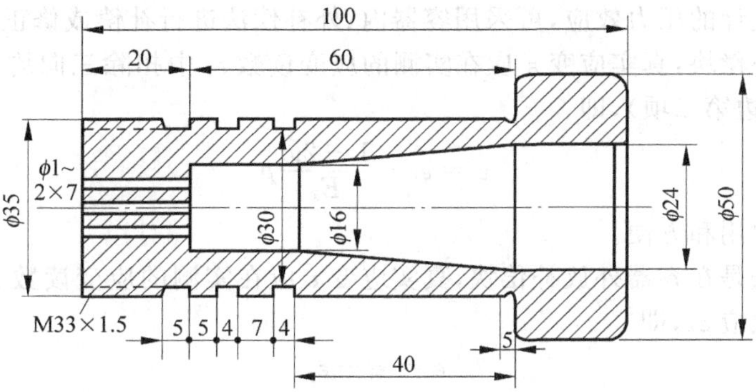

图 5-11　锥塞型导线密封装置

5.2.3 压力效应

处于高压容器内壁的应变计，除了随容器受压引起应力应变外，还由于高压介质对应变计敏感栅的压力引起电阻变化，导致附加的应变，这种现象称为压力效应。必须将其从应变读数中扣除或用补偿方法消除。

(1) 圆筒测定法。将两个应变计分别粘贴在圆筒容器筒身中部轴向相对应的内外壁表面上，如图5-12(a)所示。根据厚壁圆筒应力计算公式，容器内外壁轴向应变相等，因此将该两个应变计半桥连接，所得应变读数即为压力效应 ε_p。

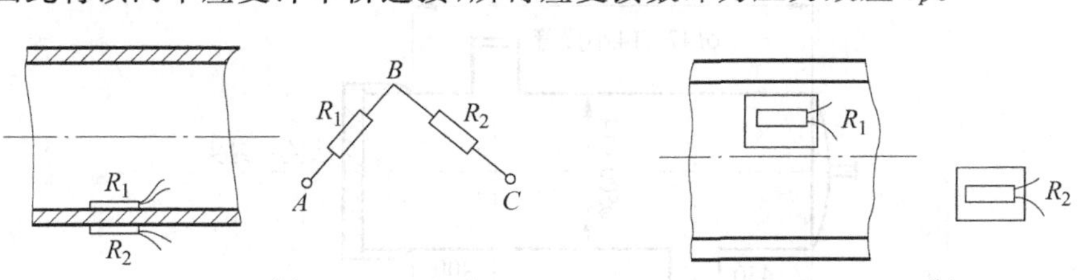

图 5-12　压力效应测定法

(2) 试块测定法。采用两试块，各粘贴一应变计，一试块放在容器内，另一试块放在容器外，如图5-12(b)所示。两应变计接成半桥，应变读数 ε_i 为容器内试块受三向均匀压力所产生的应变 ε_s 与压力效应 ε_p 之和，即

$$\varepsilon_i = \varepsilon_s + \varepsilon_p$$

其中，$\varepsilon_s=-\frac{1-2\nu_s}{E_s}p$，$E_s$、$\nu_s$ 分别为试块材料的弹性模量和泊松比。因此有

$$\varepsilon_p=\varepsilon_i+\frac{1-2\nu_s}{E_s}p \tag{5-4}$$

其中，p 是容器内压力。

对于应变计的压力效应，可采用容器内、外补偿法进行补偿或修正。内补偿时是在容器内放补偿块，真实应变 ε 应在实测的应变读数 ε_i 中扣除三向均压引起的试块应变（下式右边第二项），即

$$\varepsilon=\varepsilon_i-\frac{1-2\nu_s}{E_s}p \tag{5-5}$$

这种方法最常用和方便。

外补偿法是在容器外放补偿块，真实应变 ε 应在实测的应变读数 ε_i 中扣除事先测得的压力效应 ε_p，即

$$\varepsilon=\varepsilon_i-\varepsilon_p \tag{5-6}$$

这种方法已很少使用，原因是测 ε_p 并不方便。

5.2.4 应用举例——带接管压力容器内外壁应力测量

工程上多数压力容器需在侧壁开孔，外接接管。由于壳体几何形状在连接处突变，产生应力分布边缘效应，可采用有限元方法进行三维应力计算。为了验证计算结果，用带接管的压力容器模型进行电测试验。

容器材料为16MnR，接管材料为20号钢，尺寸形状示意图如图5-13所示。设计压力 p=8.8 MPa，制造后，焊缝经X射线检查合格，进行整体退火，并经1.2p 水压试验，按尺寸进行有限元计算。

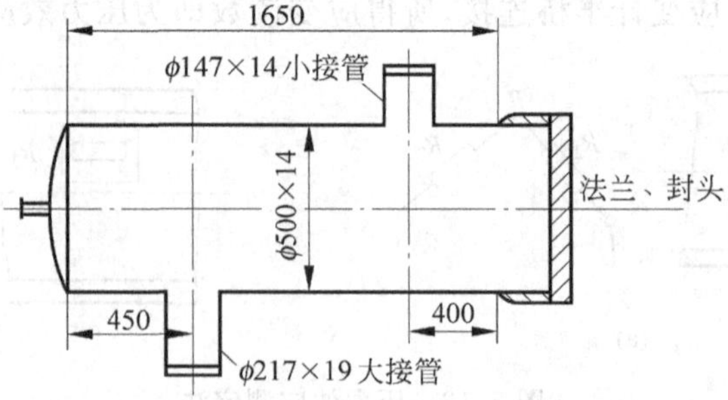

图5-13 压力容器尺寸及接管图

电测试验以测定接管附近应力分布为重点，采用栅长1 mm及3 mm的箔式应变计，测点分布如图5-14和图5-15所示。总计大接管附近共40个测点，小接管区布置34个测点。考虑到局部可能进入塑性，应变较大，相应布置少量大应变电阻应变计。试验用变压器油为加压介质，应变计用石蜡防潮外不作其他防护，采用国产静态应变

仪器测量应变。采用手压泵加载，压力约为 2、4、6 和 8 MPa。以 3.9 MPa 压力对应应力测定值与计算值比较，部分数据列于表 5-5 中，内壁应力分布比较曲线见图 5-16。

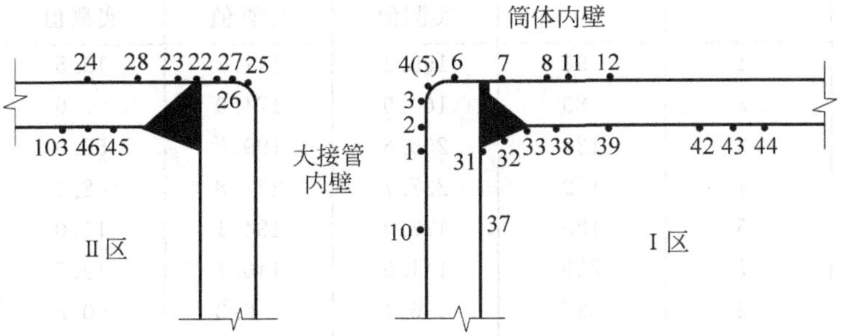

图 5-14　大接管区测点布置图

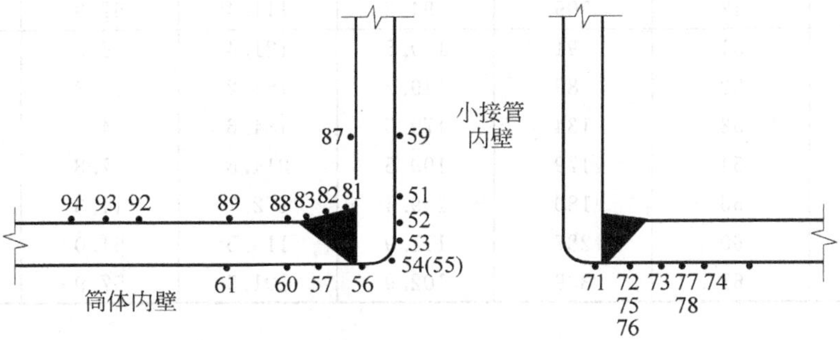

图 5-15　小接管区测点布置图

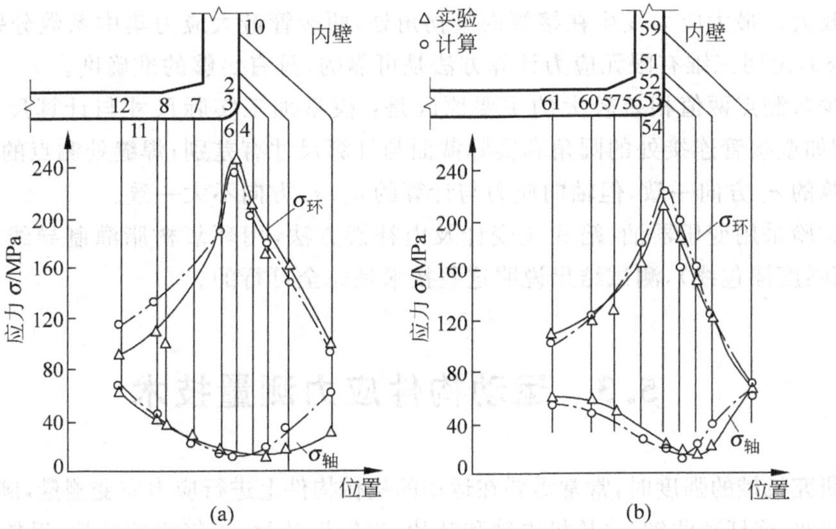

图 5-16　大小接管内壁应力分布

(a) 大接管；(b) 小接管

表 5-5 大、小接管内壁部分应力值(p=3.9 MPa)

接管	测点号	计算点号	环向应力/MPa		轴向应力/MPa	
			实测值	计算值	实测值	计算值
大接管	1	91	155.5	147.2	13.5	30.7
	2	89	164.9	174.0	7.0	14.3
	3	134	205.6	199.8	56.9	4.8
	4	179	237.7	227.8	8.3	7.1
	6	180	177.3	184.1	15.0	13.1
	7	233	141.9	140.1	19.5	11.0
	8	227	6.4	6.3	−0.5	−2.9
	10	71	96.0	90.4	28.8	60.3
	11	287	107.3	128.3	40.6	42.2
	12	309	94.2	111.4	57.9	59.5
小接管	51	91	119.5	121.4	6.5	30.8
	52	89	149.2	154.2	5.3	12.9
	53	134	179.5	184.6	4.7	4.2
	54	179	199.5	214.6	7.8	7.0
	56	180	159.4	172.7	11.3	12.0
	60	287	111.9	115.5	51.0	36.7
	61	309	102.9	101.5	57.9	51.7

试验结果表明：大小接管内外壁大部分测点的双向应力实测与计算值相当吻合，一般相差5%左右，其中环向应力绝对值较大，相差较小；轴向应力绝对值较小，相差较大。最大应力发生在接管内壁拐角处，两接管最大应力集中系数分别为3.13和2.83，说明三维有限元应力计算方法是可靠的，具有足够的准确度。

少数测点两值相差较大的主要原因是：模型加工实际尺寸与计算尺寸不全相同，例如壁接管连接处的圆角和实际截面与计算尺寸有差别；焊缝处测点的环向应力与计算的 σ_z 方向一致，但轴向应力与计算的 σ_x、σ_y 方向不大一致。

试验采用变压器油、箔式应变计及内补偿方法，用环氧树脂灌制导线密封装置(用高强度漆包线)，测试结果说明这些技术是完全可行的。

5.3 运动构件应力测量技术

研究机械的强度时，常常需要在运动的机械构件上进行应力应变测量，例如柴油机汽缸活塞、连杆和曲轴，水轮机主轴和叶片，汽轮机叶片，压气机的叶片，涡轮发动机的旋转盘，拖拉机的动力主轴等构件的应力测量。测量实际运动工况下机械构件所受荷载和应力的分布和变化，对于实际荷载状况不很清楚的机械构件强度设计尤其重要。

运动构件的应变一般分静态应变和动态应变两类。静态应变，如机械转动时转速不变，则由于离心力产生的应力应变也保持不变，例如汽轮机叶轮旋转，叶片上的离心力在转速不变时是不变的；水轮机主轴在功率、转速不变时扭矩产生的应力应变不随时间变化。动态应变分为周期应变、冲击应变和随机性应变(见第 4 章)。例如汽车在路面上行驶，路面不平是随机分布的，则汽车主轴上应力应变属随机性的。

测量运动构件中应力应变需着重解决以下几个技术问题，才能得到满意的测量结果。

(1) 机械构件运动时，由于空气摩擦使构件表面温度升高，且温度分布不均匀和不稳定，应采取特殊的应变计温度补偿技术。

(2) 构件运动时应变计受惯性力和气流冲刷，因此对应变计和连接导线应进行专门的防护，以免损坏而使测量失败。

(3) 在旋转运动构件上测量应变时，因应变计安装在构件上随构件旋转，而电阻应变仪是固定不动的，因此应变计信号不能直接用导线传递到应变测量仪器，需采用集流器装置。

(4) 对旋转或其他运动形式构件进行应变测量时，有时需采用无线电发射方法，这称为应变遥测技术。

以下分别讨论这四个技术问题。

5.3.1 温度补偿技术

运动构件的温度升高主要有两个原因：①由于运动构件在高温介质中工作，因热传导使构件温度升高，例如汽轮机叶片在高温过热蒸汽下工作，叶片温度可高达500℃以上；②由于构件高速运动时与周围空气摩擦使构件温度升高，例如直径1.5 m的叶轮，在10 000 r/min转速运动下叶轮温度可升高约80℃。构件高温应变测量方法已在5.1节中介绍，这里只就运动构件的特点及采用的方法进行讨论。

(1) 运动构件一般不宜采用补偿块的温度补偿方法，因为补偿块可能由于运动的惯性力大而被甩掉，且补偿块温度很难与构件测点温度相同，因此测量运动构件上的应变，最好使用对构件材料热膨胀能良好匹配的温度自补偿应变计。在没有温度自补偿应变计时，可采用半桥补偿方法，但必须保证温度相同，补偿应变计粘贴处无应变并粘贴安装牢固。如用焊接式应变计时，可在测点上布置一补偿应变计(用空片点焊固定一点)。

(2) 在试验台架上的运动构件进行应变测量时，可以用机罩把运动构件封闭起来，用真空泵抽真空，以减少气流摩擦，从而减少温度变化。

(3) 一般运动构件启动时为室温，随运转，温度逐渐升高，然后达到稳定。这样，可在整机运行一段时间，等温度稳定后停车，利用机械热惯性大的特点，立即进行应变测量仪器调零，然后再启动运转进行测量，这样可减小热输出的影响，以得到较准确的测量结果。此外,为消除导线电阻受温度变化引起的热输出影响,可对温度自补偿应变计采用三线连接法(见5.1节所述)。

5.3.2 应变计和导线的防护

运动构件上的应变计和导线,除温度外还承受大的惯性力和气流冲刷力。这两种力可能使应变计尤其是导线从构件上剥离而损坏,因此必须对应变计和导线进行保护。

由于应变计质量很小,而应变计粘结剂的抗剪强度一般均大于6～10 MPa,应变计可以承受大于(3～5)×$10^4 g$(重力加速度)加速度所产生的惯性力。一般运动构件的加速度不会超过$10^4 g$,因此只要应变计粘贴质量良好,不会因惯性力而脱落。但是连接应变计的导线,因粘贴面积小而且质量较大,在高速运动构件上应采用牢固的固定方法,为了减小惯性力,导线直径一般不超过0.5 mm。

气流冲刷对应变计和导线的破坏要严重得多。一般在空气中对运动构件上应变计的保护方法是,在应变计粘贴后用同种粘结剂在其表面再涂几层,直到应变计被完全覆盖为止。也可用不锈钢薄片在应变计表面四周点焊固定作保护。但是,对于像汽轮机叶片等在过热蒸汽冲刷下,应变计和导线较难保护,应使用与构件材料相同并有一定刚度的防护罩罩住应变计,在四周密封焊接,防止蒸汽渗透,罩顶用管引出导线。防护罩刚度必须适当,刚度太小不足以防护,太大又影响测点处应力分布。管状焊接式高温应变计(如图5-2所示)可使敏感栅和导线都得到密封保护,经牢固焊接安装之后,是一种比较理想的耐冲刷、耐介质渗透的应变计。

导线的固定和防护主要有两种方法。

(1) 粘贴法 预先打磨清洗导线走线位置(叶片不允许用砂纸打磨,以免产生疲劳裂纹),先用高温粘结剂把一层玻璃纤维布绝缘材料粘在构件表面上,再将导线(如直径0.2～0.3 mm的漆包线)粘在其上,外边用粘结剂覆盖一层玻璃纤维布。粘结剂的固化处理与应变计相同,为了防止高温、高压气流侵入保护层,必须粘贴严密,不允许存在气泡。

(2) 焊接法 对于高温导线可用点焊方法,用不锈钢薄片压住绝缘导线而加以固定,把整束导线紧紧包住,不得有空隙。用此法时需注意导线方向不能与离心力方向重合。若叶轮上导线通过圆心沿径向敷设,则由于离心力,导线可能从薄片中抽出而损坏。正确的走线方法是沿曲线方向(见图5-17),固定薄片可把导线挡住而得到保护。此外,导线与应变计引线连接焊点要牢固,引线处应

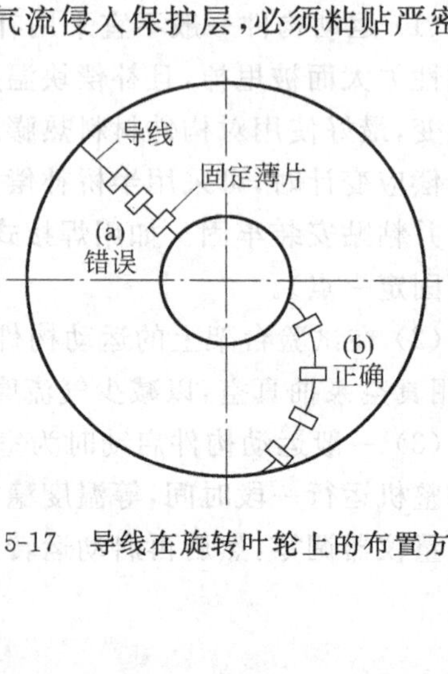

图5-17 导线在旋转叶轮上的布置方法

有松弛圆弧段以免引线受力损坏。对于某些动平衡要求高的高速旋转构件,在布置应变计和导线时应考虑对称性,以免引起振动而损坏。管状焊接式应变计其导线是密封管包装——铠装的,既能抗蒸汽又能点焊固定于构件上,应用较方便可靠。

5.3.3 旋转构件的应变信号传递装置

旋转构件进行应变测量时,安装在构件上的应变计与构件一起旋转,而应变测量仪器静止不动,必须有一传递装置将旋转构件的应变信号传递到应变测量仪器,这种装置称为集流器,又称引电器。

集流器主要由两部分组成:一部分与应变计连接,随构件转动,称为转子;另一部分与应变测量仪器导线连接,静止不动,称为定子。转子与定子既能相对运动又能传递应变计输出的电信号,集流器也可用于传递热电偶及其他传感器的电信号。利用集流器进行叶轮应变测量的试验装置示意图如图 5-18 所示。

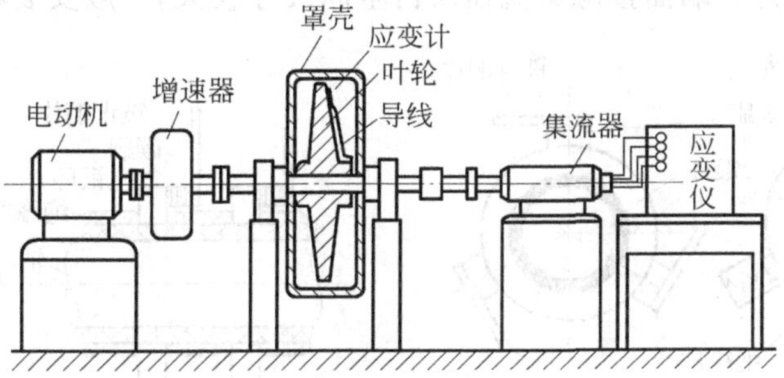

图 5-18 叶轮应变测量装置示意图

集流器按安装部位不同可分为轴通式和轴端式两种:轴通式集流器的转子安装在旋转构件轴上,转子的轴径与被测轴径相同;轴端式集流器是转子与旋转构件轴端相接,因此尺寸不受构件限制。图 5-18 中所示是轴端式。

集流器的性能要求主要有以下几点。

(1) 集流器转子与定子之间接触电阻很小且稳定;

(2) 集流器在转动时摩擦升温小;

(3) 集流器各通道与地之间绝缘电阻高(>100 MΩ);

(4) 体积小,便于安装,耐温、耐振动;

(5) 工作寿命长,使用安全,对有毒材料有防护措施。

常用的集流器有以下四种:①电刷式集流器;②拉线式集流器;③水银集流器;④感应式集流器。现分述于后。

1. 电刷式集流器

电刷式集流器利用电刷和金属滑环之间滑动接触传递应变信号,能使用于不大于 40 000 r/min 转速或小于 1.5 m/s 线速度的旋转构件应变测量。

电刷材料用含 60%～85%银的含银石墨，滑环材料有铜、银或蒙乃尔合金(60%～70%Ni，25%～35%Cu，1%～3%Mn)等。采用造币银与 85%含银石墨制成的滑环——碳刷集流器，可使用到转速大于 10 000～15 000 r/min。按电刷的接触方式，电刷集流器可分为周面接触与端面接触两种。

(1) 周面接触电刷集流器 这种集流器的示意图如图 5-19 所示。旋转轴上应变计的导线与集流器的银环焊接，银环通过压紧力或花键等方式与集流器轴固定并同构件一起旋转。电刷靠弹簧片与银环下的周面接触，并保持一定压力，通过电刷与滑环之间接触把应变信号传递给应变测量仪，银环与轴之间用夹布胶木绝缘，绝缘层上开槽通过导线。同一银环，一般用两个以上电刷头以减小接触电阻，刷头布置尽量对称，以使滑环运动平稳。

(2) 端面接触电刷集流器 这种集流器的示意图如图 5-20 所示。电刷焊接在经过热处理有良好弹性的铍青铜片上，一个铍青铜片上焊有两个电刷，与银环端面接触并保持一定压力。端面接触集流器所占空间尺寸较大，一般安装在轴端。

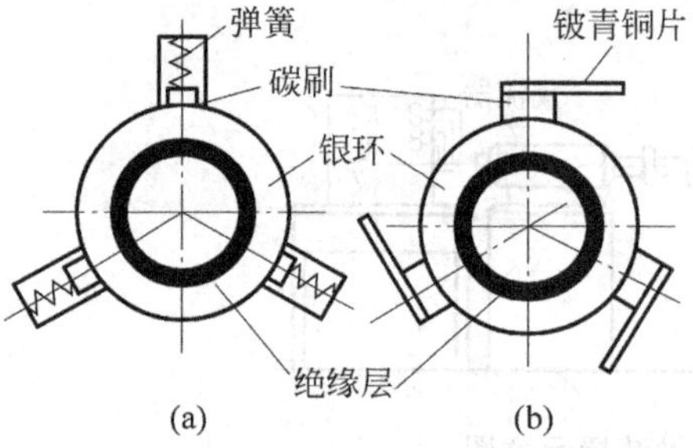

图 5-19 周面接触碳刷集流器示意图
(a) 弹簧型；(b) 铍青铜片型

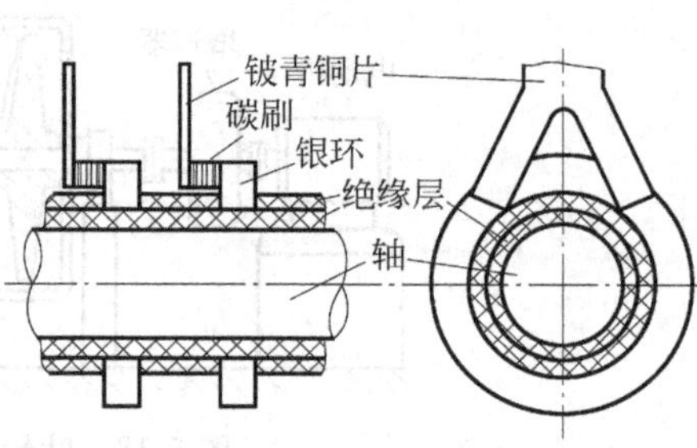

图 5-20 端面接触碳刷集流器示意图

这两种集流器各有优缺点，工作性能较好。集流器电刷与滑环之间的接触压力可以调节，集流器零件加工质量要求高，要保证滑环与轴中心线的同心度和垂直度。

现在国内生产的碳刷式集流器，最高可用于转速 15 000 r/min，它具有 20～42 个通道，采用压缩空气冷却和吹走碳刷与滑环摩擦产生的磨屑，降低升温和保证绝缘。此外，用气动元件控制，平时电刷与滑环脱离，测量时电刷与滑环保持一定接触压力，这样可增加集流器使用寿命。例如 Y26 型 42 环小型刷环集流器的主要性能为：刷环数 42，每环两个电刷，外形尺寸 ϕ44 mm，长 224 mm，重量 650 g，刷环之间电阻小于 0.1 Ω，工作转速≥10 000 r/min，环与壳体、环间绝缘电阻大于 200 MΩ，刷环之间静态接触电阻变化引起应变值$\left(\frac{1}{4}\text{桥臂接线时}\right)$小于 30 μm/m。该集流器应用于某发动机低压涡轮叶片离心应力测量，叶片上粘贴 40 枚电阻应变计，分两批测量，转速分别为 3000、10 000、11 200 r/min。表 5-6 中列出其中 3 枚应变计在 3 种转速下的应变测量数据。

表 5-6 涡轮叶片离心应力测量中部分应变测量数据 μm/m

转速/(r/min) \ 应变计号	13#	30#	39#
3000	186	124	88
10 000	1127	1418	1071
11 200	1480	2144	1386

国外同类产品有：美国 6118-111-12 型集流器是 12 环的，最高转速 8000 r/min，接触电阻变化 25 μm/m；日本 RBE-12E 型集流器也是 12 环，最高转速 15 000 r/min，接触电阻变化高达 60 μm/m。

2. 拉线式集流器

拉线式集流器利用拉线（铜线）与铜环之间的滑动接触传递信号。它一般应用于圆周线速度较低（<4 m/s），而且轴端不能安装集流器的低转速旋转构件的应变测量，例如水轮机主轴或旋转叶片的情况。图 5-21 表示在水轮机转轴上安装的拉线式集流器示意图。在水轮机轴上绕有紫铜片做的铜环，其厚度为 0.5～1 mm，宽度为 20～50 mm，铜环与轴之间有黄蜡绸等绝缘层。拉线用直径为 1 mm 的紫铜线，两端连接在固定支架上，利用弹簧使铜线压紧在铜环上。每一铜环上连接应变计的一导线，如测量主轴的扭矩，用±45°四枚应变计接成全桥，四根导线需四对铜环和拉线。应变信号通过铜环和拉线滑动接触传递给应变仪。拉线式集流器使用时应防止轴旋转拉线与铜环脱离，拉线与铜环包角应大于 120°，保证接触面积较大，并将应变计接成全桥，集流器接在桥臂外的测量线路中以减小接触电阻影响。

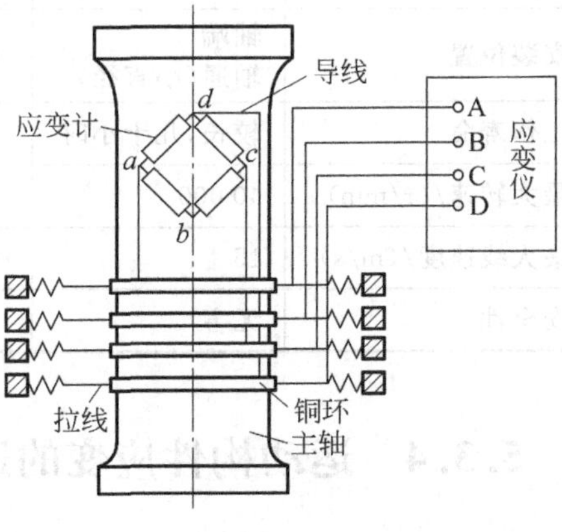

图 5-21 拉线式集流器用于水轮机主轴

拉线式集流器适用于低转速的构件应变测量，一般由测量人员根据具体转轴尺寸自制，测量使用后铜线、铜环已磨损不能再用。

3. 水银集流器

水银集流器是利用水银与金属接触来传递电信号，使用转速可高达 40 000 r/min，线速度可达 15 m/s 以上。但水银蒸气有毒，人接触后容易引起严重疾病并危害生命。过去虽制成封闭式集流器，但因水银对金属有腐蚀性，又易在空气中氧化，经

3～6个月需清洗置换水银，很难避免接触中毒，因此已用电刷式集流器替代。

4. 感应式集流器

前三种集流器都是接触式的，感应式集流器属非接触式的。它利用电磁感应传递应变信号。应变仪供桥交流电压通过静1线圈，由电磁感应传到动1线圈，再传到应变计电桥桥压端，电桥输出信号通过动2线圈感应传到静2线圈，再传到应变仪。动1、动2线圈与应变计连接，与构件一起转动，静1、静2线圈与机壳连接而不动。这种集流器的缺点是：静、动线圈之间的间隙和变压器损耗引起标定值变化和测量结果误差。它的转速一般限在3000 r/min左右。

以上各种集流器的主要性能比较列于表5-7中。集流器由接触电阻产生的虚应变需事先进行测定，以确定测量误差。

表5-7 各种集流器主要性能比较

类别 性能项目	电刷式	拉线式	水银	感应式
接触电阻/Ω	10^{-3}	10^{-2}	10^{-4}	有磁阻
安装位置	轴端 轴通(小直径)	轴通	轴端 轴通(小直径)	轴端 轴通(小直径)
工作寿命	较长，几十小时	一次性使用	几十小时后需清洗	长期
最大转速/(r/min)	40 000	<100	40 000	3000
最大线速度/(m/s)	15	<4	15	
安全性	无害	无害	有毒性	无害

5.3.4 运动构件应变的遥测技术

对运动构件应变的测量除了用集流器传递信号的方式外，可采用遥测方式。测量时将超小型发射机安装在运动构件上随构件一起运动，粘贴在构件表面上的应变计组成测量电桥与发射机连接，应变信号经发射机调制后由发射天线以电磁波的形式发射。固定在静止结构件或附近地面上的接收机由天线接收到电磁波信号，经解调复原为与应变有关的电信号，由记录仪记录。这种遥测方式避免了从运动构件引出导线的困难，不存在接触电阻影响，具有噪声小、耐冲击、抗振动、安装和使用方便等优点，可用于较高转速构件，特别适用于封闭外壳内运动构件及往复运动构件等不能安装集流器又不能引出导线的情况。

由于测量对象不同，应变遥测系统分成多种。以发射距离远近，可分为远程和近程遥测两种。远程遥测系统主要解决发射功率问题，近程遥测要求发射系统体积小、重量轻、功耗小，耐高惯性力和抗振动。以信号特点不同分为静应变、动应变和测温遥测系统。从通道数可分为单通道和多通道遥测，多通道中又有频分多路和时分多路两种。应变遥测一般距离为几米到几十米，属近程遥测。采用遥测方法的关键是有高质量、超小型发射机。目前发射机体积一般为 5～6 cm^3，重量为 15～30 g，可承受(1500～10 000)g(重力加速度)的离心加速度，(20～30)g 的振动，工作温度为 －30～150℃，通道数可达几十个，测量时间从几小时到几十小时。

应变遥测系统，按调制方式不同可分为以下几种。

1. 调幅-调频(AM-FM)方式

AM-FM 方式的原理框图如图 5-22 所示，发射机由电源、振荡器供给测量电桥电压，构件变形后测量电桥输出调幅电压，经交流放大器放大，对 FM 主载波射频振荡器频率进行调制，经天线发射。接收机由天线接收弱信号，经高频放大，由混频器、振荡器将高频变为中频信号，输至中频放大器，由鉴频器将调幅-调频信号解调为调幅信号，然后接到带通放大器，输出一频率与桥源振荡器相同、振幅与被测应变信号一致的调幅电压，经检波器检波后由直流放大器放大再由记录仪记录。国产的 YIY-Ⅱ型和 Y6Y-12 遥测应变仪采用 AM-FM 调制方式。

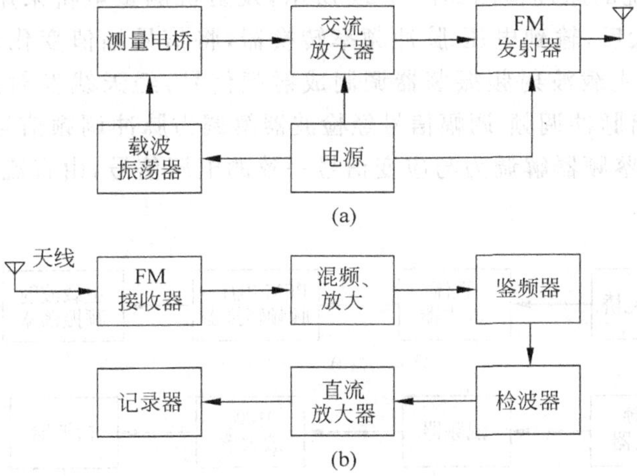

图 5-22 调幅-调频方式原理框图

(a) 发射机；(b) 接收机

2. 调频-调频(FM-FM)方式

FM-FM 方式的原理框图如图 5-23 所示。发射机的测量电桥用直流电桥，应变计感受应变后，电桥输出信号经直流放大器放大，放大后的信号电压对副载波振荡器进行频率调制，再对主载波射频振荡器作频率调制后由天线发射。接收机部分由第一鉴频器将中频放大器输出的 FM-FM 信号解调为中心频率与发射机副载波振荡器的中心频率相同的等幅调频信号，经带通放大器放大，再由检波器解调经直流放大输给记录仪记录。

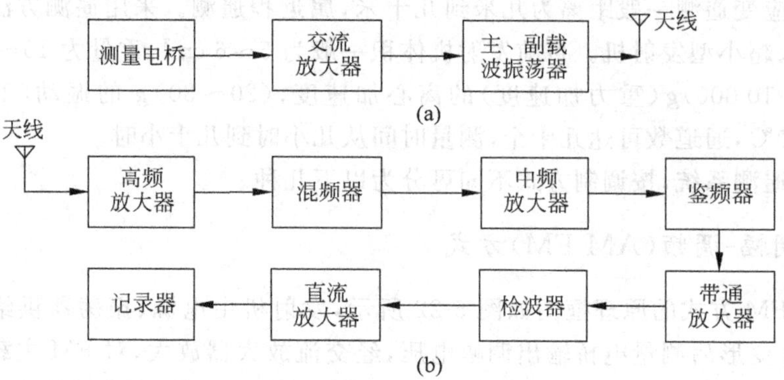

图 5-23 调频-调频方式遥测系统原理框图

(a) 发射机；(b) 接收机

3. 脉冲调频-调幅(PFM-AM)遥测系统

PFM-AM 系统的原理框图如图 5-24 所示，发射机测量电桥采用直流电桥，输出信号经直流放大后，输到电压-脉冲频率转换器，将信号幅值变化调制成脉冲频率变化，通过 AM 主载波射频振荡器调制成射频信号，经天线发射。接收机部分由中频放大器输出脉冲调频-调幅信号经检波器解调为脉冲调频信号，通过脉冲放大除去杂波，再经鉴频器解调为与应变信号一致的电压信号，由直流放大器放大后记录。

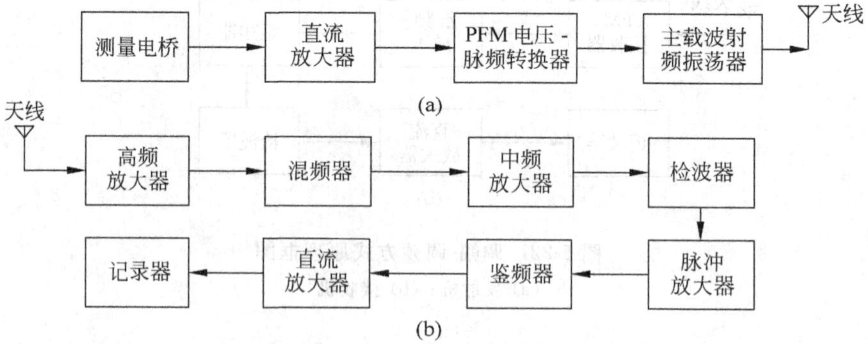

图 5-24 脉冲调频-调幅遥测系统原理框图

(a) 发射机；(b) 接收机

4. 多路应变遥测系统

当被测应变信号较多时，可采用多路遥测系统，它是在一条无线电传送通道上传送多路信号。这种系统主要采用频分制和时分制两种方式。

频分制(FDM)系统发射装置将多路信号经各副载波发生器调制成中心频率不同的信号，混合后再去调制 FM 主载波振荡器，由天线发射。接收装置将信号解调、滤波，将不同频率调制信号分离，复原为各电信号记录。

时分制(TDM)系统发射装置将各应变信号按时间顺序排序取样成一串脉冲信号，经调制 FM 主载波射频振荡器，由天线发射。接收装置将信号解调并分离复原为各相应信号供记录。

对脉冲信号的调制，可有以下几种方式。

(1) 脉幅调制(PAM) 脉冲幅度与模拟信号成比例变化。其特点是线路简单，但信噪比低。

(2) 脉宽调制(PWM) 脉冲宽度与模拟信号成比例变化，脉冲幅值不变。其特点是噪声影响小。

(3) 脉位调制(PPM) 脉冲的幅值、宽度不变，有信号时的脉冲位置与无信号时的基准位置之间的间隔与模拟信号成比例地错开。其特点是可减小噪声和串扰，但电路复杂。

(4) 脉码调制(PCM) 将模拟信号用合适的单位度量，通过取整量化，再利用脉冲的开关信号将其转换成适当的代码传递。其特点是传送精度高、信噪比高，抗干扰性强，便于输入计算机自动处理，但装置复杂，所占频带宽。

以上 4 种调制方式中以脉码调制最理想。

近年来国内研制了多种遥测应变仪，例如 JY-15 型(15 通道)、JY-21 型(21 通道)旋转件遥测仪。其中后者巡检式遥测仪采用光控和感应供电技术，信噪比高，抗干扰性强，耐离心加速度高达 $1000g$，线性误差$<1\%$，频响 0～1000 Hz，接收机输出 0～±4 V，0～±5 mA，已应用于柴油机飞轮应力测量，飞机发动机模拟实验台驱动轴扭矩测量，大型离心式锅炉送风机叶轮应力测量，钢铁厂铁水车弯矩测量和起重机行星齿轮减速器轴承油膜均载性测量等。

应变遥测系统在运动构件上的安装，一般发射系统电路元件装在一质轻、导电性好的铝合金盒内，盒内灌注环氧树脂固化密封，用高强螺栓和压板将盒固定在运动构件温度较低且惯性力小的位置上。应变计的导线与发射盒上接线板连接，发射机和导线要屏蔽，防止电磁场干扰。天线一般用谐振式或电容耦合天线，旋转构件测量时可用不封闭圆环。如圆环周长允许大于射频载波的$\frac{1}{2}$波长，可用两个半环；如周长小于$\frac{1}{2}$波长，则可用一个开口环。

国外生产的应变遥测仪主要有：日本 NEC 的超小型遥测应变仪和日本 TML 的小型遥测应变仪，其主要性能如表 5-8 所示。

表 5-8 两种日本遥测应变仪主要性能

项 目	NEC	TML	项 目	NEC	TML
发射机质量/g	约 30	约 16	质量/kg	16	每通道 1.1
尺寸/mm^3	22×22×32	19×10×36	调制方式	FM-FM	FM-FM
工作频率/Hz	3000	3000	最大发送距离/m	15	10
应变测量范围/(μm/m)	±3000	±5000	调制频率/MHz	76～90	75～95
接收机通道数	4	4、6			

5.4 残余应力测量

机械零部件中存在的残余应力会影响零部件的强度和尺寸稳定性，对于大型铸、焊部件，在铸造、焊接或热处理过程中引起的残余应力常常造成部件在工作过程中早期失效。精密机械和仪器中的零件，在工作过程中残余应力会逐渐松弛，造成零件变形和尺寸变化，降低仪器的精度。总之，从研究零部件强度和防止其变形方面，都需了解零部件内存在的残余应力分布。由于形成残余应力的因素很复杂，单纯采用理论计算的方法很难求出，因此在很多情况下需通过实验来测定。

现有的残余应力的测量方法分为两大类。

(1) 物理方法　主要有X射线法、超声法和磁性应变法。X射线法应用最多，它对零件表面无损坏，但需专门的设备，不便于现场测量，而且只能测构件表面的残余应力，精度也不太高。超声法和磁性应变法能测量零件表面和某些部位内部的残余应力，但尚在研究阶段，测量精度还很低，将来可能成为有前途的无损检测方法。

(2) 机械方法　其原理是采用应变电测方法，通过破坏零件的一部分，如逐次切割、套孔或钻小孔等手段，将残余应力全部或部分释放，测出某些点应变值的变化，再由力学分析推算出残余应力。其中切割法、逐次去层法对零件破坏太大；而钻小孔法对零件破坏最小，通常不影响零件继续使用，这种方法设备简单，操作方便，可携带到现场使用，测量精度较高，应用日益广泛。本节主要介绍钻孔法测量残余应力的原理、技术及其应用。

5.4.1 钻孔法测量残余应力的基本原理

假定一块各向同性的平板中存在某一残余应力 σ_R，若钻一小孔，孔边的径向应力下降为零，孔区附近应力重新分布，如图 5-25 所示。图中阴影区为钻孔后应力的变化，该应力变化称为释放应力，由应变计感受其应变。应变计离孔边愈近，则感受的应变愈大，灵敏度也愈高。通常表面残余应力是平面应力状态，两个主应力和主方向角共三个未知数，要求用三个应变敏感栅组成的应变花进行测量，每个敏感栅的中

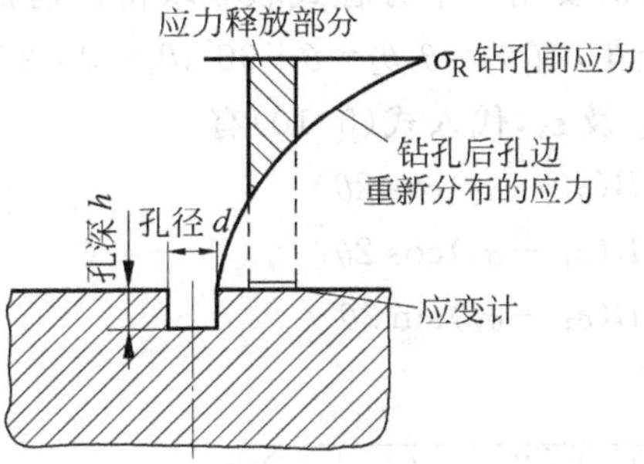

图 5-25 钻孔应力释放原理图

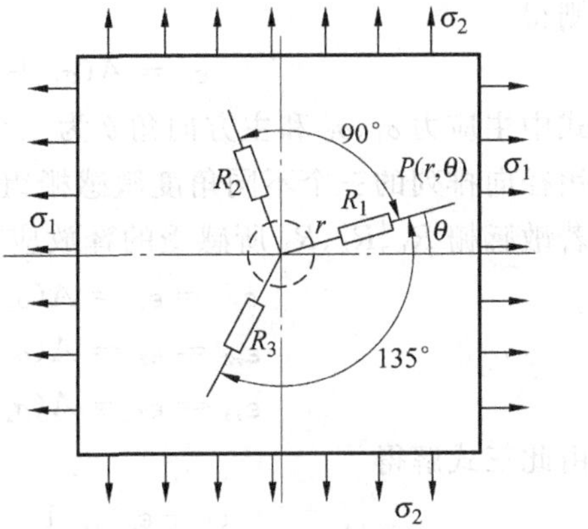

图 5-26 钻孔时应变计敏感栅的布置图

心布置在同一半径上。对于通孔情况，应变敏感栅的布置如图 5-26 所示。采用极坐标 r、θ，钻孔前，P 点(r,θ)的应力状态为

$$\begin{cases}\sigma_{r_0}=\dfrac{1}{2}(\sigma_1+\sigma_2)+\dfrac{1}{2}(\sigma_1-\sigma_2)\cos 2\theta\\ \sigma_{\theta_0}=\dfrac{1}{2}(\sigma_1+\sigma_2)-\dfrac{1}{2}(\sigma_1-\sigma_2)\cos 2\theta\\ \tau_{r\theta_0}=\dfrac{1}{2}(\sigma_1-\sigma_2)\sin 2\theta\end{cases}\tag{5-7}$$

钻孔后 P 点应力状态为

$$\begin{cases}\sigma_{r_1}=\dfrac{\sigma_1+\sigma_2}{2}\left(1-\dfrac{a^2}{r^2}\right)+\dfrac{\sigma_1-\sigma_2}{2}\left(1+\dfrac{3a^4}{r^4}-4\dfrac{a^2}{r^2}\right)\cos 2\theta\\ \sigma_{\theta_1}=\dfrac{\sigma_1+\sigma_2}{2}\left(1+\dfrac{a^2}{r^2}\right)+\dfrac{\sigma_1-\sigma_2}{2}\left(1+\dfrac{3a^4}{r^4}\right)\cos 2\theta\\ \tau_{r\theta_1}=\dfrac{\sigma_1-\sigma_2}{2}\left(1-\dfrac{3a^4}{r^4}+\dfrac{2a^2}{r^2}\right)\sin 2\theta\end{cases}\tag{5-8}$$

由广义胡克定律(平面应力状态)，有

$$\begin{cases}\varepsilon_r=\dfrac{1}{E}(\sigma_r-\nu\sigma_\theta)\\ \varepsilon_\theta=\dfrac{1}{E}(\sigma_\theta-\nu\sigma_r)\end{cases}$$

求得释放应变 ε_r 为(应变计方向)

$$\varepsilon_r=\frac{1}{E}\left\{\frac{\sigma_1+\sigma_2}{2}\left[-(1+\nu)\frac{a^2}{r^2}\right]+\frac{\sigma_1-\sigma_2}{2}\left[2(1+\nu)\frac{a^4}{r^4}-4\frac{a^2}{r^2}\right]\cos 2\theta\right\}\tag{5-9}$$

令

$$A=-\frac{1+\nu}{2E}\cdot\frac{a^2}{r^2}$$

$$B=\frac{1}{2E}\left[3(1+\nu)\frac{a^4}{r^4}-4\frac{a^2}{r^2}\right]$$

则得

$$\varepsilon_r = A(\sigma_1 + \sigma_2) + B(\sigma_1 - \sigma_2)\cos 2\theta \tag{5-10}$$

式中主应力σ_1、σ_2和主方向角θ为三个未知数，需要用三个方程式联立求得。通常采用径向排列的三个不同角度敏感栅组成的应变花，有$\theta_1=\theta,\theta_2=\theta+90°,\theta_3=\theta+225°$。若敏感栅$R_1$、$R_2$、$R_3$所感受的释放应变为$\varepsilon_1$、$\varepsilon_2$及$\varepsilon_3$，代入式(5-10)有

$$\begin{aligned}\varepsilon_{r1} &= \varepsilon_1 = A(\sigma_1 + \sigma_2) + B(\sigma_1 - \sigma_2)\cos 2\theta \\ \varepsilon_{r2} &= \varepsilon_2 = A(\sigma_1 + \sigma_2) - B(\sigma_1 - \sigma_2)\cos 2\theta \\ \varepsilon_{r3} &= \varepsilon_3 = A(\sigma_1 + \sigma_2) - B(\sigma_1 - \sigma_2)\sin 2\theta\end{aligned}$$

由此三式解得

$$\begin{cases}\sigma_{1,2} = \dfrac{\varepsilon_1 + \varepsilon_2}{4A} \pm \dfrac{1}{4B}\sqrt{(\varepsilon_1 - \varepsilon_2)^2 + [2\varepsilon_3 - (\varepsilon_1 + \varepsilon_2)]^2} \\ \tan 2\theta = \dfrac{2\varepsilon_3 - \varepsilon_1 - \varepsilon_2}{\varepsilon_2 - \varepsilon_1}\end{cases} \tag{5-11}$$

式中，A、B称为释放系数；θ为主应力σ_1方向与R_1轴向的夹角。

实际上，一般被测构件的厚度尺寸常比孔径大很多，因此常钻成盲孔。对于盲孔，受单向拉伸应力作用，采用三维有限元计算，得到孔边附近应力分布与通孔时的应力分布形式类似，应力集中系数K只在数值上有差别，因此盲孔时的σ_1、σ_2与ε_1、ε_2、ε_3的关系仍可用上式的形式，只是A、B不能由上述所列公式求得，需用实验方法确定。

这两个释放系数中包含材料弹性常数E、μ的影响。有时用另两个系数k_1、k_2表示A、B，设

$$\begin{cases}A = \dfrac{1}{2E}(k_1 - \nu k_2) \\ B = \dfrac{1}{2E}(k_1 + \nu k_2)\end{cases} \tag{5-12}$$

这时式(5-11)可写成

$$\sigma_{1,2} = \frac{E}{2}\cdot\frac{1}{k_1}\left\{\frac{\varepsilon_1 + \varepsilon_2}{1 - \dfrac{\nu k_2}{k_1}} \pm \frac{1}{1 + \dfrac{\nu k_2}{k_1}}\sqrt{(\varepsilon_1 - \varepsilon_2)^2 + [2\varepsilon_3 - (\varepsilon_1 + \varepsilon_2)]^2}\right\} \tag{5-13}$$

式中，$\dfrac{1}{k_1}$和$\dfrac{\nu k_2}{k_1}$也是用实验方法测定的。

5.4.2　释放系数的实验测定

通常在已知的应力场中测定A、B或$\dfrac{1}{k_1}$、$\dfrac{\nu k_2}{k_1}$，采用均匀的单向拉伸应力场最为简便。拉伸试验尺寸如图5-27所示，在轴向施加应力σ，应变花中应变敏感栅R_1与轴向重合。此时$\sigma_2=0,\theta=0°$，按式(5-11)、式(5-13)有

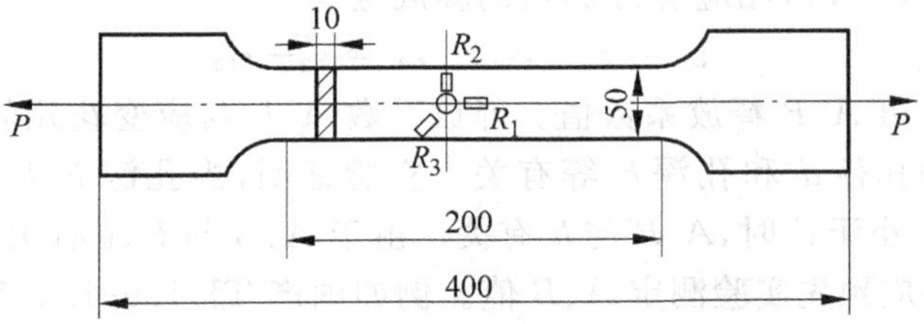

图 5-27 测定 A、B 用的拉伸试件

$$\begin{cases} A=\dfrac{\varepsilon_1+\varepsilon_2}{2\sigma} \\ B=\dfrac{\varepsilon_1-\varepsilon_2}{2\sigma} \end{cases} \tag{5-14}$$

和

$$\begin{cases} \dfrac{1}{k_1}=\dfrac{\varepsilon_{10}}{\varepsilon_1} \\ \dfrac{\nu k_2}{k_1}=-\dfrac{\varepsilon_2}{\varepsilon_1} \end{cases} \tag{5-15}$$

式中，ε_1 为钻孔后 R_1 的释放应变；ε_2 为钻孔后 R_2 的释放应变；ε_{10} 为 R_1 在钻孔前试件受拉应力 σ 时的应变，$\varepsilon_{10}=\dfrac{\sigma}{E}$。

1. 测定要求

(1) 试件材料与测残余应力的结构材料相同(测 A、B 时)，试件经退火处理，不存在初始应力。

(2) 试件截面上拉伸应力均匀分布，施加应力 σ 应小于 $\dfrac{1}{3}\sigma_s$(屈服极限)，这样可使孔边不产生局部屈服。

(3) 钻孔孔径 d 与试件尺寸相对应很小，钻孔中心距试件边界应$\geqslant 8d$，试件厚度应$\geqslant 4d$，在同一试件上进行多个钻孔测定 A、B 时，相邻两孔中心距离应$\geqslant(5\sim 8)d$。

(4) 应尽量消除钻孔时产生的机械切削应力。

2. 测定步骤

(1) 在试件上粘贴测残余应力的应变花，连接应变测量仪器，将试件安装在材料试验机中并进行调整。施加初载 P_0，加载到 P，读取各应变读数。重复加、卸载三次，取平均值得钻孔前的 ε_{10}、ε_{20}、ε_{30}(ε_{30}一般无用)。

(2) 从试验机上卸下试件，钻孔。

(3) 将钻孔后的试件重新装入试验机，施加初载 P_0，加载到 P，读数。重复三次取平均得钻孔后的 ε_1'、ε_2'、ε_3'。

(4) 得施加 $P-P_0$(相应应力 σ)后的释放应变:

$$\varepsilon_1=\varepsilon_1'-\varepsilon_{10},\quad \varepsilon_2=\varepsilon_2'-\varepsilon_{20}$$

代入式(5-14)得出 A、B 释放系数值。释放系数 A、B 与应变花几何尺寸,以及材料的 E、ν 及钻孔的孔径 d 和孔深 h 等有关。实验证明,当孔深 h 大于孔径 d 时,A、B 值与 h 无关;h 小于 d 时,A、B 与 h 有关。由于 A、B 与 E、ν 有关,测残余应力时,对每种被测材料应预先实验测定 A、B 值。例如国产 TJ-120-1.5 型残余应变花,钻孔直径 1.5 mm,在普通钢试件上标定 $A=-0.0359$,$B=-0.0750$。由测得的释放应变代入式(5-15)可求得 $\frac{1}{k_1}$ 和 $\frac{\nu k_2}{k_1}$ 系数,k_1、k_2 与材料的 E 无关,只与泊松比 ν 有关。例如上述应变花的 $\frac{1}{k_1}=-4.33$,$\frac{\nu k_2}{k_1}=0.352$。系数 k_1、k_2 可用于不同材料。

5.4.3 钻孔法测残余应力的试验技术及误差分析

1. 钻孔技术

测残余应力的应变花的形状如图 5-28 所示,应变花用 502 快干胶粘贴。钻孔装置如图 5-29 所示。三个支座可调节高度,以保证钻孔时钻杆垂直于被测表面。显微镜中十字线藉 x、y 方向四个微调螺丝调节,对准应变花孔中心标志后锁紧,显微镜对中的精度在 ±0.025 mm 以内。取出显微镜筒,装入钻杆,用手电钻传动钻杆钻孔。钻孔时可先用略大于钻孔直径的端面铣刀插入导向套筒轻轻转动,将孔径部位的基底挖去,再用小直径短柄麻花钻钻中心孔,钻速应较低以减小切削引起的附加应变,最后用同孔径麻花钻轻轻扩孔,孔深由塞块控制。

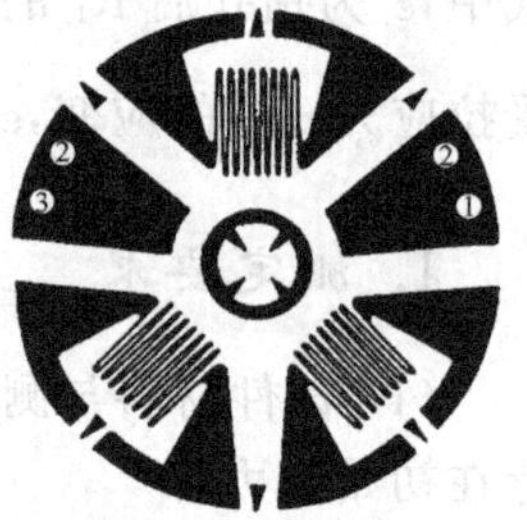

图 5-28 残余应力应变花

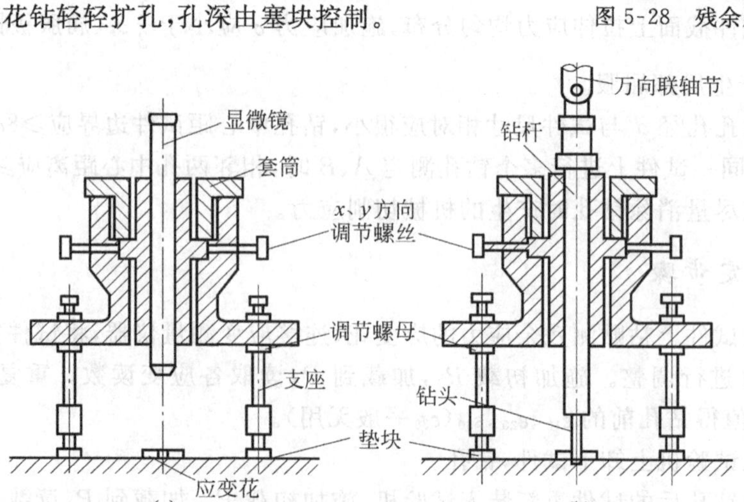

图 5-29 钻孔装置示意图

2. 附加应变

钻孔时，由于刀具切削金属引起孔边塑性挤压，产生附加应变 ε_f。若钻孔时操作不当，ε_f 可能很大，将严重影响测量精度。附加应变除与刀具锋利程度、被测材料硬度和操作技术有关外，还与孔边到敏感栅的间距 C_d 有关。试验表明，C_d 增大时 ε_f 急剧减小，但当敏感栅栅长不变时，C_d 增大则对残余应力测量灵敏度下降。典型的残余应力应变花实验测得的 ε_f 及其标准误差 $\pm S$ 为(－20～－40)±10 μm/m。

3. 误差分析

误差来源有以下几种。

(1) 应变计灵敏系数及其分散度。

(2) 应变计热输出。应采用温度自补偿应变计，控制钻孔速度及进刀量以尽量减小热输出。

(3) 钻孔对中偏心引起测量误差。

(4) 孔径分散度、孔的不圆度及孔深尺寸误差。

(5) 钻孔时引起的附加应变。

(6) 被测工件表面或厚度方向存在应力梯度引起误差。

以上前五项为测量基本误差，前四项可通过多个应变花钻孔标定 A、B 释放系数，反映在其分散度中。附加应变影响可修正，但对其分散度需作误差考虑。一般测量残余应力的误差在5%～10%之内。

4. 喷砂打孔技术

用钻头钻孔会产生附加应变并有较大分散度，而且对于高强钢、淬火后零件或玻璃、陶瓷等材料，难以用钻头钻孔。目前，国内外已研究用气砂混合气流磨蚀——喷砂打孔。国产便携式回转喷嘴打孔装置比美国产品重量轻，性能良好。喷砂打孔直径 1～3 mm 可调。喷砂打孔法引起的附加应变，比钻头打孔方法小很多。试验测定，对退火后 45# 钢，附加应变 $\varepsilon_f = -2.9 \pm 2.1$ μm/m(标准差)，对不锈钢，$\varepsilon_f = (1 \sim 1.9) \pm 5.6$ μm/m。

5.4.4 应用举例——焊接钢结构模拟试件残余应力测量

焊接是不均匀加热过程，在结构局部产生压缩塑性变形，冷却后将产生残余应力。由于它对结构疲劳强度、抗脆断性能有不良影响，所以在制定焊接工艺时必须尽量减小结构的残余应力。某电厂 60 万千瓦机组钢结构厂房，其构件多为厚板焊接结构，如腹板厚 40 mm，翼板厚 80 mm，长 12 m 的 H 型梁，其中有对接焊缝和角接焊缝。为了合理制定焊接工艺，比较热处理对减小残余应力的效果，用钻孔法对模拟试件进行残余应力测量。

(1) 模拟试件状况和测点布置 ①对接板,双U型坡口,用多层多道埋弧自动焊接。焊后状态分为不处理、消氢处理和回火处理。消氢处理是焊后快速加热到320～350℃,保温1.5～2 h,再冷却到室温。回火处理是在消氢处理后再经620℃回火处理。这三种状态试件测点布置如图5-30、图5-31和图5-32所示。②H型梁,翼板厚80 mm,腹板厚40 mm,采用不开坡口的角焊缝焊接,埋弧自动焊,焊接后不处理,进行残余应力测量。

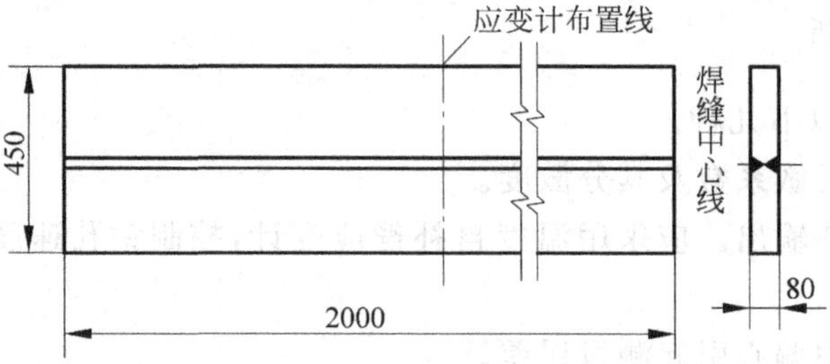

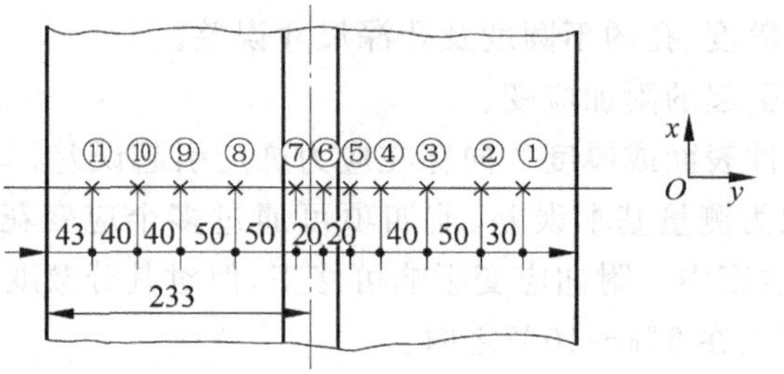

图5-30 焊后不处理对接试件测点布置图

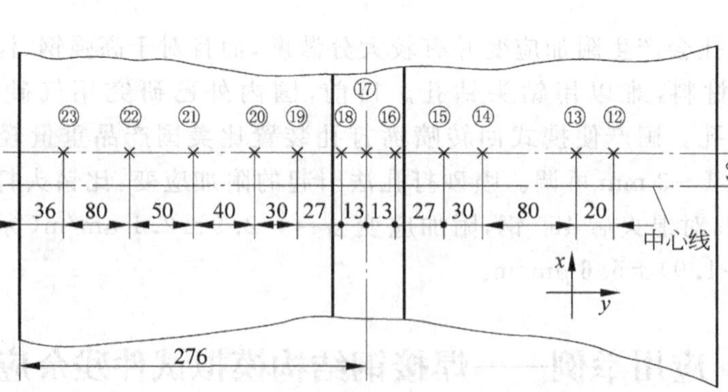

图5-31 焊后消氢处理对接试件测点布置图

(2) 测试方法和结果 用TJ-120-1.5型应变花,ZDL型钻孔装置,用ϕ1 mm钻头钻孔,ϕ1.5 mm钻头扩孔,$A=-35.9\ \mu m/m\cdot(MPa)^{-1}$,$B=-75.0\ \mu m/m\cdot(MPa)^{-1}$,计算的测得残余应力结果见表5-9。对接板三种试件纵向残余应力σ_x沿横向(y)的分布曲线如图5-33所示。实验结果表明,对接板残余应力分布有良好规律,呈压—

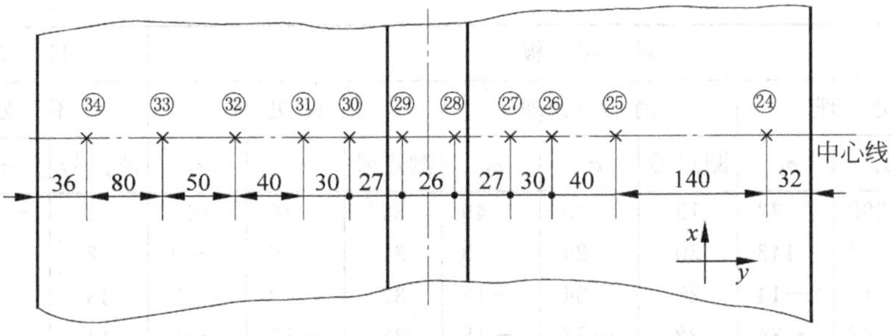

图 5-32 焊后回火处理对接试件测点布置图

拉—压的分布，在焊缝附近呈拉应力，最大拉应力在焊缝上，与理论分析较符合。表 5-9 的结果表明，三种不同状态试件最大残余应力以不处理最大，消氢处理次之，回火处理的应力最小。此外横向残余应力较小(σ_y)。H 型梁试件残余应力不大。测量结果对制定焊接及热处理工艺有重要指导意义。

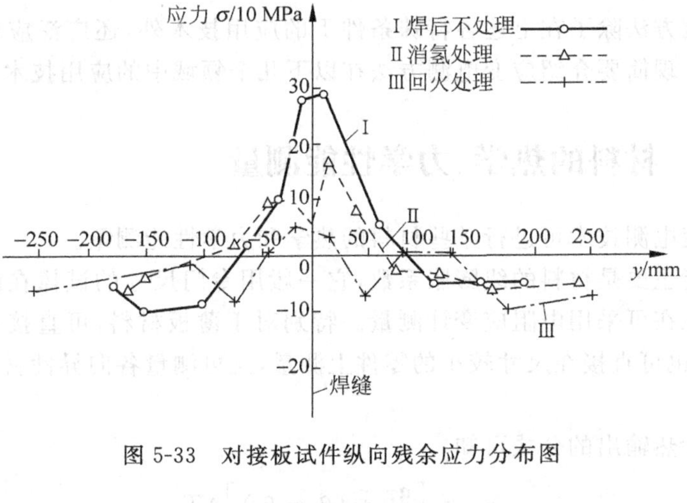

图 5-33 对接板试件纵向残余应力分布图

表 5-9 残余应力测量结果 MPa

对接板									H 型梁		
不处理			消氢处理			回火处理			不处理		
测点号	σ_x	σ_y	测点号	σ_x	σ_y	测点号	σ_x	σ_y	测点号	σ_x	σ_y
1	−57	−56	13	−27	35	24	−60	−22	35	6	42
2	−105	−8	14	25	35	25	−11	−2	36	5	36
3	−79	−23	15	108	59	26	−80	−89	37	1	5
4	25	33	16	97	−51	27	14	−17	38	13	26
5	104	6	17	61	−73	28	55	5	39	18	32
6	285	24	18	170	7	29	30	31	40	−13	7

续表

对接板									H型梁		
不处理			消氢处理			回火处理			不处理		
测点号	σ_x	σ_y	测点号	σ_x	σ_y	测点号	σ_x	σ_y	测点号	σ_x	σ_y
7	292	77	19	79	49	30	−70	−43	41	−14	24
8	59	143	20	−24	3	31	6	−9	42	−59	−44
9	−47	−14	21	−34	−18	32	2	9	43	−10	−7
10	−47	−34	22	−57	−18	33	−85	−83	44	18	84
11	−50	−20	23	−46	19	34	−65	−31	45	35	117
12	−69	−22									

5.5 应变电测方法在其他领域中的应用技术

应变电测方法除了在上述各特殊条件下的应用技术外，还广泛应用于各种工程和各个领域。现简要介绍应变电测方法在以下几个领域中的应用技术和情况。

5.5.1 材料的热学、力学性能测量

应用应变电测技术可进行某些材料的热学和力学性能测量。

热学性能主要是材料的线膨胀系数，它一般用专门尺寸的试棒在膨胀系数测量仪上测定。现在可采用电阻应变计测量。特别对于薄板材料，可直接在板试件上测量。此外，它也可直接在尺寸较小的零件上测量，且可测量各向异性材料不同方向的线膨胀系数。

由应变计热输出的公式可知

$$\varepsilon_T = \left[\frac{\alpha_T}{K} + (\beta_e - \beta_g)\right]\Delta T$$

它与所测试的线膨胀系数 β_e 有关。将同一批相同型号的两个电阻应变计，分别粘贴在已知线膨胀系数 β_{e1} 的标准试件（如石英 $\beta_{e1}\approx 0$）和被测材料试件（其线膨胀系数为 β_{e2}）上。两应变计 R_1、R_2 接成半桥线路，将两个试件放在同一均匀的温度场中，在测量的温度范围内升（降）温试验，则指示应变 ε_i 为

$$\varepsilon_i = \Delta T\left[\frac{\alpha_T}{K} + (\beta_{e1} - \beta_g) - \frac{\alpha_T}{K} - (\beta_{e2} - \beta_g)\right] = (\beta_{e1} - \beta_{e2})\Delta T$$

得

$$\beta_{e2} = \beta_{e1} - \frac{\varepsilon_i}{\Delta T} \tag{5-16}$$

由此可测得线膨胀系数 β_{e2}。

一般需要用 4～6 枚应变计测量线膨胀系数，这是因为应变计的热输出有一定分散。其测试原理示意图如图 5-34 所示。

已用此方法成功地测量了铂、钨、铜等材料由 −50～175℃的线膨胀系数，以及某些合金薄板在低温下的线膨胀系数。

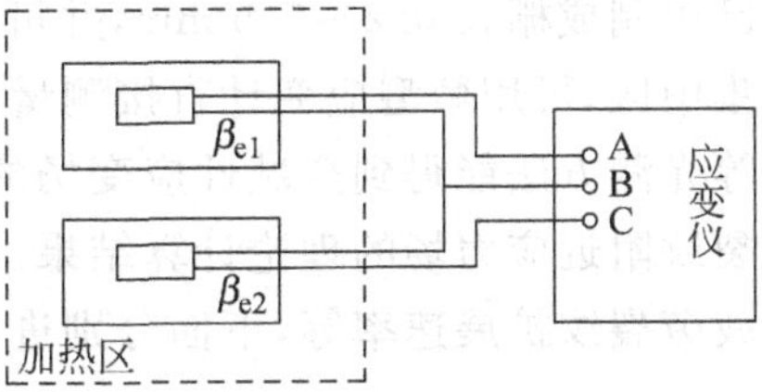

图 5-34　线膨胀系数测量原理示意图

关于材料的力学性能测量，常用的有弹性模量、泊松比和应力应变曲线等。尤其可用中、高温电阻应变计测量其力学性能随温度的变化。

例如，弹性模量 E 随温度变化，可用相应的中、高温应变计安装在材料的拉伸试件上，一面加载，一面用应变计测轴向应变 ε_1，由下式得出 E_T：

$$E_T=\frac{\sigma}{\varepsilon_L}=\frac{P}{A\varepsilon_L}$$

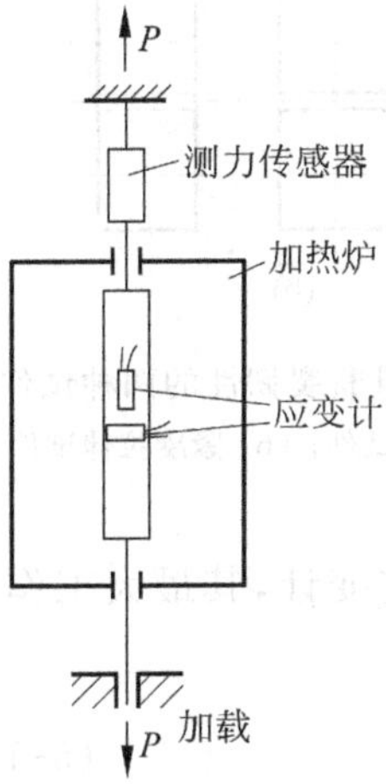

图 5-35　材料力学性能测量示意图

式中，P 为载荷；A 为截面积。在不同温度 T 下加载测 ε_L 可得 E_T-T 的变化数据。也可测泊松比 ν，只需在拉伸试件上安装两个方向的应变计，测量轴向应变 ε_L 和横向应变 ε_B，由 $\nu=-\frac{\varepsilon_B}{\varepsilon_L}$求得泊松比；同样可测出 ν 随温度变化的数据。测量装置示意图如图 5-35 所示。注意，测 ν 时应考虑应变计的横向效应，并修正其应变读数。

如果在恒温情况下连续加载，由应变计测量试件轴向应变，载荷用测力传感器测量，将载荷和应变同时记录可得出应力应变曲线。在不同温度下可得出相应的应力曲线。

某些材料不便于作拉伸试验，可用四支点弯曲试件进行试验，粘贴中、高温应变计测量弹性模量、泊松比及其随温度变化的数据。例如对某种玻璃，用这种方法测出 E、ν 随温度变化的数据，见表 5-10 中所列。

表 5-10　某种玻璃的 E、ν 数据

温度 T/℃	$E/10^4$ MPa	ν	温度 T/℃	$E/10^4$ MPa	ν
20	7.45	0.20	300	6.43	0.21
100	7.23	0.18	400	6.28	
200	6.70	0.19			

5.5.2 应变电测在断裂力学中的应用

在材料的断裂力学研究中，应变电测方法有很多重要应用。目前微型箔式应变计已可制成栅长 0.2～0.5 mm，并可测量较大的应变。在材料裂纹尖端附近应力应变集中区，可用微型应变计直接测量集中应变场，虽然它不如云纹干涉法、散斑干涉法等光测方法能得到全域性应变场的结果，但可逐点较精确地测量应变峰值，验证有关裂纹附近应力场的理论计算结果。此外应变电测方法还可用于测量材料断裂韧性和疲劳裂纹扩展速率等，下面分别进行介绍。

1. 测量材料断裂韧性

断裂力学理论认为，对于出现张开型裂纹的构件，当裂纹尖端的应力强度因子 $K_1=K_{1c}$ 时，构件处于危险的临界状态，式中 K_{1c} 为材料平面应变条件下的断裂韧性。按标准规定，测定 K_{1c} 时应采用三点弯曲试件或紧凑拉伸试件，如图 5-36 所示。试件上带有预制疲劳裂纹，用以模拟实际构件中的微裂纹缺陷。测量断裂韧性的装置如图 5-37 所示。试件承受的载荷 P 用测力传感器(应变计测力传感器)测量；试件切口的张开位移 δ 用夹式引伸计(应变计式位移传感器)测量，通过动态应变仪转换放大。用 X-Y 函数记录仪记录 P-δ 曲线，从曲线求出裂纹失稳扩展时的载荷 P_c，或裂纹等效扩展 2% 的载荷 P_q，计算应力强度因子的条件值 K_q，当它满足一定要求时，K_q 即为材料的断裂韧性 K_{1c}。

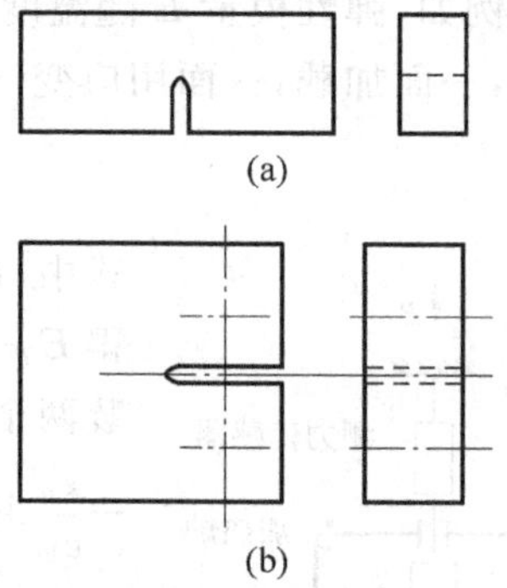

图 5-36 测量断裂韧性的两种试件

(a) 三点弯曲试件；(b) 紧凑拉伸试件

夹式引伸计为双悬臂梁式(见图 5-38)。可用线切割法制成整体式结构，以保证固定端刚性，梁上粘贴两对应变计，其最大工作位移 f_{max} 为

$$f_{max}=\frac{4L^2}{3h}\varepsilon_m \tag{5-17}$$

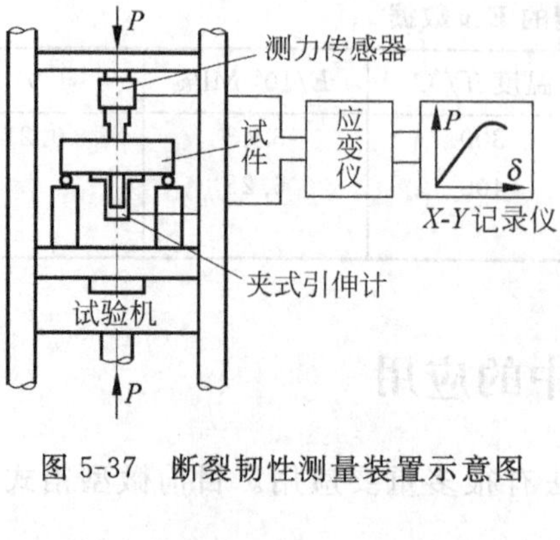

图 5-37 断裂韧性测量装置示意图

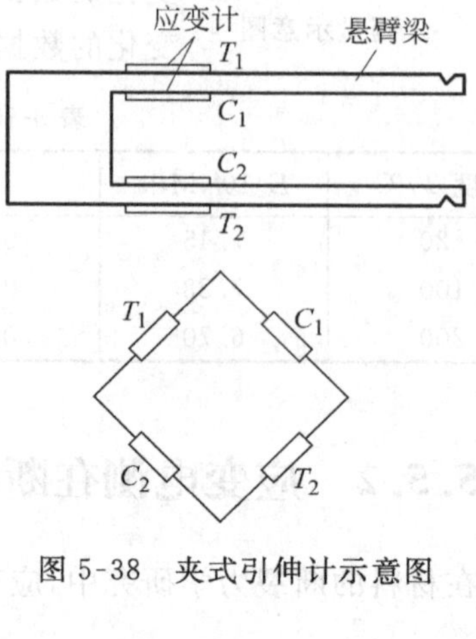

图 5-38 夹式引伸计示意图

式中最大应变 ε_m 应在其材料弹性范围内。限定$\varepsilon_m \leqslant \frac{3}{4} \cdot \frac{\sigma_s}{E}$,$\sigma_s$ 为材料屈服极限,推荐尺寸:梁根部至切口的长度 $L=50$ mm,宽度 $b=10$ mm,厚度 $h=1$ mm,$f_{max} \approx 6 \sim 8$ mm,引伸计可用钛合金、18Ni 钢或 60Si2Mn 弹簧钢制成。夹式引伸计由专用校准仪进行标定,在量程内选 8～10 个点得出标定曲线。

2. 测定疲劳裂纹扩展速率

在断裂力学安全设计中,疲劳裂纹扩展速率$\frac{da}{dN}$是个重要参数。测定$\frac{da}{dN}$的技术中,随着加载循环周次 N 的增加,自动检测裂纹扩展长度 a,并迅速处理成$\frac{da}{dN}$-应力强度因子的函数关系是关键问题。测量裂纹扩展长度 a 的方法主要有以下几种。

(1) 直流电位法　其原理是当裂纹扩展时,试件本身的电阻值随之变化,将电阻变化转换为直流电位变化,建立直流电位与裂纹扩展长度间的函数关系,通过测量电位来确定裂纹长度,此关系可由实验标定。此法主要优点是能在高温等特殊环境下实现自动检测,有一定精度;缺点是金属试件的电阻变化很小,需要很大的恒定电流,且易受热电势影响。

(2) 交流电位法　原理与直流电位法同,但可不受热电势影响,并由于采用高增益放大器,所需加的电流可小于 1 A。

(3) 电阻法　类似于上法,将试件直接连在惠斯登电桥上,当裂纹扩展时试件电阻变化输出电信号,通过标定间接测出裂纹长度。

(4) 柔度法　原理是裂纹试件的柔度是其裂纹长度的函数,对应一定循环周次 N,测出试件柔度,按标定曲线,查出 a。它精度高、可靠,是一种常用方法,但不能自动检测,测量时需停止加载。

此外还有涡流法、超声法、声发射法、共振法等。

利用电阻法的基本原理,通过裂纹扩展计(片)可进行裂纹长度的测量,这种方法较方便、可靠,有较高分辨率和抗干扰能力,已逐渐推广应用。常用的裂纹扩展计有栅条式和整体箔栅式两种。栅条式裂纹扩展计外形与电阻应变计很相似,其敏感栅是由多根平行的栅条组成的并联回路,如图 5-39 所示。使用时将裂纹扩展计的栅条垂直于构件裂纹扩展方向粘贴,随着裂纹的扩展,敏感栅条渐次断裂,通过测量其电阻变化而得到裂纹扩展的长度。整体箔栅式裂纹扩展计的工作栅由一整块箔栅构成,它能更灵活和连续地

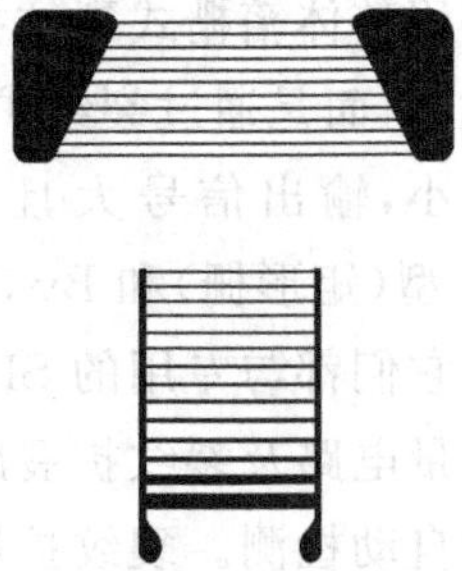

图 5-39　栅条式裂纹扩展计

感受构件裂纹扩展情况。整块箔栅示意图如图 5-40 所示，它有矩形和锥形之分。栅条式裂纹扩展计，其电阻变化可采用欧姆表（分辨率 1 mΩ）或者专用电路测量。图 5-41 所示为一种较简单的测量电桥线路示意图。裂纹扩展计（片）通过转换开关分别与三个电阻开关（Ⅱ～Ⅳ挡），再串联一个电阻（1 kΩ），共同组成测量电桥的 BC 臂，用电阻应变仪的读数指示裂纹扩展的长度。转换开关位置共四挡，Ⅰ挡未并联电阻，测量第 1～第 5 根栅丝的断裂；第Ⅱ挡并联电阻为 10 Ω，测量第 6～第 10 根栅丝的断裂，余类推，每挡内的最小读数不低于40 μm/m，5 根丝都断开之后的总读数不超过 600 μm/m。

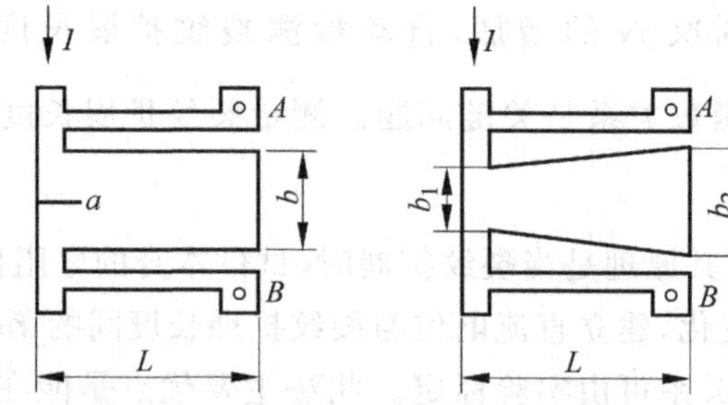

图 5-40 整体箔栅式裂纹扩展计示意图

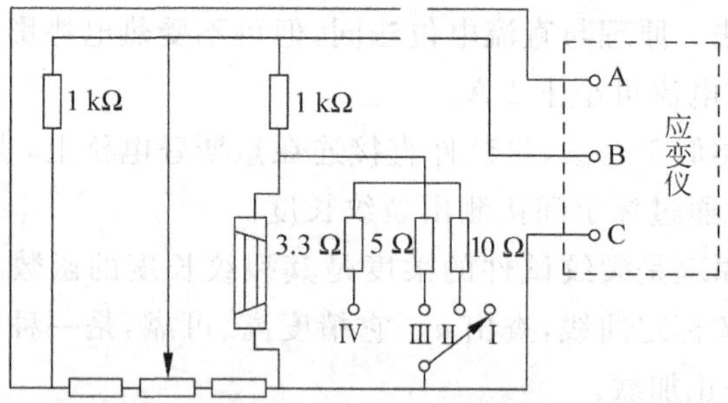

图 5-41 裂纹扩展的电桥测量电路

用整体箔栅式裂纹扩展的长度，实际上也是一种直流电位法，只是恒电流不必通过试件，而是通过裂纹扩展计的敏感栅，亦可称为局部电位法。这种方法所需工作电流很小，输出信号大且与试件形状无关，金属和非金属试件都能应用。国产的 B-10 型（矩形栅）和 By-5 型（锥形栅）裂纹扩展计分别适用于直裂纹和斜裂纹扩展情况。它们都与专用的 SLK-1 型数字式裂纹扩展跟踪仪配套使用。图 5-42 给出相应的测量电路及裂纹扩展跟踪仪的原理框图。这种系统能实现 4 个通道的裂纹扩展长度的自动检测。裂纹扩展的工作特性曲线是利用特制的人工裂纹产生装置进行标定的。图 5-43 所示为两种裂纹扩展计的特性曲线。

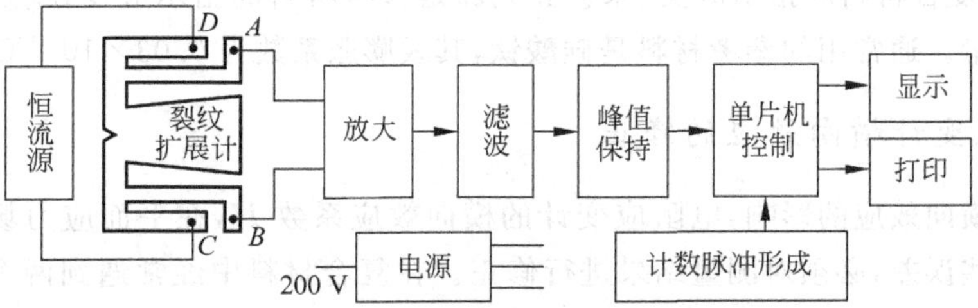

图 5-42 裂纹扩展跟踪仪的原理框图

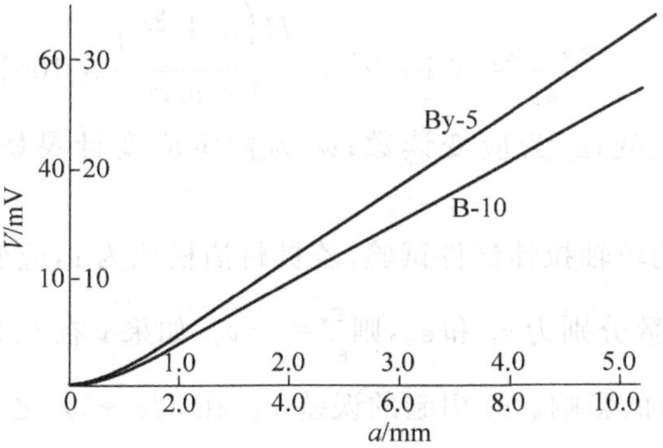

图 5-43 两种裂纹扩展片的特性曲线

5.5.3 应变电测在复合材料方面的应用

应变电测方法在复合材料的力学性能和复合材料结构应力分析方面已广泛应用。作为应用技术有以下几个问题。

1. 应变计的温度效应

复合材料的正交各向异性表现在材料弹性常数上，例如在纤维方向弹性模量为 E_1，在垂直于纤维方向弹性模量为 E_2，一般 $E_1 \neq E_2$。而且表现在线膨胀系数方面也是各向异性的，例如纤维方向为 β_1，垂直于纤维方向为 β_2，两者相差很大。对于各向异性的复合材料，需要对轴向和横向分别使用温度自补偿的两种应变计，例如玻璃纤维/环氧树脂复合材料的 $\beta_1 = 6.3\times10^{-6}℃^{-1}$，$\beta_2 = 20.5\times10^{-6}℃^{-1}$，需用两种 α_T（电阻温度系数）的丝（箔）材分别制成对这两个方向温度自补偿的应变计。

复合材料上应变计的温度补偿，实用的一种方法是用一已知线膨胀系数很小的参考材料，用同样的应变计分别粘贴在复合材料和参考材料上，并使它们处于相同温度场中。复合材料的真实应变 ε_2 由下式给出：

$$\varepsilon_2 = \varepsilon_i - \varepsilon_{ri} + \varepsilon_{r\beta} \tag{5-18}$$

式中，ε_i 是复合材料的指示应变(未修正)；ε_{ri} 是参考材料的指示应变；$\varepsilon_{r\beta}$ 是参考材料的热膨胀量。通常用的参考材料是硅酸钛，其线膨胀系数为 $0.03\times10^{-6}℃^{-1}$。

2. 应变计横向效应的修正

由于横向效应的影响，电阻应变计的横向效应系数 H，在平面应力场的测量中会带来一些误差，必须对测量结果进行修正。在复合材料中经常遇到两个方向应变相差很大的情况，这时更应该考虑应变计横向效应的影响。不考虑 H 的影响，所引起的相对误差用下式表示：

$$e_x=\frac{\varepsilon_{xi}-\varepsilon_x}{\varepsilon_x}\times100\%=\frac{H\left(\nu_0+\dfrac{\varepsilon_y}{\varepsilon_x}\right)}{1-\nu_0 H}\times100\% \tag{5-19}$$

式中，ε_x、ε_y 为实际应变；ε_{xi} 为应变读数；ν_0 为标定应变计灵敏系数用的梁材料泊松比。

对于各向同性的单轴拉伸试件试验，若材料泊松比为 ν，应变计粘贴在试件上有轴向和横向应变，读数分别为 ε_x 和 ε_y，则 $\dfrac{\varepsilon_y}{\varepsilon_x}=-\nu$。如果 ν 在 0.20～0.35 范围内，则不计 H(设 $H=1\%$)的影响。ε_y 引起的误差 $|e_y|$ 在 3%～5%之内。

现考虑 90°单向复合材料试件单轴拉伸试验。应变计横向粘贴，$\dfrac{\varepsilon_y}{\varepsilon_x}=-\nu_{12}$，$\nu_{12}$ 是材料的次泊松系数，在 0.01～0.05 内变化，这时不计 H 的影响可引起高达 20%～100%的误差。因此复合材料应变电测时，应特别注意应变计横向效应的影响。

3. 测定复合材料弹性常数

正交各向异性复合材料在平面内有 4 个独立的弹性常数：E_1、E_2、ν_{21} 和 G_{12}。采用应变电测法测定这 4 个弹性常数相当方便和准确。

由复合材料力学理论可知，E_1、E_2 等弹性常数间存在下列关系。对于第一主方向(0°)单向拉伸有

$$\sigma_1=E_1\varepsilon_1,\quad \varepsilon_2=-\nu_{21}\varepsilon_1$$

式中，σ_1 为第一主方向的应力，ε_1 为此方向的应变；ε_2 为第二主方向的应变，ν_{21} 为主泊松系数。

对于第二主方向(90°)单向拉伸有

$$\sigma_2=E_2\varepsilon_2,\quad \varepsilon_1=-\nu_{12}\varepsilon_2$$

式中，σ_2 为 90°方向的应力，ε_2 为该方向的应变；ε_1 为第一主方向(0°)的应变；ν_{12} 为次泊松系数。此外，有

$$\frac{\nu_{21}}{E_1}=\frac{\nu_{12}}{E_2} \tag{5-20}$$

对于平面内纯剪切,有

$$\tau_{12} = G_{12}\gamma_{12}$$

式中,τ_{12}为1、2平面内剪应力;γ_{12}为相应剪应变;G_{12}为剪切模量。对于任意偏轴方向θ的单向拉伸应力σ_x,有

$$E_x = \frac{\sigma_x}{\varepsilon_x} = \frac{E_1}{\cos^4\theta + \frac{E_1}{E_2}\sin^4\theta + \left(\frac{E_1}{G_{12}} - 2\nu_{21}\right)\sin^2\theta\cos^2\theta}$$

式中,ε_x为偏轴方向(θ角)的应变,E_x为该方向的弹性模量。当$\theta=45°$时有

$$E_{45} = \frac{4E_1}{1 + \frac{E_1}{E_2} + \frac{E_1}{G_{12}} - 2\nu_{21}} = \frac{\sigma_{45}}{\varepsilon_{45}}$$

解得

$$G_{12} = \frac{1}{\frac{4}{E_{45}} - \frac{1}{E_1} - \frac{1}{E_2} + \frac{2\nu_{21}}{E_1}} \tag{5-21}$$

因此,可以用下面三种拉伸试件共同测出4个弹性常数。三种试件如图5-44所示。

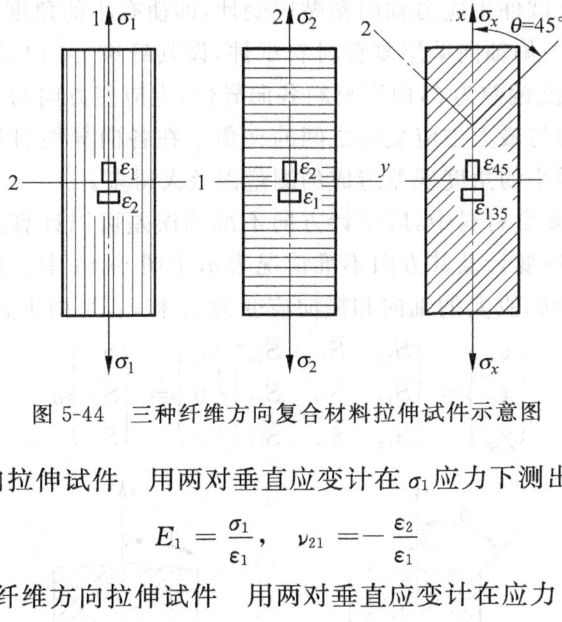

图5-44　三种纤维方向复合材料拉伸试件示意图

(1) $\theta=0°$方向拉伸试件　用两对垂直应变计在σ_1应力下测出ε_1、ε_2,得

$$E_1 = \frac{\sigma_1}{\varepsilon_1},\quad \nu_{21} = -\frac{\varepsilon_2}{\varepsilon_1} \tag{5-22}$$

(2) $\theta=90°$横纤维方向拉伸试件　用两对垂直应变计在应力σ_2下测出ε_2、ε_1,得

$$E_2 = \frac{\sigma_2}{\varepsilon_2},\quad \nu_{12} = -\frac{\varepsilon_1}{\varepsilon_2} \tag{5-23}$$

(3) $\theta=45°$与纤维方向成45°拉伸试件　用两对垂直应变计在应力σ_{45}下测出ε_{45}及ε_{135}得

$$E_{45} = \frac{\sigma_{45}}{\varepsilon_{45}},$$

除可利用式(5-21)求G_{12},还可由下式求G_{12}:

$$G_{12}=\frac{\sigma_{45}}{2(\varepsilon_{45}-\varepsilon_{135})} \tag{5-24}$$

钢和两种复合材料的典型材料性能常数列于表 5-11 中。

表 5-11 钢和两种复合材料的典型性能常数

材　料	$E_1/10^5$ MPa	$E_1/10^5$ MPa	ν_{21}	$E_1/10^5$ MPa	$\beta_1/(10^{-6}℃^{-1})$	$\beta_2/(10^{-6}℃^{-1})$
钢	2.10	2.10	0.29	0.81	10.8	10.8
玻璃/环氧树脂	0.386	0.0827	0.26	0.0414	8.6	22.7
碳/环氧树脂	2.10	0.0525	0.25	0.0262	0.18	27

4. 应变计粘贴时方向不准的影响

对于各向同性材料，如前所述，粘贴时应变计方向不准会带来测量误差。其大小取决于最大与最小主应变的比值。所测应变轴与主应变轴夹角 φ 以及需测应变轴与实际应变计粘贴轴向的角度偏差 δ。对于复合材料，应变计方向不准也会带来测量误差，但它造成的结果与各向同性材料明显不同。例如考虑一单轴拉伸试件，对于各向同性材料，假如沿试件主应力轴向粘贴应变计，即使有小的角度偏差引起测量误差也是很小的。对于一偏轴向单层复合材料试件，设其纤维方向与试件主轴方向夹角为 θ，再设应变计角度偏差为 δ，由于材料各向异性，主应变方向与主应力轴方向一般不重合，所测应变轴与最大主应变轴之间的夹角 φ 在各向异性材料中比各向同性材料大得多，因此同样小的角度误差造成的测量误差大得多。

在单轴加载的复合材料中，应变计方向不准的误差可以计算。现将单轴加载时沿轴向和横向粘贴应变计及其方向不准情况表示于图 5-45 中。现在先不考虑应变计横向效应，即 $H=0$，真实的轴向和横向应变为 ε_x 和 ε_y，可由下式确定：

$$\begin{Bmatrix}\varepsilon_x\\ \varepsilon_y\\ \gamma_{xy}\end{Bmatrix}=\begin{bmatrix}\overline{S}_{11} & \overline{S}_{12} & \overline{S}_{16}\\ \overline{S}_{12} & \overline{S}_{22} & \overline{S}_{26}\\ \overline{S}_{16} & \overline{S}_{26} & \overline{S}_{66}\end{bmatrix}\begin{Bmatrix}\sigma_x\\ 0\\ 0\end{Bmatrix}=\begin{Bmatrix}\overline{S}_{11}\\ \overline{S}_{12}\\ \overline{S}_{16}\end{Bmatrix}\sigma_x \tag{5-25}$$

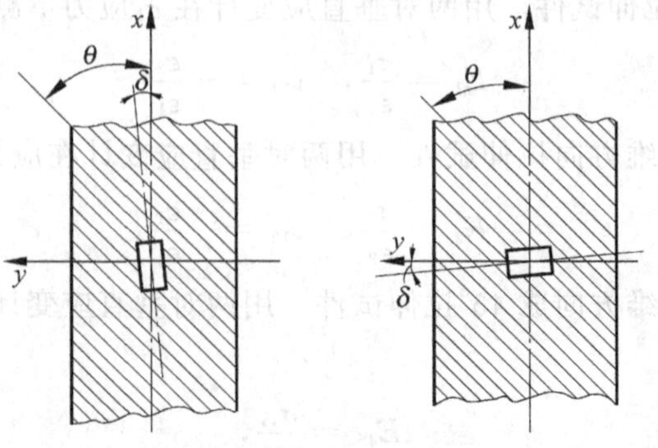

图 5-45　应变计在偏轴向复合材料试件上粘贴方向不准示意图

式中，$\bar{S}_{ij}$ 为正交各向异性复合材料偏轴向柔度系数$(i,j=1,2,6)$；σ_x 为单轴加载应力。由于应变计粘贴方向不准有角度偏差 δ，所测应变不是真实应变而是 ε'_x、ε'_y、γ'_{xy}，由应变张量转轴公式得

$$\begin{Bmatrix}\varepsilon'_x\\ \varepsilon'_y\\ \gamma'_{xy}\end{Bmatrix}=\begin{bmatrix}m^2 & n^2 & 2mn\\ n^2 & m^2 & -2mn\\ -mn & mn & m^2-n^2\end{bmatrix}\begin{Bmatrix}\varepsilon_x\\ \varepsilon_y\\ \gamma_{xy}\end{Bmatrix} \tag{5-26}$$

式中，$m=\cos\delta$；$n=\sin\delta$。对于碳/环氧树脂复合材料（其材料性能常数见表 5-11），若应力水平 $\sigma_x=68.95$ MPa，不同的角度偏差 $\delta(\pm 2°,\pm 4°)$所引起的轴向应变的百分误差 e 相对于纤维偏轴角度 θ 的关系如图 5-46 所示。由图可见，当 $\theta=0°,90°$时误差很小，在 3°～40°范围内误差较大，最大误差约发生在 8° 时。由不同角度偏差 δ 所引起横向应变的百分误差 e 相对于纤维偏轴角度 θ 的关系如图 5-47 所示，由图可见，与轴向应变相比，虽然横向应变测量值绝对误差较小，但百分误差大很多，也是在 3°～40°纤维偏轴角时百分误差较大，且在约 8°时误差最大。

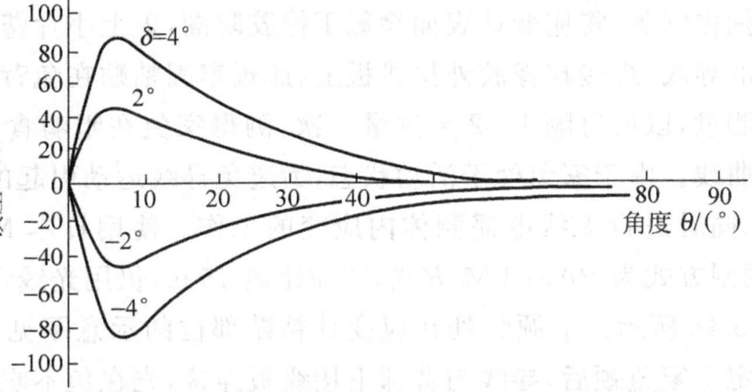

图 5-46 碳/环氧树脂试件上轴向应变计因方向不准引起的百分误差

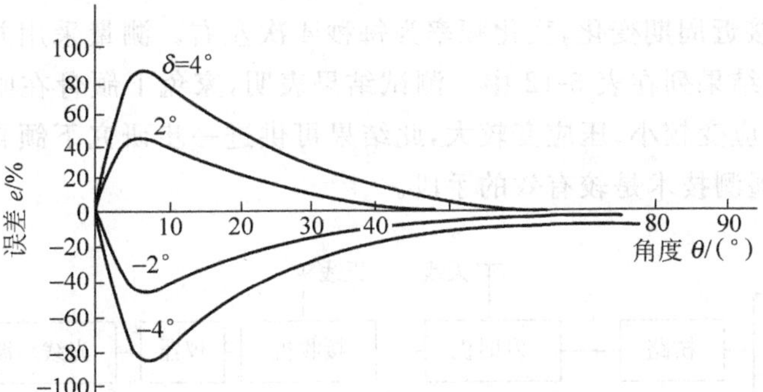

图 5-47 碳/环氧树脂试件上横向应变计因方向不准引起的百分误差

5.5.4 应变电测在生物医学工程中的应用

在生物医学工程中有不少力学和机械问题需要研究,其中有各种生物及人体的固有力学性质和医学科学中的各种问题。应变电测技术有其独特的优点,它可用于测量和研究这些参数及其规律。现举例介绍生物运动状态研究情况。

兔体下颌骨的应变测量 应用应变电测技术进行家兔吃食时下颌骨应力应变测量是对各种动物在体骨受力时主应变测量的典型例子。

实验采用栅长1 mm的箔式电阻应变计为敏感元件,用动态电阻应变仪、应变遥测系统和光线示波器(SC-16)记录。选用五只健康家兔,体重3~4 kg,测点定在下颌体单侧,将兔麻醉后剃去拟粘贴应变计部位和导线出口区的毛发,消毒皮肤表面,切透皮肤和筋膜后沿颊肌纤维方向分离,减小损伤,防止碰伤颌外动脉。拉开颊肌露出骨面,清洁处理骨面(去除骨膜,电热灼烧骨面,用手术刀刮光,用丙酮、无水乙醇擦净骨面),用502快干胶粘贴应变计。在家兔背部切口插入金属管,将应变计导线通过管引出切口后抽去管子,将应变计表面涂氯丁橡胶防潮,盖上小片塑料薄膜后缝合切口。背部穿出的导线,焊接在橡胶外接线板上,此板牢固粘贴在兔背部皮肤上。手术后两三天开始测量,以后每隔1~2天测量一次,测得家兔在咀嚼食物时左侧下颌骨沿轴向的应变曲线。由于家兔处于活动状态,为避免导线运动引起的测量误差,在有线测量基础上,同时进行无线电遥测体内应变的工作。使用日本MRT-200型应变遥测系统,其调制方式为PAM-FM方式,工作距离15 m,仍用光线示波器记录,测量系统框图如图5-48所示。下颌骨处在应变计粘贴部位的示意图见图5-49。测试时将发射装置固定于家兔颈后,导线与背部下接线板连接,先在兔不吃食物时测试下颌微小活动时测点应变变化,其值约30 μm/m。再分别测量兔吃青菜和菜根茎时的应变变化,并计算两种动作时最大应变和最小应变值以及平均值。典型的记录曲线见图5-50。曲线接近周期变化,变化频率为每秒4次左右。测量采用并联大电阻法进行静标定,测试结果列在表5-12中。测试结果表明,家兔下颌骨在吃食物时应力有一定规律性,拉应变较小,压应变较大,此结果可供进一步研究下颌骨应力分析时参考。采用应变遥测技术是较有效的手段。

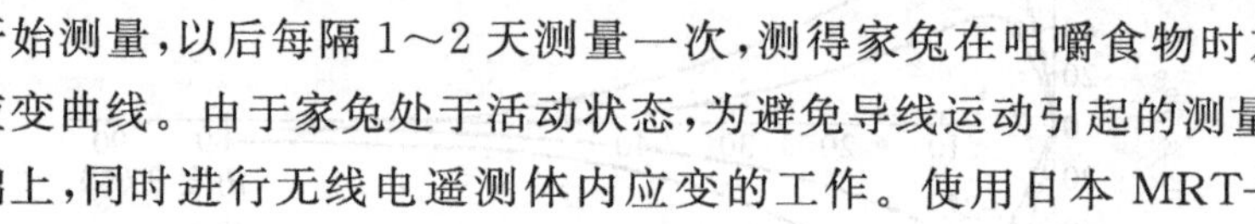

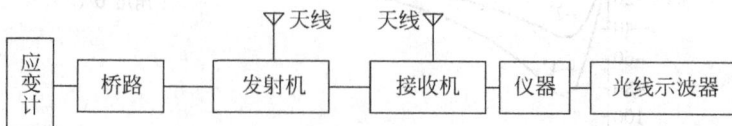

图5-48 兔下颌骨应变遥测系统框图

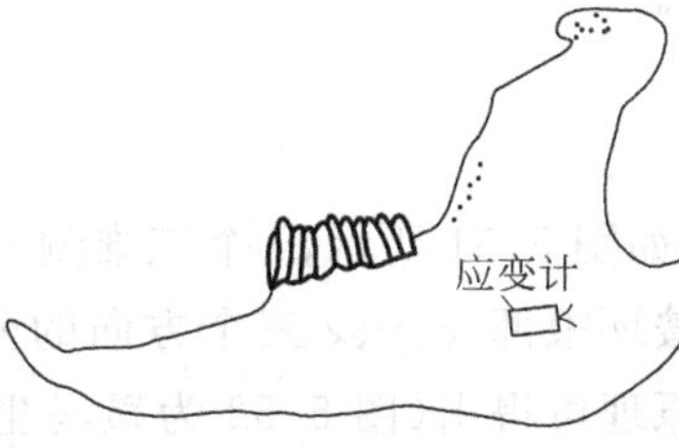

图 5-49 兔下颌骨外侧面应变计粘贴部位

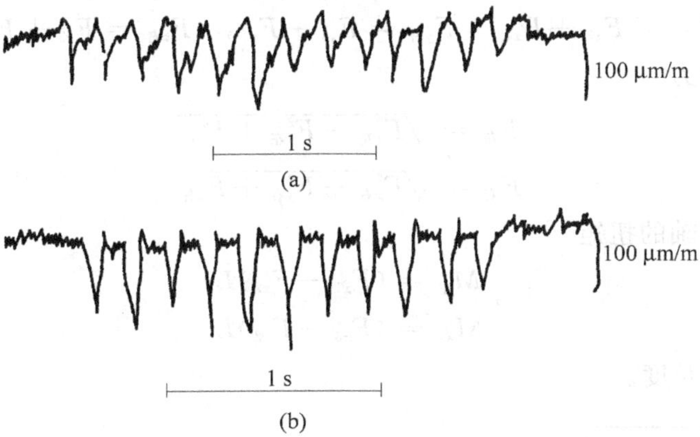

图 5-50 兔吃食物时下颌骨应变曲线

(a) 吃青菜时；(b) 咀嚼菜根茎时

表 5-12 兔下颌骨测点应变数据

项 目	采样时间/s		最大值/(μm/m)	最小值/(μm/m)	平均值±标准误差/(μm/m)	应变率/[(μm/m)/s]
吃青菜时	15	压应变 拉应变	206 29	108 20	150±26 28±3	760
吃菜根茎时	11.5	压应变 拉应变	225 39	59 20	142±35 30±3	614

5.5.5 应变电测在运动生物力学中的应用

在体育运动中需分析运动员做各种动作时的运动状态和力学特性，包括对各种体育器械的动力作用。应用应变电测方法可得到实际运动时的定量规律，这对科学地指导体育训练，提高运动员体育成绩有重要作用。

现以运动员对鞍马动力作用的信号实时处理为例，说明应变电测技术的应用。

运动员做鞍马动作时，鞍马受到运动员的动力作用。采用三维测力传感器安装在鞍环的根部，可将运动员对鞍马的动力作用通过传感器测出，经放大和信号处理，实时地得出各种数值和图像。

1. 工作原理

动力信号测量系统框图如图5-51所示,4个三维测力传感器分别安装在鞍环的根部,每个传感器分别测量鞍环根部 x、y、z 三个方向的分力 F_x、F_y、F_z,4个传感器测量12个分力。根据力学原理可得出(图5-52为鞍马坐标图)左、右鞍环三个方向的分力:

$$F_{x左} = F_{x1} + F_{x2}, \quad F_{y左} = F_{y1} + F_{y2}, \quad F_{z左} = F_{z1} + F_{z2}$$

$$F_{x右} = F_{x3} + F_{x4}, \quad F_{y右} = F_{y3} + F_{y4}, \quad F_{z右} = F_{z3} + F_{z4}$$

左、右鞍环的合力

$$F_{左} = \sqrt{F_{x左}^2 + F_{y左}^2 + F_{z左}^2}$$

$$F_{右} = \sqrt{F_{x右}^2 + F_{y右}^2 + F_{z右}^2}$$

左、右鞍环绕 z 轴的扭矩

$$M_{左} = (F_{x1} - F_{x2})L$$

$$M_{右} = (F_{x3} - F_{x2})L$$

式中,L 为鞍环长度。

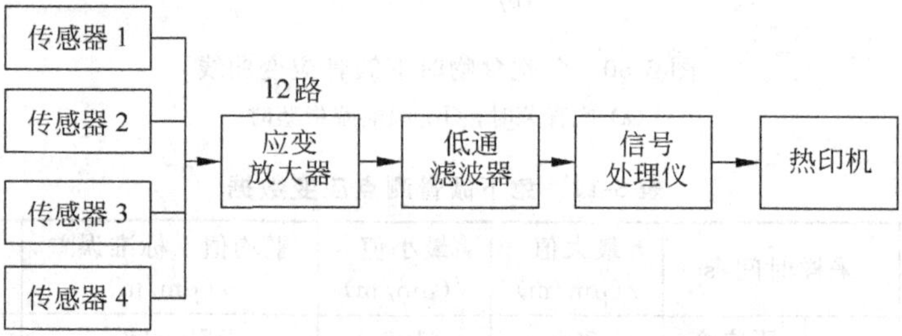

图5-51 鞍马动力信号实时处理系统框图

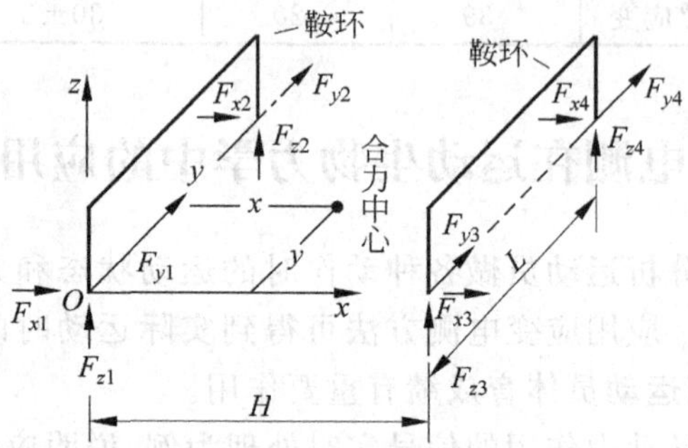

图5-52 鞍马坐标图

合力 F_z 作用点的位置坐标为

$$x=\frac{(F_{z2}+F_{z4})L}{\sum_{i=1}^{4}F_{zi}}$$

$$y=\frac{(F_{z3}+F_{z4})H}{\sum_{i=1}^{4}F_{zi}}$$

式中，H 为两鞍环间距。

鞍马运动员在鞍环上运动时，三维测力传感器受力后转换成电信号，实时处理系统进行测量记录，将上述公式编制成程序输入系统可直接给出相应曲线。

2. 传感器设计

由于鞍环的外形和尺寸不能改变，又要保证运动员安全和正常的运动心理状态，对传感器设计要求较高。现选用直径 25 mm 的薄壁圆筒形弹性元件(用硬铝合金材料)，每一传感器上粘贴 16 个应变计，分别组成 3 个电桥，测量 3 个方向的分力。

传感器设计的量程，在 z 向为 2000 N，x、y 方向为 1000 N。传感器 3 个方向的分力相互间方向之间干扰，标定时应测定相关系数，编入程序修正才可得到准确结果。

3. 测量系统功能和技术指标

结合运动员托马斯全旋和双腿全旋时的测试结果，表明具有以下功能。

(1) 可按测试要求在较大范围内选择采样点数和时间。

(2) 能自动消除传感器初始不平衡值和方向之间干扰。

(3) 可显示 4 个传感器 12 个分力与时间的关系曲线。

(4) 可显示左、右鞍环 x、y、z 向分力及绕 z 轴扭矩与时间的关系曲线。

(5) 可显示左、右两鞍环的合力和总合力与时间的关系曲线。

(6) 可作出 x-y、y-z 及 z-x 平面上鞍环力向量投影图及三维力向量图。

(7) 可显示 F_z 合力作用位置迹线图(图 5-53)，能表示作托马斯全旋时的合力迹线，呈“8”字形。

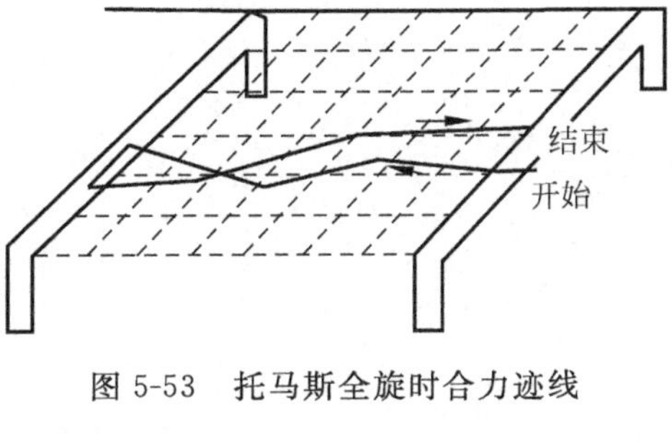

图 5-53 托马斯全旋时合力迹线

(8) 可打印出各分力、合力和时间数值。

系统主要技术指标：采样点数30～3000点，采样时间25～50 μs，灵敏度1 N，误差<4%。

4. 测量结果

对几名国家运动员的鞍马动作进行了测试，其结果如下。

(1) 双腿全旋1周时间为0.91～0.97 s，托马斯全旋为1～1.2 s。

(2) 后撑合力均大于前撑合力，后撑合力约为体重的2倍。

(3) 单臂支撑时间大于双臂双支撑时间。

(4) 合力迹线托马斯全旋时呈“8”字形，双腿全旋呈封闭环状。

第6章
传　感　器

6.1　传感器的一般特性

传感器是一个测量装置，它能把被测物理量转换为有确定对应关系的电量输出，满足信息的记录、显示、传输、处理和控制等要求。传感器是实现自动测量和控制的首要环节，在工业生产自动化、航空航天、能源交通、土建结构、环境保护及医疗卫生等领域，各种传感器在检测各种参数方面起着十分重要的作用。此外，用于工厂自动化制造系统中的机械手或机器人可实现高精度在线测量，保证产品的质量，因此国内外已普遍重视各种传感器的研制、生产和应用。

传感器一般由敏感元件、传感元件和测量电路三部分组成，有时还加上辅助电源，通常可用框图表示，如图6-1所示。

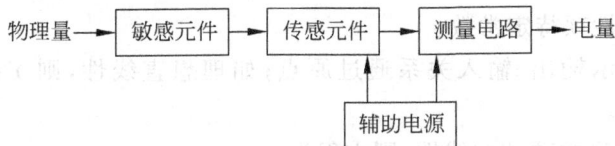

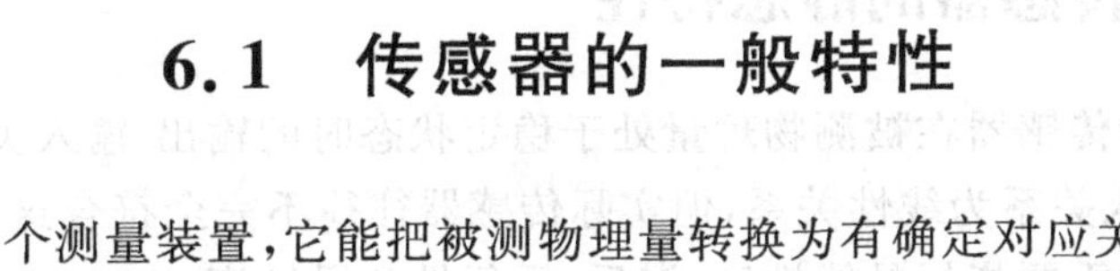

图6-1　传感器的组成框图

敏感元件是直接感受被测物理量，并输出对应其他量(电量)的元件，如膜片、圆筒、弹簧片等将被测压力变成位移或应变。在应变计式传感器中又称为弹性元件。

传感元件是转换元件,又称变换器,是将感受的物理量直接转换为电量的器件,例如电阻应变计、压电晶体,而电阻应变计安装在弹性元件上组成应变计式传感器。

有时敏感元件与传感元件合成一体,如固态压阻式压力传感器等。

测量电路是将传感元件输出的电信号转换为便于显示、控制和处理为有用电信号的电路。使用较多的有电桥电路,还有其他特殊电路。由于传感元件输出的信号一般较小,大多数测量电路还包括了放大器,但有时把传感器与测试仪器分开,放大器归在测试仪器中作为测试仪器的组成部分。也有些近代传感器中包括放大器及显示器,直接在传感器上显示所测物理量。

传感器的种类很多,其分类方法有两种,一种按被测物理量分,另一种按测量原理分。按被测物理量分有:力、重量、压强、力矩、位移和加速度等。按测量原理分有:应变计式、压阻式、压电式、电容式、电感式、涡流式、差动变压器式、谐振式等。有时把用途和原理结合在一起称某一传感器,例如应变计式荷重传感器、压电式加速度传感器等。

现在讨论传感器的一般特性,它分为静态特性和动态特性两部分。

6.1.1 传感器的静态特性

静态特性指传感器在被测物理量处于稳定状态时的输出-输入关系,一般要求传感器的输出-输入关系为线性关系,但实际传感器往往不完全符合这一要求。衡量传感器静态特性的重要指标是线性度、滞后、重复性和灵敏度。

1. 线性度

通常为方便标定和数据处理,要求传感器的输出-输入关系是线性的,但这只在理想情况下是完全直线性的。

传感器如没有滞后和蠕变效应,输出-输入的静态特性可用下列方程表示:

$$Y = a_0 + a_1X + a_2X^2 + \cdots + a_nX^n \tag{6-1}$$

式中,Y 为输出量;X 为输入量;a_0 为零位输出;a_1 为传感器灵敏度,常用 K 表示;a_2、a_3、…、a_n 为非线性项待定常数。

如 $a_0=0$ 表示输出-输入关系通过原点;如理想直线性,则 $Y=a_1X$,其余 a_2、a_3、…、a_n 皆为零。

如具有 X 奇次阶项的非线性,则方程为

$$Y = a_1X + a_3X^3 + a_5X^5 + \cdots$$

如具有 X 偶次项的非线性,则方程为

$$Y = a_1X + a_2X^2 + a_4X^4 + \cdots$$

实际上非线性项方次不高,则可用切线或割线代替实际输出-输入曲线的某一段。

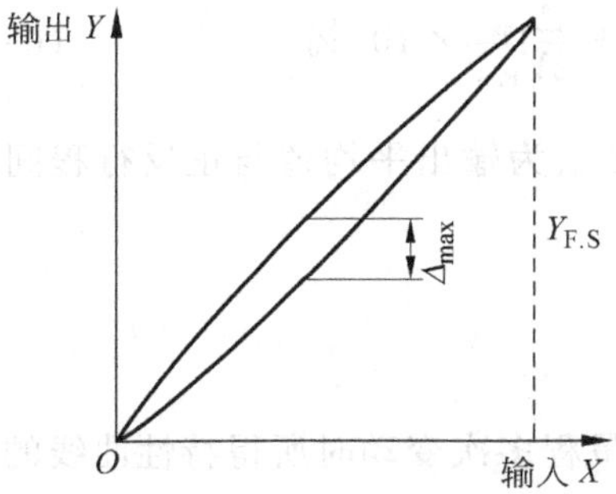

图 6-2 传感器的线性度

线性度(非线性误差)指在标准条件(环境温度为(20±5)℃,相对湿度不大于85%)下,传感器校准曲线与拟合直线间最大偏差与满量程(最大输出值,F.S)输出值的百分比,如图6-2所示。用 e_l 代表线性度,则有

$$e_l = \pm \frac{\Delta_{max}}{Y_{F.S}} \times 100\% \tag{6-2}$$

式中,Δ_{max} 为校准曲线与拟合直线间的最大偏差;$Y_{F.S}$ 为传感器满量程输出平均值,$Y_{F.S}=Y_{max}-Y_0$。

拟合直线有多种计算方法,常用的有两种:一种是取零点(0)和满量程输出(100%)两端点的连线为拟合直线;另一种是用最小二乘法拟合直线。

最小二乘法拟合直线方程式为 $Y=a_0+KX$,假定实际校准点有 n 个,在 n 个校准数据中任一校准数据 Y_i 与拟合直线上对应的理想值 a_0+KX 之间的残差 $\Delta_i=Y_i-(a_0+KX_i)$,最小二乘法拟合直线的原则是使 $\sum_{i=1}^{n}\Delta_i^2$ 为最小值,即使 $\sum_{i=1}^{n}\Delta_i^2$ 对 K 和 a_0 的一阶偏导数等于零:

$$\frac{\partial}{\partial K}\sum \Delta_i^2 = 2\sum (Y_i - KX_i - a_0)(-X_i) = 0$$

$$\frac{\partial}{\partial a_0}\sum \Delta_i^2 = 2\sum (Y_i - KX_i - a_0)(-1) = 0$$

联立求解得 K 和 a_0 为

$$\begin{cases} K = \dfrac{n\sum X_iY_i - \sum X_i \sum Y_i}{n\sum X_i^2 - \left(\sum X_i\right)^2} \\[2ex] a_0 = \dfrac{n\sum X_i^2 \sum Y_i - \sum X_i \sum X_iY_i}{n\sum X_i^2 - \left(\sum X_i\right)^2} \end{cases} \tag{6-3}$$

由此得出最佳拟合直线方程,这种拟合精度很高,只是计算工作量大些。

2. 滞后

传感器滞后表示传感器在正(输入量增大)反(输入量减小)行程间输出-输入曲线不重合的程度,如图6-3所示。滞后反映了传感器机械部分如轴承摩擦、间隙、材料内摩擦等缺陷,一般由实验检定,其值用满量程输出的百分比表示:

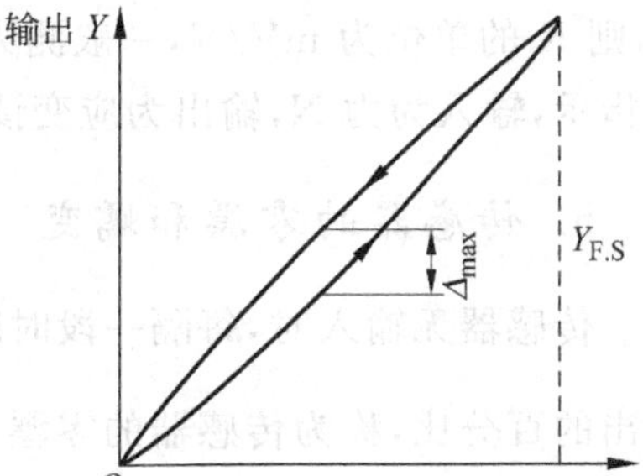

图 6-3 传感器滞后

$$e_Z = \frac{\Delta_{max}}{Y_{F.S}} \times 100\% \quad 或 \quad e_Z = \pm \frac{\Delta_{max}}{2Y_{F.S}} \times 100\% \tag{6-4}$$

式中，Δ_{max}为输出值在正反行程间最大差值，而$\frac{1}{2}\Delta_{max}$为输出平均值与正反行程间之最大差值。

3. 重复性

重复性表示传感器在输入量按同一方向作全量程多次变动时所得特性曲线的不一致程度，如图6-4所示。重复性好，则传感器误差小。通常用随机误差来描述数据离散程度，因此用标准偏差 s 表示重复性，s 用下式计算：

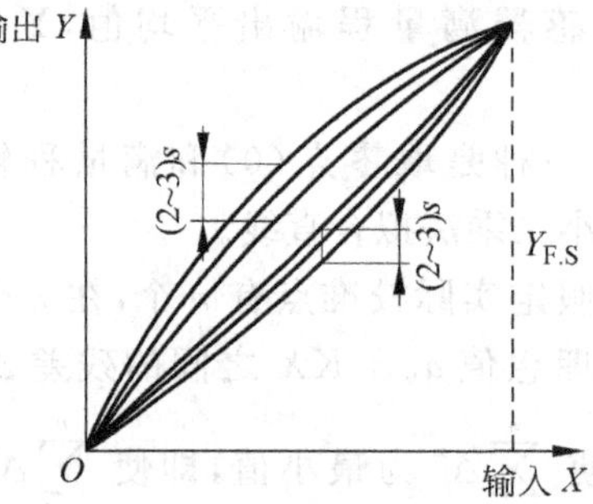

图6-4 传感器重复性

$$s = \sqrt{\frac{\sum_{i=1}^{n}(Y_i - \bar{Y})^2}{n-1}}$$

式中，Y_i 为输出测量值；$\bar{Y}$ 为测量值的平均值；n 为测量次数。重复性用下式算出：

$$e_f = \pm \frac{(2 \sim 3)s}{Y_{F.S}} \times 100\% \tag{6-5}$$

s 前的系数取2时误差服从正态分布，置信概率为95%；取3时，置信概率为99.7%。

4. 灵敏度

线性传感器的校准线的斜率就是其静态灵敏度 K，计算公式为

$$K = \frac{输出量变化}{输入量变化} = \frac{Y}{X} = \frac{\Delta Y}{\Delta X} \tag{6-6}$$

非线性传感器的灵敏度用$\frac{dY}{dX}$表示。

对于应变计式测力传感器，如用放大器指标，输出为电压变化 mV，输入为桥压 V，则 K 的单位为 mV/V，一般测力传感器的灵敏度为(1～2)mV/V。如用电阻应变仪指示，输入为力 N，输出为应变读数 μm/m，则灵敏度单位为(μm/m)N^{-1}。

5. 传感器的零漂和蠕变

传感器无输入时，每隔一段时间进行测量，其输出偏离零值的变化相对于满量程输出的百分比，称为传感器的零漂，记为 $e_0 = \frac{\Delta_{0max}}{Y_{F.S}} \times 100\%$。$\Delta_{0max}$为在一定时间间隔内最大的零点偏差量。

传感器在满量程输入并保持不变时，输出量随时间变化的最大值 Δ_{cmax} 相对于满

量程输出的百分比，称为传感器的蠕变，记为

$$e_c = \frac{\Delta_{cmax}}{Y_{F.S}} \times 100\% \tag{6-7}$$

此外，还有温度对传感器输出值的影响，用温漂（又称动漂）表示，定义为温度每变化1℃输出最大偏差Δ_{max}与满量输出的百分比：

$$e_t = \frac{\Delta_{tmax}}{Y_{F.S}} \times 100\% \tag{6-8}$$

6.1.2 传感器的动态特性

动态特性是传感器对随时间变化的输入量的响应特性。传感器所检测的物理量大多是时间的函数，为了使传感器输出信号和输入信号随时间变化的曲线一致或相近，要求传感器有良好的静态特性和动态特性。其动态特性是传感器的输出量能真实再现变化的输入量能力的度量。

研究传感器动态特性时，动态输入$X(t)$和动态输出$Y(t)$的关系可用微分方程表示，对任何一个线性系统，可用常系数线性微分方程表示如下：

$$\begin{aligned} &a_n \frac{d^n Y(t)}{dt^n} + a_{n-1} \frac{d^{n-1} Y(t)}{dt^{n-1}} + \cdots + a_1 \frac{dY(t)}{dt} + a_0 Y(t) \\ &= b_m \frac{d^m X(t)}{dt^m} + b_{m-1} \frac{d^{m-1} X(t)}{dt^{m-1}} + \cdots + b_1 \frac{dX(t)}{dt} + bX(t) \end{aligned} \tag{6-9}$$

式中，t为时间；a_0、a_1、…、a_n及b_0、b_1、…、b_m均为常数。如果用算子D表示$\frac{d}{dt}$，则上式可写成

$$\begin{aligned} &(a_n D^n + a_{n-1} D^{n-1} + \cdots + a_1 D + a_0) Y(t) \\ &= (b_m D^m + b_{m-1} D^{m-1} + \cdots + b_1 D + b_0) X(t) \end{aligned} \tag{6-10}$$

方程的解分通解Y_1和特解Y_2两部分，$Y=Y_1+Y_2$。特征方程为

$$a_n D^n + a_{n-1} D^{n-1} + \cdots + a_1 D + a_0 = 0$$

其中，D可看成变量方程的根有多种情况，由特征方程可求出通解Y_1；用待定系数法可求出特解Y_2。这是一般n阶的数学模型，绝大多数传感器输出和输入关系均可用零阶、一阶或二阶微分方程来描述，因此分别称为零阶、一阶和二阶传感器。

例如，线性电位器式传感器是零阶传感器，在式(6-10)中只剩a_0、b_0，微分方程为$a_0Y=b_0Y$，则有

$$Y = \frac{b_0}{a_0} X = KX$$

式中，K为静态灵敏度。线性电位器传感器如图6-5所示，电位器长度为L，其电阻值沿长度L线性分布，则输出电压U_x可写成

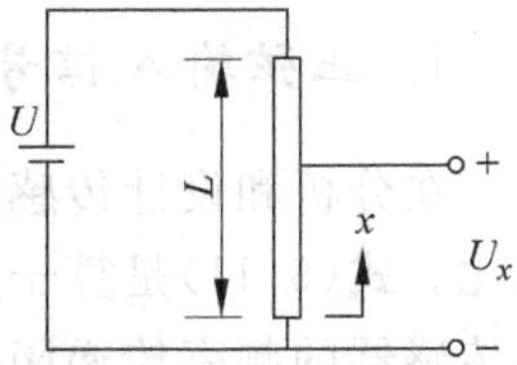

图6-5 电位器式传感器

$$U_x = \frac{U}{L}x = Kx$$

式中，U_0 为输入电压值，x 为位移值。只要该电位器是纯电阻，且变动速度不很高，则输出量幅值总是与输入量成确定比例关系，辐角等于零，无时间滞后。

再如二阶传感器，其微分方程为

$$a_2\frac{\mathrm{d}^2Y}{\mathrm{d}t^2} + a_1\frac{\mathrm{d}Y}{\mathrm{d}t} + a_0Y = b_0X$$

两边除以 a_0 并以算子 $\mathrm{D}=\frac{\mathrm{d}}{\mathrm{d}t}$ 代入得

$$\left(\frac{a_2}{a_0}\mathrm{D}^2 + \frac{a_1}{a_0}\mathrm{D} + 1\right)Y = \frac{b_0}{a_0}X = KX$$

设 $\sqrt{\frac{a_0}{a_2}} = \omega_0$ 为无阻尼自振频率，$\frac{a_1}{2\sqrt{a_0a_2}} = \zeta$ 为阻尼比。则上式写成

$$\left(\frac{\mathrm{D}^2}{\omega_0^2} + \frac{2\zeta}{\omega_0^2}\mathrm{D} + 1\right)Y = KX$$

其传递函数为输出信号与输入信号之比：

$$\frac{Y}{X}(\mathrm{D}) = \frac{K}{\frac{\mathrm{D}^2}{\omega_0^2} + \frac{2\zeta}{\omega_0}\mathrm{D} + 1} \tag{6-11}$$

其幅值为

$$\frac{|Y|}{|X|} = \frac{1}{\sqrt{\left[\left(1-\frac{\omega}{\omega_0}\right)^2\right]^2 + \left[2\zeta\left(\frac{\omega}{\omega_0}\right)^2\right]^2}} \tag{6-12}$$

辐角为

$$\varphi = \arctan\frac{2\zeta\left(\frac{\omega}{\omega_0}\right)}{1-\left(\frac{\omega}{\omega_0}\right)^2} \tag{6-13}$$

二阶传感器的实例为电动式振动传感器，图 6-6 为其原理图。后面所示光线示波器中的振(动)子也是一种动阶传感器。

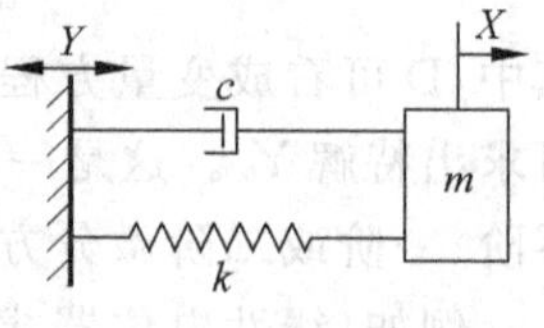

图 6-6 二阶传感器原理图

输入信号通常是各式各样的，为了研究传感器的动态特性和响应，对输入信号作适当规定。采用正弦输入和阶跃输入两种标准信号来分析其动态响应。

1. 正弦输入信号时的频率响应

在分析和设计传感器时，传递函数的概念十分有用，它的定义是输出量与输入量之比。式(6-11)是算子形式的传递函数，如正弦输入情况下用 $\mathrm{j}\omega$ 代替式中算子 D 可得传感器的频率传递函数

$$\frac{Y}{X}(\mathrm{j}\omega)=\frac{b_m(\mathrm{j}\omega)^m+b_{m-1}(\mathrm{j}\omega)^{m-1}+\cdots+b_1(\mathrm{j}\omega)+b_0}{a_n(\mathrm{j}\omega)^n+a_{n-1}(\mathrm{j}\omega)^{n-1}+\cdots+a_1(\mathrm{j}\omega)+a_0} \tag{6-14}$$

式中，j 为 $\sqrt{-1}$；ω 为角频率。

输入信号为正弦波 $X(t)=A\sin\omega t$，输出信号 $Y(t)$ 的模型见图 6-7 所示，由于暂态响应影响，开始不是正弦波，随着时间增长，暂态响应逐渐衰减至消失，输出才是正弦波。输出量 $Y(t)$ 与 $X(t)$ 的频率不同，且幅值不等，并有相位差，$Y(t)=B\sin(\omega t+\varphi)$。因此，输入信号幅值 A 即使不变，只要 ω 有所变化，输出信号幅值和相位也会有所变化。频率响应即在稳定状态下，$\frac{B}{A}$ 幅值比和相位 φ 随 ω 而变化。对于任意 ω，式(6-14)有复数形式，其数学表达式很简单，用 $A\mathrm{e}^{\mathrm{j}\omega t}$ 代替 $A\sin\omega t$，在稳定情况下输出信号为：$Y(t)=B\mathrm{e}^{\mathrm{j}(\omega t+\varphi)}$。可用极坐标形式表示复数，如图 6-8 所示，在复平面上 $A\mathrm{e}^{\mathrm{j}\omega t}$ 是大小为 A 的矢量以角速度 ω 绕原点旋转，$B\mathrm{e}^{\mathrm{j}(\omega t+\varphi)}$ 是大小为 B 的矢量以相同 ω 旋转，但有相位差 φ，$A\cos\omega t$ 和 $B\cos\omega t$ 分别是两矢量在实轴上的投影。把 $X(t)$、$Y(t)$ 代入式(6-14)得频率响应通式：

$$\frac{B\mathrm{e}^{\mathrm{j}(\omega t+\varphi)}}{A\mathrm{e}^{\mathrm{j}\omega t}}=\frac{B}{A}\mathrm{e}^{\mathrm{j}\varphi}=\frac{B}{A}(\cos\varphi+\mathrm{j}\sin\varphi)=\frac{B}{A}(\angle\varphi)=\frac{Y}{X}(\mathrm{j}\omega)$$

此式表示，在任何频率 ω 下，复数 $\frac{Y}{X}(\mathrm{j}\omega)$ 的大小等于幅值 $\frac{B}{A}$，辐角则输出落后于输入角度 φ。

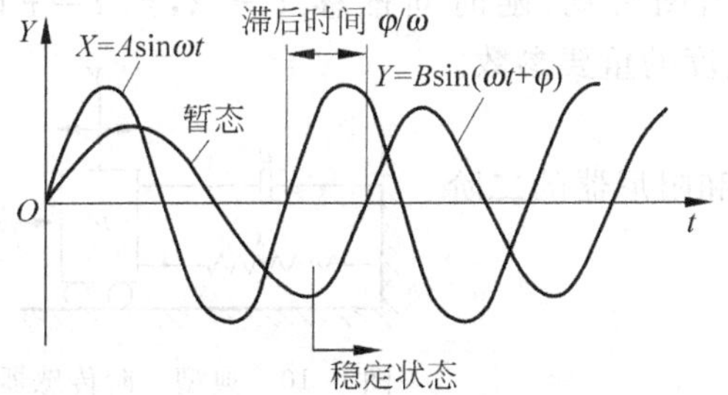

图 6-7 正弦输入时的频率响应

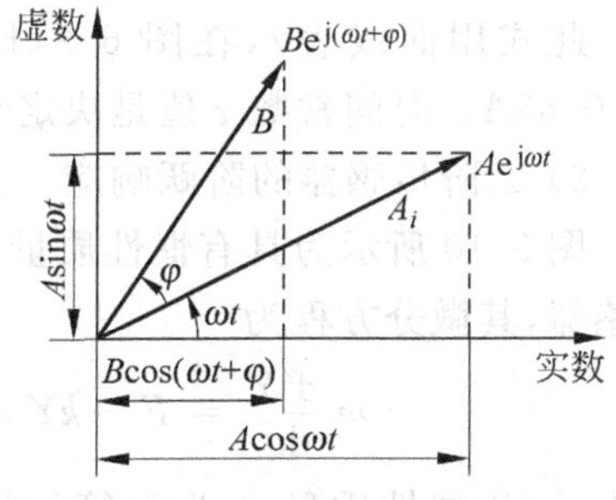

图 6-8 输入输出复数表示法

2. 阶跃输入时的阶跃响应

阶跃信号输入 $X(t)$ 如图 6-9(a)所示，信号高度为 A。下面分别讨论两种传感器的阶跃响应。

1) 一阶传感器的阶跃响应

假设 $t=0$ 时，$X(0)=Y(0)=0$；当 $t>0$ 时，$X(t)$ 瞬变到 A 值。由微分方程：

$$a_1\frac{\mathrm{d}Y}{\mathrm{d}t}+a_0Y=b_0X,\quad \frac{a_1}{a_0}\cdot\frac{\mathrm{d}}{\mathrm{d}t}Y+Y=\frac{b_0}{a_0}X$$

传递函数式为

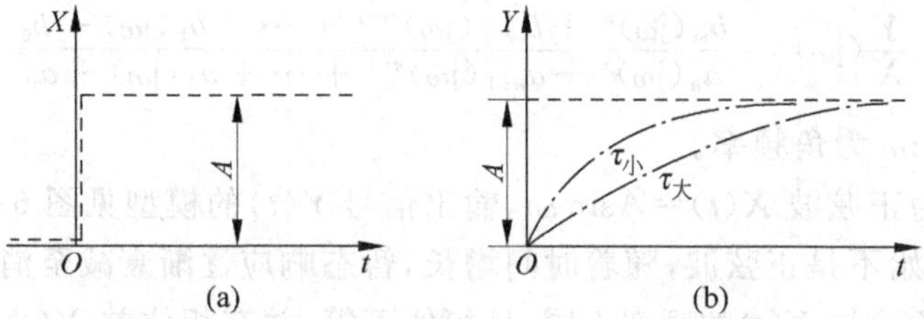

图 6-9 阶跃信号(a)和一阶传感器的阶跃响应(b)

$$\frac{Y}{X}(\mathrm{D})=\frac{A}{\tau\mathrm{D}+1} \tag{6-15}$$

式中,算子 $\mathrm{D}=\frac{\mathrm{d}}{\mathrm{d}t}$;$\tau$ 为时间常数,$\tau=\frac{a_1}{a_0}$;令 $K=\frac{b_0}{a_0}$ 为灵敏度。

现求 t 从 0 开始,齐次方程 $\tau\mathrm{D}+1=0$ 的通解,其中 D 作为变量求根 r。$r=-\frac{1}{\tau}$,通解是非齐次方程,特解为 $Y_2=c(t>0$ 时),代入传递函数式得

$$c=A$$

因此

$$Y=Y_1+Y_2=K\mathrm{e}^{-\frac{t}{\tau}}+A$$

由初始条件 $Y(0)=0$ 得 $K=-A$,因此

$$Y=A(1-\mathrm{e}^{-\frac{t}{\tau}})$$

此式用曲线表示在图 6-9(b)中,由图可见,随时间推移 $Y\to A$,当 $t=\tau$ 时,$Y=0.63A$。时间常数 τ 值是决定响应速度的重要参数。

2) 二阶传感器的阶跃响应

图 6-10 所示为具有惯性质量、弹簧和阻尼器的二阶传感器,其微分方程为

$$m\frac{\mathrm{d}^2Y}{\mathrm{d}t^2}=F-kY-c\frac{\mathrm{d}Y}{\mathrm{d}t}$$

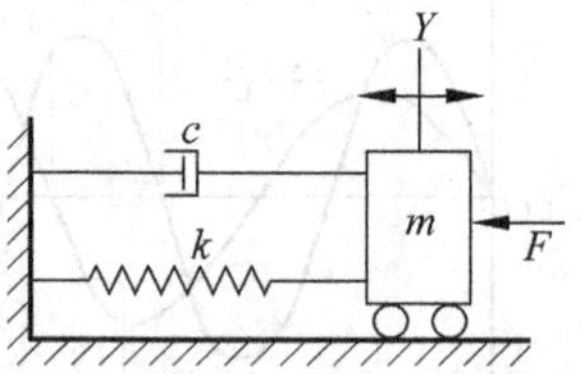

图 6-10 典型二阶传感器

式中,m 为惯性质量;k 为弹簧常数;Y 为位移;c 为阻尼系统;F 为外力。上式经整理得

$$\frac{Y}{F}(\mathrm{D})=\frac{1}{m\mathrm{D}^2+c\mathrm{D}+k} \tag{6-16}$$

式中,$\mathrm{D}=\frac{\mathrm{d}}{\mathrm{d}t}$算子。设 $\zeta=\frac{c}{2\sqrt{mk}}$(阻尼比),$\omega_0=\sqrt{\frac{k}{m}}$(自振频率),$K=\frac{1}{k}$,则有

$$\frac{Y}{F}(\mathrm{D})=\frac{K\omega_0^2}{\mathrm{D}^2+2\zeta\omega_0\mathrm{D}+\omega_0^2}=\frac{K}{\frac{\mathrm{D}^2}{\omega_0^2}+\frac{2\zeta}{\omega_0}\mathrm{D}+1}$$

与前面式(6-16)相同。设 $F=AF(t)$,代入上式得阶跃响应式:

$$(\mathrm{D}^2+2\zeta\omega_0\mathrm{D}+\omega_0^2)Y=K\omega_0^2AF(t) \tag{6-17}$$

设二阶方程 $D^2+2\zeta\omega_0 D+\omega_0^2=0$ 中把 D 看做变量，它的根为 r_1、r_2，则有

$$r_{1,2}=(-\zeta\pm\sqrt{\zeta^2-1})\omega_0 \tag{6-18}$$

下面分三种情况讨论。

(1) $\zeta>1$，r_1、r_2 是实数，则齐次方程的通解为

$$Y_1=c_1 e^{r_1 t}+c_2 e^{r_2 t}$$

特解 $Y_2=c$，代入传递函数，可得 $c=KA=Y_2$。方程的解为

$$Y=Y_1+Y_2=KA+c_1 e^{r_1 t}+c_2 e^{r_2 t} \tag{6-19}$$

将初始条件 $t=0$ 时 $Y(0)=0$，$\dot{Y}(0)=0$ 代入上式，求出 c_1、c_2：

$$c_{1,2}=\mp\left[\frac{\zeta-\sqrt{\zeta^2-1}}{2\sqrt{\zeta^2-1}}\right]$$

这表示过阻尼的情况。

(2) $\zeta=1$，临界阻尼。$r_1=r_2$，求出 Y_1 和 Y_2 得

$$Y=Y_1+Y_2=KA[1-(1+\omega_0 t)e^{-\omega t}] \tag{6-20}$$

(3) $\zeta<1$，欠阻尼情况。r_1 与 r_2 为共轭复根，可求出 Y_1 和 Y_2 得

$$Y=Y_1+Y_2=KA\left[1-\frac{e^{-\zeta\omega_0 t}}{\sqrt{1-\zeta^2}}\sin(\sqrt{1-\zeta^2}\omega_0 t+\varphi)\right] \tag{6-21}$$

式中，$\varphi=\arcsin\sqrt{1-\zeta^2}$。

上述式(6-19)、式(6-20)代表的响应曲线表示于图 6-11 中。纵坐标为 $Y/(KA)$，横坐标为 $\omega_0(t)$，均无量纲。可以看出，响应曲线形状取决于阻尼比 ζ 的大小。$\zeta>1$ 时，$Y/(KA)$ 逐渐增加到接近 1 但不超过 1；$\zeta<1$ 时，$Y/(KA)$ 必超过 1，成为振幅逐渐趋于减小的衰减振动；$\zeta=1$ 时，介于两者之间，但不产生振动。ζ 体现衰减的程度，对于二阶传感器；ζ 越大，接近稳态的最终值时间也越长；ζ 过小，因振动接近最终值的时间也很长。设计时一般取 $\zeta=0.6\sim0.8$ 为宜。ω_0 的大小影响响应速度。ω_0 为自振频率，又称固有频率。

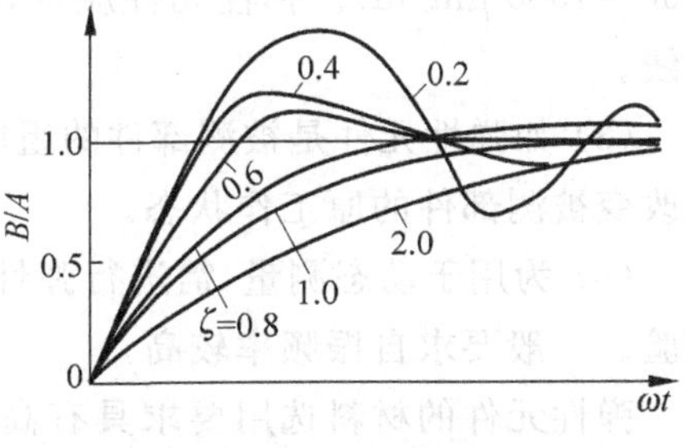

图 6-11 二阶传感器的阶跃响应曲线

6.2 应变计式传感器的基本原理与设计

利用电阻应变计测量应变的原理制成的应变计式传感器，是一大类应用十分广泛的传感器，它有很多优点。

(1) 测量精度高。一般为 0.5%，最高可达 0.1‰。

(2) 测量范围广泛。如应变计式测力传感器由 10^{-2} ～ 10^{7} N,压力传感器由 10^{-1} ～ 10^{8} Pa。

(3) 输出特性线性好,性能稳定,工作可靠。

(4) 能在各种环境下工作,经专门的设计可在高低温、振动和核辐射等恶劣条件下可靠地工作。

应变计式传感器由弹性元件和应变计桥路构成。弹性元件在被测物理量(如力、压强、扭矩、位移等)作用下产生与其成正比的应变,然后用电阻应变计将应变转换为电阻变化。各应变计组成桥路便于进行测量。

6.2.1 弹性元件

根据所测物理量的性质和大小设计弹性元件,弹性元件一般需进行强度、刚度和自振频率计算。需满足以下要求。

(1) 弹性元件任何部分的应力不超过材料弹性极限(或屈服极限),并有必要的安全系数(例如 $n=1.5$～2.0)。

(2) 弹性元件上粘贴应变计的部位应有足够大的应变量(例如合金钢或铝为 1000～1500 μm/m)。弹性元件应设计得紧凑,但要有足够部位粘贴应变计并便于接线。

(3) 如弹性元件是被测部件的组成部分,在刚度计算时应考虑变形量尽量小,以免改变被测部件的原工作状态。

(4) 为用于动态测量,需进行弹性元件自振频率计算或对传感器进行动态特性试验。一般要求自振频率较高。

弹性元件的材料选用要求具有高弹性极限和强度极限,滞后小,弹性模量恒定(随温度变化小),以及有良好的机加工、热处理性能。常用合金钢制作弹性元件,如35CrMnSiA 和 40Cr,分别用于高精度或一般传感器弹性元件;50CrVA 和 60Si2MnA 用于承受交变载荷的重要弹性元件;硬铝合金可用于小容量弹性元件;铍青铜(Qbe2)弹性优良,可制作重要的弹性元件。常用的各种弹性元件材料性能见表 6-1。

弹性元件加工通常包括锻造、预先热处理、粗加工、热处理、精加工、动载和静载处理以及人工时效等工艺过程。动载和静载处理可提高弹性,减小零漂和蠕变;人工时效的目的是消除残余应力和提高稳定性。

动载处理可在 $\frac{1}{3}$～1 满量程下以频率为 4 次每秒加载,静载处理可以在额定载荷的 125%下保持 4～6 h 或 110%载荷下保持 18～20 h,人工时效方法是在 160～180℃下保持 18～20 h。

表 6-1 常用弹性元件材料性能数据

名　称	弹性模量		线膨胀系数 $\beta/(10^{-6}℃^{-1})$	σ_s/MPa	σ_b/MPa	相对体积质量	备　注
	E/GPa	G/GPa					
45 号钢	2.10×10^2	8.1×10	11	360	610	7.8	淬火 830～850℃ 回火 500℃ σ_b=1000 MPa
40Cr	2.10×10^2	8.1×10	11	800	1000	7.8	用于一般传感器
35CrMnSiA	2.0×10^2		11	1300	1650		用于高精度传感器
30CrMnSiA	2.1×10^2			900	1100		
40CrNi	2.14×10^2		11		1000		
40CrNiMoA	2.1×10^2		11.7	1000	1120		
50CrVA	2.1×10^2	8.3×10	11.3	1100	1300		重要弹性元件
65Si2MnWA	2.0×10^2		11	1700	1900		
60Si2MnA	2.0×10^2	8.7×10	11.5	1400	1600		
1Cr18Ni	2.0×10^2	8.0×10	16.6	200	550	7.85	弹性、稳定性好，可用于 400℃
Qbe2 铍青铜	1.31×10^2	5.0×10	16.6		1250	8.23	
Ly12 硬铝	0.72×10^2	2.7×10	23	280	520	2.8	
LC4 超硬铝	0.72×10^2	2.7×10	22	220	600	2.86	
GH33A 高温合金	2.28×10^2			820～860	1220～1260	7.8	用于高温(500～600℃)传感器

6.2.2 应变计

作为传感器上应用的应变计与应力测量中的不同。

一般传感器用的电阻应变计，用胶膜基箔式应变计，胶膜主要由环氧树脂、聚乙烯醇缩醛树脂或聚酰亚胺树脂制成，并用相应粘结剂粘贴应变计，经加热固化处理。其中环氧树脂性能最好，对应变计工作特性要求灵敏系数分散度小，机械滞后和蠕变很小，应变计电阻分散小且稳定，应变计配传感器弹性元件热输出小且分散小。应变计的精度关系到传感器的性能和精度。

6.2.3 传感器电路补偿和调整

应变计式传感器中弹性元件上粘贴多枚应变计，接成桥路后，虽可使用，但其性能指标往往不能达到高精度的要求。为了提高传感器性能和使传感器之间有互换性,还需在电路上采取补偿和调整,主要有以下各项(以测力传感器的情况为例说明)。

1. 零点输出调整

为减小测量误差和便于测量仪表调零,传感器的应变计桥路在空载时输出应近似为零。由于应变计电阻和接线电阻总有差别,因此需经零点输出调整。调整方法是先测量空载时的传感器输出,然后在某一桥臂中串联一电阻温度系数很小的电阻 R_0(例如锰铜或康铜),使桥路输出接近于零,如图6-12所示。其电阻值可由下式计算:

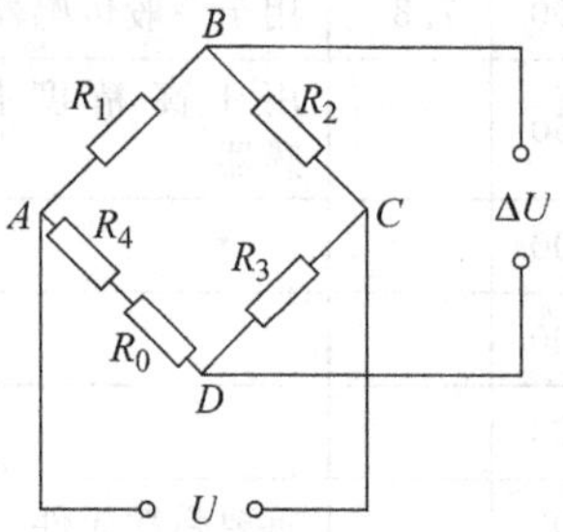

图 6-12　零点输出调整电阻

$$R_0 = \frac{R\Delta U}{250U} \tag{6-22}$$

式中,R_0 为零点输出调整电阻值;R 为每个桥臂电阻值;ΔU 为调整前实测零点输出电压,mV;U 为供桥电压。一般传感器零点输出应小于1%~5%F.S(满量程)。

2. 零点温度补偿

传感器空载时输出基本为零,当传感器的温度变化时,一方面因弹性元件、粘结剂、应变计都有不同程度的热胀冷缩,引起应变计敏感栅电阻变化;另一方面敏感栅材料的电阻温度系数引起电阻变化。这些均会影响传感器输出,即使采用温度自补偿应变计和全桥接法,但由于应变计性能分散等原因,当温度变化时输出电压还多少有些变化。为减小温度对零点输出的影响,需进行零点温度补偿,即在桥路某一桥臂中串接一电阻温度系数很大的电阻 R_t。只要选择合适的阻值和桥臂,就可使零点温度输出得到补偿。具体做法是,先分别测得传感器在温度 T_1 和 T_2 时的零点输出电压 ΔU_1 和 ΔU_2,然后用下式计算补偿电阻值 R_t(Ω)(见图6-13):

$$R_t = \left|\frac{R(\Delta U_2 - \Delta U_1)}{250\alpha_t U(T_2 - T_1)}\right| \tag{6-23}$$

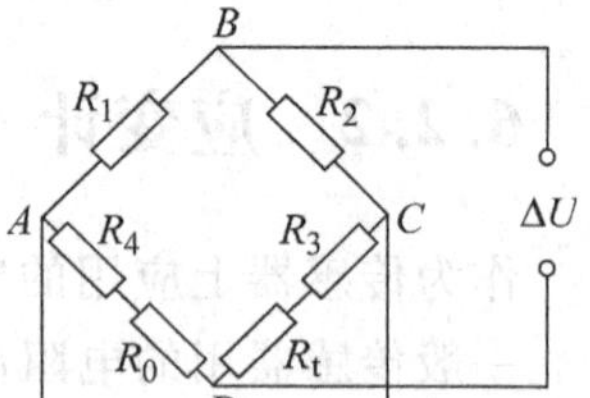

图 6-13　零点温度补偿电路

式中,R 为桥臂电阻;U 为桥压;α_t 为 R_t 所用材料的电阻温度系数,铜的 $\alpha_t \approx 0.004℃^{-1}$,镍的 $\alpha_t \approx 0.006℃^{-1}$(10~66℃范围内)。实际上计算的 R_t 并不一定很合适,需反复升温测试和调整。一般用"零点温度影响"Z 表示传感器的性能:

$$Z = \frac{\Delta U_2 - \Delta U_1}{(T_2 - T_1)\Delta U} \times 100\% \tag{6-24}$$

式中，ΔU 为传感器额定负荷时的输出电压，mV。Z 的单位为（%F. S）/10℃，F. S 为满量程，一般精度传感器的零点温度影响为（0.1%～1%F. S）/10℃，高精度的为（0.03%～0.05%F. S）/10℃。

3. 线性补偿

应变计式传感器的线性与弹性元件的形状尺寸有关，线性补偿方法有两类：第一类是在传感器上采取补偿措施，第二类是在测量仪表中尤其在采用微机的线路中用软件程序进行修正。由于当前后者仍比较昂贵，所以多采用第一类，在弹性元件（以圆筒形为例）应变计部位沿轴向粘贴一半导体应变计，当弹性元件受压时，半导体应变计受压而电阻减小。在电路图中，半导体应变计串联在应变计桥路的供桥电源回路中，如图 6-14(a)所示，它与桥路的输入电阻 R_{AC} 组成分压器，其等效电路见图 6-14(b)。若供桥电源为恒压源，则桥路的实际供桥电压将随半导体应变计电阻减小而增大。由于传感器输出电压 ΔU 与 U_{AC} 成正比，因此使输出递增。如传感器输出在未补偿前有递减趋向，则经线性补偿后即可近似为直线，见图 6-14(c)。供桥回路中串入半导体应变计 R_L 后，桥路实际供桥电压由 U 降为 U_{AC}，因此传感器输出灵敏度随之下降为$\dfrac{R}{R+R_L}$。由于半导体应变计的灵敏系数比金属应变计的灵敏系数大很多，故线性补偿效果很明显。为了细调线性补偿特性，可用电阻 R_L' 与半导体应变计 R_L 并联，这样可在一定范围内得到不同补偿效果。线性补偿特性与许多因素有关。半导体应变计的电阻值 R_L，可用下列经验公式计算：

$$R_L = k_1 k_2 \frac{e_L(R+R_m+R_s)}{K_L \varepsilon} \tag{6-25}$$

式中，e_L 为传感器实测线性度；R 为桥臂电阻；K_L 为半导体应变计的灵敏系数；ε 为半导体应变计的应变；R_m、R_s 分别为传感器灵敏度温度补偿电阻值和灵敏度标准化调整电阻值，这两个电阻将在下面的补偿和调整中详述，当 R_m 和 R_s 尚未确定时，可取 $R_m+R_s \approx 0.2R$；k_1 为调整余量系数，考虑分散性可取 $k_1=1.5$；k_2 为经验系数，圆筒形弹性元件可取 $k_2=6$。

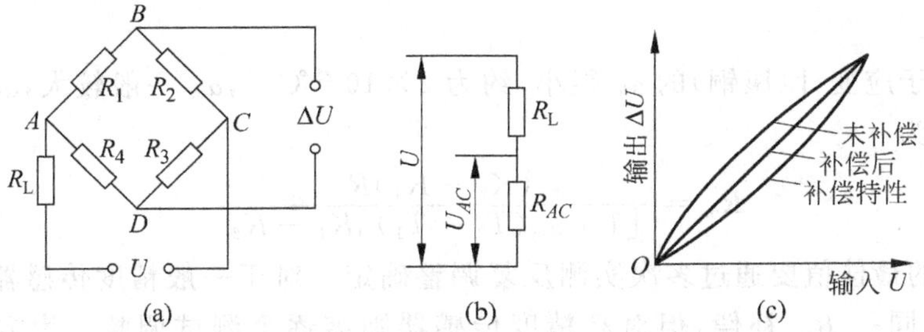

图 6-14 线性补偿电路、等效电路及补偿原理

例　某筒形传感器的线性度 $e_L=0.13\%$F.S，$R=350\ \Omega$，$R_m+R_s=70\ \Omega$，$K_L=100$，$\varepsilon=1500\ \mu m/m$，$k_1=1.5$，$k_2=6$，代入式(6-25)得 $R_L=32.8\ \Omega\approx33\ \Omega$。当负载由压向变为拉向时，补偿特性也由递增特性变为递减特性。

采用半导体应变计进行线性补偿的优点有：补偿效果显著，线性度可容易地由0.2%F.S补偿到0.02%F.S，工艺简单，稳定性好，成本低。对于因半导体应变计电阻温度系数较大对传感器灵敏度温度特性带来的影响，可进行灵敏度温度补偿。

4. 灵敏度温度补偿

传感器的灵敏度用下式表示：

$$K=\left|\frac{\Delta U}{U}\right|\quad (\mathrm{mV/V})$$

式中，ΔU 为传感器额定输出，mV；U 为供桥电压，V。

当传感器的温度变化时，由于弹性元件材料的弹性模量和应变计灵敏系数都随温度变化，因此传感器的灵敏度也随之变化。一般温度变化10℃灵敏度变化0.3%～0.5%，而传感器使用温度通常为0～40℃，所以对于高精度传感器必须进行灵敏度温度补偿。补偿方法是在供桥回路中串入一个电阻 R_m，其电阻温度系数较大。当温度升高时，一般传感器输出随之增大，而此时 R_m 增大，则电路分压作用相当于使桥路实际供桥电压 U_{AC} 降低，从而使输出减小，起到补偿作用。灵敏度温度补偿电路如图6-15所示。

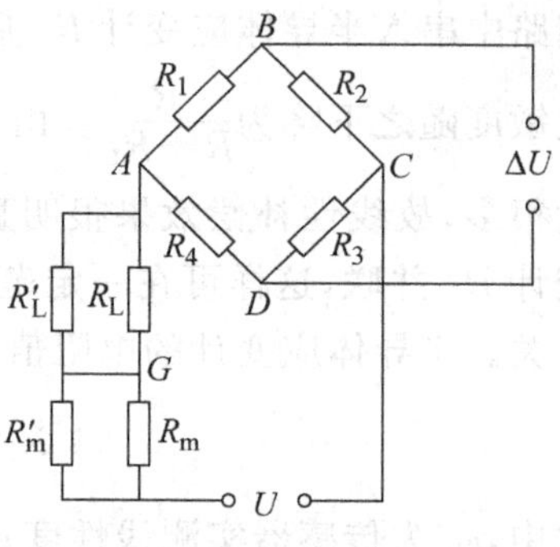

图6-15　灵敏度温度补偿电路

具体做法是，先分别测量温度 T_1 和 T_2 时传感器的灵敏度 K_1 和 K_2，然后用下式计算灵敏度温度补偿电阻 R_m：

$$R_m=\frac{(K_2-K_1)R_c}{\dfrac{1+\alpha_m(T_2-T_1)}{1+\alpha_R(T_2-T_1)}K_1-K_2}$$

式中，R_c 为 T_1 时桥路 GC 之间的电阻值；α_m 和 α_R 分别为 R_m 电阻材料和应变计 R 的电阻温度系数。

一般由于应变计(康铜)的 α_R 很小，约为 2×10^{-5}℃$^{-1}$，α_m 一般较大，$\alpha_m\gg\alpha_R$，故上式可简化为

$$R_m=\frac{(K_2-K_1)R_c}{[1+\alpha_m(T_2-T_1)]K_1-K_2}\tag{6-26}$$

实际上 R_m 的最佳值要通过多次实测反复调整确定。对于一般精度传感器，可用抽样方法确定同一 R_m 补偿，但对高精度传感器则需逐个测试调整。为方便，可在 R_m 上并联一电阻 R'_m 细调补偿特性。经补偿后灵敏度温度系数可达±(0.05%～0.1%)/10℃。

5. 灵敏度标准化调整

为了提高传感器互换性，应将传感器灵敏度调整到标准值（例如 2 mV/V，允许变化±0.1%），方法是在供桥回路中再串入一康铜（或锰铜）电阻 R_s（见图 6-16），相当于减小实际供桥电压 U_{AC} 以使灵敏度达到标准值。其调整电阻值 R_s 可用下式计算：

$$R_s = \frac{K_1 - K_B}{K_B} R_H \tag{6-27}$$

式中，K_1 和 K_B 分别为串联 R_s 前实测灵敏度和调整后要求的标准灵敏度。R_H 为桥路 HC 两点间的电阻值。一般精度传感器的灵敏度可调整到标称值的±(0.1%～0.2%)之内，高精度的可达±(0.02%～0.03%)。

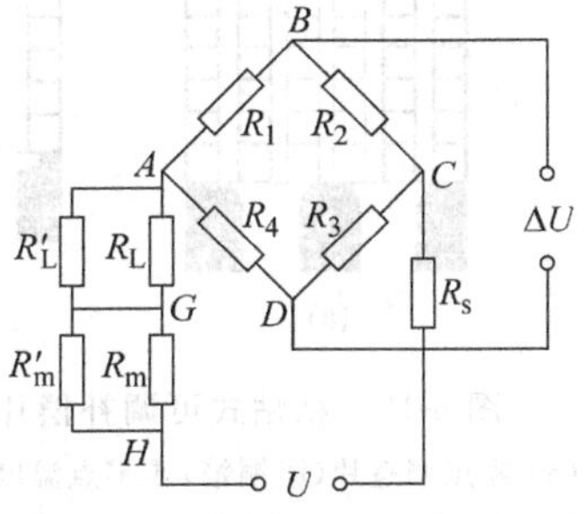

图 6-16 灵敏度标准化调整电路

6. 输入电阻标准化调整

经以上几项补偿和调整后，传感器输入电阻往往与标称值（例如 350 Ω）差别较大，为使输入电阻标准化，可在输入 HJ 间并联一电阻 R_p（见图 6-17）。其电阻值可用下式计算：

$$R_p = \frac{R_J R_B}{R_J - R_B} \tag{6-28}$$

式中，R_J 为未接入 R_p 时 HJ 两端间实测电阻值；R_B 为输入电阻要求的标准值。一般精度传感器，输入电阻调整到标准值±2 Ω 以内，对串联使用的传感器要求更高些。

以上 6 项补偿和调整工作应按顺序进行，工作量虽大，但对于高精度传感器是很有必要的。为使桥路各项参数对称，常把 R_L、R_m 和 R_s 分成相同的两部分，对称地串联在供桥回路中，包括上述各种补偿和调整电阻的完整传感器桥路如图 6-18 所示。

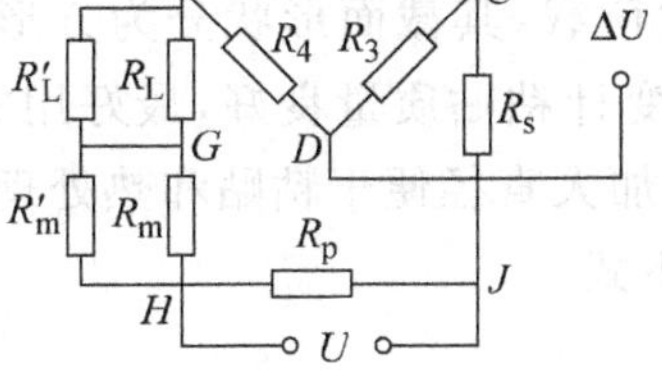

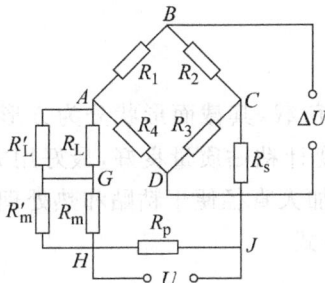

图 6-17 输入电阻标准化调整电路

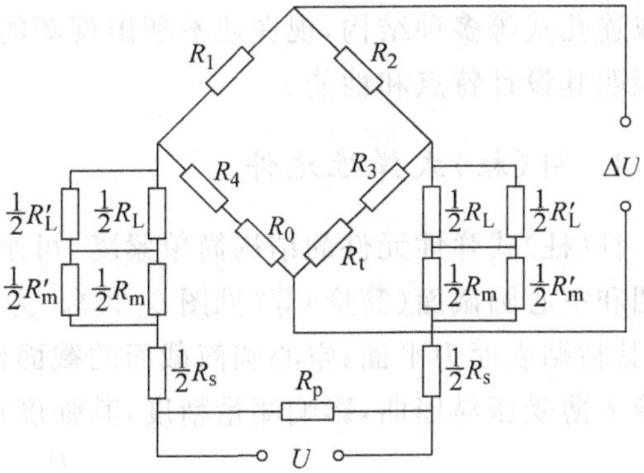

图 6-18 完整的传感器电桥电路

补偿电阻和调整电阻可分别用康铜、锰铜或镍、铜等丝材绕制，为保证长期稳定性，最好经老化处理。近年来已经出现供传感器桥路专用的粘贴式可调补偿和调整片，如图6-19所示，其构造类同箔式应变计，箔材分别为康铜、铜、镍等。使用时将它们粘贴在弹性元件无应变部位，并接入桥路，调整时只要将箔栅不同部位割断即可得不同阻值。其优点是占用空间小，调整阻值方便，且温度易与应变计一致。进行各项补偿时必须注意特性的重复性，补偿前应重复测试特性2～3次。确认重复性较好后再进行补偿，补偿后也应重复测试2～3次以检查补偿效果。

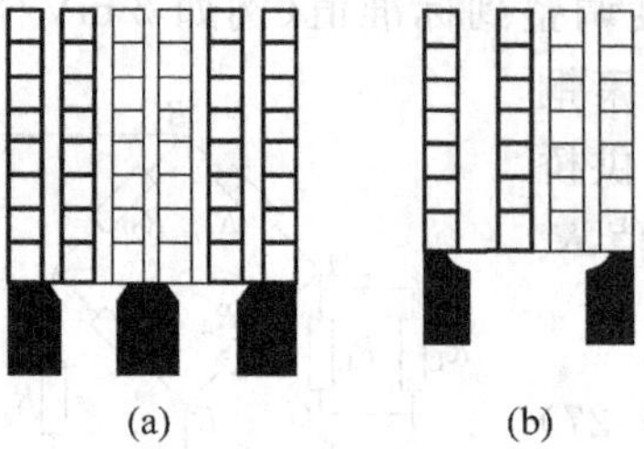

图6-19　粘贴式可调补偿片和调整片

(a) 零点调整片(康铜箔)或零点温度补偿片(铜箔)；
(b) 灵敏度调整片(康铜箔)或灵敏度温度补偿片(镍箔)

如果传感器需要在低温(零下)或较高温度工作，则温度补偿时也必须在相应温度范围内测试，并且除上、下限温度外，还应在中间取2～3个温度点进行测试。进行温度试验时，由于传感器热惯性大，在每个温度点应保持足够长的时间，以使传感器达到测试温度并使内部温度均匀。

6.3　各种应变计式传感器的构造和特性

6.3.1　测力或称重传感器

科学实验和工程测量中用得最多的是测力传感器，而计量和商业上大量应用称重(或荷重)传感器及其组成的称量衡器。它们在单位和标定上有差别，测力传感器用牛顿，称重传感器用千克，但其设计原理是相同的。

它们由弹性元件形状不同而分为杆(柱或筒式)式、环式、板式、梁式、剪切轮辐式和双连孔式等多种结构，现在还不断出现新的弹性元件形状，具有各种优点。下面分别说明其设计特点和性能。

1. 杆(柱)式弹性元件

杆(柱)式弹性元件的结构简单紧凑，可承受较大荷载，其截面形状分为方形、实心圆和空心圆截面(筒形)等(见图6-20)。为保证应变计粘贴质量良好，最好用方截面，其粘贴表面为平面；空心圆筒截面的截面模量大，加大直径便于粘贴和热处理，但管壁太薄受压易屈曲，影响测量精度，其强度计算用下式：

$$\sigma = \frac{P}{A} = E\varepsilon \tag{6-29}$$

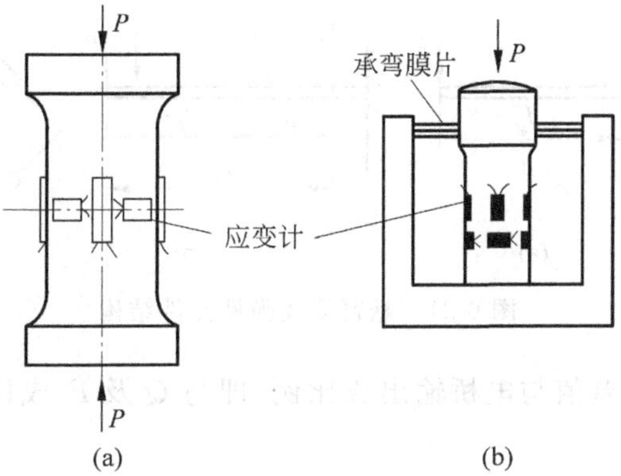

图 6-20 杆式弹性元件结构

式中，P 为作用力；A 为截面积；σ、ε 分别为平均轴向应力和应变；E 为材料弹性模量。由于作用力可能不沿轴线，使弹性元件除受轴向拉(压)力外还受横向力和弯矩，可在布置应变计和接桥方式上采取措施，以减小其影响。空心圆筒可使弯曲应力减小。另一方法是采用承弯膜片，如图 6-20(b)所示，膜片装在刚性外壳上，当横向力出现时，膜片刚性很大，可消除弯曲影响。一般弹性元件由 4 或 8 个应变计组成全桥，提高输出灵敏度，进行温度补偿和消除弯曲影响。杆式弹性元件用于拉压力或荷重传感器，测力最小为 10^3 N，最大为 10^6 N。一般拉压力传感器的技术指标为：非线性、重复性、滞后均小于 0.1%～0.5%F.S，输出灵敏度 1～2 mV/V，温度零漂(0.02%～0.04%)℃$^{-1}$。更大荷载的拉压力传感器可用实心圆杆弹性元件。

2. 悬臂梁式弹性元件

悬臂梁式弹性元件用于较小荷载的传感器，结构简单、易加工，应变计容易粘贴，灵敏度较高。对等截面悬臂梁，贴应变计处应变用下式计算：

$$\sigma = \frac{6Pl_g}{bh^2}$$

式中，l_g 为荷载 P 到应变计中心的距离；b、h 为梁截面宽度和厚度，如图 6-21 所示。为消除 P 作用点变化引起的误差，可用图中所示方法，它实际上是测量剪力 Q，有下式：

$$Q = \frac{\Delta M}{\Delta X} = \frac{M_a - M_b}{l_a - l_b} = \frac{\varepsilon_a - \varepsilon_b}{e} EW$$

$$= \left(\frac{\Delta R_a}{R_a} - \frac{\Delta R_b}{R_b}\right)\frac{EW}{eK} \propto \Delta R_a - \Delta R_b \tag{6-30}$$

式中，W 为抗弯截面模量；R_a、R_b 为应变计电阻；ΔR_a、ΔR_b 为应变计阻值变化；M_a、M_b 分别为应变计 R_a、R_b 所在截面上的弯矩；K 为应变计灵敏系数。悬臂梁各截面的剪力 Q 相同并等于外力 P 而与 P 作用点无关。将应变计 R_a、R_b 相邻接成半桥，

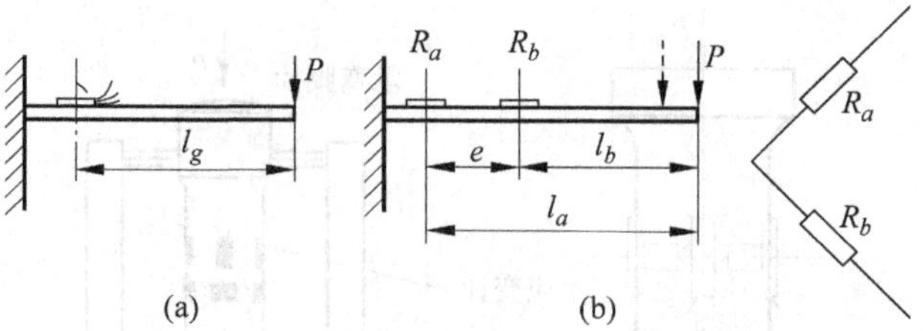

图 6-21 悬臂梁式弹性元件结构

则应变计阻值变化的差值与电桥输出成比例,即与 Q 及 P 成比例,此时电桥输出灵敏度有所下降。

3. 环形弹性元件

环形弹性元件的优点是结构简单、稳定,自振频率高,灵敏度高。根据环平均半径 R 和截面高 h 之比 $\frac{R}{h}$,可分为小曲率和大曲率两种:$\frac{R}{h}>5$ 的为小曲率,多制成等截面圆环;$\frac{R}{h}<5$ 的为大曲率,称厚环,多制成变截面的。两者计算方法不同。

小曲率圆环弹性元件一般用于测量 $(5\sim50)\times10^2$ N 的力,一种能加拉或压力,另一种只能加压力。在加载处一般有质量较大的环块(刚性较大),计算图如图 6-22 所示,由于对称只考虑 $\frac{1}{4}$ 环。计算与 φ_0 角(等截面区)对应的一段,φ 角对应处任一截面上弯矩 M_φ 为

$$M_\varphi=\frac{PR}{2}\left(\frac{\sin\varphi_0}{\varphi_0}-\cos\varphi\right)$$

由此得出 A、B 截面上的变矩 M_A、M_B:

$$M_A=\frac{PR}{2}\left(\frac{\sin\varphi_0}{\varphi_0}-\cos\varphi_0\right)M_B=\frac{PR}{2}\left(\frac{\sin\varphi_0}{\varphi_0}-1\right)$$

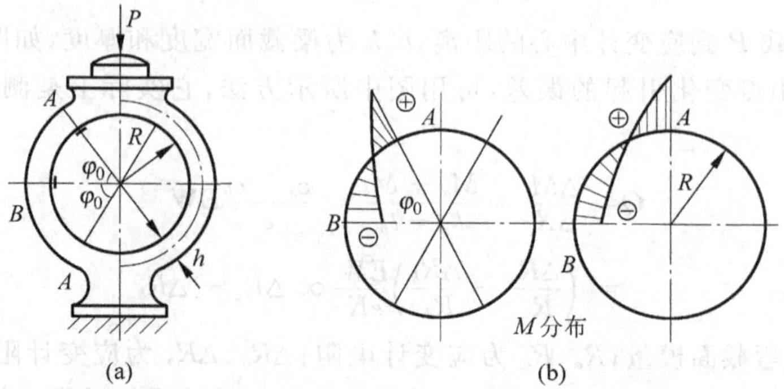

图 6-22 小曲率圆环弹性元件计算图及 M 分布图

式中，φ_0 为等厚度部分的角度；P 为压力时 M_A、M_B 正负号相反。

对于纯等厚度圆环 $\varphi_0=\frac{\pi}{2}$，$M_\varphi=PR\left(\frac{1}{\pi}-\frac{1}{2}\cos\varphi\right)$，此时 $M_A\left(\varphi=\frac{\pi}{2}\right)$，$M_B(\varphi=0)$ 分别为

$$M_A=0.318PR,\quad M_B=-0.182PR$$

两者符号相反。在圆环内表面 A 和 B 处粘贴应变计，可接成半桥或全桥得到较大输出。截面尺寸宽 b 和厚 h 由强度设计决定，小曲率圆环可用直梁公式近似计算弯曲应力：

$$\sigma_{\max}=\frac{M_{\max}}{W}\leqslant[\sigma]=E[\varepsilon] \tag{6-31}$$

式中，$M_{\max}$ 为 M_A 或 M_B 两者之间的最大弯矩；$W=\frac{bh^2}{6}$ 为抗弯截面模量，$[\sigma]$、$[\varepsilon]$ 分别为材料许用应力、许用应变。除强度计算外还应进行刚度计算。

4. 剪切轮辐式弹性元件

这是一种新的结构形式，其主要优点是：结构高度低、精度高、线性好，抗偏心载荷和侧向力强，输出灵敏度高，可承受较大荷载并有超载保护能力。其构造、受力及应变计布置接桥示意图如图 6-23 所示。轮辐条断面尺寸宽 b、高 h，由受力分析，辐条截面上剪应力 $\tau_{\max}=\frac{3P_1}{2bh}$，其中 P_1 为每辐条所受载荷，总荷载 P 分别由 4 根辐条承受，$P=4P_1$，$\tau_{\max}=\frac{3P}{8bh}$，由 45°方向应变计所受应变 ε 和纯剪应力状态可得

$$\tau_{\max}=\frac{E}{1+\nu}\varepsilon=\sigma,\quad \varepsilon=\frac{3(1+\nu)P}{8Ebh}$$

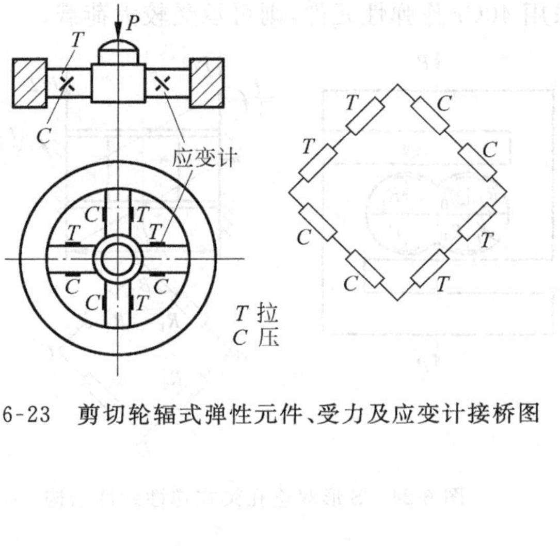

图 6-23 剪切轮辐式弹性元件、受力及应变计接桥图

将应变计接成全桥，电桥输出 $\Delta U=4\dfrac{U}{4}K\varepsilon=UK\varepsilon$，输出灵敏度为 $\dfrac{\Delta U}{U}=\dfrac{3(1+\nu)KP}{8Ebh}=\dfrac{3KP}{16bhG}$，其中 $G=\dfrac{E}{2(1+\nu)}$ 为剪切模量。由于应变计具有栅长 L 和栅宽 B，在轮辐截面上占一定面积，不能完全测出截面中心的应变，输出灵敏度有所减小，其计算公式为

$$\frac{\Delta U}{U}=\frac{3KP}{16bhG}\left(1-\frac{B^2+L^2}{6h^2}\right) \tag{6-32}$$

按上式可求出 b 和 h，一般取 $h=(2.5\sim3)b$，辐条长度 $l\approx(1\sim1.5)h$。

5. S形双连孔梁式弹性元件

这是一种新型弹性元件，它具有灵敏度高、线性好、抗偏心能力强等优点，适用于较小载荷测量。可将其弹性元件双连孔两侧简化为双梁，考虑两端固定，受力简化图如图6-24所示。受力 P 时，简化为每梁承受 $\dfrac{P}{2}$ 及弯矩。取每梁弯矩图为线性反对称分布，由此，孔内4个位置上应变绝对值相等，但符号相反，$\varepsilon_1=\varepsilon_3$，$\varepsilon_2=\varepsilon_4=-\varepsilon_1$，这样应变计组成全桥所测力 P 与总应变读数 ε 成比例，即

$$\varepsilon=4\varepsilon_1=\frac{4M_a}{EW}=\frac{12P(l_0-r)}{Ebh^2} \tag{6-33}$$

式中，M_a 为 a 截面弯矩；W 为抗弯截面模量；b、h 分别为弹性元件宽和孔边厚度；E 为材料弹性模量；l_0 为双连孔最大内间距的一半；r 为孔半径。举一实例：$b=12$ mm，$h=1.5$ mm，$r=\dfrac{D}{2}=11$ mm，$2l_0=41$ mm，$P=100$ N，$E=0.72\times10^5$ MPa（弹性元件材料为Ly12硬铝合金），则 $\varepsilon\approx5900$ μm/m，实际单个应变计应变 $\varepsilon_1=\dfrac{\varepsilon}{4}\approx1500$ μm/m。如采用40Cr作弹性元件，则可承受较大荷载。

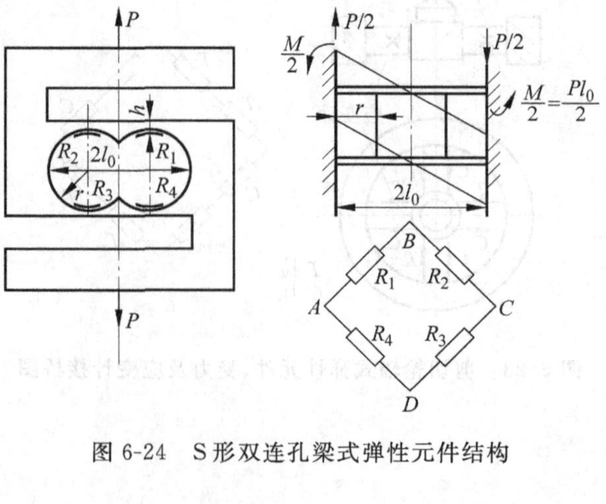

图6-24　S形双连孔梁式弹性元件结构

现在应用的多孔式框架结构弹性元件具有更大优越性，其结构如图 6-25 所示。中、小型传感器采用五连孔框架式弹性元件，具有刚性好、抗过载能力强的优点。应变计工作区为设计重点，弹性元件可简化为一端固定、另一端只能上下移动的悬臂梁。应变计粘贴处应力最大，截面 a 处面积为 bh，则应变电桥输出 ΔU 与输入 U 之比为

$$\frac{\Delta U}{U}=K\varepsilon=\frac{KM_a}{WE}=\frac{3PK(l_0-r)}{bh^2E} \tag{6-34}$$

式中，M_a 为 a 处弯矩；l_0 为图示孔间内侧距离的一半；r 为小孔半径。考虑到应变计栅长，小孔半径应适当加大（约等于应变计栅长）。此外，合理选择 l、b、h 大小，即可满足$\frac{\Delta U}{U}$的预定要求，但应兼顾弹性体有足够刚性和适当的固有频率 f_0，要注意 l_0 和 h 值大小，因弹性体刚度与 h^3 成正比，而 f_0 与 l_0^2 成反比，故 l_0 不宜过大。

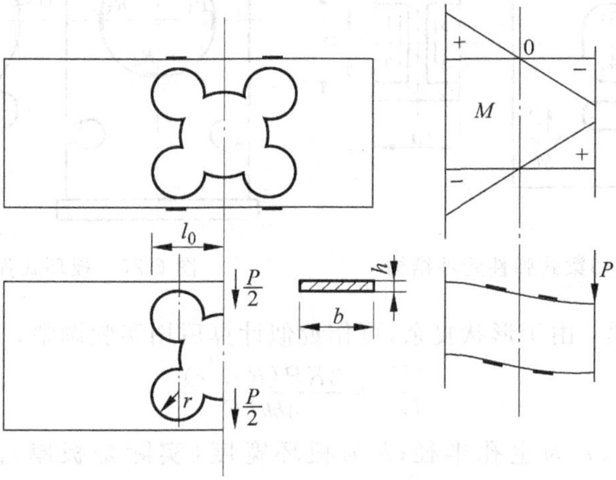

图 6-25　多孔框架式弹性元件结构

6. S 形剪切梁式弹性元件

S 形剪切梁式弹性元件用于作拉压力传感器可测较大荷载，其优点是不受加载点位置变化影响，抗横向力和偏心能力强。如图 6-26 所示，其受一反对称外力，腹板部分受剪切，中心最大剪应力 $\tau_{\max}$ 按下式计算：

$$\tau_{\max}=\frac{QS_y}{J_yb} \tag{6-35}$$

式中，剪力 $Q=P$；S_y 为静面矩；J_y 为惯性矩；b 为腹板厚度。举例：$B=15$ mm，$b=3$ mm，$H=30$ mm，$h=20$ mm，应变计电阻为 350 Ω，由剪切引起的应变由两对互相垂直的 45°应变计测量。将 4 枚应变计组成全桥，输出最大，如测力 $P=10\,000$ N，全桥应变读数 $\varepsilon\approx3600$ μm/m$\left(\text{其中 } Q=P, S_y=\frac{1}{8}[BH^2-(B-b)h^2], J_y=\frac{1}{12}[BH^3-(B-b)h^3], \varepsilon_{45}=\frac{1+\nu}{E}\tau_{\max}, E=2.0\times10^5\ \text{MPa}, \nu=0.3\right)$。

7. 板环式弹性元件

板环式弹性元件是前述圆环式弹性元件的一种变化，可看成变截面环，它使局部应力集中而提高了整体刚性。它适用于拉压，更适合于吊拉式荷载。图6-27表示其外形及应变计布置，适合荷载0.5～30 t。主圆孔周围的4个小孔，可改变应力流线分布并增加弹性。它具有结构简单、易加工、受力状态稳定等优点。

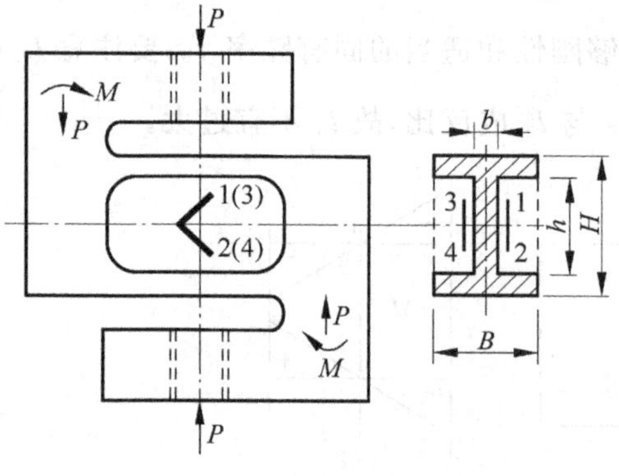

图6-26 剪切梁式弹性元件结构

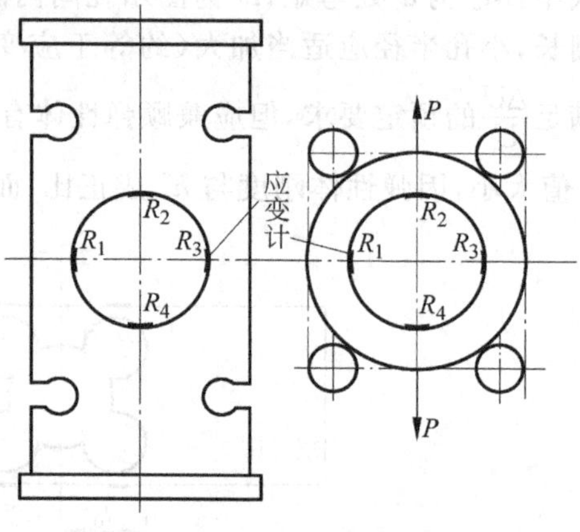

图6-27 板环式弹性元件结构

其设计要点是：由于形状复杂，可作近似计算后用实验调整。近似计算公式为

$$\frac{\Delta U}{U}=\frac{3KP(R+r)}{4bh^2E} \tag{6-36}$$

式中，R为板半宽；r为主孔半径；b为板环宽度（实际是板厚）；h为板环等效厚度$\left(h=\dfrac{H-2r}{2}, H\text{为板总宽}\right)$。

6.3.2 多维测力传感器

以上介绍的测力传感器都是测单向力的，工程实际和科学研究中常需要测多维力——多个力分量的传感器，它具有特殊的弹性元件形状和应变计布置，所测力分量数目与应变计桥路个数相等。例如三分量测力传感器，应用三组应变计组成的桥路，最多有6个力分量（3个力F_x、F_y、F_z和3个力矩M_x、M_y、M_z）测力传感器。下面介绍在不同领域中应用的多分力应变计式传感器。

1. 钻削测力传感器和车削测力传感器

(1) 钻削测力传感器

钻削测力传感器可用薄壁圆筒弹性元件及两组全桥接法的应变计组成，如图6-28所示。将应变计R_1、R_2、R_3、R_4沿圆筒纵向和横向粘贴，接成图示全桥线路，可测轴

力 F_z。R_5、R_6、R_7、R_8 与圆筒轴线成 ±45°方向粘贴，接成全桥可测扭矩 M_z，计算公式如下：

$$\varepsilon_F = 2(1+\nu)\frac{4F_z}{\pi(D_w^2-D_n^2)E} = \frac{8(1+\nu)F_z}{\pi E(D_w^2-D_n^2)} \tag{6-37}$$

式中，ε_F 为与 F_z 对应的应变读数；E、ν 为材料弹性模量和泊松比；D_w 和 D_n 分别为圆筒的外、内径。当壁厚很薄时，截面积 $\frac{\pi}{4}(D_w^2-D_n^2)$ 可简化为 $\pi D\delta$，其中 D 为平均直径，δ 为壁厚。

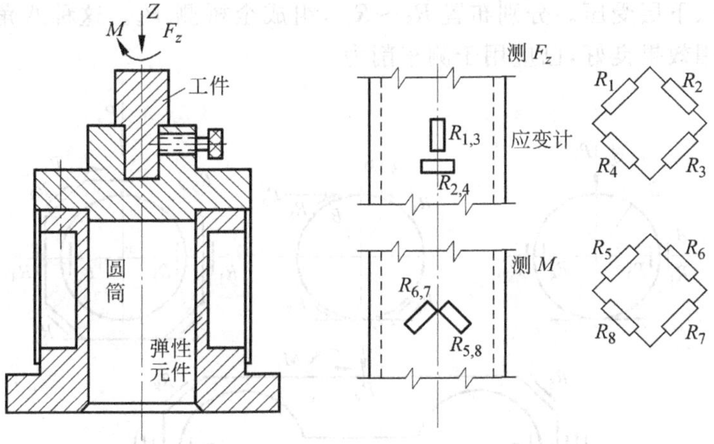

图 6-28 钻削测力传感器及应变计接桥示意图

扭矩对应的应变读数计算公式如下：

$$\varepsilon_M = \frac{4M_z}{2GW_z} = \frac{64(1+\nu)M_z}{\pi E D_w^3(1-\alpha^4)} \tag{6-38}$$

式中，$\alpha=\frac{D_w}{D_n}$；W_z 为抗扭截面模量。

由预计 M_z 和 F_z 可设计圆筒壁厚 δ，ε_M 和 ε_F 已由桥路分别放大 $2(1+\nu)$ 和 4 倍。

(2) 车削三向力八角环式测力传感器

车削测力传感器可用于测量车削加工中进给抗力 P_x、吃刀抗力 P_y 和主切削力 P_z 三个方向的力，采用八角环式弹性元件组成，它是由整块钢材上加工出相当 4 个半八角环形成的弹性元件。八角环实际由圆环演变而来，进给抗力 P_x 使环受切向力，吃刀抗力 P_y 使环受压力，主要削力 P_z 使上环受拉，下环受压。车削测力传感器外形如图 6-29 所示，其弹性元件上应变计布置和接桥示意图如图 6-30 所示。在环

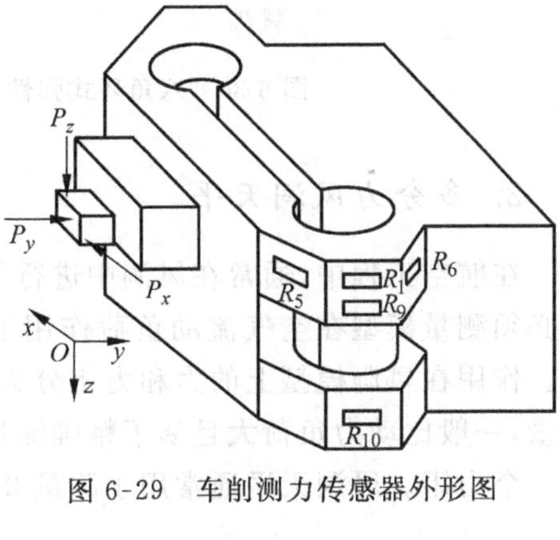

图 6-29 车削测力传感器外形图

上施加 P_y 时，环中 AA'截面受弯曲，BB'截面（与 P_y 作用力成 39.6°角）应变为零。在 AA'截面上布置两对应变计：R_1、R_3 受拉应变，R_2、R_4 受压应变。$R_1 \sim R_4$ 组成全桥测 P_y。如该环下侧固定，上侧受切向力 P_x，则 AA'截面应变为零，BB'截面受压应变，±39.6°的四个截面外表面布置应变计：R_5、R_7 受拉；R_6、R_8 受压。组成全桥测 P_x。由于圆环不易夹紧固定，用八角环代替。当环厚 h 与环平均半径 r 之比较小时，八角环近似于圆环，当$\frac{h}{r}$增大时，此角度增大（截面应变为零）。当$\frac{h}{r}=0.4$时，角度为 45°，因此八角环应变计贴在±45°斜面上。双层八角环有上下两层，在 P_z 作用下，上层受拉、下层受压。分别布置 $R_9 \sim R_{12}$，组成全桥测 P_z。这种八角环式三维测力传感器使用效果良好，已应用于测车削力。

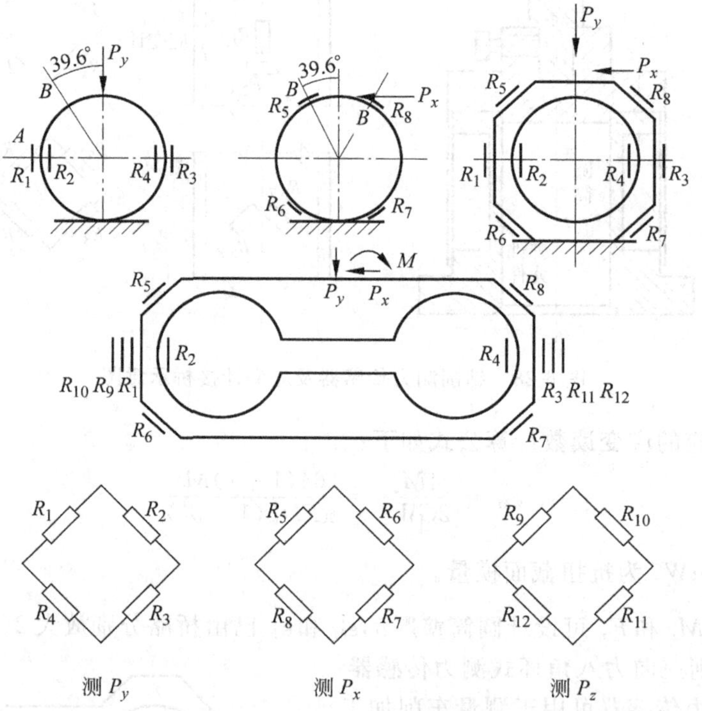

图 6-30　八角环式弹性元件应变计布置和接桥示意图

2. 多分力风洞天平

在航空工程中，通常在风洞中进行飞机的机翼局部或整体模型实验。风洞实验中必须测量模型在空气流动负荷作用下所产生的一个或几个轴的力或（和）绕轴力矩。作用在风洞模型上的力和力矩分为静力和动力负荷两类。静力负荷用风洞天平测量，一般比动力负荷大且易于精确测量，模型所受空间力最多有 6 个分量：3 个力和 3 个力矩。风洞天平通常用于测量 2～6 个分量力，风洞天平常用电阻应变计测量方法即实际上是应变计式多维测力传感器。对于高速风洞，由于模型是高速飞机的模型，它通常是喷气发动机推进的，因此恰好提供一个飞机模型和风洞天平连接和支撑的方法，喷气发动机需要钝形出口，支持机构可以由此装入，这样对流过模型的空气流干扰最小。但是一般要求风洞天平外形较小，小的直径不到15 mm，大的也不过50 mm。风洞天平的弹性元件一般用优质钢材，最好用不锈钢制成。这里介绍一个三分力风洞天平的情况。

模型在风洞中受升力 Q_y、弯矩 M_z 和扭矩 M_x，采用图6-31所示的弹性元件，现在同时对这三个分力进行测量。在截面1和4处各粘贴两个应变计 R_1、R_4，组成图示测升力 Q_y 的电桥。在 Q_y 作用下，截面1和4之间存在弯矩差 ΔM，利用它测量 Q_y：

$$Q_y = \frac{\Delta M}{L} = \frac{Eb\delta h}{L}\Delta\varepsilon \tag{6-39}$$

式中，δ 为1、4截面上的壁厚；b 为宽度；h 为壁间高；L 为两截面间距离；$\Delta\varepsilon$ 为应变差。由于全桥接法应变读数 $\varepsilon = 2\Delta\varepsilon$，由此得

$$\varepsilon = \frac{2L}{Eb\delta h}Q_y$$

由此式可见，L 愈大，电桥输出愈大。1、4截面安排在杆两端，且做成空心截面形状，是为了提高测 Q_y 的灵敏度，减少 M_x 的干扰。

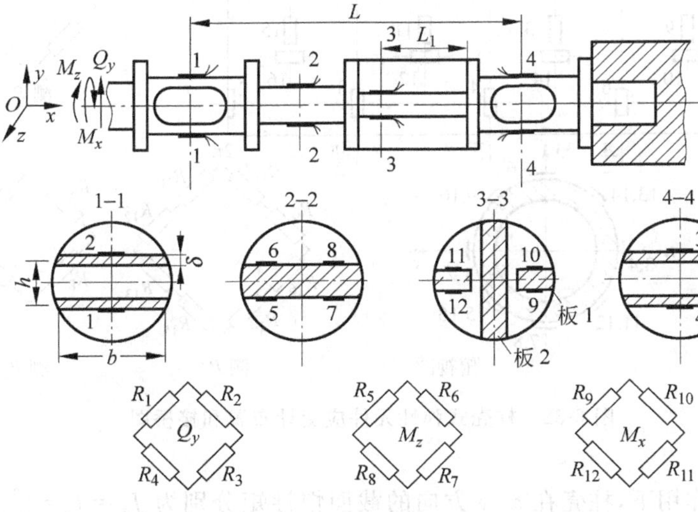

图6-31 三分力风洞天平示意图

截面2处粘贴 $R_5 \sim R_8$ 四个应变计，组成图示电桥测量弯矩 M_z，为了防止其他力分量干扰，应变计应粘贴在对称轴线位置上。截面3处粘贴 $R_9 \sim R_{12}$ 四个应变计组成图示电桥测量扭矩 M_x。在 M_x 作用下两侧杆产生弯曲变形，杆两端部应变量大，在此粘贴应变计，中间板用于增加 xy 平面内抗弯刚度以减少 M_z、Q_y 的干扰。扭矩 M_x 与应变读数 ε 之间可建立线性关系计算式。风洞天平最多的力分量为6个：

F_x、F_y、F_z、M_x、M_y、M_z。

风洞天平必须经过校准。在专门的校准试验台，分别施加标准的各已知力和力矩，测量各电桥应变读数和输出，这样建立各力分量与电桥输出的校准直线，以便根据风洞实验中测量的力和力矩说明实验结果。

3. 体育运动中应用的多维测力传感器举例

在运动生物力学研究中，常采用多维测力传感器以测量运动员在运动中运动器材的受力状态，例如用于鞍马运动的三维测力系统中的三维测力传感器。

根据鞍马的外形不变和运动员进行鞍马运动的要求，在鞍环下部设计安装三维测力传感器，其弹性元件选用柱壳形式，如图 6-32 所示，它分别承受 F_x、F_y、F_z 的作用。在 F_z 作用下柱壳在 z 方向受均匀压应力

$$\sigma_z = \frac{F_z}{\pi D\delta}$$

式中，D 为平均直径；δ 为壁厚。

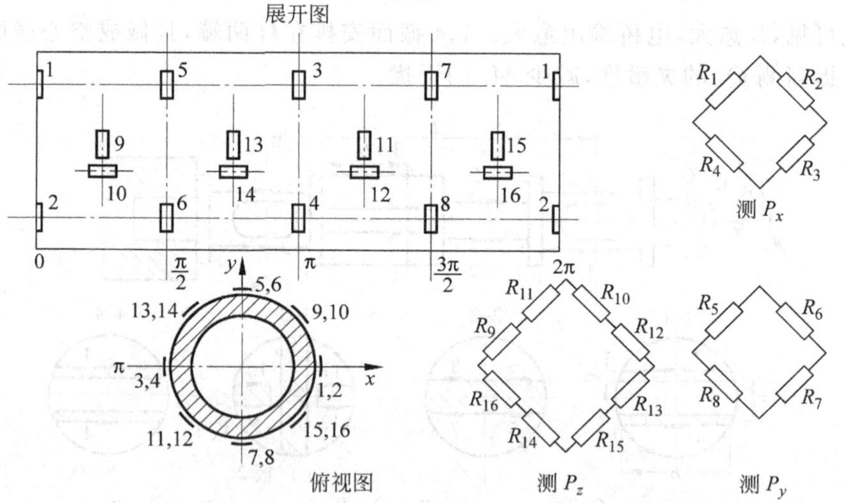

图 6-32 柱壳式弹性元件应变计布置和接桥图

在 F_x、F_y 作用下，柱壳在 x、y 方向的截面惯性矩分别为 $J_x = J_y = \frac{\pi}{64}(D_w^4 - D_n^4)$，式中 D_w、D_n 分别为柱壳外径和内径。在柱壳不同截面 A、B 上由于弯矩差别而有应力差别：

$$\sigma_A = \frac{M_A}{W}, \quad \sigma_B = \frac{M_B}{W}$$

式中，W 为抗弯截面模量。柱壳上作用 F_x、F_y、F_z 后各应变计布置和接桥如图 6-32 所示。P_x、P_y 两个横向力分别由 $R_1 \sim R_4$、$R_5 \sim R_8$ 两组应变计接桥（由 ΔM）测量。

P_z 由 $R_9 \sim R_{16}$,8 个应变计组成全桥测量,灵敏度提高到 $2(1+\nu)$倍。三维测力传感器在标准载荷下进行标定,即在分级标定载荷下测量输出信号大小,根据数据进行线性回归处理,确定灵敏度和线性度。

单个传感器标定分 z 向和 x、y 方向标定。z 向标定时,标定力在 0～700 N 之间,每 100 N 测量一次应变读数值,加卸载重复 3 次。x、y 方向标定时,用分度头三爪卡卡住连接件,由分度头刻度确定 x、y 方向。在 0～200 N 之间每 50 N 测量应变读数值,加卸载重复 3 次。各方向输出存在一定量向间干扰,可分别标定,并进行修正。由于鞍马上传感器所处工作状态与单个传感器不同,将 4 个传感器分别装在鞍环上后,对 z 向单鞍环进行标定,再在双鞍环上由三个方向加载分别进行标定。采用这些传感器及测试信号处理系统已成功地进行鞍马运动员环上并腿全旋和托马斯全旋等动作测试及分析,得到的结果有助于科学地指导体育训练,提高运动技术水平。

6.3.3 压力(压强)传感器

压力传感器广泛用于测量流体压力,例如管道内部压力,内燃机燃气压力,喷射压力以及化学反应、发动机和导弹、火箭试验中的压力等。它由应变计和适当的弹性元件组成,压力量程小至 10^{-3} MPa,大到 10^3 MPa。应变计式压力传感器按结构形状可分为以下几种。

1. 膜片式压力传感器

图 6-33 表示周边固定的圆形金属膜片,当一面承受压力时膜片受弯曲,另一面(粘贴应变计)上的径向应变 ε_r 和周向应变 ε_θ 分别为

$$\begin{cases} \varepsilon_r = \dfrac{3p}{8h^2E}(1-\nu^2)(r^2-3x^2) \\ \varepsilon_\theta = \dfrac{3p}{8h^2E}(1-\nu^2)(r^2-x^2) \end{cases} \tag{6-40}$$

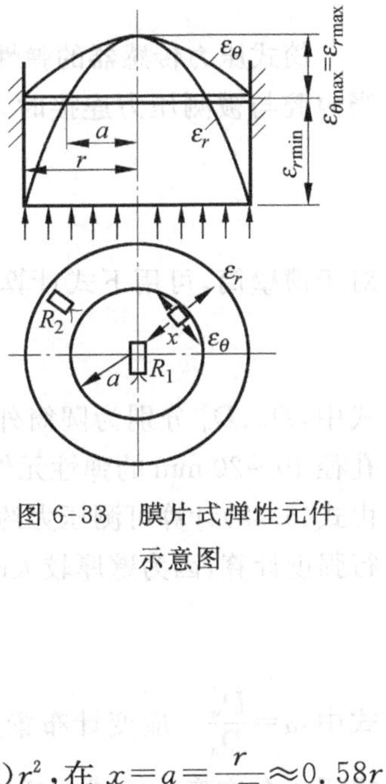

图 6-33 膜片式弹性元件示意图

式中,p 为压力;E、ν 分别为膜片材料的弹性模量和泊松比;r 为膜片半径;x 为膜片中心到应变计算点的距离。在膜片中心 ε_r 和 ε_θ 达到正的最大值:

$$\varepsilon_{r\max} = \varepsilon_{\theta\max} = \frac{3p}{8h^2E}(1-\nu^2)r^2$$

在膜片边沿 $\varepsilon_\theta=0$,ε_r 达负的最大值:$\varepsilon_{r\min} = -\dfrac{3p}{4h^2E}(1-\nu^2)r^2$,在 $x=a=\dfrac{r}{\sqrt{3}}\approx 0.58r$ 处 $\varepsilon_r=0$。

如果采用小栅长的应变计,将一枚粘贴在中心正应变区(R_1),另一枚粘贴在负应变区(R_2)。两应变计接成半桥使输出较大并进行温度补偿。随着箔式应变计技

术发展，已制成专门的圆膜形箔式应变花（见图 6-34），它周边辐射栅受负应变 ε_r，中部圆弧栅受正应变 ε_θ，电阻元件分四部分接成全桥，这样能最大限度利用膜片的应变分布状态，输出很大信号。应当指出，这种膜片式弹性元件有时非线性较大，设计时要求 $\frac{r}{h} \leqslant \sqrt[4]{\frac{3.5E}{p}}$。这样选取的 $\frac{r}{h}$，非线性小于 3%。已经采用半导体应变计制成高灵敏小型压力传感器。

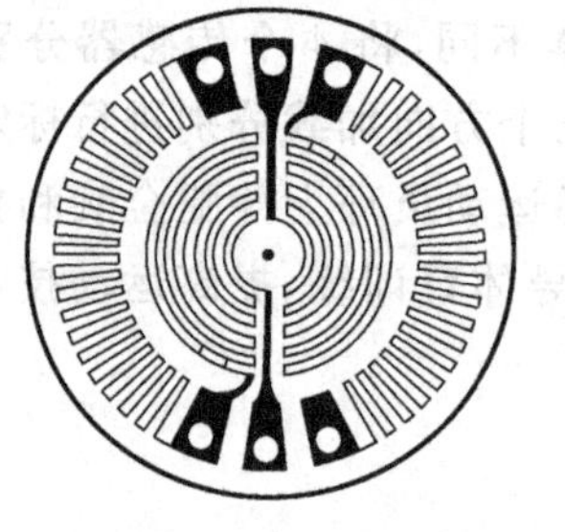

图 6-34 测压用圆膜形箔式应变花

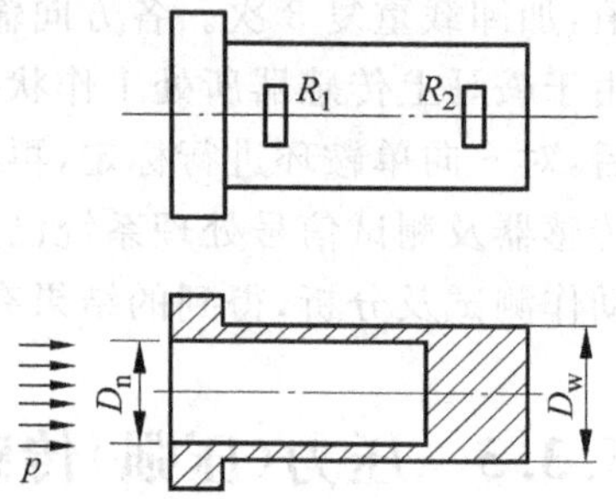

图 6-35 筒式压力传感器示意图

2. 筒式压力传感器

筒式压力传感器的弹性元件具有盲孔，一端有法兰与被测系统连接（见图 6-35），当内腔与被测压力连接时，圆筒部分外表面周向应变 ε_θ 为

$$\varepsilon_\theta = \frac{p(2-\nu)}{E\left(\frac{D_w^2}{D_n^2-1}\right)} \tag{6-41}$$

对于薄壁筒，可用下式计算：

$$\varepsilon_\theta = \frac{pD_n}{2E\delta}(1-0.5\nu) \tag{6-42}$$

式中，D_w、D_n 分别为圆筒外径和内径；δ 为筒壁厚，应变与壁厚成反比。实际上，对于孔径 10～20 mm 的弹性元件，壁厚最小约 0.5 mm，用钢材制成，应变 $\varepsilon=1000\ \mu m/m$，则由式(6-42)计算可测压力约 12～24 MPa。测量高压时要注意连接处密封问题，并要进行强度计算，因为壁厚较大时，内壁周向应力 σ_n 大于外表面周向应力较多，计算公式为

$$\sigma_n = p\frac{\alpha^2+1}{\alpha^2-1} \tag{6-43}$$

式中，$\alpha=\frac{D_w}{D_n}$。应变计布置见图 6-35，R_1 为测量应变计，R_2 为补偿应变计，组成半桥或用 4 个应变计组成全桥。

3. 组合式压力传感器

这种传感器中应变计不粘贴在压力感受元件上，而是由某传力杆将感受元件的

位移传递到粘贴有应变计的弹性元件上。感受元件有膜片、波纹管等。弹性元件有悬臂梁或双支点梁等。悬臂梁刚度应高于感受元件的刚度,这样可减小感受元件的滞后和不稳定性。波纹管式感受元件可测量小于 0.1 MPa 的压力,但自振频率低,不适合于测量瞬态过程。如果用一薄壁圆筒代替传力杆和悬臂梁,则可提高刚度。如图 6-36(a)所示,感受元件是双垂曲线形膜片,能与圆筒很好接合。它用于高性能内燃机燃烧压力指示的传感器,自振频率高,适合于测量瞬态过程。应变计粘贴在圆筒上,可采用空气或液体冷却,使传感器可在 180℃或更高温度下使用。其他组合式压力传感器示意图见图 6-36(b)~(e)。

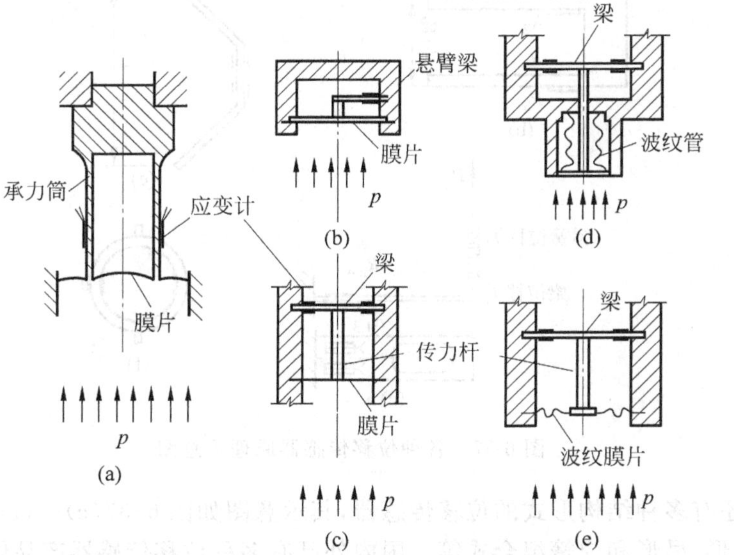

图 6-36 各种组合式压力传感器示意图

6.3.4 位移传感器

应变计式位移传感器有多种结构形式,通常测位移的大小从 $10^{-1}\sim10^{-3}$ mm。最简单的是利用悬臂梁结构,在梁上下表面粘贴应变计,梁自由端的位移(挠度)与梁表面应变成正比,如图 6-37(a)所示。由材料力学可知,梁端点挠度 $y_0=\dfrac{Pl^3}{3EJ}$,$J=\dfrac{bh^3}{12}$,应变计处应变为

$$\varepsilon=\frac{\sigma}{E}=\frac{6Px}{bh^2E}$$

由此得出

$$y_0=\frac{2l^3}{3hx}\varepsilon$$

式中，h 为梁厚度；P 为作用力；l 为跨度；x 为应变计位置到自由端的距离；E 为弹性模量；J 为惯性矩。利用此原理制成图 6-37(b)所示双悬臂梁式位移传感器，常称为夹式引伸计，可测量裂纹张开位移。已经制成可用于高温(400～500℃)和低温(－269～－30℃)的夹式引伸计，用于材料高、低温下的断裂韧性和疲劳特性的实验研究。

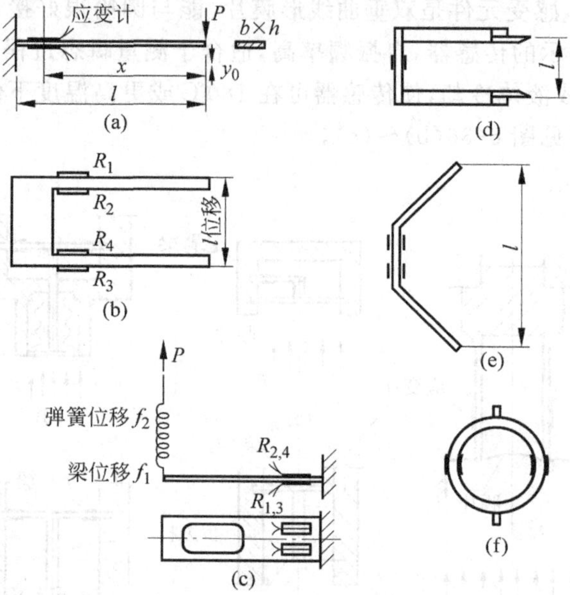

图 6-37 各种位移传感器原理示意图

此外还有多种结构形式的位移传感器，其示意图如图 6-37(c)～(f)所示，有半圆环形、圆环形、弓形和弹簧组合式等。国内外已有多种位移传感器产品供测量使用。

6.3.5 扭矩传感器

在力学测量中常遇到扭矩(扭转力矩)的测量，例如各种发动机转子的旋转力矩、汽车方向盘旋转等。常用于扭矩传感器的弹性元件为实心圆轴或空心圆筒，由材料力学可知，圆杆受扭后表面上属纯剪力状态，在轴线上的±45°方向受拉、压应力，且正应力 σ_{45} 等于最大剪应力 $\tau_{\max}$。在±45°方向粘贴应变计，其应变 ε 与扭矩 M 之间有下列关系：

$$\varepsilon = \frac{1+\nu}{E}\tau_{\max} = \frac{16(1+\nu)}{\pi D^3 E}M \tag{6-44}$$

式中，D 为实心圆杆直径；E、ν 为弹性常数。在圆杆轴线的±45°方向粘贴 4 个应变计组成全桥，则输出应变读数 ε_i 为 ε 的 4 倍。此外扭矩传感器弹性元件还有图 6-38 中所示笼式、轮辐式等形式。扭矩传感器可以测量静止和旋转物体的反作用和转动力矩。对于后者，由于物体旋转，还需有中间传递环节——特有的传输系统，分有滑环结构和无滑环结构两种，称之为集流器或引电器，这在 5.3 节中有详细介绍。

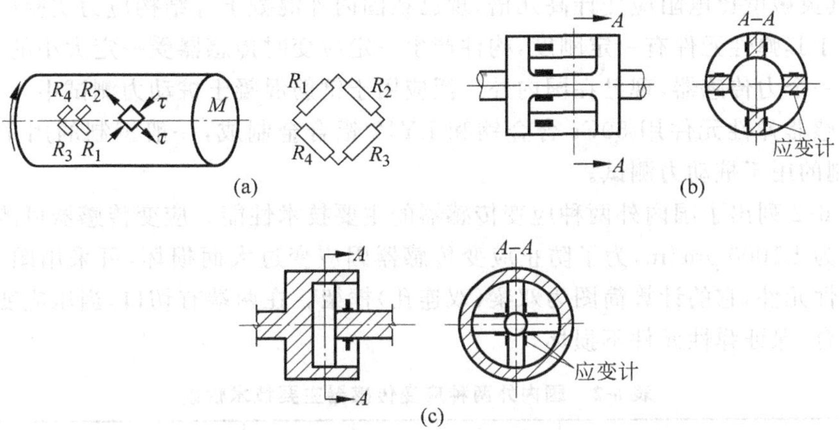

图 6-38 各种扭矩传感器弹性元件示意图

6.3.6 应变传感器

应变传感器是一种新型的应变计式传感器，它的弹性元件形状独特，是一个变截面圆环。图 6-39 所示为传感器弹性元件的示意图和用有限元方法计算应力分布用的单元网格图。4 个应变计粘贴在图示位置，图中两圆孔是安装在被测构件表面上的位置，基长为 3 in＝76.2 mm。传感器实质是测量基长的位移变化，并反映该基长区的平均应变，故称为应变传感器，特别用于钢筋混凝土构件混凝土表面的应变测量，可代替大标距电阻应变计。它可快速在混凝土表面安装，应变传感器可多次重复

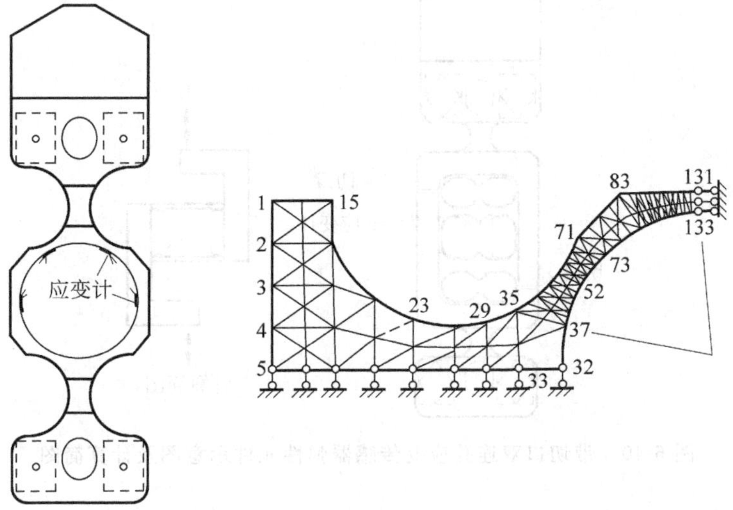

图 6-39 应变传感器弹性元件示意图及有限单元网格图

使用,其灵敏度比电阻应变计高几倍,现已在国内外混凝土等结构应力实验中使用。

由于其弹性元件有一定刚度,构件产生一定应变时传感器受一定大小的力,因此它又是一个力传感器,现已在国内外广泛应用于钢筋混凝土桩动力测试中。

传感器弹性元件用 50Cr 合金钢和 LY12 铝合金制成,一般钢制的用于应变测量,铝制的用于桩动力测试。

表 6-2 列出了国内外两种应变传感器的主要技术性能。应变传感器可测量的应变范围为±1000 μm/m,为了防止应变传感器因应变过大而损坏,可采用图 6-40 所示的弹性元件,它的计算简图为双梁(双连孔)框架。在两端有切口,当压应变过大时切口闭合,保证弹性元件不损坏。

表 6-2 国内外两种应变传感器主要技术性能

技术性能 \ 厂家	中国盛赛克	美国 BDI
基长/mm	76.2	76.2(可用延长杆加长)
弹性元件材料	钢、铝合金	钢、铝合金
电路	350 Ω 四应变计全桥	350 Ω 四应变计全桥
精度/%	±1	±2
应变范围/(μm/m)	钢±1000,铝±4000	钢±1000,铝±4000
灵敏度/(μm/m)/(mV/V)	550	575
绝缘电阻/MΩ	>500	
额定输出/(mV/V)	1.8	
1000 μm/m 的力/N	钢 120,铝 40	钢 125,铝 40

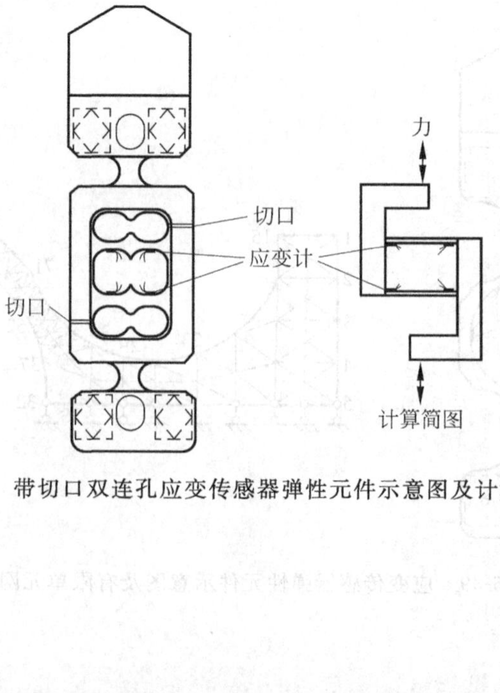

图 6-40 带切口双连孔应变传感器弹性元件示意图及计算简图

6.3.7 加速度传感器

振动物体的振动幅度、速度及加速度测量，需要相应的传感器。电阻应变计式加速度传感器广泛用于振动测量领域，其优点是低频特性好，价格低廉，输出灵敏度高及可测加速度较大(1～50)g(g 是重力加速度)或更大。

常用的加速度传感器采用悬臂梁(可做成等应力形式)为弹性元件，其原理示意图如图 6-41 所示。梁一端固定在基底上，另一端安装一定质量的重块，当传感器固定到被测振动物体上，悬臂梁轴线与被测加速度方向垂直时，重块产生位移而使梁变形，梁根部粘贴的应变计组成全桥梁变形时产生电压输出。设振动物体的位移为 x，重块振动幅度为 y，振动物体的振动频率为 f，系统的固有频率为 f_0。

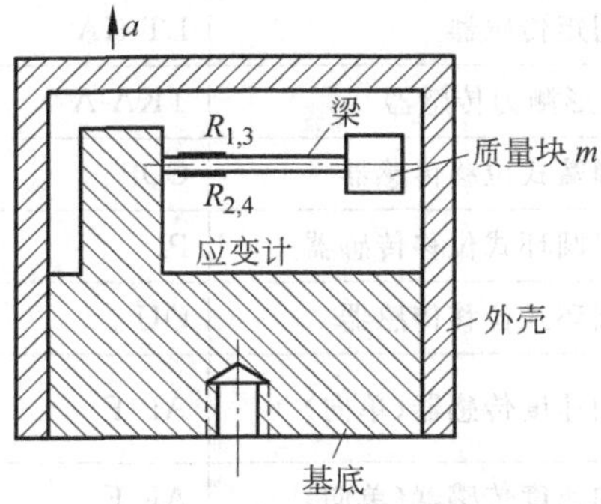

图 6-41 加速度传感器示意图

当 $f_0 \ll f$ 时，y 与 x 成正比；当 $f_0 \gg f$ 时，y 与 $\frac{d^2x}{dt^2}$(即加速度 a)成正比，即 $y \propto a$，而 $y_{max}=\frac{a_{max}}{f_0^2}$。$y$ 与应变计的应变有固定关系，因此用加速度传感器的应变电桥输出可测量振动物体的加速度 a。其条件是被测振动物体的振动频率 $f \ll f_0$(传感器系统的固有频率)。悬臂梁系统的相对阻尼比 $\zeta \approx 0.7$，这时线性关系才是准确的。通常加速度传感器中填充硅油，使阻尼满足要求。悬臂梁系统的固有频率一般在 100 Hz 以下，视所测加速度的量程而不同。国内外生产的电阻应变计式加速度传感器，加速度量程有 1g、(5～50)g(g 为重力加速度)，其固有频率相应为 50～400 Hz，可测加速度频率为 30～200 Hz。有的加速度传感器采用半导体应变计，其输出灵敏度可由 0.5 mV/V(电阻应变计)提高到 1～25 mV/V。此外还有可同时测三轴方向加速度的传感器。表 6-3 列举出某些应变计式传感器产品。

表 6-3 应变计式测力、压力、位移、加速度传感器产品举例

名　称	型　号	量　程	精度/%	产品国
测力传感器(拉压式)	BLR-1,1M	150 kgf～100 tf 200 kgf～1 tf	±0.5	中国
高精度测力传感器(拉式)	BLR-24	20 kgf～20 tf	±0.05	中国
高精度测力传感器(压式)	BHR-25	5 kgf～2 tf	±0.03	中国
测力传感器(拉压式、S形剪切梁)	YLC-7	2～5 kN	±0.02～±0.03	中国

续表

名　称	型　号	量　程	精度/%	产品国
测力传感器(剪切轮辐式)	YLC-2	10～500 kN	±0.02～±0.05	中国
压力传感器	BPR-2,40	1～25 MPa 1～50 MPa	±1 ±0.5	中国
低高度荷重传感器	CLG-B	1～20 tf	±0.1	日本TML
扭矩传感器	LT-KA	5～50 kgf·m	±0.3	日本TML
S形测力传感器	TKA-A	10～1000 kgf	±0.05	日本TML
弹簧式位移传感器	CDP	5,10,25,50,100 mm	±0.1～0.15	日本TML
半圆环式位移传感器	PI	2～5 mm	±1	日本TML
圆环式位移传感器	OU	10,20,30 mm	±1	日本TML
加速度传感器(单向)	AR-F	(1～50)*g*(重力加速度)	±1	日本TML
加速度传感器(单向)	AR-E	(100～200)*g*	±1	日本TML
三向加速度传感器	AR-TF	(2～50)*g*	±1	日本TML

注：1 kgf=9.81 N,1 tf=9.81 kN,1 kgf·m=9.81 N·m。

6.4 压阻式传感器

6.4.1 概述

压阻式传感器是利用半导体材料压阻效应制成的传感器,主要用于测量压力、加速度和力等参数。压阻式传感器有两类:一类是利用半导体应变计粘贴在弹性元件上,像前面电阻应变计式传感器那样,属粘贴型压阻式传感器,其基本特性与应变计式传感器类似;另一类是在半导体材料基片上,用集成电路工艺制成扩散电阻作为测量传感器元件,称为扩散型压阻式传感器。这里只讨论后者。

在第2章半导体应变计一节中已知压阻系数Π与半导体材料的晶向有关,不同晶向的Π相差很大。单晶硅是各向异性材料,由于立方晶体的对称性,压阻系数Π_{ij}独立的只有Π_{11}、Π_{12}、Π_{44}三个,其中Π_{11}为纵向压阻系数,Π_{12}为横向压阻系数,Π_{44}为剪切压阻系数,这是相对于晶轴坐标系得出的。任一晶向可以用其法线的方向余弦l、m、n表示。任意方向L(晶向)的纵向压阻系数Π_L由下式得出:

$$\Pi_L = \Pi_{11} - 2(\Pi_{11} - \Pi_{12} - \Pi_{44})(l_1^2 m_1^2 + m_1^2 n_1^2 + l_1^2 n_1^2) \tag{6-45}$$

而与该方向垂直的B方向——横向压阻系数Π_B为

$$\Pi_B = \Pi_{12} + (\Pi_{11} - \Pi_{12} - \Pi_{44})(l_1^2 l_2^2 + m_1^2 m_2^2 + n_1^2 n_2^2) \tag{6-46}$$

其中，l_1、m_1、n_1 和 l_2、m_2、n_2 分别为 L 轴和 B 方向的方向余弦。

如在单晶硅纵向晶向上同时作用纵向应力 σ_L 和横向应力 σ_B，则此晶向上电流流过的电阻变化率可由下式求得：

$$\frac{\Delta R}{R} = \Pi_L\sigma_L + \Pi_B\sigma_B \tag{6-47}$$

室温下单晶硅 P 型和 N 型各压阻系数 Π_{11}、Π_{12}、Π_{44} 数值见表 6-4。P 型硅的 Π_{11} 及 $\Pi_{12} \ll \Pi_{44}$，可忽略 Π_{11}、Π_{12}；N 型硅的 $\Pi_{44} \ll \Pi_{11}$ 及 Π_{12}，可忽略 Π_{44}。

表 6-4 单晶硅的 Π_{11}、Π_{12}、Π_{44} 数值 10^{-5}/MPa

晶体	导电类型	$\rho/\Omega\cdot$cm	Π_{11}	Π_{12}	Π_{44}	泊松比 ν
Si	P	7.8	6.6	−1.1	138.1	0.18
	N	11.7	−102.2	53.4	−13.6	0.28

影响压阻系数大小的因素主要是扩散杂质的表面浓度和温度，一般扩散杂质浓度增加时 Π 减小，温度增加时 Π 也减小。

6.4.2 压阻式压力传感器

在圆形硅膜片上应力分布计算公式如下：

$$\begin{cases} \sigma_r = \dfrac{3p}{8h^2}[(1+\nu)r^2 - (3+\nu)x^2] \\ \sigma_\theta = \dfrac{3p}{8h^2}[(1+\nu)r^2 - (1+3\nu)x^2] \end{cases} \tag{6-48}$$

式中，σ_r、σ_θ 分别为径向和周向应力；r 为圆膜片半径。沿[110]晶向在 0.635r 处内外各扩散两个 P 型电阻，由于[110]晶向的横向为[001]，由式(6-45)和式(6-46)及 $\Pi_{44} \gg \Pi_{11}$ 和 Π_{12}，可算出 Π_L 和 Π_B：

$$\Pi_L = \frac{1}{2}\Pi_{44}, \quad \Pi_B = 0$$

每个电阻的相对变化 $\dfrac{\Delta R}{R} = \Pi_L\sigma_r = \dfrac{1}{2}\Pi_{44}\sigma_r$，内、外电阻的相对变化分别为

$$\left(\frac{\Delta R}{R}\right)_{\mathrm{i}} = \frac{1}{2}\Pi_{44}\bar{\sigma}_{ri}, \quad \left(\frac{\Delta R}{R}\right)_{0} = \frac{1}{2}\Pi_{44}\bar{\sigma}_{r0} \tag{6-49}$$

式中，$\bar{\sigma}_{ri}$，$\bar{\sigma}_{r0}$ 分别为内、外电阻所受径向应力平均值。设计时，安排电阻的位置使 $\bar{\sigma}_{ri}$，$\bar{\sigma}_{r0}$，则有 $\left(\dfrac{\Delta R}{R}\right)_{\mathrm{i}} = -\left(\dfrac{\Delta R}{R}\right)_{0}$。图 6-42 表示晶向为[1$\bar{1}$0]的硅膜片上电阻布置图。

为使输出线性度好，要限制硅膜片上最大应变不超过 400～500 μm/m，这样扩散电阻上所受应变不太大。图 6-43 表示压阻器件的构造示意图。压阻器件一般用

恒流源或恒压源供电，组成测量电桥线路，并需有温度补偿措施以消除零点温度漂移和灵敏度温漂。

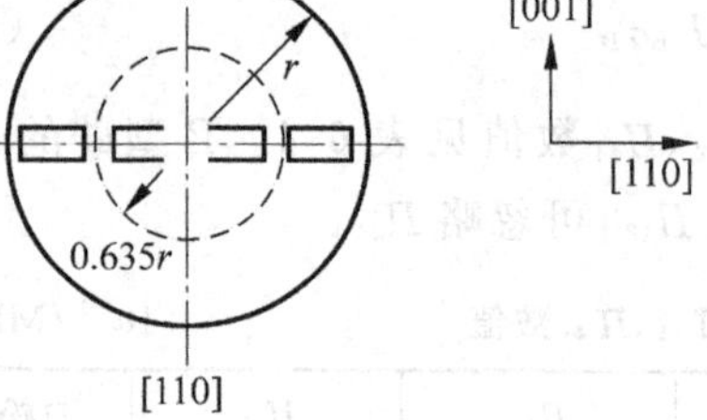

图 6-42 晶向为[1$\bar{1}$0]的硅膜片上电阻布置

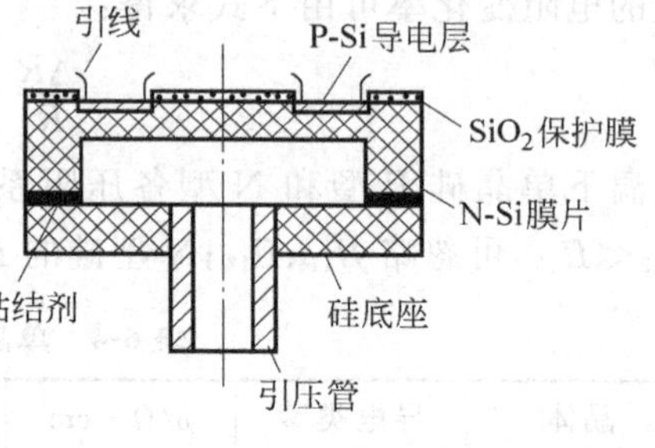

图 6-43 压阻式压力传感器构造示意图

6.4.3 压阻式加速度传感器

利用单晶硅作悬臂梁(见图 6-44)，在梁根部上下表面扩散四个电阻，梁自由端的质量块受加速度作用而使梁弯曲受力，四个电阻阻值发生变化。悬臂梁单晶硅衬底用[001]晶向，沿[1$\bar{1}$0]与[110]晶向各扩散两个电阻，应力为$\sigma_L=\frac{6ml}{bh^2}a$，式中$m$为质量，$b$、$h$分别为梁宽和厚，$l$为质量块中心至根部电阻的距离，$a$为加速度。[1$\bar{1}$0]晶向和[110]晶向两个电阻变化率分别为

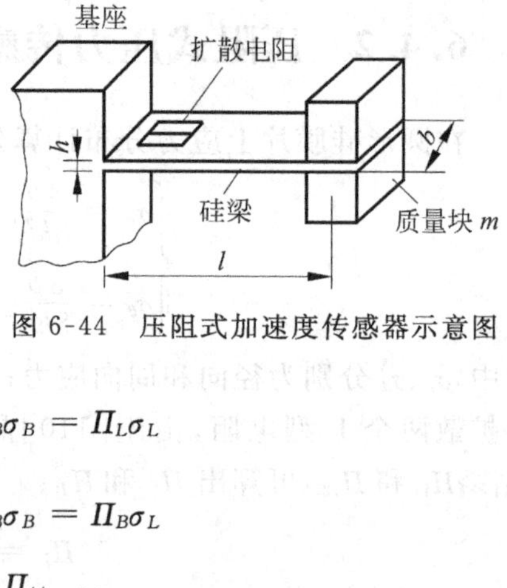

图 6-44 压阻式加速度传感器示意图

$$\left(\frac{\Delta R}{R}\right)_{[1\bar{1}0]}=\Pi_L\sigma_L+\Pi_B\sigma_B=\Pi_L\sigma_L$$

$$\left(\frac{\Delta R}{R}\right)_{[110]}=\Pi_L\sigma_L+\Pi_B\sigma_B=\Pi_B\sigma_L$$

由于[1$\bar{1}$0]的纵向$\Pi_L=\frac{\Pi_{44}}{2}$，[110]的横向$\Pi_B=-\frac{\Pi_{44}}{2}$，得

$$\begin{cases}\left(\dfrac{\Delta R}{R}\right)_{[1\bar{1}0]}=\Pi_{44}\dfrac{3ml}{bh^2}a\\\left(\dfrac{\Delta R}{R}\right)_{[110]}=-\Pi_{44}\dfrac{3ml}{bh^2}a=-\left(\dfrac{\Delta R}{R}\right)_{[1\bar{1}0]}\end{cases}\tag{6-50}$$

压阻式加速度传感器测量加速度时，固有频率可按下式计算：

$$f_0=\frac{1}{2\pi}\sqrt{\frac{Ebh^2}{4ml^3}}\tag{6-51}$$

6.5 压电式传感器

压电式传感器是一种典型的有源传感器，它通过某些电介质的压电效应，实现非电量的电测量。压电传感元件属力敏元件，可测量能转换为力的诸如力、压力、加速度等物理量。压电式传感器具有结构简单、工作可靠、灵敏度高、响应频带宽、信噪比高、可小型化等优点，因此在航空航天、工程结构、力学、生物医学等许多领域中得到广泛应用。

6.5.1 压电效率和压电材料

某些电介质，在沿一定方向上受外力作用而变形时，内部产生极化现象，在其表面上产生电荷，当外力去掉时，重新回到不带电状态，这种机械能转变成电能的现象，称为顺压电效应；相反，在电介质极化方向上加电场，它会产生机械变形，这称为逆压电效应。具有压电效应的电介质称为压电材料。大多数晶体都有压电效应，但多数效应太小，能应用于测量的不多。石英是性能良好的一种自然压电材料，而人工制造的压电陶瓷如钛酸钡、锆钛酸铅等多晶压电材料广泛应用于压电式传感器。现以石英为例说明压电效应。石英晶体是各向异性体，理想石英晶体及其三轴直角坐标如图 6-45 所示。x 轴称为电轴，在垂直于此轴的旋面上压电效应最明显。y 轴称为机械轴，在电场作用下沿此轴方向机械变形最明显。z 轴垂直于 x、y 轴，称为光轴，z 轴方向上没有压电效应。设从石英晶体上切下一片平行六面体，使其晶面分别平行于 x、y、z 轴，见图 6-46(a)。实验表明：当晶体片沿 x 轴受压应力 σ_x 作用时，晶体厚度变化并发生极化现象，在晶体弹性范围内，极化强度 P_x 与应力 σ_x 成正比，即

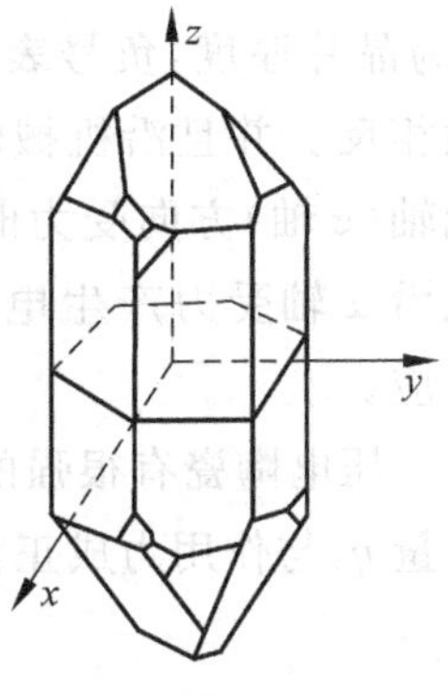

图 6-45 理想石英晶体及坐标轴

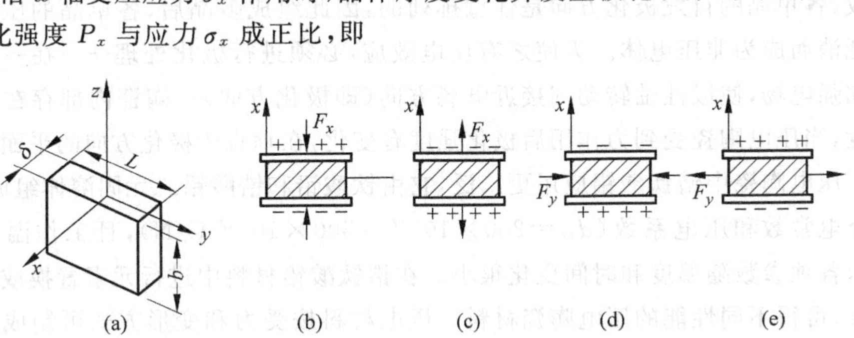

图 6-46 石英晶体切片及电荷极性与受力方向关系

$$P_x = d_{11}\sigma_x = d_{11}\frac{F_x}{Lb} = \frac{q_x}{Lb} \tag{6-52}$$

式中，F_x 为沿 x 轴施加的压力，N；d_{11} 为压电系数，它是压电性能参数，因不同受力和变形方式而不同，如石英晶体在 x 轴方向受压缩力，d_{11} 值为 2.3×1^{-12} C/N；q_x 为垂直于 x 轴平面上的电荷；极化强度 P_x 在数值上等于晶面上的电荷密度；L、b 分别为晶体片的长和宽。由上式可得

$$q_x = d_{11}F_x \quad (\mathrm{C}) \tag{6-53}$$

由此式可知，晶片受 x 轴方向压力 F_x 时，产生的电荷 q_x 正比于压力，而与晶片几何尺寸无关，电荷极性见图 6-46(b)。如晶体片在 x 轴方向受拉力 F_x 作用，则出现等量极性相反的电荷，如图 6-46(c)所示。如在 y 轴方向对晶片加压力 F_y，则在垂直于 x 轴平面上出现电荷，其大小为(见图 6-46(d)、(e))

$$q_y = d_{12}\frac{Lb}{\delta b}F_y = d_{12}\frac{L}{\delta}F_y = -d_{11}\frac{L}{\delta}F_y \tag{6-54}$$

式中，d_{12} 为 y 轴受力时的压电系数，根据石英晶体的对称性条件有 $d_{12}=-d_{11}$；δ 为晶片厚度，负号表示沿 y 轴的压力产生的电荷与沿 x 轴加压力产生的电荷极性相反。并且沿机械轴(y 轴)对晶片加力时，产生的电荷量与晶片尺寸有关。沿光轴(z 轴)方向受力时(不论压力还是拉力)都不产生电荷(无压电效应)。通常，把沿 x 轴受力产生电荷称为纵向压电效应，沿 y 轴受力产生电荷称为横向压电效应。

压电陶瓷有很强的压电效应。当它受极化方向作用力 F 时，垂直表面上产生电荷量 q，与作用力成正比，即

$$q = d_{33}F \tag{6-55}$$

式中，d_{33} 为陶瓷的压电系数。d_{33} 比石英的 d_{11} 大得多，因此用压电陶瓷作传感器其灵敏度比用石英的高很多。压电陶瓷的压电系数也与受力和变形方式有关，这可由压电材料性能表中查到。压电陶瓷是人工制造的多晶压电材料，它由无数细小的单晶组成，各单晶的自发极化方向是任意排列的，因此组成多晶后，各单晶的压电效应相互抵消而成为非压电体。为使之有压电效应，必须进行极化处理——在一定温度下施加强电场，使极性轴转动到接近电场方向(即极化方向)。陶瓷内部存在剩余极化强度，当压电陶瓷受到力作用后极化强度有变化，在垂直于极化方向的平面上产生电荷。压电陶瓷中锆钛酸铅应用更广泛，它由钛酸铅和锆酸铅二元固溶体组成，具有很高介电常数和压电系数($d_{33}=200\times10^{-12}\sim500\times10^{-12}$ C/N)，且工作温度可达200℃，各项参数随温度和时间变化很小。在锆钛酸铅材料中进行元素置换或添加微量元素，可得不同性能的压电陶瓷材料。压电材料按受力和变形方式可制成各种形状，如片状和管状，分别制成压缩型和剪切型的压电传感器。

6.5.2 压电式加速度传感器

1. 结构原理

压电式加速度传感器分为压缩型和剪切型两种。压缩型压电式加速度传感器的结构原理如图 6-47 所示。压电元件一般由两片压电片组成，压电片的两表面上镀银层，并在银层上焊引出线(或在两压电片之间夹一金属片，引出线焊在金属片上)，输出端的另一根引线与传感器基座连接。压电片上放一质量块(采用高比重合金或钨制成)，并用硬弹簧或螺栓对质量块预加荷载。整个组件装在有厚基座的金属壳体内。壳和基座的重量约占传感器总重量的一半。测量时将传感器基底与试件刚性固定，当试件及传感器受振动时，由于弹簧刚度大，质量块质量惯性很小，质量块感受与试件相同的振动，并受到与加速度方向相反的惯性力作用，质量块就有一正比于加速度的交变力作用于压电片上，使压电片两表面产生交变电荷(电压)。当振动频率远低于传感器固有频率时，传感器输出电荷(电压)与作用力即试件加速度成正比。输出电量由传感器输出端引出，输入到放大器后即可测出加速度。

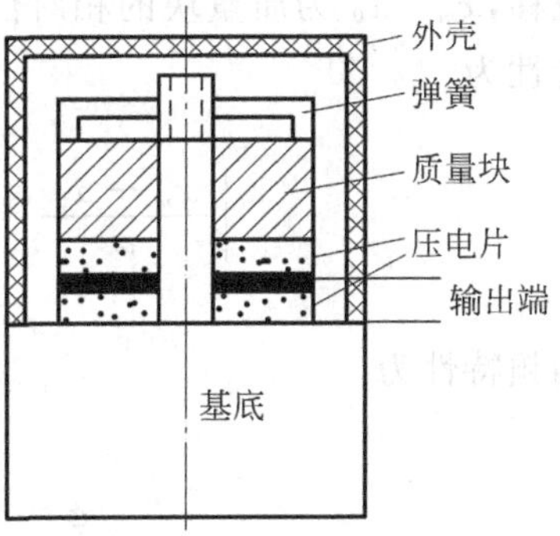

图 6-47 压缩型压电式加速度传感器结构示意图

2. 工作特性

压电式加速度传感器的工作特性有以下几项。

(1) 灵敏度　即指输出电量与输入量(加速度)的比值。灵敏度可表示为 K_q 和 K_u，K_q 为电荷灵敏度，K_u 为电压灵敏度。$K_q=\dfrac{q}{a}$，单位为 $\mathrm{C\cdot s^2/m}$；$K_u=\dfrac{U_a}{a}$，单位为 $\mathrm{V\cdot s^2/m}$。其中，a 为被测加速度；q 为输出电荷量；U_a 为传感器开路电压。由于 $U_a=\dfrac{q}{C_a}$，C_a 为电容，所以 $K_q=C_aK_u$。由压电陶瓷的 $q=d_{33}F$，$F=ma$，得灵敏度 $K_q=d_{33}m$，$K_u=\dfrac{d_{33}m}{C_a}$。如加速度 a 用重力加速度 g 表示，灵敏度单位分别用 C/g 和 mV/g 表示，由灵敏度表达式可见，灵敏度与压电系数和质量 m 成正比。为提高灵敏度，常用压电陶瓷材料并增加质量，但质量增大会引起传感器重量增加而影响试件的振动。另外，增加压电片数目可提高 K，但一般用压电陶瓷时只用两片，用压电石英时可增加到 8 片(石英晶体压电系数小，片数多，需用薄晶片)。

(2) 频响特性　压电式加速度传感器可简化为集中质量 m、弹簧 k 和阻尼 c 组

成的二阶单自由度系统(见图 6-6)。当传感器感受振动试件的加速度 a 时,有传递函数:

$$\frac{x_m - x_0}{a}(\mathrm{D}) = \frac{-1}{\mathrm{D}^2 + 2\zeta\omega_0\mathrm{D} + \omega_0^2} \tag{6-56}$$

式中,$a=\frac{\mathrm{d}^2 x_0}{\mathrm{d}t}=\mathrm{D}^2 x_0$,$\mathrm{D}=\frac{\mathrm{d}}{\mathrm{d}t}$为算子;$x_0$ 为振动试件的绝对位移;x_m 为质量块的绝对位移,$x_m - x_0$ 为质量块的相对位移;ζ 为相对阻尼比;ω_0 为传感器固有频率。其幅频特性为

$$\left|\frac{x_m - x_0}{a}\right| = \frac{\left(\frac{1}{\omega_0}\right)^2}{\sqrt{\left[1-\left(\frac{\omega}{\omega_0}\right)^2\right]^2 + \left[2\zeta\left(\frac{\omega}{\omega_0}\right)\right]^2}} \tag{6-57}$$

相频特性为

$$\varphi = -\arctan\frac{2\zeta\left(\frac{\omega}{\omega_0}\right)}{1-\left(\frac{\omega}{\omega_0}\right)^2} - 180^\circ \tag{6-58}$$

由于相对位移即压电元件受力后的变形,有 $F=k(x_m - x_0)$,k 为压电元件的弹性常数,当 F 作用时压电元件产生电荷为 $q=d_{33}F=d_{33}k(x_m - x_0)$。由此得到传感器灵敏度与频率的关系式:

$$\frac{q}{a} = \frac{\frac{d_{33}k}{\omega_0^2}}{\sqrt{\left[1-\left(\frac{\omega}{\omega_0}\right)^2\right]^2 + \left[2\zeta\left(\frac{\omega}{\omega_0}\right)\right]^2}} \tag{6-59}$$

在不同 ζ 值下表示此式的频响特性曲线如图 6-48 所示,在$\frac{\omega}{\omega_0}$相当小的范围内有

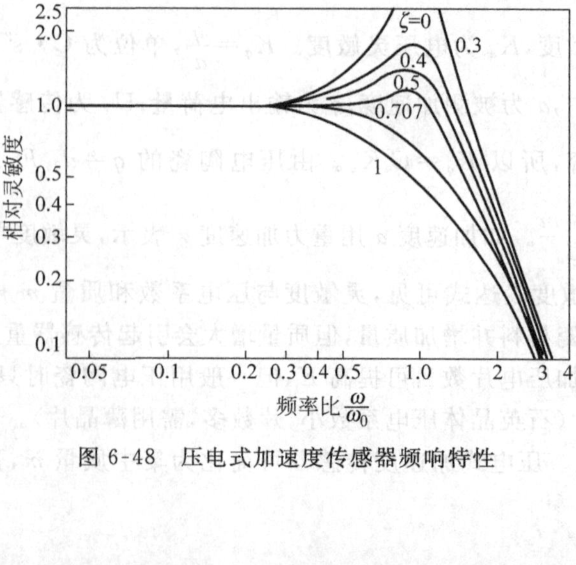

图 6-48 压电式加速度传感器频响特性

$$\frac{q}{a} \approx \frac{d_{33}k}{\omega_0^2} \tag{6-60}$$

当传感器的固有频率远大于试件振动频率时，传感器灵敏度 $K_q=\dfrac{q}{a}$ 近似为一常数。这一频率范围是传感器的理想工作范围。压电式传感器的 ω_0 很高，所以工作频响范围很宽，从几赫直到几千赫(可更高)。

压电式加速度传感器在飞机、汽车、船舶、建筑的振动和冲击测量中广泛应用。另外由于耐高温压电材料的出现，已研制成在400～700℃高温下应用的压电式传感器，它可用于测量航空发动机的振动(如涡轮轴承振动)。

6.5.3 压电式压力传感器

1. 工作原理

压电式压力传感器的结构示意图如图6-49所示。当压力 p 作用在膜片上，压电元件上下表面产生电压，电荷量与作用力 F 成正比，力与压力(压强)关系为

$$F = pA$$

式中，A 为压电元件的受力面积。$q=d_{33}Ap$，输出电荷(或电压)与输入压力成正比。一般压电式压力传感器线性度较好，输出信号经放大后可测出压力。

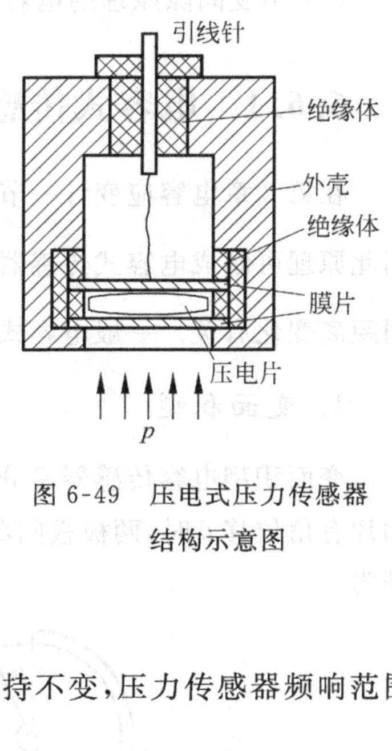

图6-49 压电式压力传感器结构示意图

2. 工作特性

(1) 灵敏度 $K_q=\dfrac{q}{p}$，$K_u=\dfrac{U_a}{p}$，也可表示为 $K_q=d_{33}A$，$K_u=\dfrac{d_{33}A}{C_a}$。灵敏度与压电系数和受力面积成正比。为保证灵敏度，要求传感器头部平直底座刚度尽量大，安装牢固，有效受力面积不变。

(2) 频响特性 在理想工作频率范围内灵敏度保持不变，压力传感器频响范围较宽。

压电式压力传感器测量压力范围很宽，可由 10^2 Pa～10^2 MPa，已广泛应用于内燃机气缸、油缸、管道压力测量，并可测量高超音速脉冲风洞中的冲激波压力、航空发动机燃烧室压力及枪(炮)弹在膛中击发瞬间的膛压变化等。

6.6 电容式传感器

电容式传感器是将被测物理量转换成电容量的测量装置，它与电阻式传感器相比具有以下优点。

(1) 测量范围大，电容传感器相对变化量可大于100%。

(2) 灵敏度高，相对变化可达10^{-7}。

(3) 动态响应时间短，由于其可动部分质量很小，固有频率很高，可用于动态信号测量。

(4) 能在恶劣环境(高、低温及强辐射)中工作。

但它也有以下不足。

(1) 寄生电容影响，主要指连接电容极板的导线电容和传感器本身的泄漏电容，它的存在降低了测量灵敏度，且引起非线性输出。但现已可用测量电路解决。

(2) 用变间隙原理的电容传感器具有非线性输出特性。

6.6.1 电容式传感器的工作原理

在第2章电容应变计一节中已讲到，两块金属板作电极可构成简单的电容器，利用此原理可制成电容式传感器。由式(2-23)，$C\propto\frac{Ak}{\delta}$，可知平行极板之间的电容与其间距离变化有关。一般电容式传感器可分成三种类型。

1. 变面积型

变面积型电容传感器又分成角位移式和直线位移式(见图6-50)。角位移式当动片有角位移θ时，两极板间覆盖面积A就改变。$\theta=0$和$\theta\neq0$时，电容C_0和C_θ分别为

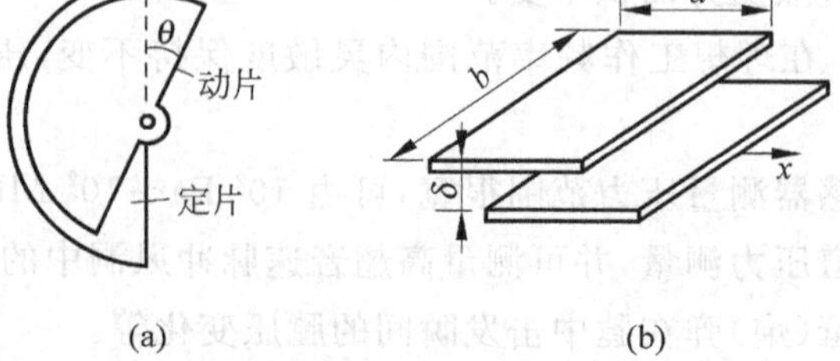

图6-50 变面积型电容传感器

(a) 角位移式；(b) 直线位移式

$$C_0 = \frac{Ak}{\delta}, \quad C_\theta = \frac{Ak}{\delta}\left(1 - \frac{\theta}{\pi}\right) = C_0\left(1 - \frac{\theta}{\pi}\right) \tag{6-61}$$

电容 C_θ 与 θ 呈线性关系。

直线位移式，两矩形极板间覆盖面积 A，当移到距离 x 时，面积 A 发生变化，电容量也改变($A=ab$)：

$$C_x = \frac{Ak}{\delta}\left(1 - \frac{x}{a}\right) = C_0\left(1 - \frac{x}{a}\right) \tag{6-62}$$

这时传感器的灵敏度 $K=\frac{\mathrm{d}C_x}{\mathrm{d}x}=-\frac{C_0}{a}$。变面积型电容式传感器常用于检测大位移，具有良好的线性度。

2. 变介质介电常数型

各种介质的介电常数不同。真空中介电常数用 k_0 表示，$k_0=\frac{1}{4\pi\times 9\times 10^{11}}=\frac{1}{3.6\pi}$(pF/cm)。一般介常数用 k 表示，k_r 为介质相对介电常数，$k=k_0k_r$，$k_r=\frac{k}{k_0}$。空气介质的 $k\approx 1$。各种介质的相对介电常数参见表 6-5。

表 6-5 若干介质的相对介电常数 k_r

物　质	k_r	物　质	k_r	物　质	k_r
真空	1	玻璃	3.7	盐	6
空气及其他气体	1～1.2	云母	6～8	糖	3
水	80	纸	2	砂	3～5
乙醇	20～25	聚四氟乙烯	1.8～2.2	瓷器	5～7

若在两电极间充以空气以外的其他介质，使 k_r 相应变化，则电容量也随之改变。这种电容式传感器常用于检测液面高度和片状材料厚度等。图 6-51 表示一种电容液面计的原理图。被测介质中放入两个同心圆筒形极板 1 和 2，容器中介质的介电常数为 k_1，介质上面气体的介电常数为 k_2。当容器内液面高度变化时，两极板间电容 C 发生变化。设容器中介质是非导电液体，容器中液体介质浸没电极筒的高度为 h_1，气体介质间的电容量为

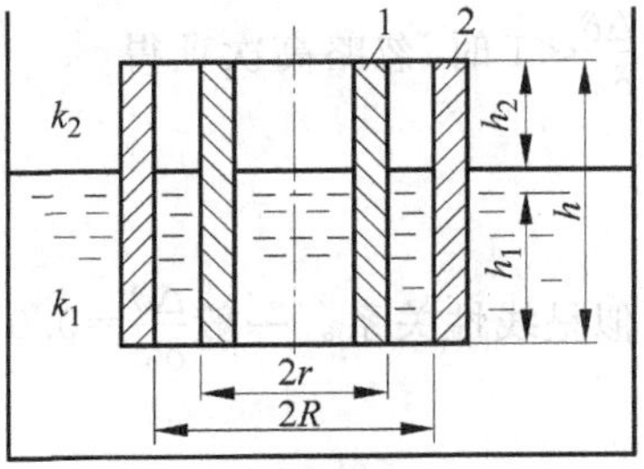

图 6-51 电容液面计原理图

$$C_1 = \frac{2\pi h_2 k_2}{\ln\left(\frac{R}{r}\right)} = \frac{2\pi(h-h_1)k_2}{\ln\left(\frac{R}{r}\right)}$$

液体介质间的电容量为

$$C_2=\frac{2\pi h_1k_1}{\ln\left(\frac{R}{r}\right)}$$

式中，R、r 分别为两个同心圆筒的半径；$h=h_1+h_2$ 为总高度。总电容

$$C=C_1+C_2=\frac{2\pi(h-h_1)k_2}{\ln\left(\frac{R}{r}\right)}+\frac{2\pi h_1k_1}{\ln\left(\frac{R}{r}\right)}$$

$$C=\frac{2\pi}{\ln\left(\frac{R}{r}\right)}(h_2k_2+h_1k_1)$$

即传感器电容 C 与液位高度 h 呈线性关系。

3. 变极板间距型

此类型电容式传感器中，极板间距变化引起电容量变化呈双曲线关系，原间距 δ_0 时电容量为

$$C_0=\frac{A}{3.6\pi\delta_0}$$

当间距 δ_0 减小 $\Delta\delta$ 时，电容量为

$$C=C_0+\Delta C=\frac{A}{3.6\pi(\delta_0-\Delta\delta)}=C_0\frac{1}{1-\frac{\Delta\delta}{\delta_0}}$$

得

$$\frac{\Delta C}{C_0}=\frac{\frac{\Delta\delta}{\delta_0}}{1-\frac{\Delta\delta}{\delta_0}}=\frac{\Delta\delta}{\delta_0}\left[1+\frac{\Delta\delta}{\delta_0}+\left(\frac{\Delta\delta}{\delta_0}\right)^2+\cdots\right]$$

当 $\frac{\Delta\delta}{\delta_0}\ll 1$ 时，忽略高次项得

$$\frac{\Delta C}{C_0}\approx\frac{\Delta\delta}{\delta_0}$$

近似呈线性关系。一般 $\frac{\Delta\delta}{\delta_0}=0.02\sim0.1$，这时，非线性误差为

$$e=\left(\frac{\Delta\delta}{\delta_0}\right)\times 100\%$$

即 $e\approx 2\%\sim10\%$，因此这类电容式传感器仅适用于微小位移测量，否则非线性误差较大。

这种传感器的灵敏度为

$$K=\frac{\Delta C}{\Delta\delta}=-\frac{kA}{\delta^2} \tag{6-63}$$

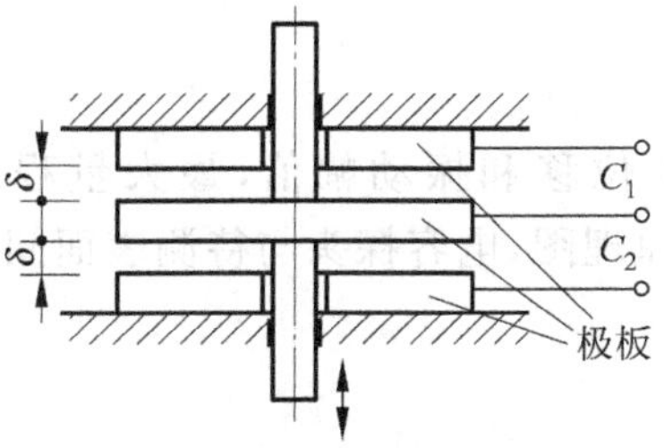

图 6-52 差动式电容传感器示意图

这表明 δ 越小，灵敏度越高，但非线性误差增大。为此，常采用差动式结构，如图 6-52 所示。设动极板向上移动 $\Delta\delta$，则 C_1 增大，C_2 减小。如 C_1 和 C_2 的初始电容为 C_0，则有

$$C_1 = C_0\left[1+\frac{\Delta\delta}{\delta_0}+\left(\frac{\Delta\delta}{\delta_0}\right)^2+\left(\frac{\Delta\delta}{\delta_0}\right)^3+\cdots\right]$$

$$C_2 = C_0\left[1-\frac{\Delta\delta}{\delta_0}+\left(\frac{\Delta\delta}{\delta_0}\right)^2-\left(\frac{\Delta\delta}{\delta_0}\right)^3+\cdots\right]$$

差动式电容传感器输出为

$$\Delta C = C_1 - C_2 = C_0\left[2\left(\frac{\Delta\delta}{\delta_0}\right)+2\left(\frac{\Delta\delta}{\delta_0}\right)^3+\cdots\right] \tag{6-64}$$

忽略高次项得

$$\frac{\Delta C}{C_0} \approx 2\left(\frac{\Delta\delta}{\delta_0}\right)$$

非线性误差为

$$e = \left(\frac{\Delta\delta}{\delta_0}\right)\times 100\%$$

灵敏度提高了 1 倍，非线性误差减小至 $\frac{1}{10}$。

6.6.2 电容式传感器的应用

电容式传感器主要应用于测量位移、角度、力、压差、液位和振幅等，下面简单介绍几个应用例子。

1. 电容式差压传感器

电容式差压传感器已广泛应用于工业生产，其特点是：有良好线性度，可输出标准电流信号，动态响应时间为 0.2～15 s，感压腔内充满温度系数小的硅油为密封液。其结构简图如图 6-53 所示。此为两室结构，1 和 2 膜片与被测介质接触，3 为隔压膜片，1 与 3 膜片间为一室，2 与 3 膜片间为另一室。3 膜片为可动电极，并与固定电极 4 和 5 构成电容传感器 C_L 和 C_H，固定球面电极是在绝缘体 6 上加工镀膜做成。由于两边压力 p_L 和 p_H 之差引起差动电容 C_L、C_H 变化，经测量电路转换成标准电流信号 I，I 与 p_H-p_L 压差呈线性关系。

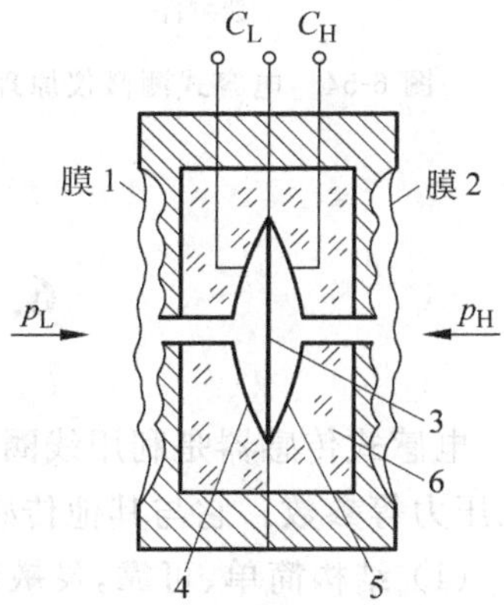

图 6-53 电容式差压传感器结构

2. 电容式测微仪

电容式测微仪采用非接触方式精确测量微小位移和振动幅值，最大量程为(100±5)μm时，灵敏度为0.01 μm。图6-54为其原理图，电容探头与待测表面间形成的电容为

$$C_x = \frac{k_0 A}{h}$$

式中，h为待测距离；A、k_0分别为探头端面积和空气介电常数。

3. 电容式液位计

电容式液位计可连续测量水池、水井、江河水位和各种导电液体的液位。图6-55所示为液位计探头示意图，当其浸入导电液体时，导线芯以绝缘层为介质与周围导电液体形成圆筒形电容器，电容为

$$C_x = \frac{2\pi k h_x}{\ln\left(\frac{D}{d}\right)}$$

式中，k为绝缘层的介电常数；h_x为液体高度；D、d分别为绝缘层外径和导线芯直径。被测电容C_x采用二极管环形测量桥路可得到正比于液位h_x的直流信号。

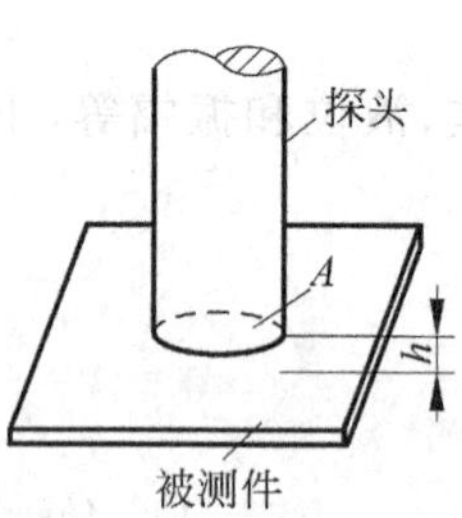

图6-54　电容式测微仪原理图

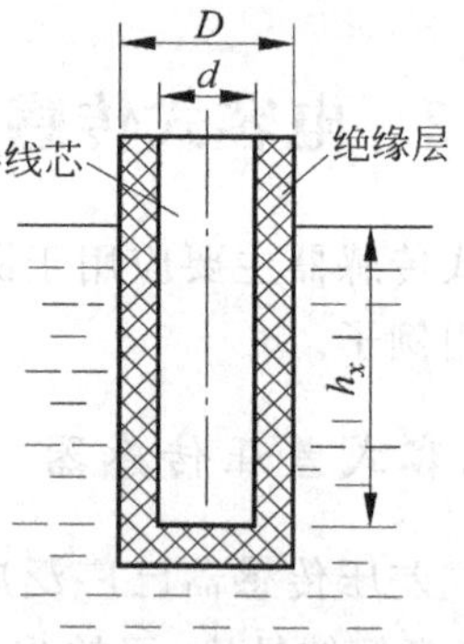

图6-55　电容式液位计探头示意图

6.7　电感式传感器

电感式传感器是利用线圈电感变化实现非电量电测的一种装置，可测量位移、应变、压力等参数。它与其他传感器相比有以下特点。

(1) 结构简单、可靠，灵敏度高，能测量0.1 μm小位移和0.1″的角位移，传感器输出信号大，电压灵敏度一般每1 mm可达几百毫伏，有利于信号传送和放大。

(2) 线性度、重复性好，在相当大位移范围(最小几十微米，最大几十到几百毫米)内线性好而稳定。但存在交流零位输出电压及不宜用于高频测量等缺点。

它的种类很多，按转换原理不同，分为自感式和互感式两种；按结构形式不同分为气隙型和螺管型两种。现分别介绍。

6.7.1 自感式传感器

常见的自感式传感器有气隙型和螺管型两种结构。

1. 气隙型电感传感器

气隙型电感传感器的结构原理如图 6-56 所示，它主要由线圈、铁芯和衔铁等组成。图中点划线表示磁路，磁路中空气隙总长为 δ。工作时衔铁与被测体接触，被测体位移引起气隙磁阻变化，因而使线圈电感变化，再通过测量电路转换成电压、电流或频率变化。

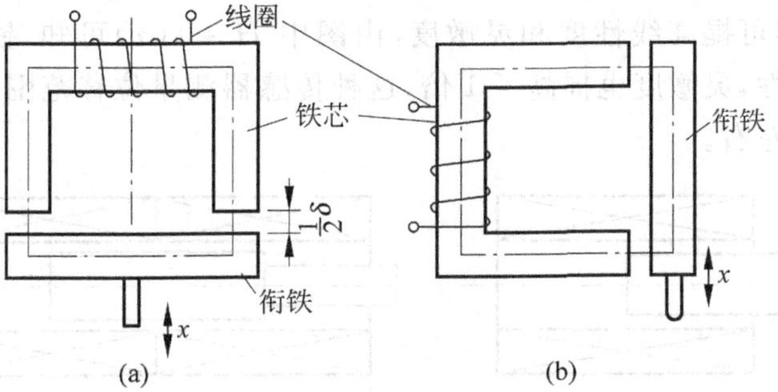

图 6-56 气隙型电感传感器

(a) 变隙式；(b) 变截面式

线圈电感 L 为

$$L=\frac{n^2}{R_m}$$

式中，n 为线圈匝数；R_m 为总磁阻，可表示成

$$R_m=\frac{l_1}{\mu_1 A_1}+\frac{l_2}{\mu_2 A_2}+\frac{\delta}{\mu_0 A}$$

式中，l_1、l_2 分别为铁芯和衔铁的磁路长；A_1、A_2、A 分别为铁芯、衔铁和气隙横截面积；μ_1、μ_2、μ_0 分别为铁芯、衔铁和空气的导磁率($\mu_0=4\pi\times10^{-7}$ H/m)；δ 为气隙总长。因此有

$$L=\frac{n^2}{R_m}=\frac{n^2}{\dfrac{l_1}{\mu_1 A_1}+\dfrac{l_2}{\mu_2 A_2}+\dfrac{\delta}{\mu_0 A}}$$

由于铁芯一般工作在非饱和状态下，导磁率远大于空气导磁率，铁芯磁阻很小，可略去，故上式可简化为

$$L=\frac{n^2\mu_0 A}{\delta}$$

电感 L 是气隙截面积 A 和长度 δ 的函数，如保持 A 不变，L 是 δ 的非线性函数，为变隙式传感器（见图 6-56(a)）；如保持 δ 不变，A 随位移变化，构成变截面式传感器（见图 6-56(b)），L 为 A 的线性函数。后者应用较广泛，前者只能在很小的位移测量中工作。

2. 螺管型电感传感器

螺管型电感传感器分为单线圈和差动式两种结构，其特点是结构简单、气隙大、磁阻高，灵敏度虽低但线性范围大，需线圈匝数多，分布电容大，要求线圈框架尺寸形状稳定。螺管型电感传感器原理如图 6-57 所示，其中有单线圈（见图(a)）和差动式（见图(b)）两种。单线圈螺管由于磁场强度分布不均匀，铁芯在线圈中段时传感器才有较好的线性度和灵敏度。图中还分别表示出线圈内磁场分布曲线。采用差动螺管式电感传感器可提高线性度和灵敏度，由图中 $H=f(x)$ 可知，铁芯长度取 $0.6L$ 时，有较好的线性，灵敏度也提高了 1 倍，这种传感器测量位移范围为 5～50 mm，线性度为 ±0.5% 左右。

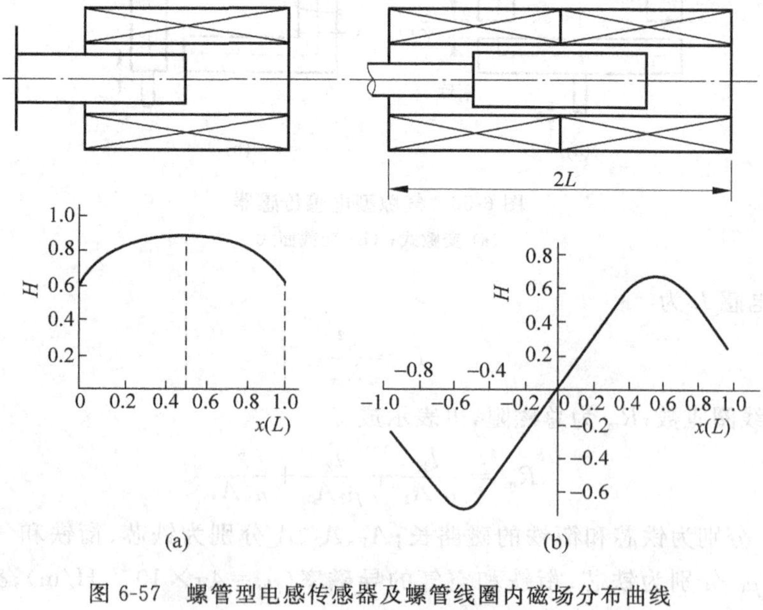

图 6-57　螺管型电感传感器及螺管线圈内磁场分布曲线

(a) 单线圈；(b) 差动螺管

6.7.2 电涡流式传感器

将导体置于交变磁场或在磁场中运动，导体中产生感应电流 I_2，此电流在导体内闭合，称为涡流，涡流的大小与导体电阻率 ρ、导磁率 μ 以及产生交变磁场的线圈与被测导体之间的距离 x、线圈激励电流的频率 f 有关。显然磁场变化频率愈高，涡流的趋肤效应愈显著，即涡流穿透深度愈小。其穿透深度 h 可用下式表示：

$$h = 50\sqrt{\frac{\rho}{\mu_r f}} \quad (\text{cm})$$

式中，ρ 为导体电阻率，$\Omega \cdot \text{m}$；μ_r 为导体相对导磁率；f 为交变磁场频率，Hz，一般频率越高，h 越小。利用电涡流效应，将非电量转换为阻抗(或电感 L 及品质因数 Q)变化的装置称为电涡流式传感器。其原理示意图如图 6-58 所示。当传感器线圈通过交变电流 I_1 时，线圈周围产生一个交变磁场 H_1，如将被测导体置于磁场范围内，其体内产生电涡流 I_2，另产生一新磁场 H_2，因此 H_1 与 H_2 方向相反，抵消一部分原磁场，导致传感器线圈的电感量、阻抗和品质因数发生变化。这些参数的变化除与线圈几何参数、电流频率有关外，还与导体的电阻率、导磁率、几何形状及其与线圈之间的距离有关，如只改变其中某一参数，便可构成测位移、硬度、温度等的传感器。电涡流传感器将被测物体(导体)作为传感器的一部分，利用被测物体与传感器线圈之间的互感影响，测定物体的位移等参数。这是非接触式的测量方法，它具有结构简单、频率响应宽、灵敏度高、线性范围大等优点，很有发展前途。

把被测导体上形成的电涡流等效为一个短路环，则电涡流传感器的工作等效电路如图 6-59 所示，图中 R_1 和 L_1 分别为传感器线圈的电阻和电感，R_2 和 L_2 为等效短路的电阻和电感。根据基尔霍夫定律及所设正方向，有下列方程：

$$R_1\dot{I}_1 + \text{j}\omega L_1\dot{I}_1 + \text{j}\omega M\dot{I}_2 = \dot{U}$$

$$-\text{j}\omega M\dot{I}_1 + R_2\dot{I}_2 + \text{j}\omega L_2\dot{I}_2 = 0$$

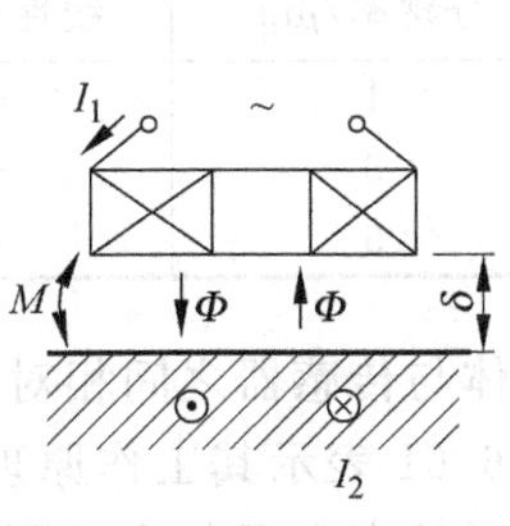

图 6-58 电涡流式传感器原理图

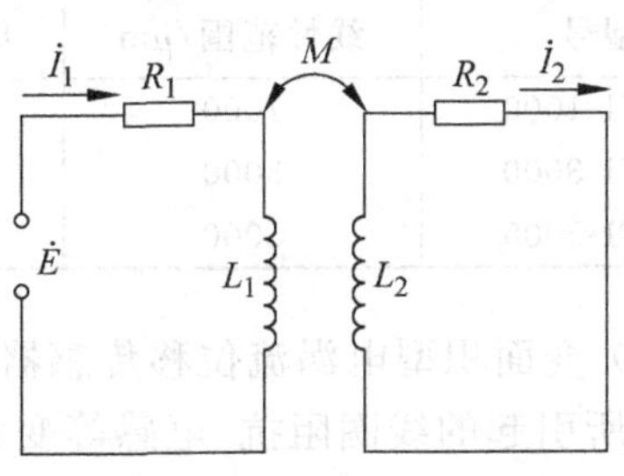

图 6-59 电涡流传感器等效电路

解得

$$\dot{I}_1=\frac{\dot{U}}{R_1+\frac{\omega^2M^2}{R_2^2+(\omega L_2)^2}R_2+\mathrm{j}\left[\omega L_1-\frac{\omega^2M_2^2}{R_2^2+(\omega L_2)^2}\omega L_2\right]}$$

$$\dot{I}_2=\mathrm{j}\omega\frac{M\dot{I}_1}{R_2+\mathrm{j}\omega L_2}=\frac{M\omega^2L_2\dot{I}_1+\mathrm{j}\omega MR_2\dot{I}_1}{R_2^2+(\omega L_2)^2}$$

式中，ω 为圆频率；M 为互感系数。于是线圈的等效阻抗为

$$Z=R_1+R_2\frac{\omega^2M^2}{R_2^2+(\omega L_2)^2}+\mathrm{j}\left[\omega L_1-\omega L_2\frac{\omega^2M^2}{R_2^2(\omega L_2)^2}\right]$$

线圈的等效电感为

$$L=L_1-L_2\frac{\omega^2M^2}{R_2^2+\omega^2L_2^2}$$

上式中第一项 L_1 与静磁效应有关，线圈与导体构成磁路，其有效导磁率取决于此磁路性质。当导体为磁性材料时，有效导磁率随导体与线圈距离的减小而增大，于是 L_1 增大；若导体为非磁性材料，则有效导磁率和导体与线圈距离无关，即 L_1 不变。式中第二项为电涡流回路反射电感，它使传感器等效电感值减小，因此当靠近传感器的导体为非磁性材料时，传感器线圈的等效电感减小，如导体为磁性材料时，由于静磁效应使传感器线圈的等效电感增大。另外品质因数 Q 与 R_1、R_2、L_1、L_2 和 ωM 有关。互感系数 M 与线圈与导体之间的距离成函数关系，L_2、L_1、R_2、R_1 可根据线圈与导体的几何尺寸及电量参数求得。如被测物理量与 Z、L、Q 有一定关系，测出其中任一参数，便可得被测物理量值。一般采用电桥电路、谐振电路和 Q 值测定电路分别测量 Z、L 和 Q 值。

典型的电涡流传感器有以下几种。

(1) 变间隙型电涡流位移传感器　其结构如图 6-60 所示，在框架端部槽内绕有多段线圈，框架用聚四氟乙烯制成，当被测导体与传感器线圈之间间隙变化时，由于电涡流效应而导致线圈阻抗、电感等数值变化，即可测出被测导体的位移值。这类传感器现有产品性能指标见表 6-6，电涡流传感器使用温度为$-15\sim80$℃。

表 6-6　CZF1 系列电涡流传感器性能

型号	线性范围/μm	线圈外径/mm	分辨率/μm	线性误差/%
CZF1-1000	1000	$\phi7$	1	<3
CZF1-3000	3000	$\phi15$	3	<3
CZF1-5000	5000	$\phi28$	5	<3

(2) 变面积型电涡流位移传感器　它利用被测导体与传感器之间相对覆盖面积的变化所引起的线圈阻抗、电感等变化测量位移。图 6-61 表示其工作原理，其中采用串联补偿方法，将被测导体圆筒置于两侧线圈中，使输出仅与导体和线圈之间的覆盖面积有关，它们之间间隙变化的影响可相互抵消。这种传感器线性比变间隙型的

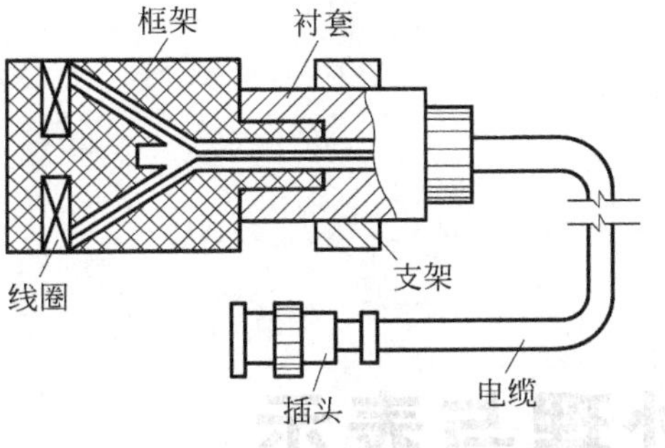

图 6-60 变间隙型电涡流位移传感器结构图

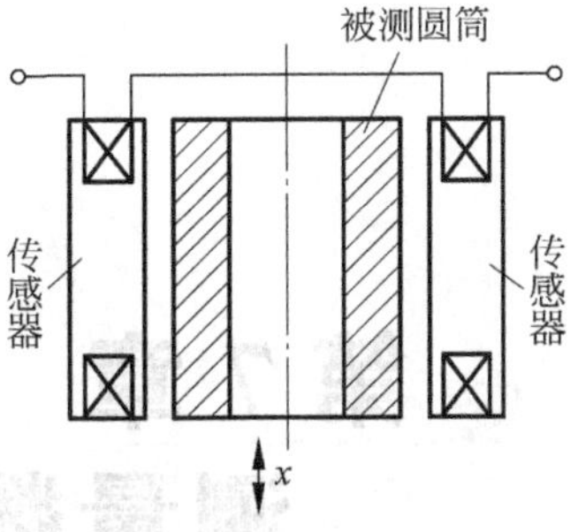

图 6-61 串联补偿方法变面积型电涡流传感器测位移原理

表 6-7 几种变面积型电涡流位移传感器性能

线性范围/mm	线圈尺寸/mm²	线性误差/%	分辨率/%F.S
0～10	22×10	1	0.1
0～50	60×10	1	0.1
0～100	110×12	1	0.1

好,其性能指标见表 6-7,使用温度也为－15～80℃。

(3) 透射式电涡流测厚传感器　它由两个线圈组成,一个为发射线圈,另一个为接收线圈。当发射线圈加上振荡器产生低频电压时,接收线圈中由于磁力线作用产生感应电压,此电压与两线圈之间的金属板厚度有关：厚度越大,电涡流损耗越多,发射线圈的磁力线被抵消越多。从接收线圈的电压输出可反映出板的厚度。

电涡流传感器除测量物体位移和厚度外,还可用于测量物体振型、转速和裂纹等。由于它属非接触测量,应用日益广泛。

第7章 测量数据处理与表示

7.1 概　　述

在科学实验、产品生产等领域,都要进行测量工作。在应力应变测量和其他物理量的测量中要确定被测量的值,同时要用测量不确定度表示测量结果不确定或不可信的程度。举例说明:用一仪表测量气体温度进行多次测量,结果为(185.5±3.2)℃,其中185.5℃是多次测量的算术平均值,正负号后面的数字为测量不确定度U。它确定估计具有约95%置信水平的区间,这表示被测量值在182.3～188.7℃区间的置信水平约为95%。

7.2 基本概念

1. 若干术语定义

(1) 量值　一般由一个数乘以测量单位所表示的特定量的大小。

(2) 量的真值　与给定的特定量定义一致的值,真值一般是不确定的。

(3) 量的约定真值　对于给定的具有适当不确定度的,赋予特定量的值,有时该值是约定采用的。常用某量的多次测量结果来确定约定真值。

(4) 测量结果　由测量所得到的赋予被测量的值。测量结果的完整表述中应包括测量不确定度。

(5) 测量准确度　测量结果与被测量真值之间的一致程度。

(6) 实验标准(偏)差　对同一被测量作几次测量，表征测量结果分散性的量 S 可按下式算出：

$$S = \sqrt{\frac{\sum_{i=1}^{n}(x_i - \bar{x})^2}{n-1}}$$

(7) 测量不确定度 表征合理地赋予被测量之值的分散性，与测量结果相联系的参数。此参数可以是标准偏差或其倍数，或说明了置信水平的区间半宽度。

(8) 测量误差　测量结果减去被测量的真值，实际上用约定真值。

(9) 随机误差　测量结果与在重复性条件下，在对同一被测量进行无限多次测量所得结果的平均值之差。因为只能进行有限次测量，故可确定的只是随机误差的估计值。

(10) 系统误差　在重复性条件下，对同一被测量进行无限多次测量所得结果的平均值与被测量的真值之差。

2. 测量误差

测量误差 δ 定义为测量结果 X 与被测量真值 a 的差，即

$$\delta = X - a$$

由于真值无法确切地知道，因此误差也不能准确地知道。实际上误差只能用于已知约定真值。误差与测量结果有关，而误差只能通过测量得到，对于同一个被测量，当在重复性条件下进行多次测量时，可能得到不同的测量结果。误差是测量值和真值之差，是一个差值而不是区间，可以是正值，也可以是负值，故不能以“±”号形式出现。

测量误差常称为绝对误差；相对误差定义为测量误差除以被测量的真值(实际是约定真值，或测量结果)。绝对误差的量纲与被测量的量纲相同；而相对误差是无量纲量。例如电阻应变计灵敏系数误差常用相对误差表示如 1%，电阻应变计热输出误差常用绝对误差表示。

测量误差按其性质可分为系统误差和随机误差两类。

系统误差 δ_s 定义为在重复性条件下对同一被测量进行无限多次测量所得结果的平均值 μ 与被测量的真值 a 之差。它只与平均值有关，而与在重复性条件下得到的不同测量结果无关(不同测量结果应有相同的系统误差)。由于系统误差与真值有关，真值 a 无法得到，因此只能得到系统误差的估计值，并具有一定的不确定度。

随机误差 δ_r 定义为测量结果 X_k 减去在重复条件下对同一被测量进行无限多次测量结果的平均值 μ：

$$\delta_r = X_k - \mu \tag{7-1}$$

实际上由于测量次数有限，μ 值不能确切知道。在重复条件下对同一被测量进行多

次测量时，每个观测值通常会有所不同，这是由于对测量结果有影响的量发生不可预测的或随机的时空变化造成的。测量结果的随机误差不能用修正来补偿，但可通过改善测量条件和增加测量次数来减小，可见测量结果在测量前是不可预知的。把它作为随机变量用 X 表示，用 X 代替 X_k 并取期望，得

$$E(\delta_r) = E(X-\mu) = E(X) - E(\mu)$$

式中，$E(\delta_r)$是随机误差的数学期望，其值为0，从而测量结果的期望 $E(X)=\mu$。

测量结果的误差 δ 包括随机误差和系统误差，即 $\delta=\delta_r+\delta_s$，通常认为 δ 是由多个随机影响和系统影响引起的。

随机误差就单个测量结果而言其符号和绝对值是不可预知的；但就相同条件下多次测量结果而言，总体上仍有一定统计规律性。随机误差的统计规律性主要表现在以下三方面。

(1) 对称性　指绝对值相等而符号相反的误差，出现的次数大致相等，测得值以其算术平均值为中心对称分布。

(2) 有界性　指测得值的随机误差的绝对值不会超过一定界限，不会出现绝对值很大的随机误差。

(3) 单峰性　所有的测得值以其算术平均值为中心相对集中地分布，绝对值小的误差出现的机会大于绝对值大的误差出现的机会。

图7-1表示出测量结果的随机误差、系统误差和误差之间的关系。无限多次测量结果的平均值，也称为总体均值。图中曲线为测量的概率密度分布曲线，曲线下方与横轴之间所包含部分的面积表示测得值在该区间内出现的概率，纵坐标表示概率密度。图中箭头方向向右表示为正值，反之为负值。误差等于随机误差和系统误差的代数和，测量结果是真值、系统误差和随机误差三者的代数和。

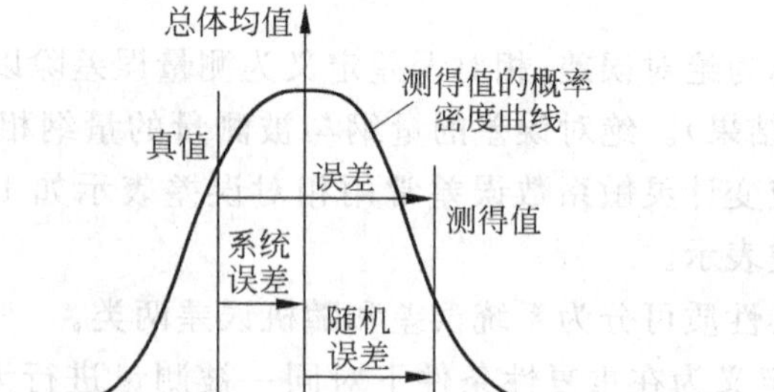

图7-1　测量误差示意图

3. 测量结果的准确度

测量结果的准确度常简称为测量准确度，其定义为测量结果与被测量的真值之间的一致程度，它是一个定性的概念。注意不要用精密度代替准确度。过去常用精

密度理解反映在规定条件下各独立测量结果之间的分散性，分散性可能很小，但并不表明测得值与真值之间的差值一定很小。精密度只取决于随机误差分布而与真值无关。精密度用测量结果的标准差来定量表示。

4. 测量结果的不确定度

测量结果的不确定度定义为表征合理地赋予被测量之值的分散性，与测量结果相联系的参数。它可以是标准偏差或其倍数，或说明了置信水平的区间的半宽度。

测量不确定度由多个分量组成，其中一些分量可用测量结果的统计分布估算，并用实验标准偏差表征；另一些分量则可用基于经验或其他信息的假定概率分布估算，也可用标准偏差表征。

测量不确定度表示被测量之值的分散性，表示一个区间，即被测量之值可能的分布区间，而测量误差是一个差值，这是测量不确定度和测量误差的最根本的区别。在数轴上误差表示一个点，而不确定度则表示为一个区间。

测量不确定度可以用标准偏差或标准偏差的倍数，或说明了置信水准区间的半宽度来表示。当用标准偏差 S 表示时称为标准不确定度，统一规定用 u 表示，这是测量不确定度的第一种表示方式。由于标准偏差所对应的置信水准(概率)通常不够高，在正态分布情况下只有 68.3%，用标准偏差的倍数 kS 表示，这种不确定度称为扩展不确定度，统一规定用 U 表示，这是第二种表示方式。二者有下列关系：

$$U = kS = ku \tag{7-2}$$

7.3 概率统计的基础知识

1. 频率与概率

若试验在相同条件下可以重复进行，而每次试验的结果不可预测，这类试验被称为随机试验。其每个可能的结果称为随机事件，简称为事件。若其一随机试验出现的事件 A、B、…为有限个，且每个事件出现的可能性是相同的，如事件 A 出现的次数为 L，各类事件出现的总数为 N，则 $\frac{L}{N}$ 称为事件 A 出现的频率，可把相同条件下独立、重复测量看做随机试验，而把每次测量的观测值作为随机事件。独立重复测量了 N 次，N 个测量值中有 L 个观测值落于给定范围内，其余的落于范围之外，那么落于给定范围内的频率为 $\frac{L}{N}$。当各类事件总数 N 逐渐增多时，频率逐渐稳定于某客观的实常数，它隶属于随机事件，处于 0 与 1 之间，称为理论概率。它表示给定条件下事件 A 出现的概率，用 $P(A)$ 表示。

2. 概率分布

对任意实数 x，给出随机变量 ξ 小于或等于 x 的概率的一个函数

$$F(x)=P(\xi\leqslant x) \tag{7-3}$$

它称为 ξ 的分布函数。

分布函数有以下性质：

① $F(+\infty)=\lim\limits_{x\to\infty}F(x)=1$

② $F(-\infty)=\lim\limits_{x\to-\infty}F(x)=0$

③ $0\leqslant F(x)\leqslant 1$

对于任意实数 x_1、$x_2(x_1<x_2)$，有

$$P(x_1\leqslant\xi\leqslant x_2)=P(\xi\leqslant x_2)-P(\xi\leqslant x_1)=F(x_2)-F(x_1)$$

如存在非负函数 $f(x)$ 且 $\int_{-\infty}^{\infty}f(x)\mathrm{d}x<\infty$，使随机变量 ξ 取值于任一区间 (a,b) 的概率为

$$P(a<\xi\leqslant b)=\int_a^b f(x)\mathrm{d}x$$

则称 ξ 为连续型随机变量，称 $f(x)$ 为 ξ 的概率密度函数。概率密度函数有以下性质。

① $f(x)\geqslant 0$

② $\int_{-\infty}^{\infty}f(x)\mathrm{d}x=1$

③ 若分布函数 $F(x)$ 的导数存在，则

$$f(x)=\frac{\mathrm{d}F(x)}{\mathrm{d}x}$$

其中 $f(x)\mathrm{d}x$ 称为概率元素，且

$$f(x)\mathrm{d}x=P(x<\xi<x+\mathrm{d}x)$$

3. 正态分布

高斯(Gauss)于1795年推导出正态分布的函数形式，故又称高斯分布。这是应用最多的一种概率分布，ξ 的概率密度函数为

$$f(x)=\frac{1}{\sqrt{2\pi}\sigma}\exp\left[-\frac{(x-\mu)^2}{2\sigma^2}\right],$$

$$-\infty<x<+\infty \tag{7-4}$$

其中，μ、σ 为常数，且 $\sigma>0$，μ 为数学期望，σ^2 为方差，则称 ξ 服从参数为 μ、σ 的正态分布。正态分布曲线如图7-2所示，当 $\mu=0$，$\sigma=1$ 时称 ξ 服从标准正态分布 $N(0,1)$，其概率密度函数、分布函数分别用 $\phi(x)$、$\Phi(x)$ 表示，即

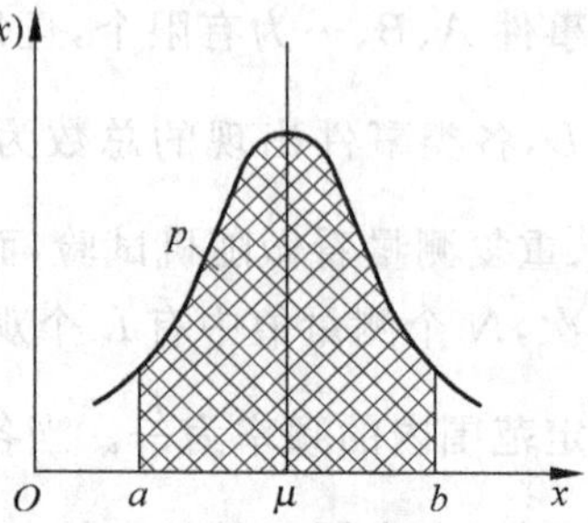

图7-2　正态分布概率密度函数图

$$\begin{cases}\phi(x) = \dfrac{1}{\sqrt{2\pi}}\mathrm{e}^{-x^2/2} \\ \Phi(x) = \dfrac{1}{\sqrt{2\pi}}\displaystyle\int_{-\infty}^{x}\mathrm{e}^{-t^2/2}\mathrm{d}t\end{cases} \tag{7-5}$$

正态分布时置信水平 p 和包含因子 k 的关系有：$p=50\%, k=0.6745$；$p=68.27\%, k=1.0$；$p=95\%, k=1.96$；$p=95.45\%, k=2.0$；$p=99.73\%, k=3.0$。

4. t 分布

设 $\xi \sim N(0,1)$，$\eta \sim \chi^2(\nu)$，且 ξ 与 η 相互独立，则称随机变量 $t=\dfrac{\xi}{\sqrt{\dfrac{\eta}{\nu}}}$ 服从自由度为 ν 的 t 分布（又称 Student 分布），记为 $t \sim t(\nu)$。可证明自由度为 ν 的 t 分布概率密度函数为

$$f(t) = \frac{\Gamma\left(\dfrac{\nu+1}{2}\right)}{\sqrt{\nu\pi}\,\Gamma\left(\dfrac{\nu}{2}\right)}\left(1+\frac{t^2}{\nu}\right)^{-(\nu+1)/2}, \quad -\infty < t < \infty \tag{7-6}$$

$f(t)$ 的图形如图 7-3 所示。对 $t=0$ 图形对称形状类似正态分布的 $f(x)$ 当 $\nu \to 0$ 时利用 Γ 函数的公式可得

$$\lim_{\nu\to\infty} f(t) = \frac{1}{\sqrt{2\pi}}\mathrm{e}^{-t^2/2}$$

即标准正态分布 $N(0,1)$，当 ν 很大时 t 分布近似于 $N(0,1)$。当 ν 较小时 t 分布与标准正态分布相差很大，t 的数学期望 $E(t)=D$，方差为 $\dfrac{\nu}{\nu-2}$，$\nu>2$。

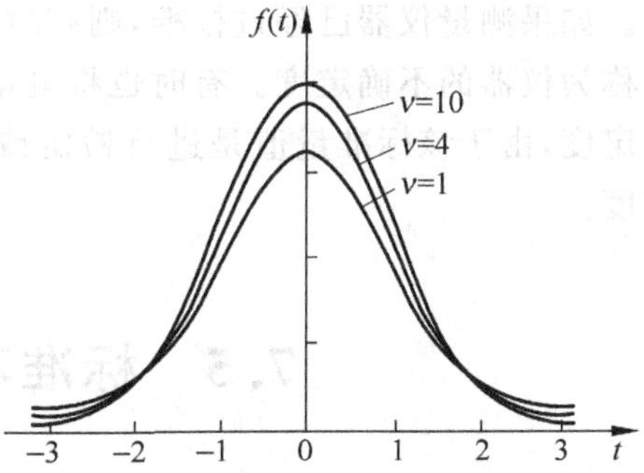

图 7-3 t 分布概率密度函数

7.4 测量仪器的误差、准确度和不确定度

1. 测量仪器的误差

测量仪器的性能可以用示值误差和最大允许误差表示。示值误差定义为测量仪器的示值与对应输入量的约定真值之差。同型号的不同仪器示值误差一般是不同的，它必须通过检定或校准才能得到。已知测量仪器示值误差后就可对测量结果进行修正，示值误差的反号即该仪器的修正值，修正后的测量结果的不确定度与修正值的不确定度有关，即与检定或校准所得的示值误差的不确定度有关。

与示值误差不同，测量仪器的最大允许误差是由仪器标准说明书等规定的，它是该型号仪器允许误差的极限值，也称允许误差限。最大允许误差不能作为修正值使用。测量仪器的最大允许误差不是测量不确定度，它给出仪器示值误差的合格区间，但它可以作评定测量不确定度的依据。当直接采用仪器示值作为测量结果时(即不加修正值使用)，由测量仪器所引入的不确定度可根据该型号仪器的最大允许误差按B类评定方法得到(后面说明)。最大允许误差的数值通常带“±”号。

2. 测量仪器的准确度

测量仪器的准确度定义为测量仪器给出接近于真值的响应能力。与测量结果的准确度一样，它也是一个定性的概念，本不应该用具体数值定量表示，但目前大部分仪器技术规范中都有准确度的技术指标，定量给出，且带有“±”号。这实际上是测量仪器的最大允许误差，而不是真正意义上的准确度，但长期习惯使用至今。

3. 测量仪器的不确定度

用仪器得到的测量结果具有不确定度，它虽与仪器有关，同时还与测量程序有关。测量仪器的不确定度实际上是指测量结果中由测量仪器所引入的不确定度分量。如果测量仪器已经过校准，则有时会将校准得到的仪器示值误差的不确定度简单称为仪器的不确定度。有时也将测量仪器的不确定度理解为仪器的标准量值的不确定度，由于该标准量值是进行检定或校准时所得到的测量结果，因此它应有不确定度。

7.5 标准不确定度的评定

由于测量工作不完善和被测量的定义不完整，被测量的每次观测值往往不同。所测得的一组观测值可作为一个分布的样本，这样就可用研究随机变量的方法来处理所测得的观测值，用样本标准偏差来表示测量结果的分散性。标准不确定度是用标准偏差表示的测量结果的不确定度。

1. 标准不确定度的A类评定

A类评定是对一系列观测值用统计分析进行标准不确定度评定的方法。

1) 算术平均值

在相同测量条件下，对被测量 X 进行 n 次独立重复测量，得观测值 X_k，$k=1,2,\cdots,n$，则样本算术平均值

$$\overline{X}=\frac{1}{n}\sum_{k=1}^{n}X_k \qquad (7\text{-}7)$$

在大多数情况下，随机变量 X 的期望 μ 的最佳估计是算术平均值 $\overline{X}$，且满足无偏性、有效性、充分性和一致性。

2) A 类评定的基本方法

由于被测量 X 重复观测的随机变化，每次独立观测值 X_k 通常不同，被测量 X 的方差

$$\sigma^2(X)=\sum_{k=1}^{n}[X_k-E(X)]^2\frac{1}{n}=\frac{1}{n}\sum_{k=1}^{n}(X_k-\mu)^2 \tag{7-8}$$

由于测量次数 n 是有限的，把 $\sigma_{\mathrm{p}}^2(X)=\dfrac{1}{n}\sum\limits_{k=1}^{n}(X_k-\mu)^2$ 称为总体方差，其正平方根 $\sigma_{\mathrm{p}}(X)$ 称为总体标准偏差，表示为

$$\sigma_{\mathrm{p}}(X)=\sqrt{\frac{1}{n}\sum_{k=1}^{n}(X_k-\mu)^2} \tag{7-9}$$

由于被测量 X 的期望 μ 在多数情况下是未知的，在求总体标准偏差 σ_{p} 时会遇到困难。可用 Bessel 公式求观测值的实验方差，公式为

$$S^2(X_k)=\frac{1}{n-1}\sum_{k=1}^{n}(X_k-\overline{X})^2 \tag{7-10}$$

$S(X_k)$ 是实验方差的正平方根，称为实验标准偏差，可写成 S。它是 n 个观测值中任一次观测值的标准偏差，常称为单次观测值的实验标准偏差。在标准不确定度的 A 类评定中用 S^2 作为方差的估计值。

算术平均值的方差及平均值的实验标准偏差分别如下：

$$\begin{cases} S^2(\overline{X})=\dfrac{S^2(X_k)}{n} \\ S(\overline{X})=\sqrt{\dfrac{1}{n(n-1)}\left[\sum\limits_{k=1}^{n}(X_k-\overline{X})^2\right]} \end{cases} \tag{7-11}$$

$S(\overline{X})$ 表示 $\overline{X}$ 对 μ 的分散性。在相同测量条件下，用 n 次独立重复观测值 X_k 来确定输入量 X 的估计值 x，得 $x=\overline{X}$，它的标准偏差用 $\mu(x)$ 表示。为方便 $\mu^2(x)=S^2(\overline{X})$ 及 $\mu(x)=S(\overline{X})$，分别称为 A 类方差和 A 类标准不确定度。

3) A 类评定的其他方法

通常用 $S^2(X_k)$ 和 $S(\overline{X})$ 公式计算 A 类标准不确定度，有时用其他方法。

(1) 最大误差法

用估计 μ 计算 $X_k-\mu$ 找出绝对值最大的，当 X 服从正态分布时可用下式估算 $S(X_k)$：

$$S(X_k)=C_{n\max}\mid X_k-\mu\mid \tag{7-12}$$

$S(X_k)$ 是 $\sigma(\overline{X})$ 的估计。不同测量次数 n 的 C_n' 值及 $S(X_k)$ 的自由度 ν 见表 7-1。

表 7-1 最大误差法的 C_n' 及 ν

观测次数 n	1	2	3	4	5	6	7	8	9	10	15	20
C_n'	1.25	0.88	0.75	0.68	0.64	0.61	0.58	0.56	0.55	0.53	0.49	0.46
自由度 ν	0.9	1.9	2.6	3.3	3.9	4.6	5.2	5.8	6.4	6.9	8.3	9.5

可见用最大误差法估算的 $S(X_k)$，其相对标准偏差在 $n\leqslant4$ 时比贝塞尔公式计算的 $S(X_k)$要小。

(2) 最大残差法

在 n 个独立重复观测值 $X_k(k=1,2,\cdots,n)$满足正态分布的条件下，求出算术平均值 $\overline{X}$ 及残差(残余误差)$\delta_k=X_k-\overline{X}$，找出最大残差值 $\max|\delta_k|$，可得 S 的无偏估计

$$S(X_k)=C_{n\max}\mid\delta_k\mid \tag{7-13}$$

不同观测次数 n 对应的 C_n 值及 $S(X_k)$的自由度 ν 见表 7-2。

表 7-2 最大残差法的 C_n 及 ν

观测次数 n	2	3	4	5	6	7	8	9	10	15	20
C_n	1.77	1.02	0.83	0.74	0.68	0.64	0.61	0.59	0.57	0.51	0.48
自由度 ν	0.9	1.8	2.7	3.6	4.4	5.0	5.6	6.2	6.8	9.3	11.5

(3) 极差法

在独立重复观测值 $X_k=(k=1,2,\cdots,n)$满足正态分布的条件下找出观测值的最大值 $X_{\max}$及最小值 $X_{\min}$，它们的差称为极差，表示为

$$\omega=X_{\max}-X_{\min}$$

可得 S 的无偏估计

$$S(X_k)=\frac{\omega}{d_n} \tag{7-14}$$

与不同观测次数 n 相应的 d_n 值及 $S(X_k)$的自由度 ν 见表 7-3。

表 7-3 极差法的 d_n 及 ν

观测次数 n	2	3	4	5	6	7	8	9	10	15	20
d_n	1.13	1.69	2.06	2.33	2.53	2.70	2.85	2.97	3.08	3.47	3.73
自由度 ν	0.9	1.8	2.7	3.6	4.5	5.3	6.0	6.8	7.5	10.5	13.1

此法用于需要考虑最大值与最小值之差的场合，而且测量次数较小(4～9 次)为宜。

2. 标准不确定度的 B 类评定

B类评定与A类评定的区别是：A类评定是对一系列观测值用统计分析进行标

准不确定度评定的方法，B 类评定是用其他方法进行标准不确定度评定。

1）概述

当被测量 X 的标准不确定度 $u(x)$ 不是由重复测量得到时，可用下述信息来评定。

（1）有关测量装置（含仪器）和材料的性能；

（2）测量装置制造厂的技术说明书；

（3）校准或其他证书提供的数据；

（4）手册给出的参考数据及其不确定度和自由度；

（5）以前测量的数据。

为方便起见，把这种方法估计的方差 $u^2(x)$ 和估计的标准不确定度 $u(x)$ 的值分别称为 B 类方差和 B 类标准不确定度。

标准不确定度的评定分为 A 类和 B 类，根据的是评定方法的不同，并不是两者不确定度的性质有区别。两类不确定度都是基于概率分布，并都用方差的正平方根，即标准偏差作量化表示。对标准不确定度的 B 类评定应如同 A 类评定那样认真对待。B 类评定既需要知识又需要经验。至于哪一类更可信，要视具体问题而定。观测次数 n 较小时（此时自由度 ν 更小），A 类评定的标准不确定度的不可信度很大。不确定度评定时，应注意不要重复计入。如果在 A 类评定中已考虑了产生不确定度的某个影响因素，则在 B 类评定中就不应再考虑。

从生产厂商的技术说明书、校准证书、手册或其他来源得来的信息，有各种各样的表示方式。有的直接给出标准不确定度及其自由度，那么不需经任何处理，就可以直接应用了。有的给出扩展不确定度及包含因子，那么稍加处理就可求出标准不确定度。有的只能估计被测量的置信区间，那么就要注意有没有给出概率分布和置信水平。如果从外部信息中没有对概率分布和置信水平做出说明，就要靠知识和经验来判断。

2）给出 $u(x)$ 及 ν 的情况

分别知道了 A 类、B 类的标准不确定度及它们的自由度，就可以求出合成标准不确定度 u_c 以及 u_c 的有效自由度 ν_{eff}，从而可以确定包含因子 k 的值，得出扩展不确定度 $U=ku_c$。

3）给出 U 及 k 的情况

当给出扩展不确定度 U 及包含因子 k 时，标准不确定度 $u(x)$ 可由下式求得：

$$u(x) = \frac{U}{k}$$

7.6 异　常　值

在一组观测值中，如果其中最大值或最小值严重偏离其他观测值，则称为异常值。产生异常值的原因是多方面的，主要可分为两类：一类是客观条件因素，如测量条件意外变化(如雷击、地震等)使仪器示值出现异常;另一类是测量人员主观因素如责任心不强、粗心、操作不当、工作疲乏等产生读数、记录或计算错误等。测量过程中如发现测量条件明显异常,应做记录以便判断异常值是否应剔除。不注明原因随意去除测量数据是不科学的。测量完成后常不能确知数据中是否有异常值,应采用统计方法进行判断。此方法的原理是,相同测量条件下一系列观测值应服从某种概率分布在给定一个置信水平时确定一个相应的置信区间,凡超过这个区间的观测值,就应考虑是否属于异常值并予以剔除。

异常值剔除准则有几种,下面简要介绍。

1. 拉依达准则

拉依达准则,又称 3S 准则。

一组 n 个独立重复观测值中,第 k 次观测值 X_k 与该组观测值的算术平均值 $\overline{X}$ 之差称为残余误差 δ_k,简称残差,即有

$$\delta_k = X_k - \overline{X}$$

一组观测值中,若某一观测值的残差绝对值 $|\delta_k|$ 大于 3 倍标准偏差,即

$$|\delta_k| > 3S \tag{7-15}$$

则认为该值为异常值,考虑剔除,这就是拉依达准则。由于标准偏差 S 通常不可知,用实验标准偏差 $S(X_k)$ 代之,即用式(7-10)求得 $S(X_k)$ 代 S。此准则可重复使用,即剔除第一个异常值后,再求 $S(X_k)$(第二次求得的 $S(X_k)$ 比第一次的值要小)。然后用式(7-15)再判断,直至保留的数据中已不含异常值为止。

由于对任一残差 δ_k,均存在

$$\delta_k^2 < \sum_{k=1}^{n} \delta_k^2$$

于是有

$$|\delta_k| \leqslant \sqrt{\sum_{k=1}^{n} \delta_k^2} = \sqrt{n-1}\sqrt{\frac{\sum_{k=1}^{n} \delta_k^2}{n-1}} = \sqrt{n-1}S(X_k)$$

可见拉依达准则不适用于 $n \leqslant 10$ 的情况,该准则以正态分布为依据,在观测次数 n 趋向无穷大时,其置信水平大于 99%。由于 n 是有限数,且用 $S(X_k)$ 代替 S,故此准则为一个近似的准则。表 7-4 列出了拉依达准则的“弃真”概率,弃真的含义是把正常值作为考虑剔除的异常值。由表 7-4 可见,拉依达准则犯“弃真”错误的概率随 n 增大而减小,最后稳定于 0.3%。

表 7-4　拉依达准则的“弃真”概率

观测次数 n	11	16	61	121	333
弃真概率	0.019	0.011	0.006	0.004	0.003

2. 格拉布斯准则

一组 n 个独立重复观测值 $X_k, k=1,2,\cdots,n$，其算术平均值为 $\overline{X}$，找出最大残差绝对值 $|\delta_k|_{\max}=|X_k-\overline{X}|_{\max}$。设 X_b 服从正态分布，格拉布斯导出了 $|X_k-\overline{X}|_{\max}/\sigma(X)$ 所服从的理论分布，选定置信水平 p，得到和 n 有关的临界值 $G(n,p)$（表 7-5），即有

$$P\left[\frac{|X_k-\overline{X}|_{\max}}{\sigma(X)}>G(n,p)\right]=1-p$$

表 7-5 格拉布斯准则的 $G(n,p)$ 表

n \ p	90%	95%	99%	n \ p	90%	95%	99%
3	1.15	1.15	1.16	11	2.09	2.23	2.48
4	1.42	1.46	1.49	12	2.13	2.29	2.55
5	1.60	1.67	1.75	15	2.25	2.41	2.70
6	1.73	1.82	1.94	20	2.38	2.56	2.88
7	1.83	1.94	2.10	25	2.49	2.66	3.01
8	1.91	2.03	2.22	30	2.56	2.74	3.10
9	1.98	2.11	2.32	35	2.63	2.81	3.18
10	2.04	2.18	2.41	40	2.68	2.87	3.24

格拉布斯（Grubbs）准则描述为：若观测值的最大值或最小值 X_k 满足

$$|X_k-\overline{X}|_{\max}\geqslant G(n,p)S(X) \tag{7-16}$$

则认为 X_k 是异常值，考虑剔除。式(7-16)中的 $S(X)$ 未知时，可用实验标准偏差 $S(X_k)$ 代之。此准则可重复使用，直到所保留的数据中已无异常值。

3. t 检验准则

有 n 个独立重复观测值，即 $X_1,X_2,\cdots,X_d,\cdots,X_n$，其中 X_d 表示观测值中被怀疑的异常值。要判断 X_d 是否为异常值，先计算不含 X_d 的算术平均值：

$$\overline{X}=\frac{1}{n-1}\sum_{\substack{k=1\\k\neq d}}^{n}X_k$$

再求出不含 X_d 的实验标准偏差

$$S=\sqrt{\frac{1}{n-2}\sum_{\substack{k=1\\k\neq d}}^{n}(X_k-\overline{X})^2}$$

然后根据所要求的显著性水平 $a(a=1-p)$ 及观测次数 n 查表 7-6，得 t 检验系数 $K(n,a)$ 值，若

$$|X_d-\overline{X}|>S(X_k)K(n,a) \tag{7-17}$$

则该 X_d 可被认为是异常值，考虑剔除。系数 $K(n,a)$ 和 t 分布有关。

表 7-6 t 检验系数 $K(n,a)$ 数值表

a \ n	4	5	6	7	8	9	10	11	12	13	14	15	16	17
0.01	11.46	6.56	5.04	4.36	3.96	3.71	2.56	3.41	3.31	3.23	3.17	3.12	3.08	3.04
0.05	4.97	3.56	3.04	2.78	2.62	2.51	2.53	2.37	2.33	2.29	2.26	2.24	2.22	2.20
a \ n	18	19	20	21	22	23	24	25	26	27	28	29	30	
0.01	3.01	3.00	2.95	2.93	2.91	2.90	2.88	2.86	2.85	2.84	2.83	2.82	2.81	
0.05	2.18	2.17	2.16	2.15	2.14	2.13	2.12	2.11	2.10	2.10	2.09	2.09	2.08	

以上介绍了3种判断异常值的准则，其中拉依达准则使用方便，不用查表；格拉布斯准则在观测次数为 $30<n<50$ 时，判别较好；当观测次数较少时，宜用 t 检验准则。在较为准确的实验中，可以选用两三种准则加以判断。当几种准则的结论一致时，应剔除或保留；当几种准则的判断结论不一致时，则应慎重加以考虑，一般以不剔除为宜。

7.7 系统误差

1. 概述

系统误差 δ_s 是在重复条件下对同一被测量进行无限多次测量结果的平均值 μ 减去被测量真值 a，它表现为确定的变化规律。系统误差表现为恒定的系统误差、线性变化累进系统误差、周期变化系统误差和复杂规律变化的系统误差，后3种又可称为可变的系统误差。

对于一组 n 个观测值，第 k 个观测值 X_k 含有随机误差 δ_{rk} 和系统误差 δ_{sk}，即

$$X_k = a + \delta_{rk} + \delta_{sk} = a + (X_k - \mu) + (\mu - a)$$

该组平均值为

$$\overline{X} = \frac{1}{n}\sum_{k=1}^{n} X_k = \frac{1}{n}\sum_{k=1}^{n}(a + X_k - \mu + \mu - a) = a + \frac{1}{n}\sum_{k=1}^{n}\delta_{rk} + \frac{1}{n}\sum_{k=1}^{n}\delta_{sk}$$

由于随机误差的数学期望为0，当测量次数较多时 $\frac{1}{n}\sum_{k=1}^{n}\delta_{rk} \approx 0$，于是有

$$\overline{X} \approx a + \frac{1}{n}\sum_{k=1}^{n}\delta_{sk}$$

残差

$$\delta_k = X_k - \overline{X} \approx a + \delta_{rk} + \delta_{sk} - \left(a + \frac{1}{n}\sum_{k=1}^{n}\delta_{sk}\right) \approx \delta_{rk} + \left(\delta_{sk} - \frac{1}{n}\sum_{k=1}^{n}\delta_{sk}\right)$$

由于恒定系统误差 δ_{sk} 与 k 无关，因而 $\left(\delta_{sk} - \frac{1}{n}\sum_{k=1}^{n}\delta_{sk}\right) = 0$，残差 $\delta_k \approx \delta_{rk}$。

因此用贝塞尔公式计算实验标准偏差时恒定系统误差对其值无影响,对于可变的系统误差往往括号内该项不等于零,它们会影响标准偏差值。

用残差统计法可发现系统误差。在一组观测值中计算平均值和每次残差,以测量先后顺序号 k 为横坐标,残差值 δ_k 为纵坐标,画出残差散点图如图 7-4 所示。图(a)说明不存在可变系统误差,但不能排除存在恒定系统误差;图(b)说明存在线性累进系统误差;图(c)说明存在周期性系统误差;图(d)说明存在复杂规律系统误差。

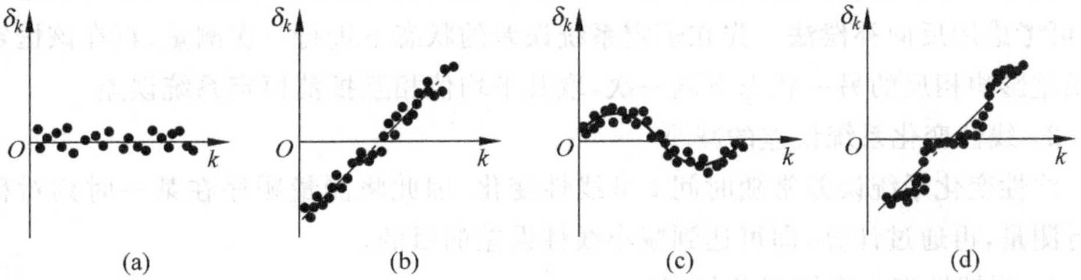

图 7-4 残差散点图

2. 减小系统误差的常用方法

1) 恒定系统误差的减小和消除

(1) 用标准量替代法

在测量装置上对未知量进行测量后,立即用一个标准量代替未知量再作测量,在相同测量条件下对标准量和未知量作比较,如标准量可连续改变大小,则可直接测出未知量。

例如用电桥测量电阻 R_x,调整可变电阻 R_3,使电桥平衡,电表 G 指零;再用标准电阻 R_B 代替 R_x,若 R_B 可调,使电桥再次平衡,可基本消除恒定系统误差。此法的示意图如图 7-5 所示。当然 R_B 和测量电桥的不确定度存在。

(2) 交换法

在一次测量后把某些测量条件交换一下以减小该系统的恒定系统误差,如图 7-6 所示,第一次测量将砝码 M 放在天平右方,使天平平衡,即有

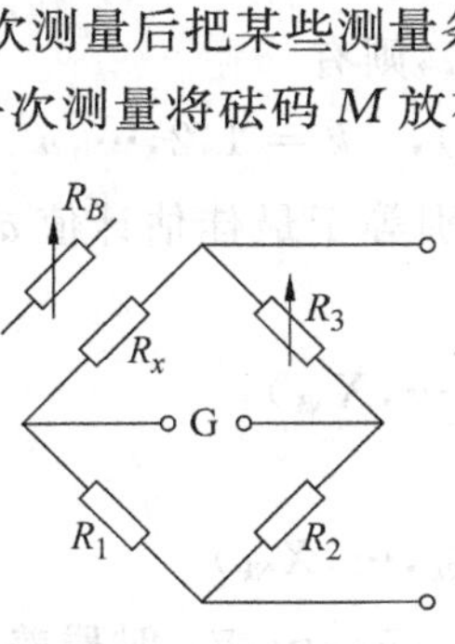

图 7-5 标准量替代法

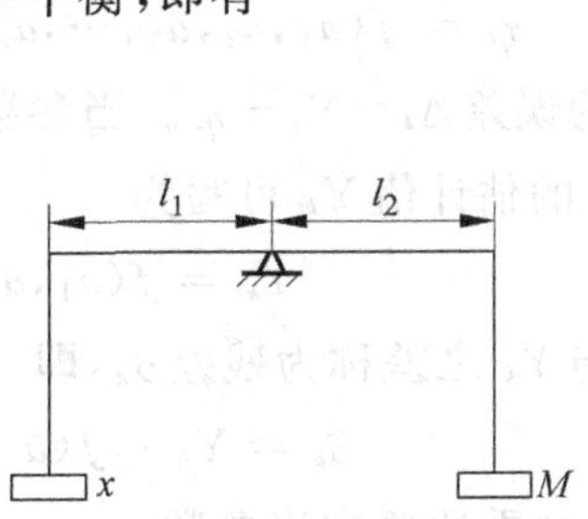

图 7-6 交换法

$$x = \frac{l_2}{l_1}M$$

再将 x 与 M 交换位置，x 放在天平右方，M 放在天平左方。由于等臂天平两臂的标称长度相等，而实际长度通常略有差别，即 $l_1 \neq l_2$，因而平衡时砝码质量为 $M' = M + \Delta M = \frac{l_2}{l_1}x$，由上两式可得 $x = \sqrt{MM'}$，可减小系统误差。

(3) 反向补偿法

若已知存在某种恒定系统误差，又无法从根源上消除，也不知其大小难以进行修正，可考虑用反向补偿法。先在恒定系统误差的状态下进行一次测量，再在该恒定系统误差影响相反的另一状态下测一次，取其平均值相互抵消恒定系统误差。

2) 线性变化系统误差的减小

线性变化系统误差常随时间 t 呈线性变化，因此将测量顺序在某一时刻对称地进行测量，再通过计算，即可达到减小线性误差的目的。

3) 周期性变化系统误差的减小

对周期性系统误差可相隔半个周期进行一次测量，取相继两次读数的平均值，即可有效地减小周期性系统误差。

7.8 最小二乘法

最小二乘法在数据处理和不确定度估计中被广泛应用。

1. 最小二乘法原理

假设 Y 和 $X_1, X_2, \cdots, X_N$ 及 m 个待估参数 $a_1, a_2, \cdots, a_m$ 的函数关系为

$$Y = f(a_1, a_2, \cdots, a_m; X_1, X_2, \cdots, X_N) \tag{7-18}$$

对 Y 和 $X_1, X_2, \cdots, X_N$ 作了 n 次相互独立的测量，得 Y_k 和 X_{ik}，$i=1,2,\cdots,N$，而 $k=1,2,\cdots,m$，且 $N>m$。如果对于观测值 Y_k 的真值为 η_k，则有

$$\eta_k = f(a_1, a_2, a_3, \cdots, a_m; X_{1k}, X_{2k}, \cdots, X_{Nk}), \quad k = 1,2,\cdots,n$$

Y_k 的误差 $\Delta_k = Y_k - \eta_k$。当参数 $a_1, a_2, \cdots, a_m$ 分别等于最佳估计值 $\bar{a}_1, \bar{a}_2, \cdots, \bar{a}_m$ 时，η_k 的估计值 $\bar{Y}_k$ 可写为

$$\bar{Y}_k = f(\bar{a}_1, \bar{a}_2, \cdots, \bar{a}_m; X_{1k}, X_{2k}, \cdots, X_{Nk})$$

Y_k 与 $\bar{Y}_k$ 之差称为残差 δ_k，即

$$\delta_k = Y_k - f(\bar{a}_1, \bar{a}_2, \cdots, \bar{a}_m; X_{1k}, X_{2k}, \cdots, X_{Nk})$$

最小二乘法要求当参数 $a_1, a_2, \cdots, a_m$ 分别等于 $\bar{a}_1, \bar{a}_2, \cdots, \bar{a}_m$ 时残差 δ_k 的加权平方和为极小，即

$$\sum_{k=1}^{m} w_k [Y_k - f(\bar{a}_1, \bar{a}_2, \cdots, \bar{a}_m; X_{1k}, X_{2k}, \cdots, X_{Nk})]^2 = \min \tag{7-19}$$

式中 w_k 是第 k 次测量值的权，或写为

$$\sum_{k=1}^{m} w_k \delta_k^2 = \min$$

对于等权测量，则为

$$\sum_{k=1}^{m} \delta_k^2 = \min \tag{7-20}$$

列出上述公式时，实际上假定了 X_{ik} 的值没有测量误差，而相应的 Y_k 值存在测量误差，若 X_{ik} 的误差相对来说比 Y_k 值的误差小，则上述公式可近似应用。Y 和 X_1，X_2，…，X_N 的函数关系很重要，在许多实际问题中，函数 f 的具体形式是未知的，应恰当选择函数 f，这在最小二乘估计中是首要的。

2. 线性方程和参数最小二乘估计

1) 直线方程

已知 X 和 Y 呈线性关系：

$$Y = a + bX \tag{7-21}$$

对 X 和 Y 作了 n 次测量，得观测值有 X_1、Y_1，X_2、Y_2，…，X_n、Y_n，而 n 大于待求参数的个数，对于直线方程参数 a、b 共两个。假设 Y_1，Y_2，…，Y_n 的测量不确定度相等，即为等权测量，那么可求出 a、b 的估计值 $\bar{a}$、$\bar{b}$ 及它们的方差。

列出残差方程

$$Y_1 - \bar{a} - \bar{b}X_1 = \delta_1$$

$$Y_2 - \bar{a} - \bar{b}X_2 = \delta_2$$

$$\vdots$$

$$Y_n - \bar{a} - \bar{b}X_n = \delta_n$$

按前述 $\sum_{k=1}^{n} \delta_k^2 = \min$，以上各式左右端取二次方得残差二次方和：

$$\sum_{k=1}^{n} \delta_k^2 = \sum_{k=1}^{n} Y_k^2 + n\bar{a}^2 + \bar{b}^2 \sum_{k=1}^{n} X_k^2 + 2\bar{a}\bar{b} \sum_{k=1}^{n} X_k - 2\bar{a} \sum_{k=1}^{n} Y_k - 2\bar{b} \sum_{k=1}^{n} X_k Y_k$$

为了使残差二次方和为极小，$\bar{a}$、$\bar{b}$ 应满足

$$\frac{\partial}{\partial \bar{a}} \left(\sum_{k=1}^{n} \delta_k^2 \right) = 2n\bar{a} + 2\bar{b} \left(\sum_{k=1}^{n} X_k \right) - 2 \sum_{k=1}^{n} Y_k = 0$$

$$\frac{\partial}{\partial \bar{b}} \left(\sum_{k=1}^{n} \delta_k^2 \right) = 2\bar{a} \sum_{k=1}^{n} X_k + 2\bar{b} \sum_{k=1}^{n} X_k^2 - 2 \sum_{k=1}^{n} X_k Y_k = 0$$

于是得方程

$$n\bar{a}+(\sum_{k=1}^{n}X_k)\bar{b}=\sum_{k=1}^{n}Y_k$$

$$(\sum_{k=1}^{n}X_k)\bar{a}+(\sum_{k=1}^{n}X_k^2)\bar{b}=\sum_{k=1}^{n}X_kY_k$$

解上述方程组，可求得 $\bar{a}$、$\bar{b}$，即

$$\begin{cases}\bar{a}=\overline{Y}-\overline{X}\bar{b}\\ \bar{b}=\dfrac{\sum\limits_{k=1}^{n}X_kY_k-\dfrac{1}{n}\sum\limits_{k=1}^{n}X_k\sum\limits_{k=1}^{n}Y_k}{\sum\limits_{k=1}^{n}X_k^2-\dfrac{1}{n}(\sum\limits_{k=1}^{n}X_k)^2}\end{cases}\tag{7-22}$$

式中

$$\overline{X}=\frac{1}{n}\sum_{k=1}^{n}X_k,\quad \overline{Y}=\frac{1}{n}\sum_{k=1}^{n}Y_k$$

2）一般线性方程的参数最小二乘估计

假设 Y 和 m 个变量 X_j 及 m 个参数 $a_j(j=1,2,\cdots,m)$ 的线性方程为

$$Y=a_1X_1+a_2X_2+\cdots+a_mX_m=\sum_{j=1}^{m}a_jX_j\tag{7-23}$$

已测得 n 组观测值 Y_k 及 $X_{1k},X_{2k},\cdots,X_{mk}$，而 $k=1,2,\cdots,n$，且 $n>m$，那么可求得 m 个参数 a_j 的最小二乘估计。

若 Y_k 的 n 个观察值的标准偏差为 $S_k,k=1,2,\cdots,n$，则 Y_k 的权为

$$w_k=\frac{S^2}{S_k^2},\quad k=1,2,\cdots,n\tag{7-24}$$

式中 S^2 是单位权方差。当 $S_1^2=S_2^2=\cdots=S_n^2$ 时称为等权测量，这种情况下可取 $S^2=S_k^2,w_k=1,k=1,2,\cdots,n$。

按最小二乘法求 a_j 的估计值 $\bar{a}_j$，$w_k=1$ 时有

$$\sum_{k=1}^{n}\left(Y_k-\sum_{j=1}^{m}X_{jk}\bar{a}_j\right)^2=\min\tag{7-25}$$

因而 $\bar{a}_j$ 应满足

$$\frac{\partial}{\partial\bar{a}_j}\left[\sum\left(Y_k-\sum_{j=1}^{m}X_{jk}\bar{a}_j\right)^2\right]=0,\quad j=1,2,\cdots,m\tag{7-26}$$

得方程组

$$\sum_{k=1}^{n}X_{jk}\left(Y_k-\sum_{j=1}^{m}\bar{a}_jX_{jk}\right)=\sum_{k=1}^{n}X_{jk}\delta_k=0\tag{7-27}$$

解此线性方程组，可得 m 个参数的估计值 $\bar{a}_1,\bar{a}_2,\cdots,\bar{a}_m$。

附 录

I 教学实验项目

实验1 电阻应变计粘贴技术
实验2 电阻应变计灵敏系数测定
实验3 电阻应变计横向效应系数测定
实验4 电阻应变计在电桥中的各种接法
实验5 电阻应变仪灵敏系数校准
实验6 电阻应变花和静态多点应变测量
实验7 动态应变测量——悬臂梁振动时动应力测量
实验8 中、高温应变计的热输出曲线测定
实验9 中、高温应变计的灵敏系数随温度变化曲线测定
实验10 低温应变计热输出曲线和低温灵敏系数测定
实验11 旋转轴动态应力应变测量
实验12 应变的遥测技术——遥测应变仪的使用
实验13 高压水下应变测量
实验14 钻孔法测量构件残余应力
实验15 有机玻璃的弹性模量 E 和泊松比 ν 的测定
实验16 S形双连孔测力传感器的标定
实验17 应变计式压力传感器的标定
实验18 测力传感器实际标定系数设计和实验
实验19 悬臂梁振动应变波形显示和处理
实验20 二维测力平台数字信号处理系统

Ⅱ 习题

1. 简要解释下列名词：

(1)灵敏系数；(2)热输出；(3)横向效应系数；(4)应变计机械滞后；(5)应变极限；(6)疲劳寿命；(7)应变计蠕变；(8) 应变花；(9)集流器；(10)压力效应；(11)应变计式传感器；(12)弹性元件；(13)传感器标定；(14)传感器线性；(15)传感器滞后；(16)释放系数。

2. 试简述应变计灵敏系数的测定原理、方法及主要步骤。

3. 试简述应变计横向效应系数的测定原理、方法及主要步骤。

4. 试比较丝式应变计和箔式应变计的优缺点。

5. 用等应力悬臂梁标定一批应变计的灵敏系数，共抽测8枚(见附图-1所示)，加荷载 P 后，由三点挠度计测跨中挠度 $f=0.910\ \mathrm{mm}$，挠度计跨度 $l=200\ \mathrm{mm}$，梁厚度 $h=10.00\ \mathrm{mm}$。用静态电阻应变仪，测得各应变计应变读数 $\varepsilon_{仪}$ 如附表-1所列，应变计灵敏度系数 $K_{仪}=2.00$。试确定该批应变计灵敏系数及相对标准误差。

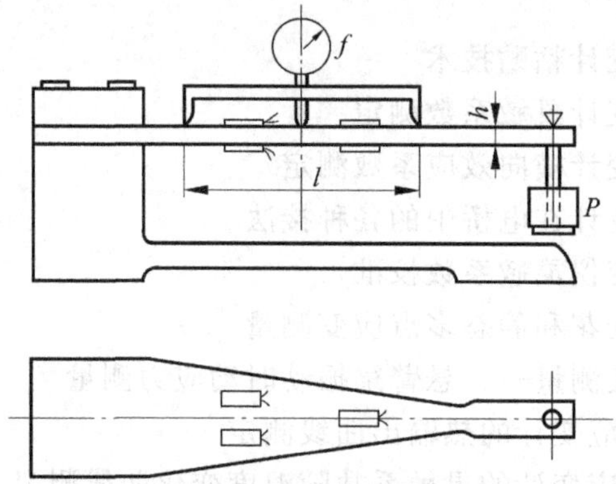

附图-1 等应力悬臂梁装置及三点挠度计示意图

附表-1 各应变计应变读数 $\varepsilon_{仪}$

应变计号	1	2	3	4	5	6	7	8
$\varepsilon_{仪}$/(μm/m)	923	935	940	930	927	921	919	924

6. 将应变计分别粘贴在拉伸试件轴向和横向上，如附图-2所示，加载后分别由应变计测得轴向和横向应变读数为 $\varepsilon'_L=989\ \mu\mathrm{m/m}$，$\varepsilon'_B=-263\ \mu\mathrm{m/m}$，$K_{仪}=2.00$。已知应变计在泊松比 $\nu_0=0.290$ 的标定梁上测得灵敏系数 $K=2.18$，应变计横向效应系数 $H=1.5\%$，试确定该试件材料的泊松比。如不计应变计的横向效应，将引起多大的误差？

7. 一圆轴受扭矩 M_T 作用，为测定轴表面 A 点处的主应变 ε_1 和 ε_2，沿与轴线成 $\pm45°$ 方向各贴一应变计 R_1 和 R_2，如附图-3所示。已知应变计横向效应系数 $H=1.2\%$，其灵敏系数是在 $\nu=0.285$ 的标定梁上测定的，试计算应变计的横向效应给应变测量带来的相对误差。

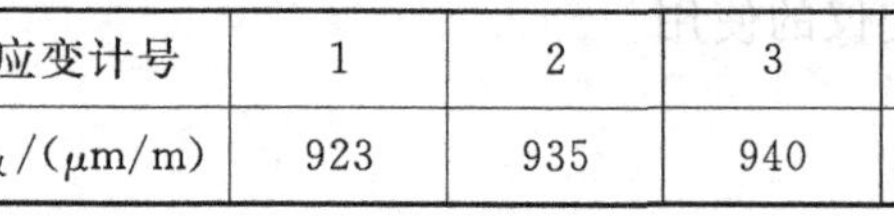

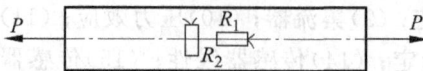

附图-2 拉伸试件上应变计布置图

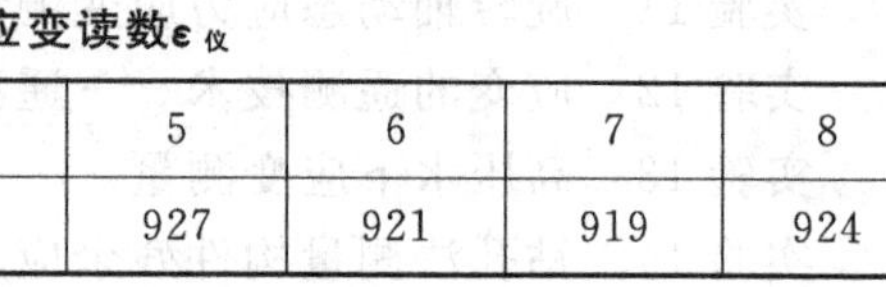

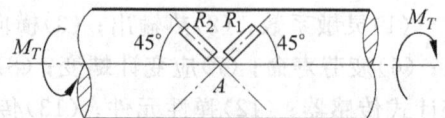

附图-3 圆轴受扭时应变计布置图

8. 一金属应变计($R=120\ \Omega$,$K=2.00$)粘贴在轴向拉伸试件表面,应变计轴线与试件轴线平行,试件材料为碳钢,弹性模量 $E=2.00\times10^5$ MPa,若加载到应力 $\sigma=200$ MPa,试求应变计电阻值的变化 ΔR。若加载更大,应变达 3000 μm/m,间应变计电阻值变化 ΔR 为多大?另有一半导体应变计,$R=120\ \Omega$,$K=100$,粘贴在上述碳钢试件上,当应力 $\sigma=200$ MPa 时,应变计电阻值变化多少?

9. 某批丝式应变计,$H=2\%$,灵敏系数在 $\nu_0=0.300$ 的梁上测定,现将其用于铝($\nu=0.33$)试件的应变测量。设有三个测点,应变计安装方位和测点应变状态分别为:(1)$\varepsilon_L=\varepsilon_B$;(2)$\varepsilon_L=-\varepsilon_B$;(3)$\varepsilon_B=-\nu\varepsilon_L$。试计算每种情况下,由于应变计横向效应引起轴向和横向应变读数的相对误差。

10. 在拉伸试件上,将两枚应变计分别粘贴在试件轴向和横向,加载后分别测得 $\varepsilon_1=988\ \mu$m/m,$\varepsilon_2=-290\ \mu$m/m。并已知应变计在泊松比 $\nu=0.285$ 的标定梁上测定灵敏系数,其横向效应系数 $H=2\%$。试确定试件材料的泊松比 ν,并与不计应变计横向效应的 ν 作比较,相对误差是多少?

11. 在圆轴表面 $\pm45°$ 方向上粘贴两枚应变计 R_1、R_2,分别在扭转荷载下测得应变 $\varepsilon_{45}=600\ \mu$m/m,$\varepsilon_{-45}=-600\ \mu$m/m,应变计在 $\nu_0=0.285$ 的梁上标定灵敏度系数,其横向效应系数 $H=1.5\%$。求横向效应引起的应变值的相对误差及经横向效应修正后的实际应变值(ε_{45}^0 和 ε_{-45}^0)。

12. 试简述系统误差、随机误差和粗大误差的性质及消除或评价这些误差的方法。

13. 计算下列一组测量值的算术平均值和标准偏差:$n=15$,$x_1=8.60$,$x_2=9.56$,$x_3=9.70$,$x_4=9.76$,$x_5=9.78$,$x_6=9.87$,$x_7=9.95$,$x_8=10.06$,$x_9=10.10$,$x_{10}=10.18$,$x_{11}=10.20$,$x_{12}=10.39$,$x_{13}=10.48$,$x_{14}=10.63$,$x_{15}=11.01$。

14. 试分析习题 13 中所列数值有无可剔除的异常数据,请用格拉布斯方法进行分析,剔除异常数据后再求算术平均值和标准偏差。

15. 附图-4 粘贴于拉伸试件上的 4 个应变计,有图(a)、(b)、(c)、(d)四种可能的接桥方法(R 为固定电阻)。试求(b)、(c)、(d)三种接法的电桥输出电压对于接法(a)

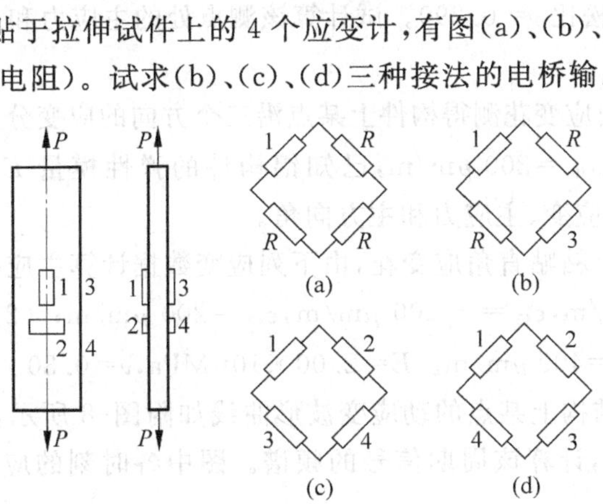

附图-4 拉伸试件

输出电压的比值(不计温度效应)。

16. 附图-5 中所示悬臂梁已粘贴 4 枚相同的应变计,在力 P 作用下,应如何接成桥路才能分别测出弯曲应变和压应变,并力求输出信号较大(不计温度较应,并可接固定电阻)?

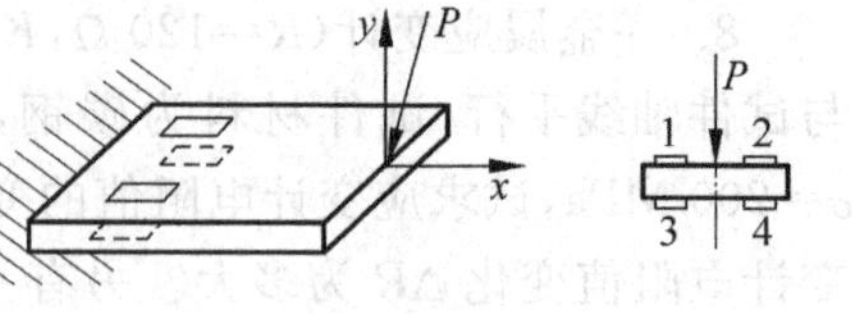

附图-5　悬臂梁上桥路接法

17. 应变电桥如附图-6 所示,R_1、R_2 为应变计($R=1200\ \Omega, K=2.00$),若分别并联 $R_a=1.50\times10^6$,$R_b=0.20\times10^6\ \Omega$ 和 $R_c=0.50\times10^5\ \Omega$ 的电阻,问各相当于多大应变?

18. 一等应力悬臂梁上下表面各粘贴一枚应变计,如附图-7 所示,$R=120\ \Omega$,$K=2.10$。已知梁长 $l=300$ mm,厚 $h=6$ mm,根部宽度 $b=40$ mm,梁弹性模量 $E=2.00\times10^5$ MPa,荷载 $P=100$ N。试计算:(1)应变计电阻变化量 ΔR;(2)当 R_1、R_2 接成半桥,桥压 $U=3$ V 时,电桥输出电压 ΔU。

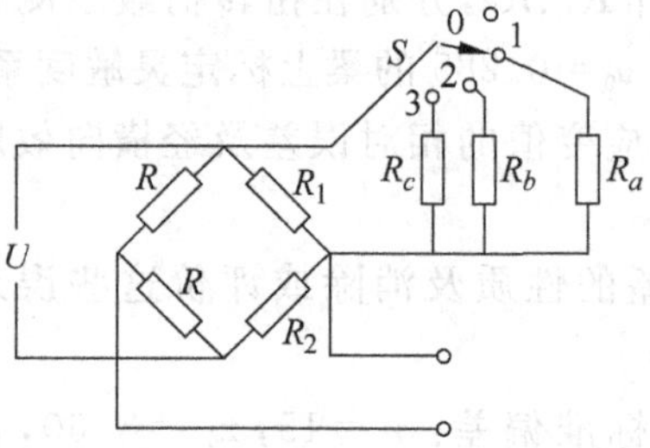

附图-6　应变电桥并联电阻示意图

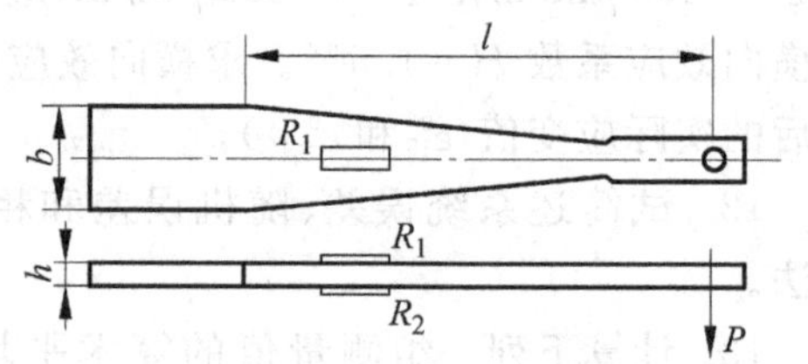

附图-7　等应力悬臂梁上安装应变计示意图

19. 用一组直角(三栅)应变花测得构件上某点处沿三个方向的应变分别为 $\varepsilon_0=450\ \mu\text{m/m}$,$\varepsilon_{45}=170\ \mu\text{m/m}$,$\varepsilon_{90}=-240\ \mu\text{m/m}$。设已知钢材料的弹性模量 $E=2.10\times10^5$ MPa,泊松比 $\nu=0.290$。试计算该测点处的主应力和主方向角(与 0°方向夹角)。

20. 用一组等角应变花测得构件上某点沿三个方向的应变分别为 $\varepsilon_0=600\ \mu\text{m/m}$,$\varepsilon_{60}=-200\ \mu\text{m/m}$,$\varepsilon_{120}=200\ \mu\text{m/m}$,已知铝构件的弹性模量 $E=7.20\times10^4$ MPa,$\nu=0.33$。试计算主应变、主应力和主方向角。

21. 在钢构件上粘贴直角应变花,由下列应变数据计算主应变、主应力和主方向角:(1)$\varepsilon_0=400\ \mu\text{m/m}$,$\varepsilon_{45}=-200\ \mu\text{m/m}$,$\varepsilon_{90}=200\ \mu\text{m/m}$;(2)$\varepsilon_0=-600\ \mu\text{m/m}$,$\varepsilon_{45}=300\ \mu\text{m/m}$,$\varepsilon_{90}=400\ \mu\text{m/m}$。$E=2.00\times10^5$ MPa,$\nu=0.30$。

22. 设已测得结构上某点的动应变波形曲线如附图-8 所示,应变信号的周期为 0.15 s。现取 $n=12$,计算该周期信号的频谱。图中各时刻的应变值如附表-2 所列(单位:μm/m)。

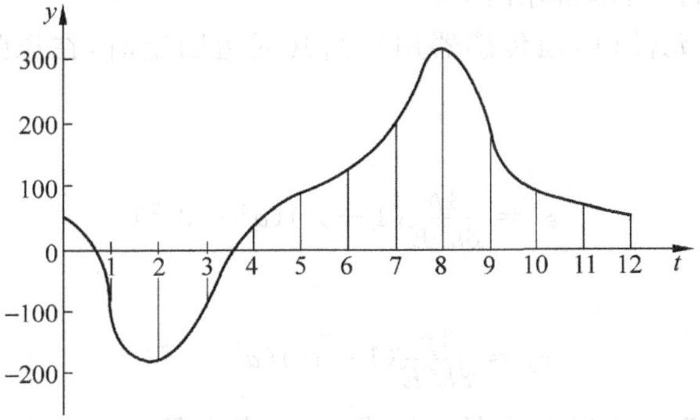

附图-8　习题 22 图

附表-2　各时刻的应变值

y_0	y_1	y_2	y_3	y_4	y_5	y_6	y_7	y_8	y_9	y_{10}	y_{11}
50	−110	−180	−90	30	85	125	205	315	180	95	70

23. 高、低温条件下应变测量中应用高、低温电阻应变计，按工作温度范围分有几种电阻应变计？它们分别适用于什么温度范围？按基底材料分有几种类型电阻应变计？按安装方式分有几种类型？

24. 高、低温电阻应变计具有哪些工作特性？它们的定义是什么？如何测定这些工作特性？其中哪些工作特性对应变测量的精度最为重要？

25. 高、低温电阻应变计采用哪些材料作敏感栅？它们的特点是什么？采用哪些类型粘贴剂？分别可用于什么温度范围？

26. 试简述高温电阻应变计灵敏系数随温度变化特性的测定方法和主要步骤。

27. 试简述高温电阻应变计热输出曲线的测定方法和主要步骤。

28. 某应变计技术指标如下：(1)应变计电阻 120 Ω±0.5%；(2)灵敏系数 2.15±0.01；(3)横向效应系数 $H=0.5\%$；(4)疲劳寿命 $N=10^7$ 次；(5)平均热输出系数 $C=1.2\ \mu\text{m}/(\text{m}\cdot℃)$。试解释上述技术指标的含义。

29. 一应变计贴在标准试件下，其泊松比 $\nu=0.29$，试件受轴向拉伸，已知 $\varepsilon_n=1000\ \mu\text{m/m}$，应变计轴向灵敏系数 $K_L=2.00$，横向效应系数 $H=2\%$。试求 $\Delta R/R$ 和 $R=120\ \Omega$ 时的 ΔR。

30. ϕ10 mm 钢实心圆柱试件，弹性模量 $E=2\times10^5$ MPa，泊松比 $\nu=0.285$，试件上贴一应变计，其主轴线与试件轴向垂直。如已知应变计轴向灵敏系数 $K_L=2.00$，横向效应系数 $H=1.5\%$，当试件受轴向压力 $F=2\times10^4$ N 作用时，应变计相对电阻变化 $\Delta R/R$ 为多少？

31. 已知一测力传感器的应变计电阻 $R=350\ \Omega$，灵敏系数 $K=2.00$，应变计接入电桥一个桥臂，桥压 $U=5$ V，如要求电桥非线性误差 $e=0.5\%$，求应变计最大应变应小于多少？并求此时电桥输出电压。

32. 膜片弹性元件(压强传感器用)，当其周边固定时，在压强的作用下应变分布为：

径向应变

$$\varepsilon_r = \frac{3p}{8h^2E}(1-\nu^2)(a^2-3r^2)$$

轴向应变

$$\varepsilon_\theta = \frac{3p}{8h^2E}(1-\nu^2)(a^2-r^2)$$

式中，h 为膜片厚度；a 为膜片半径。试求：(1)当半径 r 为多少时 $\varepsilon_r=0$？(2)利用4个应变计组成全桥，应变计在膜片上布置位置如何？如何接成全桥？(3)设应变计阻值 $R=350\ \Omega$，桥压 $U=2$ V，当 $\Delta R=0.24\ \Omega$ 时，全桥输出电压 $\Delta U=$？

33. 一台电子秤采用等强度梁。梁上下表面各贴两个应变计，如附图-9所示。已知 $l=100$ mm，$b=10$ mm，$t=2$ mm，$E=2.0\times10^5$ MPa，$K=2.00$，接入直流四臂全桥，桥压 $U=3$ V，当秤重1.0 kg时，求电桥输出电压 ΔU。

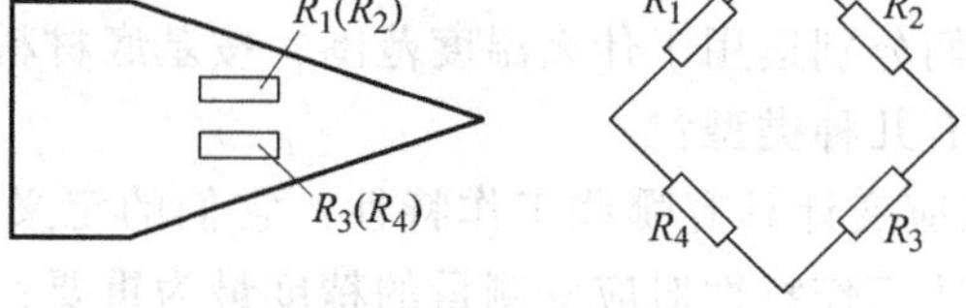

附图-9 习题33图

34. 一压力传感器标定数据如附表-3所列，试求线性度、滞后、重复性和总精度评价。

附表-3 压力传感器标定数据

Y_i/V 次数	$X_i/10^5$ Pa	0	1.0	2.0	3.0	4.0	5.0
1	正行程	0.0020	0.2015	0.4005	0.6000	0.7995	1.000
	反行程	0.0030	0.2020	0.4020	0.6010	0.8005	
2	正行程	0.0025	0.2020	0.4010	0.6000	0.7995	0.9995
	反行程	0.0035	0.2030	0.4020	0.6015	0.8005	
3	正行程	0.0035	0.2020	0.4190	0.6000	0.7995	0.9990
	反行程	0.0040	0.2030	0.4020	0.6010	0.8005	

35. 传感器有哪几种分类方法？各有什么特点？

36. 传感器静态特性有哪些重要指标？它们的定义是什么？

37. S形测力传感器标定数据如附表-4所列，试求传感器线性度、滞后和重复性。

附表-4 测力传感器标定数据

$\varepsilon_{仪}$ \ P/kg		0	2	4	6	8	10
1	正行程	0	719	1440	2155	2885	3600
	反行程	3	725	1436	2162	2880	
2	正行程	3	724	1441	2160	2886	3603
	反行程	5	725	1445	2165	2890	
3	正行程	5	725	1442	2160	2886	3605
	反行程	5	725	1445	2163	2883	

38. 在高温条件下进行结构应力测量有哪些特点？

39. 旋转构件进行应力应变测量采用的集流器有哪些种类？它们各有什么特点？

40. 用钻孔法测量残余应力时，采用的残余应力计有哪些技术参数？如何标定释放系数 A 和 B？

41. 交流载波式电阻应变仪由哪些部分组成？试画出结构框图，并说明各部分的作用。

42. 静态和动态电阻应变仪分别有哪些技术指标？如何进行检定？

43. 测量信号有哪些种类？它们有什么特性？

44. 简述信号的采样定理。

45. 说明波形分析中叠加平均方法的作用。

46. 简述曲线拟合的方法和要求。

47. 简述相关分析中自相关函数和互相关函数的定义。

48. 简要说明下列名词：(1)时域；(2)频域；(3)频谱；(4)功率谱；(5)传递函数；(6)相干函数。

49. 简述随机信号分析处理中描述随机过程的 4 种主要统计特性。

第8章 超声波检测新技术

8.1 概　　述

超声检测是目前应用最广泛的无损检测方法之一。超声波是超声振动在介质中的传播,实质是以波动形式在弹性介质中传播的机械振动。

超声波检测方法利用进入被检材料的超声波(>20 kHz)对材料表面与内部缺陷进行检测。利用超声波进行材料厚度的测量也是常规超声检测的一个重要方面。此外,作为超声检测技术的特殊应用,超声波还用于材料内部组织和特征的表征以及应力的测量。

超声波被用于无损检测主要是由其以下特性决定的。

(1) 超声波的方向性好。超声波具有像光波一样良好的方向性,经过专门的设计可以定向发射,犹如手电筒的灯光可以在黑暗中帮助人的眼睛探寻物体一样,利用超声波可在被检对象中进行有效的探测。

(2) 超声波的穿透能力强。对于大多数介质而言,它具有较强的穿透能力。例如,在一些金属材料中,其穿透能力可达数米。

(3) 超声波的能量高。超声检测的工作频率高于声波的频率,超声波的能量远大于声波的能量。研究表明,材料的声速、声衰减、声阻抗等特性携带有丰富的信息,并且成为广泛应用超声波的基础。

(4) 遇有界面时,超声波将发生反射、折射和波型转换。人们利用超声波在介质中传播时的这些物理现象,经过巧妙的设计,使超声检测的灵敏度及精度得以大幅提高,这也是超声检测迅速发展的原因。

(5) 设备轻便,对人体及环境无害,可作现场检测。

超声检测的主要缺点如下。

(1) 由于纵波脉冲反射法存在盲区以及缺陷取向对检测灵敏度的影响,对位于表面和非常近表面的延伸方向平行于表面的缺陷常常难于检测。

(2) 试件形状的复杂性,如小尺寸、不规则形状、粗糙表面、小曲率半径等,对超声检测的可实施性有较大的影响。

(3) 材料的某些内部结构,如晶粒度、相组成、非均匀性、非致密性等,会使小缺陷的检测灵敏度和信噪比变差。

(4) 对材料及制件中的缺陷作定性、定量表征,需要检测者有较丰富的经验,且常常是不准确的。

(5) 以常用的压电换能器为声源时,为使超声波有效地进入试件一般需要有耦合剂。

8.2 超 声 波

8.2.1 超声波的定义

人们所感觉到的声音是机械波传到人耳引起耳膜振动的反应,能引起听觉的机械波的频率范围为 20 Hz～20 kHz。超声波是频率大于 20 kHz 的机械波。

在通常的超声检测系统中,用电脉冲激励超声探头的压电晶片,使其产生机械振动,这种振动在与其接触的介质中传播,形成超声波。

8.2.2 超声波的分类

超声波的分类方法很多,下面简单介绍几种常见的分类方法。

1. 超声波的波型

根据波动中质点振动方向与波的传播方向的不同关系,可以将超声波分为多种波型,在超声检测中主要应用的波型有纵波、横波、表面波(瑞利波)和兰姆波等。

1) 纵波

介质中质点的振动方向与波的传播方向相同的波,称为纵波(如图 8-1 所示),用 L 表示。当介质质点受到交变拉压应力作用时,质点之间产生相应的伸缩形变,从而形成纵波。这时介质质点疏密相间,故纵波又称为压缩波或疏密波。

凡能承受拉伸或压缩应力的介质都能传播纵波。固体介质能承受拉伸或压缩应力,因此固体介质可以传播纵波。液体和气体虽然不能承受拉伸应力,但能承受压应

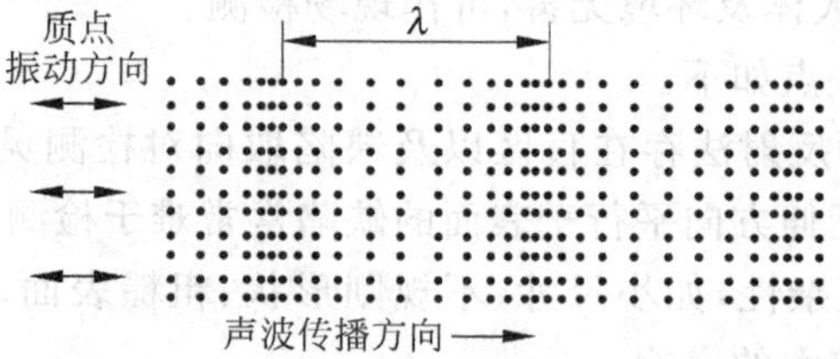

图 8-1　纵波

力产生的容积变化，因此液体和气体介质也可以传播纵波。

纵波是超声检测中应用最普遍的一种波形，也是唯一在液体、气体和固体中均可传播的波型。由于纵波的发射与接收较易实现，在应用其他波型时，常采用纵波声源经波型转换后得到所需的波型。

2）横波

介质中质点的振动方向与波的传播方向相互垂直的波称为横波（如图 8-2 所示），用 S 或 T 表示。当介质质点受到交变的剪切应力作用时，产生切变形变，形成横波，故横波又称切变波。

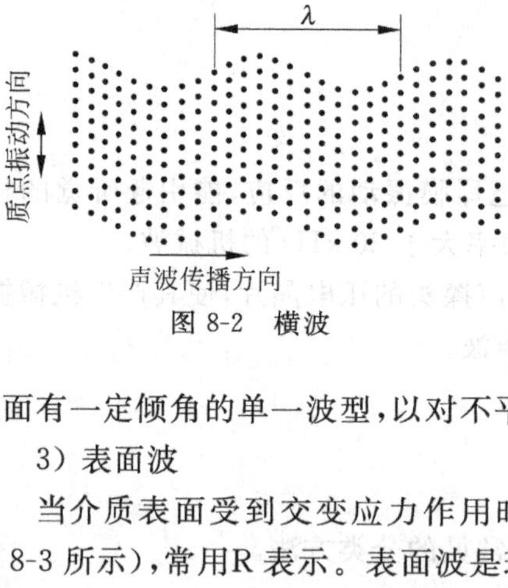

图 8-2　横波

只有固体介质才能承受剪切应力，液体和气体不能承受剪切应力，因此横波只能在固体介质中传播，不能在液体和气体中传播。

横波速度通常约为纵波速度的一半，因此，相同频率时横波波长约为纵波波长的一半。实际检测中常应用横波的原因是：通过波型转换，很容易在材料中得到传播方向与表面有一定倾角的单一波型，以对不平行于表面的缺陷进行检测。

3）表面波

当介质表面受到交变应力作用时，产生沿介质表面传播的波，称为表面波（如图 8-3 所示），常用R 表示。表面波是瑞利 1887 年首先提出来的，因此表面波又称瑞利波。

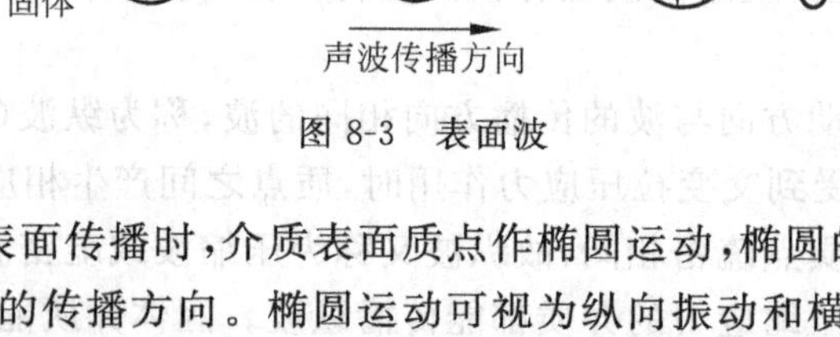

图 8-3　表面波

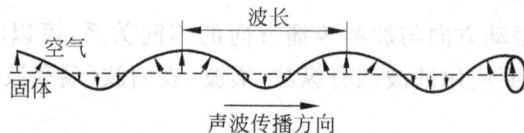

表面波在介质表面传播时，介质表面质点作椭圆运动，椭圆的长轴垂直于波传播方向，短轴平行于波的传播方向。椭圆运动可视为纵向振动和横向振动的合成，即纵波与横波的合成。因此，表面波与横波一样只能在固体中传播，不能在液体和气体中

传播。

表面波只能在固体表面传播。表面波的能量随传播深度增加而迅速减弱。通常认为瑞利波的穿透深度约为一个波长，因此，它只能用来检测表面和近表面缺陷。

4）板波

在板厚和波长相当的弹性薄板中传播的超声波叫板波或兰姆(Lamb)波。板波传播时薄板的两表面和板中间的质点都在振动，声场遍及整个板的厚度，薄板两表面质点的振动为纵波和横波的组合，质点振动的轨迹为一个椭圆，在薄板的中间也有超声波传播，如图 8-4 所示。板波按其传播方式可分为对称型板波(S 型)和非对称型(A 型)板波两种。

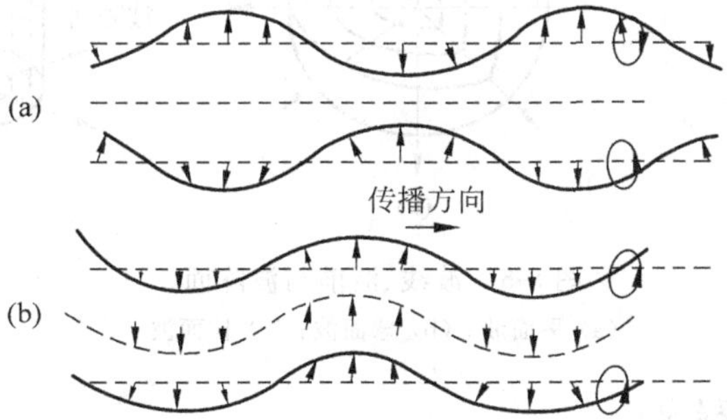

图 8-4 板波(兰姆波)

S 型：薄板两面由纵波和横波成分组合的波传播，质点振动轨迹为椭圆。薄板两面质点的振动相位相反，而薄板中部质点以纵波形式振动和传播。

A 型：薄板两面质点振动相位相同，质点振动轨迹为椭圆，薄板中部的质点以横波形式振动和传播。

超声波在固体中的传播形式极为复杂，如果固体介质有自由表面，根据横波的振动方向分为 SH 波和 SV 波。其中 SV 波是质点振动平面与波的传播方向相垂直的波。但是传声介质如果是细棒材、管材或薄板，且当壁厚与波长接近时，则纵波和横波受边界条件的影响，不能按原来的波型传播，而是按照特定的形式传播。超声纵波在特定的频率下，被封闭在介质侧面之中的现象叫波导，这时候传播的超声波通称为超声导波，这部分内容将在 8.4 节中进行详细介绍。

2. 超声波的波形

超声波由声源向周围传播扩散的过程可用波阵面进行描述。在无限大且各向同性的介质中，振动向各方向传播，人们用波线表示波的传播方向，将同一时刻介质中振动相位相同的所有质点所连成的面称为波阵面，某一时刻振动传播到达的距声源最远的各点所成的面称为波前。可见，在各向同性介质中波线垂直于波阵面。在任何时刻，波前正是距声源最远的一个波阵面，波前只有一个而波阵面可以有任意多个。

根据波阵面的形状(波形),可将波动分为平面波、球面波和柱面波等。

1）平面波

波阵面为相互平行平面的波称为平面波。平面波的波源为一平面,如图 8-5(a)所示。尺寸远大于波长的刚性平面波源在各向同性均匀介质中辐射的波可视为平面波。平面波波束不扩散。平面波各质点振幅是一个常数,不随距离而变化。

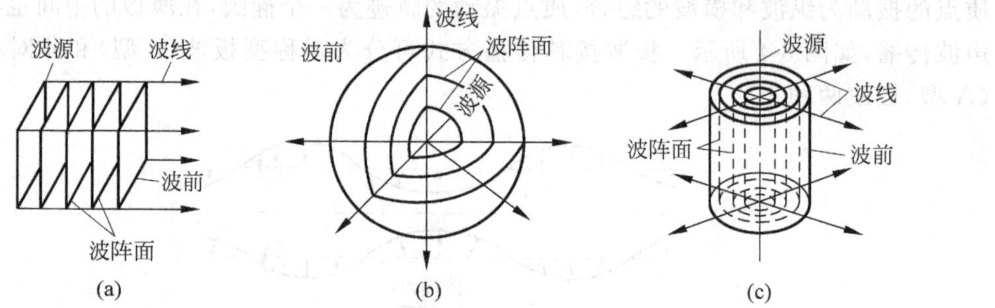

图 8-5 波线、波前与波阵面

(a) 平面波；(b) 球面波；(c) 柱面波

平面波的波动方程为

$$y = A\cos\omega\left(t - \frac{x}{c}\right) \tag{8-1}$$

2）球面波

波阵面为同心球面的波称为球面波。球面波的波源为一点,如图 8-5(b)所示。尺寸远小于波长的点波源在各向同性介质中辐射的波可视为球面波。球面波波束向四面八方扩散,可以证明,球面波中质点的振动幅度与距声源的距离成反比。

实际应用超声波探头的波源可近似为活塞振动,在各向同性介质中辐射的波称为活塞波。当距波源的距离足够大时,活塞波类似于球面波。

球面波的波动方程为

$$y = \frac{A}{x}\cos\omega\left(t - \frac{x}{c}\right) \tag{8-2}$$

3）柱面波

波阵面为同轴圆柱面的波称为柱面波。柱面波的波源为一条线,如图 8-5(c)所示。

长度远大于波长的线状波源在各向同性介质中辐射的波可视为柱面波。柱面波波束向四周扩散。柱面波各质点的振幅与距柱状声源距离的平方成反比。

柱面波的波动方程为

$$y = \frac{A}{\sqrt{x}}\cos\omega\left(t - \frac{x}{c}\right) \tag{8-3}$$

在实际超声检测应用中，声波常常是有限尺寸的平面，产生的波形既不是单纯的平面波，也不是单纯的柱面波，而被认为是活塞波。理论上假定产生活塞波的声源是一个有限尺寸的平面，声源上各质点作相同频率、相位和振幅的谐振动。在离声源较近处，由于干涉的原因，波阵面形状复杂；距声源足够远处，波阵面类似于球面。活塞波中质点位移随时间和距离的变化规律难以用简单的数学关系表达，但在距声源足够远处，可以近似用球面波的波动方程来表达，这是超声检测中进行仪器灵敏度调整和缺陷尺寸评定的基础。

3. 连续波与脉冲波

根据波源振动的持续时间长短，可将波动分为连续波和脉冲波。

波源持续不断地振动所辐射的波称为连续波，如图 8-6(a)所示。超声波穿透法探伤常采用连续波。

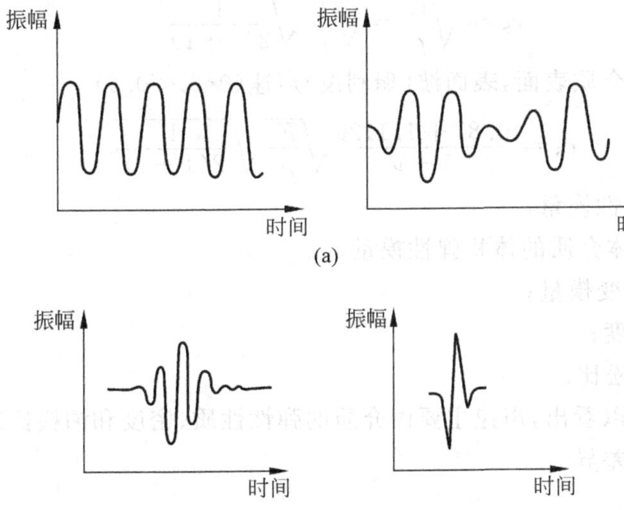

图 8-6 连续波与脉冲波

(a) 连续波；(b) 脉冲波

波源持续振动时间很短，间歇辐射的波称为脉冲波，如图 8-6(b)所示。目前超声检测中最常用的是脉冲波。

8.2.3 超声波的传播速度

超声波的传播速度简称声速。声速是超声检测中一个重要的声学参数，它对超声检测的缺陷定位、定量分析至关重要。超声波的声速不仅依赖于传声介质自身的密度、弹性模量等性质，还与超声波的波型有关。对于纵波、横波和表面波来说，每种波型的速度值仅与介质自身的特性有关，而与入射声波的特性无关。管、板等波导中传播的超声导波的声速，除与材料特性有关以外，还与频率、几何尺寸和振动模式有关，此部分在8.4节超声导波中将介绍。

固体介质中可以传播多种波型，液体、气体介质中则只能有纵波存在。纵波、横波和表面波的声速与介质自身性质之间的关系，可用下列各式表示。

在无限大固体介质中，纵波声速

$$c_{\mathrm{L}} = \sqrt{\frac{E}{\rho}}\sqrt{\frac{1-\nu}{(1+\nu)(1+2\nu)}} \tag{8-4}$$

在液体和气体中，纵波声速

$$c_{\mathrm{L}} = \sqrt{\frac{K}{\rho}} \tag{8-5}$$

在无限大固体介质中，横波声速

$$c_{\mathrm{S}} = \sqrt{\frac{G}{\rho}} = \sqrt{\frac{E}{\rho}}\sqrt{\frac{1}{2(1+\nu)}} \tag{8-6}$$

在无限大固体介质表面，表面波(瑞利波)声速($0<\nu<0.5$)

$$c_{\mathrm{S}} = \frac{0.87+1.112\nu}{1+\nu}\sqrt{\frac{E}{\rho}}\sqrt{\frac{1}{2(1+\nu)}} \tag{8-7}$$

式中，E—介质的弹性模量；

K—液体、气体介质的体积弹性模量；

G—介质的切变模量；

ρ—介质的密度；

ν—介质的泊松比。

由以上各式可以看出，声速主要由介质的弹性性质、密度和泊松比决定。不同材料声速值有较大的差异。

8.2.4 描述超声场的物理量

充满超声波的空间或超声振动所涉及的介质，称为超声场。描述超声场的物理量主要有声压、声强和声阻抗。

1. 声压

超声场中某一点在某一时刻所具有的压强 p_1 与没有声波存在时该点的静压强 p_0 之差，称为该点的声压，用 p 表示。超声场中，每一点的声压是一个随时间和距离变化的量，可以证明，对于无衰减的平面余弦波，声压 p 可用下式表示

$$p = -\rho c A\omega \sin\omega\left(t-\frac{x}{c}\right) = \rho c u \tag{8-8}$$

式中，u 为质点振动速度；$\rho cA\omega$ 为声压振幅。实际上，比较两个超声波并不需要对每一时刻的声压进行比较，真正代表超声波强弱的是声压的幅度。因此，通常把声压幅度简称为声压。超声检测仪上脉冲高度与声压成正比，因此通常读出信号的幅度比等于声压比。

2. 声阻抗

介质中某一点的声压 p 与该处质点振动速度 u 之比，称为声阻抗，用 Z 表示。在同一声压 p 的情况下，声阻抗越大，质点振动速度就越小。声阻抗表示超声场中介质对质点振动的阻碍作用，表达式为

$$Z=\frac{p}{u}=\rho c \tag{8-9}$$

声阻抗在数值上等于介质密度与介质中声速的乘积。不同介质具有不同的声阻抗。声阻抗是衡量介质声学性能的重要参数。在研究超声波通过界面的行为时，声阻抗决定着超声波在不同介质中的能量分配。

3. 声强

在垂直于声波传播方向的平面上，单位面积上单位时间内所通过的声能量，称为声强，用符号 I 表示。因此，声强也称为声能流密度。对于谐振波，常将一个周期内能流密度的平均值作为声强：

$$I=\frac{p^2}{2\rho c}=\frac{p^2}{2Z} \tag{8-10}$$

由上式可知，超声场中，声强与声压平方成正比，也即与频率平方成正比。由于超声波的频率很高，故其声强很大，这是超声波能用于探伤的重要依据。

8.3 超声波的传播

8.3.1 超声波的波动特性

1. 波的叠加

当几列波同时在一种介质中传播时，如果在某些点相遇，则相遇处质点振动是各列波所引起振动的合成，合成声场的声压等于每列声波声压的矢量和，这就是声波的叠加原理。相遇后，各列波仍保持原有的频率、波长、幅度、传播方向等特性不变，继续前进，好像在各自的传播过程中没有遇到其他波一样。

2. 波的干涉

频率相同、振动方向相同、相位相同或相位差恒定的波源发出的两列波相遇时，声波的叠加会出现一种特殊的现象，即合成声波的频率与两列波相同；合成声压幅度在空间中不同位置随两列波的波程差呈周期性变化，某些位置振动始终加强，而另一些位置振动始终减弱；合成声压的最大幅度等于两列波声压幅度之和，最小幅度等于两列波声压幅度之差。这种现象称为波的干涉现象。因此，称两列频率相同、振动方向相同、相位相同或相位差恒定的波为相干波，其波源为相干波源。两列振幅相同的相干波在同一直线上沿相反方向彼此相向传播时叠加而成的波称为驻波。

在超声检测中，用于产生超声波的有限尺寸平面声源所发射的声波在声源附近就会产生干涉，使该区域声压出现极大值点和极小值点。

3. 惠更斯原理

惠更斯原理是由荷兰物理学家惠更斯于 1690 年提出的一项理论，它的基本思想是：介质中波动传播到的任一点都可以看做是新的波源向前发射球面子波，在其后任一时刻，这些子波的包迹就是新的波阵面。

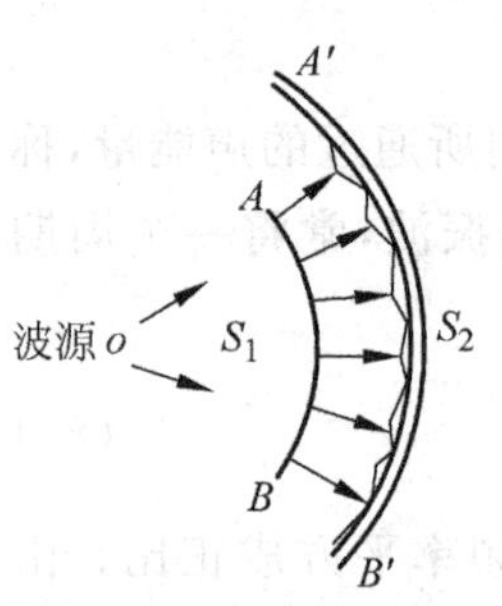

图 8-7 惠更斯原理示意图

利用惠更斯原理，可以确定波前的几何形状和波的传播方向，如图 8-7 所示。从波源 o 点向四周发出的球面波，在某一时刻到达波阵面 $S_1(AB)$。将 S_1 上的各点看做新的子波源各自发出球面波，在下一时刻，波阵面的新位置就是与各子波波阵面相切的包迹面 $S_2(A'B')$。垂直于波阵面的波线就是波的传播方向。

惠更斯原理与波的叠加原理相结合，可以方便地计算特定声源在空间中的声压分布以及遇到障碍物后的变化情况。

4. 超声波的散射和衍射

在未遇到介质特性改变的情况下，平面波在均匀且各向同性的弹性介质中沿直线传播。在传播过程中，如果遇到障碍物(声阻抗与周围介质不同的物体)，就可能产生若干现象，这些现象与障碍物的尺寸有关。入射平面波遇到两种不同特性介质的大平面时，一部分声波会在界面处反射而回到第一种介质中，另一部分声波则会透过界面进入第二种介质，同时，声束方向会发生改变。假设界面足够大，入射声束不会遇到任何“边”，则可以按直线传播的方式分析其规律。如果障碍物尺寸有限时，就会发生衍射和散射问题。所谓衍射，是指波绕过障碍物的边缘而向后传播的现象。这两种现象中的声波传播均不符合直线传播规律。

如果障碍物为有限尺寸但比超声波的波长大得多，且障碍物的声阻抗与周围介质差异很大时，则入射至障碍物上的声波几乎全部被反射，从而在障碍物后面形成一个声影区。但是，声影区的大小并不是被障碍物遮挡的全部区域，但平面波遇到反射界面的边缘时，如靠近疲劳裂纹的末端，则可以将边缘看做一直线声源，从边角处发出柱面波。这样，声波可以绕过障碍物的边缘向它的后面传播，这种现象就是衍射现象，是波动的特性之一，如图 8-8 所示。衍射是一些基本概念的基础，如探头发出声束的扩散（指向性），受波长限制的缺陷检测灵敏度等。

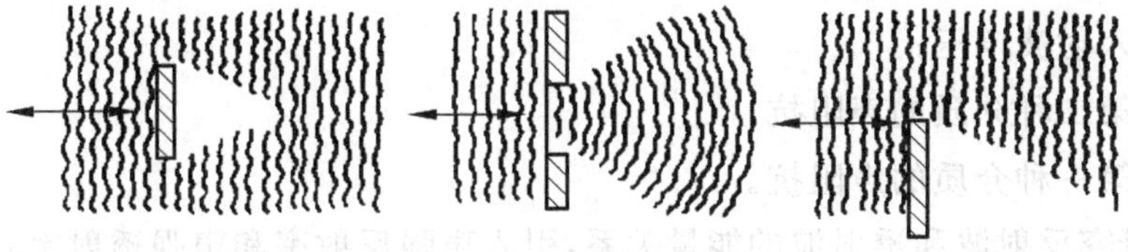

图 8-8 波的衍射

如果障碍物的尺寸与超声波的波长相近（接近），超声波将不能按几何规律被反射，而将发生不规则的反射和衍射；如果障碍物的尺寸小于超声波的波长，则波到达障碍物后的现象类似于以障碍物作为点状声源向四周发射声波，这些现象均被认为是波的散射。

如果障碍物的尺寸比超声波的波长小很多，则它们对超声波的传播几乎没有影响。

8.3.2 超声波垂直入射到平界面上时的反射和透射

当超声波垂直入射到两种介质的界面时，如图 8-9 所示，一部分能量透过界面进入第二种介质，成为透射波（声强为 I_t），波的传播方向不变；另一部分能量则被界面反射回来，沿与入射波相反的方向传播，成为反射波（声强为 I_r）。声波的这一特性是超声波检测缺陷的物理基础。

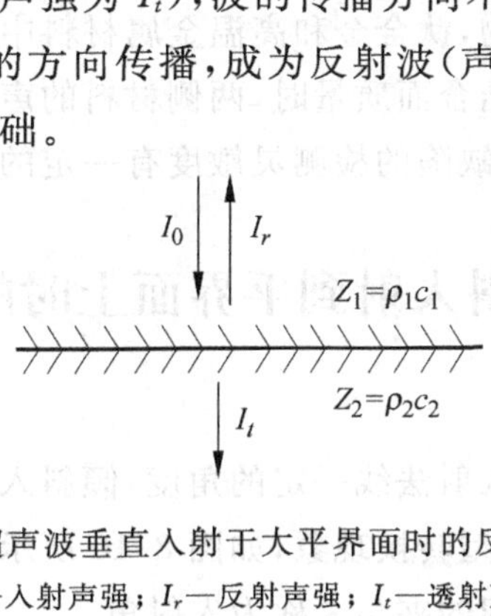

图 8-9 超声波垂直入射于大平界面时的反射与透射

I_0—入射声强；I_r—反射声强；I_t—透射声强

通常将反射波声压与入射波声压的比值称为声压反射率，将透射波声压和入射波声压的比值称为声压透射率，其数学表达式分别为

$$r=\frac{p_r}{p_0}=\frac{Z_2-Z_1}{Z_2+Z_1} \tag{8-11}$$

$$t=\frac{p_t}{p_0}=\frac{2Z_2}{Z_2+Z_1} \tag{8-12}$$

式中，p_r—反射波声压；

p_t—透射波声压；

p_0—入射波声压；

Z_2—第二种介质的声阻抗；

Z_1—第一种介质的声阻抗。

为了研究反射波和透射波的能量关系，引入声强反射率和声强透射率两个概念，分别表示为

$$R=\frac{I_r}{I_0}=r^2=\left(\frac{Z_2-Z_1}{Z_2+Z_1}\right)^2 \tag{8-13}$$

$$T=\frac{I_t}{I_0}=\frac{Z_1 p_t^2}{Z_2 p_0^2}=\frac{4Z_2 Z_1}{(Z_2+Z_1)^2} \tag{8-14}$$

由上式可以看出，界面两侧介质的声阻抗差异决定着反射能量与透射能量的比例。差异越大，反射声能越大，透射声能越小。如在钢与空气的界面，空气的声阻抗几乎可以忽略，因此几乎没有透射声能，只有反射声能。这一点在检测具有空气隙的缺陷(如裂纹、分层)时是一个有利因素，因为缺陷的反射率很高。但它同时也带来不利影响，那就是很难通过空气耦合使声波进入固体材料，这是超声检测中通常要使用耦合剂的主要原因。

与上述情况相反，当界面两侧介质的声阻抗非常接近时，反射率几乎为零，声波接近于完全透射，这是造成一些声阻抗接近于基体材料不易被检出的原因。典型的例子如钛合金中的硬 α 夹杂物，钛合金和高温金属材料中的偏析等。

在检测异质金属材料的结合面质量时，两侧材料的声阻抗的差异，会使界面处总产生一定的反射信号，对界面缺陷的检测灵敏度有一定的影响。

8.3.3 超声波倾斜入射到平界面上时的反射、折射和波型转换

当超声波以相对于界面入射法线一定的角度，倾斜入射到两种介质的界面时，在界面上会产生反射、折射和波型转换现象，如图 8-10 所示。

入射声波与入射法线之间的夹角 α 称为入射角。

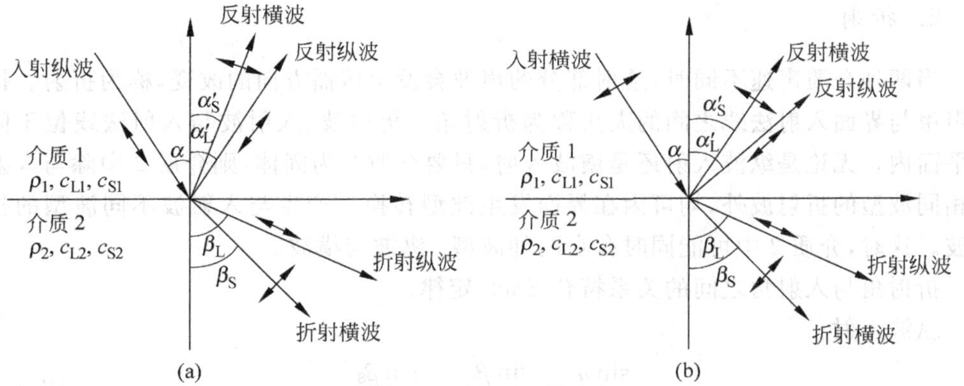

图 8-10　超声波倾斜入射到界面

(a) 纵波入射；(b) 横波入射

1. 反射

当纵波以入射角倾斜入射到异质界面时，将会在入射波所在的介质 1 中的入射点法线的另一侧，产生与法线成一定夹角的反射纵波。反射波与入射法线之间的夹角 α' 称为反射角。

入射纵波与反射纵波之间的关系符合几何光学的反射定律。

(1) 入射声束、反射声束和入射点的法线位于同一平面内；

(2) 入射角 α 等于反射角 α'。

与光的入射不同的是，当介质 1 为固体时，界面上既产生反射纵波，同时发生波型转换产生反射横波，即反射后同时产生纵波与横波两种波型。这时，横波反射角与纵波入射角之间的关系符合光学中的 Snell(斯奈尔)定律

$$\frac{\sin\alpha}{c_{L1}}=\frac{\sin\alpha'_S}{c_{S1}} \tag{8-15}$$

式中，α—入射角；

α'_S—横波反射角；

c_{L1}—纵波在介质 1 中的声速；

c_{S1}—横波在介质 1 中的声速。

若入射声波为横波，也会产生同样的现象，这时横波入射角与横波反射角 α'_S 相等。介质 1 为固体时纵波反射角与横波反射角之间的关系为

$$\frac{\sin\alpha}{c_{S1}}=\frac{\sin\alpha'_S}{c_{L1}} \tag{8-16}$$

由于固体中纵波波速总是大于横波波速，因此，无论是纵波入射还是横波入射，均有 $\alpha'_L>\alpha'_S$。当介质 1 为液体或气体时，则入射波和反射波只能是纵波，且入射角等于反射角。

2. 折射

当两种介质声速不同时，透射部分的声波会发生传播方向的改变，称为折射。折射声束与界面入射法线之间的夹角称为折射角。折射波、入射波与入射法线位于同一平面内。无论是纵波入射还是横波入射，只要介质 2 为固体，则介质 2 中除与入射波相同波型的折射波外，均可因在界面发生波型转换而产生与入射波不同波型的折射波。这时，介质 2 中可能同时存在两种波型：纵波与横波。

折射角与入射角之间的关系符合 Snell 定律。

纵波入射：

$$\frac{\sin\alpha}{c_{L1}}=\frac{\sin\beta_L}{c_{L2}}=\frac{\sin\beta_S}{c_{S2}} \tag{8-17}$$

横波入射：

$$\frac{\sin\alpha}{c_{S1}}=\frac{\sin\beta_L}{c_{L2}}=\frac{\sin\beta_S}{c_{S2}} \tag{8-18}$$

式中，β_L—纵波入射角；

β_S—横波入射角；

c_{L2}—纵波在介质 2 中的声速；

c_{S2}—横波在介质 2 中的声速。

折射角相对于入射角的大小和折射波声速与入射波声速的比有关。同时，由于纵波声速总是大于横波声速，因此有 $\beta_L>\beta_S$。

3. 临界角

由折射角与入射角的关系式知，当第二种介质中的折射波型的声速比第一种介质中入射波型的声速大时，折射角大于入射角。此时，存在一个临界入射角度，在这个角度下，折射角为 90°。大于这一角度时，第二种介质中不再有相应波型的折射波。

1) 第一临界角

当入射波为纵波，且 $c_{L2}>c_{L1}$ 时，纵波折射角大于入射角。随着入射角的增大，折射角也相应增大。当纵波折射角为 90°时，就出现了一个临界角。将纵波入射且纵波折射角大于纵波入射角时，使纵波折射角达到 90°的纵波入射角称为第一临界角，用符号 α_{I} 表示。大于第一临界角，第二介质中不再有折射纵波。α_{I} 的表示式为

$$\alpha_{\mathrm{I}}=\arcsin\frac{c_{L1}}{c_{L2}} \tag{8-19}$$

2) 第二临界角

当入射波为纵波，第二种介质为固体，且 $c_{S2}>c_{L1}$ 时，横波折射角也大于入射角。当入射角增大至横波折射角为 90°时，出现了第二个临界角。称纵波入射且横波折射角大于纵波入射角时，使横波折射角达到 90°的纵波入射角称为第二临界角，用符

号 $\alpha_{\text{Ⅱ}}$ 表示：

$$\alpha_{\text{Ⅱ}} = \arcsin \frac{c_{L1}}{c_{S2}} \tag{8-20}$$

通常在超声检测中,临界角的主要应用是在第二种介质为固体,而第一种介质为固体或液体时的情况。在这种情况下,可利用入射角在第一临界角和第二临界角之间的范围,在固体中产生一定角度范围内的纯横波,对试件进行检测。如:利用有机玻璃斜楔制作斜探头使纵波倾斜入射至有机玻璃和钢的界面,在钢中产生一定角度的纯横波;或采用水浸法,使纵波以适当角度倾斜入射至水和钢的界面,在钢中产生折射横波。

3) 第三临界角

第三临界角是在固体介质与另一种介质的界面上,用横波作为入射波时产生的。在这种情况下,固体介质 1 中同时存在反射横波与反射纵波,其中横波反射角等于入射角,而纵波反射角大于入射角。当入射角增大到某一数值,将使纵波反射角为 90°。因此,定义第三临界角为横波入射时,使纵波反射角达到 90°时的横波入射角,表示为

$$\alpha_{\text{Ⅲ}} = \arcsin \frac{c_{S1}}{c_{L1}} \tag{8-21}$$

横波入射角大于第三临界角时,反射波中只有横波,而不再有纵波。对于钢来说,$\alpha_{\text{Ⅲ}}=33.2°$,因此,横波斜入射至钢与其他界面的入射角大于 33.2°时,则不再产生反射纵波。这对于横波斜入射检测是十分有利的,因为横波检测声束路径上常常要在试件的上下底面之间经过一次或多次反射。

8.3.4 超声波的传播衰减

超声波的传播衰减指超声波在通过材料传播时,声压或声能随距离的增大逐渐减小的现象。

引起衰减的原因主要有三个:一是声束的扩散;二是材料中的晶粒或其他微小颗粒对声波的散射;三是介质的吸收。

扩散衰减是由于声束扩散而引起的衰减。在一些特定波形的声场中,随着传播距离的增加,声束截面不断扩大,这种现象称为声束的扩散。由于声束界面的增大,使单位面积上的声能或声压随传播距离的增大逐渐减弱,这就是扩散衰减。扩散衰减仅取决于波阵面的形状,而与传声介质的性质无关。扩散衰减的规律可用声场的规律来描述。如:在远离声源的声场中,球面波的声压与至声源距离成反比,柱面波的声压则与声源距离的平方根成反比。平面波声压不随距离变化,不存在扩散衰减。

散射衰减是超声波在传播过程中,由于材料的不均匀性造成多处声阻抗不同的微小界面引起声的散射,从而造成声压或声能衰减。这种不均匀性可能是多晶材料

的晶界、不同相成分的界面、外来杂质等。被散射的超声波在介质中沿着复杂的路径传播,一部分最终变为热能,另一部分传播到探头,形成显示屏上的草状回波(或称噪声)。对于典型的粗晶金属材料,一方面是声能衰减造成回波信号降低,另一方面是散射噪声的增加,从而使检测信噪比严重下降。

吸收衰减的发生,一方面是超声波在介质中传播时,由于介质的粘滞性造成质点之间的内摩擦,从而使一部分声能转变成热能;另一方面由于介质的热传导,介质的稠密部分和稀疏部分之间进行热交换,而导致声能的损耗。

8.4　超声导波检测新技术

8.4.1　导波的概念

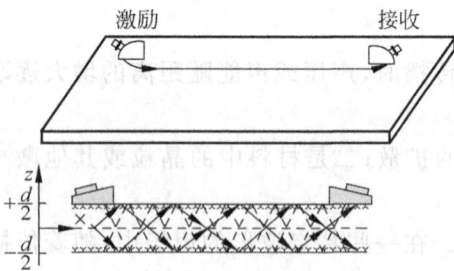

在无限均匀介质中传播的纵波和横波,以各自的特征速度传播而无波形耦合。而在一弹性半空间表面处,或两个弹性半空间表面处,由于介质性质的不连续性,超声波将经受一次反射或透射而发生波形转换。随后,各种类型的反射波和透射波及界面波均以各自恒定的速度传播,而传播速度只与介质材料密度和弹性性质有关。然而当介质中有一个以上的交界面存在时,就会形成一些具有一定厚度的"层"。位于层中的超声波将要经受多次来回反射,这些往返的波将会产生复杂的波形转换且波之间发生复杂的干涉。若一个弹性半空间被平行于表面的另一个平面所截,从而使其厚度方向成为有界的,这就构成了一个无限延伸的弹性平板。位于板内的纵波、横波将会在两个平行的边界上产生来回的反射而沿平行板面的方向行进,即平行的边界制导超声波在板内传播。这样的一个系统称为平板超声波导。在此板状波导中传播的超声波即板波或称 Lamb 波。Lamb 波是超声无损检测中最常用的一种导波形式,于 20 世纪初由 H. Lamb 研究无限大板中正弦波问题而得名。

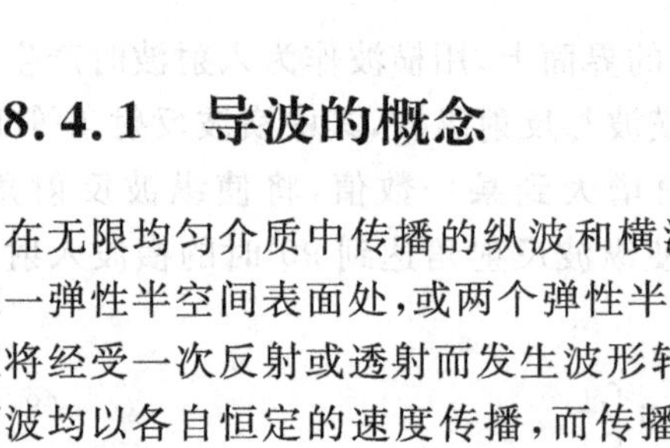

图 8-11　板中导波示意图

图 8-11 很好地说明板中的导波(Lamb 波)是如何激励出来并传播的。首先,由激励传感器发射出超声波,由于激励传感器为一斜探头,所以超声波在板的上下表面发生不断的反射并且向前传播,板的上下表面制导着超声波在板内的传播,由此形成了板中的导波——Lamb 波。除此之外,圆柱壳、棒及层状的弹性体都是典型的波导。其共同特性是由于两个或更多的平行界面存在而引入一个或多个特征尺寸到问题中来(如壁厚、直径、厚度等)。在波导中传播的超声波称为超声导波,在圆柱和圆柱壳中传播的导波称为柱面导波。

8.4.2 导波的群速度与相速度

群速度与相速度是导波理论中两个最基本的概念。所谓群速度是指弹性波的包络上具有某种特性(如幅值最大)的点的传播速度,是波群能量传播速度;而相速度是波上相位固定的一点沿传播方向的传播速度。值得注意的是,导波以其群速度向前传播。如图 8-12 所示,波形(a)为弹性波在传播一定距离时得到的一个导波波形,波形(b)为传播距离加大了 Δl 后得到的一个导波波形。比较两图可见,图(b)中的包络明显向后移动了一段时间 t_1,两个波形的等相位点(这里将其视为某一固定波形的过零点)相差的时间为 t_2。在工程上,就可以借此粗略地估计这种模式导波在图 8-12 所示超声波频率附近的群速度 c_g 和相速度 c_p

$$c_g = \frac{\Delta l}{t_1} \tag{8-22}$$

$$c_p = \frac{\Delta l}{t_2} \tag{8-23}$$

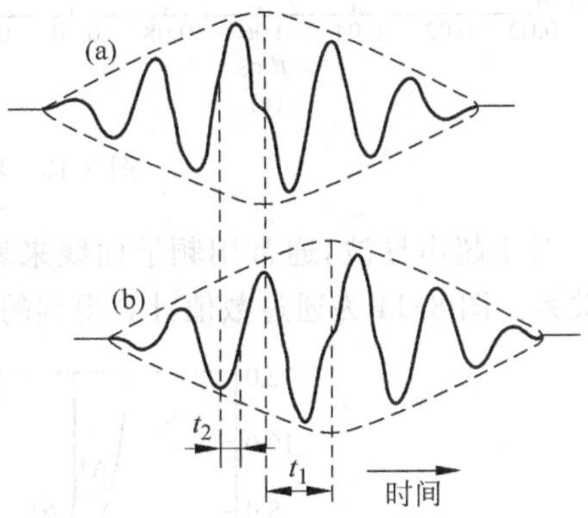

图 8-12 群速度与相速度的关系

群速度与相速度的关系如下:

$$c_g = \frac{c_p^2}{c_p^2 - (fd)\dfrac{dc_p}{d(fd)}} \tag{8-24}$$

式中,fd 为频率-厚度积(简称频-厚积)。f 为所要求导波的频率,d 为所测试件的厚度。对于板而言,d 为板厚;对于圆管,d 为管壁厚。

8.4.3 导波的频散现象与多模态特性

受几何尺寸的影响,不同频率下波导中传播弹性波的速度不同,从而导致超声波的几何频散,称之为频散现象。在导波的长距离检测中,导波频散现象使得初始位置的弹性波信号波形在传播过程中发生畸变,并将对测量的结果产生较大的影响。

图 8-13 所示为 2.76 mm 厚钢板内 A2 模态的 Lamb(兰姆)波传播情况的数值模拟波形。图中激励信号为 10 个周期受汉宁窗调制的,中心频率为 1.5 MHz 的单音频信号。图 8-13(a)、(b)中波包 a 为激励信号,波包 b 分别表示激励信号传播到 50 mm 处和 100 mm 处时的波形。可以看出,随着传播距离的增加以及由于频散现象,信号的时域宽度增加,信号幅度减小,与激励信号波形相比发生了较大畸变。信号展宽为分析有用信号带来了很大的困难,幅度的减小降低了检测灵敏度,使得信号特征的识别与提取变得困难,并由此导致检测结果的失真。多模态的存在使得问题更加复杂化。

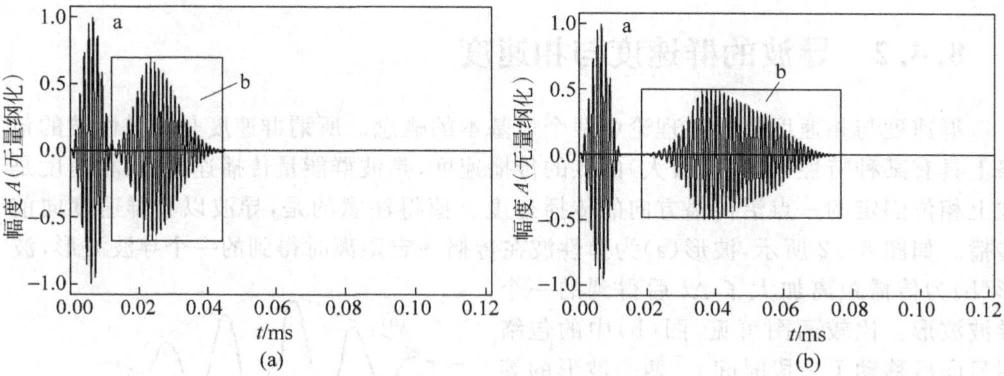

图 8-13 频散现象示意图

对于超声导波，通常用频散曲线来表示导波模态与频率(或频-厚积)、速度之间的关系。图 8-14 为通过数值计算得到的自由边界条件下 2.76 mm 厚钢板的相速度和

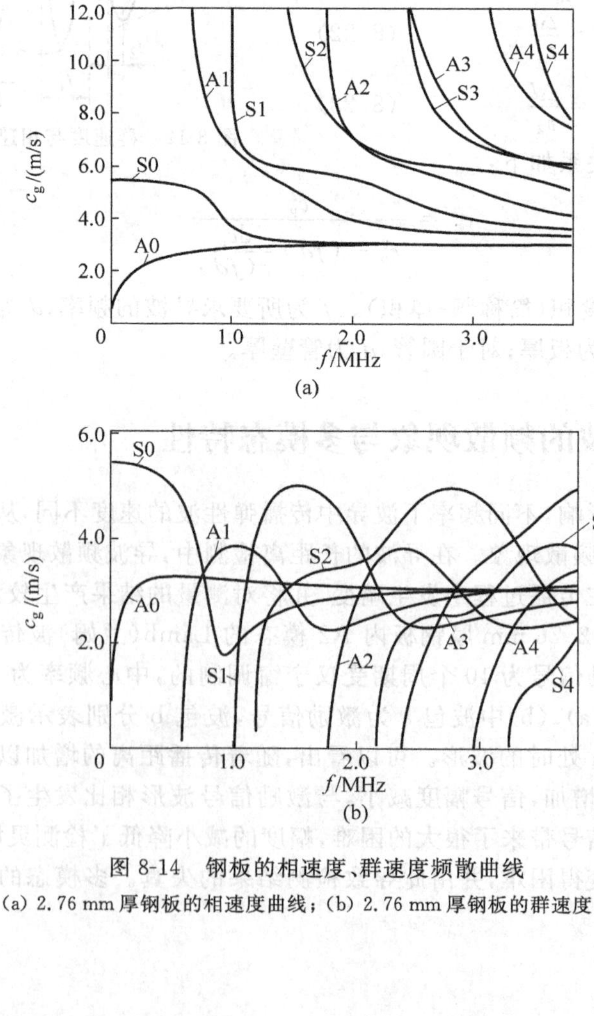

图 8-14 钢板的相速度、群速度频散曲线

(a) 2.76 mm 厚钢板的相速度曲线；(b) 2.76 mm 厚钢板的群速度曲线

群速度频散曲线。图中每条曲线表示一种模态，每种模态在不同的频率下具有不同的群速度和相速度。而管中的频散曲线更为复杂。图 8-15 所示为外径 $D=88.8$ mm，壁厚 $d=4$ mm，纵波速度 $c_L=5960$ m/s，横波速度 $c_S=3260$ m/s，密度 $\rho=7.932$ g/cm³ 管道频散曲线。导波在结构中传播时，在低频-厚积的情况下，至少存在两个模态，随着频-厚积的增长，会出现更多的模态。即使激励了单模态的超声导波，在边界或其他不连续处，如缺陷处，也会发生模态转换。因此，接收到的信号通常包含两个或两个以上的模态，多模态的信号处理将成为必然。

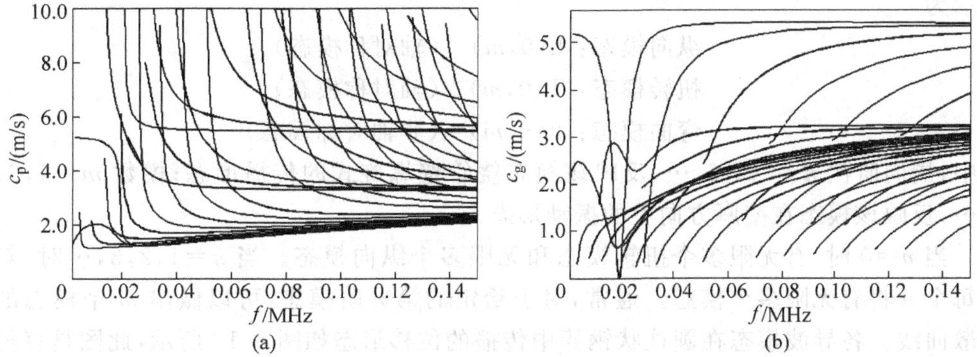

图 8-15 钢管的相速度和群速度频散曲线

8.4.4 圆管中的导波

为建立导波的传播方程，需要对管道系统进行如下假设。

(1) 管道为轴对称且无限长，如图 8-16 所示。

(2) 管道材料特性为均匀横向各向同性的线弹性体，管轴平行于各向同性轴。

(3) 导波为连续、实频能量有限信号。连续波和实频假设表明模型中不能包含瞬时效应；能量有限的假设意味着外部能量不能附加进去，所求出的也只是沿轴向传播的导波的解。

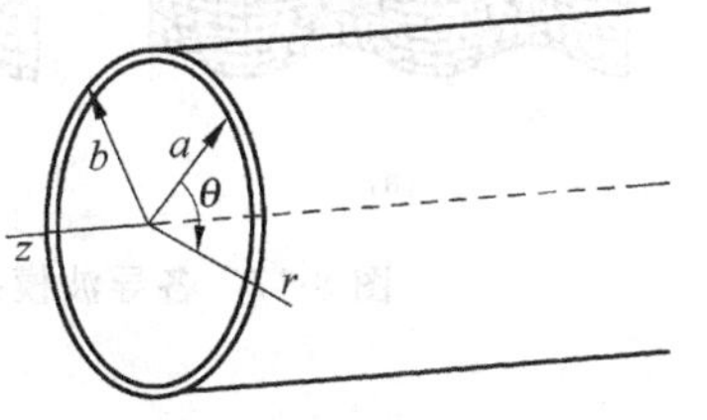

图 8-16 无限长无应力空心圆柱壳

(4) 管道的周围介质为真空。在这种情况下，在内外表面上没有位移约束，而法向应力和两个切向应力在界面上为零，即在内径为 a、外径为 b 的两个边界上，边界条件为

$$\sigma_{rr}=\sigma_{rz}=\sigma_{r\theta}=0;\quad r=a,r=b \tag{8-25}$$

这种边值问题的精确解首先由 Gazis(伽泽斯)发表。质点位移分量可假设为

$$\begin{cases} u_r=U_r(r)\cos n\theta\cos(\omega t+kz) \\ u_\theta=U_\theta(r)\sin n\theta\cos(\omega t+kz) \\ u_z=U_z(r)\cos n\theta\sin(\omega t+kz) \end{cases} \tag{8-26}$$

其中，周向阶数 $n=0,1,2,3,\cdots$。u_r、u_θ、u_z 分别表示径向、周向和轴向位移分量；U_r、U_θ、U_z 是由 Bessel（贝塞尔）函数（或者为修正的 Bessel 函数，取决于辐角）构成的位移幅度。

研究应力波在空心圆柱壳中传播时，应分别研究三种不同的传播模态，即纵向、扭转和弯曲模态。考虑所有沿 z 轴方向传播的模态。纵向模态和扭转模态是轴对称模态，而弯曲模态是非轴对称模态。在位移分量表达式中，$n=0$ 对应轴对称模态的位移，$n=1,2,3,\cdots$对应弯曲模态的位移，此位移中含有自变量为 $n\theta$ 的正弦函数，可表示为

纵向模态：$L(0,m)$　（轴对称模态）

扭转模态：$T(0,m)$　（轴对称模态）

弯曲模态：$F(n,m)$　（非轴对称模态）

其中，周向阶次 $n=1,2,3,\cdots$，反映该模态绕管壁螺旋式的传播形态；模数 $m=1,2,3,\cdots$，反映该模态在壁厚方向上的振动形态。

当 $n=0$ 时，有无限多个扭转模态和无限多个纵向模态。当 $n=1,2,3,\cdots$时，对于每个 n 将有无限多个模态。通常，对于给定的第 n 阶模态，可以做出 m 个模态的频散曲线。各导波模态在圆柱状钢棒中传播的位移形态如图 8-17 所示，此图是直径为 2 mm 钢棒，在频率为 1 MHz 附近的位移形态。其中图(a)为纵向模态，图(b)为扭转模态，图(c)为弯曲模态。

圆柱壳中各模态导波的传播特性主要取决于其频散特性和波结构。

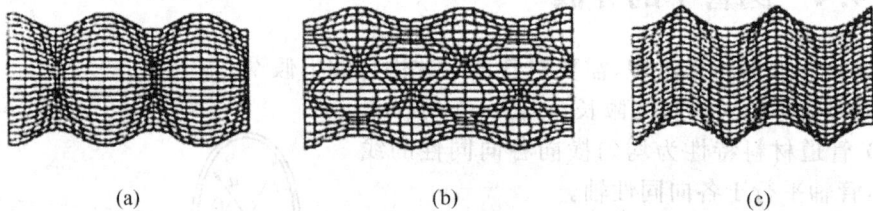

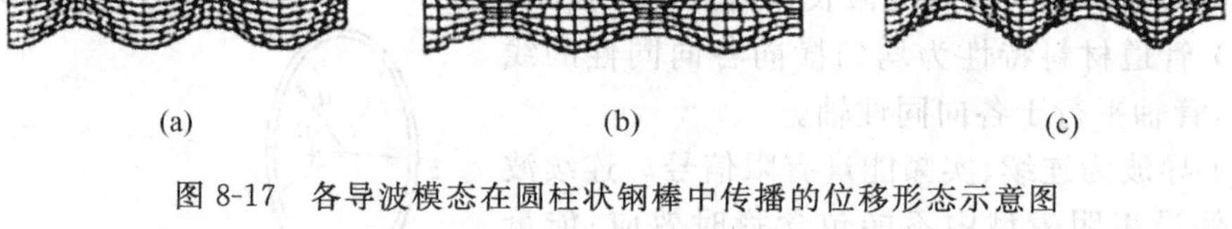

(a)　　(b)　　(c)

图 8-17　各导波模态在圆柱状钢棒中传播的位移形态示意图

1. 空心圆柱壳中纵向模态导波传播特性分析

图 8-18 为典型钢管中纵向模态导波传播的频散曲线和波结构（其中，钢管外径 $D=88.8$ mm，壁厚 $d=4$ mm，密度 $\rho=7.932\ g/cm^3$，纵波速度 $c_L=5960$ m/s，横波速度 $c_S=3260$ m/s）。经分析可以得出以下主要结论。

(1) 多模态特性。在某一频率处，存在多种模态成分，且频率越高，模态数量越多。当频率范围较低如 0～1 MHz 时，只出现 L(0,1)和 L(0,2)模态导波。

(2) 频散特性。各种模态的导波都有频散现象。不同模态的导波，其频散程度不同，而同一模态导波在不同的频率范围，其频散程度也不同。其中，L(0,2)模态导

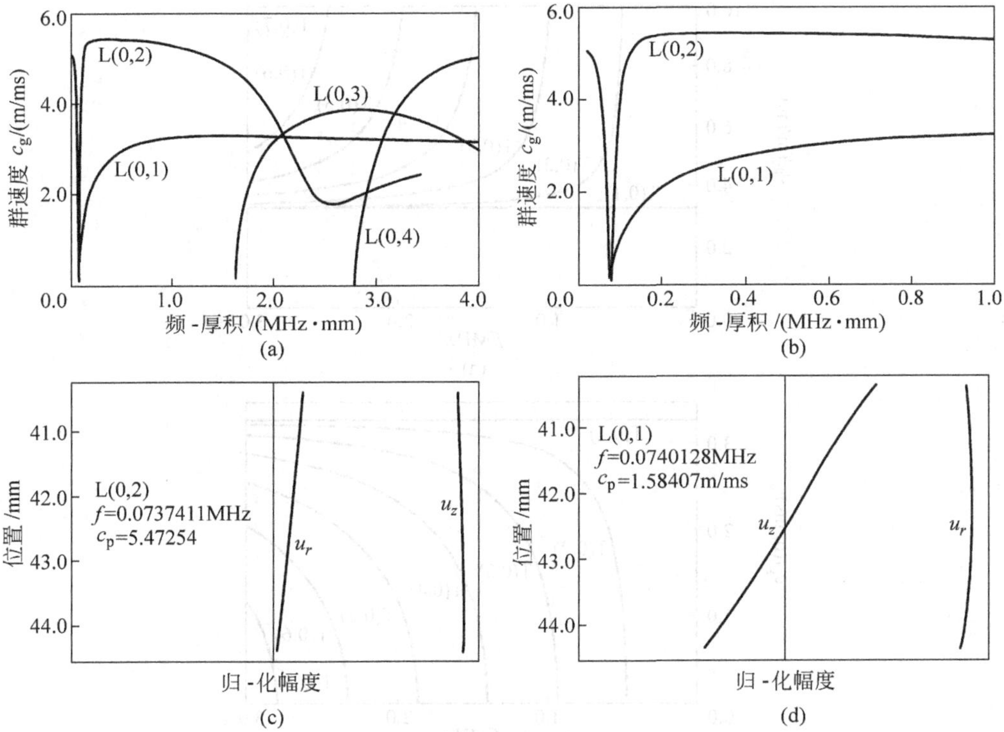

图 8-18 L 模态频散曲线

波，在相当宽的频带内(40～100 kHz)是非频散的，且其群速度最大。

(3) 轴对称 L(0,2)模态，在 74 kHz 附近时，在管内外表面的轴向位移相对较大，由于轴向位移分量对于探测圆周向裂纹的灵敏度起决定作用，因此该模态对于圆周位置的内外表面缺陷具有相同的灵敏度，有利于检测内外表面及管壁中的缺陷；而内外表面的径向位移在整个壁厚方向上的值都相对较小，则波在传播过程中能量泄漏相对较小，传播距离相对较大。

(4) 轴对称 L(0,1)模态恰恰相反，在 74 kHz 时，管内外表面的径向位移相对较大且同向；而内外表面的轴向位移相对较大但反向，且管壁内部存在零位移点。

通过对纵向导波的频散特性和波结构分析，可为纵向导波实验检测中检测导波模态和检测频率范围选择提供理论依据。

2. 空心圆柱壳中扭转模态导波传播特性分析

图 8-19 为一典型管道中扭转模态导波传播的频散曲线。其中，管道外径 ϕ60 mm，壁厚 3.5 mm，密度 ρ=7.8 g/cm^3，纵波波速 c_L＝5960 m/s，横波波速 c_S＝3260 m/s。从图中可以看出，管道中扭转模态导波具有如下特点。

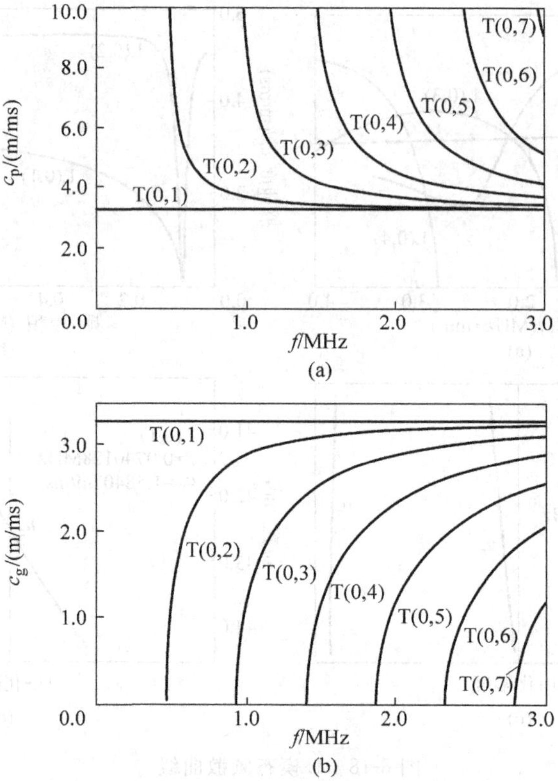

图 8-19　钢管中扭转模态导波的频散曲线

(a) 相速度；(b) 群速度

(1) 多模态特性。除 T(0,1)模态外，其他的扭转模态均存在截止频率；在 T(0,2)模态的截止频率(约为 467 kHz)以下，理论上只会产生 T(0,1)模态，不会出现其他扭转模态。这样在 T(0,2)模态截止频率以下，可以激励出单一的 T(0,1)模态导波用于管道的缺陷检测。而对于 L 模态，在任何频率范围，至少存在两个模态。这会给实际检测带来不便。

(2) 频散特性。扭转模态导波一般也有频散特性，但 T(0,1)模态导波在整个频率范围内，相速度和群速度均为常数，其值大小为管道的横波波速 c_S。这意味着该模态不会发生频散，这对于在管道的导波检测中由于频散而影响检测效果无疑具有重要意义。

(3) 除了 T(0,1)模态，其他所有模态的相速度随着频率的增加均单调下降，并趋于管道的横波波速 c_S；而群速度则相反，随着频率的增加而单调上升，并逐渐趋于管道的横波波速 c_S。从图 8-19(b)中可以看出，T(0,1)模态的群速度在所有扭转模态中最大，是传播最快的扭转模态。这对于在较高频率下激励 T(0,1)模态用于管道缺陷检测是十分有用的。

3. 空心圆柱壳中周向模态导波传播特性分析

图 8-20 为不同形状系数(壁厚与外径之比)的典型管道中周向模态导波传播的频散曲线。从图中可以看出,管道中周向模态导波具有如下特点。

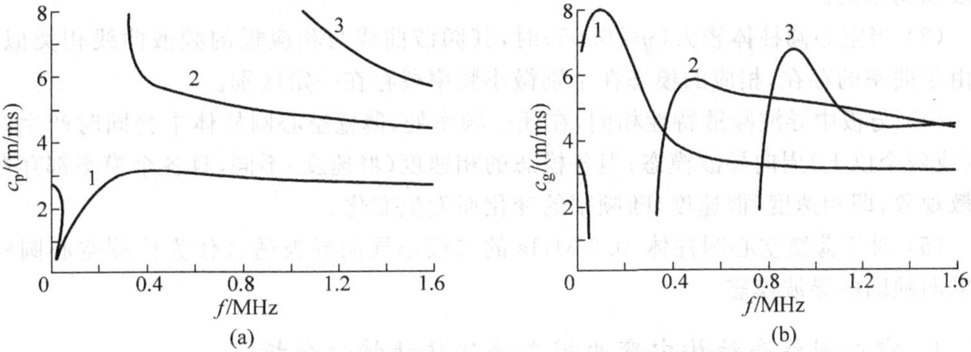

(1) 空心圆柱体 (a=0.4mm, b=4.4mm)的频散曲线

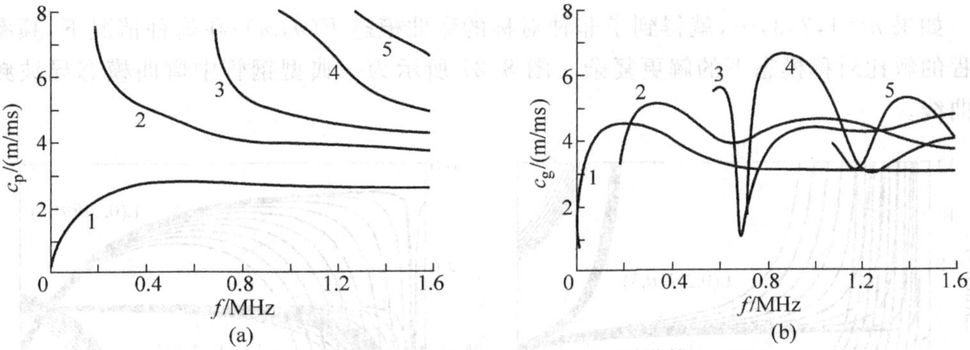

(2) 空心圆柱体 (a=4mm, b=8mm)的频散曲线, η=0.25

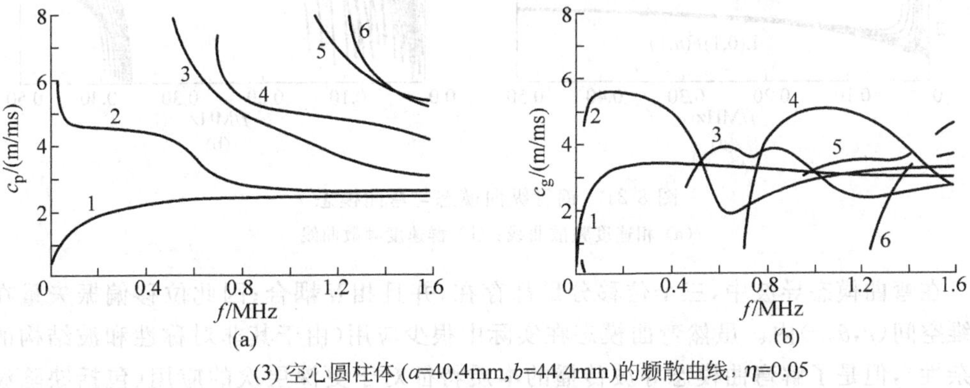

(3) 空心圆柱体 (a=40.4mm, b=44.4mm)的频散曲线, η=0.05

图 8-20 不同形状系数管道中周向模态导波传播的频散曲线

(a) 相速度; (b) 群速度

(1) 通过数值计算可知,空心圆柱体中周向导波与空心圆柱体的形状系数有很大的关系:在空心圆柱体壁厚相同的情况下,形状系数越小(显著地变化),存在的周向导波模态就越少。

(2) 空心圆柱体中周向导波的各个模态都存在频散现象,但频散现象在不同的频段强弱不同。

(3) 当空心圆柱体较大($\eta \leqslant 0.05$)时,其频散曲线与相应板的频散曲线相类似;但由于曲率的存在,相应的模态在个别微小频率段存在一定区别。

(4) 与板中导波频散特性相同,在任一频率处,薄壁空心圆柱体中会同时产生两个(或两个以上)周向导波模态;但各模态的相速度(群速度)不同,且各个模态都存在频散现象,即相速度(群速度)随频率的变化而发生变化。

(5) 对于薄壁空心圆柱体,0.2 MHz 的二模态周向导波适合作为检测空心圆柱体纵向缺陷的导波模态。

4. 空心圆柱壳结构中弯曲模态导波传播特性分析

如果 $n=1,2,3,\cdots$,就得到了非轴对称的弯曲模态 $F(n,m)$;在这种情况下,频率方程的解比对称模态下的解更复杂。图 8-21 所示为一典型钢管中弯曲模态导波频散曲线。

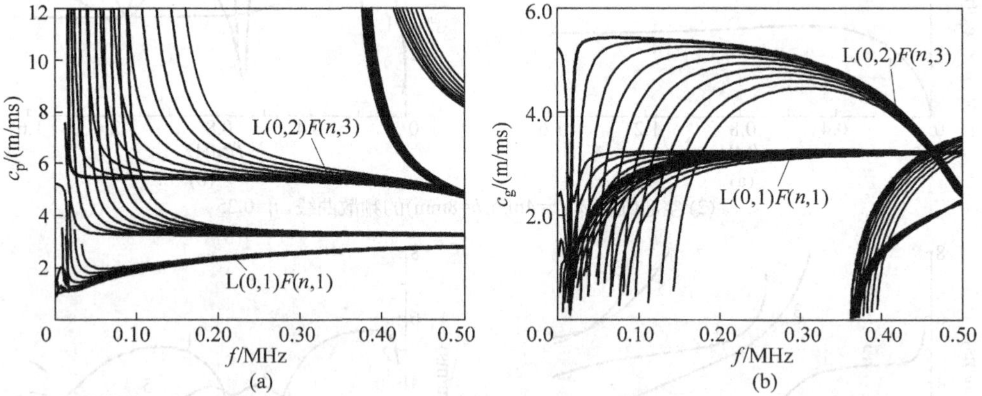

图 8-21 钢管纵向模态与弯曲模态

(a) 相速度频散曲线; (b) 群速度频散曲线

在弯曲模态导波中,三个位移分量都存在,并且相互耦合;因此位移偏振矢量在三维空间(r,θ,z)内。虽然弯曲模态在实际中很少应用(由于其非对称性和波结构的复杂性),但是了解弯曲模态导波传播的本质特征对于更深层次的应用(包括缺陷波的反射)来说是很有必要的。这是因为:由于非轴对称反射体的存在,轴对称导波遇到反射体将产生非轴对称反射,在轴对称和非轴对称导波之间存在模态转换;在一定的频率范围内,很难保证激励出单一的轴对称模态;对于一些横向、周向和轴向缺陷,使用非轴对称模态进行检测比使用轴对称模态更为有效;当只能在有限的范围内接触试件时,必然要求非轴对称加载。除了上述实际的原因之外,研究在各种非轴对称加载条件下激励出的导波的声学特性也是十分有意义的。

8.5 超声波换能器

超声波换能器是实现声能与电能相互转换的部件。在超声检测系统中,超声波换能器(探头、传感器)与被检测构件直接接触,是整个系统中信息获取的源头,作用好比人的五官,至关重要。根据工作原理,目前常用的超声波换能器可分为压电式、电磁声式、磁致伸缩式、脉冲激光式 4 种。

8.5.1 压电式换能器

压电式换能器以其方便、价廉、灵敏度高、技术完善等特点被广泛使用。无论是体波、表面波,还是超声导波,压电换能器都是最常见的超声波激励接收装置。根据结构形式,压电换能器可分为斜探头、直探头和梳状探头等。换能器结构不同,激励的超声波的形式和模态也不尽相同。

1. 斜探头

斜探头可发射和接收横波,主要由压电晶片、吸收块和斜楔块组成。压电晶片产生纵波,经斜楔倾斜入射到被检工件中转换为横波。若斜楔为有机玻璃,工件为钢,斜探头的入射角不同,在工件中产生折射角不同的横波。斜楔的设计应使超声在斜楔中传播时不得返回晶片,以免出现杂波。

根据 Snell 定理,选择合适的激励频率和斜探头入射角,可以在薄板中激励出单一模态的兰姆波,斜探头入射角与频率关系曲线如图 8-22 所示。因此,斜探头常用于薄板中兰姆波的激励接收。同样,将一定数量的斜探头均匀内置或外置于管道,根据 Snell 定理选择激励信号的频率和斜探头的倾斜角度,可以实现管道中单一导波模态的激励接收,如图 8-23 所示。但是,由于传感器的尺寸、信号的频带及导波的频散的影响,一定程度上限制了斜探头对特定模态导波的选择。

2. 直探头

直探头可以发射和接收纵波,主要由压电晶片、吸收块和保护膜组成。压电片多为圆片形,其厚度与超声频率成反比,直径与半扩散角成反比。晶片的两面覆有银层,作为导电极板。为避免晶片磨损,通常粘有硬质材料作为保护膜。吸收块用钨粉、环氧树脂和固化剂等浇注,可吸收声能,降低机械品质因数,从而限制脉冲宽度、减小盲区和提高分辨率。

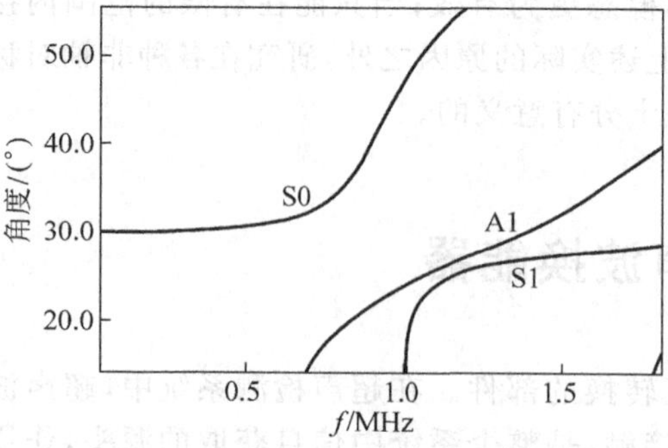

图 8-22 斜探头入射角与频率关系曲线

图 8-23 用于超声导波激励的压电斜探头阵列

将若干个压电直探头沿管道圆周方向均匀布置，可以在管道中激励出 L(0,1)和 L(0,2)模态的超声导波，而且当压电探头的个数大于信号频率范围内出现的最高模态次数时，可以很好抑制弯曲模态 $F(n,m)$。若采用间隔等于 L(0,1)模态导波波长的双发射环或采用长度等于 L(0,1)模态导波波长的长度伸缩型压电元件的方法，可以很好抑制 L(0,1)模态导波，在管道中激励出单一 L(0,2)模态导波。

目前市场上已经有国外生产的用于管道检测的超声导波检测仪，分别是 Guided Ultrasonics Ltd (GUL) UK 公司生产的 WaveMaker 和 Plant Integrity Ltd(PI)公司生产的 Teletest 产品。两公司都选用压电陶瓷探头，如图 8-24 所示。

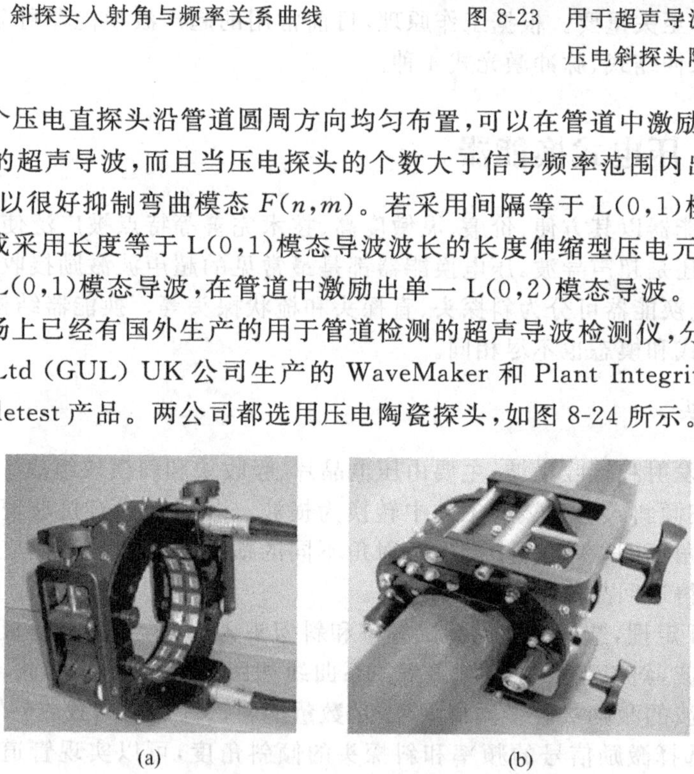

(a) (b)

图 8-24 管道超声导波检测系统

(a) Guided Ultrasonics Ltd 公司产品；(b) Plant Integrity Ltd 公司产品

WaveMaker 传感器使用阵列传感器，安装形式有两种：直径 4 in 以下的管道使用固定环，而在 6～46 in 管道上主要使用膨胀环。该公司主要利用 L 和 T 模态检测管道中的缺陷。通过将探头旋转 90°实现 T 模态和 L 模态的转换。

Teletest 导波检测仪采用阵列传感器，可以激励出纵向、扭转、弯曲 3 种模态。通过控制传感器阵列的延时，对管道上任意一点聚焦，实现对管道缺陷的精确测量。管道直径在 2～4 in 时采用固定探头，一般为三列，使用时扣合在一起。对于

4～48 in 的管道多使用组合传感器，每一个模块上有 5 个传感器元件，其中 3 个激发纵波，两个激发扭转波。

3. 梳状探头

利用梳状探头可以实现单一导波模态的激励接收。通过调整梳状探头的指间距和激励信号频率，梳状探头可作为一种导波模态的筛选器。设计梳状传感器指间距等于激励频率下某模态导波的波长，则梳状传感器可以激励出单一的该模态导波。梳状传感器如图 8-25 所示。

梳状探头一旦制作完成，即传感器指间距固定后，按照相速度频散曲线中不同模态导波与等波长斜线的交点对应的频率对梳状传感器进行激励，可利用该梳状传感器激励出其他单一模态的导波，如图 8-26 所示。

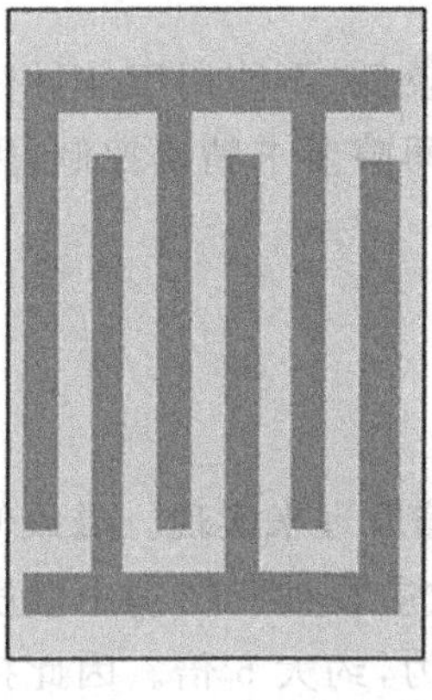

图 8-25 梳状传感器

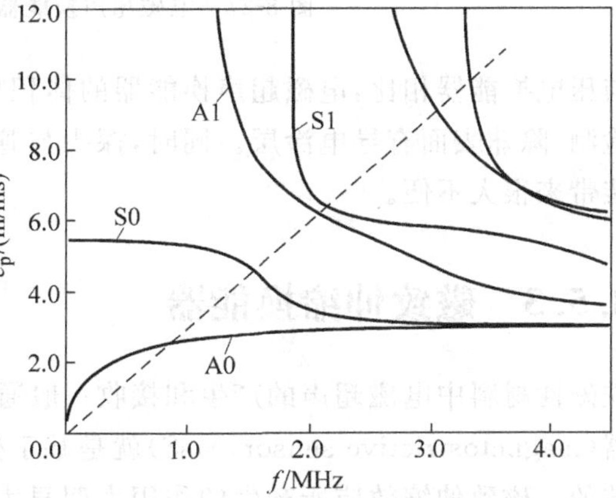

图 8-26 梳状传感器导波模态选择

8.5.2 电磁超声换能器

电磁超声换能器(electromagnetic acoustic transducers, EMAT)是一种新型的超声发射接收装置。由于电磁超声产生和接收的过程中，具有换能器与媒质表面非接触、无须加入声耦合剂、重复性好、检测速度高等优点，因而受到无损检测与评估工作者的广泛关注。

电磁超声换能器的工作原理如图 8-27 所示。把通有高频电流的线圈放置在金属物体附近，金属物体内产生感应电流。如在同一时间施加一稳定磁场，与涡流相互作用后产生交变洛伦兹力。金属原子在交变洛伦兹力的作用下产生往复振动，当振动以一定方式传播出去就可产生超声波。该过程的逆效应就是利用 EMAT 接收超声的原理。通过改变外加偏转磁场的大小和方向、高频电流的大小和频率、线圈的形状和尺寸可以控制 EMAT 产生超声的类型、强弱、频率及传播方向等参数。

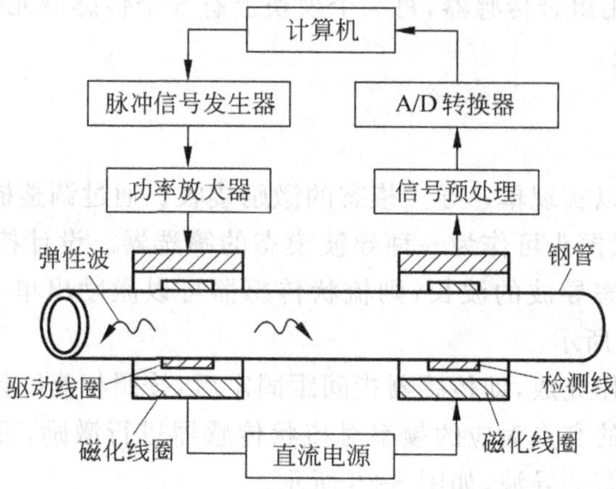

图 8-27 电磁超声换能器工作原理

与压电换能器相比，电磁超声换能器的体积较大，效率较低，不能用于非导体试件的检测，除非表面有导电涂层。同时，探头与管道表面的间隙要求精确控制，因而给安装带来很大不便。

8.5.3 磁致伸缩换能器

铁磁性材料中电磁超声的产生和接收一般通过磁致伸缩原理来实现。磁致伸缩换能器(magnetostrictive sensor，MsS)就是基于磁致伸缩效应在被测结构中激励超声导波的。磁致伸缩效应所产生的作用力明显大于洛伦兹力，约大 5 倍。因此接收的导波信号幅值更高，且信噪比更好。

图 8-28 为 MsS 在管道中激励接收超声导波示意图。整个换能器分为两个部分：一部分在管道中产生变化的磁场或检测磁场的变化，通常使用感应线圈，绕在管道上；另一部分在管道中产生直流偏置磁场，通常使用永磁铁。直流偏置磁场主要用来提高电能和机械能之间的转换效率，使得激励出的导波频率与电信号的频率相同；反过来，接收到的导波会产生相同频率的电信号。当脉冲电流通过发射换能器的线圈时，产生随时间变化的磁场用于管道检测。该磁场通过磁致伸缩效应在管道中产生导波。导波沿着管道传播，当导波通过接收换能器时，会产生逆磁致伸缩效应，引起接收线圈的电压变化。电压经过放大、调制和信号处理后，可以得到管道的缺陷信息。

磁致伸缩换能器可在管道中分别激励出纵向模态和扭转模态导波。模态的选择通过调节直流偏置磁场和感应线圈之间的相对位置来实现。当两者平行时，激励纵向模态；当两者相互垂直时，激励扭转模态。导波传播的方向与感应线圈产生的磁场方向一致。

磁致伸缩式检测装置具有以下特点：①安装方便；②可以对管道的整个横截面

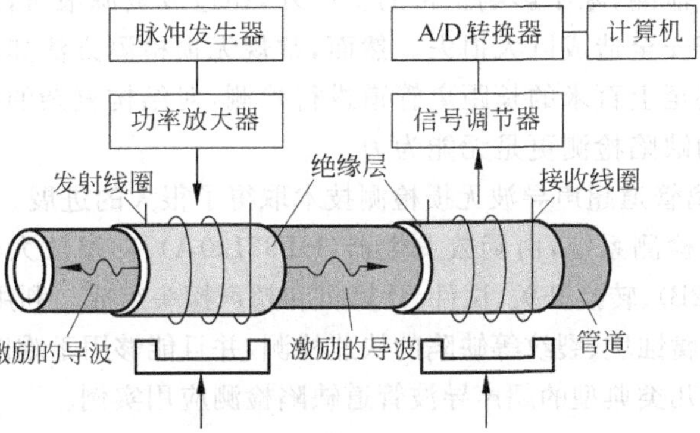

图 8-28 MsS 在管道中激励接收超声导波示意图

进行检测；③可以进行长距离检测(长约 100 ft)；④可以实现对整个周向完全均匀地激励，最大限度地抑制弯曲模态，激励轴对称模态；⑤不需要去除管道的防护层；⑥可以检测较大直径的管道，MsS 曾用于对直径 60 in 的管道进行现场检测。

8.5.4 脉冲激光换能器

激光超声是各国科学家寄予极大期望的新型超声换能方法，该方法利用脉冲激光产生窄脉冲超声信号，再用光干涉方法检测超声波，它具有时间与空间上的高分辨力，且光学上的聚焦可使检测点很小。激光超声技术在管道导波检测中已得到一定的应用。为了提高信噪比，通常利用阵列激励技术提高激光激励的能量。对于激励导波模态的选择，可采用内插式环状抛物线形铜反射镜，使脉冲激光的能量经反射后沿圆周方向均匀分布，激励出所需要的轴对称 L 模态导波，实现缺陷检测的目的。

但激光超声检测系统庞大、昂贵，技术复杂，对检测环境要求较高(要隔振等)，极大地制约了其应用范围。若能突破这些技术问题，该方法将大有前途。

8.6 超声波检测新技术的应用实例

随着超声波检测技术的发展，其应用领域及检测范围也在不断扩大。下面列举超声波检测新技术的几个典型应用实例。

8.6.1 管道缺陷检测

管道运输业是与铁路、公路、航空、水运并驾齐驱的五大运输行业之一，其在运送液体、气体、浆液等方面具有成本低、节省能源、安全性高及供给稳定的优势，在石油、化工、电力及天然气等产业中具有不可替代的作用。但是由于管道老化、腐蚀和外力损伤等造成的管道泄漏，除了影响正常的生产外，还造成资源浪费，经济损失，甚至会给人们的生命财产安全造成巨大损失。然而，常规无损检测方法如超声、涡流和磁粉等无法对几十米甚至上百米的长距离管道进行检测，对结构复杂的在役管道如弯头、充液或包覆管道的缺陷检测更是无能为力。

近几年，长距离管道超声导波无损检测技术取得了很大的进展。图 8-29 所示为典型的管道超声导波检测系统，由函数发生器(HP33120A)、功率放大器(Ultra2020)、数字示波器(TDS3032B)、转换开关、试件、计算机和超声探头组成。利用超声导波技术不仅能够实现管道中腐蚀坑、裂纹等缺陷的快速检测，并且能够用于难以接近的管道系统的检测。下面介绍几类典型的超声导波管道缺陷检测应用实例。

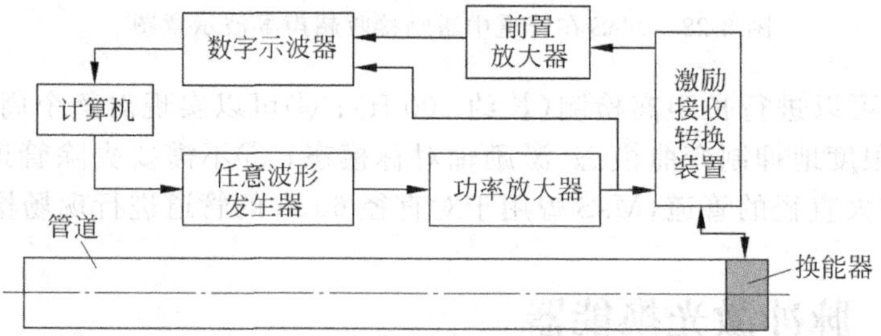

图 8-29 典型超声导波检测实验系统

1. 利用纵向模态导波对直管中腐蚀坑缺陷进行检测

利用压电换能器在长 8.36 m、外径 108 mm、壁厚 4.5 mm 的无缺陷钢质管道中激励 L(0,2)轴对称模态导波，检测波形如图 8-30(a)所示。在管道上采用腐蚀方法人工设置了两个腐蚀坑缺陷 a、b(如图 8-31 所示)，其腐蚀缺陷直径分别为 $3.5T$ 和 $2T$，孔深为 T(T 为管道壁厚)。检测波形如图 8-30(b)所示。与该管道未设腐蚀缺陷时的时域检测结果(图 8-30(a))相比较，在时域范围内很难分辨出管道上两个缺陷所在的位置。

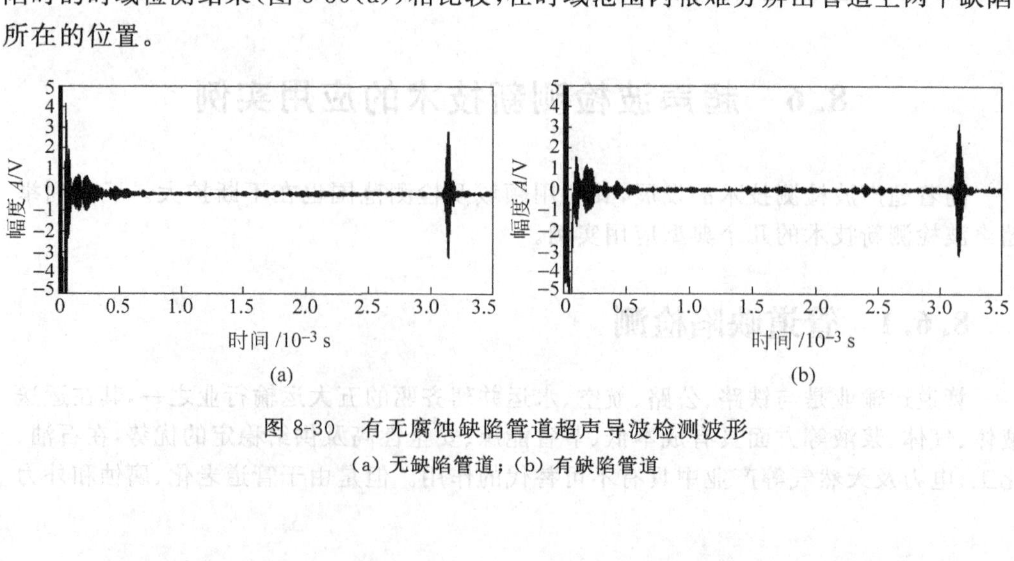

图 8-30 有无腐蚀缺陷管道超声导波检测波形

(a) 无缺陷管道；(b) 有缺陷管道

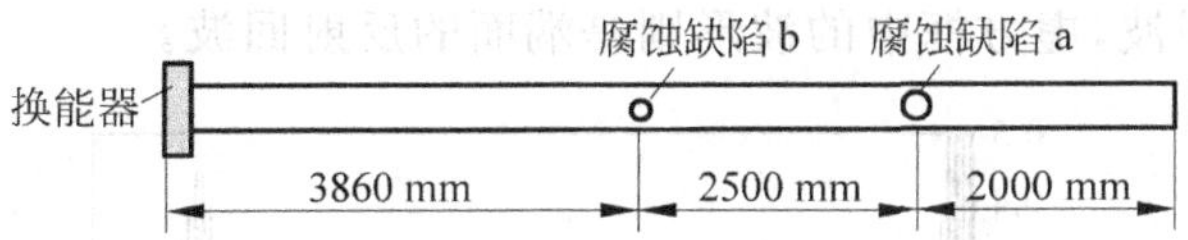

图 8-31　管道腐蚀缺陷位置图

（外径 108 mm，壁厚 4.5 mm，钢管，总长 $L=8360$ mm）

为了进一步提高超声导波检测效果，将时频分析方法引入管道超声导波信号分析识别中。采用 Morlet 小波变换方法，对接收到的超声导波信号进行分析处理，结果如图 8-32 所示。可以看出，通过时频分析，使得时域中不易分辨的缺陷信号清晰地显现出来，很好地实现了超声导波管道检测的缺陷识别与定位，取得了较好的检测效果。

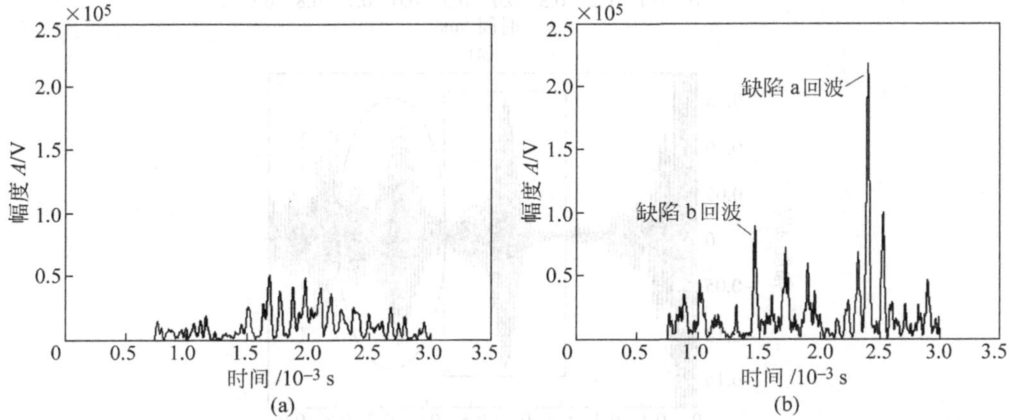

图 8-32　管道缺陷检测小波分析结果对比图

(a) 无缺陷管道；(b)有缺陷管道

2. 利用纵向模态导波对弯管中的周向裂纹进行检测

实际上，管道系统常常由直管和弯管组成。超声导波在直管中的传播特性研究相对较多，然而在工程应用中，常需要检测带有弯头的管道系统。管道的弯曲部分由于结构的变化，在一定程度上影响导波在管道中的传播，进而影响到对缺陷的检测。

利用压电换能器阵列在弯管中激励纵向 L(0，2)模态导波，进行弯管中周向尺寸缺陷的检测。其中弯管长为 2 m，外径 25 mm，壁厚 1.2 mm，弯曲角度为 90°。在弯管上加工两长度为 23 mm 的周向裂纹 A 和 B，如图 8-33 所示。

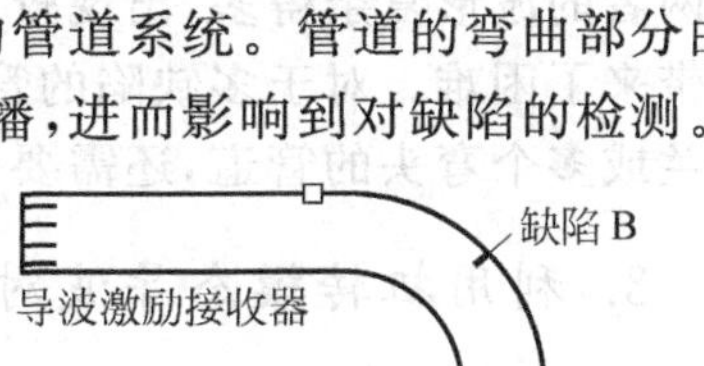

图 8-33　弯管中缺陷分布

图 8-34 为 110 kHz 激励频率下，弯管中有无缺陷情况下压电换能器接收到的波形图。图中实方框中的波形是缺陷 B 的反射回波，椭圆形框中的波形

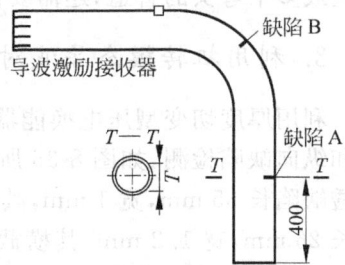

是缺陷 A 的反射回波，虚方框中的波形则是端面的反射回波。

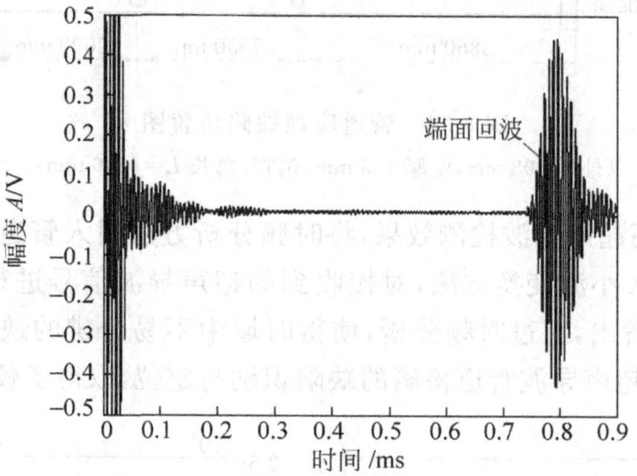

(a)

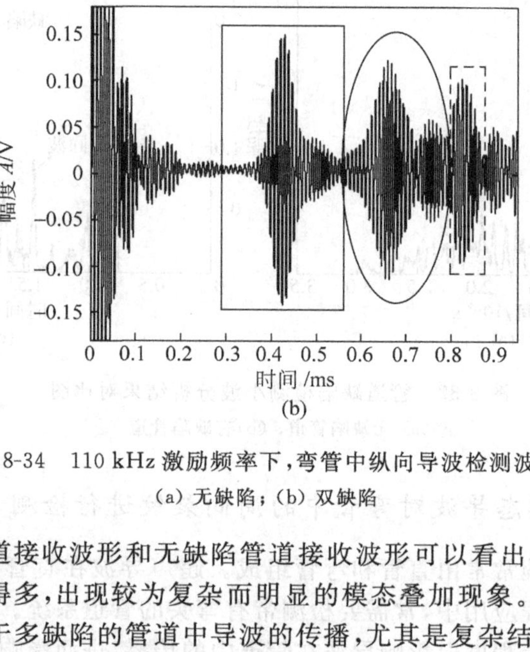

(b)

图 8-34　110 kHz 激励频率下，弯管中纵向导波检测波形

(a) 无缺陷；(b) 双缺陷

对比双缺陷管道接收波形和无缺陷管道接收波形可以看出，前者的波形明显比后两者的波形复杂得多，出现较为复杂而明显的模态叠加现象。这给管道的缺陷检测带来了困难。对于多缺陷的管道中导波的传播，尤其是复杂结构的管道，比如带有法兰或多个弯头的管道，还需要做进一步的研究。

3. 利用扭转模态导波对直管中周向和纵向缺陷进行检测

利用厚度切变型压电换能器阵列在管道中激励扭转 T(0,1)模态导波，可实现周向和纵向缺陷检测，如图 8-35 所示。其中钢管直径 32 mm、壁厚 3 mm、长 4 m，纵向穿透缺陷长 35 mm，宽 1 mm，其横截面占整个管道横截面的 0.53%。周向非穿透缺陷长 26 mm，宽 1.2 mm，其横截面占整个管道横截面的 8.37%，两缺陷中心线处于同一轴线上。

检测波形如图 8-36 所示。可以看出利用扭转模态导波可以检测管道中的纵向

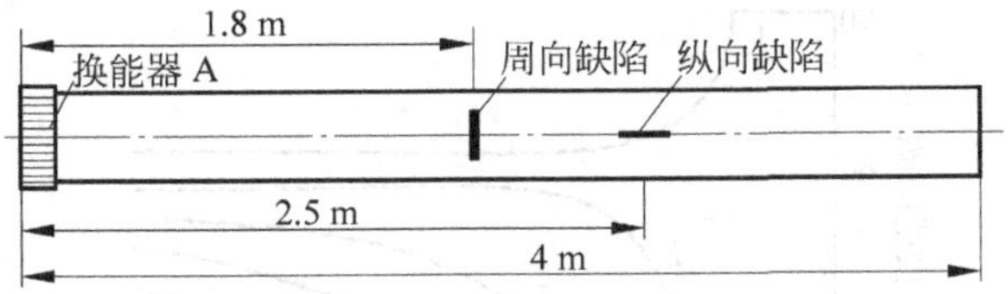

图 8-35 钢管中的缺陷位置示意图

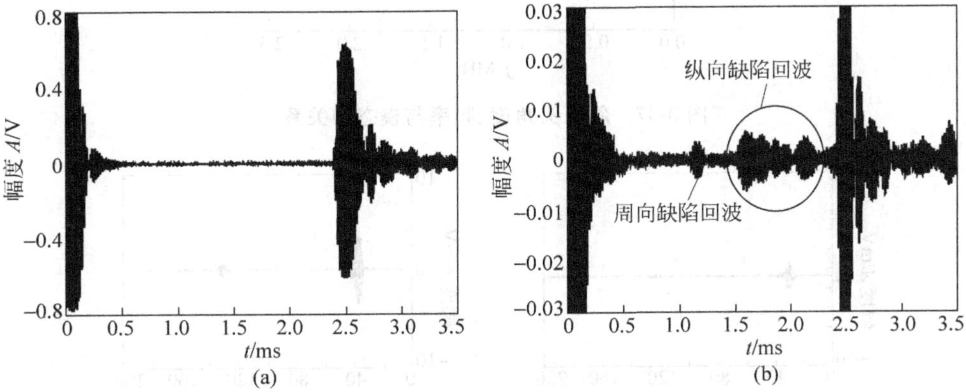

图 8-36 激励频率 50 kHz 时在管道中接收到的波形图

(a) 无缺陷；(b) 一纵向缺陷和一周向缺陷

和周向缺陷。但是，当轴对称 T(0,1)模态遇到管道中的缺陷后，发生波型转换，部分能量以弯曲模态的形式传播，因此利用 T(0,1)模态进行双缺陷检测时，出现缺陷回波个数多于缺陷个数的现象。由于存在模态转换现象，使得接收到的波形变得更加复杂，尤其是频率较高或缺陷较多时，模态转换将会更加严重，这给管道中缺陷的识别与定位带来了一定困难。

4. 利用周向模态导波对管道中纵向缺陷进行的检测

在薄板中利用斜探头激励导波时，若满足 Snell 定律，可激励出单一的导波模态。通过大量的对比实验发现，与薄板类似，在小曲率薄壁管道中，若探头满足 Snell 定律也可激励出单一的周向导波模态。利用 Snell 定律 $\theta=\arcsin\left(\frac{c_p}{c}\right)$（其中 c_p 为相速度，c 为斜楔型块中纵波波速，θ 为斜探头入射角）计算得到的斜探头入射角、频率与模态的关系如图 8-37 所示。可以看出，理论上采用 30°、40°和 50°的斜探头，分别在频率 1、1.33 和 2.2 MHz 处可激励出三种模态周向导波。

图 8-38(a)～(c)分别为利用一对 30°、40°和 50°探头在外径 88.8 mm、内径 80.8 mm 的空心管道表面，周向夹角为 90°，且激励频率分别采用 1、1.33 和 2.2 MHz 时接收到的典型波形。研究表明，在特定频率下利用特定角度的斜探头可以在管道中激励单一模态的周向导波。

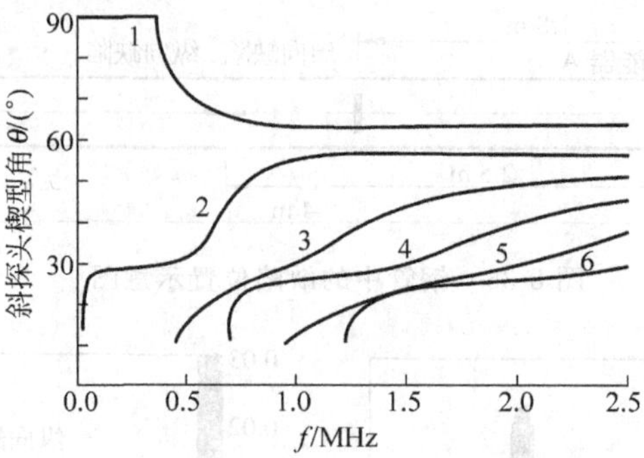

图 8-37　斜探头角度、频率与模态的关系

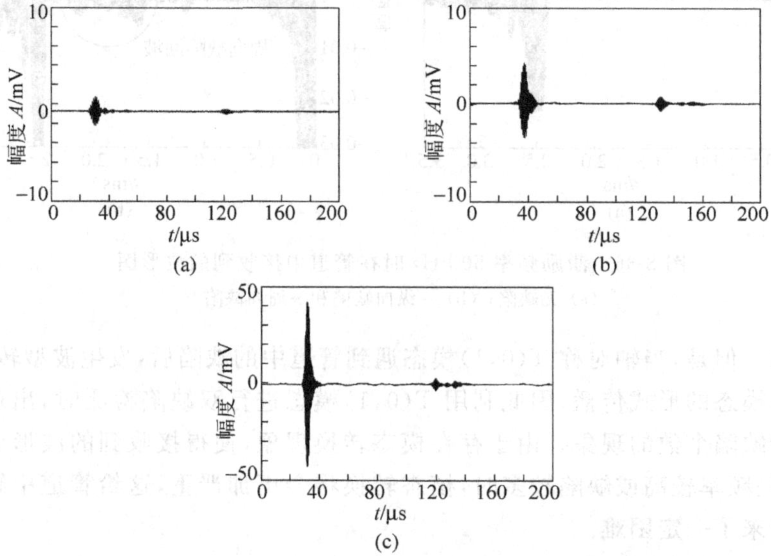

图 8-38　不同激励频率下，不同角度斜探头接收的周向导波典型波形

(a) 30°，1 MHz；(b) 40°，1.33 MHz；(c) 50°，2.2 MHz

利用周向导波对管道中纵向缺陷进行了检测实验研究。在内径 80.8 mm、外径 88.8 mm 的管道外表面加工一 25 mm×1 mm×0.7 mm 的槽状纵向人工缺陷。探头布置如图 8-39 所示。两探头同向放置，激励探头距离人工缺陷周向 α 角，接收探头距离缺陷 β 角。

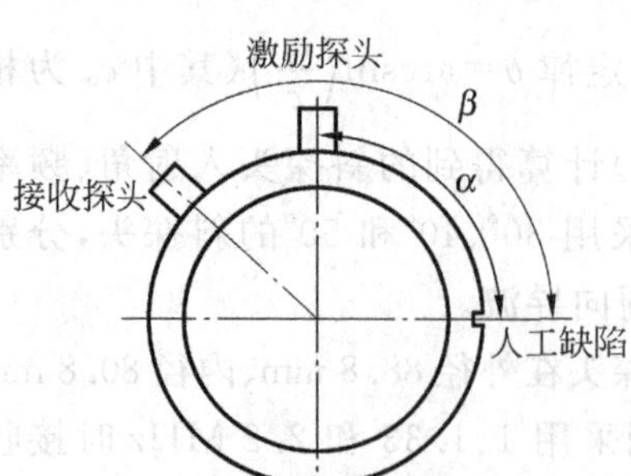

图 8-39　缺陷检测示意图

图 8-40 为采用不同频率、不同入射角的斜探头，在 $\alpha=90°$，$\beta=135°$ 时得到的缺陷回波。实验证明了利用周向导波对管道纵向缺陷检测的可行性。

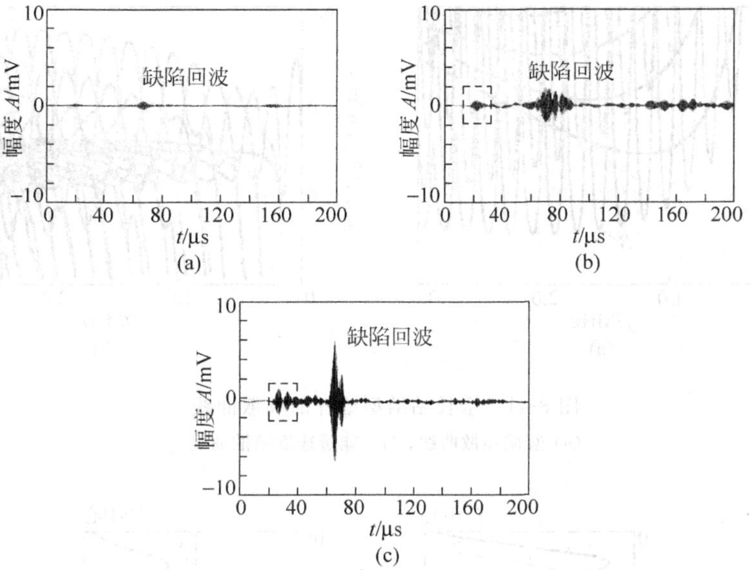

图 8-40 不同激励频率下,周向导波缺陷检测典型波形

(a) 30°斜探头,1 MHz; (b) 40°斜探头,1.33 MHz; (c) 50°斜探头,2.2 MHz

8.6.2 锚杆锚固质量检测

在矿业采掘和岩土工程领域中,广泛采用锚杆(岩栓)加固技术来调节岩体(或煤层)的强度和承载能力,以提高岩体整体结构的稳定性。而锚杆的施工质量直接影响洞室及边坡的安全稳定。由于锚杆属于隐蔽工程,常规检测方法如拉拔实验不仅破坏构件,影响工程质量,而且仅限于抽样检测,无法对工程进行全面有效的检测。所以对于锚杆的长度及锚固完整性施工质量的新型无损检测方法越来越受到研究人员的关注。目前,已有学者开展将超声导波技术应用于锚杆施工质量控制和运行状态的检测研究。

工程中一般将锚杆埋于土壤或水泥浆中,考虑高频导波在土壤或水泥浆中存在较大的衰减性,且波长远小于锚杆周围介质尺寸,故全长粘结性锚杆结构可以简化为钢杆埋置于无限大介质中的柱状两层结构模型。可以将埋于无限大介质中柱状双层结构的频散曲线作为全长粘结型锚杆超声导波检测实验的理论指导依据,如图 8-41 和图 8-42 所示。

通过锚杆结构的理论频散曲线和波结构分析,发现高阶纵向轴对称模态在某一特定频率下,其轴向位移主要集中在杆内部,能量速度最大,衰减值最小。此衰减极小值对应的频率及模态可以用来检测全长粘结型锚杆。

按照频散曲线上衰减值极小值来选择激励频率,可实现对锚杆长度及缺陷进行

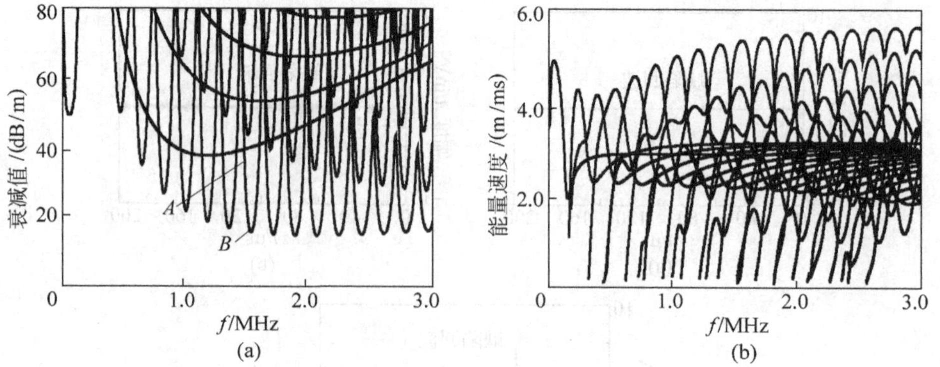

图 8-41 全长粘结型锚杆的频散曲线

(a) 衰减频散曲线；(b) 能量速度频散曲线

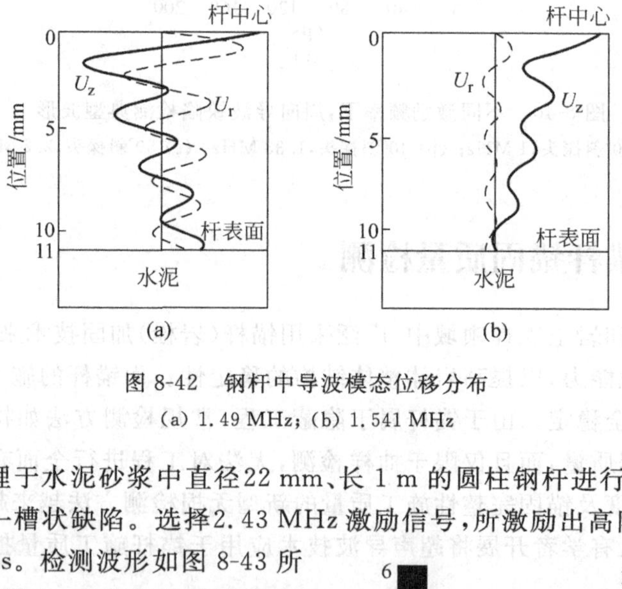

图 8-42 钢杆中导波模态位移分布

(a) 1.49 MHz；(b) 1.541 MHz

检测。例如，对埋于水泥砂浆中直径22 mm、长1 m的圆柱钢杆进行检测，在距离端部0.75 m处有一槽状缺陷。选择2.43 MHz激励信号，所激励出高阶模态的能量速度为5.503 m/ms。检测波形如图8-43所示。从图中可以看出，超声导波技术不仅可以测量出全长粘结型锚杆长度，而且可以检测出缺陷位置。

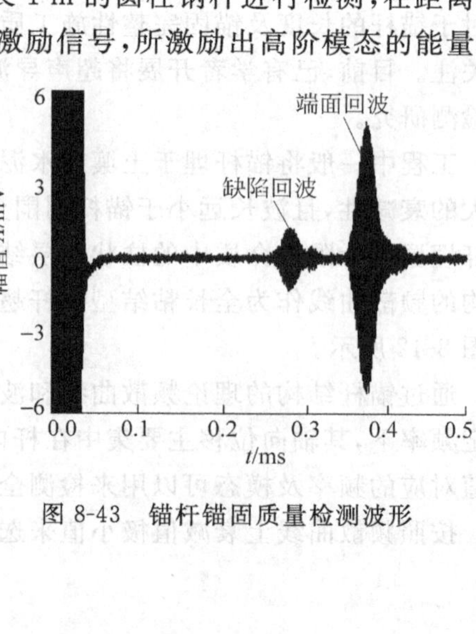

图 8-43 锚杆锚固质量检测波形

8.6.3 材料性能测量

材料的弹性常数是材料力学性能的重要表征参数。对难以加工或制备的小尺寸材料，常规的测量方法（如力学性能试验等)难以测定其弹性常数。超声浸水技术具有非接触、时间和空间分辨率高等特点,为非接触式测定小尺寸材料弹性常数提供了一种切实可行的方法。

线弹性各向同性材料中,超声纵波、表面波的波速与材料的泊松比、密度和杨氏模量的关系式为

$$c_L = \left[\frac{(1-\nu)E}{\rho(1+\nu)(1-2\nu)}\right]^{\frac{1}{2}} \tag{8-27}$$

$$c_R = \frac{0.87+1.13\nu}{1+\nu}\left[\frac{E}{2\rho(1+\nu)}\right]^{\frac{1}{2}} \tag{8-28}$$

式中,c_L 和 c_R 分别为纵波和表面波的波速;ν、ρ 和 E 分别为泊松比、密度及杨氏模量。

利用线聚焦传感器可以同时测定纵波和漏表面波的波速,从而实现测定小尺寸材料的弹性常数的目的。小尺寸材料弹性常数超声测量实验系统如图 8-44 所示。该系统的实验装置主要由四轴精密运动平台、线聚焦超声换能器、超声发生接收仪、运动控制卡、数字化仪以及嵌入式控制器组成。

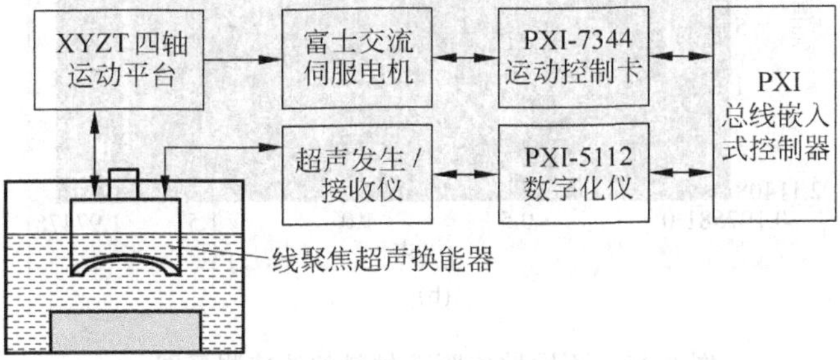

图 8-44　小尺寸材料弹性常数超声测量系统组成图

纵波波速和漏表面波波速可由下式计算得出:

$$c_L = \frac{2h}{t_B - t_D} \tag{8-29}$$

$$c_R = c_W\left[1-\left(1-\frac{c_W}{2m}\right)^2\right]^{-\frac{1}{2}} \tag{8-30}$$

$$m = \frac{z}{\Delta t} \tag{8-31}$$

式中,h 为被测试件的厚度;c_W 为水中的波速;z 为散焦距;$t_B - t_D$ 为直接反射回波和底面回波时间差;m 为直接反射回波与漏表面回波时间差与散焦距关系曲线的斜率。图 8-45(a)是线聚焦传感器在相对材料表面不同散焦距时采集到的回波信号叠加图。从图中可知,如果以直接反射回波 D 为时间基准,可得到漏表面波 R 和底面回波 B 相对于 D 波的时间差与散焦距的关系曲线如图 8-45(b)所示。

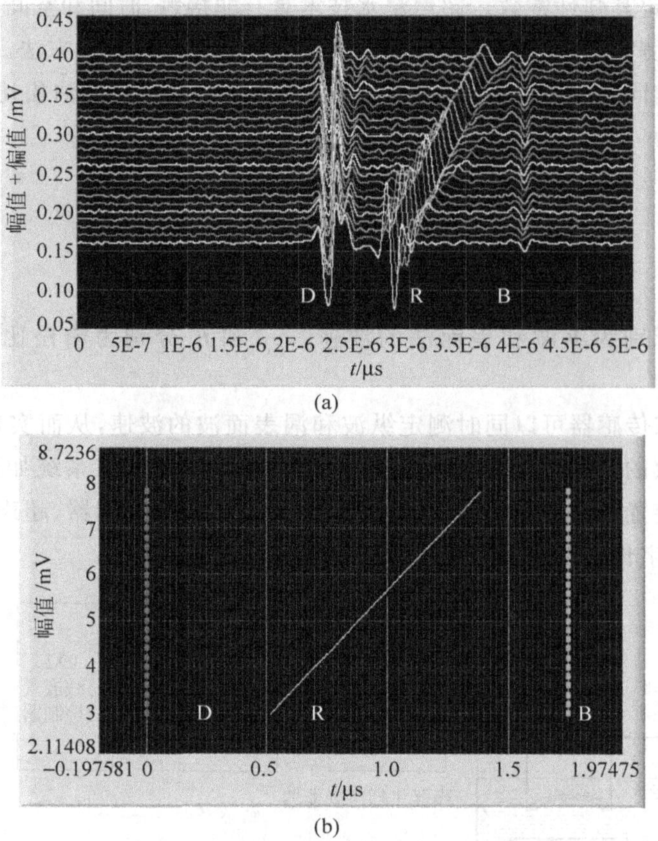

图 8-45　不同散焦距下材料的波速测量图

(a) 直接反射波(D)、漏表面波(R)和底面反射波(B)波形图；

(b) 回波 R 和 B 相对于 D 回波的传播时间与散焦距关系曲线

8.6.4　容器液位检测

在石油、化工工业中，密闭容器内高、低限液位检测与报警对于过程控制与安全生产具有十分重要的意义。当容器内部充有有毒、易挥发、腐蚀性强，且易燃易爆等液体时，液位的内部式测量方法显然不合适。非介入式测量由于具有以下优点，在这种场合中有着无可比拟的优势：①无须开孔取源，不破坏容器的整体结构，可实现真正的隔离；②可用于最危险环境的测量；③安装方便，耐用可靠等。

基于超声波原理的非介入式液位定点检测有很多方法。穿透式和连续波声阻抗式是最为常用的两种方式。穿透式要求声波必须通过液体传播，此时液体对声波的衰减特性和容器直径对测量结果会产生较大的影响；连续波声阻抗非介入式的缺点是检测灵敏度相对较低，在某些场合不能满足工程需求。对此，提出了基于超声波壁外透射衰减原理的液位定点检测方法，如图 8-46 所示。此方法克服了以上两种方法存在的问题，但它受容器直径的影响很大，同时对余振信号的识别也有很高的要求。

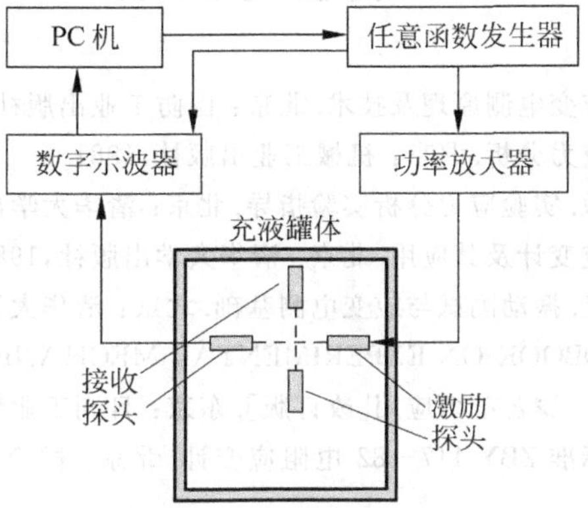

图 8-46 实验装置示意图

近年来，超声导波检测技术也被应用于容器液位检测。例如，基于兰姆波的对液体衰减特性，可实现对大型罐体的液位定点检测。一般认为，当罐体的径厚比大于 20∶1 时，罐体中的周向导波的各模态与兰姆波中的各模态存在对应关系，两者的频散曲线趋于一致。根据结构的频散曲线及波结构，选择频散较小且对液体较敏感的模态进行液位检测，检测系统如图 8-46 所示。实际检测时，兰姆波激励接收探头可以平行于液位也可垂直于液位。

第 1 篇参考文献

[1] 吴宗岱,陶宝琪主编.应变电测原理及技术.北京:国防工业出版社,1982
[2] 张如一,陆耀祯.实验应力分析.北京:机械工业出版社,1981
[3] 张如一,沈观林,潘真微.实验应力分析实验指导.北京:清华大学出版社,1982
[4] 沈观林,马良珵.电阻应变计及其应用.北京:清华大学出版社,1983
[5] 李德葆,沈观林,冯仁贤.振动测试与应变电测基础.北京:清华大学出版社,1987
[6] Kobayashi A S. HANDBOOK ON EXPERIMENTAL MECHANICS. 1987
[7] [日]渡边理.ひずみグージとその应用[改订版].东京:日刊工业新闻社,1977
[8] 中华人民共和国专业标准 ZBY 117—82 电阻应变计.北京:国家仪器仪表工业总局标准化研究室,1982
[9] 中华人民共和国国家标准 GB/T 1399—92 电阻应变计.北京:国家技术监督局,1992
[10] 国际法制计量组织 OIML 国际建议 No.62 金属电阻应变计的工作特性
[11] 马良珵,沈观林,冯仁贤等.应变电测与传感技术.北京:中国计量出版社,1993
[12] 潘少川,刘耀乙,钱浩生.实验应力分析.北京:高等教育出版社,1988
[13] 管野昭,高桥赏,吉野利男等著.杨秉宪等译.应力实验分析.北京:高等教育出版社,1988
[14] 温杜 A L 等著.朱鼎铭等译.应变计技术.北京:中国计量出版社,1989
[15] 张康达,沈观林等.圆柱形压力容器开孔接管三维有限元计算的电测实验验证.化工与通用机械,1982,(总 120 期)第 6 期:6~11
[16] 沈观林等.10.7t 稀土球铁钢锭模热应力测试分析.机械强度,1995,17(4):19~21
[17] 沈观林等.彩色显像管玻壳高温应力测量技术.清华大学学报,1994,34(2):70~74
[18] 邓足斌.SK-1 型应变计灵敏系数测定装置的方案及主要机构的选择.传感器技术,1987 年 6(1)(总 23 期):56~64
[19] 沈观林等.高温夹式引伸计研制及应用.仪表技术与传感器,1995,(4)(总 152 期)
[20] 余瑞芬主编.传感器原理(第 2 版).北京:航空工业出版社,1995
[21] 王化祥,张淑英.传感器原理及应用.天津:天津大学出版社,1993
[22] 陶宝琪,王妮.电阻应变式传感器.北京:国防工业出版社,1993
[23] 施学谦,宋文敏.电子秤技术.北京:中国计量出版社,1993
[24] 郑秀瑗,谢大吉.应力应变电测技术.北京:国防工业出版社,1985
[25] 王云章.电阻应变式传感器应用技术.北京:中国计量出版社,1991
[26] 李方泽,刘馥清,王正.工程振动测试与分析.北京:高等教育出版社,1992
[27] 吴正毅.测试技术与测试信号处理.北京:清华大学出版社,1991
[28] 王家祯,王俊杰.传感器与变送器.北京:清华大学出版社,1996
[29] 沈观林.电阻应变计(国家标准介绍).传感器世界,1996,2(4):39~51
[30] 沈观林.高温和低温条件下应用的位移传感器研究.传感器世界,1996,2(5):27~30
[31] 沈观林,韩燕生.超低温电阻应变计研究.传感器世界,1996,(8):27~30
[32] 沈观林.应变电测与传感技术在各种工程和领域中的应用.传感器世界,1996,2(9):26~34

[33] 张如一，于建，王增梅. S型测力传感器和动态特性与标定. 实验力学，1991，6(2)：117～126
[34] 沈观林. 碳/环氧层合板壳内部缺陷影响的实验分析. 机械强度，1996，18(3)：14～16
[35] 张如一，沈观林等. 应变电测与传感器. 北京：清华大学出版社，1999
[36] 沈观林. 复合材料力学. 北京：清华大学出版社，1996
[37] 沈观林，胡更开. 复合材料力学. 北京：清华大学出版社，2006
[38] 沈观林. 应变电测与传感器技术的发展及其在各种工程结构试验和领域中的应用. 工程力学，2004 增刊Ⅰ，164～179
[39] 沈观林. 特殊环境下结构应力应变测量技术及其应用. 力学与工程应用(第 11 卷)，2006，360～363
[40] 沈观林. 结构热应力测量技术发展及其应用. 第十四届全国结构工程学术会议论文集，2005
[41] 沈观林，李松林. 应变电测技术的新发展及其在各种工程结构试验中的应用. 中国测试技术，2008 增刊，5～7
[42] 沈观林. 应变电测技术新发展及在反应堆结构等工程中的应用. 原子能科学技术，2008 增刊(42 卷)：681～684
[43] 钱绍圣. 测量不确定度——实验数据的处理与表示. 北京：清华大学出版社，2002
[44] 倪育才. 实用测量不确定度评定. 北京：中国计量出版社，2004
[45] 日本非破坏检查协会. 应变测量Ⅰ、Ⅱ、Ⅲ
[46] 何存富，吴斌，王秀彦. 固体中的超声波. 北京：科学出版社，2004
[47] 李家伟，陈积懋. 无损检测手册. 北京：机械工业出版社，2002
[48] 冯若. 超声手册. 南京：南京大学出版社，2001
[49] 何存富，吴斌，范晋伟. 超声柱面导波技术及其应用研究进展. 力学进展，2001，31(2)：203～214
[50] Liu Zenghua，He Cunfu，Wu Bin. Torsional mode inspection of pipes using thickness shear mode piezoelectric transducers. Insight，2007，49(1)：41～43
[51] Li Longtao，He Cunfu，Wu Bin，Li Ying. Guided waves inspection of long steel pipe using non-axisymmetric end loading transducer. Insight，2005，47(11)：692～696
[52] 李隆涛，何存富，吴斌. 周向超声导波对管道纵向缺陷检测的研究. 声学学报，2005，30(4)：343～348
[53] 宋国荣，何存富，魏晓玲等. 小试件材料弹性常数超声测量系统的研制. 仪器仪表学报，2006，27(9)：1012～1015
[54] 何存富，孙雅欣，吴斌等. 超声导波技术在埋地锚杆检测中的应用研究. 岩土工程学报，2006，28(9)：1144～1147
[55] 刘增华，何存富，杨士明等. 充水管道中纵向超声导波传播特性的理论分析与实验研究. 机械工程学报，2006，42(3)：171～178

第2篇

Part 2

光学测试技术

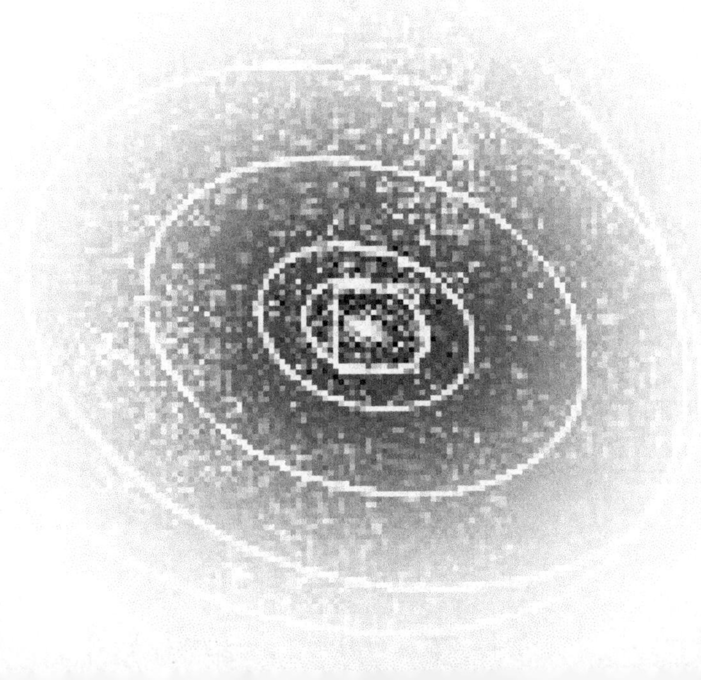

第9章 光学基础知识

在物理光学中，主要应用光的波动理论研究有关光的传播、干涉、衍射、偏振、信息处理、成像等现象中的基本规律。在力学测量中所呈现的光学现象一般用光的波动理论来解释，因此本章主要介绍波动光学的一些基础知识。

9.1 光 波

光是频率极高的电磁波，是变化电磁场的传播，它是一种横波。通常所说的光的扰动或光振动就是光波所传播的电场强度与磁感强度随时间的变化。电磁场的电矢量 $\boldsymbol{E}$ 与磁矢量 $\boldsymbol{B}$ 垂直，它们又都与传播方向垂直。在光与物质的作用中电矢量起主要作用，所以通常把电矢量 $\boldsymbol{E}$ 称为光矢量，把 $\boldsymbol{E}$ 振动称为光振动。在讨论光的振动性质时，只考虑电矢量即可，而略去磁矢量。

9.1.1 平面光波

对于单色平面光波来说，其特征是在任一时刻它在某一平面上波的振幅和位相都是相同的。例如沿着 z 轴传播的平面波可以用下面的公式表示：

$$E = a\cos 2\pi\left(\nu t - \frac{z}{\lambda}\right) = a\cos 2\pi\left(\frac{t}{T} - \frac{z}{\lambda}\right) = a\cos(\omega t - kz) \qquad (9\text{-}1)$$

式中，a 为振幅；圆频率 $\omega = 2\pi\nu$；时间频率 $\nu = \dfrac{C}{\lambda}$，C 为在介质中光的速度；周期 $T=$

$\frac{1}{\nu}$；波数 $k=\frac{2\pi}{\lambda}$；λ 为波长。

为了运算方便起见，经常把波动公式写成复数形式，如式(9-1)可改写成

$$E=\mathrm{Re}\{a\exp[-\mathrm{i}(\omega t-kz)]\}$$

式中，$\mathrm{i}=\sqrt{-1}$；Re{ }表示括号中复数的实数部分。在实际应用中，为简单起见，可以省去 Re{ }而写成

$$E=a\exp[-\mathrm{i}(\omega t-kz)] \tag{9-2}$$

我们把 $\exp(-\mathrm{i}\omega t)$ 称为时间位相因子，$\exp(\mathrm{i}kz)$ 称为空间位相因子，而将振幅和空间位相因子的乘积

$$A=a\exp(\mathrm{i}kz) \tag{9-3}$$

称为复振幅。在很多情况下我们不考虑光波随时间的变化，这样可以直接用复振幅表示光波，使计算更为简化。

式(9-2)和式(9-3)说明光振动只与 z 有关，而与 x、y 无关，即垂直于 z 轴某平面上各点的振幅和位相是相同的。

在一般情况下光的传播方向是任意的。设一平面光波的波面为 Σ，其传播方向(波面法线方向)的单位向量为 $\boldsymbol{n}$(见图 9-1)，$\boldsymbol{n}$ 与坐标轴的夹角分别为 α、β、γ。设波面 Σ 上任一点 P，其坐标为 (x,y,z)，距原点的距离为 ρ，则 ρ 在 $\boldsymbol{n}$ 上的投影为

$$\rho\cdot n=x\cos\alpha+y\cos\beta+z\cos\gamma=r$$

式中，r 为原点至 Σ 面的垂直距离(如图 9-1 所示)。根据式(9-2)，$\boldsymbol{n}$ 方向传播的平面光波可以写成

$$\begin{aligned}E&=a\exp\{-\mathrm{i}[\omega t-k(x\cos\alpha+y\cos\beta+z\cos\gamma)]\}\\&=a\exp[-\mathrm{i}(\omega t-kr)]\end{aligned} \tag{9-4}$$

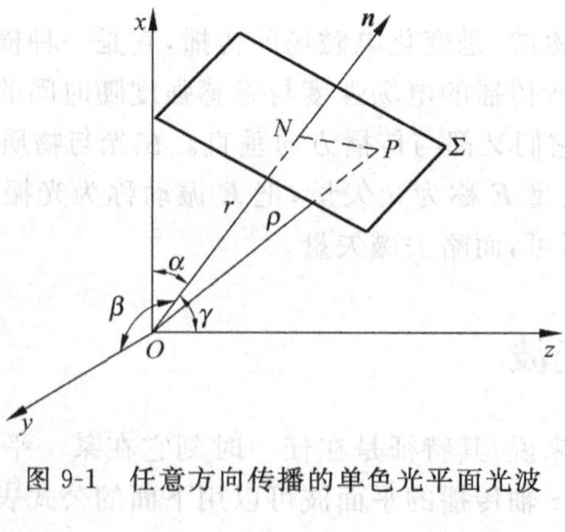

图 9-1 任意方向传播的单色光平面光波

复振幅

$$A=a\exp(\mathrm{i}kr)$$

这说明在距原点为 r 的 Σ 面上各点的位相与振幅均相等。

9.1.2 球面光波

点光源发出的光波一般是以球面波的形式传播的。对于单色球面光波，其波面(或同相面)是以光源为中心的球面，光场中任一点的振幅与该点距光源的距离成反比，因此光场中任一点的光振动可以写成

$$E = \frac{a}{r}\cos(\omega t - kr)$$

或写成

$$E = \frac{a}{r}\exp[-\mathrm{i}(\omega t - kr)] \qquad (9\text{-}5)$$

复振幅

$$A = \frac{a}{r}\exp(\mathrm{i}kr) \qquad (9\text{-}6)$$

式中 r 为光场中某点与光源的距离。

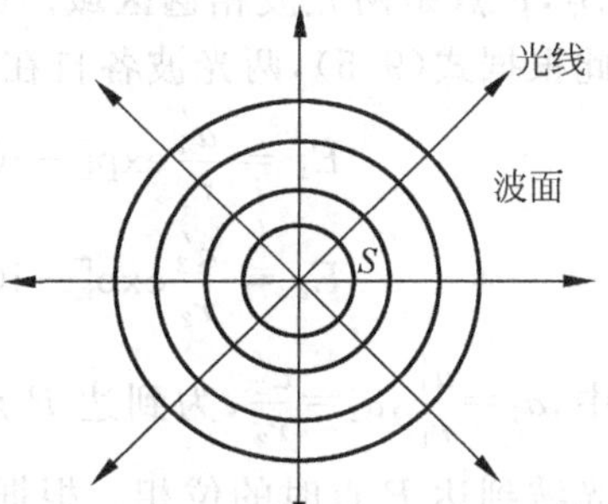

图 9-2 球面光波

图 9-2 为球面波波阵面示意图，它与平面波不同，振幅是随距离增大而逐渐减小的。球面波向外传播时，当 r 足够大，波阵面上的一个区域和平面波非常相似，正如地球上的阳光可以看成是平行光一样。

9.1.3 光强

在光传播的同时进行着能量的传播，在单色光场中的任一点平均能流密度 $\langle s\rangle$ 正比于该点光波振幅的平方，即

$$\langle s\rangle \propto a^2(x,y,z)$$

符号〈〉代表在远大于光振动周期的一段时间的平均值。在光学中，当只涉及比较同一媒介中各点的能量传播时，定义光强为

$$I(x,y,z) = a^2(x,y,z) \qquad (9\text{-}7)$$

式(9-7)表示光强只与该点的振幅有关，而与位相无关。在用复数进行计算时：

$$I = A \cdot A^* \qquad (9\text{-}8)$$

式中，A^* 为复振幅 A 的共轭复数。可以看出在平面波光场中各点的光强是一样的，均为

$$I = a^2 \qquad (9\text{-}9)$$

在球面波光场中，某点的光强为

$$I = \left(\frac{a}{r}\right)^2 \qquad (9\text{-}10)$$

即与该点和光源的距离 r 的平方成反比。

9.2 光波的叠加

两个频率相同、振动方向相同的单色光波的叠加，波的叠加原理可以描述为：几个波在相遇点产生的合振动是各个波单独产生振动的矢量和。对于光波来说，这种振动就是指光矢量(或电矢量)的振动。

如图 9-3(a)所示，设两个频率相同、振动方向相同的单色光波分别发自光源 S_1 和 S_2，P 点是两光波相遇区域内的任意一点，P 点到 S_1 和 S_2 的距离分别为 r_1 和 r_2。因此根据式(9-5)，两光波各自在 P 点产生的光振动可以写成

$$E_1 = \frac{a_1'}{r_1}\exp[-\mathrm{i}(\omega t - kr_1)] = a_1\exp[-\mathrm{i}(\omega t + \alpha_1)]$$

$$E_2 = \frac{a_2'}{r_2}\exp[-\mathrm{i}(\omega t - kr_2)] = a_2\exp[-\mathrm{i}(\omega t + \alpha_2)]$$

式中，$a_1=\frac{a_1'}{r_1}$，$a_2=\frac{a_2'}{r_2}$，为到达 P 点时两光波的振幅；$\alpha_1=-kr_1$，$\alpha_2=-kr_2$，分别代表两光波到达 P 点时的位相。根据叠加原理，在 P 点的合成振动为

$$\begin{aligned} E &= E_1 + E_2 = a_1\exp[-\mathrm{i}(\omega t+\alpha_1)] + a_2\exp[-\mathrm{i}(\omega t+\alpha_2)] \\ &= [a_1\exp(-\mathrm{i}\alpha_1) + a_2\exp(-\mathrm{i}\alpha_2)]\exp(-\mathrm{i}\omega t) \end{aligned} \tag{9-11}$$

上式括号内两复数之和仍为一复数，令

$$a\exp(-\mathrm{i}\alpha) = a_1\exp(-\mathrm{i}\alpha_1) + a_2\exp(-\mathrm{i}\alpha_2) \tag{9-12}$$

其中，a 为合成振动的振幅，α 为初位相。这样式(9-11)可以写成

$$E = a\exp(-\mathrm{i}\alpha)\exp(-\mathrm{i}\omega t) = A\exp(-\mathrm{i}\omega t) \tag{9-13}$$

式中，$A=a\exp(-\mathrm{i}\alpha)$，为在 P 点合成振动的复振幅。光强

$$\begin{aligned} I &= A\cdot A^* = a^2 \\ &= [a_1\exp(-\mathrm{i}\alpha_1)+a_2\exp(-\mathrm{i}\alpha_2)][a_1\exp(\mathrm{i}\alpha_1)+a_2\exp(\mathrm{i}\alpha_2)] \\ &= a_1^2+a_2^2+a_1a_2\{\exp[\mathrm{i}(\alpha_1-\alpha_2)]+\exp[-\mathrm{i}(\alpha_1-\alpha_2)]\} \\ &= a_1^2+a_2^2+2a_1a_2\cos\delta \end{aligned} \tag{9-14}$$

式中，$\delta=(a_1-a_2)=-k(r_1-r_2)$ 称为两光波的相位差，而 $r_1-r_2=\Delta$ 称为光波的光程差。

由式(9-14)可以看出在 P 点的合成振动的振幅为

$$a = (a_1^2+a_2^2+2a_1a_2\cos\delta)^{\frac{1}{2}} \tag{9-15}$$

为了求得合成振动的初位相 α，把式(9-12)的等号两边展开为三角函数式：

$$\begin{cases} a\cos\alpha - \mathrm{i}a\sin\alpha = a_1\cos\alpha_1 + a_2\cos\alpha_2 - \mathrm{i}(a_1\sin\alpha_1 + a_2\sin\alpha_2) \\ a\cos\alpha = a_1\cos\alpha_1 + a_2\cos\alpha_2 \\ a\sin\alpha = a_1\sin\alpha_1 + a_2\sin\alpha_2 \\ \tan\alpha = \dfrac{a_1\sin\alpha_1 + a_2\sin\alpha_2}{a_1\cos\alpha_1 + a_2\cos\alpha_2} \end{cases} \tag{9-16}$$

对两个同频率、同振动方向的单色光波的叠加，也可以用图解法得到合成振动的振幅和初位相。这种方法利用了振幅矢量的概念：振幅矢量 $\boldsymbol{a}$，它的长度代表振幅的大小，它和某一给定轴——Ox 轴的夹角相当于该振动的初始位相。图 9-3(b)画出了在 P 点初始时刻的振幅矢量 $\boldsymbol{a}_1$ 和 $\boldsymbol{a}_2$ 的初始位置。若两矢量绕 O 点以角速度 ω 逆时针方向旋转，则两矢量末端在 Ox 轴上投影的运动便表示为两个简谐运动：

$$E_1 = a_1\cos(\omega t + \alpha_1),\quad \text{或写成}\quad E_1 = a_1\exp[-\mathrm{i}(\omega t + \alpha_1)]$$

$$E_2 = a_2\cos(\omega t + \alpha_2),\quad \text{或写成}\quad E_2 = a_2\exp[-\mathrm{i}(\omega t + \alpha_2)]$$

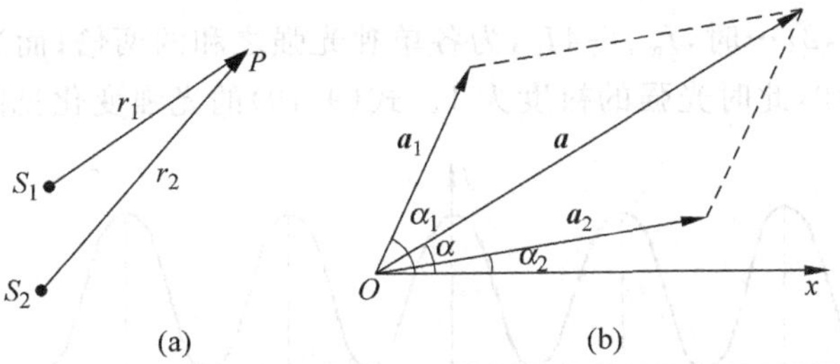

图 9-3　两列波的叠加

(a) 波在 P 点的叠加；(b) 振幅矢量相加

图中 $\boldsymbol{a}$ 为合成矢量，α 为其初位相。在 $\boldsymbol{a}_1$ 和 $\boldsymbol{a}_2$ 以某一角速度旋转时，$\boldsymbol{a}$ 也绕 O 点以同样的角速度旋转，矢量的末端在 $\boldsymbol{a}Ox$ 轴上投影的运动也为简谐运动，可表示为

$$E = a\cos\alpha(\omega t + \alpha),\quad \text{或写成}\quad E = a\exp[-\mathrm{i}(\omega t + \alpha)]$$

此处 $\boldsymbol{a}$ 在 Ox 轴上投影的运动等于 $\boldsymbol{a}_1$ 和 $\boldsymbol{a}_2$ 在 Ox 轴上投影运动之和，即 $E=E_1+E_2$。因此两个单色光波在某一点的光振动的叠加可以通过它们的振幅矢量相加而得。由图 9-3(b)可见

$$a = [a_1^2 + a_2^2 + 2a_1a_2\cos(\alpha_1 - \alpha_2)]^{\frac{1}{2}}$$

$$\tan\alpha = \frac{a_1\sin\alpha_1 + a_2\sin\alpha_2}{a_1\cos\alpha_1 + a_2\cos\alpha_2}$$

这和前面式(9-16)的结果完全一样。

9.3　光波的干涉

当两个光波(或多个光波)相互叠加以后，其总强度 I 不等于各个波单独的强度 I_1，I_2，…之和，或者说在光场中强度发生了重新分布，这种现象叫波的干涉。前面所讨论过的两个频率相同、振动方向相同的光波相叠加就是一个例子。根据式(9-14)，其合成强度

$$I = a_1^2 + a_2^2 + 2a_1a_2\cos\delta$$

也可写成

$$I = I_1 + I_2 + 2\sqrt{I_1 I_2}\cos\delta \tag{9-17}$$

光强的衬度(或称对比度)表示为

$$K = \frac{I_{\max} - I_{\min}}{I_{\max} + I_{\min}} \tag{9-18}$$

式中,$I_{\max}$为最大光强;$I_{\min}$为最小光强。

当两个光波振幅相同,即 $a_1 = a_2 = a_0$ 时,式(9-17)可以写成

$$I = 2I_0 + 2I_0\cos\delta = 2I_0(1+\cos\delta) = 4I_0\cos^2\frac{\delta}{2} \tag{9-19}$$

当 $\delta = 2n\pi, n = 0,1,2,\cdots$ 时,$I_{\max} = 4I_0$,为各单独光强之和的两倍;而当 $\delta = (2n+1)\pi$,$n = 0,1,2\cdots$ 时,$I = 0$,此时光强的衬度为 1。式(9-19)的光强变化见图 9-4。

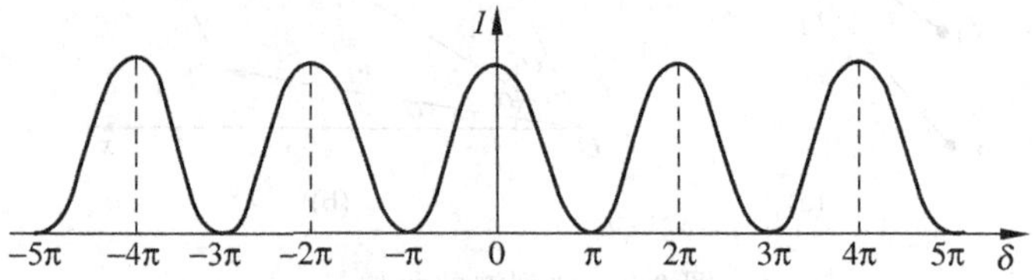

图 9-4 两振幅相同的光波干涉时的光强变化

9.4 光波产生干涉的条件

两个独立的完全没有关联的光源是不会产生任何干涉的,就像两支蜡烛所发的光彼此不产生任何干涉一样。只有当两个光波存在一定的相关条件才能产生干涉,这个条件叫相干条件。满足相干条件的光波叫做相干光波。光波的相干条件如下。

(1) 各光波的振动方向相同、频率相同

如果两个叠加光波的光矢量振动方向不同或频率不同,则在叠加区域内就不会得到稳定的光强强度分布的干涉现象。如果频率相同,振动方向不同,可以把两光波在相遇点 P 所产生的合成光强写成

$$I = a_1^2 + a_2^2 + 2a_1 a_2\cos\delta \tag{9-20}$$

$\boldsymbol{a}_1$、$\boldsymbol{a}_2$ 为向量,可以看出如果 $\boldsymbol{a}_1$ 和 $\boldsymbol{a}_2$ 相垂直,则无论 δ 是否稳定,$a_1 a_2\cos\delta$ 都等于零,也就是说两相互垂直的振动在任何情况下都不会发生干涉。在一般情况下 $\boldsymbol{a}_1$ 和 $\boldsymbol{a}_2$ 常常成一夹角,此时只有各自沿某共同的坐标系统分解成互相平行的分量时才发生干涉。

(2) 各光波之间要有固定的位相差 δ

在稳定的干涉场中,空间某定点 P 的光强是恒定的。仍以两光波的叠加为例,P 点光强为

$$I_P = a_1^2 + a_2^2 + 2a_1 a_2\cos\delta_P$$

式中，δ_P 是恒定的，所以 I_P 也是恒定的。如果在 P 点 δ_P 是随时间作无规则的急速变化，则 I_P 也将随时间急速变化，任何接收器记录到的只是某一时间间隔内的平均值，看到的只是某一时间间隔内的平均亮度。令观测时间为 τ，则

$$I_P = \frac{1}{\tau}\int_0^r (a_1^2 + a_2^2 + 2a_1a_2\cos\delta_P)\mathrm{d}\tau = a_1^2 + a_2^2 + 2a_1a_2\,\frac{1}{\tau}\int_0^r \cos{}_P\,\mathrm{d}\tau$$

由于在时间 τ 内 δ_P 从 $-\pi$ 到 π 之间任何值的几率都相等，所以

$$\frac{1}{\tau}\int_0^r \cos\delta_P\,\mathrm{d}\tau = 0$$

$$I_P = a_1^2 + a_2^2 = I_1 + I_2$$

即 P 点的平均光强度恒等于两光波单独光强度之和，而不产生任何干涉现象。因此两光波（或多个光波）的位相差固定不变，是产生干涉的又一必要条件。

综上所述，频率相同、振动方向相同以及位相差固定是光波干涉的三个必要条件。

9.5 杨氏干涉实验

两个独立的光源所发的光波是不可能形成干涉的，因此常常是从一个光源中分离出两个（或多个）相干光波。分离的方法有两种：一种方法是让光波通过并排的两个小孔，或利用反射和折射把光波的波阵面分成两个部分，这种方法称为波阵面分割法；另一种方法是利用两个部分反射的表面产生两个反射光波和两个透射光波，这种方法称为振幅分割法。

杨氏干涉装置是一种最简单的分波阵面干涉装置，产生干涉图像的装置见图 9-5 所示，图中 SO 为 S_1S_2 的垂直平分线。由于 S_1 和 S_2 发出的两个光波符合相干条件，所以将形成干涉。关于在某一距离为 D 的平面上某点 P 的合成光强，在前面已经讨论过，如式(9-17)所示。令 $\Delta = S_2P - S_1P$ 为光程差，当 $\Delta = n\lambda$ 时，两光波

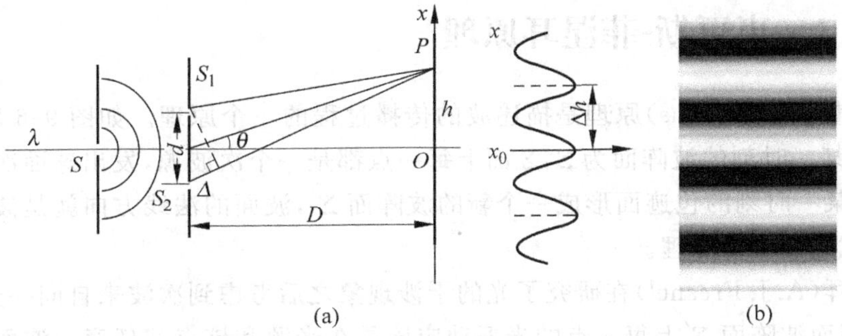

(a) (b)

图 9-5 杨氏双缝干涉

在 P 点的相位差 $\delta_P=\frac{\Delta}{\lambda}2\pi=2n\pi, n=0,1,2,\cdots$，此时光强最大。而当 $\Delta=\left(n+\frac{1}{2}\right)\lambda$ 时 $\delta_P=(2n+1)\pi$，光强为零。当 D 足够远时在干涉平面上将出现一组平行的明暗条纹。

从图 9-5(a)中可以看出光程差

$$\Delta=d\sin\theta \tag{9-21}$$

当 θ 角很小时 $\Delta=d\theta$，而 $\theta=\frac{h}{D}$，所以光程差

$$\Delta=\frac{dh}{D}$$

根据上式，第 n 级亮条纹（$\Delta=n\lambda$）的位置由 h_n 给定：

$$h=h_n=\frac{nD\lambda}{d} \tag{9-22}$$

相邻亮条纹的间隔为

$$\Delta h=h_{n+1}-h_n=\frac{D\lambda}{d} \tag{9-23}$$

可以看出在 $D\gg d$ 的情况下 Δh 可以比 λ 大得多。此外因干涉屏幕是可以任意放置的，在整个相干光场内都可以得到干涉条纹，这叫做非定域干涉。关于空间相干性、时间相干性、相干长度等相关知识可参考第 2 篇文献[1]。

9.6　光的衍射　惠更斯-菲涅耳原理　基尔霍夫衍射公式

光和所有的波动一样，在传播途中遇到障碍物时将产生或多或少的偏离直线传播方向的现象，这就叫光的衍射，或叫光的绕射，也就是说光可以绕过障碍物而在某种程度上传播到障碍物的几何阴影区。这种现象和干涉现象都是光的波动性的有力证明。

9.6.1　惠更斯-菲涅耳原理

惠更斯(C. Huygans)原理是描述波的传播过程的一个原理。如图 9-6 所示，设波源 S 在某一时刻的波阵面为 Σ，Σ 面上每一点都是一个次波源，发出球面次波。次波在随后某一时刻的包迹面形成一个新的波阵面 Σ'，波面的法线方向就是波的传播方向，这就是惠更斯原理。

菲涅耳(A. J. Fresnel)在研究了光的干涉现象之后考虑到次波来自同一光源，应该相干，因而波阵面 Σ' 上每一点的光振动应该是在光源和该点间任意一波面上发出的次波叠加的结果。这种用干涉理论补充的惠更斯原理叫惠更斯-菲涅耳原理。

图 9-7(a)中,设 dΣ 是距离光源 S 为 R 的波面上的一个单元面积,该面积上的复振幅为$\frac{a}{P}\exp(\mathrm{i}kR)$,则该处在 P 点产生的复振幅为

$$\mathrm{d}A_P = CK(\theta)\frac{a}{R}\exp(\mathrm{i}kR)\frac{1}{r}\exp(\mathrm{i}kr)\cdot \mathrm{d}\Sigma$$

式中,C 为一常数;$K(\theta)$为一倾斜因子。如图 9-7(b)所示,设窗口所暴露的波面面积为 Σ,则所有 Σ 上的次波在 P 点产生的合成振幅为

$$A_P = C\frac{a}{R}\exp(\mathrm{i}kR)\iint K(\theta)\frac{1}{r}\exp(\mathrm{i}kr)\cdot \mathrm{d}\Sigma \tag{9-24}$$

这就是惠更斯-菲涅耳原理的数学表达式。

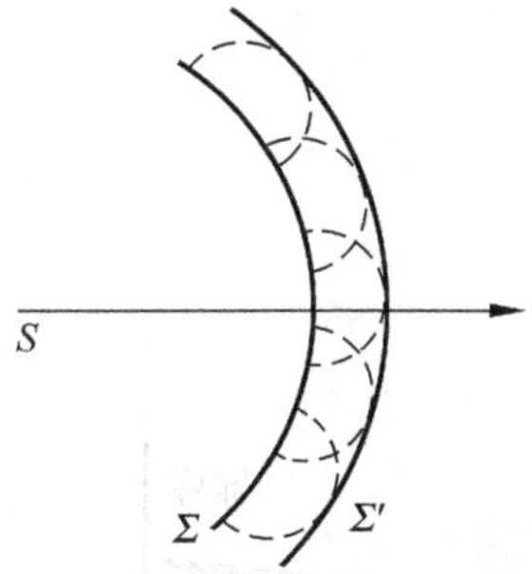

图 9-6 惠更斯原理图

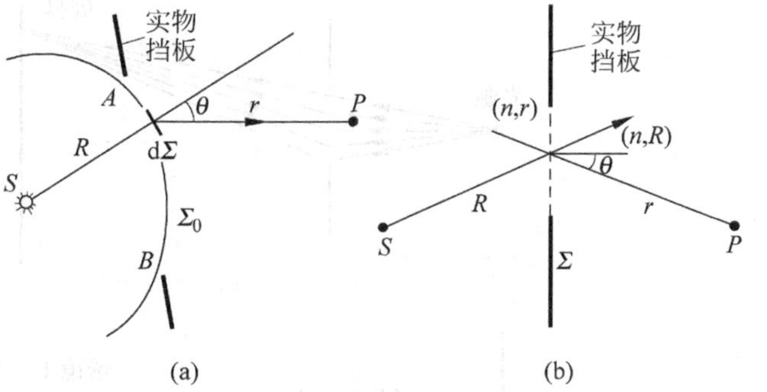

图 9-7 单色光源对 P 点的作用

9.6.2 基尔霍夫衍射公式

菲涅耳的数学表达式是不严格的,例如倾斜因子 $K(\theta)$的引入就比较勉强,缺乏理论根据。基尔霍夫(G. R. Kirchhoff)从波动方程出发导出了比较严格的公式:

$$A_P = C\iint_{\Sigma}\frac{a}{R}\exp(\mathrm{i}kR)\left[\frac{\cos(n,R)-\cos(n,r)}{2}\right]\times\frac{1}{r}\exp(\mathrm{i}kr)\mathrm{d}\Sigma \tag{9-25}$$

这就是菲涅耳-基尔霍夫衍射公式。式中,a 为光源的振幅;$\frac{a}{R}\exp(\mathrm{i}kR)$为波面 Σ 上单位面积上的复振幅。令 $A_\Sigma=\frac{a}{R}\exp(\mathrm{i}kR)$,$\frac{\cos(n,R)-\cos(n,r)}{2}$为倾斜因子,当光源距衍射孔较远时 $\cos(n,R)\approx 1$,当观察屏幕观测的点 P 与衍射孔上各点的张角不大时(傍轴近似)$-\cos(n,R)=\cos\theta\approx +1$,倾斜因子可以不考虑,这样式(9-25)可以简写成

$$A_P = C\iint_{\Sigma}A_\Sigma\frac{1}{r}\exp(\mathrm{i}kr)\mathrm{d}\Sigma \tag{9-26}$$

9.7 菲涅耳衍射和夫琅禾费衍射

光的衍射问题通常分为两类：一类是光源和观察屏幕(或两者之一)距离衍射孔比较近，见图 9-8(a)，这类衍射叫菲涅耳衍射或叫近场衍射；另一类是光源和屏幕距衍射孔很远(或无限远)，如图 9-8(b)所示，这一类叫做夫琅禾费衍射或叫远场衍射。近场衍射的分析装置见图 9-8(c)。光源常常是放在第一个透镜的前焦面上，以形成平行光，在衍射孔后再用一透镜聚焦在后焦面的屏幕上进行分析。

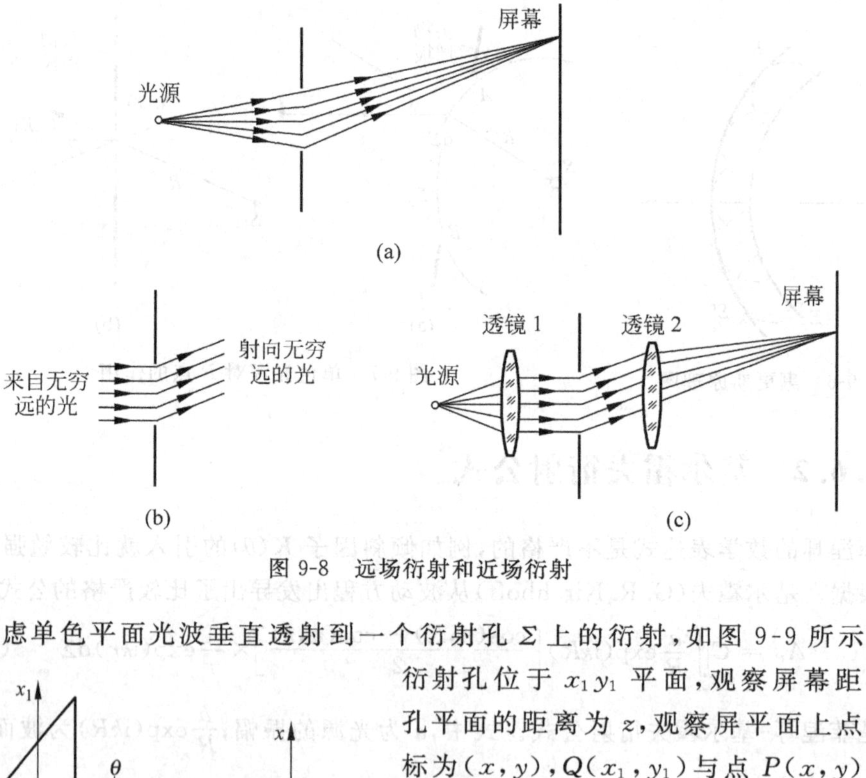

图 9-8 远场衍射和近场衍射

考虑单色平面光波垂直透射到一个衍射孔 Σ 上的衍射，如图 9-9 所示。设衍射孔位于 x_1y_1 平面，观察屏幕距衍射孔平面的距离为 z，观察屏平面上点的坐标为(x,y)，$Q(x_1,y_1)$与点 $P(x,y)$之间的距离为 r，有

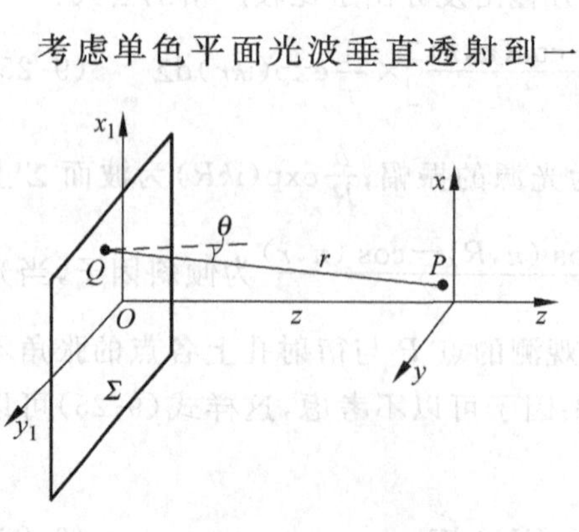

图 9-9 单色光在孔上的衍射

$$r=[z^2+(x-x_1)^2+(y-y_1)^2]^{\frac{1}{2}}$$

$$=z\left[1+\left(\frac{x-x_1}{z}\right)^2+\left(\frac{y-y_1}{z}\right)^2\right]^{\frac{1}{2}}$$

如果观察屏幕的距离远大于衍射孔的线度，则

$$\left(\frac{x-x_1}{z}\right)^2+\left(\frac{y-y_1}{z}\right)^2 \ll 1$$

用二项式展开上式，得

$$r=z\left[1+\frac{1}{2}\left(\frac{x-x_1}{z}\right)^2+\frac{1}{2}\left(\frac{y-y_1}{z}\right)^2\right] \tag{9-27}$$

将此式代入式(9-26)得

$$\begin{aligned}A(x,y)&=C\iint_{\Sigma}A(x_1,y_1)\frac{1}{r}\exp\left\{\mathrm{i}kz\left[1+\frac{1}{2}\left(\frac{x-x_1}{z}^2\right)+\frac{1}{2}\left(\frac{y-y_1}{z}\right)^2\right]\right\}\mathrm{d}x_1\mathrm{d}y_1\\&=C\iint_{\Sigma}A(x_1,y_1)\frac{1}{r}\exp(\mathrm{i}kz)\exp\left\{\frac{\mathrm{i}k}{2z}[(x-x_1)^2+(y-y_1)^2]\right\}\mathrm{d}x_1\mathrm{d}y_1\\&=C\frac{1}{z}\exp(\mathrm{i}kz)\iint_{\Sigma}A(x_1,y_1)\exp\left\{\frac{\mathrm{i}k}{2z}[(x-x_1)^2+(y-y_1)^2]\right\}\mathrm{d}x_1\mathrm{d}y_1\end{aligned} \tag{9-28}$$

将$\frac{1}{z}$代替$\frac{1}{r}$，则忽略了小量，但是在相位因子中不能这样忽略。式(9-28)即为菲涅耳衍射公式。将式(9-28)中积分号内的位相因子化为

$$(x-x_1)^2+(y-y_1)^2=(x^2+y^2)-(2xx_1+2yy_1)+(x_1^2+y_1^2)$$

当式(9-28)中因子 z 足够大，可以忽略$\frac{x_1^2+y_1^2}{2z}$这一项，式(9-28)可以写成

$$\begin{aligned}&A(x,y)\\&=C\frac{1}{z}\exp(\mathrm{i}kz)\iint_{\Sigma}A(x_1,y_1)\exp\left[\frac{\mathrm{i}k}{2z}(x^2+y^2)\right]\exp\left[-\frac{\mathrm{i}k}{z}(xx_1+yy_1)\right]\mathrm{d}x_1\mathrm{d}y_1\end{aligned}$$

对于点 $P(x,y)$来说 $\exp\left[\frac{\mathrm{i}k}{2z}(x^2+y^2)\right]$为常数，故上式化为

$$\begin{aligned}&A(x,y)\\&=C\frac{1}{z}\exp(\mathrm{i}kz)\exp\left[\frac{\mathrm{i}k}{2z}(x^2+y^2)\right]\iint_{\Sigma}A(x_1,y_1)\exp\left[-\frac{\mathrm{i}k}{z}(xx_1+yy_1)\right]\mathrm{d}x_1\mathrm{d}y_1\end{aligned} \tag{9-29}$$

这就是夫琅禾费衍射公式。

假如开孔面上有均匀光场分布，则 $A(x_1,y_1)=A_1$。

$$C'=C\frac{1}{z}\exp(\mathrm{i}kz)\exp\left[\frac{\mathrm{i}k}{2z}(x^2+y^2)\right]A_1$$

则式(9-29)可写成

$$A(x,y)=C'\iint_{\Sigma}\exp\left[-\frac{\mathrm{i}k}{z}(xx_1+yy_1)\right]\mathrm{d}x_1\mathrm{d}y_1 \tag{9-30}$$

令 $u=\frac{x}{\lambda z},v=\frac{y}{\lambda z}$，或

$$A(x,y) = C'\iint_{\Sigma}\exp[-\mathrm{i}2\pi(ux_1 + vy_1)]\mathrm{d}x_1\mathrm{d}y_1 \tag{9-31}$$

又可写成

$$A(x,y) = C'\iint_{\Sigma}\exp[-\mathrm{i}k(Lx_1 + my_1)]\mathrm{d}x_1\mathrm{d}y_1 \tag{9-32}$$

式中，$L=\frac{x}{z}$，$m=\frac{y}{z}$。

为了进一步了解上式的物理意义，可对图 9-10 进行分析。对于光轴上的 P_0 点，$x=y=0$，式(9-32)变成

$$A_0 = C'\iint_{\Sigma}\mathrm{d}x_1\mathrm{d}y_1 = C'\Sigma \tag{9-33}$$

式中，Σ 为衍射孔的面积。因此有

$$C' = \frac{A_0}{\Sigma}$$

这说明 C' 代表衍射孔单位波面上发出的次波在 P_0 点形成的复振幅。

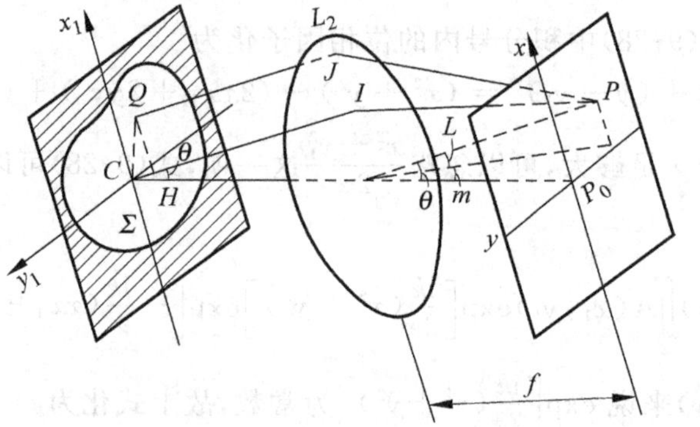

图 9-10　远场衍射装置示意图

xy 平面上任一点 P 的复振幅显然是所有沿 θ 方向传播的次波在 P 点产生的复振幅的叠加，其大小决定于各次波到达 P 点的光程差。在开孔面 Σ 上取一点 $Q(x_1,y_1)$，过点 Q 作 QH 垂直于 CI，则 Q 和 C 点到 P 点的光程差为

$$\Delta_\theta = CH$$

方向角为 θ 的 CI 方向余弦为

$$L = \frac{x}{f},\quad m = \frac{y}{f}$$

设 $\boldsymbol{q}$ 为 CI 方向上的单位矢量，因此光程差

$$\Delta_\theta = CH = \boldsymbol{q}\cdot\boldsymbol{n} = Lx_1 + my_1$$

令相位差 $\delta_\theta=\frac{2\pi}{\lambda}\Delta_\theta$，这样式(9-33)就可写成

$$A(x,y) = C'\iint_{\Sigma} \exp(\mathrm{i}\delta_\theta)\,\mathrm{d}x_1\,\mathrm{d}y_1 \tag{9-34}$$

由上式可以看出，只要知道 P 点的方向 θ 就可以算出 P 点的复振幅。

9.8 狭缝衍射

9.8.1 单缝远场衍射

图 9-11 为单缝衍射示意图。图中狭缝长度方向比宽度方向大得多，因此可以只考虑 x_1 方向的衍射，沿 y_1 方向各点的衍射机理相同。

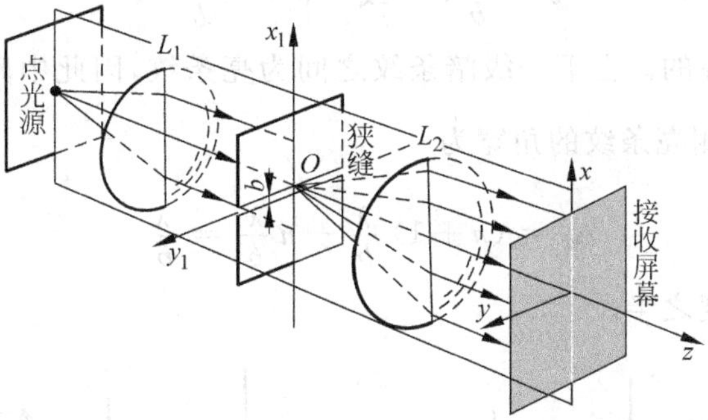

图 9-11 单缝远场衍射示意图

衍射屏幕 x 轴上某点 P 的复振幅利用式(9-32)可以写成

$$\begin{aligned} A_P &= C'\iint_{-\frac{b}{2}}^{\frac{b}{2}} \exp(-\mathrm{i}kLx_1)\,\mathrm{d}x_1 \\ &= C'\left\{-\frac{1}{\mathrm{i}kL}\left[\exp\left(-\frac{\mathrm{i}kLb}{2}\right)-\exp\left(\frac{\mathrm{i}kLb}{2}\right)\right]\right\} \\ &= C'\frac{\sin\frac{kLb}{2}}{\frac{kLb}{2}} \end{aligned}$$

令 $\alpha=\dfrac{kLb}{2}$，则

$$A_P = A_0\,\frac{\sin\alpha}{\alpha} \tag{9-35}$$

P 点的光强为

$$I_P = I_0\left(\frac{\sin\alpha}{\alpha}\right)^2 \tag{9-36}$$

当 $\alpha=0$ 时，

$$I_P = I_0$$

因此在 P_0 处有最大的强度，而当 $\alpha=\pm\pi,\pm2\pi,\pm3\pi,\cdots$时，

$$I_P = 0$$

因为 $\alpha=\frac{kLb}{2}$，而且 $L=\sin\theta$，所以产生强度为零的条件是

$$b\sin\theta = n\lambda,\quad n=\pm1,\pm2,\cdots \tag{9-37}$$

图 9-12 为几个产生暗点(强度为零)的位置示意图，当 θ 较小时，式(9-37)可以写成

$$\theta = \frac{n\lambda}{b} \tag{9-38}$$

产生一级暗条纹的张角为

$$\theta=\frac{\lambda}{b},\quad 或\quad \theta=-\frac{\lambda}{b}$$

即上下暗条纹是对称的。上下一级暗条纹之间为亮条纹，因此中间亮条纹的张角为 $2\theta=2\,\frac{\lambda}{b}$，而位于两侧亮条纹的角宽为

$$\Delta_\theta = (n+1)\,\frac{\lambda}{b}-n\,\frac{\lambda}{b}=\frac{\lambda}{b}$$

它是中央亮条纹宽度之半。

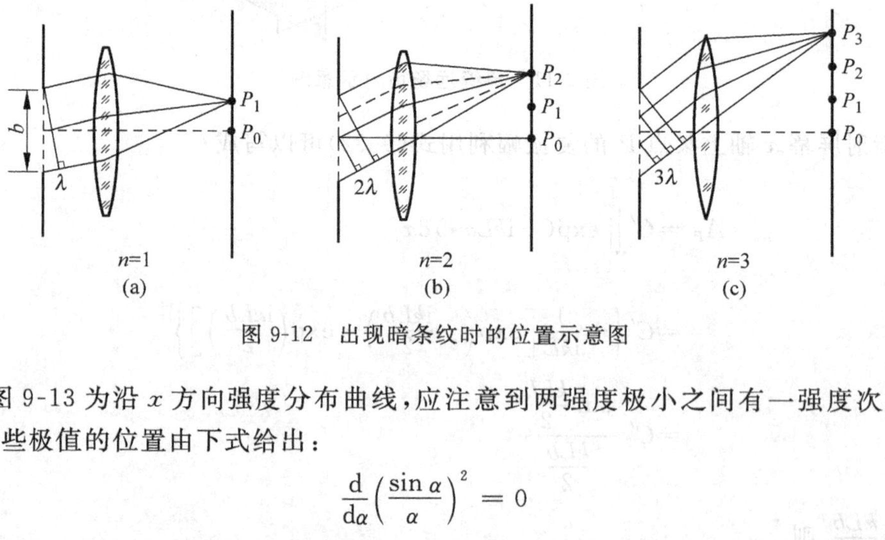

图 9-12　出现暗条纹时的位置示意图

图 9-13 为沿 x 方向强度分布曲线，应注意到两强度极小之间有一强度次极大值，这些极值的位置由下式给出：

$$\frac{\mathrm{d}}{\mathrm{d}\alpha}\left(\frac{\sin\alpha}{\alpha}\right)^2 = 0$$

由图 9-13 可以看出主极大值(在 P_0 处)和次极大值之间的光强比相差很大，而且次极大值越来越小。另外，根据衍射角不能大于 90°$\left(因\ \sin\theta=\frac{n\lambda}{b}<1\right)$可知，随着 λ 和b 比例的大小，n 并非任意的，而是被控制在一定的数量内。

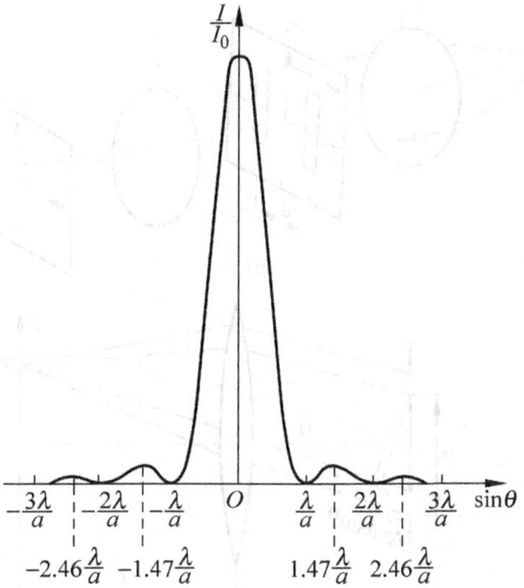

图 9-13 单缝衍射光强分布曲线

9.8.2 双缝远场衍射

图 9-14 为双缝远场衍射的示意图。令缝宽为 a，缝的间距为 d，则根据夫琅禾费衍射公式，在观察屏幕上某点 P（在 x 轴上）的复振幅为

$$A_P = C'\int_{-\left(\frac{d}{2}+\frac{b}{2}\right)}^{-\left(\frac{d}{2}-\frac{b}{2}\right)} \exp(\mathrm{i}kLx_1)\,\mathrm{d}x_1 + C'\int_{\frac{d}{2}-\frac{b}{2}}^{\frac{d}{2}+\frac{b}{2}} \exp(-\mathrm{i}kLx_1)\,\mathrm{d}x_1$$

$$= 2C'\left[\frac{\sin\frac{kLb}{2}}{\frac{kLb}{2}}\cos\left(kL\cdot\frac{d}{2}\right)\right]b$$

令 $\frac{kLb}{2}=\alpha$，而令 $\delta=kLd=\frac{2\pi}{\lambda}d\sin\theta$ 是两缝对应点光线间之相位差，则上式可写成

$$A_P = 2A_0\frac{\sin\alpha}{\alpha}\cos\frac{\delta}{2} \tag{9-39}$$

$$I_P = 4I_0\left(\frac{\sin\alpha}{\alpha}\right)^2\cos^2\frac{\delta}{2} \tag{9-40}$$

对比式(9-39)及式(9-35)，在 P 点的合成振幅相当于两单缝衍射的合成振幅在 P 点相干叠加的结果。式(9-39)可表示为 $A_P=2A_\theta\cos\frac{\delta}{2}$，这就和杨氏干涉的公式很相似，只是杨氏干涉公式中 A_θ 是常数，而在双缝衍射中 A_θ 和 δ 则随着光线的倾角 θ 而变。

在强度公式中我们把 $\left(\frac{\sin\alpha}{\alpha}\right)^2$ 叫做单缝衍射因子，把 $\cos^2\frac{\delta}{2}$ 叫做干涉因子。

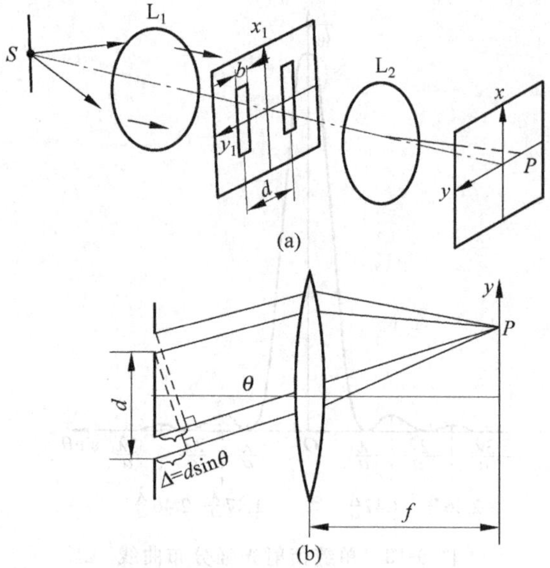

图 9-14 双缝衍射示意图

图 9-15 所示为这两个因子以及合成强度的曲线,可以看出强度曲线是受单缝衍射曲线调制的干涉强度曲线。

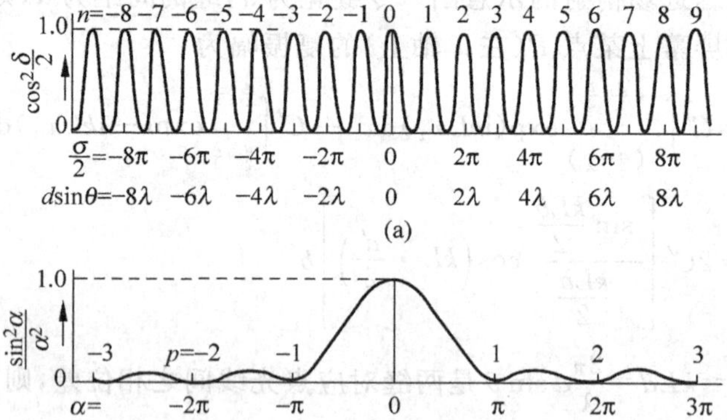

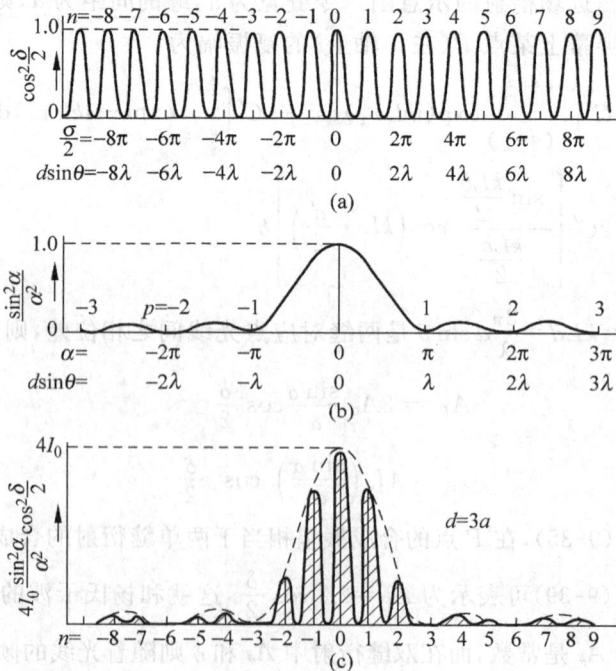

图 9-15 双缝远场衍射光强分布

对于单缝衍射因子,在θ确定后,只由单缝本身的宽度b决定,而与缝的间距d无关,与缝的个数也无关;而干涉因子则与缝的间距d以及缝的个数有关,但与单缝的宽度b无关。

9.8.3 多缝远场衍射 光栅衍射

当缝的个数增多时,可以参照双缝衍射的分析方法将各单缝在P点的复振幅相叠加而得到合成的复振幅。由于积分式比较烦琐,我们可以采用矢量叠加的办法。

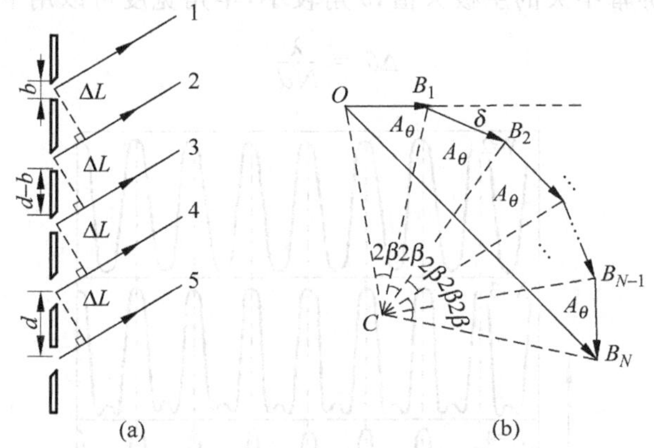

图 9-16 多缝衍射光矢量的合成

图 9-16(a)中缝宽均为b,间距均为d,相邻狭缝之间的光程差$\Delta=d\sin\theta$,位相差为$\delta=\frac{2\pi}{\lambda}d\sin\theta$。图 9-16(b)中$OB_1, B_1B_2, B_2B_3, \cdots, B_{N-1}B_N$为各个单缝本身在$P$点形成的振幅,设其长度都相等,令$C$为多边形的中心,则

$$\angle OCB_1 = \angle B_1CB_2 = \cdots = \angle B_{N-1}CB_N = \delta$$

令$\angle OCB_1=2\beta$,则$\beta=\frac{\delta}{2}=\frac{\pi d}{\lambda}\sin\theta, OC=\frac{A_\theta}{2\sin\beta}$,各矢量合成的总振幅为长度$OB_N$:

$$OB_N = 2OC\sin N\beta = A_P$$

将以上两式合并,则得

$$A_P = A_\theta \frac{\sin N\beta}{\sin\beta}$$

而$A_\theta=A_0\frac{\sin\alpha}{\alpha}$,所以

$$\begin{cases} A_P = A_0 \dfrac{\sin\alpha}{\alpha} \cdot \dfrac{\sin N\beta}{\sin\beta} \\ I_P = A_0^2 \left(\dfrac{\sin\alpha}{\alpha}\right)^2 \left(\dfrac{\sin N\beta}{\sin\beta}\right)^2 \end{cases} \tag{9-41}$$

式中，$\alpha=\frac{\pi}{\lambda}b\sin\theta,\beta=\frac{\pi}{\lambda}d\sin\theta$。式(9-41)与式(9-40)相比只是干涉因子的形式更一般化了。当$N=2$时即等于双缝衍射的干涉因子。

图9-17为N取不同值时干涉因子的曲线。为了便于比较，纵坐标都缩小了N倍。由图中看出干涉因子的主极大值位置不变，即符合$d\sin\theta=n\lambda$时出现主极大值。主极大值的光强为单缝在该方向光强的N^2倍。另外可以看出在两主极大值的中间有$N-2$个次极大值。当$N\gg1$时次极大值可以忽略。主极大值亮线的宽度是以它两侧的暗线为界的，所以它的中心到邻近的暗线之间的角距离就是它的半角宽度$\Delta\theta$。对于靠近屏幕中央的主极大值，θ角较小，半角宽度可以用下式表示：

$$\Delta\theta=\frac{\lambda}{Nd} \tag{9-42}$$

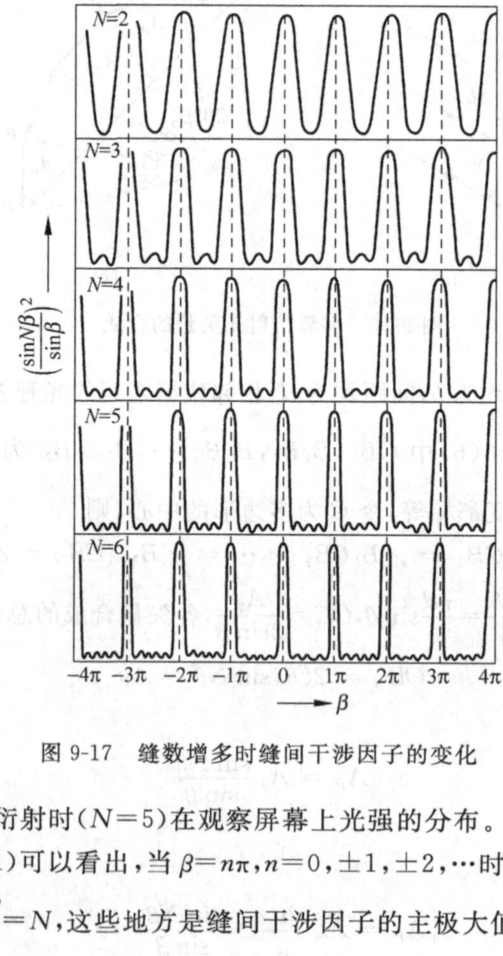

图9-17 缝数增多时缝间干涉因子的变化

图9-18为多缝衍射时($N=5$)在观察屏幕上光强的分布。

另外，从式(9-41)可以看出，当$\beta=n\pi,n=0,\pm1,\pm2,\cdots$时，$\sin\beta=0,\sin N\beta=0$，而它们的比值$\frac{\sin N\beta}{\sin\beta}=N$，这些地方是缝间干涉因子的主极大值。$\beta=n\pi$意味着满足下列条件：

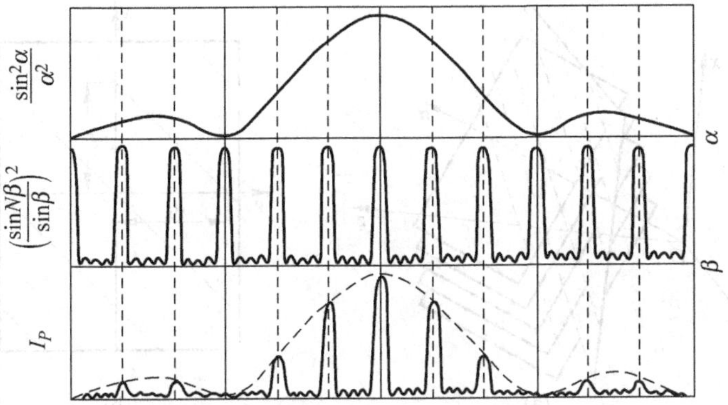

图 9-18 多缝衍射时($N=5$)的光强分布曲线

$$\sin\theta = n\frac{\lambda}{d} \tag{9-43}$$

即衍射角 θ 满足上式时出现主极大值，主极大值的位置只与缝间距有关而与缝的个数 N 无关。式(9-43)通常叫做光栅公式。

9.9 光的空间频率

傅里叶光学在光学传递函数、云纹法和散斑法的信息处理、散斑与全息照相等方面的广泛应用，自然使其成为光测力学的重要基础。

在傅里叶光学系统中，可将空间域的问题转换为频率域的问题进行研究和处理，从而使得人们对光学现象内在规律的认识产生了质的飞跃。由此可见，光学的空间频率是傅里叶光学一个基本的物理量。

与时间域的频率概念相类似，把一个在空间域里正弦变化的光波，在某个方向上单位长度内重复变化的次数称为在该方向上的空间频率。

9.9.1 任意传播方向的单色平面波

在光学系统中，人们往往想知道某一平面上(例如物面、瞳孔面和像面等)的复振幅或光强分布，为此把空间频率的概念推广到这种情形中。

如图 9-19 所示，沿任意方向的单位向量 $\boldsymbol{n}$ 传播的单色平面波，若不考虑光波随时间的变化，由式(9-6)可知在 $z=z_0$ 的 xy 平面上的复振幅为

$$\begin{aligned} A &= a\exp[\mathrm{i}k(x\cos\alpha + y\cos\beta + z_0\cos\gamma)] \\ &= a\exp(\mathrm{i}kz_0\cos\gamma)\exp[\mathrm{i}k(x\cos\alpha + y\cos\beta)] \\ &= a_0\exp[\mathrm{i}k(x\cos\alpha + y\cos\beta)] \end{aligned} \tag{9-44}$$

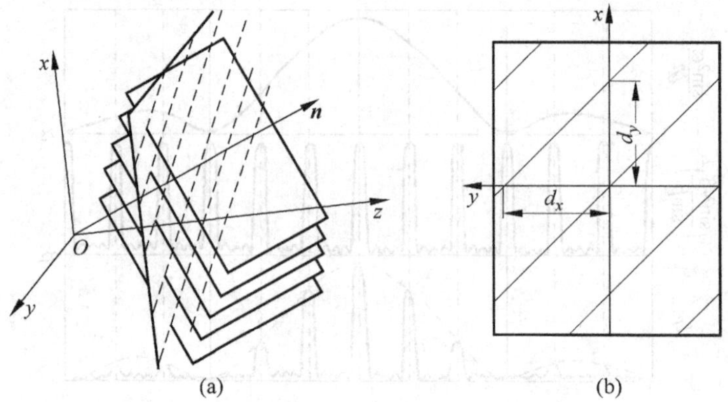

图 9-19 平面波在 $z=z_0$ 的平面上的等位相线

式中，$a_0=a\exp(\mathrm{i}kz_0\cos\gamma)$是复常数。式(9-44)中在 $z=z_0$ 的 xy 平面上的位相将随各点(x,y)位置的不同而不同。从图 9-19(a)可以看出，$z=z_0$ 的 xy 平面与等位相波面交线上各点的位相都等于该位相波面的位相值。图中所画的虚线为该平面上等距的平行线，为了看得更清楚，在图 9-19(b)中把 $z=z_0$ 时 xy 平面上的等位相线画出来，它们依次相差 2π，位相由 xy 平面的第四象限到第一象限的方向增加。在 x 轴与 y 轴方向的复振幅是周期变化的，其空间周期分别表示为

$$d_x=\frac{\lambda}{\cos\alpha},\quad d_y=\frac{\lambda}{\cos\beta} \tag{9-45}$$

而在两个方向上的空间频率分别为

$$\begin{cases} u=\dfrac{1}{d_x}=\dfrac{\cos\alpha}{\lambda} \\ v=\dfrac{1}{d_y}=\dfrac{\cos\beta}{\lambda} \end{cases} \tag{9-46}$$

有时也引入

$$\begin{cases} \omega_x=2\pi u \\ \omega_y=2\pi v \end{cases} \tag{9-47}$$

式中，ω_x、ω_y 分别称为 x、y 方向的空间角频率。

9.9.2 特殊平面内任意方向传播的单色平面波

下面再讨论两种特殊情况，它们无论对理解空间频率，还是实际应用都是必要的。

如图 9-20(a)和(b)所示，一单色平面波在 xz 平面内传播，此时 $\cos\beta=0$，x 方向的空间周期和空间频率分别为

$$d_x=\frac{\lambda}{\cos\alpha} \tag{9-48a}$$

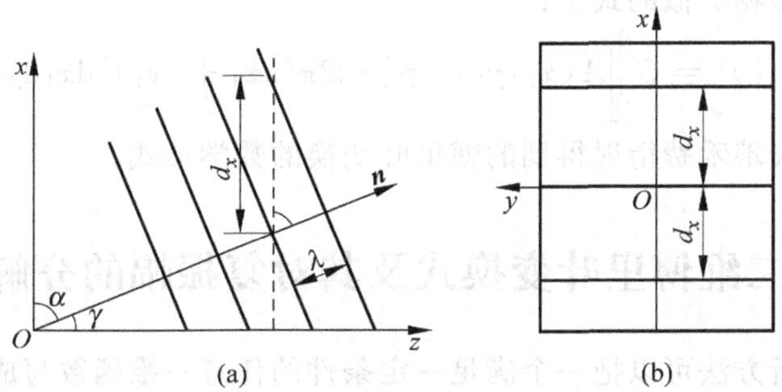

图 9-20 平面波在特殊平面内的空间频率

$$u=\frac{1}{d_x}=\frac{\cos\alpha}{\lambda} \tag{9-48b}$$

而 y 方向的空间周期 $d_y=\infty$，空间频率 $v=0$。

如果平面波传播方向与 x 轴成钝角，如图 9-21 所示，由于 $\cos\alpha<0$，所以空间频率 $u<0$，这时 xy 平面上位相沿 x 轴正方向减小。

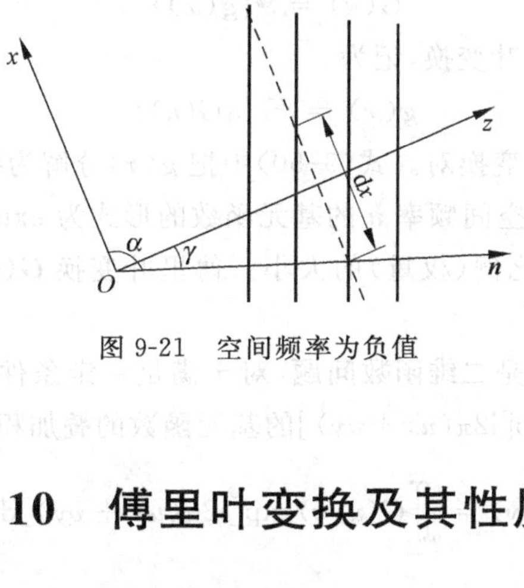

图 9-21 空间频率为负值

9.10 傅里叶变换及其性质

9.10.1 傅里叶变换的物理背景

傅里叶光学被引入物理光学是随着人们对光学现象的认识不断深入的必然结果。下面从夫琅禾费衍射公式导出傅里叶变换的数学形式，这正说明夫琅禾费衍射就是傅里叶变换。

由夫琅禾费衍射公式

$$A(x,y)$$
$$=C\frac{1}{z}\exp(ikz)\exp\left[\frac{ik}{2z}(x^2+y^2)\right]\iint_{\Sigma}A(x_1,y_1)\exp\left[-\frac{ik}{z}(xx_1+yy_1)\right]dx_1dy_1$$

可得到与式(9-31)相类似的式子：

$$A(x,y)=C'\iint_{\Sigma}A(x_1,y_1)\exp[-\mathrm{i}2\pi(ux_1+vy_1)]\mathrm{d}x_1\mathrm{d}y_1 \tag{9-49}$$

式(9-49)就是由夫琅禾费衍射得到的傅里叶变换的数学形式。

9.10.2 二维傅里叶变换式及其对复振幅的分解作用

用傅里叶分析方法可以把一个满足一定条件的任意一维函数写成多个基元函数的线性叠加积分形式：

$$g(x)=\int_{-\infty}^{\infty}G(u)\exp(\mathrm{i}2\pi ux)\mathrm{d}u \tag{9-50}$$

其中

$$G(u)=\int_{-\infty}^{\infty}g(x)\exp(\mathrm{i}2\pi ux)\mathrm{d}x \tag{9-51}$$

$G(u)$称为函数$g(x)$的傅里叶变换，记为

$$G(u)=\mathscr{F}\{g(x)\}$$

$g(x)$称为$G(u)$的逆傅里叶变换，记为

$$g(x)=\mathscr{F}^{-1}\{G(u)\}$$

$g(x)$和$G(u)$称为傅里叶变换对。式(9-50)中把$g(x)$分解为很多不同空间频率的基元函数的叠加积分，每个空间频率u的基元函数的形式为$\exp(\mathrm{i}2\pi ux)$。$G(u)$表示空间频率为u的成分所占比例(权重)的大小。傅里叶变换$G(u)$叫做$g(x)$的空间频谱，简称频谱。

在光学系统中，一般是二维函数问题，对于满足一定条件的任意二维函数$g(x,y)$同样也可以分解为$\exp[\mathrm{i}2\pi(ux+vy)]$的基元函数的叠加积分形式：

$$g(x,y)=\iint_{-\infty}^{\infty}G(u,v)\exp[\mathrm{i}2\pi(ux+vy)]\mathrm{d}u\mathrm{d}v \tag{9-52}$$

其中

$$G(u,v)=\iint_{-\infty}^{\infty}g(x,y)\exp[-\mathrm{i}2\pi(ux+vy)]\mathrm{d}x\mathrm{d}y \tag{9-53}$$

$G(u,v)$为$g(x,y)$的二维傅里叶变换，$g(x,y)$称为$G(u,v)$的二维逆傅里叶变换。每一组空间频率(u,v)的基元函数$\exp[\mathrm{i}2\pi(ux+vy)]$代表一个传播方向的单色平面波，$G(u,v)$代表空间频率为$u$、$v$的成分所占的比例。

傅里叶变换对单色光复振幅的分解作用可加深我们对傅里叶变换物理意义的认识。现在把傅里叶变换式应用到单色光场中任一xy平面上的复振幅分布$a(x,y)$中去，$a(x,y)$可以通过分解变为无数个形式为$\exp[\mathrm{i}2\pi(ux+vy)]$的基元函数的线性叠

加积分形式：

$$a(x,y)=\iint_{-\infty}^{\infty}a(u,v)\exp[\mathrm{i}2\pi(ux+vy)]\mathrm{d}u\mathrm{d}v$$

其中

$$a(u,v)=\iint_{-\infty}^{\infty}a(x,y)\exp[\mathrm{i}2\pi(ux+vy)]\mathrm{d}x\mathrm{d}y$$

由复振幅$a(x,y)$的傅里叶变换可得到频谱函数$A(u,v)$，也就是把xy平面上所有点的(u,v)空间频率分量都叠加起来，便得到该空间频率所占的比例$A(u,v)$。逆傅里叶变换就是再把频率域里各个空间频率(u,v)中来自空间域(x,y)点的分量都变换到(x,y)点进行叠加积分得到复振幅$a(x,y)$。前者按空间频率分解复振幅$a(x,y)$，后者是按空间域坐标分解频谱函数$A(u,v)$。

例如，用单位振幅的单色光平面波照射一维的正弦光栅(见图 9-22(a))所示，其振幅透射率为

$$t(x)=1+\cos 2\pi u_1 x$$

其中$u_1=\frac{1}{T}$。光透过正弦光栅后的复振幅为

$$a(x)=1+\cos 2\pi u_1 x=1+\frac{1}{2}[\exp(-\mathrm{i}2\pi u_1 x)+\exp(\mathrm{i}2\pi u_1 x)]$$

对复振幅进行傅里叶变换得

$$\mathscr{F}\{a(x)\}=\int_{-\infty}^{\infty}a(x)\exp[-\mathrm{i}2\pi ux]\mathrm{d}x=\delta(u-0)+\frac{1}{2}\delta(u-u_1)+\frac{1}{2}\delta(u-u_1)$$

即经过光栅衍射后分解为三种空间频率的分量。图 9-22(b)给出了频率域的频谱图$A(u)$，从图中可以看到各种空间频率成分所占的比例。所分解的三种空间频率的平面波，它们的传播形式在图 9-22(c)中给出。在全息照相中，全息图也是一种正弦光栅，当再现光照射全息图时，零级衍射光波是再现光源的像，±1 级衍射光波分别对应被摄物的实像和共轭虚像。

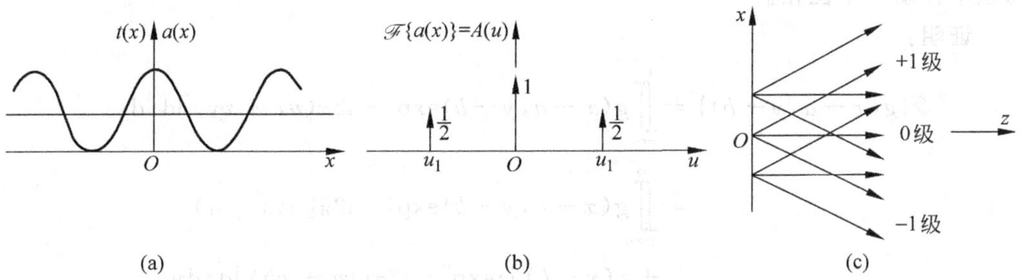

图 9-22 正弦光栅的振幅投射率和频谱分布

9.10.3 傅里叶变换的基本性质

下面研究傅里叶变换的几个基本性质,这些性质可表述成下面几个定理。

1) 线性定理

$$\mathscr{F}\{\alpha g+\beta h\}=\alpha\mathscr{F}\{g\}+\beta\mathscr{F}\{h\}$$

即两个函数之和的变换等于它们各自变换之和。这个定理从定义傅里叶变换的叠加积分的线性性质直接得到。这是光学系统对任意输入的响应,能够用它对此输入分解成某些基元函数的响应的线性叠加。在线性成像系统中,只要确定了物场中各点上的点光源的像,就足以完备地描述各个成像元件的效应。

2) 缩放定理

若 $\mathscr{F}\{g(x,y)\}=G(u,v)$ 则

$$\mathscr{F}\{g(ax,by)\}=\frac{1}{|ab|}G\left(\frac{u}{a},\frac{v}{b}\right)$$

即在空间域缩小,在频率域放大;或在空间域放大,在频率域缩小。例如,正交光栅栅距与其变换后频谱面上亮点间距的关系是缩放定理的典型例证。

证明:

$$\begin{aligned}\mathscr{F}\{g(ax,by)\}&=\iint_{-\infty}^{\infty}g(ax,by)\exp[-\mathrm{i}2\pi(ux+vy)]\mathrm{d}x\mathrm{d}y\\&=\frac{1}{|ab|}\iint_{-\infty}^{\infty}g(ax,by)\exp\left[-\mathrm{i}2\pi\left(u\frac{ax}{a}+v\frac{by}{b}\right)\right]\mathrm{d}(ax)\mathrm{d}(by)\\&=\frac{1}{|ab|}G\left(\frac{u}{a},\frac{v}{b}\right)\end{aligned}$$

3) 平移定理与移相定理

若 $\mathscr{F}\{g(x,y)\}=G(u,v)$,则 $\mathscr{F}\{g(x-a,y-b)\}=G(u,v)\exp[-\mathrm{i}2\pi(ua+vb)]$,称它为平移定理,即空间坐标的位置移动,由(0,0)点移到(a,b)点,而在频率域的空间频率移动一个位相。

证明:

$$\begin{aligned}\mathscr{F}\{g(x-a,y-b)\}&=\iint_{-\infty}^{\infty}g(x-a,y-b)\exp[-\mathrm{i}2\pi(ux+vy)]\mathrm{d}x\mathrm{d}y\\&=\iint_{-\infty}^{\infty}g(x-a,y-b)\exp\{-\mathrm{i}2\pi[u(x-a)\\&\quad+v(y-b)]\}\exp[-\mathrm{i}2\pi(ua+vb)]\mathrm{d}x\mathrm{d}y\\&=G(u,v)\exp[-\mathrm{i}2\pi(ua+vb)]\end{aligned}$$

若 $\mathscr{F}\{g(x,y)\}=G(u,v)$,则 $\mathscr{F}\{g(x,y)\exp[\mathrm{i}2\pi(\mu x+\nu y)]\}=G(u-\mu,v-\nu)$,$\mu,\nu$ 为

频率移动的位相,称它为移相定理。

4) 共轭定理

若 $g^*(x,y)$ 为 $g(x,y)$ 的共轭函数,且 $\mathscr{F}\{g(x,y)\}=G(u,v)$ 则

$$\mathscr{F}\{g^*(x,y)\}=G^*(-u,-v)$$

复振幅 $g(x,y)$ 及其共轭函数 $g^*(x,y)$ 的傅里叶变换也互为共轭。利用这个性质,在正频率与负频率共轭时,可以考虑只研究正频率的情况。

证明:

$$\begin{aligned}\mathscr{F}\{g^*(x,y)\}&=\iint_{-\infty}^{\infty} g^*(x,y)\exp[-\mathrm{i}2\pi(ux+vy)]\mathrm{d}x\mathrm{d}y\\&=\iint_{-\infty}^{\infty} g^*(x,y)\exp\{\mathrm{i}2\pi[(-u)x+(-v)y]\}\mathrm{d}x\mathrm{d}y\\&=\left[\iint_{-\infty}^{\infty} g(x,y)\exp\{\mathrm{i}2\pi[(-u)x+(-v)y]\}\mathrm{d}x\mathrm{d}y\right]^*\\&=G^*(-u,-v)\end{aligned}$$

若 $g(x,y)$ 为实函数,则 $G(u,v)=G^*(-u,-v)$,这个性质称为厄米(Hermi)性质。

5) 傅里叶变换的傅里叶变换定理

若 $\mathscr{F}\{g(x,y)\}=G(u,v)$,则 $\mathscr{F}\mathscr{F}\{g(x,y)\}=g(-x,-y)$,物的两次傅氏变换得到倒像。

证明:

$$\begin{aligned}\mathscr{F}\mathscr{F}\{g(x,y)\}&=\mathscr{F}\left\{\iint_{-\infty}^{\infty} g(x,y)\exp[-\mathrm{i}2\pi(ux+vy)]\mathrm{d}x\mathrm{d}y\right\}\\&=\iint_{-\infty}^{\infty} G(u,v)\exp\{\mathrm{i}2\pi[u(-x)+v(-y)]\}\mathrm{d}u\mathrm{d}v\\&=g(-x,-y)\end{aligned}$$

6) 巴什瓦(Parseval)定理

若 $\mathscr{F}\{g(x,y)\}=G(u,v)$,则

$$\iint_{-\infty}^{\infty} |g(x,y)|^2\mathrm{d}x\mathrm{d}y=\iint_{-\infty}^{\infty} |G(u,v)|^2\mathrm{d}u\mathrm{d}v$$

若 $g(x,y)$ 为光的复振幅,那么光强 $I=g(x,y)g^*(x,y)=|g(x,y)|^2$。若 $G(u,v)$ 为频谱分量,该频谱分量的光强为 $I'=G(u,v)G(u,v)=|G(u,v)|^2$。根据能量守恒定律,物面的总光通量等于频谱面的总光通量。证明略。

7) 卷积定理

定义

$$C(x,y)=\iint_{-\infty}^{\infty} g(x,y)h(x-\xi,y-\eta)\mathrm{d}\xi\mathrm{d}\eta=g(x,y)*h(x,y)$$

称 $C(x,y)$ 为 $g(x,y)$ 与 $h(x,y)$ 的卷积，$*$ 为卷积符号。

(1) 若 $\mathscr{F}\{g(x,y)\}=G(u,v)$，$\mathscr{F}\{h(x,y)\}=H(u,v)$，则

$$\mathscr{F}\left\{\iint_{-\infty}^{\infty} g(\xi,\eta)h(x-\xi,y-\eta)\mathrm{d}\xi\mathrm{d}\eta\right\}=G(u,v)H(u,v)$$

上式表示空间域的两个函数的卷积的傅里叶变换等于它们各自傅里叶变换的乘积。这种运算在线性系统中经常遇到，如光学成像系统。

证明：

$$\mathscr{F}\left\{\iint_{-\infty}^{\infty} g(\xi,\eta)h(x-\xi,y-\eta)\mathrm{d}\xi\mathrm{d}\eta\right\}$$

$$=\iint_{-\infty}^{\infty} g(\xi,\eta)\{h(x-\xi,y-\eta)\}\mathrm{d}\xi\mathrm{d}\eta$$

$$=\iint_{-\infty}^{\infty} g(\xi,\eta)\exp[-\mathrm{i}2\pi(u\xi+v\eta)]\mathrm{d}\xi\mathrm{d}\eta H(u,v)$$

$$=G(u,v)H(u,v)$$

(2) 若 $\mathscr{F}\{g(x,y)\}=G(u,v)$，$\mathscr{F}\{h(x,y)\}=H(u,v)$，则

$$\mathscr{F}\{g(x,y),h(x,y)\}=G(u,v)*H(u,v)=\iint_{-\infty}^{\infty} G(\xi,\eta)H(x-\xi,y-\eta)\mathrm{d}\xi\mathrm{d}\eta$$

即两个函数乘积的傅里叶变换等于两个函数傅里叶变换的卷积(证明略)。

(3) 对于任意函数 $g(x,y)$、$h(x,y)$，恒有 $g(x,y)*h(x,y)=h(x,y)*g(x,y)$，亦即

$$\iint_{-\infty}^{\infty} g(\xi,\eta)h(x-\xi,y-\eta)\mathrm{d}\xi\mathrm{d}\eta=\iint_{-\infty}^{\infty} h(x,y)\{g(x-\xi,y-\eta)\}\mathrm{d}\xi\mathrm{d}\eta$$

就是说卷积与函数次序无关，先后次序有互换性。

上述的傅里叶变换定理不仅理论上有意义，也为经常进行的傅里叶变换运算提供了有效的工具。人们为了更有效地分析与解决问题，规定用专门的符号表述常用函数及其变换。

(1) 矩形函数

$$\mathrm{rect}(x)=\begin{cases}1, & |x|\leqslant\dfrac{1}{2}\\ 0, & \text{其他}\end{cases}$$

$$\mathscr{F}\{\mathrm{rect}(x)\}=\mathrm{sinc}\,u$$

(2) sinc 函数

$$\mathrm{sinc}\,x=\frac{\sin\pi x}{\pi x}$$

$$\mathscr{F}\{\mathrm{sinc}\,x\}=\mathrm{rect}\,u$$

(3) 符号函数

$$\mathrm{sgn}(x)=\begin{cases}1, & x>0\\ 0, & x=0\\ -1, & x<0\end{cases}$$

$$\mathscr{F}\{\mathrm{sgn}(x)\}=\frac{1}{\mathrm{i}\pi u}$$

(4) 三角形函数

$$\Lambda(x)=\begin{cases}1-|x|, & |x|\leqslant 1\\ 0, & \text{其他}\end{cases}$$

$$\mathscr{F}\{\Lambda(x)\}=\mathrm{sinc}^2 u$$

(5) 梳状函数

$$\mathrm{comb}(x)=\sum_{n=-\infty}^{\infty}\delta(x-n)$$

$$\mathscr{F}\{\mathrm{comb}(x)\}=\mathrm{comb}(u)$$

(6) 圆域函数

$$\mathrm{circ}(\sqrt{x^2+y^2})=\begin{cases}1, & \sqrt{x^2+y^2}\leqslant 1\\ 0, & \text{其他}\end{cases}$$

$$\mathscr{F}\{\mathrm{circ}(r)\}=\frac{\mathrm{J}_1(2\pi\rho)}{\rho}$$

即傅里叶-贝塞尔(Bessel)变换,其中 J_1 为一阶第一类贝塞尔函数。

(7) δ 函数

$$\delta(x)=\begin{cases}\infty, & x=0\\ 0, & \text{其他}\end{cases}$$

$$\mathscr{F}\{\delta(x)\}=1$$

9.11 透镜的傅里叶变换特性

透镜不但是成像系统中的重要元件,而且因为透镜具有傅里叶变换的特性,它也是光学信息处理的重要元件,那么对透镜的特性进行讨论研究是十分必要的。

傅里叶变换运算一般要用庞大、复杂而且价格昂贵的电子学频谱分析仪才能进行,然而这种复杂的模拟运算却可以用一套相干光学系统极其简单地完成。

在单色平面光波通过薄透镜时,因透镜各处厚度不同使光的波前位相发生相应的变化,在考虑傍轴近似后,其振幅透射率为

$$t(x,y)=\exp(\mathrm{i}kn\Delta_0)\exp\left[-\mathrm{i}\frac{k}{2f}(x^2+y^2)\right] \tag{9-54}$$

式中,Δ_0 为透镜最大厚度;n 为透镜材料的折射率。式(9-54)表示透镜对入射光波的扰动效应,如图 9-23 所示。通过如图 9-24 所示的光路系统的讨论可以了解会聚透镜是怎样进行傅里叶变换的。

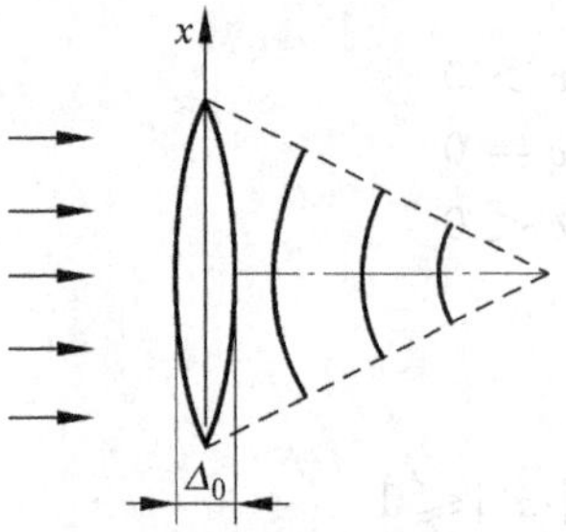

图 9-23 会聚透镜对入射平面波的扰动效应

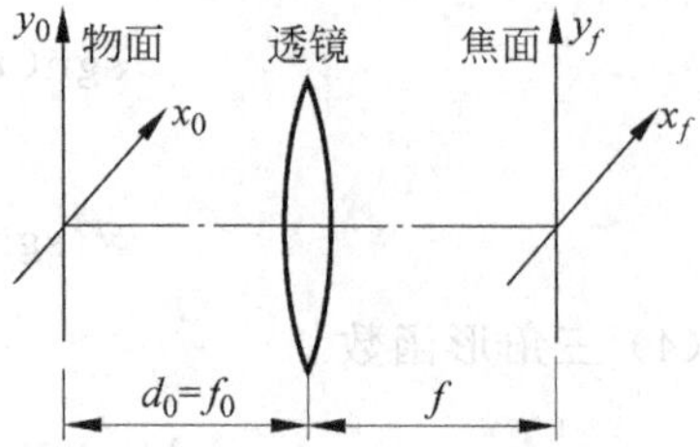

图 9-24 傅里叶变换光路

物体置于透镜前距离为 d_0 处，频谱面在透镜后距离为 f 处，物体由垂直入射振幅为 A 的平面波照射。物体的振幅透射率为 $t_0(x_0,y_0)$，则物体后面的复振幅为 $A_0=At_0(x_0,y_0)$，又假定从物面到透镜间的传播为菲涅耳衍射，由式(9-28)得到

$$A(x,y)=C\frac{1}{d_0}\exp(\mathrm{i}kd_0)\iint_{-\infty}^{\infty}A_0(x_0,y_0)\exp\left\{\frac{\mathrm{i}k}{2d_0}[(x-x_0)^2+(y-y_0)^2]\right\}\mathrm{d}x_0\mathrm{d}y_0 \tag{9-55}$$

在上式中弃去积分号前位相整体延迟因子后，对等式两边进行傅里叶变换，根据傅氏变换的卷积定理可以得到透镜前的频谱为

$$A(u,v)=A_0(u,v)\cdot H(u,v) \tag{9-56}$$

其中

$$A(u,v)=\iint_{-\infty}^{\infty}A_0(x_0,y_0)\exp[-\mathrm{i}2\pi(ux_0+vy_0)]\mathrm{d}x_0\mathrm{d}y_0$$

$$\begin{aligned}H(u,v)&=\iint_{-\infty}^{\infty}\left\{\exp\left\{\frac{\mathrm{i}k}{2d_0}[(x-x_0)^2+(y-y_0)^2]\right\}\exp[-\mathrm{i}2\pi(ux+vy)]\right\}\mathrm{d}x_0\mathrm{d}y_0\\&=\exp[-\mathrm{i}2\pi\lambda d_0(u^2+v^2)]\end{aligned}$$

当光波通过透镜时，应考虑透镜孔径大小的效应，称为渐晕效应。当物体很靠近透镜并且透镜的孔径比物体大很多时，物体的渐晕效应最小。

在图 9-25 中 (x_f,y_f) 处的复振幅应是物面上所有空间频率为 $u=\frac{x_f}{\lambda f},v=\frac{y_f}{\lambda f}$ 的平面波的线性叠加。但由于透镜孔径有限，这种叠加只包括透镜沿 (x_f,y_f) 点与透镜中心连线方向向物面上投影的范围内该空间频率的全部分量，如图 9-25 所示。显然透镜中心在物面上的投影坐标为 $\left(x_0=-\frac{d_0x_f}{f},y_0=-\frac{d_0y_f}{f}\right)$，因此相应的光瞳函数为

$$P\left(x_0+\frac{d_0}{f}x_f,y_0+\frac{d_0}{f}y_f\right)=\begin{cases}1, & \text{在投影范围内}\\0, & \text{其他位置}\end{cases}$$

于是透镜后的复振幅为

$$A^v(x,y)=A(x,y)P\left(x_0+\frac{d_0}{f}x_f,y_0+\frac{d_0}{f}y_f\right)\exp\left[-\frac{\mathrm{i}k}{2f}(x^2+y^2)\right]$$

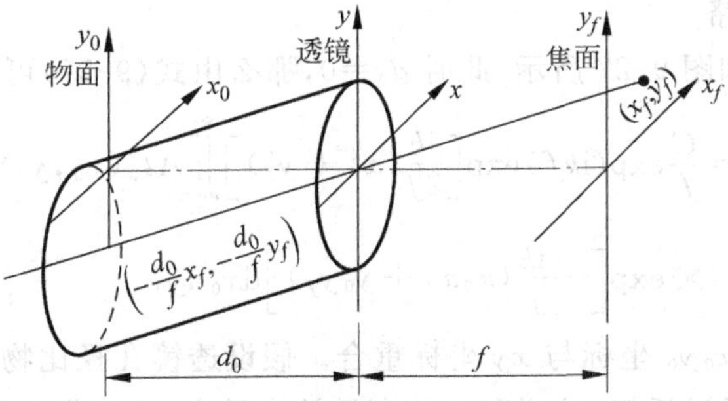

图 9-25 物体的渐晕效应

从透镜到其后焦面为菲涅耳衍射，由式(9-28)可得

$$
\begin{aligned}
&A_f(x_f,y_f)\\
&=C\frac{1}{f}\exp(\mathrm{i}kf)\iint_{-\infty}^{\infty}A(x,y)P\left(x_0+\frac{d_0}{f}x_f,y_0+\frac{d_0}{f}y_f\right)\exp\left[-\frac{\mathrm{i}k}{2f}(x^2+y^2)\right]\\
&\quad\times\exp\left\{\frac{\mathrm{i}k}{2f}\left[(x_f-x)^2+(y_f-y)^2\right]\right\}\mathrm{d}x\mathrm{d}y\\
&=C\frac{1}{f}\exp(\mathrm{i}kf)\exp\left[\frac{\mathrm{i}k}{2f}\left(1-\frac{d_0}{f}\right)(x_f^2+y_f^2)\right]\iint_{-\infty}^{\infty}At_0(x_0,y_0)P\left(x_0+\frac{d_0}{f}x_f,y_0+\frac{d_0}{f}y_f\right)\\
&\quad\times\exp\left[-\frac{\mathrm{i}k}{f}(x_0x_f+y_0y_f)\right]\mathrm{d}x_0\mathrm{d}y_0
\end{aligned}
\tag{9-57}
$$

下面利用式(9-57)对常使用的三种具体光路进行讨论，

1）准确的傅里叶变换光路

准确的傅里叶变换光路如图 9-26 所示，此时 $d_0=f$，那么由式(9-57)可得

$$
\begin{aligned}
A_f(x_f,y_f)=&\frac{C}{f}\exp(\mathrm{i}kf)\iint_{-\infty}^{\infty}At_0(x_0,y_0)P(x_0+x_f,y_0+y_f)\\
&\times\exp\left[-\frac{\mathrm{i}k}{f}(x_0x_f+y_0y_f)\right]\mathrm{d}x_0\mathrm{d}y_0
\end{aligned}
\tag{9-58}
$$

这种情况下，二次位相因子消失，在后焦面得到准确的傅里叶变换。

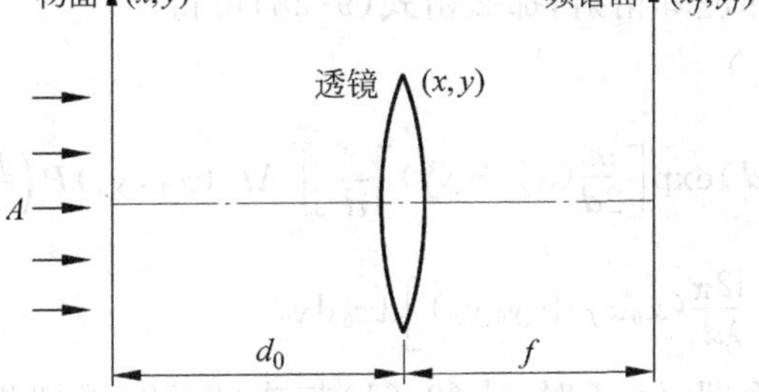

图 9-26 准确的傅里叶变换光路

2）最小渐晕光路

最小渐晕光路如图 9-27 所示，此时 $d_0=0$，那么由式(9-57)可得

$$A_f(x_f,y_f)=\frac{C}{f}\exp(\mathrm{i}kf)\exp\left[\frac{\mathrm{i}k}{2f}(x_f^2+y_f^2)\right]\iint_{-\infty}^{\infty}At_0(x_0,y_0)P(x_0,y_0)\times\exp\left[-\frac{\mathrm{i}k}{f}(x_0x_f+y_0y_f)\right]\mathrm{d}x_0\mathrm{d}y_0 \tag{9-59}$$

在这种情况下，x_0y_0 坐标与 xy 坐标重合。假设透镜孔径比物面大得多，让尽量多的空间频率的光通过透镜，这样可以使渐晕效应最小，从而提高傅里叶变换的精确度，减小后面成像的失真度。

3）可调空间光路

可调空间光路如图 9-28 所示，物体置于透镜后，距其焦面 d 处，物体的透射率仍为 $t_0(x_0,y_0)$，此时复振幅为 A 的平面波垂直入射到透镜，在透镜后面形成一圆锥形会聚球面波。按几何光学近似，射到物体上球面波的振幅为 $\frac{Af}{d}\exp\left[\frac{\mathrm{i}k}{2d}(x_0^2+y_0^2)\right]$，透镜的光瞳函数沿着会聚球面波投射到物体上，物面上有效的光瞳函数为 $P\left(\frac{x_0f}{d},\frac{y_0f}{d}\right)$，那么物体后面的复振幅为

$$A_0(x_0,y_0)=\left\{\frac{Af}{d}P\left(\frac{fx_0}{d},\frac{fy_0}{d}\right)\exp\left[\frac{\mathrm{i}k}{2d}(x_0^2+y_0^2)\right]\right\}t_0(x_0,y_0) \tag{9-60}$$

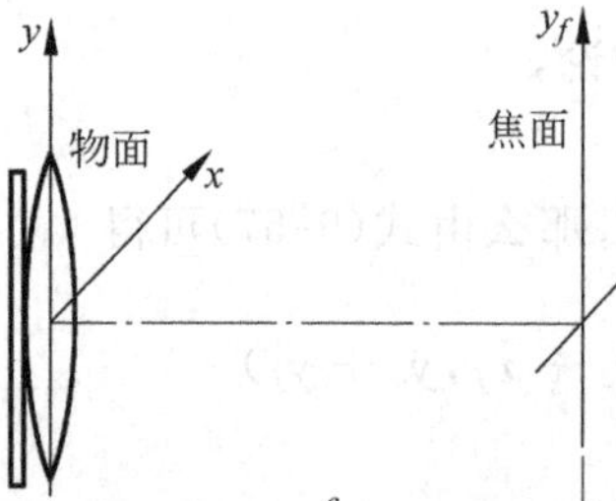

图 9-27 最小渐晕光路

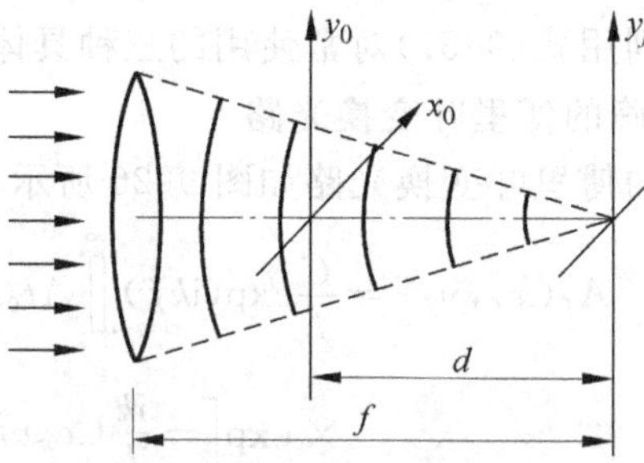

图 9-28 可调空间光路

若从物面到焦平面为菲涅耳衍射，那么由式(9-28)可得

$$A_f(x_f,y_f)=\frac{C}{d}\exp(\mathrm{i}kd)\exp\left[\frac{\mathrm{i}k}{2d}(x_f^2+y_f^2)\right]\frac{f}{d}\iint_{-\infty}^{\infty}At_0(x_0,y_0)P\left(\frac{fx_0}{d},\frac{fy_0}{d}\right)\times\exp\left[-\frac{\mathrm{i}2\pi}{\lambda d}(x_0x_f+y_0y_f)\right]\mathrm{d}x_0\mathrm{d}y_0 \tag{9-61}$$

当物体紧贴在透镜后面即 $d=f$ 时，式(9-61)与式(9-59)得到相同的结果。如果把

物体从透镜往后焦面方向移动，可以想象成物体紧贴在变焦距变孔径的透镜后，即 $f_{ch}=d$，光瞳函数为 $P\left(\frac{fx_0}{d},\frac{fy_0}{d}\right)$，则投射到该透镜上的光场复振幅为 $A\frac{f}{f_{ch}}$，并可用想象的情况理解前面所得到的结果。还可以看到随 d 的变化，变换空间的尺寸也随着变化，这种灵活性在空间滤波的应用中非常有用。

以上结合三个典型的傅里叶变换光路说明了如何利用透镜的傅里叶变换特性，在透镜的后焦面上获得空间频率各个分量所占的比例，即后焦面上光场复振幅分布。

9.12 空间滤波器及其应用

9.12.1 阿贝-波特实验

阿贝(E. Abbe)于 1873 年在关于显微镜成像理论的论述中，首次引用了频谱与二次衍射成像的概念，波特(A. B. Porter)又于 1906 年用实验证实了阿贝的成像理论。阿贝-波特实验对相干成像的机理和傅里叶分析的基本原理提供了有力的证明，这些工作可以说是应用傅里叶光学的开端，阿贝成像理论也是现代傅里叶光学的理论基础。

阿贝-波特实验装置如图 9-29(a)所示，用一相干光源照射一细丝网格或正交光栅，在透镜的后焦面上出现周期性网格的频谱，呈列阵的亮点规则分布。一个亮点就是一种空间频率分量。只有空间频率相同的光波，其光程差为波长的整倍数时，才在

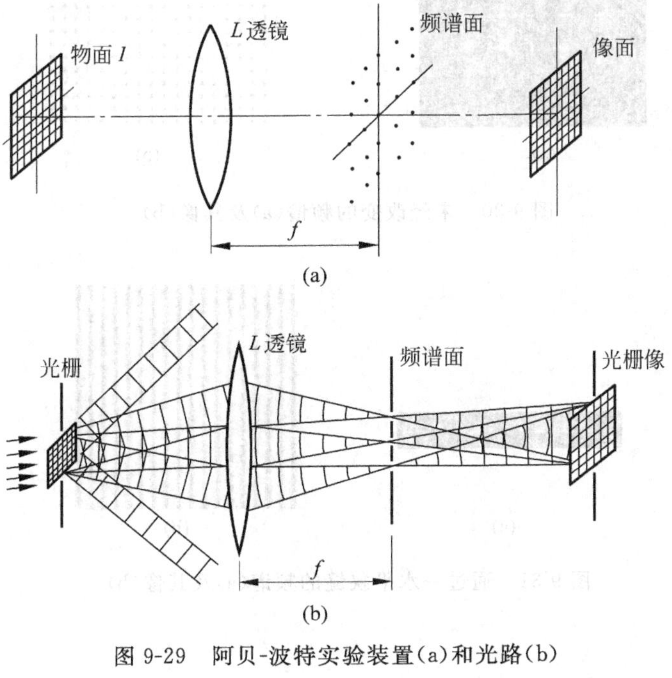

图 9-29 阿贝-波特实验装置(a)和光路(b)

频谱面上会聚成最大光强的亮点。又由于透镜孔径的有限大小，使得每个频谱分量都有扩展，因而不是理想的几何点。各频率分量在通过频谱面后在像平面上又重新组合成网格的像。图 9-29(b)表示了阿贝成像理论，按照他的理论，一个复杂的物体所产生的各空间频率分量中，只有一部分被有限的透镜孔径截取，未被孔径截取的分量正是物体的高频部分所产生的分量，因此物中的微小细节将不能在像中全部反映。

如果在频谱面上放一拦截物，只允许部分空间频率通过，从而可以使像发生相应的变化。具有这种性能的拦截物统称为空间滤波器。如图 9-30(a)是未经改变的频谱的照片，图 9-30(b)为相应的像。图 9-31(a)为使用一水平狭缝时所通过的频谱，图 9-31(b)为相应的像，它只包含网格的竖直结构，而没有水平结构。这说明对竖直结构有贡献的仅仅是来自水平指向的频谱分量。图 9-32(a)是使狭缝旋转 90°，成为竖直狭缝时所通过的频谱，图 9-32(b)是对应的像，它只包含网格的水平结构，对此有贡献的仅来自竖直指向的频谱分量。如果在频谱面上放一可调圆形光栏，当圆孔由小变大，这样就可以从网格的像在每增加一个频率分量时的变化，看到它是怎样由各频率分量综合出来的。如果再在频谱面上放一遮光板，在不同的空间频率处开孔，就可以通过像看出各级频率的作用；如仅让零级频率通过，会得到的像就是一片均匀亮场；如仅让±1 级频率分量通过，会得到与该两亮点连线相垂直的倍增 2 倍的网格像；如仅挡住零级，就会看到反衬度翻转的网格像。

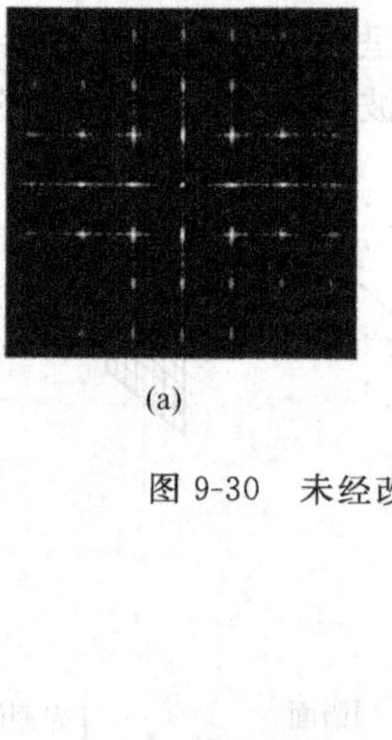

(a)

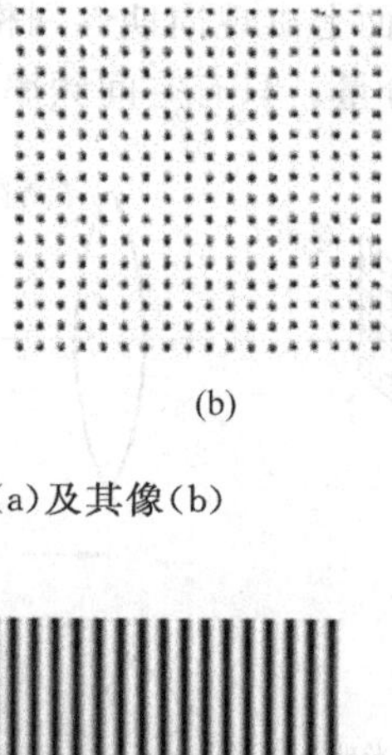

(b)

图 9-30 未经改变的频谱(a)及其像(b)

(a)

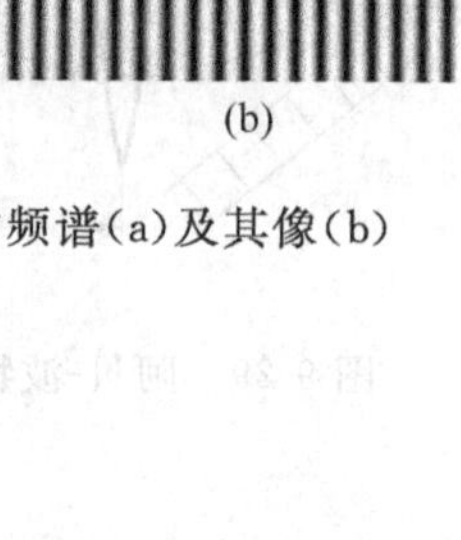

(b)

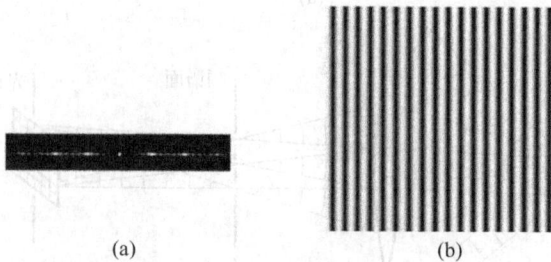

图 9-31 通过一水平狭缝的频谱(a)及其像(b)

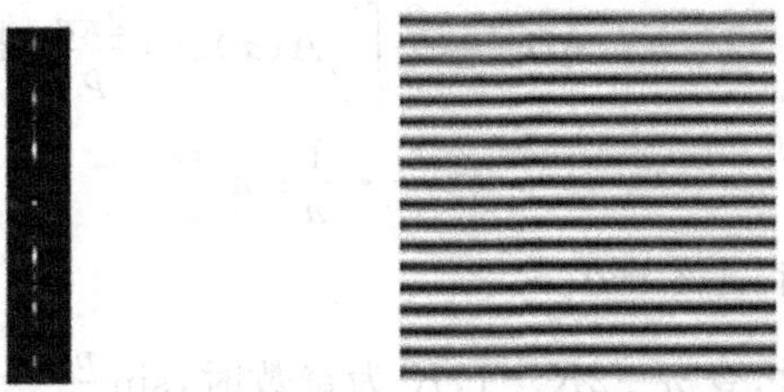
(a) (b)

图 9-32 通过一竖直狭缝的频谱(a)及其像(b)

9.12.2 衍射光栅的傅里叶级数分析

衍射光栅是一种实际的傅里叶分析器，这一点从阿贝-波特实验中已经得以体现出来。下面我们通过衍射光栅的傅里叶级数分析，可以更加生动形象地帮助理解上述实验中的现象。衍射光栅透射光波的复振幅方波可以分解成各种空间频率分量余弦波的叠加，而各个空间频率分量又可以综合叠加出方波的像。

图 9-33(a)为单向衍射光栅的振幅透射率曲线，可用一方波表示，光栅周期为 $p=\dfrac{1}{u}$，式中 u 为光栅的空间频率。

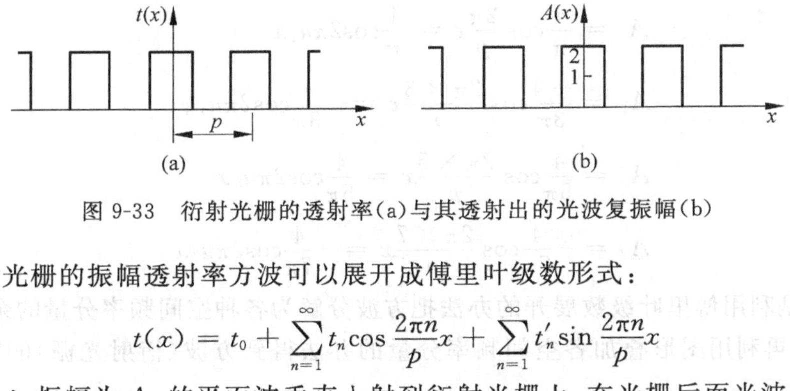

(a) (b)

图 9-33 衍射光栅的透射率(a)与其透射出的光波复振幅(b)

衍射光栅的振幅透射率方波可以展开成傅里叶级数形式：

$$t(x)=t_0+\sum_{n=1}^{\infty}t_n\cos\frac{2\pi n}{p}x+\sum_{n=1}^{\infty}t'_n\sin\frac{2\pi n}{p}x \tag{9-62}$$

用波长为 λ、振幅为 A_0 的平面波垂直入射到衍射光栅上，在光栅后面光波的复振幅(见图 9-33(b)所示)为

$$A(x)=A_0t_0+\sum_{n=1}^{\infty}A_0t_n\cos\frac{2\pi n}{p}x+\sum_{n=1}^{\infty}A_0t'_n\sin\frac{2\pi n}{p}x \tag{9-63a}$$

因为方波为偶函数，故奇函数项系数 $A_0t'_n=0$。为了更简便地讨论问题，令方波最大值为 2，那么

$$A_0t_0=\frac{1}{p}\int_{-\frac{p}{4}}^{\frac{p}{4}}A(x)\mathrm{d}x=\frac{1}{p}\int_{-\frac{p}{4}}^{\frac{p}{4}}A(x)2\mathrm{d}x=1 \tag{9-63b}$$

$$
\begin{aligned}
A_0 t_n &= \frac{2}{p}\int_{-\frac{p}{4}}^{\frac{p}{4}} A(x)\cos\frac{2\pi n}{p}x\,\mathrm{d}x \\
&= \frac{4}{\pi}\cdot\frac{1}{n}\sin\frac{n\pi}{2}
\end{aligned}
\tag{9-63c}
$$

当 n 为偶数时，$A_0 t_0 = 0$。

当 n 为奇数时，令 $n = 2K-1$，K 为奇数时，$\sin\frac{n\pi}{2} = 1$，K 为偶数时，$\sin\frac{n\pi}{2} = -1$。

将式(9-63b)、(9-63c)代入式(9-63a)得到

$$
\begin{aligned}
A(x) &= 1 + \frac{4}{\pi}\sum_{n=1,3,5,\cdots}^{\infty}\frac{1}{n}\sin\frac{n\pi}{2}\cos\frac{2n\pi}{p}x \\
&= 1 + \frac{4}{\pi}\cos\frac{2\pi}{p}x - \frac{4}{\pi}\cdot\frac{1}{3}\cos\frac{2\pi\times 3}{p}x + \frac{4}{\pi} \\
&\quad \times\frac{1}{5}\cos\frac{2\pi\times 5}{p}x - \frac{4}{\pi}\cdot\frac{1}{7}\cos\frac{2\pi\times 7}{p}x + \cdots \\
&= A_0 + A_1 + A_3 + A_5 + A_7 + \cdots
\end{aligned}
\tag{9-64}
$$

其空间频率

$$
u_n = \frac{n}{p} = nu_1
$$

$A_0, A_1, A_3, \cdots$ 分别为

$$
\begin{aligned}
A_0 &= 1 \\
A_1 &= \frac{4}{\pi}\cos\frac{2\pi}{p}x = \frac{4}{\pi}\cos 2\pi u_1 x \\
A_3 &= \frac{-4}{3\pi}\cos\frac{2\pi\times 3}{p}x = -\frac{4}{3\pi}\cos 2\pi u_3 x \\
A_5 &= \frac{4}{5\pi}\cos\frac{2\pi\times 5}{p}x = \frac{4}{5\pi}\cos 2\pi u_5 x \\
A_7 &= -\frac{4}{7\pi}\cos\frac{2\pi\times 7}{p}x = -\frac{4}{7\pi}\cos 2\pi u_7 x
\end{aligned}
$$

以上是利用傅里叶级数展开的办法把方波分解为各种空间频率分量的余弦叠加形式，下面再利用图形叠加各空间频率分量的办法得到方波(衍射光栅)的“像”，如图 9-34 所示。

在图 9-34(a)中看到 A_0 是直流分量，如果只有它就是一片均匀光亮，仅挡住它就产生倍增的反转单向光栅像；A_1 是以 p 为空间周期的余弦波，叠加直流分量 A_0 使它往上平移 A_0 值。

图 9-34(b)中给出了 A_3 的波形，它是以 $\frac{p}{3}$ 为空间周期的余弦函数。$A_0 + A_1 + A_3$ 叠加所得到的图形如图上实线所示。

图 9-34(c)中给出了 A_5 的波形，它是以 $\frac{p}{5}$ 为空间周期的余弦函数。$A_0 + A_1 +$

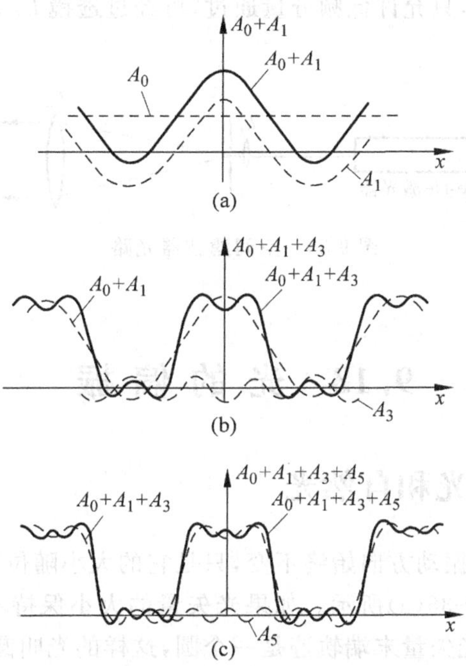

图 9-34 各空间频率分量叠加得到衍射光栅的“像”

A_3+A_5 叠加所得到的图形如图上实线所示。

如果再把 A_7，A_9，… 逐个叠加上去，所得到的叠加图形将越来越接近方波的“像”。通过以上分析便形象地把衍射光栅的物分解为各种空间频率的分量，又将空间频率分量一步一步地综合出衍射光栅的“像”，而其中高频分量对成像细节的影响也就形象地显示出来了。

9.12.3 空间滤波器的应用

空间滤波器的作用就是把不需要的空间频率分量挡掉，仅让所需要的空间频率分量通过。在信息处理中使用的滤波器的种类很多，在阿贝-波特实验中已经用到了狭缝、光阑等空间滤波器，很多光学系统也都是空间滤波器。下面再介绍一种常用的空间滤波器。

He-Ne(氦-氖)激光器的输出光束，往往由于灰尘或光学镜面的缺陷，使激光发生衍射，并在激光光场上出现不规则的衍射图样。这些图样对全息照相来说是不希望有的，可用图 9-35 所示的空间滤波器将这些有害的图样清除。图 9-35 所示的光场由两部分组成——呈高斯分布的光场和其他不规则的衍射图样。高斯分布的傅里叶变换仍为高斯分布，它在图 9-35 的扩束镜 L_1 后焦面上的频谱分布主要是在中心附近的低频分量，而不规则的衍射图样却主要是远离中心部分的高频分量，因此在后焦面上放一针孔滤波器，只允许低频分量通过，再经过透镜 L_2 准直，便得到均匀干净的光场。

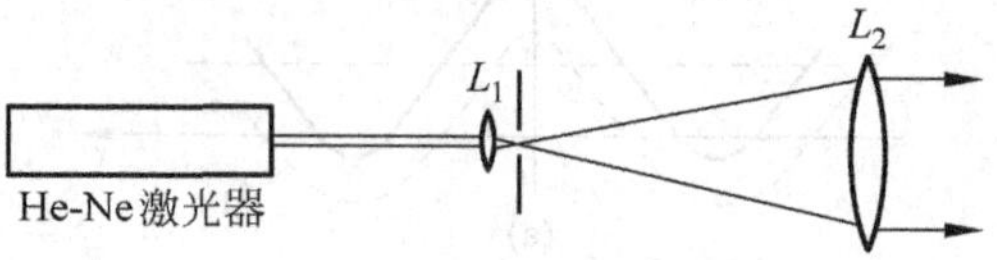

图 9-35　空间滤波器光路

9.13 光的偏振

9.13.1 偏振光和自然光

如果光波的光矢量振动方向始终不变，只是它的大小随位相改变而改变，这样的光叫做线偏振光，如图 9-36(a)所示。如果光矢量的大小保持不变，而只是它的方向绕传播轴均匀地转动，光矢量末端轨迹是一个圆，这样的光叫圆偏振光。如果光矢量的大小和方向都在有规律地变化，光矢量末端的轨迹是一个椭圆，这样的光叫椭圆偏振光(见图 9-36(b))。线偏振光和圆偏振光实际上是椭圆偏振光的两个特例。

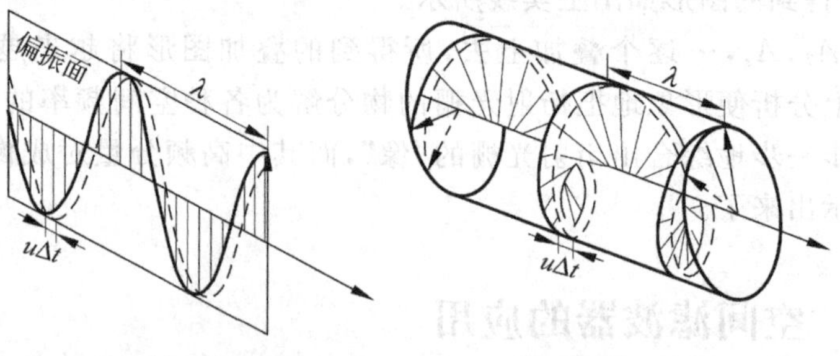

图 9-36　线偏振光和椭圆偏振光

(a) 线偏振光；(b) 椭圆偏振光

普通的光源(如日光、灯光等)发出的光不是偏振光而是自然光，它是一切可能的振动方向的许多光波的总和，这些振动同时存在或迅速而无规则地互相替代。它的特点是振动方向无规则性，但从统计规律来说对于光的传播方向是轴对称的(见图 9-37(a))。有时也可以用相互垂直的两个光矢量来表示自然光，这两个矢量的振幅相同，但没有固定的位相关系。

当自然光在传播过程中由于外界的原因使得某一个方向的振动比其他方向占优势，这种光叫部分偏振光(见图 9-37(b))。占优势方向的光强用 I_{max} 表示，占劣势方

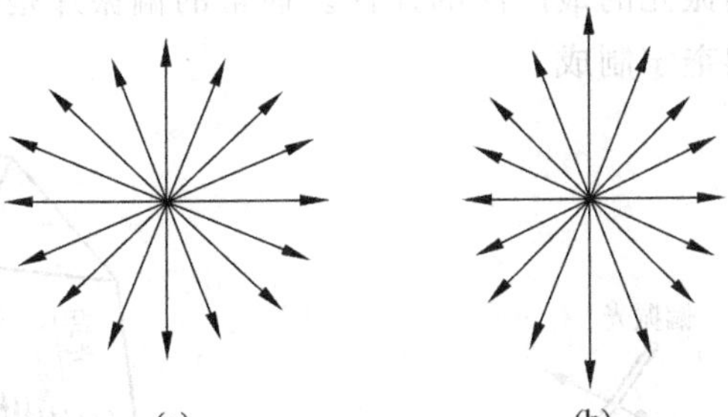

图 9-37 自然光和部分偏振光

(a) 自然光；(b) 部分偏振光

向的光强用 $I_{\min}$ 表示，用 P 表示部分偏振光的偏振度，则有

$$P=\frac{I_{\max}-I_{\min}}{I_{\max}+I_{\min}} \tag{9-65}$$

自然光的偏振度为 0，线偏振光的偏振度为 1。

9.13.2 获得偏振光的方法

从普通光源发出的自然光可以通过不同的方法使之变为线偏振光，主要有下列几种方法。

(1) 由反射和折射产生偏振光。

(2) 由二向色性产生偏振光。

(3) 由散射产生偏振光。

(4) 由双折射产生偏振光。

下面将逐一讨论。

1. 由反射和折射产生的偏振

自然光在玻璃或其他电介质上反射和折射时可以分解为两部分，一部分光矢量在入射平面叫平行分量，另一部分垂直于入射平面叫垂直分量。由于这两个分量的反射系数不同，因而反射光和折射光均为部分偏振光。当以布儒斯特角 i 入射时，反射光成为完全线偏振光，其振动方向垂直于入射平面，而折射光仍为部分偏振光，见图 9-38。

2. 由二向色性产生的偏振

光通过某种介质时，一个方向被吸收得较少，光可以较多地通过，而另一方向则吸收得较多，光通过得较少。介质对光吸收的本领随着光矢量的振动方向而改变，我们把这种特性叫做二向色性。通过较多的方向叫做光轴，见图 9-39。用这种材料做成的偏振片是获得线偏振光的最广泛的元件。通常的偏振片是在拉伸了的聚乙烯醇薄膜上蒸镀一层硫酸碘奎宁制成。

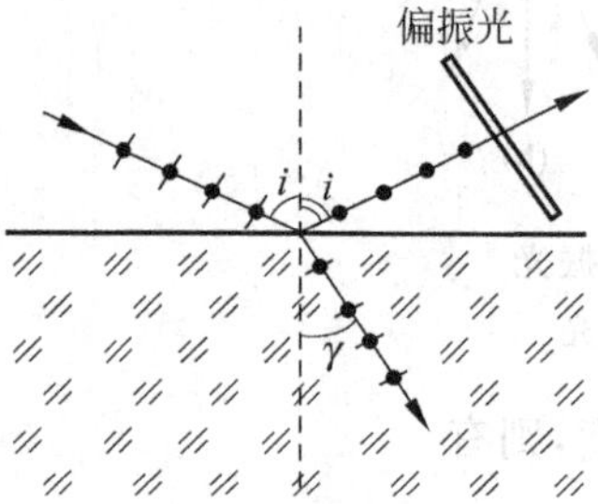

图 9-38　由反射和折射产生的偏振光

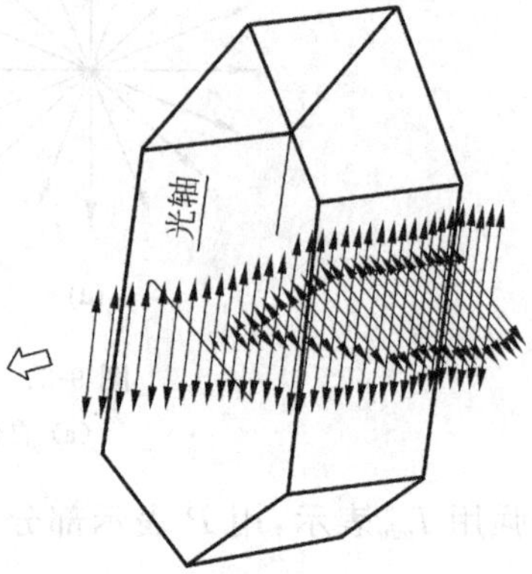

图 9-39　由二向色性产生的偏振光

3. 散射产生的偏振

当电磁波通过一线度尺寸比波长小的带电荷质点时，此质点就会被该波的电场所激动。如果入射波的频率和质点的固有频率不同，这时质点的振动将是一种强迫振动，它的频率和入射波的频率一样，但振幅要小得多。

当质点被迫振动后就会产生以这个质点为中心的球面波，但该球形波阵面上各点的振幅不同。电磁波一定是横波，因此振动方向既要在波阵面上，又要与传播方向垂直。图 9-40 为自然光入射时的情形。由于 e 点的振动不能在 x 方向产生挠动，所以在入射光方向的横切面 yz 平面上各点产生了线偏振光。$AFGD$ 圆周上各点的振幅相同，在所有其他方向上散射光只是部分偏振光。

如果入射光是一线偏振光，则在所有方向的散射光均为线偏振光（见图 9-41）。在 $AFGD$ 圆周上 F、D 点的振幅最大，A、G 点的振幅为零。

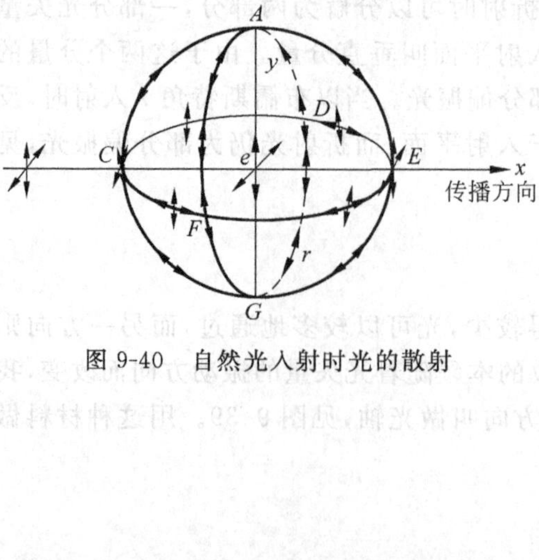

图 9-40　自然光入射时光的散射

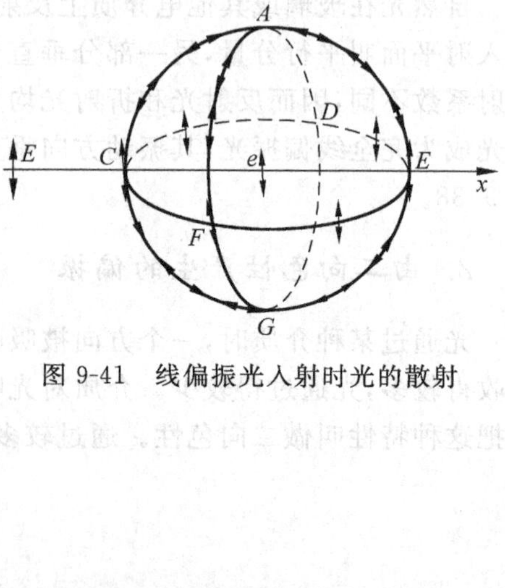

图 9-41　线偏振光入射时光的散射

散射光的光强随着入射的波长变化，它和入射波长的四次方成反比：

$$I_{散} \propto \frac{1}{\lambda^4} \tag{9-66}$$

4. 双折射

1）双折射现象

当一束单色光在各向同性介质（如空气和玻璃）的界面折射时折射光线只有一束且遵守折射定律，但是当一束单色光在某些晶体（如方解石）的界面折射时一般可以产生两束折射光线（见图 9-42）：符合折射律的折射光叫做寻常光（简称 o 光），另一束折射光叫做非常光（简称 e 光）。这两束光都是线偏振光，振动方向互相垂直。

晶体中存在一个或两个特殊的方向，光沿着该方向投射将不产生双折射，这样的方向称为光轴。如晶体只有一个光轴则称为单轴晶体（如方解石、红宝石、石英等）；如有两个光轴则称为双轴晶体（如云母、蓝宝石等）。有一些透明材料（如玻璃、环氧树脂塑料等），在未受力时无双折射效应，但在加力以后则呈现出双折射的性能，这种效应叫做人工双折射或称暂时双折射，因为当力去除以后这种效应立即消失。

2）折射率椭球

在具有双折射效应的材料中，任一点在各个方向所呈现的双折射性能，几何上可以用折射率椭球来表示（见图 9-43）。图中 n_1、n_2、n_3，分别为三个主折射率，它们是椭球的三个主半轴。一般情况下 $n_1>n_2>n_3$，椭球的方程为

$$\frac{x^2}{n_1^2}+\frac{y^2}{n_2^2}+\frac{z^2}{n_3^2}=1 \tag{9-67}$$

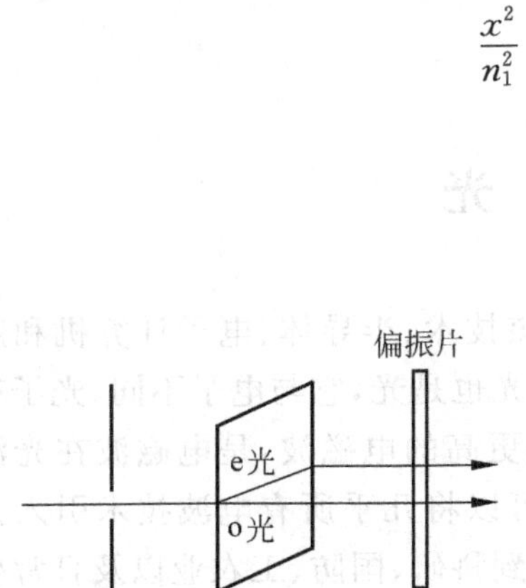

图 9-42 晶体的双折射

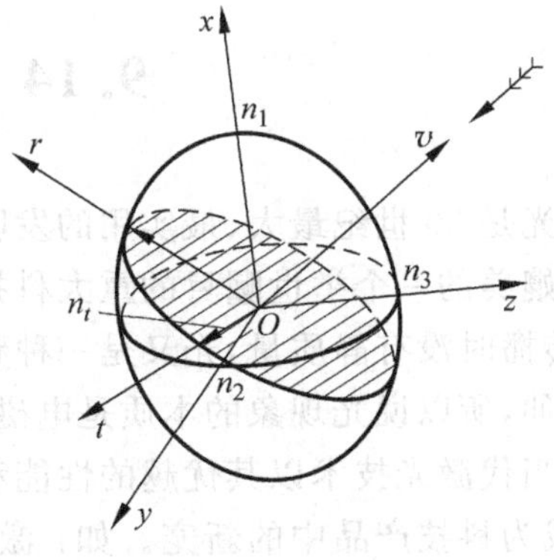

图 9-43 折射率椭球

当一单色自然光沿任一方向 v 入射时，与 v 垂直的截面是一椭圆平面。入射光沿该椭圆的两个主轴分解为两个线偏振光，其振动方向分别平行于这两个主轴，它们的折射率分别等于这两个主轴之半的大小。

如果 $n_2=n_3$，则可以发现沿 n_1 轴入射时无双折射效应，其横截面是一个圆，这种晶体就是单轴晶体。不难证明，在一般情况下（即 $n_1>n_2>n_3$），入射方向环绕 n_2 轴旋转，

可以找到两个与 n_t 对称的方向。沿着这两个方向入射时，分别与该两方向相垂直的截面是两个圆(该圆的半径为 n_2)，此时无双折射产生，这种晶体就是双轴晶体。

9.13.3 偏振光的应用

光的偏振现象并不罕见。我们通常看到的绝大部分光，除了从光源直接射来的，基本上都是偏振光，只是眼睛不能鉴别罢了。如果通过偏振片去观察从玻璃或水面反射的光，旋转偏振片，就会发现透射光的强度也发生周期性的变化，从而知道反射光是偏振光。

光的偏振现象在技术中有很多应用。例如，在拍摄水面下的景物或展览橱窗中的陈列品的照片时，由于从水面或窗玻璃会发出很强的反射光，使得水面下的景物和橱窗中的陈列品看不清楚，摄出的照片也模糊不清。如果在照相机镜头上加一个偏振片，使偏振片的偏振化方向与反射光的垂直，就可以把这些反射光滤掉，而摄得清晰的照片。汽车在夜间行车时，迎面开来的汽车的灯光常常使司机看不清路面，容易发生事故。如果在每辆汽车的车灯玻璃上和司机座席前面的窗玻璃上各安上一块偏振片，并使它们的偏振化方向都与水平方向成 45°角，就可以解决这个问题。这时，从对面车灯射来的偏振光，由于振动方向与司机自己座前窗玻璃上偏振片的偏振化方向垂直，所以不会射进司机眼里。而从自己的车灯射出去的偏振光，由于振动方向与自己的窗玻璃上偏振片的偏振化方向相同，所以司机仍能看清自己车灯照亮的路面和物体。

9.14 激　光

激光是 20 世纪最大、最实用的发明，是与热核技术、半导体、电子计算机和航天技术相媲美的一个举世瞩目的重大科技成就。激光也是光，它与电子不同，光子有能量，但传播时没有静质量，光又是一种频率比微波更高的电磁波，是电磁波在光波频域的延伸，所以说光现象的本质是电磁波。激光可以将几乎所有电波技术引入光的领域。当代激光技术以其优越的性能和效率渗透到科研、国防、工农业以及日常生活方面，成为科技产品中的新宠。如：激光手术刀、激光排版、激光打印、激光唱机、激光光纤数字通信、光脑计算机、激光核聚变、激光防伪标志等都是激光技术的应用。

激光一词是 1958 年美国科学家汤斯和肖洛提出来的，苏联科学家普罗霍洛夫和巴索夫也提出了相同的概念。第一次研制出激光器则是在 1960 年由美国休斯公司的梅曼用红宝石作为工作物质实现的。而先后得到诺贝尔奖的却是前面的人而不是梅曼。1961 年 He-Ne 激光器问世；同年提出调 Q 技术，夏天第一台 Q 开关激光器问世；这一年还制成了钕-玻璃激光器。1962 年美国的三个小组几乎同时公布了砷化镓半导体激光器运转的消息。1963 年建立了激光的半经典理论。1964 年研制成功了氩离子激光器、二氧化碳激光器、化学激光器和掺钕钇铝石榴石激光器。1965 年实现了铌酸锂参量振荡器；同年，人们借助半经典理论预言了锁模效应的存在，并研制成功固体锁模激光器，获得超短光脉冲；染料激光器也在这一年问世。

本节简要介绍激光的发光原理，主要讨论激光的特性。

9.14.1 激光的发光原理

1）原子运动状态的变化与发光相关联的情况

原子运动状态的变化与发光相关联的情况有以下三种。

（1）受激吸收：光子数将变得越来越少。

（2）自发辐射：各原子所发光子的位相、方向、偏振态各不相同。

（3）受激辐射：一个光子刺激高能态上的一个电子，电子跃迁形成两个光子，两个光子刺激高能态上的两个电子形成四个光子……光子数成几何级数增加。可见受激辐射将引起光放大。

2）产生激光的条件

（1）粒子数反转

根据玻尔兹曼分布率

$$N = A\mathrm{e}^{-\frac{E}{KT}} \quad (E\uparrow, N\downarrow)$$

要得到激光，就要使受激辐射占优势。因此，必须首先使高能态的粒子数大大超过低能态——粒子数反转。

为保证实现粒子数反转必须有激励能源（泵浦）——光、气体放电、化学、核能等，或工作物质（激活物质）有合适的能级结构（亚稳态）。如氦氖激光器，氦、氖按以下比例混合：

$$\mathrm{He} : \mathrm{Ne} \Rightarrow 4:1 \rightarrow 10:1$$

（2）谐振腔

谐振腔示意图如图 9-44 所示，管内受激发射的光子，沿管轴来回反射、增强，凡传播方向偏离管轴方向的逸出管外淘汰。反射镜镀有多层膜，适当选择其厚度，使所需波长得到“相长干涉”后，反射加强。精心设计管长，使所需频率的波形成驻波（两端为波），形成稳定的振荡得到加强。两端装有布儒斯特窗，得到所需的偏振态。

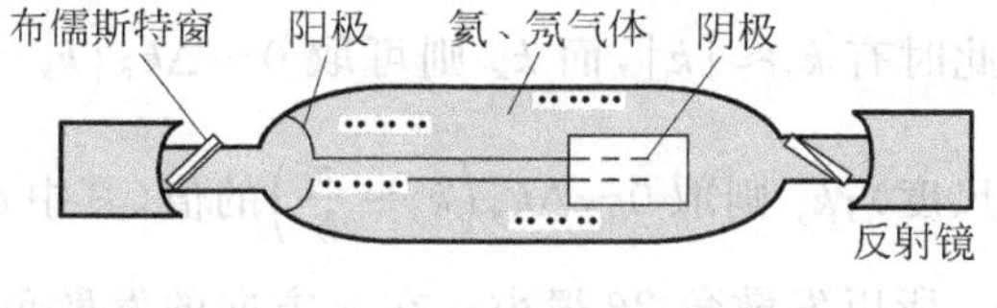

图 9-44 谐振腔示意图

谐振腔的作用是：产生与维持光的振荡，使光得到加强；使激光有极好的方向性；使激光单色性好。总之，具有对光放大实行选择、控制、增强的作用。

值得注意的是，最近科学家的研究表明：通过非线性相干相互作用，无须粒子数反转，也能得到激光。在所有的激光器中，氦氖激光器已被广泛地应用于测量、对准、通信、全息及医学等多个领域，如激光加工、激光工艺（激光扫描投影）、激光存储（光盘存储）、激光通信（光导纤维）、激光光纤通信、激光手术、激光武器、激光实验等。

9.14.2　激光的特性

激光与普通光源所发出的非相干光有很大不同，具有方向性好、相干性好和亮度高等特性。这些特点都与激光光子的模式有关。下面将分别讨论激光的这些特性，以及它们与光模式的关系。

1. 方向性

从激光器射出的激光束基本上是沿轴向传播的，即激光束的发散角 2θ 很小（见图 9-45）。除了半导体激光器、氮分子激光器等少数几种激光器外，激光束的发散角 θ 约为 10^{-3} rad 量级。于是 2θ 发散角所对应的立体角 $\Delta\Omega$ 为

$$\Delta\Omega = \frac{S}{R^2} = \pi\theta^2 = \pi \times 10^{-6}$$

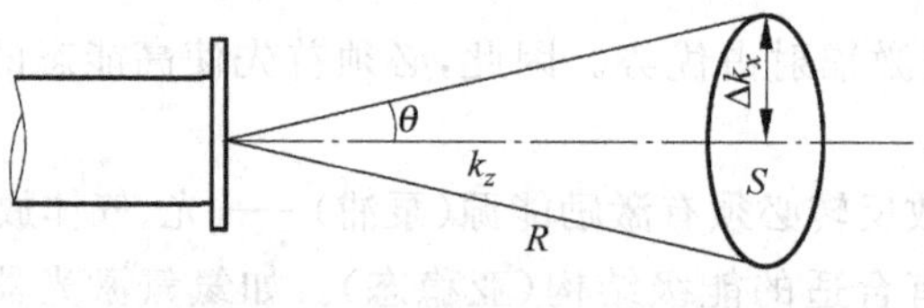

图 9-45　激光器发射的激光束

一般光源却是在 2π 立体角（面光源）和 4π 立体角（点光源）中发射，它们比激光束的立体角高 10^6 倍。所以说普通光源向四面八方发散，方向性很差；而激光束却有很好的方向性，将能量集中在很小的立体角中。

激光束良好的方向性可以用激光光子的模式来解释。普通光源发射的非相干光的光子分属于数目众多的模式，不同模式有不同的 k，分别对应各种可能的方向，也就是光束向 4π 立体角发射；但激光器将光压缩在一个（或少数几个）轴向模内。从图 9-45 中可以看到，此时有 $k_z \approx |k|$，而 k_x 则可取 $0 \sim \Delta k_x \left(k_x = -\dfrac{\pi}{a}\right)$ 的值（其中 a 为激光器在 x 方向的尺度）；k_y 则取 $0 \sim \Delta k_y \left(k_y = \dfrac{\pi}{b}\right)$ 的值（其中 b 为 y 方向的尺度）。由于 Δk_x（和 Δk_y）$\ll k_z$，所以发散角 2θ 很小。在 x 方向的发散角 $2\theta_x$ 为

$$2\theta_x = 2\frac{\Delta k_x}{k_z}$$

同理，y 方向的发散角 $2\theta_y$ 为

$$2\theta_y = 2\frac{\Delta k_y}{k_z} = \frac{\lambda}{b}$$

由于 a(和 b)$\gg\lambda$，所以激光束发散角很小。例如取 $a=1$ mm，$\lambda=6000$ Å；则有

$$2\theta_x = \frac{\lambda}{a} = 6\times10^{-4}\ \text{rad}$$

上面粗略地给出了 θ 的估算方法。

2. 激光的相干性

1) 时间的相干性

激光的线宽很窄，一般的氦氖激光器每个模的线宽约为 $\Delta\nu\approx10^6$ Hz，而稳频激光器则为 $\Delta\nu\approx10^4$ Hz。$\Delta\nu$ 小的光束有高的时间相干性，即有长的相干时间和相干长度，如当 $\Delta\nu\approx10^6$ Hz 时，相干时间为 10^{-6} s，而相干长度为 300 m。

时间相干性和光子模式的关系定性地可以解释：设激光器在 x、y 和 z 方向的几何尺度分别为 a、b 和 L。激光器一端为全反射镜，另一端是反射率为 r 的部分反射镜。在此激光器中，光束可以在轴向(z 方向)来回反射 $m=\dfrac{1}{1-r}$，因而该激光器等价于一个在 x、y 和 z 方向上的尺度为 a、b 和 mL 的光源。对此光源有

$$\Delta|k|\approx\Delta k_z\approx\frac{\pi}{2mL}$$

相应的激光束的线宽为

$$\Delta\nu = \frac{c}{\mu}\Delta|k| = \frac{\pi c}{2m\mu L}$$

式中，μ 为折射率。假设激光器腔长 $L=30$ cm，$\mu=1$，$r=99.9\%$，则可算得 $\Delta\nu=1.5\times10^6$ Hz。

从上述分析中可以得知，激光光子被压缩到一个轴向模中。既然激光器的轴向长度大，且谐振腔又使光束在其中来回反射，这便造成 Δk_z 很小，也就是激光线宽很窄，有很高的时间相干性。

2) 空间的相干性

普通光源所发的光分属众多的模式，所以只有一定范围空间中的光子才相干。因此要用相干面积来描述光束的空间相干性。

激光光子属于同一模式(或少数几个模式)，而每个模中的光子是相干的，所以在激光束截面上各点的光子应是相干的。如有几个模同时存在，则光束中每个模的诸光子是相干的。单模激光器有完全的空间相干性。

3. 激光的亮度

亮度是描述光源特性的一个重要参量。

光源亮度 B 的定义是：单位面积的光源表面，在单位时间内向垂直于表面方向的单位立体角发射的能量。即

$$B = -\frac{\Delta E}{\Delta S \Delta \Omega \Delta t}$$

式中，ΔE 是光源发射的能量；ΔS 是光源的面积；Δt 是发射 ΔE 所用的时间；$\Delta \Omega$ 为光束的立体角。

通常还用光源的光谱亮度来描述光源。光源的光谱亮度 B_ν 定义为

$$B_\nu = \frac{\Delta E}{\Delta S \Delta \Omega \Delta t \Delta \nu}$$

式中，$\Delta \nu$ 是 ΔE 的光谱宽度。

因为激光束的方向性好，它发射的能量被限制在很小的 $\Delta \Omega$ 内，且线宽很窄，能量被压缩在很窄的带宽 $\Delta \nu$ 内，这使得激光的光谱亮度比普通光源提高很多。而在脉冲激光器中，由于能量发射又被压缩在很短的时间间隔内，因而可以进一步提高光谱亮度。

从上面分析可以看到，脉冲激光束由于在空间、频率以及时间上被高度压缩，所以它有良好的方向性、高相干性及极高的亮度；另一方面，激光器将光子都压缩在一个模（或少数几个模）中，所以有很高的光子兼并度。

第10章 光弹性的基本原理和方法

10.1 平面问题的光力定律及基本测量装置

10.1.1 光力定律

当光通过各向异性的透明物体时(如水晶),光的速度在各个方向上是不相同的,一般情况下即使同一传播方向如果偏振面不同其速度也不一样。

经过多次实验证明:某些各向同性的透明材料在受力后,对于偏振光来说就不再是各向同性的了。光弹性模型材料就是对这种效应比较灵敏的一种塑料。

当偏振光通过受力的光弹性模型时,它将沿着主应力的方向分解为两个平面偏振光,而且沿第一主应力方向和沿第二主应力方向的速度是不同的,因此在通过模型时就产生了光程差。

令 n_1 和 n_2 代表在第一主应力方向和第二主应力方向偏振光的折射率,V_0 为空气中的光速,n 为模型未受力时的折射率,V 为在未受力模型内的光速。

实验分析表明:偏振光沿主方向的折射性质与主应力的大小有关,并成线性组合。

$$n_1 = n + a\sigma_1 + b\sigma_2 \tag{10-1}$$

$$n_2 = n + a\sigma_2 + b\sigma_1 \tag{10-2}$$

其中,$n_1=\dfrac{V_0}{V_1}$;$n_2=\dfrac{V_0}{V_2}$;$n=\dfrac{V_0}{V}$。于是将式(10-1)和式(10-2)化为

$$\frac{V_0}{V_1}=\frac{V_0}{V}+a\sigma_1+b\sigma_2$$

$$\frac{V_0}{V_2}=\frac{V_0}{V}+a\sigma_2+b\sigma_1$$

两式相减得

$$\frac{1}{V_1}-\frac{1}{V_2}=\frac{a-b}{V_0}(\sigma_1-\sigma_2) \tag{10-3}$$

若模型厚度为 d，则偏振光在两主方向通过的时间各为

$$t_1=\frac{d}{V_1},\quad t_2=\frac{d}{V_2}$$

当速度慢的偏振光通过模型时，而较快的偏振光以速度 V_0 在空间走过了 t_1-t_2 的时间，其光程差为

$$\Delta=V_0(t_1-t_2)=V_0 d\left(\frac{1}{V_1}-\frac{1}{V_2}\right) \tag{10-4}$$

将式(10-3)代入得

$$\Delta=(a-b)d(\sigma_1-\sigma_2)$$

令 $a-b=c$，则

$$\Delta=cd(\sigma_1-\sigma_2) \tag{10-5}$$

c 和材料有关，称为模型材料的绝对应力光性系数。式(10-5)表明沿主方向通过的两束偏振光之间，其光程差与模型厚度及主应力差成正比。这种关系加上偏振光沿主方向分解的性质，称为光力定律。它是光弹性实验方法的主要基础。

10.1.2　测量光力效应的装置——平面偏振光干涉装置

为了测量光程差的大小和确定主应力的方向，采用了平面偏振光的干涉装置，这是光弹性仪器的主要组成部分。图 10-1 所示为这种装置的示意图。

装置的基本组成部分为光源和一对偏振片。靠近光源的偏振片叫起偏振片，或叫偏振镜，用 P 来表示；后面一个偏振片叫检偏振片，也叫分析镜，用 A 来表示。它们的光轴是互相垂直的。在无模型时或模型未受力时，光通过 P 所产生的在 P 轴方向振动的平面偏振光到达 A 后将全部被 A 挡住，没有光通过，见图 10-1(a)；当在 P 和 A 之间放了受力的模型后，偏振光 P 通过模型将沿主应力方向分解成两个平面偏振光 P_1 和 P_2。它们之间发生了光程差，到达 A 之后，它们分别对 A 的光轴方向投影通过分析镜。它们之间将发生不同程度的干涉。其结果为 A 方向的平面偏振光 P_A，见图 10-1(b)。其强度将视它们在 A 方向叠加的结果而定。

为了分析方便起见，我们将用向量来代表各部分的偏振光，见图 10-1(c)。令

$$p=a\sin\omega t\quad 或\quad p=a\sin\frac{2\pi}{\lambda}(\nu t),\quad \omega=\frac{2\pi}{\lambda}\nu$$

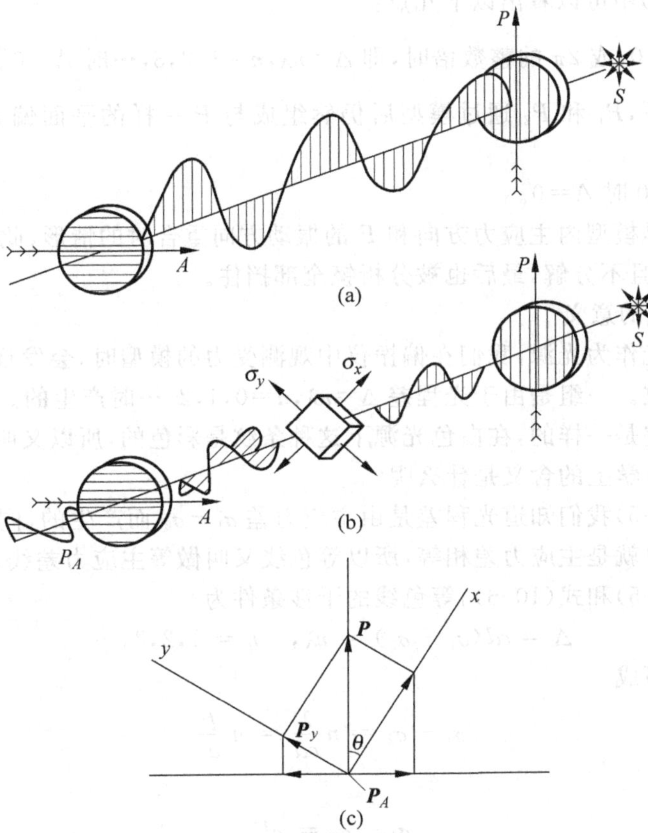

图 10-1 平面偏振光干涉装置示意图

偏振光到达模型时，分解到 x、y 两个方向

$$(p_1)o = a\cos\theta\sin\omega t$$
$$(p_2)o = a\sin\theta\sin\omega t$$

通过模型时产生光程差 Δ(或同相差 δ)，其波动方程为

$$(p_1)_M = a\cos\theta\sin(\omega t+\delta),\quad \delta=\frac{\Delta}{\lambda}\cdot 2\pi$$
$$(p_2)_M = a\sin\theta\sin\omega t$$

到达分析镜时只有平行于分析镜光轴的量才能通过。通过的向量的大小应为

$$\begin{aligned} P_A &= (p_1)_M\sin\theta-(p_2)_M\cos\theta \\ &= a\sin 2\theta\sin\frac{\delta}{2}\left[\sin\left(\omega t+\frac{\delta}{2}+\frac{\pi}{2}\right)\right] \end{aligned} \tag{10-6}$$

此式亦可写成

$$P_A = A\sin\varphi$$

式中，$A=a\sin 2\theta\sin\frac{\delta}{2}$，代表通过分析镜后偏振光的振幅。

从式(10-6)中可以看出以下几点。

(1) 当$\frac{\delta}{2}=0$,或2π的整数倍时,即$\Delta=n\lambda,n=1,2,3,\cdots$时$A=0$。

这种情况下,P_1和P_2通过模型后仍然组成与P一样的平面偏光,最后为分析镜所阻。

(2) 当$\varphi=0$时$A=0$。

这种情况是模型内主应力方向和P的振动方向重合时的情形,此时P不改变方向,通过模型并且不分解,最后也被分析镜全部挡住。

(3) 等色线的意义

如以单色光作为光源,我们在偏振仪中观测受力的模型时,会发现模型上有两组黑色的干涉条纹。一组是由于光程差$\Delta=n\lambda,n=0,1,2,\cdots$时产生的。在同一条黑线上各点的光程差是一样的,在白色光源下这种条纹是彩色的,所以又叫做等色线。

等色线在力学上的含义是什么呢?

根据式(10-5)我们知道光程差是由主应力差$\sigma_1-\sigma_2$而产生的,同一条干涉条纹上光程差相等也就是主应力差相等,所以等色线又叫做等主应力差线。

根据式(10-5)和式(10-6),等色线的干涉条件为

$$\Delta = cd(\sigma_1-\sigma_2) = n\lambda, \quad n=1,2,3,\cdots$$

上式也可写成

$$\sigma_1-\sigma_2 = n\frac{\lambda}{cd} = n\frac{f}{a}$$

或

$$\sigma_1-\sigma_2 = nF$$

其中,$f=\frac{\lambda}{c}$;$F=\frac{\lambda}{cd}$。

f值与光源及模型材料有关。对于一均匀厚度的模型来说,如果光源不变则F是个常数。我们只要能测定每根干涉条纹的n值就可以知道$\sigma_1-\sigma_2$的大小了。

(4) 等倾线的意义

根据式(10-5)我们知道,在模型上另一组干涉条纹是由于条纹上各点的主应力方向和P的方向一致而产生的,即$\theta=0$时,$P_A=0$。在这些干涉条纹上主应力的方向相同且和偏振镜的光轴一致,所以叫等倾线。我们将偏振镜和分析镜同步旋转就会有不同的等倾线出现,根据这些等倾线就可以知道模型上各点的主应力方向,不管光源是单色的或是白色的,等倾线都将是黑色条纹。

10.2 等色线的特性分析

通过10.1节分析,我们知道确定等色线的条纹级数n是很关键的问题。人们为了便于确定条纹级数,并使等色线和等倾线区别开来,常常用白色光作光源。

10.2.1 白色光源下等色线的色序

白光是由各种波长的可见单色光组合而成，通过偏振片后各种波长的光都变成偏振光，其组合的效果便为白色。在可见光中主要的色光有表 10-1 中所列的七种。当模型没有受载时，或 $\sigma_1-\sigma_2=0$，则所有的平面偏振的色光均被挡住而不能通过，幕上呈现黑色。

表 10-1 波长表(约数) Å

色	Δ	色	Δ
紫	4200	黄	5893
蓝	4700	橙	6000
青	5000	红	6600
绿	5300		

注：1 Å$=10^{-10}$m。

当应力差慢慢增加时光程差也增加，当 $\Delta=4200$ Å 时，紫光首先被干涉，而其他光通过组成其补色黄色，此后应力再增加。当 $\Delta=4700$ Å 的蓝色光被干涉而其他光通过组成其补色橙色。随着应力不断增加，各种色光依次消逝和通过，银幕上所呈现的颜色依次为黄、红、绿三色，这是主应力增加的标志。由于红绿两色交界处的绛紫色(相当于黄光被干涉时的补色)对于视觉最敏感，所以我们以这种颜色为正级数条纹的分界线。

应当注意：当应力再继续增加，光程差到达某两种或三种色光的公倍数时，则某两种或三种光将同时被干涉。于是条纹一级到二级间的色序和零级到一级间的色序将稍有不同，但基本上还按照黄、红、绿的顺序增加，而且级数越高颜色越暗淡。当 $n=4\sim5$ 时颜色就难以分辨了，得不到清晰的干涉条纹。因此为了测更高级数的条纹就应当用单色光源。

10.2.2 等色线条纹级数的判定

有了上面关于干涉色序的了解，我们可以方便地决定某一条纹的级数。下面介绍几种常用的方法。

(1) 以零级条纹为起点的读数法。步骤如下。

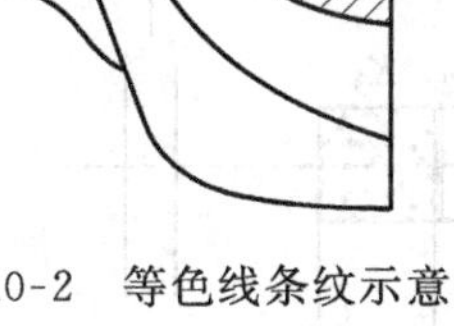

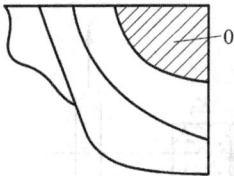

图 10-2 等色线条纹示意图

① 寻找模型中零级条纹。零级条纹的颜色是暗黑的，该处 $\sigma_1-\sigma_2=0$，它和等倾线的区别在于当同步旋转两偏振镜时其颜色不变。在很多模型中往往有自由方角，在方角处，$\sigma_1=\sigma_2=0$，当然 $\sigma_1-\sigma_2=0$，因此自由方角处条纹级数一定为零，见图 10-2。

② 找到零级条纹后，再利用黄、红、绿的色序鉴别级数的增高或降低。这种方法是最常用的方法。

(2) 连续加载法。当模型在受载后找不到零级条纹时，可以先观察一标定点，载荷从零加起，一直加到设计载荷，看该点第几次被干涉，从而判定该点的级数。这一点定了以后，再利用色序判出其他条纹的级数。

(3) 根据颜色判别法。这种方法一般在找不出零级条纹但又无法连续加载的情况下使用。这要根据实验者的经验来判定,因为在 0—1 级、1—2 级、2—3 级间的颜色是略有差别的,当实验人员有一定经验后可以分辨出来。

10.2.3 分数条纹的确定

我们所要计算的各个点,并不见得都能落在干涉条纹上,因此确定非整数条纹级数也是很重要的。这里介绍两种方法。

(1) 曲线插入法。将欲计算的断面 S,根据整数条纹的分布作出曲线如图 10-3 所示,然后根据曲线确定各点的非整数条纹级数。这种方法在等色线条纹比较密的情况下,具有足够的精度。

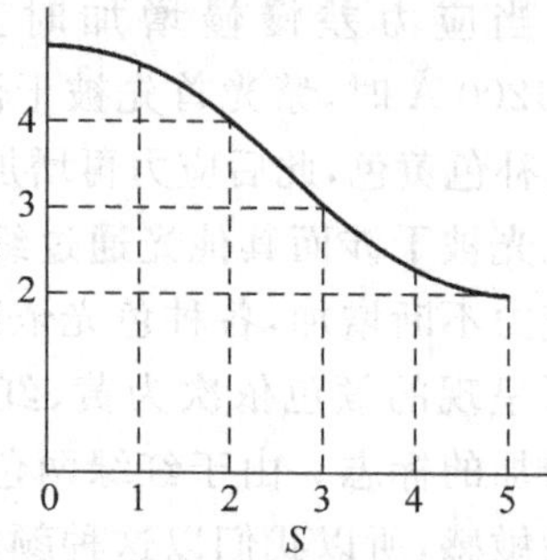

图 10-3 曲线插入法确定分数条纹示意图

(2) 补偿法。这种方法是在进行实验时用补偿器直接测定各点的分数级数。一般常用的补偿器是用石英片做成的,因为石英是天然的双折射透明材料,在偏振光 P 通过一块石英薄片时,它将沿光轴方向和与光轴垂直的方向分解成两个平面偏振光 P_e 和 P_o,见图 10-4。在石英中 P_e 的速度比 P_o 慢,对于波长为 5893 Å 的黄钠光来说,折射系数分别为 $n_o=1.544\ 25$, $n_e=1.550\ 93$。

通过晶片后它们之间的光程差为

$$\Delta = d(n_e - n_o)$$

式中,d 为石英片的厚度。

在光弹性方法中常用的补偿器是石英楔体(巴比涅-索利尔)(Babinep-Solell)补偿器,其构造如图 10-5 所示。图中 K_1、K_2 的快轴和 K_3 的快轴相反(光轴成90°),

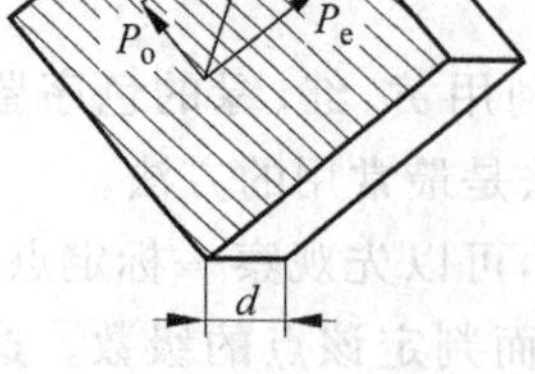

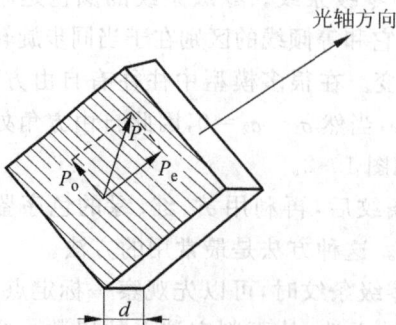

图 10-4 偏振光通过石英分解示意图

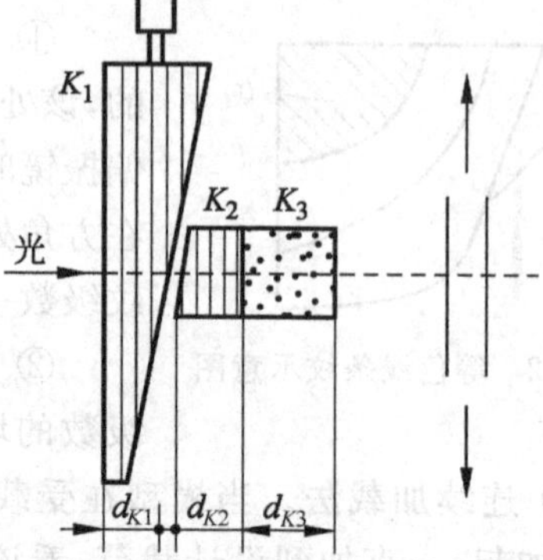

图 10-5 巴比涅-索利尔补偿器构造示意图

光程差 $\Delta=(n_e-n_o)[d_{K3}-(d_{K1}+d_{K2})]$。其中 d_{K3} 厚度不变而 $d_{K1}+d_{K2}$ 则随着 K_1 的移动而变化，这样光程差也随着变化。这种变化与 K_1 的移动成正比是已知的，在其长度内是均匀的。我们将这种补偿器放在被测点的前面。移动 K_1 当出现干涉时，将 K_1 的位移读数记录下，此时即可测出测点的条纹级数。

10.2.4 材料条纹系数 *f* 值的测定

一般说来，每种材料的 f 值是一定的，不必每次都测定。但是，由于我们每次做材料时条件不一定完全一样，所以每做一次材料总要跟着做一次 f 值的测定。

f 值与光源的波长有关，我们常以黄钠光为基准，$\lambda=5893$ Å。

下面介绍两种常用的测定 f 值的方法。

(1) 用与模型相同的材料制成一梁，使之受纯弯载荷，见图 10-6。

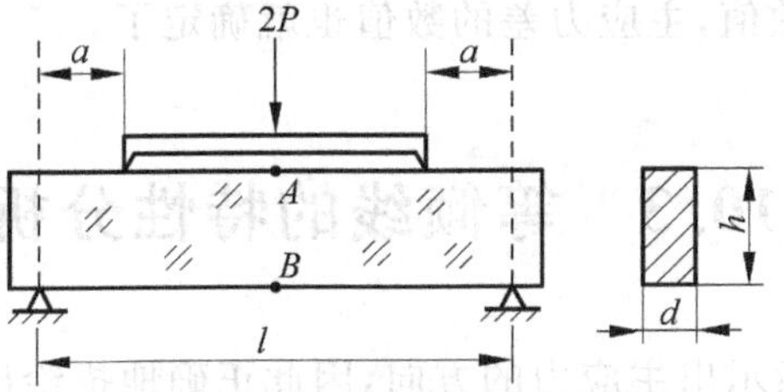

图 10-6 纯弯实验示意图

图中 A、B 两点的应力为

$$|\sigma_{A,B}|=\frac{\sigma Pa}{dn^2}$$

而

$$|\sigma_A|=\frac{n_A f}{d},\quad |\sigma_B|=\frac{n_B f}{d}$$

n_A 和 n_B 按理是应当相等的，但由于材料的边缘往往有初应力，所以 n_A 不完全和 n_B 相等。为了消除这种初应力影响，可以取上下边缘的平均值作为条纹数，于是有

$$|\sigma_A|=\frac{1}{2}(n_A+n_B)\frac{f}{d}$$

则

$$f=\frac{12Pa}{(n_A+n_B)h^2}$$

(2) 根据初应力和边缘效应在模型内部很小的规律，可以用圆盘受径向压力的试验来确定 f 值，如图 10-7 所示，其精度要高一些。

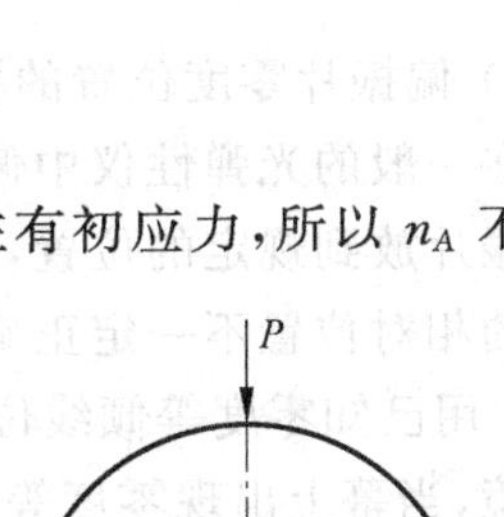

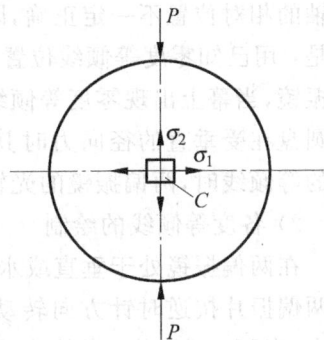

图 10-7 圆盘受径压试验示意图

由弹性力学可知，在圆心处有

$$\sigma_1-\sigma_2=\frac{8P}{\pi dD}$$

式中,d 为厚度;D 为直径。又

$$\sigma_1-\sigma_2=\frac{n_c f}{d}$$

故

$$f=\frac{8P}{\pi D n_c}$$

f 的单位为 kg^2/cm,其意义为每公分厚度内产生一级条纹时所代表的应力。

对于同一模型,厚度 d 在平面问题中是一样的,我们令

$$F=\frac{f}{a}\ kg^2/cm$$

$$\sigma_1-\sigma_2=nF$$

如果知道了 n 和 f 的数值,主应力差的数值也就确定了。

10.3 等倾线的特性分析

等倾线可以直接指示出主应力的方向,因此正确地描绘出模型的等倾线,对于获得良好的实验结果有很重要的意义。下面对描绘等倾线的方法和等倾线的某些特性作一介绍。

10.3.1 等倾线的描绘方法

1) 偏振片零度位置的校正

在一般的光弹性仪中偏振片上刻有光轴的位置,在偏振片周围设有度盘,只要将两偏振片放到规定的位置,两偏振轴就自然是垂直或水平的。但有些情况下度盘和光轴的相对位置不一定正确,因此校正偏振片零度位置就是必要的步骤。校正的方法是:用已知零度等倾线位置的受力模型置于两偏振镜间,然后同步旋转两正交的偏振镜,当幕上出现零度等倾线时,这时两偏振镜的位置即是零度位置。比如我们知道圆盘在受垂直的径向力时其对称轴是零度等倾线,见图10-8,当幕上出现正交十字的等倾线时,两偏振镜的光轴即是垂直的或者水平的。

2) 各度等倾线的绘制

在两偏振镜处于垂直或水平位置时,模型中所出现的等倾线是零度等倾线,然后让两偏振片按逆时针方向转动,则等倾线也随着移动。一般是每隔10°停下来描绘一次,直至90°为止,当然也可以是5°一次或其他度数,这要看实际的需要而定。图10-9就是一径向受压的圆盘的等倾线图。

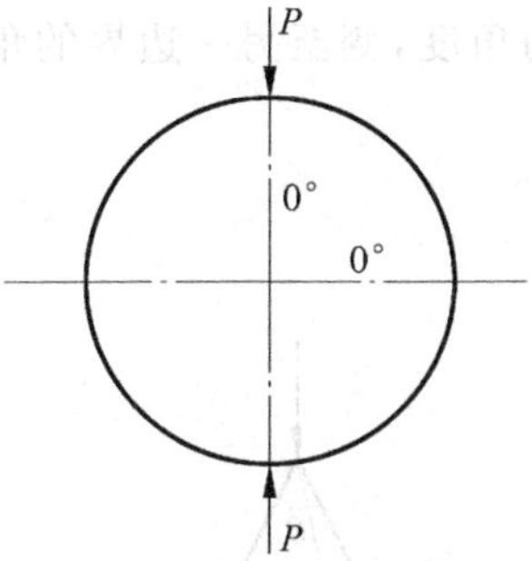

图 10-8 零度等倾线示意图

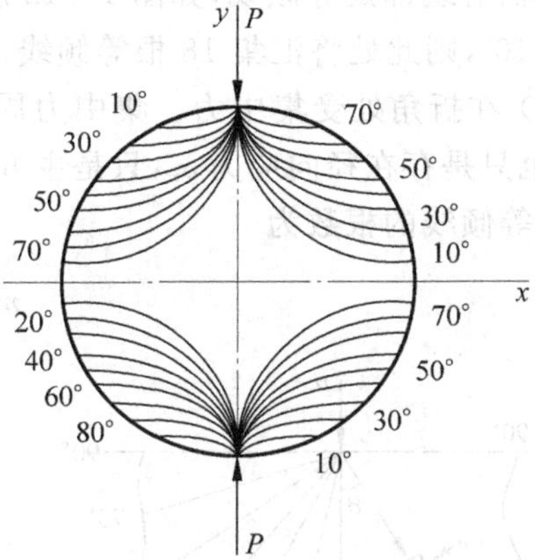

图 10-9 圆盘等倾线图

10.3.2 等倾线的一些规律

1) 模型边界上等倾线分布的特征

我们知道在边界上只要没有切向力，那么边界应力就是主应力，因此边界上各点的等倾线是已知的。下面分几种边界情况加以说明。

(1) 直边界。直边界是一条等倾线，它的角度和边界的角度一致。如图 10-10 中 4 个边界都是 45°等倾线。

(2) 曲边界。曲线边界各点的切线方向或法线方向即主应力方向，因此与切线(或法线)角度相等的等倾线一定通过该点，如图 10-9 所示。

(3) 角边界。角边界放大来看，实际上也是曲边界。例如直角边界如图 10-11 所示在角边界处将有 0°～90°的等倾线汇合。其他角边界也可以同样推测。

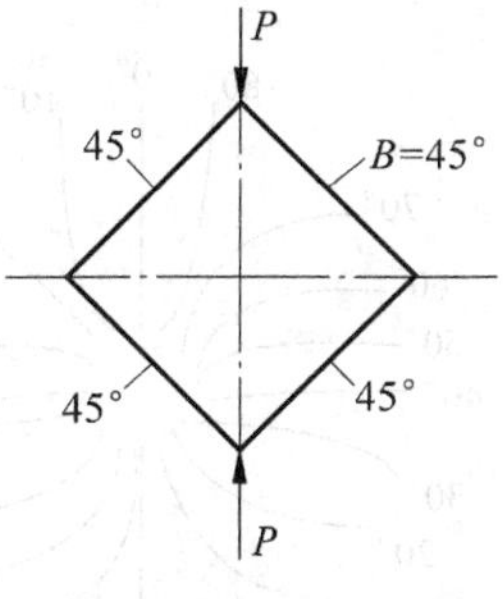

图 10-10 直边界等倾线示意图

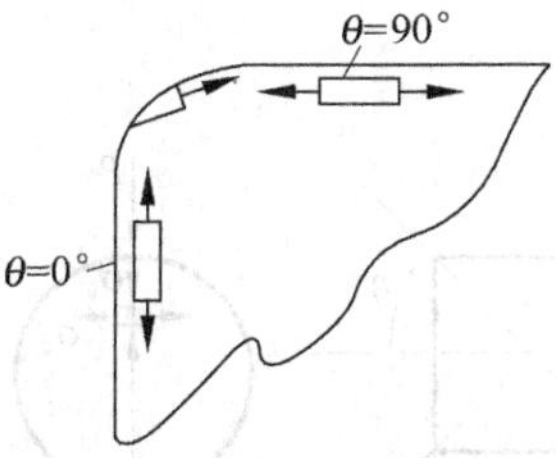

图 10-11 角边界等倾线示意图

(4) 在直边界受集中力时的等倾线。根据弹性力学分析结果，我们知道，集中力周围各点存在径向的主应力 σ_r，而没有切向的应力 σ_θ 和 $\tau_{r\theta}$，所以从力作用点 O 作的每一根辐射线都是等倾线，如图10-12所示。可以看出主应力方向从$-90°\sim 90°$，如果$\Delta\theta=10°$，则此处将汇集18根等倾线。

(5) 在折角处受集中力。集中力周围的应力状态和直边界时相仿，如图10-13所示，也只是存在径向应力σ_r，只是主方向从一边界的角度，变至另一边界的角度，故其汇集等倾线的根数为

$$m=\frac{\theta}{\Delta\theta}$$

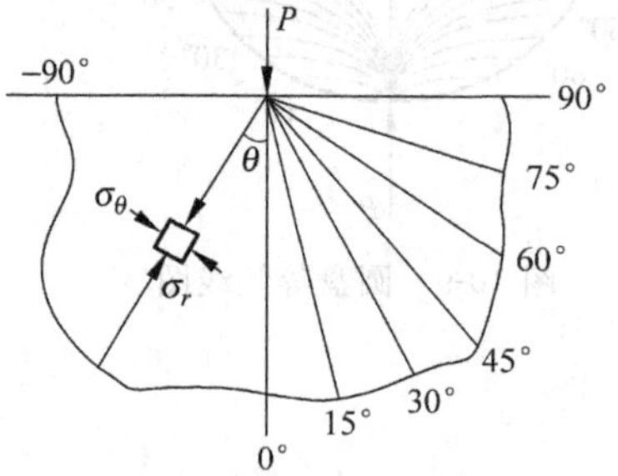

图10-12 集中力处等倾线示意图

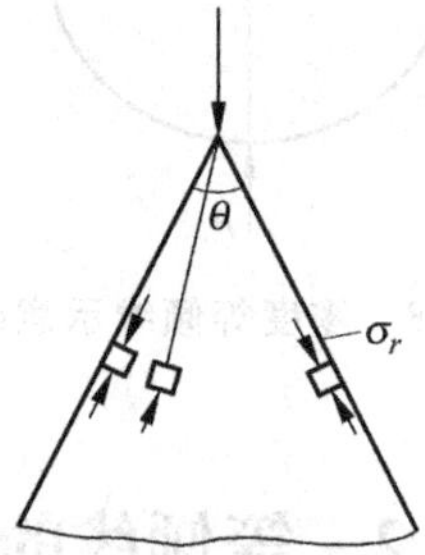

图10-13 折角处等倾线示意图

2) 模型内部等倾线的规律

模型内部等倾线的规律，不如边界那么容易推测。下边介绍几种简单的规律。

(1) 模型的对称轴(包括受力对称)是一根等倾线，如图10-14所示。对称轴的倾角就是等倾线的度数。因为对称轴的截面上是没有剪应力的，所以对称轴方向就是主应力方向。

(2) 等向点处的等倾线。等向点的力学含义是：$\sigma_1-\sigma_2=0$，根据应力圆我们知道，该点任一方向正应力$\sigma_x=\sigma_y=\sigma_1$，$\tau_{xy}=0$。所以也可以说任一方向都是主方向。因此任意角度的等倾线都可以通过它。但究竟有多少等倾线通过，还要视其周围的应力状态而定，在多数情况下通过的条纹数$m=\dfrac{180°}{\Delta\theta}$，如图10-15所示。另外由于等

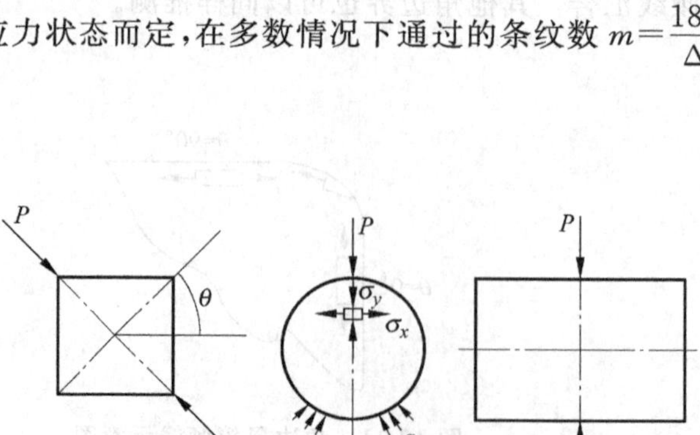

图10-14 对称轴为等倾线示意图

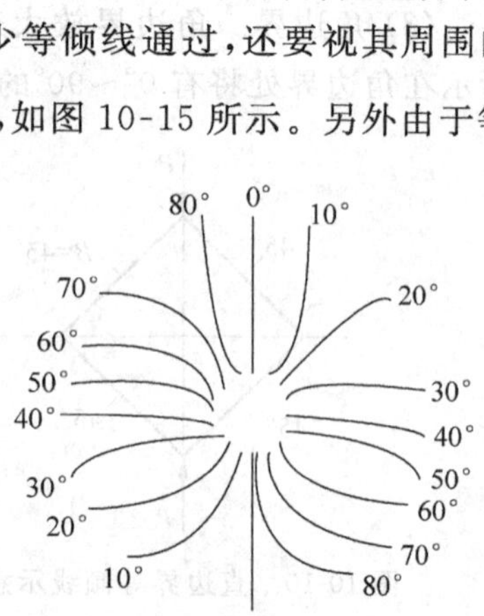

图10-15 等向点处等倾线示意图

向点的 $\sigma_1-\sigma_2=0$，在载荷增加时始终不变，不管在单色光下还是白色光下该点始终是暗黑的点。

有了上面的关于等倾线特性的了解，可以帮助我们确定模糊的等倾线位置，或发觉描绘中的错误。

10.3.3 主应力轨迹线

主应力轨迹线可以形象地指出模型内各点主应力的方向，并能看出第一主应力和第二主应力的流向，这在土建和水利工程中尤为重要。图 10-16 为受径向力作用的方板中的主应力轨迹线图。

主应力迹线的作法如下。

主应力迹线的主要依据是等倾线。如图 10-17 中 I_1、I_2 分别为相隔 $\Delta\theta$ 的 θ_1 和 θ_2 等倾线。取水平基线 Ox，作射线 T_1，其倾角为 θ，交 I_1 于 A 点，交 I_2 于 B 点；再自 AB 线段的中点作射线 T_2，其倾角与 I_2 的 θ_2 角度相等，交 I_2 于 B 点，交 I_3 于 C 点。用同样的方法得出 D、E、F、…各点，过 A、B、C、…。诸点作一连续的曲线 S，显然在 A、B、C、…各点的倾角分别为 θ_1、θ_2、θ_3、…因此，曲线 S 即主应力迹线。等倾线上任意一点均可作为轨迹线的起点，因此可以作很多条同族的主应力迹线。如果所作的迹线为第一主应力族，则与之正交的就是第二主应力族线，在图上分别用实线和虚线表示，见图 10-16。

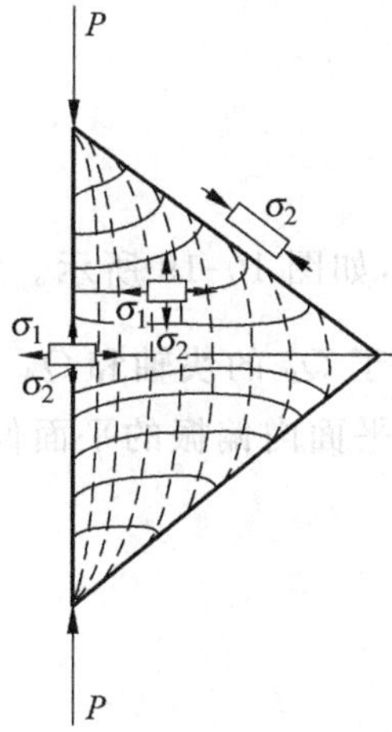

图 10-16 方板主应力迹线图

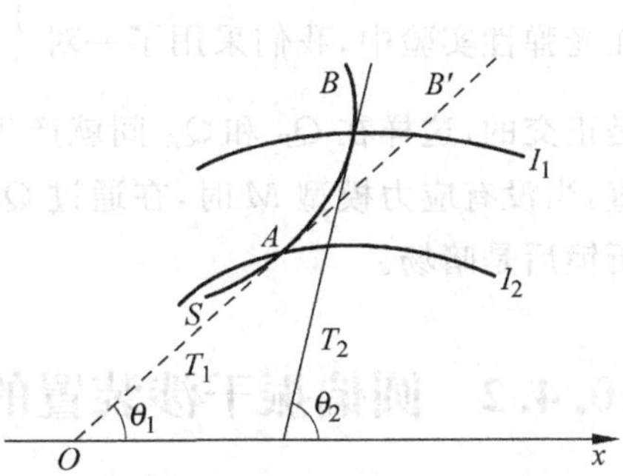

图 10-17 主应力迹线与等倾线关系图

10.4 圆偏振光干涉装置及其应用

10.4.1 圆偏振光干涉装置

1）$\frac{1}{4}\lambda$ 波片和圆偏振光的产生

$\frac{1}{4}\lambda$ 波片是用一种具有永久双折射性能的材料制成的，如石英、方解石、云母等，它的特性是：偏振光通过它时能沿光轴以及和光轴垂直的方向分解为两个平面偏振光，而且这两个偏振光之间产生$\frac{1}{4}$波长的光程差，也就是产生的相差为 90°。如果我们令$\frac{1}{4}\lambda$ 波片的光轴和入射的偏振光平面成 45°角，则通过$\frac{1}{4}\lambda$ 波片时将会是两个振幅相等、相位相差为 90°的平面偏振光。如第一部分所讨论的将是一圆偏振光，见图 10-18。

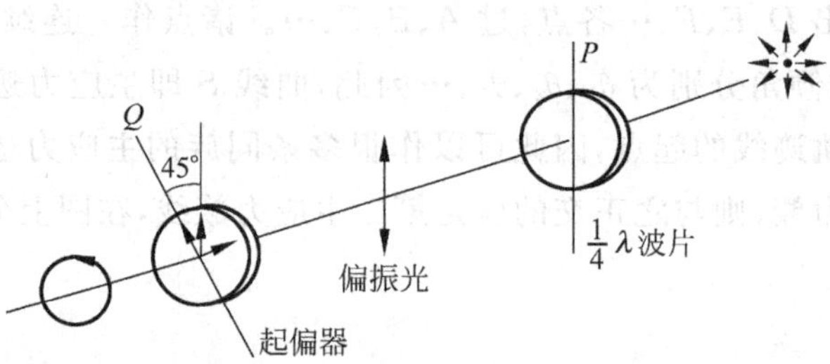

图 10-18 圆偏振光产生的光路图

2）光弹仪中圆偏振干涉装置

在光弹性实验中，我们采用了一对$\frac{1}{4}\lambda$ 波片 Q_1 和 Q_2，如图 10-19 所示。它们的光轴是正交的，这样在 Q_P 和 Q_A 间就产生了圆偏振场，由于 Q_P 的快轴和 Q_A 的快轴相垂直，当没有应力模型 M 时，在通过 Q_P 时仍为一在 P 平面内偏振的平面偏振光，在分析镜后是暗场。

10.4.2 圆偏振干涉装置的应用

1）等色线与等倾线的分离

圆偏振光的特性是在任意一对垂直轴上都能分解为一对正交的平面偏振光，其振幅相等，周相差为$\frac{\pi}{2}$。我们将模型放在 Q_P 和 Q_A 之间，Q_P 产生的圆偏振光可以沿

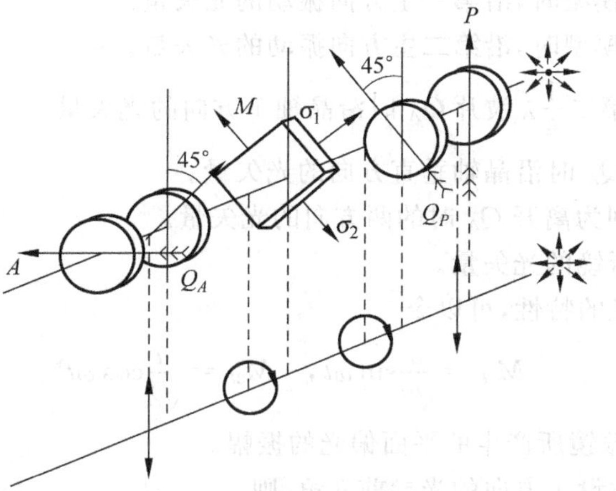

图 10-19 圆偏振干涉装置

模型任一点的主轴分解为两个振幅相等、周相差为$\frac{\pi}{2}$的平面偏振光，并不因各点的主方向不同而有所差异，因此就消除了主应力方向在干涉中的作用，当然就不会出现等倾线了。

可以看出，如果通过模型时，平面偏振光因应力差而产生的光程差为 $n\lambda$ 时，$n=0,1,2,3,\cdots$，则该点的两平面偏振光相差仍为$\frac{\pi}{2}$，即仍为一圆偏振，如图 10-19 所示。根据前面章节的了解我们知道这将产生干涉，光不能通过分析镜 A，所以干涉的条件是 $\Delta=n\lambda$ 或 $\sigma=2n\pi$，这就是等色线的干涉条件。实际上也可以认为两个$\frac{1}{4}\lambda$ 波片是放在模型前后的两个固定的补偿板，它们的效果相反(两快轴相垂直)。对于产生的光程差来说，其结果等于零。这就和平面干涉装置的情形一样，所以由一点光程差而产生的干涉条件也是一样的。

由此我们可以看出：在圆偏振干涉装置中，只出现等色线而不出现等倾线，这样就免得它们互相干扰，而得到鲜明的等色线。如果要做等倾线可以去掉 Q_P 和 Q_A 再做。

在圆偏振场中的干涉条件也可以通过数学分析来得到。如图 10-20 所示，为了分析清楚起见，我们规定了一些符号的意义，具体如下。另外，为了方便，从圆偏振光进入模型时开始分析。

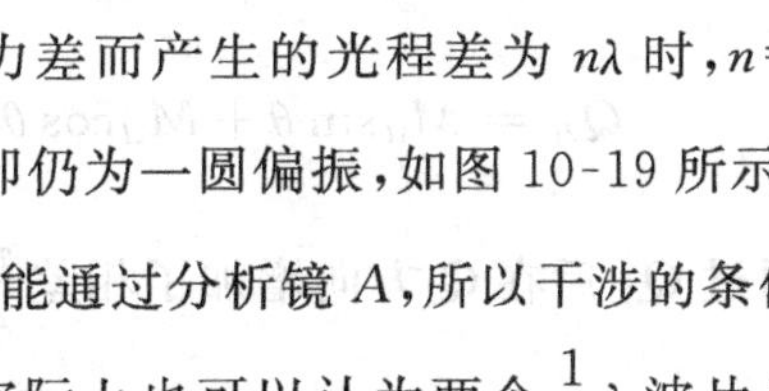

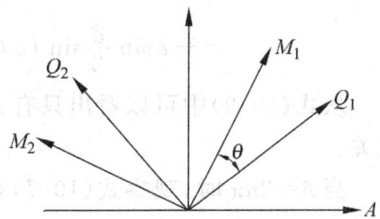

图 10-20 圆偏振场干涉条件示意图

M_{1i}—在进入模型时，沿第一主方向分解的光矢量。

M_{2i}—在进入模型时，沿第二主方向分解的光矢量。

M_{1l}—在离开模型时，沿第一主方向振动的光矢量。

M_{2l}—在离开模型时，沿第二主方向振动的光矢量。

Q_{1i}—在进入第二$\frac{1}{4}\lambda$波片Q_A时沿晶轴1方向的光矢量。

Q_{2i}—在进入Q_A时沿晶轴垂直方向的光矢量。

Q_{1l}、Q_{2l}—分别为离开Q_A时的两方向的光矢量。

A_l—通过分析镜的光矢量。

由于圆偏振光的特性，可以令

$$M_{1l}=\frac{a}{\sqrt{2}}\sin\omega t,\quad M_{2l}=\frac{a}{\sqrt{2}}\cos\omega t$$

式中，a为由起偏振镜所产生的平面偏光的振幅。

在离开模型时设1方向的光导前δ角，则

$$M_{1l}=\frac{a}{\sqrt{2}}\sin(\omega t+\delta),\quad M_{2l}=\frac{a}{\sqrt{2}}\cos\omega t$$

到达第二$\frac{1}{4}\lambda$波片Q_A时，

$$Q_{1l}=M_{1l}\cos\theta-M_{2l}\sin\theta=\frac{a}{\sqrt{2}}\cos\theta\sin(\omega t+\delta)-\frac{a}{\sqrt{2}}a\sin\theta\cos\omega t$$

$$Q_{2l}=M_{1l}\sin\theta+M_{2l}\cos\theta=\frac{a}{\sqrt{2}}\sin\theta\sin(\omega t+\delta)+\frac{a}{\sqrt{2}}\cos\theta\cos\omega t$$

通过Q_A后在Q方向增加了相差$\frac{\pi}{2}$，即

$$\begin{aligned}Q_{1l}&=\frac{a}{\sqrt{2}}\cos\theta\sin\left(\omega t+\delta+\frac{\pi}{2}\right)-\frac{a}{\sqrt{2}}\sin\theta\cos\left(\omega t+\frac{\pi}{2}\right)\\&=\frac{a}{\sqrt{2}}\cos\theta\cos(\omega t+\delta)+\frac{a}{\sqrt{2}}\sin\theta\sin\omega t\end{aligned}\tag{10-7}$$

$$Q_{2l}=\frac{a}{\sqrt{2}}\sin\theta\sin(\omega t+\delta)+\frac{a}{\sqrt{2}}\cos\theta\cos\omega t\tag{10-8}$$

于是通过分析镜时，

$$\begin{aligned}A_l&=\frac{1}{\sqrt{2}}(Q_{1l}-Q_{2l})=\frac{a}{2}[\cos(\omega t+\theta+\delta)-\cos(\omega t-\theta)]\\&=-a\sin\frac{\delta}{2}\sin\left(\omega t+\theta+\frac{\delta}{2}\right)\end{aligned}\tag{10-9}$$

从式(10-9)中可以看出只有$\delta=2n\pi$时亦即$\Delta=n\lambda$时才有干涉消光现象，而和Q无关。

当$\delta=2n\pi$时，观察式(10-7)和式(10-8)，代入可得

$$Q_{1l}=\frac{a}{\sqrt{2}}\cos\theta\cos\omega t+\frac{a}{\sqrt{2}}\sin\theta\sin\omega t=\frac{a}{\sqrt{2}}\cos(\omega t-\theta)$$

$$Q_{2l} = \frac{a}{\sqrt{2}}\cos(\omega t - \theta)$$

这是两个振幅相同且同相的振动，其合成仍为一平面振动 P'，其振动方向与 A 垂直，见图 10-21，所以当然通不过分析镜 A。

2）测定半数级条纹

如果 $\delta = n\pi$，即 $\Delta = \frac{\lambda}{2}$，则代入式(10-7)和式(10-8)后有

$$Q_{1l} = -\frac{a}{\sqrt{2}}\cos(\omega t + \theta)$$

$$Q_{2l} = -\frac{a}{\sqrt{2}}\cos(\omega t + \theta + \pi)$$

或写成

$$Q_{2l} = -\frac{a}{\sqrt{2}}\cos(\omega t + \theta)$$

这是两个振幅相等、相位差为 180°的振动，其合成仍为一平面振动，如图 10-22 所示。但 P'的振动面和分析镜平行。所以凡是 $\delta = \pi, 3\pi, 5\pi, \cdots$ 的点光全通过，幕上是最亮的。但如果转动分析镜 A，令其光轴平行于起偏振镜 P 则 P'将被挡住，无光通过。所以我们只要将分析镜 A 旋转 90°，幕上的干涉条纹即为半数条纹，$n = \frac{1}{2}, \frac{3}{2}, \frac{5}{2}, \cdots$。

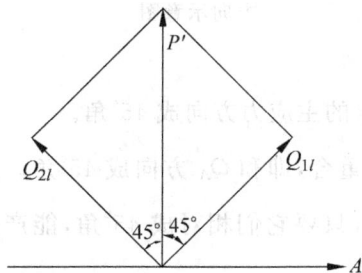

图 10-21 相同振动合成方向示意图

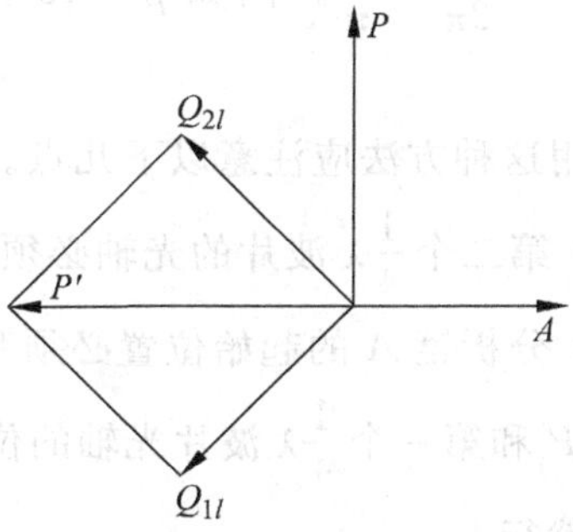

图 10-22 振幅相等相位差 180°两振动合成方向示意图

这种方法在平面偏振装置中也可以用，只是那时由于等倾线变为亮线而干扰所得图像，在有些地方不清楚。

3）测定分数条纹级数

如果令第二个 $\frac{1}{4}\lambda$ 波片 Q_A 的晶轴和模型中某点的主方向成 45°夹角，A 和主应力之一重合，即 $\theta = 45°$，则代入式(10-7)、式(10-8)得

$$Q_{1l} = \frac{a}{\sqrt{2}}\sin 45°[\cos(\omega t+\delta)+\sin\omega t]$$

$$= a\cos\left(\frac{\delta}{2}+\frac{\pi}{4}\right)\sin\left(\omega t+\frac{\delta}{2}+\frac{\pi}{4}\right)$$

$$= a\cos\alpha\sin\phi'$$

$$Q_{2l} = \frac{a}{\sqrt{2}}\sin 45°[\sin(\omega t+\delta)+\cos\omega t]$$

$$= a\sin\left(\frac{\delta}{2}+\frac{\pi}{4}\right)\sin\left(\omega t+\frac{\delta}{2}+\frac{\pi}{4}\right)$$

$$= a\sin\alpha\sin\phi'$$

式中，$\alpha=\left(\frac{\delta}{2}+\frac{\pi}{4}\right)$；$\phi'=\left(\omega t+\frac{\delta}{2}+\frac{\pi}{4}\right)$。

上式实际上是两振幅不等、相位相同的振动，其合成仍为一平面偏振光 P'，见图 10-23。P'和σ_1 轴的夹角为$\frac{\delta}{2}$，从图中可以看出，只要分析镜 A 旋转一个角度 $\beta=\frac{\delta}{2}$就可以挡住 P'而消光，所以要测 δ，只要旋转A 至 A'即可。当该点发生干涉时，此时转角 β 即为$\frac{\delta}{2}$，$\delta=2\beta$。分数条纹级数 $n'=\frac{\delta}{2\pi}$，故 $n'=\frac{2\beta}{2\pi}=\frac{\beta}{\pi}$。例如 $\beta=18°$，则 $n'=0.1$ 级。

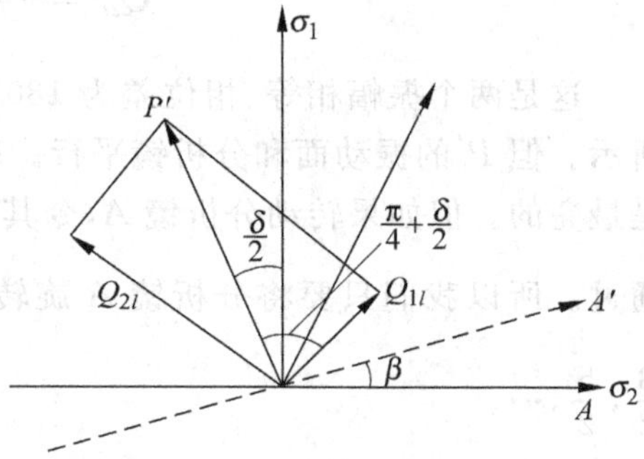

图 10-23 不同振幅同相位振动合成方向示意图

使用这种方法应注意以下几点。

(1) 第二个$\frac{1}{4}\lambda$ 波片的光轴必须和模型上测点的主应力方向成 45°角。

(2) 分析镜 A 的起始位置必须和主应力方向重合，即和 Q_A 方向成 45°角。至于偏振片 P 和第一个$\frac{1}{4}\lambda$ 波片光轴的位置没有限制，只要它们相对成 45°角，能产生圆偏振光就行。

(3) 如果所测的点在 n 和 $n+1$ 级整数条纹之间，如图 10-24 中的 K 点，在转动分析镜时，条纹 n 往 K 点移动，则 K 点的条纹级数为 $m=n+n'$。如果是 $n+1$ 级条纹往 K 点移动，则 K 点的条纹级数为

$$m=(n+1)-n'$$

4) 用一个$\frac{1}{4}\lambda$ 波片进行补偿时，必须注意作如下的放置，见图 10-25。

(1) 起偏振片必须和所测点的主轴成 45°角，以保证进入模型时沿两方向分解的振动振幅相等。

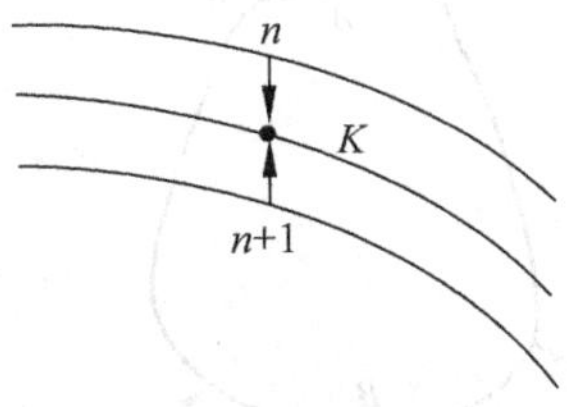

图 10-24 非整数条纹级数示意图

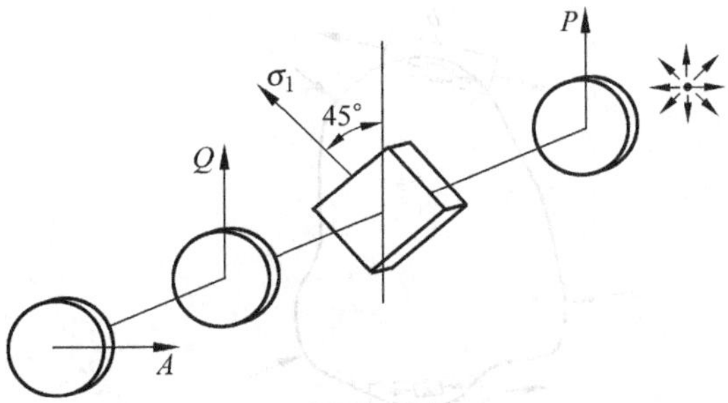

图 10-25 用一$\frac{1}{4}\lambda$波片求分数条纹的装置

(2) $\frac{1}{4}\lambda$ 波片放在分析镜前,光轴和主应力方向成 45°角。

(3) 分析镜的起始位置和偏振镜垂直。

此时如旋转分析镜至 β 角,则该点干涉时,其分数级为

$$m = \pm \frac{\beta}{\pi}$$

这个方法的数学分析从略。

10.5 边界应力的确定及内部应力的计算

10.5.1 边界应力的确定和边界应力图

等色线图的最重要的应用之一就是绘制边界应力图。它可以确定边界最大应力和应力集中系数,这是构件设计的重要资料。因为有些构件只要知道最大应力的大小和位置,并不一定要知道内部应力分布的情况,而一般的最大应力往往是在边界上出现的。绘制边界应力图的步骤如下。

1) 确定边界应力的符号

用一受拉的拉伸试件与模型边界重合。如果总的条纹增加,则说明边界应力是拉应力,如图 10-26 中的边界 a 处;若合成的条纹是减少的,则边界应力是压应力,如图 10-26 中的 b 处。

2) 确定边界应力的大小

在模型边界上若无切向应力存在,则边界应力就是主应力。其一主应力与边界平行,一主应力和边界垂直。在自由边界,垂直于边界的应力为零,如图 10-27 中 B 点,在分布荷重的边界上,垂直于边界的应力为 q,如图 10-27 中的 A 点,这些都是已知的。

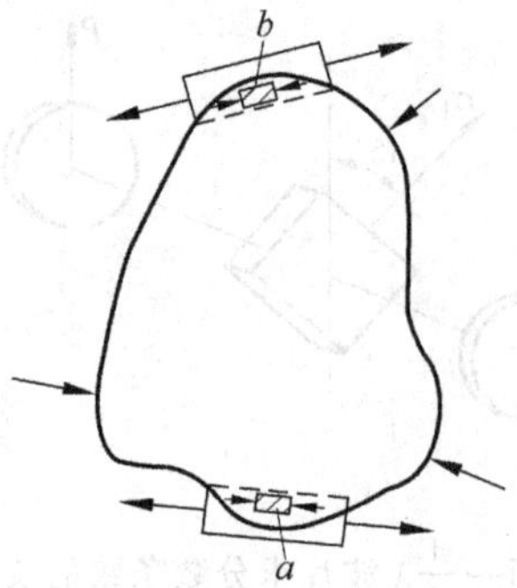

图 10-26　边界应力方向示意图

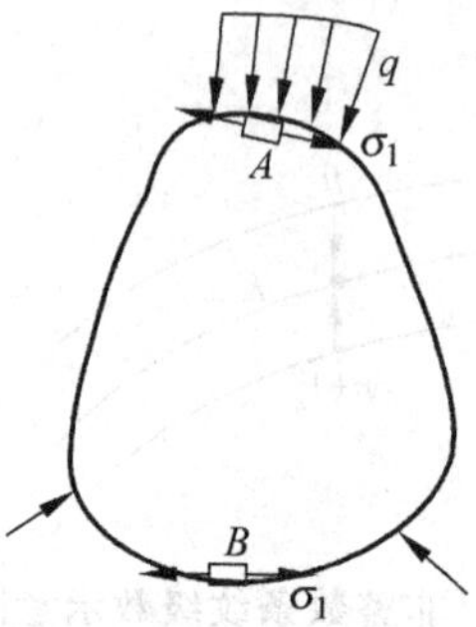

图 10-27　边界应力大小示意图

在 B 点，$\sigma_2=0$，则

$$\sigma_1 = n_B \frac{f}{\sigma} \tag{10-10}$$

在 A 点，$\sigma_2=-q$，则

$$\begin{cases} \sigma_1 - \sigma_2 = \sigma_1 + |q| = n_A \dfrac{f}{a} \\ \sigma_1 = n_A \dfrac{f}{a} - |q| \end{cases} \tag{10-11}$$

应当注意在边界上有分布荷载 q 时，并不一定就是 σ_2。决定是第一主应力还是第二主应力的方法和上面确定边界应力的符号一样，在叠加一个拉杆后，如条纹增加则为 σ_1，如条纹减少则为 σ_2，在代入式(10-11)时应注意这一点。

3）画边界应力图

边界应力的符号和大小确定后，可以按一定的比例尺沿边界画出，图 10-28 即为零件的边界应力图。

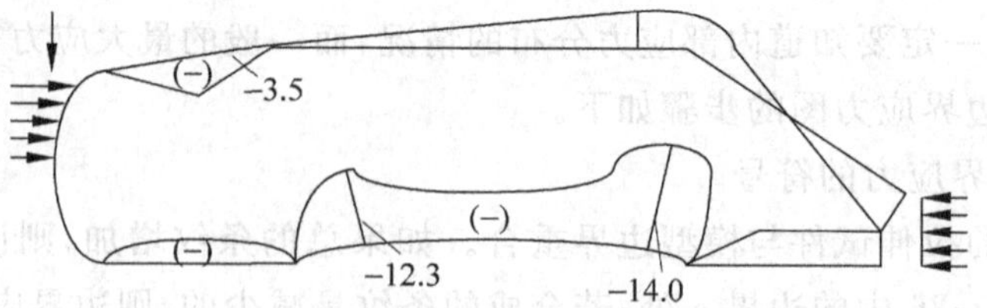

图 10-28　零件边界应力示意图

10.5.2　模型内部应力的计算

根据等色线和等倾线的资料以及边界条件可以标出内部各点的应力大小。

1. 剪应力的计算

1）剪应力的大小

根据应力图(见图 10-29)可以看出

$$\tau_{xy} = \frac{1}{2}(\sigma_1 - \sigma_2)\sin 2\theta$$

则

$$\tau_{xy} = \frac{nf}{2a}\sin 2\theta \tag{10-12}$$

其中 n 是某点的条纹级数，θ 是某点的主应力方向。

2）剪应力的方向

根据应力图，我们知道 σ_1 和 σ_x 的夹角走向(自 σ_x 起)决定了 τ_{xy} 的方向，所以只要定出 σ_1 的方向，则 σ_x 往 σ_1 的方向就是 τ_{xy} 的方向，见图 10-30。

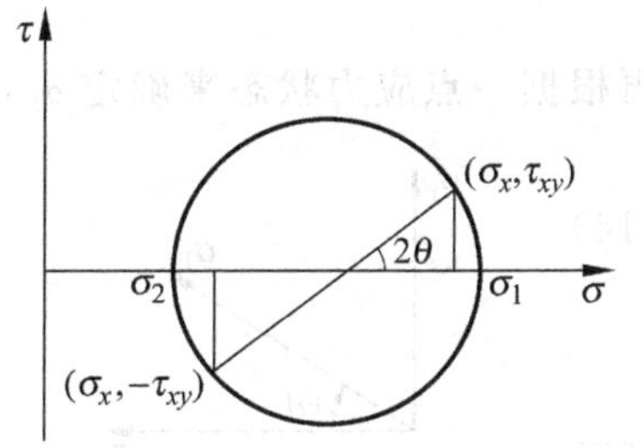

图 10-29 应力图

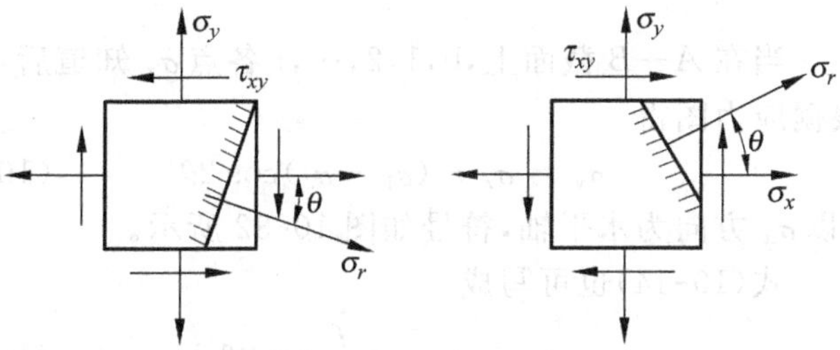

图 10-30 应力分析示意图

2. 正应力的计算

为了计算截面 $A—B$ 的正应力 σ_x，必须在截面上下各作一辅助截面，其间距为 Δy，把截面分为若干等分格，每格宽 Δx，通常取 $\Delta x = \Delta y$，见图 10-31。令 0—1 方块的上辅助截面中的 τ 为 τ_1，下辅助截面中的 τ 为 τ_1'，依次的符号见图 10-31。

根据力平衡条件有

$$\sigma_{x1} \times \Delta y = \sigma_{x0} \times \Delta y + (\tau_1 - \tau_1')\Delta x$$

$$\sigma_{x1} = \sigma_{x0} + \Delta v_1 \frac{\Delta x}{\Delta y}$$

如果令 $\frac{\Delta x}{\Delta y} = 1$，则

$$\sigma_{x1} = \sigma_{x0} + \Delta\tau_1$$

同样有

$$\sigma_{x2} = \sigma_{x1} + \Delta\tau_2, \quad \cdots, \quad \sigma_{xi} = \sigma_{x,i-1} + \Delta\tau_i$$

也可写成

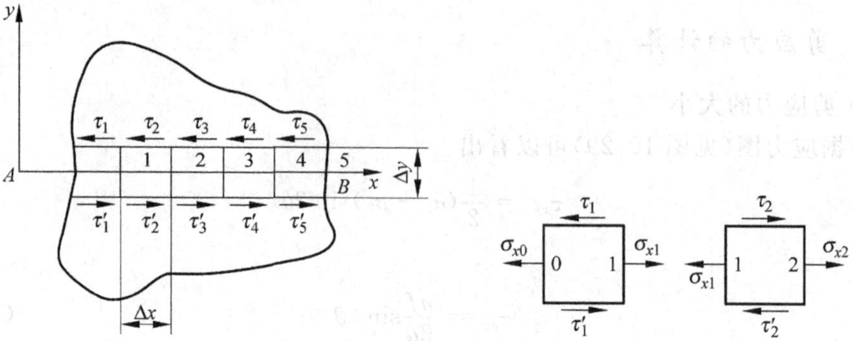

图 10-31 正应力计算示意图

$$\sigma_{xi} = \sigma_{x0} + \sum_{n=1}^{i} \Delta\tau_n \tag{10-13}$$

3. σ_y 的计算

当在 A—B 截面上，0，1，2，…，i 各点 σ_x 知道后，再根据一点应力状态来确定 σ_y，根据应力图得

$$\sigma_y = \sigma_x - (\sigma_1 - \sigma_2)\cos 2\theta \tag{10-14}$$

θ 以 σ_x 方向为水平轴，符号如图 10-32 所示。

式(10-14)也可写成

$$\sigma_y = \sigma_x - n\frac{f}{a}\cos 2\theta \tag{10-15}$$

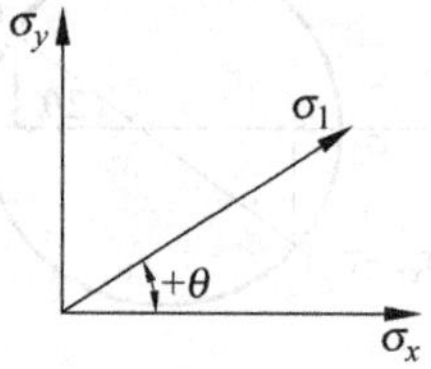

图 10-32 θ 角符号示意图

4. 应力计算实例

以受径向力 P 作用的方板为例，其尺寸如图 10-33(a)所示。今欲计算 O—P 截面的应力，其等色线及等倾线图如图 10-33(b)所示。

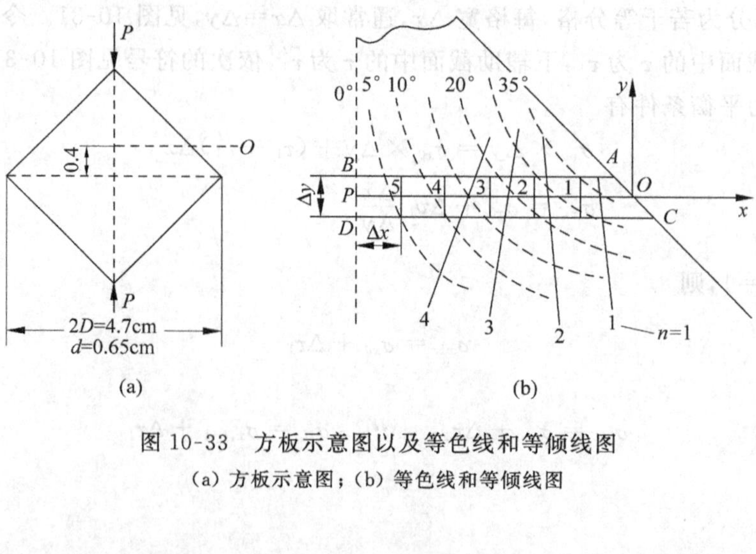

图 10-33 方板示意图以及等色线和等倾线图

(a) 方板示意图；(b) 等色线和等倾线图

计算步骤如下。

(1) 选取辅助截面 $A—B$、$C—D$，并将截面 $O—P$ 等分为六个等格，取 $\frac{\Delta x}{\Delta y}=-1$。

(2) 将等色线及等倾线沿 $A—B$、$C—D$，及 $O—P$ 截面作为分布曲线以便确定各点的 n 值和 Q 值。

(3) 在辅助截面 $A—B$、$C—D$ 的 $\frac{X}{D}=0.15,0.25,\cdots,0.55$ 处计算出 τ_{xy}，计算结果见图 10-34。

(4) 考虑起点 O 处一小单元力的平衡，见图 10-35 所示。

$$\sigma_x \times \Delta\varphi = 0.62\frac{\Delta x}{2} - \left(0.41\frac{\Delta x}{2} + 0.31\Delta x\right)$$

$$\sigma_{x1} = (0.31 - 0.205 - 0.31)\frac{\Delta x}{\Delta y} = -0.2\frac{\Delta x}{\Delta y} = -0.2\left(因为\frac{\Delta x}{\Delta y}=1\right)$$

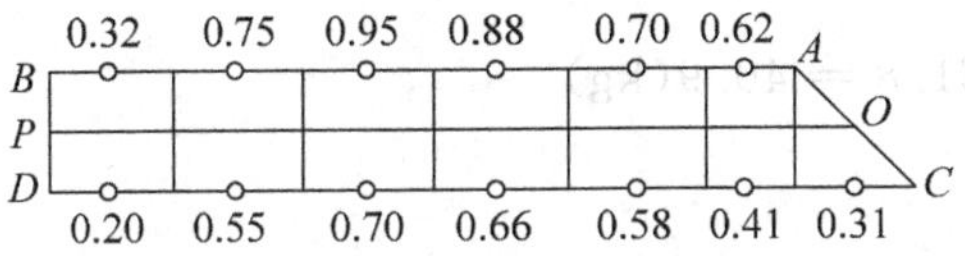

图 10-34 辅助截面计算结果图

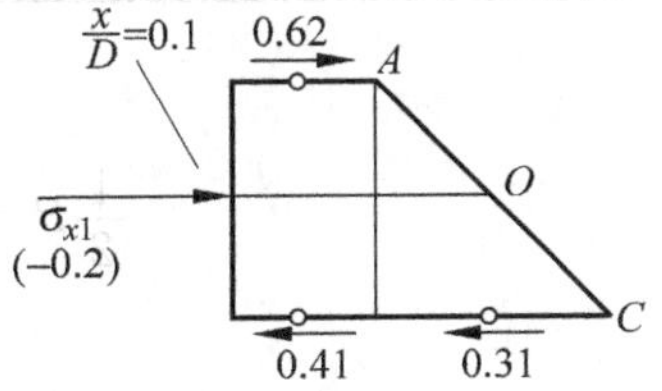

图 10-35 正应力图

这个正应力就是 $O—P$ 截面上 $\frac{X}{D}=0.1$ 处的正应力，见图 10-35 所示。然后根据式(10-13)依次标出 $\frac{X}{D}=0.2,0.3,\cdots$ 处的 σ_x。

(5) 计算 $\frac{x}{b}=0.1,0.2,\cdots,0.6$ 处各点的 σ_y。公式为

$$\sigma_y = \sigma_x - n\frac{f}{a}\cos 2\theta$$

应注意此时 n 和 Q 值都应取 $O—P$ 截面上 0.1,0.2,…,0.6 处的 n、Q 值。计算结果见表 10-2。

(6) 最后进行平衡校核

根据 y 方向的合力平衡条件，有

$$\sum_{n=0}^{\rho}(\sigma_y)n\Delta x \cdot d = \frac{1}{2}P$$

$$\sum_{n=0}^{P}(\sigma_y)n = \frac{1}{2}\times 0.4 + 0.94 + 1.49 + 2.19 + 3.02 + 3.77 + \frac{1}{2}\times 4.01$$

$$x\Delta x\frac{f}{a} = 13.62\times 0.235\times 20 = 41.6(\text{kg})$$

表 10-2　应力计算结果

<table>
<tr><td>$\frac{x}{D}$</td><td colspan="2">0.55</td><td colspan="2">0.45</td><td colspan="2">0.35</td><td>0.25</td><td>0.15</td><td>0.1</td><td>0</td><td>$\frac{x}{b}$点</td></tr>
<tr><td>$\frac{\Delta x}{\Delta y}$</td><td colspan="2">$-1$</td><td colspan="2">$-1$</td><td colspan="2">$-1$</td><td>$-1$</td><td>$-1$</td><td></td><td></td><td>$\frac{\Delta x}{\Delta y}$</td></tr>
<tr><td>τ_{AB}</td><td colspan="2">0.32</td><td colspan="2">0.75</td><td colspan="2">0.95</td><td>0.88</td><td>0.70</td><td></td><td></td><td>τ_{AB}</td></tr>
<tr><td>τ_{CD}</td><td colspan="2">0.20</td><td colspan="2">0.55</td><td colspan="2">0.70</td><td>0.66</td><td>0.58</td><td></td><td></td><td>τ_{CD}</td></tr>
<tr><td>$\Delta\tau\left\|\frac{\Delta x}{\Delta y}\right\|$</td><td colspan="2">0.12</td><td colspan="2">0.20</td><td colspan="2">0.25</td><td>0.22</td><td>0.12</td><td></td><td></td><td>$\Delta\tau\left\|\frac{\Delta x}{\Delta y}\right\|$</td></tr>
<tr><td>σ_x</td><td>0.71</td><td colspan="2">0.59</td><td colspan="2">0.39</td><td>0.14</td><td>-0.08</td><td></td><td>-0.20</td><td>-0.40</td><td>σ_x</td></tr>
<tr><td>σ_y</td><td>-4.01</td><td colspan="2">-3.77</td><td colspan="2">-3.02</td><td>-2.19</td><td>-1.49</td><td></td><td>-0.94</td><td>-0.40</td><td>σ_y</td></tr>
<tr><td>$\frac{x}{D}$</td><td>0.6</td><td colspan="2">0.5</td><td colspan="2">0.4</td><td>0.3</td><td>0.2</td><td></td><td>0.1</td><td>0</td><td>$\frac{x}{D}$点</td></tr>
</table>

而

$$\frac{1}{2}P=\frac{1}{2}\times 81.8=40.9(\text{kg})$$

误差

$$\eta=\frac{41.6-40.9}{40.9}=\frac{0.7}{40.9}\approx 1.7\%$$

可以看出误差很小。

平面光弹性实验的误差一般可以在5%以内，但必须对等色线、等倾线进行仔细的测量，在每一个测量和计算步骤中都应一丝不苟，否则不可能获得满意的结果。

10.6　一般光弹仪中的若干问题

10.6.1　光弹性模型的成像

当透镜对任意一个物体成像时，总是会聚物体上任一点射出的所有光线然后集中在幕上的一个点，见图 10-36。

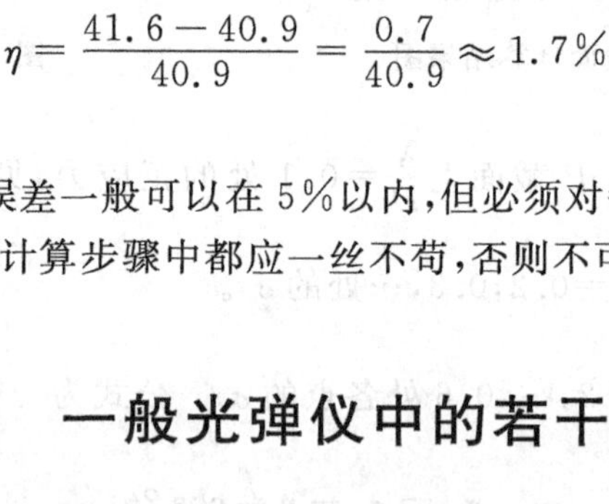

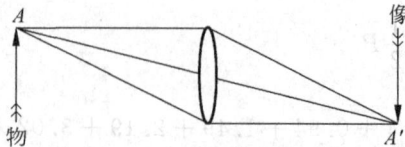

图 10-36　透镜成像原理图

在光弹性实验中光不是由模型本身发出的，它们是由光源发出，在通过模型时受到相对的减速并通过分析镜由此而产生图案。光弹性模型的像是由成像透镜会聚通过光弹性模型中个点的光锥，而成像于屏幕，光锥的大小决定于光源和透镜的安排。其成像原理见图 10-37。

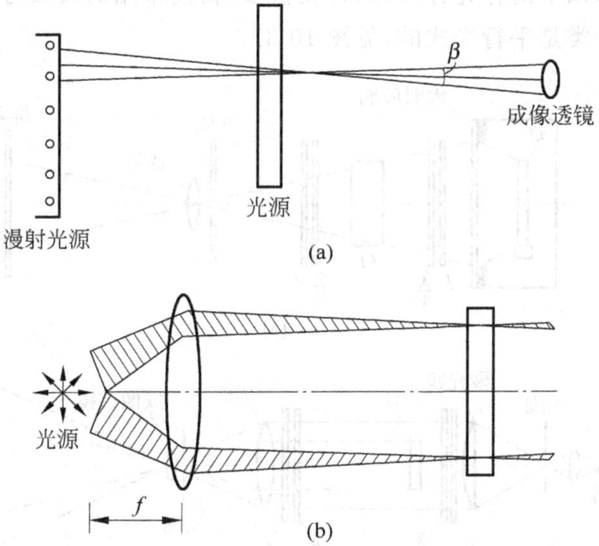

图 10-37 光弹性成像图

图 10-37(a)是漫射式光源对模型引起的光锥，图(b)是平行光系统所引起的光锥，正是由于这种光锥的照射才能在屏幕上成像。在平行光系统中这种光锥是由于灯源具有一定的尺寸而造成的。真正的点光源是不存在的，因此也不会有纯粹的平行光。幕平面与模型的中间平面必须在成像透镜的共轭平面上，见图 10-38，而不是任意的位置。

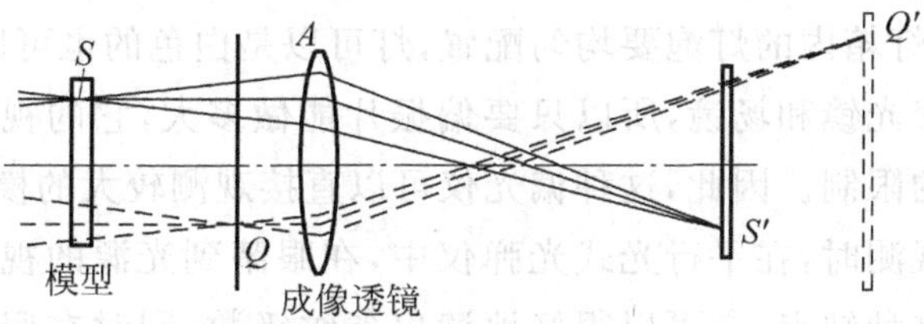

图 10-38 成像位置示意图

只有将模型成像在屏幕上才能得到模型上各点相对应的干涉条纹，事实上也只有这样才能得到明晰的条纹图案，否则屏幕上将是模糊不清而毫无意义。比如有人认为应对准分析镜 A，因为在 A 后发生干涉。在图 10-38 中对应 A 平面上的 Q 的点，我们可以看出在幕上 Q' 点的效果是通过模型上很大面积的综合效果，没有任何意义，而且不会出现清晰的图案。

10.6.2 光弹性仪器的装置

光弹性仪器(以下简称光弹仪)的种类很多，目前常用的大致可分为两类，一类是漫射光源式的，一类是平行光式的，见图 10-39。

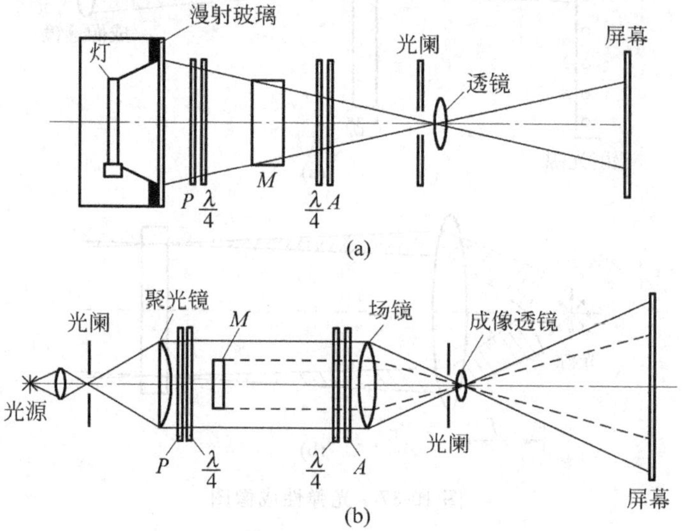

图 10-39 光弹仪光路图

(a) 漫射式；(b) 平行光式

这两种光弹仪各有优缺点，下面分别加以讨论。

1) 漫射式光弹仪(见图 10-40)

漫射式的光源是在灯箱前面加一块乳白玻璃而组成。它的平面尺寸可以很大，为了使光场均匀，灯箱内的灯泡要均匀配置，灯可以是白色的也可以是单色的。由于这种仪器不需要聚光镜和场镜，所以只要偏振片能做多大，它的视场也就可以多大，这不受透镜尺寸的限制。因此，这种偏光仪可以直接观测较大的模型。

用眼睛直接观测时，在平行光式光弹仪中，在眼睛到光源的视线内有闪光现象，在漫射式中没有这种缺点，它可以很好地读出条纹级数；同时在照相时，漫射式可以照出反差很好的优良照片。

由于漫射光不是平行的，在模型各点将会出现“斜射效应”和“光锥效应”。

第一种效应是由于倾角小所造成的，叫“斜射效应”。光线不是垂直地通过模型，它与模型上 S 距中心轴的距离有关，也就是与射线 SK 和水平轴的倾角有关(K 点是透镜的中心)。当用眼睛直接观察时，我们总是用眼睛或将望远镜筒垂直地对准

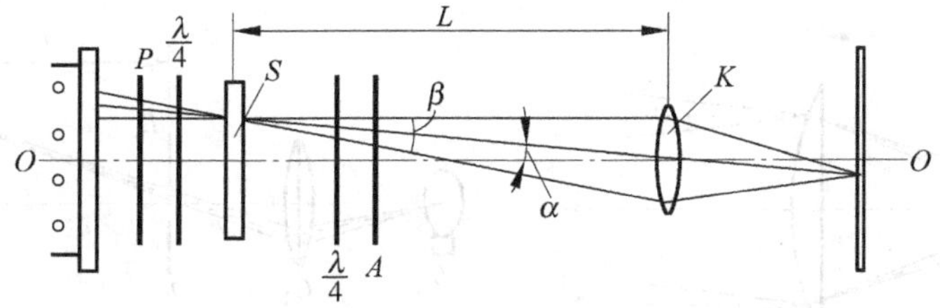

图 10-40 漫射式光路图

S 点，所以可以避免这种效应引起的误差，见图 10-41。

第二种效应决定于透镜的直径 D 和透镜与模型的距离 L，所以我们可以采用缩小透镜的孔径或者增大 L 的办法，使这种效应减至最小。一般来讲如用眼睛直接观测时，眼睛瞳孔的直径约 2～10 mm，这种光锥效应是很小的，可以足够精确地读出条纹级数。

在照相时，镜头往往都是在中心轴 O—O 上，我们只要将照相机透镜距离模型远些，并在照相镜头前加一个光束，这样也可以得到较精确的结果，见图 10-42。

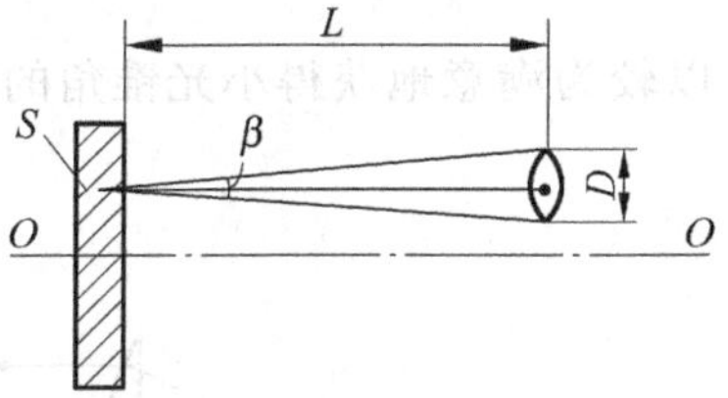

图 10-41 斜射效应

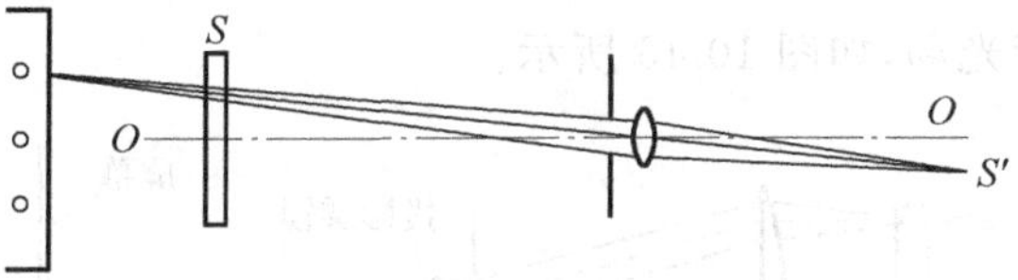

图 10-42 减小光锥效应

所以在漫射式光弹仪中需要长焦距照相机镜头。另外光源尺寸要足够大，以使模型边缘点光锥能落于成像透镜内，否则不能照出全相。如果模型很大要用照片作为计算的依据，在有些地方是不够精确的，但是一般我们总是用能作三维移动的望远镜来精确地读出各点的数值。

2）平行光式光弹仪

平行光系统的目的主要是为了消除“斜射效应”，其典型装置如图 10-39(b)所示。它可以保证光线通过模型时基本上是平行的(或者说垂直于模型平面)，根据 10.1 节的讨论我们知道它同样有光锥效应，也就是说图像上一点的干涉效果实际上是通过该点的光锥所引起的综合效果。为了使图像更接近一点的真实情况，必须使光锥尽可能地小。使光锥缩小的办法，通常是在光源和聚光镜间加一个光束，光束的位置应放在聚光镜的焦距上，以保证光锥轴平行。但是如图 10-43 所示，通过聚光镜的不同面积上的光是从灯的不同面积上射来的，这就会造成视场不均匀的照度。

另一种改进的办法如图 10-44 所示，用一个辅助聚光镜 C_1 在聚光镜 C_2 的主焦点平面上造成一个灯的实像。如果将光束放在该平面内，则光束的孔径就被转化为

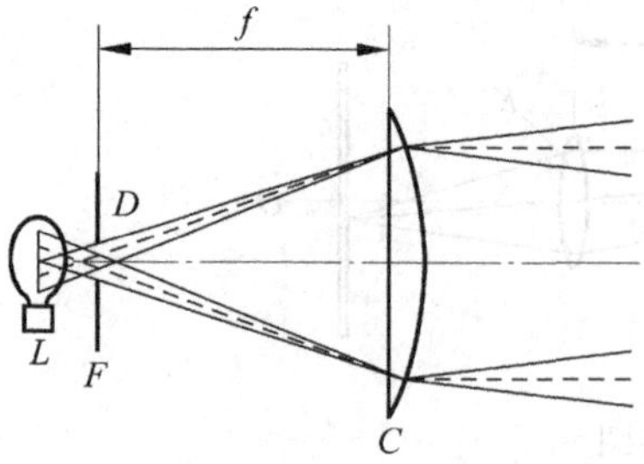

图 10-43 造成视场不均匀照度示意图

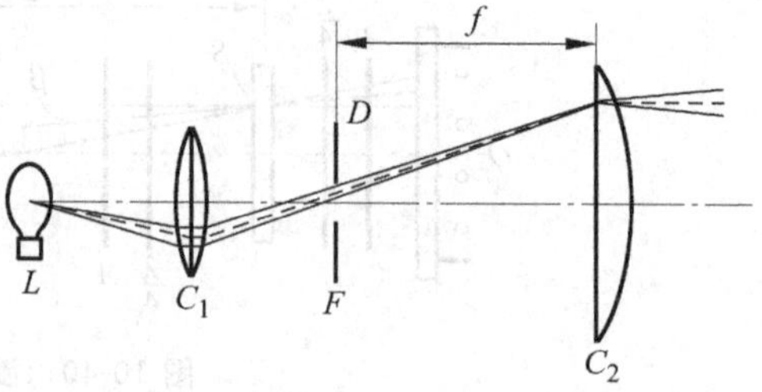

图 10-44 改进方法示意图

一个实际的小源，但是由于光束的作用，光源的照度将明显地减少。

另一种缩小光锥的办法是在成像透镜前加一个可变光束，这种办法更为有效，因为在聚光镜所产生的光锥通过模型和其他镜片时总会产生一些散射现象使得光锥扩大，光束加在成像透镜前可以最后控制光锥的大小，见图 10-45。当然用两个光束(指光源光束和投影透镜光束)效果会更好一些。

还有其他改变光锥角度的方法，如将模型尽量离聚光镜远一些，可以得到较小的光锥。

以足够能量的激光源作为光弹性仪的光源时可以较为满意地获得小光锥角的平行光场，如图 10-46 所示。

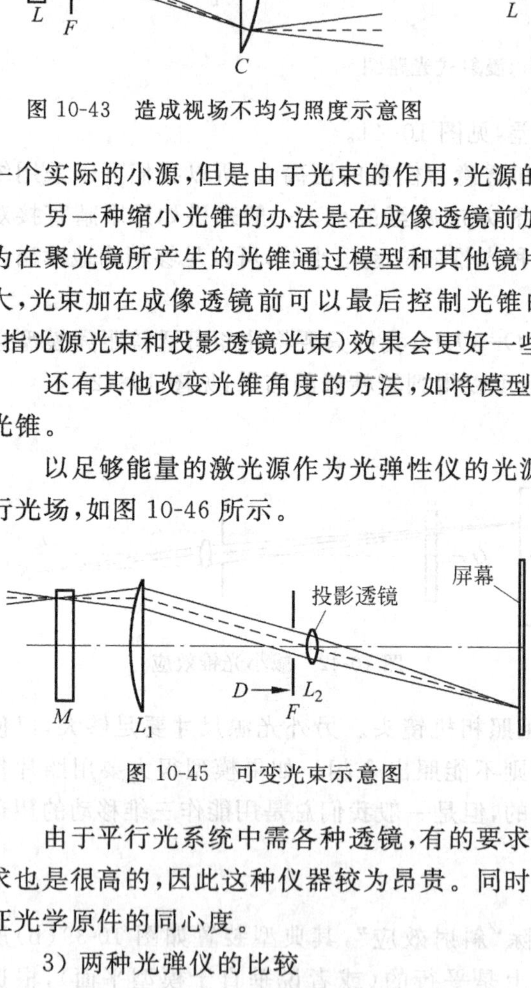

图 10-45 可变光束示意图

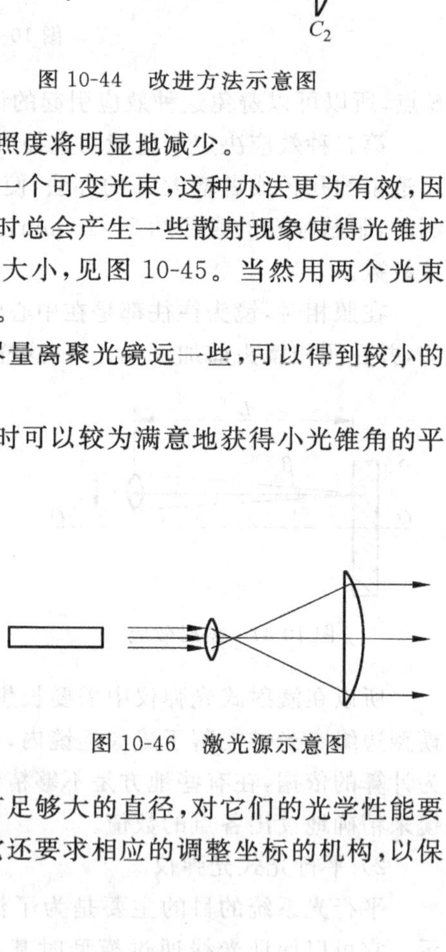
图 10-46 激光源示意图

由于平行光系统中需各种透镜，有的要求有足够大的直径，对它们的光学性能要求也是很高的，因此这种仪器较为昂贵。同时它还要求相应的调整坐标的机构，以保证光学原件的同心度。

3）两种光弹仪的比较

表 10-3 比较了两种光弹仪的主要特性。

表 10-3 两种光弹仪的主要特性

性　质	漫 射 式	平 行 光 式
斜射效应	有，直读时可以消除	基本上没有
光锥效应	有，可以减小	有，可以减小
直读条纹	可以很好地读出条纹数	有闪光干扰
照相的质量	反差好，可以一次照出大模型的相	稍差，大模型需分部照相

续表

性　　质	漫　射　式	平 行 光 式
全部模型条纹的观看	可以很多人直接看模型	可以将像放大在屏幕上观看
装备	简单	较复杂、精密并要有高质量的透镜
价格	便宜	昂贵

对照表 10-3 可知，漫射式的主要优点是视场大、简便，并有足够的精度，是值得推广的一种仪器，目前在很多国家内使用很普遍。平行光式的主要优点是可以避免“斜射效应”，特别是在要以照片作为计算依据时使用它误差较小。

10.7　三向光弹性的一般方法

10.7.1　三向应力状态的光力定律

1. 次主应力的概念

在三向问题中取某个单位体元，对于任一组坐标轴来说，一般存在着 6 个应力分量，见图 10-47，即 σ_x、σ_y、σ_z、τ_{xy}、τ_{xz}、τ_{yz}。次主应力和方向有关，我们把关于给定方向(i)的次主应力定义为：位于与给定方向(i)相垂直的平面内的应力分量所形成的主应力叫做次主应力，以 σ'_1、σ'_2 表示之。比如 z 轴的次主应力就是由应力分量 σ_x、σ_y、τ_{xy} 所形成的主应力，其大小为

$$(\sigma'_1-\sigma'_2)_z=\frac{\sigma_x+\sigma_y}{z}\pm\frac{1}{2}\sqrt{(\sigma_x-\sigma_y)^2+4\tau_{xy}^2}$$

次主应力的方向为

$$\tan(2\theta)_z=\frac{2\tau_{xy}}{\sigma_x-\sigma_y}$$

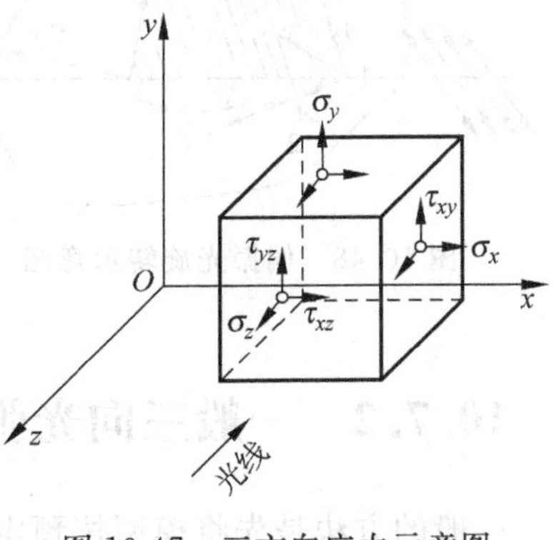

图 10-47　三方向应力示意图

有时也称 z 方向的次主应力为 x、y 平面内的次主应力，因为它们并不一定是该点的真正主应力，所以用“次主应力”称之以示区别。

应当看到，对于三向问题中每一点来说主应力只有 3 个，而次主应力是随所选择的平面(或者说所选择的方向)而变的。次主应力可以有无穷多个，对于一个指定的方向来说次主应力只有一对。

2. 三向应力状态的光力定律

(1) 偏振光进入受力模型时，沿着入射点的次主应力方向分解为两个平面偏振光(这里所说的次主应力是指沿着入射方向的次主应力)。

(2) 如果模型内的次主应力是旋转的，这两个偏振光跟着旋转而不改变其振幅(见图 10-48)。

(3) 这两个偏振光的光程差与光路过程中的次主应力成正比，与模型的厚度成正比，其数学表示式为

$$\Delta = C\int_0^t (\sigma_1' - \sigma_2')\,\mathrm{d}t \tag{10-16}$$

如果沿入射方向的厚度很小，可以近似地看做应力沿厚度是均匀的，则光程差

$$\Delta = C(\sigma_1' - \sigma_2')t \tag{10-17}$$

等色线条纹级数和次主应力的关系为

$$\sigma_1' - \sigma_2' = n\frac{f}{\pi} \tag{10-18}$$

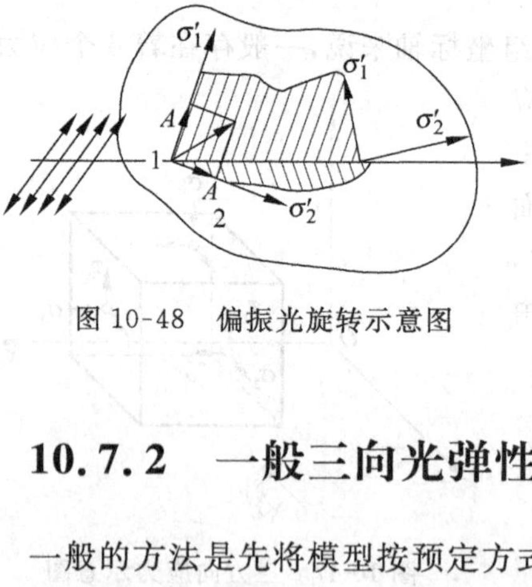

图 10-48　偏振光旋转示意图

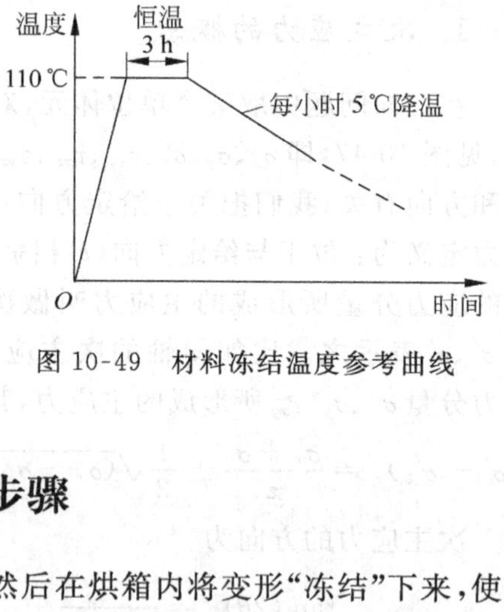

图 10-49　材料冻结温度参考曲线

10.7.2　一般三向光弹性实验步骤

一般的方法是先将模型按预定方式加载，然后在烘箱内将变形“冻结”下来，使去载后条纹仍保留在模型内。以后再依据研究方法和实验要求切成薄片，逐片进行分析，最后把各片联系起来得到全面的结果。

模型在烘箱内进行“冻结”时，冻结温度应高于模型材料的固化温度。图 10-49 所示为某种材料的模型“冻结”温度参考曲线。

10.7.3　用切力差法求三向问题的应力分量

这种方法与平面问题的切力差法相同，只是因为在三向问题中应力分量增加了，平衡方程有所不同。另外要求得一点的应力状态往往需要用几个同样的模型，对几

个方向的切片进行观测。

1) 应力平衡方程(见图 10-50 所示)

根据应力体元的应力状态,在不考虑体积力的情况下,沿 x 方向的平衡方程为

$$\frac{\partial \sigma_x}{\partial x}+\frac{\partial \tau_{xy}}{\partial y}+\frac{\partial \tau_{xz}}{\partial z}=0$$

积分后相邻两点 σ_x 的关系式为

$$\sigma_{x1}=\sigma_{x0}-\int_0^1 \frac{\partial \tau_{xy}}{\partial y}\mathrm{d}x-\int_0^1 \frac{\partial \tau_{xz}}{\partial z}\mathrm{d}x$$

上式可近似地写成

$$\sigma_{x1}=\sigma_{x0}-\frac{\Delta \tau_{xy}}{\Delta y}\Delta x\bigg|_1^0-\frac{\Delta \tau_{xz}}{\Delta z}\Delta x\bigg|_0^1$$

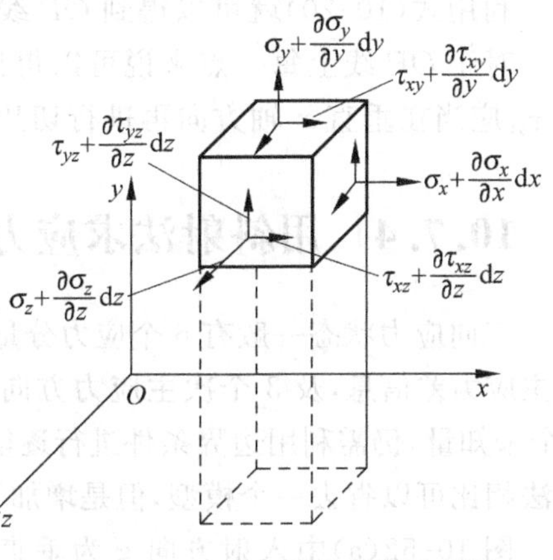

图 10-50 应力平衡方程示意图

为了方便起见,我们取 $\Delta x=\Delta y=\Delta z$,于是上式可写成

$$\sigma_{x1}=\sigma_{x0}-\Delta \tau_{xy}\bigg|_0^1-\Delta \tau_{xz}\bigg|_0^1 \tag{10-19}$$

同理,有

$$\sigma_{xi}=\sigma_{x0}-\sum_0^i \Delta \tau_{xy}-\sum_0^i \Delta \tau_{xz} \tag{10-20}$$

2) 截面上应力的计算

现在考虑在模型上某截面 OP 线上应力的计算,如图 10-51 所示。

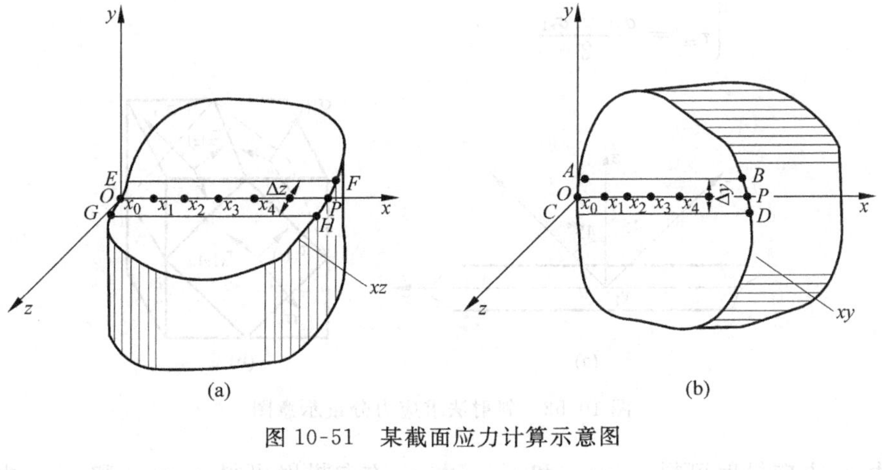

图 10-51 某截面应力计算示意图

垂直 y 轴方向切片,并沿 y 轴方向观测可以得到各点的 $\sigma_x-\sigma_z$ 和 τ_{xz}。

另外再在另一同样受力的模型上垂直 z 轴切片,见图 10-51(b),并沿 z 轴方向观测,可以得到各点的 $\sigma_x-\sigma_y$ 和 τ_{xy}。

根据与平面问题相同的处理可以得到各段之间的 $\Delta\tau_{xy}$、$\Delta\tau_{xz}$。

利用式(10-20)就可以得到 OP 线段上各点的 σ_x，同样可以求出 σ_y 和 σ_z。

对于 OP 线上每一点来说可以得出 σ_x、σ_y、σ_z、τ_{xy}、τ_{xz}，但是 τ_{yz} 还得不出来，要得到 τ_{yz} 应当在垂直 x 轴方向再进行切片，或者利用斜射法求出。

10.7.4 用斜射法求应力分量

三向应力状态一般有 6 个应力分量，对薄片中的测点进行三次投射可以得到 3 个次主应力差信息，及 3 个次主应力方向。但其中只有 5 个信息是独立的，因此要解出 6 个未知量，仍需利用边界条件进行逐段平衡求出全部未知量。这种方法与 10.5 节的方法相比可以省去一个模型，但是增加了斜射技术上的困难，其原理简述如下。

图 10-52(a)中入射方向 z 为垂直投射，x_1、z_1 方向各与 z 轴成 45°角，则应力分量间的关系为

$$\begin{cases}\sigma_x-\sigma_y=\dfrac{1}{2}(\sigma_{x1}-\sigma_{y1})-\dfrac{1}{2}(\sigma_{y1}-\sigma_{z1})-\tau_{x1z1}\\[2ex]\sigma_y-\sigma_z=\dfrac{1}{2}(\sigma_{y1}-\sigma_{z1})-\dfrac{1}{2}(\sigma_{x1}-\sigma_{y1})-\tau_{x1z1}\\[2ex]\sigma_z-\sigma_x=2\tau_{x1z1}\\[2ex]\tau_{xy}=\dfrac{\sqrt{2}}{2}(\tau_{x1y1}-\tau_{y1z1})\\[2ex]\tau_{yz}=\dfrac{\sqrt{2}}{2}(\tau_{x1y1}+\tau_{y1z1})\\[2ex]\tau_{xz}=\dfrac{\sigma_{x1}-\sigma_{z1}}{2}\end{cases}\tag{10-21}$$

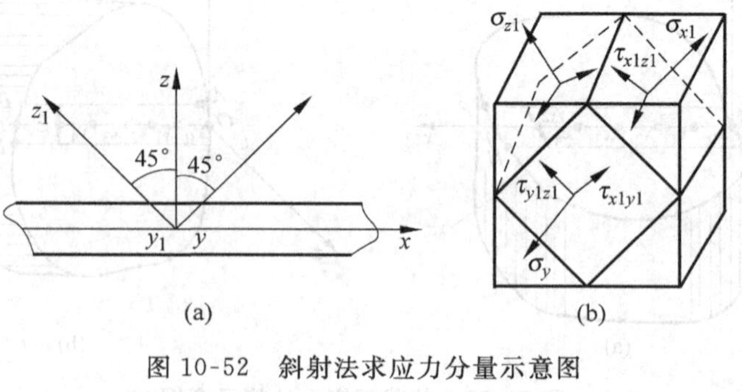

图 10-52 斜射法求应力分量示意图

其中由 z_1 方向投射可得 $\sigma_{x1}-\sigma_{y1}$ 和 τ_{x1y1}，由 x_1 方向投射可得 $\sigma_{y1}-\sigma_{z1}$ 和 τ_{y1z1}，由 z 方向投射得 $\sigma_x-\sigma_y$ 和 τ_{xy}。

式(10-21)中：

$$\sigma_{x1}-\sigma_{y1}=(\sigma_1'-\sigma_2')_z\cos 2\theta_z=n_z\cos 2\theta\left(\frac{f}{t_z}\right)$$

$$\tau_{x1y1} = (\sigma'_1 - \sigma'_2)_z \sin 2\theta_z = n_z 2\theta_z \left(\frac{f}{t_z}\right)$$

其他诸量均类似，可从不同方向的等色线和等倾线求出。

如果是平面问题，式(10-21)中

$$\sigma_z = 0, \quad \tau_{yz} = \tau_{xz} = 0, \quad \sigma_{x1} = \sigma_{z1}, \quad \tau_{x1y1} = \tau_{y1z1} = \frac{1}{\sqrt{2}}\tau_{xy}$$

这样公式可约简为

$$\sigma_x = -2\tau_{x1z1} = 2[(\sigma_x - \sigma_y) - (\sigma_{x1} - \sigma_{y1})]$$

而

$$\sigma_y = \sigma_x - (\sigma_x - \sigma_y)$$

可以看出，只要一次正射和一次斜射就可以求出 σ_x、σ_y、τ_{xy}，而无需数值积分，因而可以避免积累误差。

10.8 散光法

10.8.1 散光的产生

当电磁波通过一比波长尺寸小得多且带电荷的质点时，此质点就会被该波的电场所激动。如果入射波的频率和质点的固有频率不同，这时质点的运动将是一种强迫振动，它的频率和入射波的频率一样，但振幅要小得多。

当质点被迫振动后就会产生以这个质点为中心的球形波，但该球形波阵面上各点的振幅并不同。电磁波一定要是横波，因此振动方向要在波阵面上并且要和传播方向垂直，如图 10-53 所示。

由于 e 的振动不能产生沿 CE 方向的振动干扰，所以在入射光方向的横场面 $AFGD$ 上产生了平面偏振光。在 A、F、G、D 圆周上各点振幅相同，在所有其他方向上散射光只是部分偏振的。

如果入射光是一平面偏振光，则其情形如图 10-54 所示，e 的振动在所有的方向都产生平面偏振。振动产生在包含 AG 轴的场内，振动方向和辐射方向垂直，振幅为

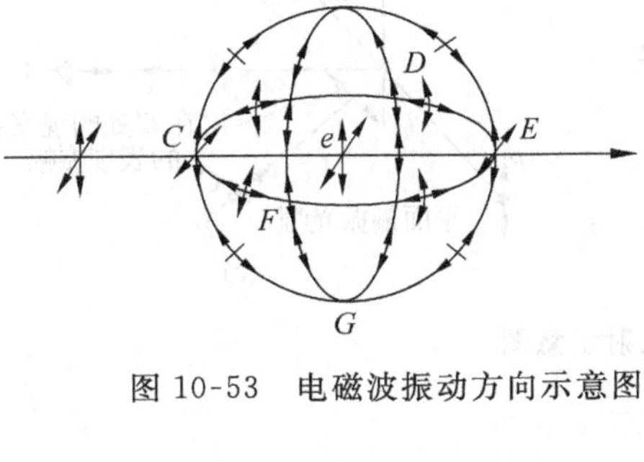

图 10-53 电磁波振动方向示意图

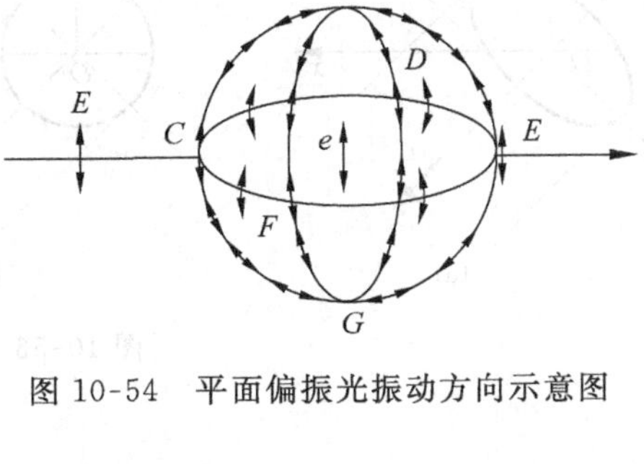

图 10-54 平面偏振光振动方向示意图

e 点的振幅在该方向的投影。如 A、G 点振幅为零，C、F、E、D 诸点振幅均为最大，和 e 点振幅相等。

当入射光为一椭圆偏振光时，e 点即产生椭圆偏振，在 $AFGD$ 横场面内仍产生平面偏振光，而在其他所有方向一般均为椭圆偏振。

10.8.2　散光的性质

散光的性质如下。

(1) 光波通过比波长尺寸小得多的质点时（如超微烟尘及透明介质的分子、原子）就会产生散射，散射的强度和入射光强成正比，和质点体积的平方成正比，并和入射波的 $\frac{1}{\lambda^4}$ 成正比。

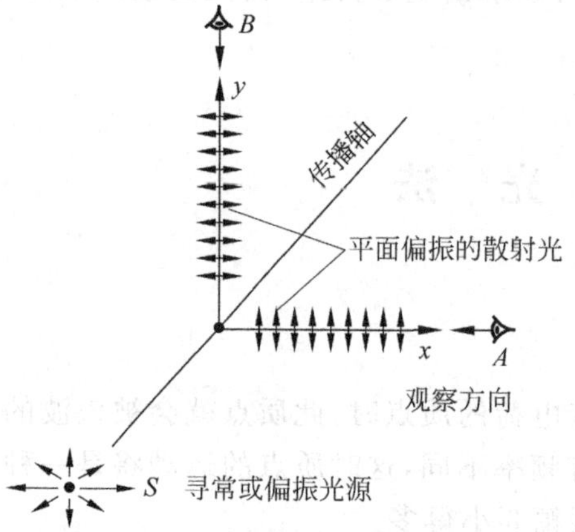

图 10-55　用散射使寻常光线偏振

(2) 普通光入射：在垂直于入射光方向的横场面内散光是平面偏振的，在横场面内各个方向振幅相等（见图 10-55）。

(3) 偏振光入射：横场面内永远是平面偏振光。散射光的强度与表现振幅 A_S 的平方成正比。图 10-56(a)中为一般椭圆偏振光入射的情形，其中 A_S 为表现振幅。

椭圆偏振的特殊情形之一是圆偏振，如图 10-56(b)所示，其表现振幅各个方向相同，没有光强的差别。另一特殊情形为平面偏振，如图 10-56(c)所示。可以看出在 A 处观察时振幅最大的光最强；在 B 处观察振幅为零，则看不见光；在 C 处看时，其强度和表现振幅的平方成正比。

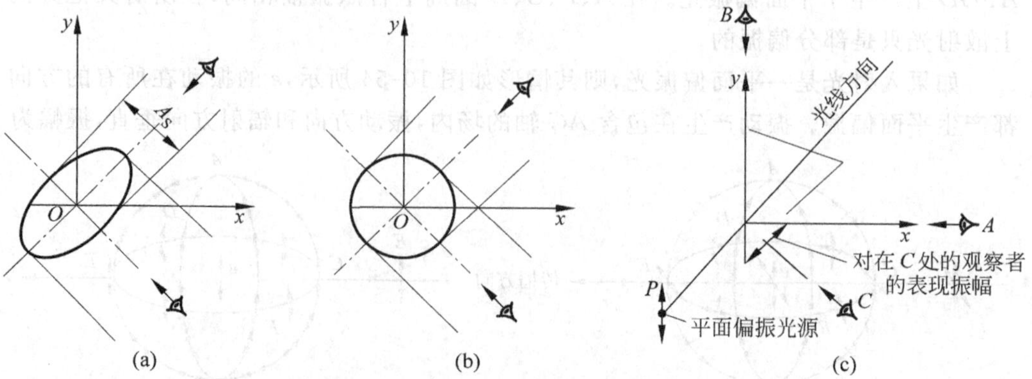

图 10-56　偏振光入射示意图

10.8.3 用散光作为偏光镜

利用散光的平面偏振性质，我们把它用在光弹性中最简便的方法是用它来代替偏光镜。图 10-57 是这种方法的简视图。

当普通光通过 P 点入射进入模型时，在垂直于入射光的方向产生平面偏振光。我们考虑由模型在 Q 点所产生的效果：Q 点所产生的平面偏振光将沿着 QR 方向透出模型，沿着 QR 光路上的 σ_1' 和 σ_2' 分解并产生光程差。如果我们在 QR 方向设置一分析镜，将可以看见等色线。此时 Q 点的散光相当于偏振镜的作用，和一般光弹性方法相似，可得条纹级数与主应力差之间的关系：

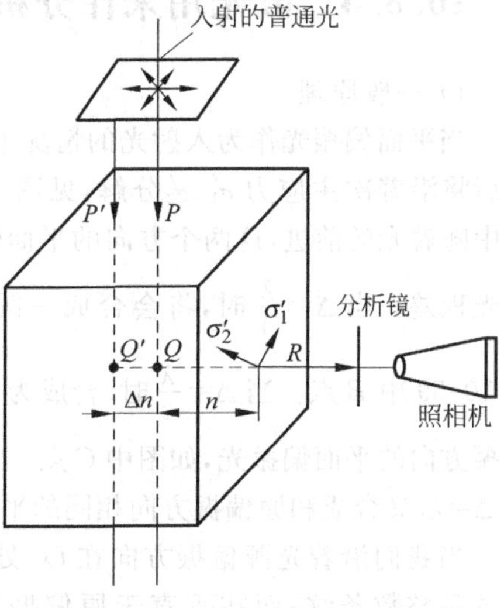

图 10-57 散光偏振示意图

$$N_{QR}\frac{f}{t}=(\sigma_1'-\sigma_2')_{QR}$$

$$N_{QR}=\frac{t}{f}(\sigma_1'-\sigma_2')_{QR}$$

式中，$(\sigma_1'-\sigma_2')_{QR}$ 是指路程内次主应力差的平均值，并未考虑旋转效应。

如果光从 P' 点入射，则 $Q'R$ 路程上总的条纹为

$$N_{Q'R}=\frac{t+\Delta t}{f}(\sigma_1'-\sigma_2')Q'R=\frac{1}{f}[t(\sigma_1'-\sigma_2')QR+\Delta t(\sigma_1'-\sigma_2')QQ']$$

在 QQ' 间距内产生的附加条纹为

$$\Delta N=N_{Q'R}-N_{QR}=\frac{1}{f}[\Delta t(\sigma_1'-\sigma_2')QQ']$$

在 QQ' 间的主应力差

$$(\sigma_1'-\sigma_2')QQ'=f\frac{\Delta N}{\Delta t} \tag{10-22}$$

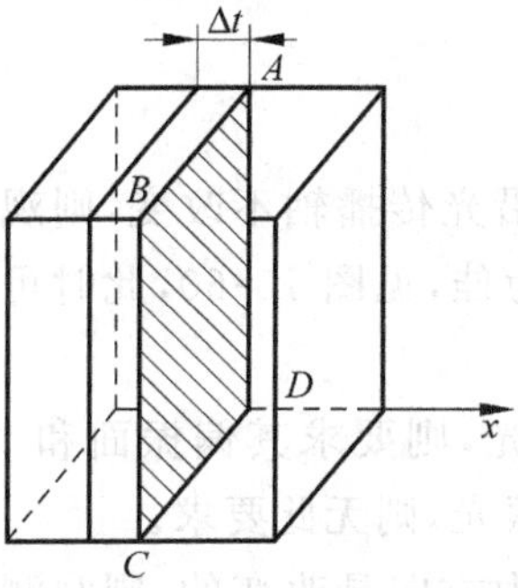

图 10-58 入射光示意图

在实际应用时，入射光常常是一个光片，见图 10-58，将模型移动一个距离 Δt 将会得到厚度为 Δt 的 $ABCD$ 薄片内各点的等色线资料。如果将模型绕 x 轴旋转还可得出不同度数的等倾线，在模型内次主应力方向旋转情况下则需要同时旋转分析镜来寻找不同度数的等倾线。此时，等倾线的度数并不决定于分析镜的倾角而只决定于模型的倾角，所测得的等倾线代表入射面 $ABCD$ 上各点次主应力的方向。

由上面讨论可以看出，这种方法和普通光弹方法类似，只是偏振光的产生不是用偏振片而是利用散光的偏振性质。

这种方法用于三向问题中可以免除切片。

10.8.4 散光用来作分析镜

1）一般原理

当平面偏振光作为入射光的情况下，它进入模型后将沿着次主应力 σ_1'、σ_2'分解，见图 10-59，在模型中随着光的前进，这两个方向的平面偏振光将产生光程差。当 $\Delta=\dfrac{\lambda}{4}$时，将会合成一圆偏振光，如图 10-59 中 B 点。当 $\Delta=\dfrac{\lambda}{2}$时，合成为一垂直于原偏振方向的平面偏振光，如图中 C 点。当到达 E 点时 $\Delta=\lambda$，又合成和原偏振方向相同的平面偏振光。

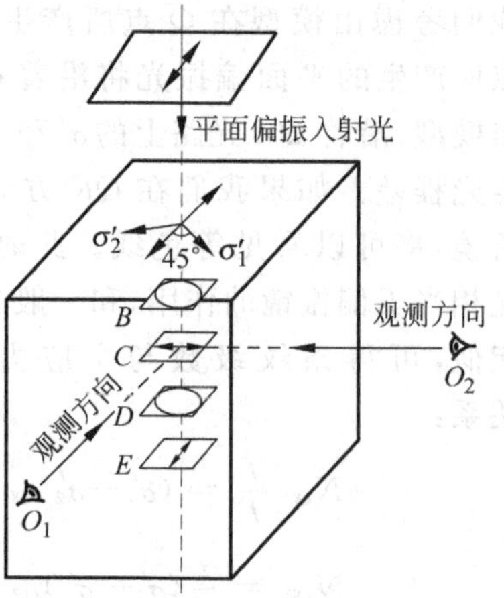

图 10-59 平面偏振光原理图

当我们沿着光源偏振方向在 O_1 处观测时，看到的是整数条纹，而在垂直于原偏振光向，如 O_2 处，观测时将看到半数条纹。

等色线条纹级数和次主应力的关系为

$$n=\frac{1}{f}\int_0^t(\sigma_1'-\sigma_2')\mathrm{d}t$$

$$\frac{\mathrm{d}n}{\mathrm{d}t}=\frac{1}{f}(\sigma_1'-\sigma_2')$$

$$\sigma_1'-\sigma_2'=f\frac{\mathrm{d}n}{\mathrm{d}t}=f\frac{\Delta n}{\Delta t} \tag{10-23}$$

在这种方法中我们可以看到沿光路的光程差积累过程，而一般透射法只看到各点沿厚度的最后积累光程差，在此方法中光路上各点的次主应力差大小并不与条纹级数大小有关，而是和条纹的密度有关。

2）等色线的观测

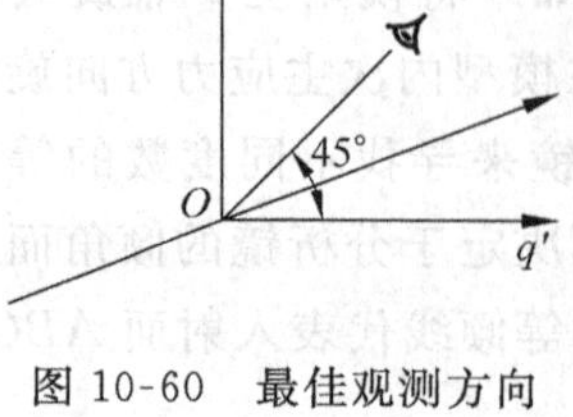

图 10-60 最佳观测方向

在模型内如次应力方向沿光传播轴不改变，则观测方向宜和次主应力成 45°时为佳，见图 10-60，此时可以看出清晰的条纹。

如果入射光为平面偏振光，则要求其偏振面和 p'、q'成 45°角；如入射光为圆偏振光，则无此要求。

如果沿光传播轴次主应力方向是改变的，则观测的条纹应当修正。若在单位条纹间隔内（$\Delta n=1$）次主应力

转动角 $\Delta Q<\frac{\pi}{6}$时，可以不必修正，其误差小于1.5%。

3）等倾线的观测

如在光传播轴穿过的行程内，模型次主应力方向不变，那么当转动入射之平面偏振光时，如果偏振面和次主应力之一的方向重合，则横向观测呈现为一均匀的色带而无光程差产生；如观测方向和偏振方向一致，则为一暗带。

当次主应力方向沿着光传播轴旋转时，则可用圆偏振光入射，观测方向绕光传播轴转动，当观测方向和某一主应力方向重合时则那些点不会产生光的干涉而形成亮带。此外尚有很多办法，但都比较麻烦。

4）平面应力的测定

在一般情况下，用透射法测平面应力状态是不困难的，但对于某些应力状况比较复杂的情况，由于等倾线难以精确测定，以及场力差法的积累误差而使实验精度显著下降。如用散光法配合透射法，或直接用散光法测定应力，便可不必依赖于等倾线和场力差法，模型各点的应力可以独立地求得。因此具有较高的精度，计算程序也较简单。

在平面模型中 $\sigma_z=0$（见图10-61），沿 x 方向入射可得

$$f\frac{\mathrm{d}n_x}{\mathrm{d}x}=\sigma_y \tag{10-24}$$

沿 y 方向入射可得

$$f\frac{\mathrm{d}n_y}{\mathrm{d}y}=\sigma_x \tag{10-25}$$

而 $\sigma_x+\sigma_y=\sigma_1+\sigma_2$，由此就可以得出主应力和。由透射法可以很方便地得出 $\sigma_1-\sigma_2$，这样就可以逐点分离出 σ_1、σ_2：

$$\begin{cases}\sigma_1=\dfrac{(\sigma_x+\sigma_y)+(\sigma_1-\sigma_2)}{2}\\[2ex]\sigma_2=\dfrac{(\sigma_x+\sigma_y)-(\sigma_1-\sigma_2)}{2}\end{cases} \tag{10-26}$$

如果不依赖透射的资料则需在 xy 平面内沿 S 方向作一次斜投影（见图10-61）。

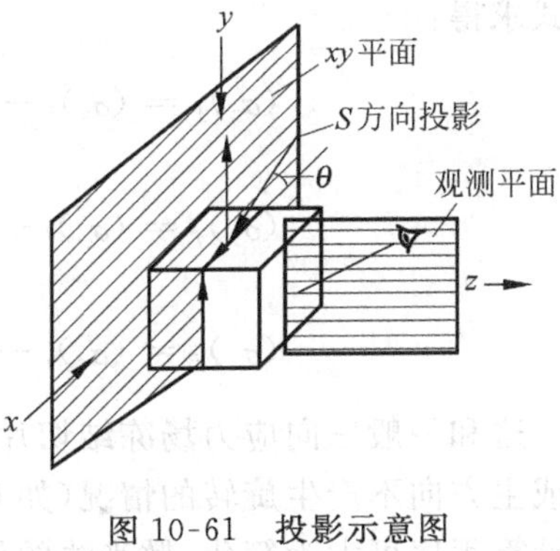

图10-61 投影示意图

设 S 方向和 x 轴成 θ 角，则

$$f\frac{\mathrm{d}n_\theta}{\mathrm{d}S}=\sigma'_\theta=\sigma_y\cos^2\theta+\sigma_x\sin 2\theta+\tau_{xy}\sin 2\theta \tag{10-27}$$

式中，σ'_θ是和投射方向垂直的正应力。将式(10-24)、式(10-25)代入式(10-27)则得

$$\tau_{xy}=\frac{f}{\sin 2\theta}\left(\frac{\mathrm{d}n_\theta}{\mathrm{d}S}-\frac{\mathrm{d}n_x}{\mathrm{d}x}\cos 2\theta-\frac{\mathrm{d}n_y}{\mathrm{d}y}\sin 2\theta\right) \tag{10-28}$$

如主应力方向是已知的，则沿着某一主应力方向投影就可以直接得出另一主应力的值，这在对称面上尤为方便。

5）三向应力的测定

一般的三向应力模型（如图 10-62(a)），沿 x、y、z 三个方向投影，可以得出 $\sigma_x-\sigma_y$、$\sigma_y-\sigma_z$、$\sigma_z-\sigma_x$、τ_{xy}、τ_{yz} 和 τ_{zx}。例如沿 y 方向投射（见图 10-62(b)）可观测出 xz 平面的次主应力差 $(\sigma_1'-\sigma_2')y$ 和次主应力 σ_1'、σ_2' 的方向 $\phi'y$。

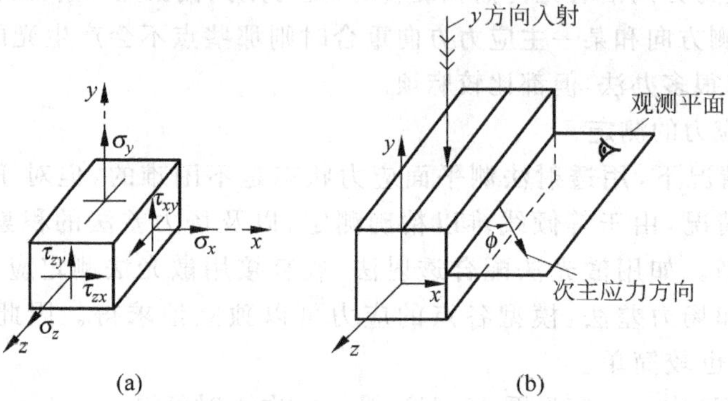

图 10-62 三向应力测定图

设 $\phi'y$ 是 $p'y$ 和 z 轴的夹角，则

$$\tau_{xz}=\frac{(\sigma_1'-\sigma_2')y}{z}\sin 2\phi'y \tag{10-29}$$

$$\sigma_z-\sigma_x=(\sigma_1'-\sigma_2')y\cos 2\phi'y \tag{10-30}$$

同理，可以沿 x、z 方向投射，测出 $\sigma_y-\sigma_z$、τ_{yz} 和 $\sigma_x-\sigma_y$、τ_{xy}。

对于三向应力问题，模型内部各点的应力必须根据边界应力值利用场力差法由下式求得：

$$(\sigma_z)_j=(\sigma_z)_i-\sum_i^j\left(\frac{\Delta\tau_{zx}}{\Delta x}\right)\Delta z-\sum_i^j\left(\frac{\Delta\tau_{zy}}{\Delta y}\right)\Delta z \tag{10-31}$$

$$(\sigma_y)_j=(\sigma_y)_i-\sum_i^j\left(\frac{\Delta\tau_{zy}}{\Delta z}\right)\Delta y-\sum_i^j\left(\frac{\Delta\tau_{xy}}{\Delta x}\right)\Delta y \tag{10-32}$$

$$(\sigma_x)_j=(\sigma_x)_i-\sum_i^j\left(\frac{\Delta\tau_{zx}}{\Delta z}\right)\Delta x-\sum_i^j\left(\frac{\Delta\tau_{yx}}{\Delta y}\right)\Delta x \tag{10-33}$$

这和一般三向应力场冻结切片法的计算程序是一样的，但对于主应力方向为已知或主方向不产生旋转的情况（如对称轴的应力，边界应力，或轴对称问题），上述观测计算程序可大为简化，散光法的优点则更加突出。

6）轴对称模型应力的观测

轴对称问题中，σ_t 永远是主应力之一，$\tau_{rt}=0$，当入射光平行于 z 轴时有

$$\sigma_t-\sigma_r=f\,\frac{\mathrm{d}n_z}{\mathrm{d}z}=C_1 \tag{10-34}$$

当入射光和 r 轴平行并在 rz 平面内，则

$$\sigma_t - \sigma_z = f\frac{\mathrm{d}n_r}{\mathrm{d}r} = C_2 \tag{10-35}$$

令入射方向和 r 轴成 θ 角，并在 rz 平面内(见图 10-63)，则

$$\sigma_{rz} = \sigma_r \sin^2\theta + \sigma_z \cos^2\theta + \tau_{rz}\sin 2\theta$$

$$\sigma_t - \sigma_{rz} = f\frac{\mathrm{d}n_\theta}{\mathrm{d}s_\theta} = C_3 \tag{10-36}$$

解式(10-34)～式(10-36)得

$$\tau_{rz} = \frac{C_1\sin\theta + C_2\cos^2\theta - C_3}{\sin 2\theta} \tag{10-37}$$

如令 θ=45°，则

$$\tau_{rz} = \frac{1}{2}(C_1 + C_2) - C_3 \tag{10-38}$$

这样模型中任一点的 τ_{rz} 均可知道。

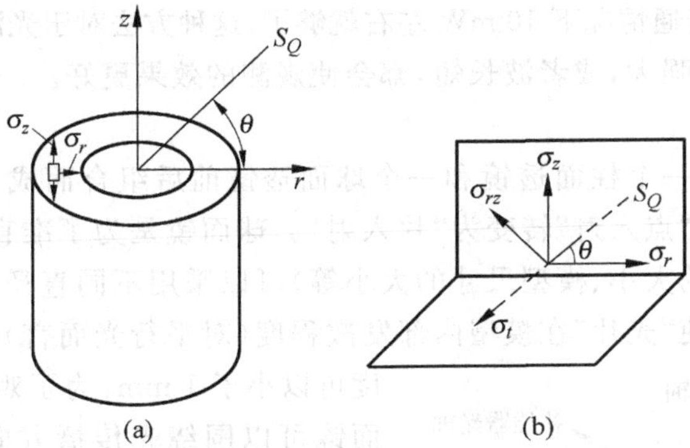

图 10-63 轴对称应力计算图

利用 z 方向的平衡方程式

$$\frac{\partial\sigma_z}{\partial z} + \frac{\partial\tau_{rz}}{\partial r} + \frac{\tau_{rz}}{r} = 0 \tag{10-39}$$

$$\sigma_{z2} - \sigma_{z1} = \frac{\tau_{rz}}{r}\Delta z - \Delta\tau_{rz}\frac{\Delta z}{\Delta r} \tag{10-40}$$

这样就可以得出各点的 σ_z，再根据式(10-34)～式(10-36)就可以得出各点的 σ_t、σ_r、σ_z。

同样沿 r 方向的平衡方程式为

$$\frac{\partial\sigma_r}{\partial r} = \frac{\sigma_t - \sigma_r}{r} + \frac{\partial\tau_{rz}}{\partial z} \tag{10-41}$$

$$\sigma_{r2} - \sigma_{r1} = \frac{\sigma_t - \sigma_r}{r}\Delta r + \Delta\tau_{rz}\frac{\Delta r}{\Delta z} \tag{10-42}$$

其中，$\Delta\tau_{rz}$ 为上下辅助面对应点剪应力 τ_{rz} 之差；$\sigma_t - \sigma_r = C_1$。

由式(10-42)可以得出各点的 σ_r，然后利用式(10-34)～式(10-36)就可以分别得出 σ_t 及 σ_z。

10.8.5　散光法的装置

散光法的装置如图 10-64 所示。

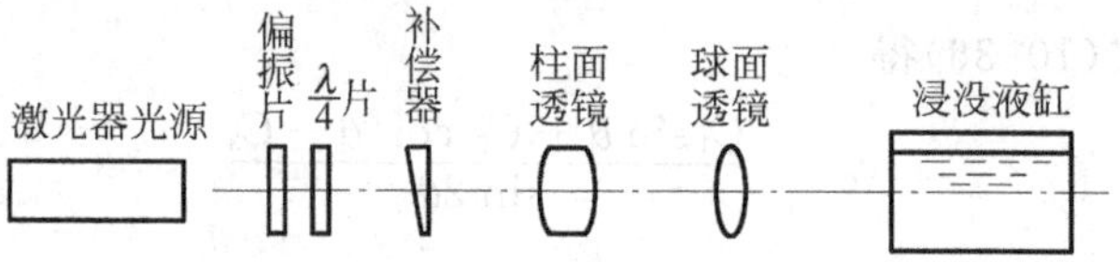

图 10-64　散光法装置图

1）光源

光源一般用氦氖激光连续光源，波长为 6328 Å，红色对于功率的要求则视模型尺寸的大小而定，在普通情况下 10 mW 左右就够了，这种方法对于光源的模式没有要求。

如果光源的光强大，或者波长短，都会使观测的效果更好。

2）透镜系统

透镜系统采用一个柱面透镜和一个球面透镜前后组合而成，见图 10-64。柱面透镜使激光光源的“点入射”转变为“片入射”。球面镜是为了准直用的，根据不同的需要(如入射光片的大小、模型尺寸的大小等)可以采用不同直径和不同焦距的透镜组合，其目的在于使“光片”在模型内部发散程度(对平行光而言)尽量小。光片的宽度可以小于 1 mm，为了观测和照相方便，柱面镜可以围绕光传播方向旋转 45°，以产生 45°的片入射光源。图 10-65 指出了沿光传播方向观测各镜片的相对位置。

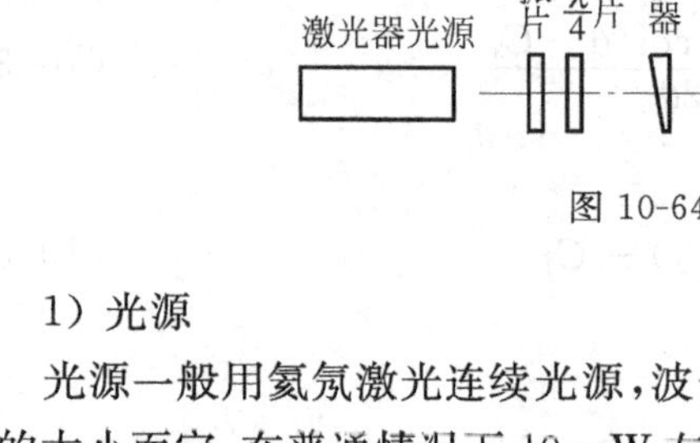

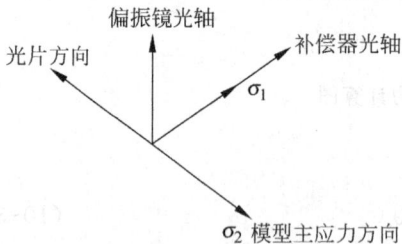

图 10-65　光传播方向与观测镜片位置图

3）浸没液缸及模型控制台

模型必须置于具有相同折射系数的浸没液中，以防止在入射光不垂直于边界时产生的反射和折射。浸没液缸是方形的玻璃缸，最好用不锈钢作骨架。浸没液缸中设有夹持模型的装置，能使模型绕水平轴或垂直轴旋转。浸没液缸放在控制台上，控制台最好能作三个坐标方向的位移。

浸没液是用高于模型折射率及低于模型折射率的透明液体组合而成，常用的是氯代萘和白油，它们的折射系数分别为 1.632 和 1.465 左右。在具体配制时要分别严格测定模型材料的折射系数和折射液的折射系数。

4）观测装置

在一般情况下，用近拍照相机就行了，有时在边缘部分或因系统过密，或因条纹过稀需要补偿,此时常常采用逐点观测读数,这就需要能作垂直和左右移动的读数显微镜。在逐点读数时,光源常用点入射以增加光的强度,从而易于判别。

10.9 光弹性贴片法

光弹性贴片法是将光弹性材料制成的薄片(贴片)贴在构件(或模型)的表面,使它和构件表面一起变形。则贴片将产生光学效应,通过专门的光弹性仪器可以观察到干涉条纹。这种干涉条纹反映了构件表面的应变,从而我们就可以换算出构件表面应力的分布情况。这种方法既具有电阻应变计的一些优点,可以直接在构件上进行实测,同时又可以直观地看出应变的分布和大小,因此得到了较快的发展。

要进行光弹性贴片法实验,主要应解决下面几个问题。

10.9.1 贴片材料和粘贴技术

由于贴片是要贴在实物(或金属模型)上的,而实际构件的变形往往很小,又不能根据贴片的需要任意增加载荷,因此必须要求材料有很高的灵敏度,即要求 f_Σ 值要小(f_Σ 为单位条纹,在贴片为单位厚度时所代表的变形差值 $f_\Sigma=(1+\nu)f_\sigma/E$)。另外,由于构件表面是任意的,因此要求薄片能做成任意形状而没有初应力。要使得贴片和构件一起变形而不致脱裂就要求胶水有足够的强度和变形的能力。

有一种材料的配比是环氧树脂:乙二胺:二丁酯=100:10:10,在常温下半固化后成形,然后用同样配比的胶水粘结在构件上,它可以较好地满足上面提出的要求。

10.9.2 厚度效应和加强效应

由于贴片的存在,常常使贴片的条纹不能直接反映构件的表面应变,其影响因素基本上可以归结为以下几方面。

(1) 当构件受力时,构件上的贴片随着构件一起变形,而间接承受少量的荷载,因而使构件的表面应变比没有贴片时为小,如图 10-66(a)所示。

(2) 由于构件表面法向应力梯度的影响,常常使贴片沿厚度的平均应变大于(或小于)构件的表面应变,见图 10-66(b)。

(3) 在某种情况下,如对于空间弹性体的构件和弹性问题,为了保持贴片和构件接触面之间的连续性而存在的剪应力,亦即变形的剪切传递,将使得贴片厚度的应变有所改变,这种改变常常使贴片中沿厚度的平均应变小于构件的表面应变,见图 10-66(c)。

(4) 构件材料和贴片材料的泊松比不同,将使贴片的应变和构件的表面应变有

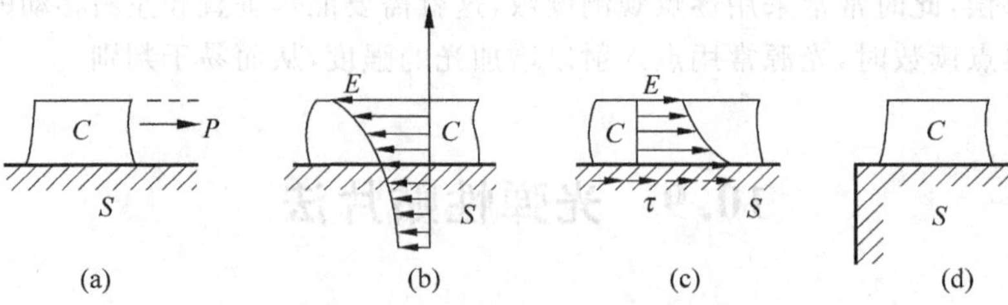

图 10-66 厚度效应与加强效应示意

所差异，这种影响在构件和贴片的边界上比较显著，见图 10-66(d)，在其他地方通常可以不考虑。

上述第三种影响因素一般称为厚度效应，经实验证明这种效应主要存在于贴片边界上，和第四种因素一样，在贴片内部通常是不考虑的。第一种影响因素称为加强效应，它分两种情形：一种情形是平面应力状态即应变在贴片厚度内是均匀的，如图 10-66(a)所示；另一种情形是有弯曲存在，贴片增强了构件的弯曲刚度，同时由于弯曲的存在，变形在贴片厚度内就有变化，会引起贴片厚度内的平均应变和构件表面的应变不一致，这就是上述的第二种情形。这两种影响因素如果在贴片相对于构件刚度很小的情况下，是可以忽略的，就像电阻应变计一样。如果构件本身刚度很小，如板壳结构，就应当将贴片所测得的应变加以修正，公式为

$$\varepsilon_s = \frac{1}{C}\varepsilon_c$$

式中，ε_s 为构件表面应变，ε_c 为贴片平均应变。

对于平面问题：

$$\frac{1}{C_t} = 1 + \alpha_t r \tag{10-43}$$

式中

$$\alpha_t = \frac{E_c}{E_s}\cdot\frac{1+\nu_s}{1+\nu_c},\quad r = \frac{t_c}{t_s}$$

对于弯曲问题：

$$\frac{1}{C_b} = \frac{4(1+\alpha_b r^3) - \dfrac{3(1-\alpha_b r^2)^2}{1+\alpha_b r}}{r + \dfrac{1+\alpha_b r^2}{1+\alpha_b r}} \tag{10-44}$$

式中

$$\alpha_b = \frac{E_c}{E_s}\cdot\frac{1-\nu_s^2}{1-\nu_c^2},\quad r = \frac{t_c}{t_s}$$

以上式子中，E_c 为贴片的弹性模量；E_s 为构件材料的弹性模量；ν_c 为贴片的泊松比；ν_s 为构件材料的泊松比；t_c 为贴片的厚度；t_s 为构件的厚度；C_t 为平面问题修正系数；C_b 为弯曲问题修正系数。

10.9.3 用于贴片的光弹性仪——反射式光弹仪

用于贴片法的偏光系统一般可分为V型系统和正交型系统两种，见图10-67。

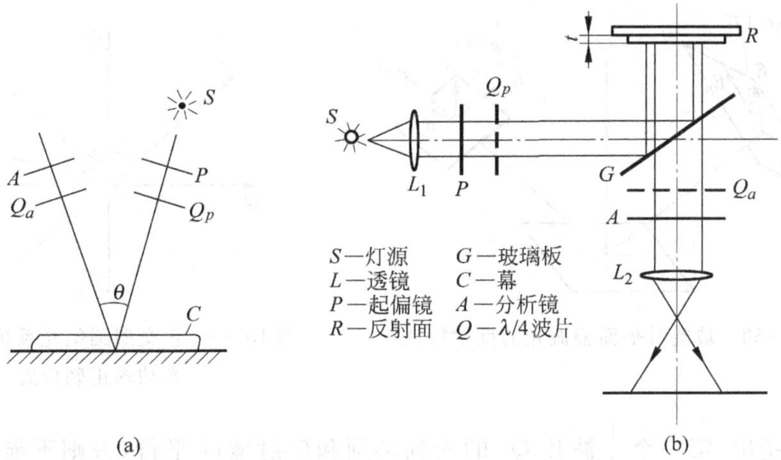

图10-67 贴片法偏光系统图
(a) V型反射偏光系统；(b) 正交型反射偏光系统

V型系统具有简单、光度较强、便于携带等优点，但由于V型系统所观测到的条纹反映的是一定宽度内的平均值，因而对于高应力区域的测量精度较差，一般适用于面积较大、应力梯度较小的构件的观测。正交型偏光系统则光度较弱，调整较复杂，但具有较高的精度。下面着重讨论正交型光学系统的调整方法。

正交型偏光系统包括平面偏光系统和圆偏光系统两种。在测定等倾线时是没有$\frac{1}{4}\lambda$波片Q_a和Q_p的。由于用作半反射镜的平面玻璃G对不同方向偏振的偏振光具有不同的反射能力，因此，由起偏振镜P所产生的平面偏振光经过半反射镜G的反射后其偏振方向一般将会改变，见图10-68。只有当投射的平面偏振光和投射面AOB平行或垂直时，方向才保持不变。根据玻璃的反射特性，当其折射率$n=1.52$时，其投射和反射的偏振光取向角具有以下关系：

$$\psi = \arctan(3.2\tan 4)$$

由上述分析可知，为了得到暗场和干涉条纹，分析镜A的光轴一般是不和起偏振镜P的光轴正交的，而是和经过反射后的偏振光光轴正交。因此，在进行实验时，只需要根据分析镜A的光轴位置确立等倾线的参数就可以了。

基于上述相同的理由，当采用圆偏光系统时，各镜片的光轴位置也不同于透射式偏振光系统。要得到圆偏光系统时，各镜片的光轴位置也不同于透射式偏振光系统。

为了得到圆偏振光，起偏振镜 P 的光轴和 $\frac{1}{4}$ 波片 Q_p 的光轴的夹角不是 45°，而大约等于 73°，见图 10-69。在调整各镜片的位置时，只需先找到分析镜 A 和 $\frac{1}{4}$ 波片 Q_a、Q_p 的正确位置，最后旋转起偏振镜 P 使光幕出现暗场，即可获得正确的光轴位置。

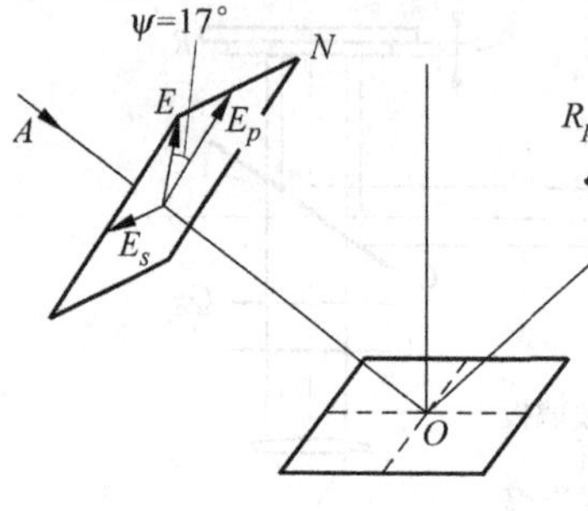

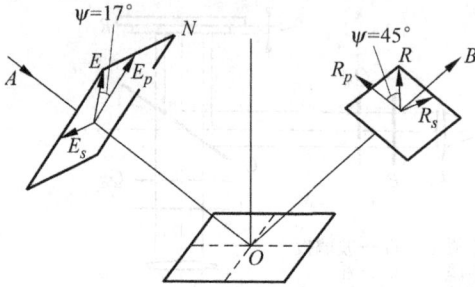

图 10-68　玻璃对平面偏振光的反射特性

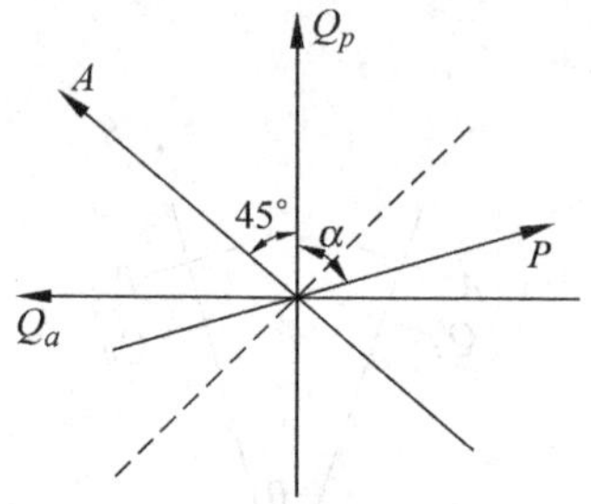

图 10-69　正交型圆偏光系统各镜片光轴的正确位置

必须指出，第一个 $\frac{1}{4}$ 波片 Q_p 的光轴必须和反射镜 G 平行，否则不能获得圆偏振光。

10.9.4　光弹性应变计

利用光弹性贴片的原理，可以用一种特殊形式的贴片当作应变计用，目前常用的有以下两种形式。

(1) 用于表面是单向应力状况下的应变计

这种应变计是从冻结的纯弯梁下取下的一个薄片，见图 10-70。薄片内已经冻结有单向的应变，然后将该薄片两端贴在构件上，上面再盖一层偏振薄膜，见图 10-71。

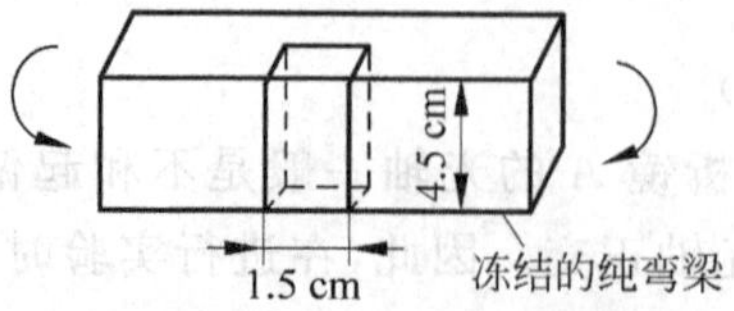

图 10-70　应变计来源示意图

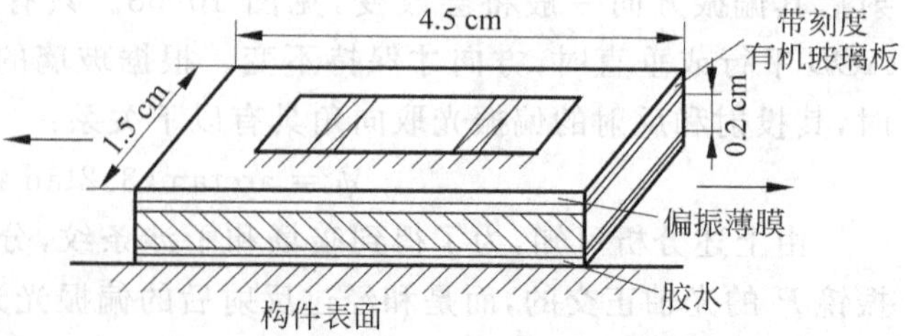

图 10-71　测量结构图

当构件受载后光弹性片中的条纹就会移动，通过刻度可以直接读出应变的大小，条纹移动和应变的关系是可以标定的。

(2) 用于表面是平面应力情况下的应变计

这是一种圆环形的贴片，见图 10-72。光弹性贴片上应覆上一偏振膜及$\frac{1}{4}\lambda$波片，圆环形的贴片粘在构件上，通过圆环的花纹可以很快地知道贴片处的主应力方向，通过内孔条纹的数值也可以换算出主应力的比或大小。这种应变计不能太大，另外只适用于较大的构件，应力梯度不能太大，否则和一点应力情况相差太远。

上述两种应变计中偏振膜和$\frac{1}{4}\lambda$膜可以固定在应变计上，也可以是移动式的。构件表面如有反光性能不好应加一反光尺。观测可以在天然光中，也可以用专门的照明设备。

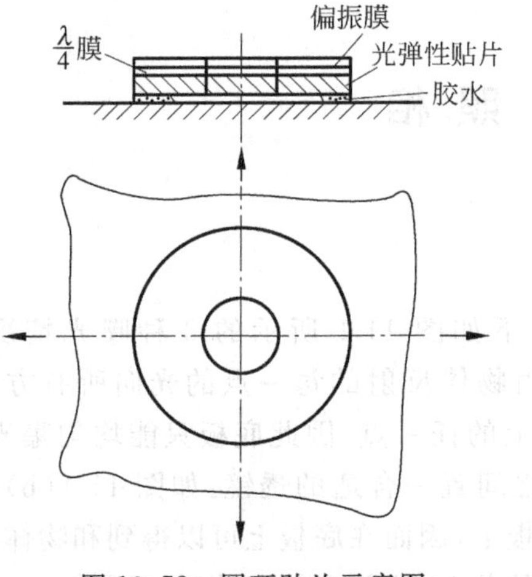

图 10-72 圆环贴片示意图

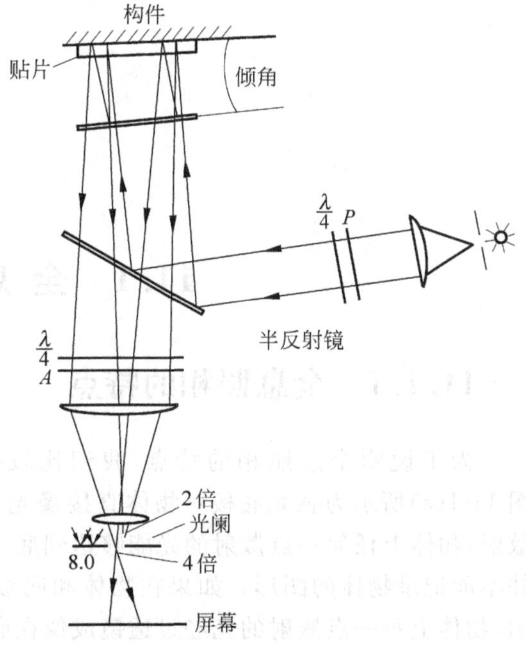

图 10-73 条纹增多装置

10.9.5 条纹增多装置

用贴片法测构件的表面应变其主要困难是：贴片的灵敏度在构件通常的变形情况下，贴片中只有较少的条纹。采用下面这种装置可以使条纹增多，见图 10-73。

这种方法是在贴片外加一个半透射镜，它和贴片间有一微小的倾角，然后将照相机置于不同的位置将拍出不同倍数（如 4 倍、6 倍……）的条纹图。

如果所测范围内的应力梯度较大，由于几次反射经过贴片的位置不同，其平均值将会产生较大的误差。

第 11 章 全息干涉法

11.1 全息照相

11.1.1 全息照相的特点

为了说明全息照相的特点，我们比较一下如图 11-1 所示的 3 种曝光情况。图 11-1(a)所示为感光底板对物体直接曝光，由物体反射的每一点的光向所有方向散射，物体上任何一点散射的光能够达到底板上的任一点，因此底板只能均匀曝光，并不能记录物体的图形。如果在物体和底板之间置一合适的透镜，如图 11-1(b)所示，物体上每一点散射的光经过透镜成像在底板上，因而在底板上可以得到和物体一一对应的像，像底板记录的实质是物体上光强的分布，这就是普通的照相原理。

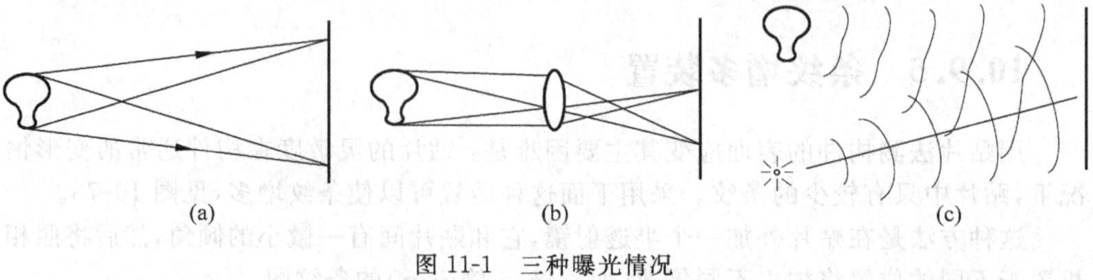

图 11-1　三种曝光情况

普通照相只能记录物体的光强，也就是光的振幅，而不能记录光的位相。但任何一个光波的性质都是由振幅和位相两个因素决定的，这就使得普通照相只能记录一个反映光强的平面图而不能给出反映位相和光强的空间性质。

如果取消成像透镜，并由一个相干光源发出的参考光照射底板，如图 11-1(c)所示，当物体发出的光波和参考光波在底板相遇时，凡是位相相同，即波峰同时到达的地方将产生最大的光强，在位相相反，即一个波峰和一个波谷相遇的地方则光强最小。两种光波在底板上曝光便形成一系列的干涉条纹。干涉条纹不仅反映了参考光和物光的振幅，而且反映了参考光和物光的位相关系。换句话说，也就是通过参考光将物光的振幅和位相都记录在底板上了。这就是全息照相的主要含义。此外，物体上每一点的光波在整个底板上都有记录，底板上的每一个局部也都记录有整个物光的信息。如果再用同样的参考光照射底板，便可以重现物体的光波，看到物体的空间图像。

11.1.2 全息照相原理

回顾第 9 章所述平行衍射光栅的形成和平面波的重现过程实际上反映了全息照相的基本概念。为了进一步了解全息照相的原理，我们定性地分析一个球面波的记录和重现过程，因为任何一个复杂的物光光波都是由无数个不同的球面波所组成，一个物体表面上一点的散射光都可以用一个球面波来描述。分析一个球面波的记录和重现过程有助于了解全息照相的本质。为简单起见，只分析球面波的一个剖面的情况。

设有一点光源发出球面波 O 与参考光平面波 R 在感光底板相遇，由于点光源发出的光以不同方向到达底板，则在底板上形成间距不等的干涉条纹，物光和参考光的入射夹角 θ 愈大，条纹间距就愈小。将感光底板进行曝光并处理后便可以得到一个复杂的衍射光栅，这个光栅记录了物光球面波的振幅和位相。这是全息照相的记录过程，如图 11-2(a)所示。为了重现物光；还需要用和参考光同样的相干光对底板进行照射，如图 11-2(b)所示。这时和第 9 章所说一样，将产生一个零级衍射波 R' 和两

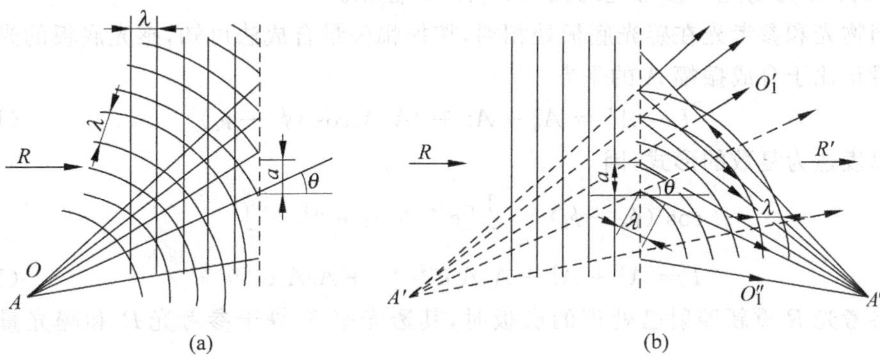

图 11-2 全息照相原理示意图

个Ⅰ级衍射波O'_1和O''_1。零级衍射波是在同一时刻从光栅条纹上发出的，它们之间都是同位相的。它与重现光R具有相同的性质，是和光栅底板平行的平面波。由相邻狭缝发出的相距为一个波长的波前的叠加则构成两个一级衍射波O'_1和O''_1，其中一个是超前一个波长，另一个是落后一个波长。衍射波的衍射方向或衍射角θ'与条纹间距有关，间距愈小则衍射角愈大，条纹间距的变化引起衍射方向的相应变化。同样，条纹的反差或振幅的变化也引起衍射波的振幅或光强的变化。对照图11-2(a)可知，条纹间距、形状、反差的不规则性正是由拍摄全息底板时的物光振幅、方向、位相的不规则性的物光光波所形成的。

上述两个Ⅰ级衍射波虽然都是物光的重现，但却有显著的不同。其中的一个Ⅰ级衍射波O'_1似乎是由位于原物体所在位置的实际物体发出的波所组成，这些波形成物的虚像A'；另一个Ⅰ级衍射波虽然也是重现的物光，但它与产生虚像的上述Ⅰ级衍射波具有共轭或相反的曲率，因而由原来的发散球面波变成了会聚球面波而形成实像A''，如图11-2(b)所示。如果在形成实像的A''点上置一屏幕，则可看到光点A的实像。

对于各种复杂的物体也可用同样的方法拍摄全息底板。由于这种方法再现的是物光本身，因而它可以反映物体的三维性质，我们通过全息底板观看物体的虚像，就好像透过窗户观看户外的景物一样，具有真实的立体感。例如，当我们移动眼睛的位置，虚像也会像真实物体那样有所变动，远近不同的景物视差效应也很明显，观察者的眼睛也要重新调整焦距，才能观察清楚。总之，再现的影像具有原来景物所有的各种视觉特征。

以上是对全息照相过程的定性描述，也可以用数学的形式对拍摄和重现的过程进行定量的分析。

设物光和参考光的复数振幅分别为

$$O = A_o e^{i\phi_o} \tag{11-1}$$

$$R = A_r e^{i\phi_r} \tag{11-2}$$

式中，A_o、A_r为物光和参考光的振幅；ϕ_o、ϕ_r为位相。

当物光和参考光在感光底板处相遇，按振幅矢量合成法可知，感光底板的光强或曝光量正比于合成振幅A的平方

$$I \sim A^2 = A_o^2 + A_r^2 + 2A_oA_r\cos(\phi_o - \phi_r) \tag{11-3}$$

也可以表达为复数的形式，因

$$\cos(\phi_o - \phi_r) = \frac{1}{2}\left[e^{i(\phi_o-\phi_r)} + e^{-i(\phi_o-\phi_r)}\right]$$

$$I = A_o^2 + A_r^2 + A_oA_r e^{i(\phi_o-\phi_r)} + A_oA_r e^{-i(\phi_o-\phi_r)} \tag{11-4}$$

当用参考光R重新照射已处理的底板时，其透光率T等于参考光R和曝光量I的乘积：

$$T = RI \tag{11-5}$$

将式(11-4)代入上式得

$$T=(A_o^2+A_r^2)A_r e^{i\phi_r}+A_r^2 A_o e^{i\phi_o}+A_r^2 A_o e^{-i\phi_o}e^{2i\phi_r} \tag{11-6}$$

式中的第一项是参考光 $A_r e^{i\phi_r}$ 直接透射的零级衍射波，不是我们所需要的。第二项则是和物光的复数振幅 $A_o e^{i\phi_o}$ 成比例的Ⅰ级衍射波，能够把物体再现出来，而且传播方向也和原来物体所在的方向一致。如果这个光波被人的眼睛所接受，就等于接受了原来物体发出的光波，因而能看到原物体的虚像。第三项则是从同一物体发出的光的共轭波 $A_o e^{-i\phi_o}$，其位相 $-\phi_o$ 和原物光的位相 ϕ_o 相反。如原物光为发散波，就会变为收敛波，形成原物体的实像，如图 11-2(b)所示。

11.2　两次曝光法测定位移

两次曝光技术的目的在于用全息照相的方法测量和记录物体的微小变化，这种变化包括物体的位移和变形以及透明介质折射率的变化等。其原理是用全息照相的办法将物体在变化前后两种状态的物光记录在一张底板上。再现时，两个不同状态的物光叠合在一起同时出现，这时除了显现出原来物体的全息像外，还在物体的像上产生干涉条纹，干涉条纹就反映了两种不同状态下物体的微小变化，如图 11-3 所示。用实线表示物体的原始状态，发出的光波为 O：

$$O=A_o e^{i\phi_o} \tag{11-7}$$

参考光波为 R：

$$R=A_r e^{i\phi_r} \tag{11-8}$$

当第一次曝光时，记录的是物体未变化的原始状态。如果在第一次曝光后，物体由于受力或其他原因引起表面位移 Δ，这时由于物体和底板的相对位置的变化，由位移以后的物体发出的光波的位相将有变化。设 O' 为变形以后物体发出的光波：

$$O'=A_r e^{i(\phi_o+\alpha)} \tag{11-9}$$

式中，α 为由于物体位移而引起的位相变化，这时再进行第二次曝光将变化以后的物光 O' 也记录在底板上。将底板进行处理后在参考光 R 的照射下同时重现两种状态下的物光。其合成光波可按矢量加法合成为 E(如图 11-4)，表示为

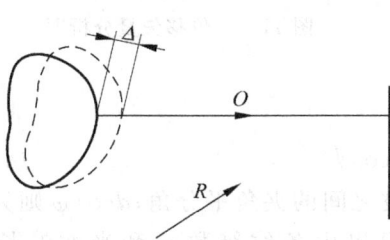

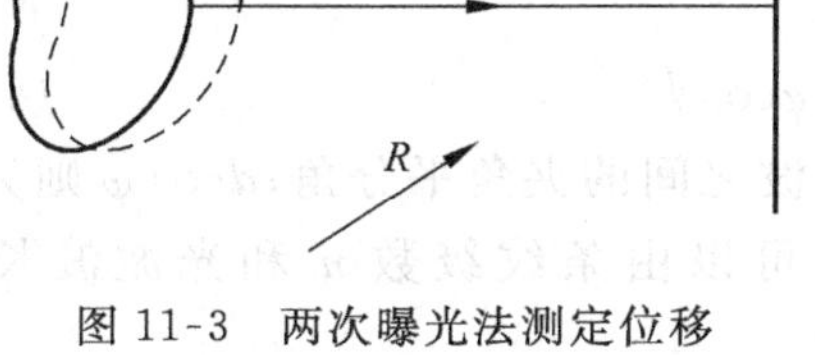

图 11-3　两次曝光法测定位移

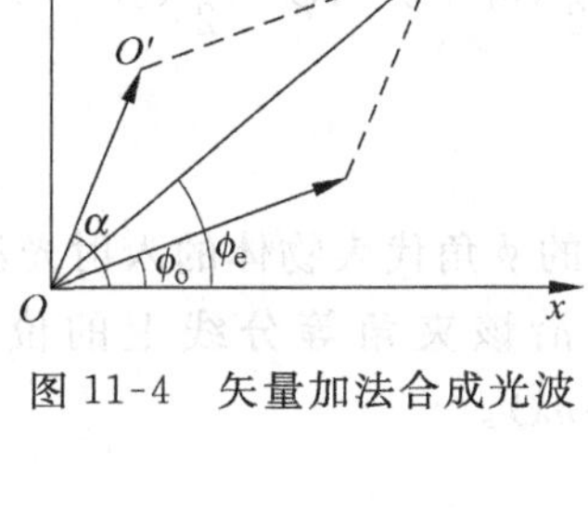

图 11-4　矢量加法合成光波

$$E = A_e e^{i\phi_2} \tag{11-10}$$

其中

$$A_e^2 = A_o^2 + A_o^2 + 2A_o^2\cos\alpha = 4A_o^2 \frac{\cos^2\alpha}{2} \tag{11-11}$$

将位相差表示为光程差 δ，则

$$A_e = 2A_o\cos\frac{\pi}{\lambda}\delta \tag{11-12}$$

由于光强和振幅的平方成正比，当

$$\delta = n\lambda,\quad n = 0,1,2,\cdots \tag{11-13}$$

两种状态的合成物光得到加强；当

$$\delta = \left(n + \frac{1}{2}\right)\lambda,\quad n = 0,1,2,\cdots \tag{11-14}$$

则消光而得暗条纹。条纹分布状况准确地反映了物光的位相和光程变化，而光程变化则是和物体表面的位移 Δ 相关联的，并具有确定的几何关系，因而可以根据干涉条纹分布获得物体表面的位移场。

11.3 位移场的定量分析

如图 11-5 所示，设物体 O 上有一点 P，物体变形以后 P 点位移到 P' 点，其位移量为 d。物光由 S 发出经物体表面的 P 点散射后到达全息底板的 H 点，其总的物光光程为 $SP+PH$。变形以后的光程则变为 $SP'+P'H$。用 Δ 表示变形前后的光程差别，则有

$$\Delta = (SP + PH) - (SP' + P'H) \tag{11-15}$$

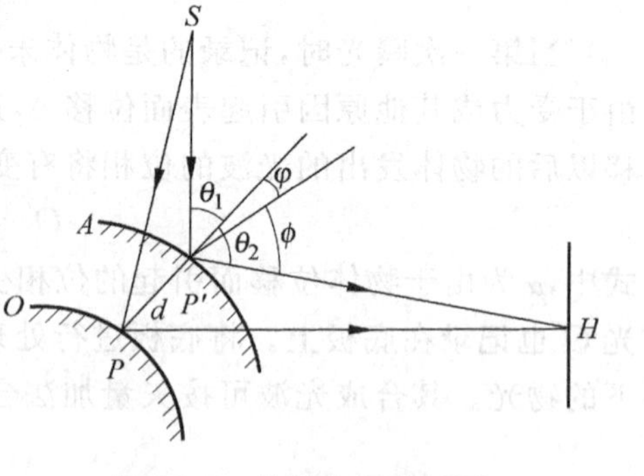

图 11-5 位移矢量分析图

考虑到物体位移量 Δ 相对于光程 SP 和 PH 是很小的量，则上式可简化为

$$\Delta = d(\cos\theta_1 + \cos\theta_2) \tag{11-16}$$

令 $\phi = \frac{1}{2}(\theta_1 + \theta_2)$，$\varphi = \frac{1}{2}(\theta_1 - \theta_2)$，则上式变为

$$\Delta = 2d\cos\varphi\cos\phi \tag{11-17}$$

上式中的 ϕ 角代表物体的入射光波和散射光波之间的夹角平分角；$d\cos\varphi$ 则为位移矢量 $\boldsymbol{d}$ 沿该夹角等分线上的位移分量；Δ 可以由条纹级数 n 和光波波长 λ 求得（$\Delta = n\lambda$）。

由上述可知，通过一张两次曝光的全息图只能获得沿入射光线和散射光线的夹角平分线上的位移分量。对于某些特殊情况，如入射光线和散射光线之间的夹角很小，并且都基本垂直于物体的表面，则可通过一张全息图获得该物体沿法线方向的离面位移。图 11-6 所示为一圆板中心受力后的全息干涉条纹图，它反映了圆板的离面位移的全场分布。

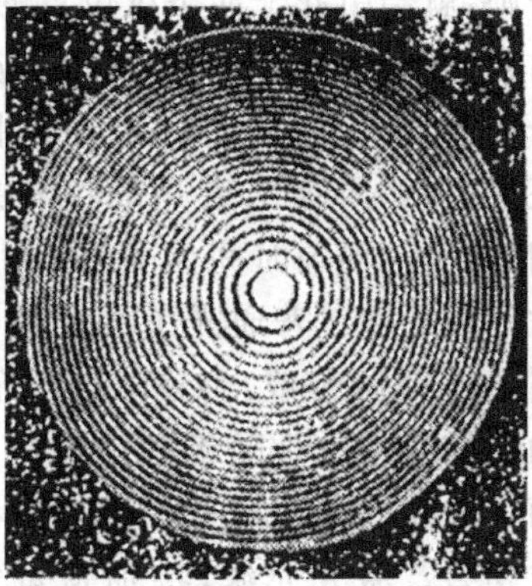

图 11-6 圆板位移干涉条纹图

对于一般的二维位移问题，则需不同位置，或不同照射方向拍摄两张全息图方可求得位移矢量 $\boldsymbol{d}$。设由两张全息图分别获得物体上某一点的干涉条纹为 n_1 和 n_2，其相应的光程差为$\Delta_1=n_1\lambda$，$\Delta_2=n_2\lambda$，则由下式分别求得：

$$d\cos\varphi_1=\frac{\Delta_1}{2}\cos\phi_1=d_1 \tag{11-18}$$

$$d\cos\varphi_2=\frac{\Delta_2}{2}\cos\phi_2=d_2 \tag{11-19}$$

并令 $\alpha=\varphi_1-\varphi_2$，式中的 d_1、d_2、α 皆可测得，将 α 代入式(11-19)展开后并代入

$$\cos\varphi_1=\frac{d_1}{d} \tag{11-20}$$

$$\sin\varphi_1=\frac{1}{d}\sqrt{d^2-d_1^2} \tag{11-21}$$

则可求得位移矢量的大小

$$d=\sqrt{\left(\frac{d_1\cos\alpha-d_2}{\sin\alpha}\right)^2+d_1^2} \tag{11-22}$$

由以上分析可知，对于一般的三维位移问题通常需要拍摄三张相互独立的全息图来分析计算，方可求得三维位移分布。当然也可以由一张全息图的三个不同方向进行观测以获得三个独立的条纹图从而求得三维位移场。获得三个独立的条纹图案的条件，是要求观测方向和照明方向的夹角不能在一个平面内。三维位移场的实验、观测和分析计算比较烦琐，但通过建立线性方程组和专用计算程序可以有所简化。

11.4 激光和相干性

由于激光具有很好的方向性和相干性，亮度高度集中，因而在各个技术部门有广泛的用途。用激光作为全息照相的光源，主要是利用激光的相干性。由于氦氖气体激光器具有最好的相干性，而且是可见光，因而被全息照相所普遍采用。氩离子激光器具有更高的光强，已愈来愈受到全息照相的重视。如进行动态的全息照相则一般都采用固体激光器。

全息照相所记录的是物光和参考光在底板上形成的干涉条纹。这就要求在曝光时间内，干涉条纹是稳定可靠的，因而参考光和物光的位相差也必须是恒定不变的。否则，就会引起干涉条纹位置的变动及光强的明暗变化，照相底板只能记录曝光时间内光强的平均效果而不能得到反映物光性质的干涉条纹。从同一光源上发出的光波分成参考光和物光，并经历不同的光程相遇在底板上，如果这两束光的位相差仅仅决定于它们的光程，而与时间无关，则此光源具有很好的时间相干性。普通光源的光波是由间断的不规则的波列所组成，如图 11-7 所示，每一个波列的起始位相也是随机的。这样具有不同光程的两束光在照相底板上相遇就不会有稳定不变的位相差。激光光源，特别是氦氖激光器具有比较单一的波长或频率，因而有连续稳定的波列，有较好的时间相干性。

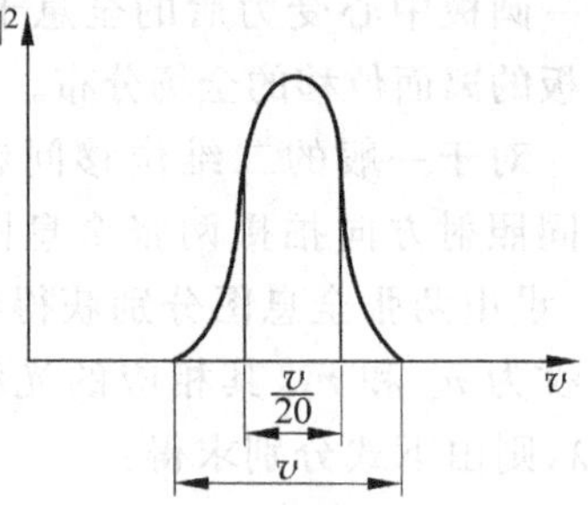

图 11-7　激光光波频谱图

但是，氦氖激光器发出的光波也不可能是绝对单一的频率，只不过它的频谱带宽比较窄，如图 11-7 所示。假设光波的频宽为 Δv，则相干时间为

$$\tau = \frac{1}{\Delta v} \tag{11-23}$$

光波在相干时间内传播的距离为相干长度，只要参考光和物光的光程差小于光波的相干长度，就可以在全息底板上得到稳定的干涉条纹。这是在拍摄全息图时必须注意的。由式(11-23)可知相干长度

$$l = C\tau = \frac{C}{\Delta v} = \frac{\lambda^2}{\pi\Delta\lambda} \tag{11-24}$$

式中，C 为光速。

以氦氖激光器为例，其波长 $\lambda = 6328$ Å，$v = 4.8\times10^{14}$ Hz。设激光器的频宽 $\Delta v = 150\times10^6$ Hz，则根据光速 $C = 3\times10^{10}$ cm/s 可以由上式求得相干长度

$$l = 3\times\frac{10^{10}}{150\times10^6} = 200\ (\text{cm})$$

同理可以求得，高压汞灯的相干长度 $l = 3\times10^{-3}$ mm(其波长为 300 Å)。可见，当采用激光作全息照相光源时，照相系统中相干长度的要求是比较容易实现的。

此外，还有一种相干性叫做空间相干性，是指一个光源上不同位置发出的光波之间是否具有稳定的位相关系。普通光源的任一个发光原子都是自发辐射，是相互独立的、随机的，它们之间没有固定的位相关系，因而不具有空间相干性。激光光源则是受激辐射，受激辐射的原子发出的光的频率、位相、振动和发射方向都和起始激发的光子的性质相同。因此由激光器发出的光源上各点具有稳定而且相同的位相，它们之间具有很好的空间相干性。

第 12 章 全息光弹性

普通光弹性实验只能得到反映主应力差的等差线和反映主应力方向的等倾线。为了求得内部各点的应力分量，需要根据边界条件通过烦琐的计算，如切力差法才能求得，而且误差是逐点累积的，精度较差。全息光弹性实验不仅可以通过单次曝光求得模型内的等差线，而且可以通过两次曝光技术求得模型内反映主应力和的等和线。有了等差线和等和线，模型上各点的应力分量就可以通过简单的计算，而且是独立地求得。这样就避免了累积误差和由于等倾线精度较差所带来的误差，因而具有较高的精度。

12.1 单次曝光测等差线

全息光弹性实验一般采用如图 12-1 所示的光路系统。

经过受力模型的物光可以看成两个互相垂直的偏振光 O_1 和 O_2，并具有位相差，位相差的产生来源于$\frac{1}{4}\lambda$ 波片和受力模型，设 ϕ_1 和 ϕ_2 分别代表由于应力场在第一和第二主应力方向上对偏振光所产生的位相变化。设 O 为初始的物光光波：

$$O = A_o e^{i\phi} \tag{12-1}$$

则经过模型以后的物光 O_1 和 O_2 可表示为

$$\begin{cases} O_1 = \dfrac{A_o}{\sqrt{2}} e^{i\phi_1} \\ O_2 = \dfrac{A_o}{\sqrt{2}} e^{i\left(\phi_2 - \frac{\pi}{2}\right)} \end{cases} \tag{12-2}$$

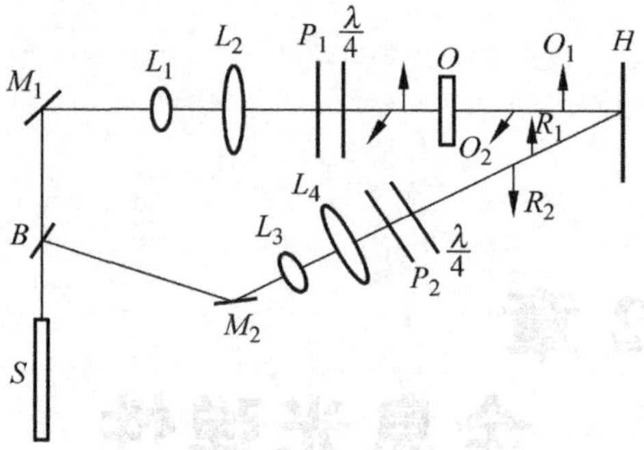

图 12-1 全息光弹装置示意图

S—激光器；M_1、M_2—反光镜；B—分光镜；O—受力模型；

H—全息底板；P_1、P_2—偏振片；L—透镜

经过偏振片和$\frac{1}{4}\lambda$波片的参考光可表示为

$$\begin{cases} R_1 = \dfrac{A_r}{\sqrt{2}} e^{i\theta_r} \\ R_2 = \dfrac{A_r}{\sqrt{2}} e^{i\left(\theta_r - \frac{\pi}{2}\right)} \end{cases} \tag{12-3}$$

则到达全息底板上的光强分布为

$$I_s = (O_1 + R_1)(O_1^* + R_1^*) + (O_2^* + R_2^*)(O_2 + R_2) \tag{12-4}$$

式中，O^*、R^*为O、R的共轭复数，将式(12-2)、式(12-3)代入上式得

$$I_s = A_o^2 + A_r^2 + \frac{1}{2} A_o A_r e^{i\phi_r} (e^{i\phi_1} + e^{i\phi_2}) + \frac{1}{2} A_o A_r e^{i\phi_r} (e^{i\phi_1} + e^{-i\phi_2}) \tag{12-5}$$

当用再现光$A_{rc} e^{i\phi_{rc}}$照射经过感光和处理以后的底板时，则通过全息底板的光波为

$$T = A_{rc} e^{i\phi_{rc}} I_s \tag{12-6}$$

将式(12-5)代入上式得

$$\begin{aligned} T &= (A_o^2 + A_r^2) A_{rc} e^{\phi_{rc}} + \frac{1}{2} A_o A_r A_{rc} e^{i(\phi_{rc} + \phi_r)} (e^{i\phi_1} + e^{i\phi_2}) \\ &\quad + \frac{1}{2} A_o A_r A_{rc} e^{i(\phi_{rc} + \phi_r)} (e^{-i\phi_1} + e^{-i\phi_2}) \\ &= T_1 + T_2 + T_3 \end{aligned} \tag{12-7}$$

式中，第 1 项T_1为 0 级衍射波；第 2、3 项T_2、T_3为两个Ⅰ级衍射波形成的虚像，是我们透过底板所观测到的。所看到的光强则为

$$\begin{aligned} I_1 = T_2 T_2^* &= \frac{1}{4} A_o^2 A_r^2 A_{rc}^2 \left[2 + e^{i(\phi_2 - \phi_1)} + e^{-i(\phi_2 - \phi_1)}\right] \\ &= \frac{1}{2} A_o^2 A_{rc}^2 \left[1 + \cos(\phi_2 - \phi_1)\right] \end{aligned}$$

$$=K[1+\cos(\phi_2-\phi_1)]=K\cos^2\frac{\phi_2-\phi_1}{2} \tag{12-8}$$

式中的位相差 $\phi_2-\phi_1$ 和模型的主应力差有关。根据已知的光力定律，则

$$I_1=K\cos^2\frac{\pi t}{\lambda}C(\sigma_1-\sigma_2) \tag{12-9}$$

式中，$\cos\frac{\pi t}{\lambda}C(\sigma_1-\sigma_2)$反映了主应力差，故称为等差线函数，当

$$\frac{\pi t}{\lambda}C(\sigma_1-\sigma_2)=\frac{1}{2}(2m+1)\pi,\quad m=0,1,2,\cdots \tag{12-10}$$

光强 I_1 为零，即出现暗条纹，也就是等差线条纹，它反映了主应力差的分布状况。

12.2　两次曝光测定等和线

将模型的受力和不受力两种状况用全息照相技术记录在全息底板上，可以得到反映主应力和的等和线。

对于受力模型的状况在全息底板上曝光所得到的光强分布如上述，即式(12-5)所示，对于未受力时模型的曝光量也可以相应地得到。设物光通过未受力模型所产生的位相变化为 ϕ_o，则令式(12-5)中的

$$\phi_1=\phi_2=\phi_o$$

即可得到未受力时模型的光强分布

$$I_o=A_o^2+A_r^2+A_oA_r\mathrm{e}^{-\mathrm{i}(\phi_r-\phi_o)}+A_oA_r\mathrm{e}^{\mathrm{i}(\phi_r-\phi_o)} \tag{12-11}$$

则两次曝光的总曝光量

$$I=I_s+I_o$$

用参考光照射时的透射光波为

$$\begin{aligned}T=A_{rc}\mathrm{e}^{\mathrm{i}\phi_{rc}}I&=2(A_o^2+A_r^2)A_{rc}\mathrm{e}^{\mathrm{i}\phi_{rc}}\\&+\frac{1}{2}A_oA_rA_{rc}\mathrm{e}^{\mathrm{i}(\phi_{rc}-\phi_r)}(2\mathrm{e}^{\mathrm{i}\phi_o}+\mathrm{e}^{\mathrm{i}\phi_1}+\mathrm{e}^{\mathrm{i}\phi_2})\\&+\frac{1}{2}A_oA_rA_{rc}\mathrm{e}^{\mathrm{i}(\phi_{rc}+\phi_r)}(2\mathrm{e}^{-\mathrm{i}\phi_o}+\mathrm{e}^{-\mathrm{i}\phi_1}+\mathrm{e}^{-\mathrm{i}\phi_2})\\&=T_1+T_2+T_3\end{aligned} \tag{12-12}$$

式中的第二项为观测的一级衍射波形成的虚像，其光强为

$$\begin{aligned}I_2&=T_2T_2^*\\&=K\left[1+2\cos\left(\frac{\phi_1+\phi_2}{2}-\phi_o\right)\cos\frac{\phi_2-\phi_1}{2}+\cos^2\frac{\phi_2-\phi_1}{2}\right]\end{aligned} \tag{12-13}$$

根据已知的应力光性定律，对于二维应力问题

$$\begin{cases}n_1=n_o+A\sigma_1+B\sigma_2\\n_2=n_o+A\sigma_2+B\sigma_1\end{cases} \tag{12-14}$$

并可得到下列位相变化的关系式：

$$\begin{cases}\phi_o = \dfrac{2\pi}{\lambda} n_o t \\ \phi_1 = \dfrac{2\pi}{\lambda}[n_1 t' + n(t-t')] \\ \phi_2 = \dfrac{2\pi}{\lambda}[n_2 t' + n(t-t')]\end{cases} \tag{12-15}$$

式中，n 为空气折射率，t' 为受力后模型的厚度，代入式(12-13)则

$$I_2 = K\left[1 + 2\cos\frac{\pi t}{\lambda}(A'+B')(\sigma_1+\sigma_2)\cos\frac{\pi t}{\lambda}C(\sigma_1-\sigma_2) + \cos^2\frac{\pi t}{\lambda}C(\sigma_1-\sigma_2)\right] \tag{12-16}$$

式中

$$\begin{cases}A' = A - \dfrac{\nu}{E}(n_o - n) \\ B' = B - \dfrac{\nu}{E}(n_o - n) \\ C = A' - B' = A - B\end{cases} \tag{12-17}$$

反映主应力和的分布规律的 $\cos\dfrac{\pi t}{\lambda}(A'+B')(\sigma_1+\sigma_2)$ 称为等和线函数。当 $\dfrac{\pi t}{\lambda}(A'+B')(\sigma_1+\sigma_2)=\dfrac{1}{2}(2m+1)\pi$ 时等和线函数为零。

由式(12-16)、式(12-17)可知，两次曝光的底板再现的模型虚像不仅有等差线条纹还有等和线条纹，它是等和线和等差线的组合条纹。严格说来，这种组合条纹并不是等和线和等差线的简单叠加，条纹图案的暗条纹的位置，即光强的极小值与主应力差、主应力和都有关系，因此，对于比较复杂的受力状态模型，精确地分析组合条纹带来了不少麻烦和困难。因而便提出了如何分离等和线和等差线的问题。

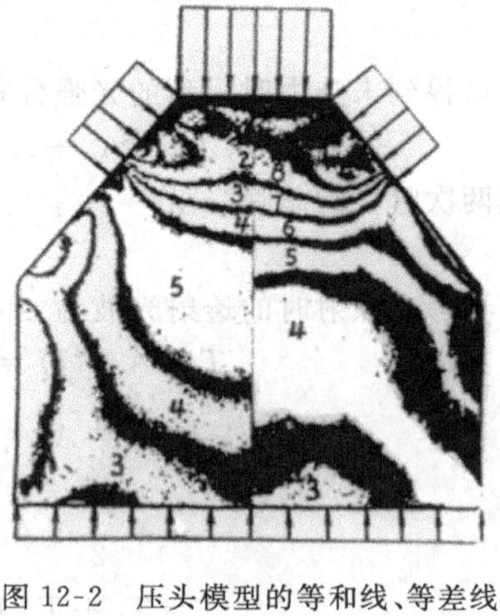

图 12-2 压头模型的等和线、等差线

图 12-2 是为测定生产人造金刚石的高压压头的应力分布，所做模型的等和线、等差线。

12.3 等和线及等差线的分离

分离等和线及等差线的简单易行的方法是采用光学不灵敏材料，如有机玻璃做成的模型用两次曝光法得到等和线，用光学灵敏材料如环氧树脂做成的模型由单次

曝光得到等差线。

因为对于光学不灵敏材料，有

$$A \approx B, \quad C = 0$$

由式(12-16)可知

$$I_2 = 2K\left[1 + \cos\frac{\pi t}{\lambda}(A' + B')(\sigma_1 + \sigma_2)\right] \tag{12-18}$$

式中不包含等差线函数的影响，当

$$\frac{\pi t}{\lambda}(A' + B')(\sigma_1 + \sigma_2) = (2m + 1)\pi, \quad m = 0, 1, 2, \cdots \tag{12-19}$$

将出现等和线的暗条纹，故等和线暗条纹为半级数条纹。

采用上述方法分离等和线及等差线虽然简单易行，但其缺点是需要制作两个模型，特别是对于形状和受力都比较复杂的模型，会增加一些麻烦，并会产生两个模型不一致的误差。

另一种分离组合条纹的方法是采用如图 12-3 所示的光路系统。

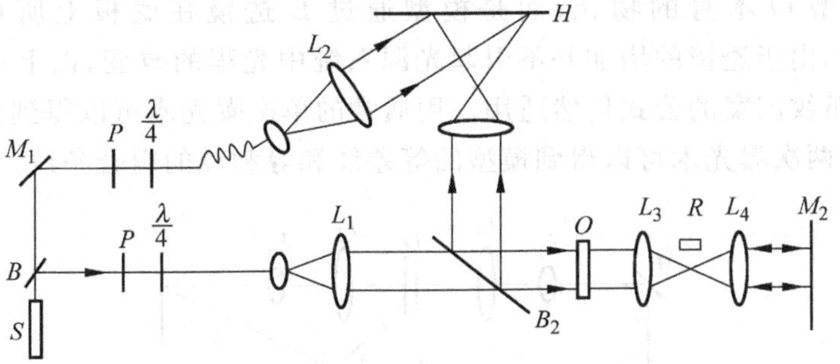

图 12-3 分离组合条纹实验装置图

P—偏振片；B—分光镜；M—反光镜；P—旋光镜；H—底板；

O—模型；L—透镜；S—激光器

物光经过受力模型以后经 L_3 透镜聚焦并通过石英旋光器 R，石英旋光器使偏振光旋转 90°，并经过反光镜 M 返回。为了使返回的物光不再通过旋光器 R，以免不使偏振光方向复原，应使透镜 L_4 稍微偏离轴线，这样当返回的物光第二次通过模型时，其快轴方向和慢轴方向的偏振光正好互换位置，因而两个偏振光的相互变化相等，即 $\phi_1 = \phi_2$，等差线函数消失。而 $\phi_1 + \phi_2$ 则为一般全息光路装置的 2 倍，式(12-16)则变为

$$I_2 = 2K\left[1 + \cos\frac{2\pi t}{\lambda}(A' + B')(\sigma_1 + \sigma_2)\right] \tag{12-20}$$

可见，此实验装置对于主应力差 $\sigma_1 - \sigma_2$ 不能反映，而对于主应力和 $\sigma_1 + \sigma_2$ 即可使干涉条纹增加 1 倍。

也可采用磁光效应的旋光器代替石英旋光器。由于偏振光通过这种旋光器时，其旋转方向只和磁场方向有关，而和光的前进方向无关，因此当偏振光返回后仍可通过旋

光器，每次通过只旋转 45°，往返共旋转 90°，可以得到和石英旋光器相同的效果。

12.4 图像全息光弹性

12.4.1 实验原理

全息照相能够获得完整的空间图像，因此从不同方向观测条纹图案，条纹有明显的移动，这相当于一般光弹性中的斜射效应。严格说来，只有沿着被测点的法线方向观测才能准确地获得该点的条纹数值。为了得到完整而准确的条纹图案，可将图像全息术应用于全息光弹。非偏振光图像全息光弹性实验的光路系统如图 12-4 所示，其特点是采用内腔式氦氖激光器而不用偏振片、$\frac{1}{4}\lambda$ 波片和漫射器，并在模型 O 和底板 H 之间增加一组成像透镜 L，将模型成像于底板上。这样，全息照相所直接记录的将不是模型 O 本身的物光，而是模型通过 L 透镜在底板上所形成的像，如图 12-5 所示。由于透镜的增加并不引起光源系统中光程的改变，以上章节所推导的全息光弹的条纹图案的公式仍然适用。用通常的单次曝光术可以得到光弹性模型的等差线，采用两次曝光术可以得到模型的等差线和等和线的组合条纹。

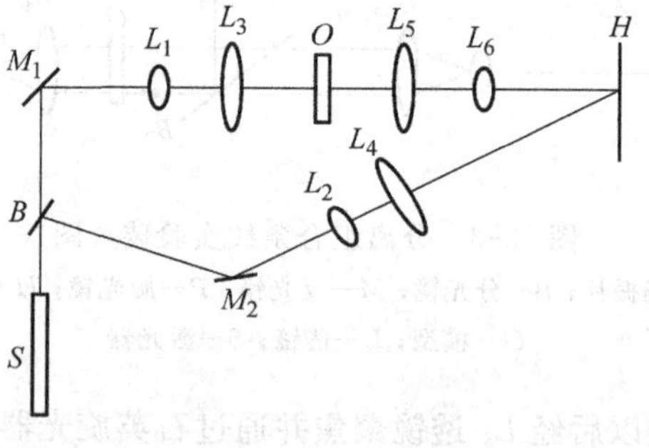

图 12-4 图像全息光弹性光路示意图

S—激光器；B—分光镜；M_1、M_2—反光镜；L_1、L_2—显微物镜；
L_3、L_4—准直镜；H—全息底板；L_5、L_6—成像透镜；O—模型和加载架

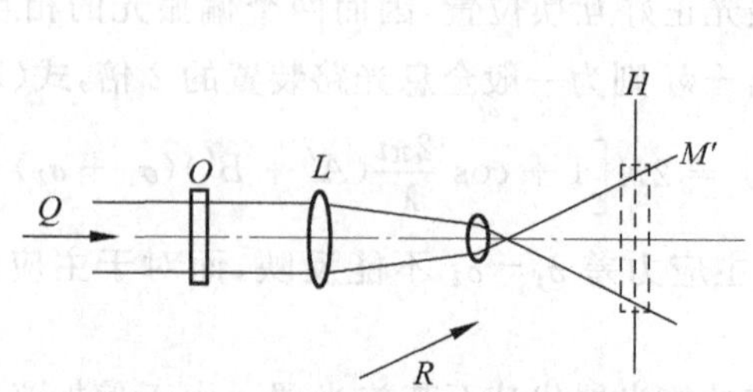

图 12-5 模型通过透镜在底板上成像示意图

由于在图像全息光弹性中，条纹和底板具有一一对应的位置，这样记录的条纹反映了物光垂直于入射模型产生的光程变化，因而消除了斜射效应，即视差所带来的误差。由于重现的模型的像就在全息底板上，而且有一一对应的位置，因而对重现光的相干性，即相干长度和空间相干性没有严格的要求，从而可以实现白光重现。只需将全息底板对着日光或台灯并旋转一定的角度，便可以在底板上看到清晰的、具有彩色背景的干涉条纹。

由于增加了成像透镜，模型和加载系统可以远离全息底板而不致遮挡参考光，因而可以使物光和参考光之间有较小的夹角，以提高成像质量。成像透镜还可以使局部应力场，包括裂纹前缘区的应力场进行放大记录，为测定裂纹的应力强度因子提供了有利条件。

12.4.2 条纹的补偿

为了提高实验精度，对于某些情况的等和线条纹图案进行分数条纹的补偿是必要的。如条纹比较稀疏或出现极值的区域，在一般全息光弹性实验中由于空间图像的视差效应和采用漫射器，而使补偿分数条纹的精确定量带来麻烦。采用图像全息术，在模型附近安置补偿器 B，并用平行光透射模型和补偿器，在全息底板上成像，可以有效地补偿分数条纹，如图 12-5 所示。

采用拉力补偿器，并事先对它们进行标定。补偿等和线和补偿等差线显然有不同的标定值。等差线的补偿方法和一般光弹性相同，补偿等和线在进行二次曝光时，补偿器也要和模型一样记录加载及无载的两种情况。拉力补偿的拉力大小决定了所要补偿的等和线分数条纹值。图 12-6(a)和(b)所示为对径受压圆盘在对称断面上等和线补偿 0 和 −0.15 级条纹的情况。通过补偿可以确定圆盘中心点等和线条纹的最高级数

$$n_{\max} = -3.5 + 0.15 = -3.35$$

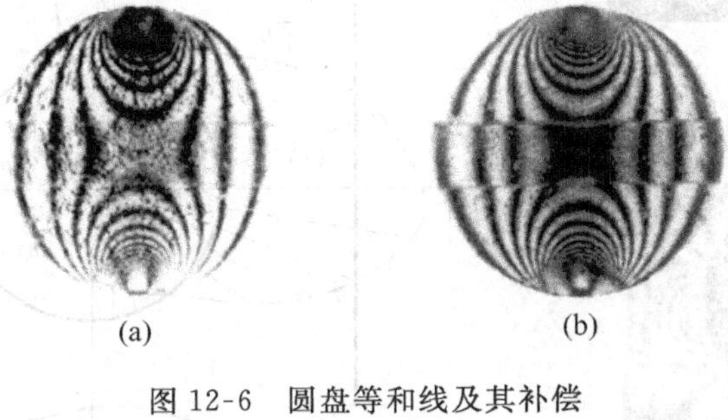

(a) (b)

图 12-6 圆盘等和线及其补偿

(a) $\Delta n=0$；(b) $\Delta n=-0.15$

此外，对于某些复杂的模型，也可以通过补偿的方法确定条纹级数增减的规律。图 12-7(b)所示为轴承瓦盖模型等和线补偿情况，当补偿分数条纹 $\Delta n=0.35$ 时，所

有条纹往下移动一段距离，说明其增加趋势皆往上，而不存在极值。对于对径受压圆盘的对称面上则存在相反的情况。

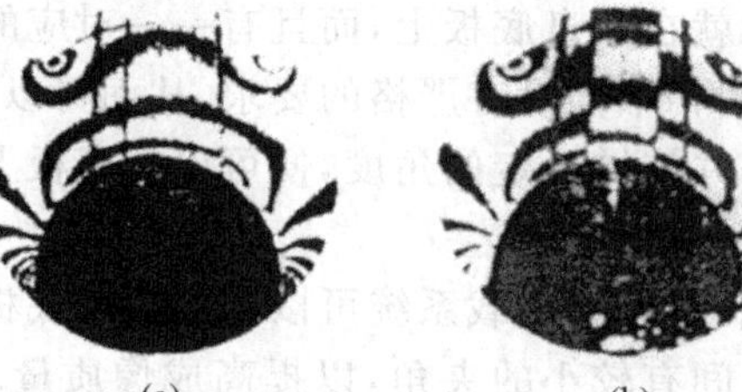

(a) (b)

图 12-7 轴承瓦盖等和线及其补偿

(a) $\Delta n=0$；(b) $\Delta n=0.35$

12.4.3 应用实例

反映全息光弹性特点的一个实例是 490 发动机轴承瓦盖孔边接触应力的测定，这是普通光弹性方法难以准确解决的。轴和孔的配合为滑动配合，用上述方法测得的等差线和等和线示于图 12-8 中，孔边压力分布示于图 12-9 中，此外还测定了断面 $A—A$，$B—B$ 的应力分布。根据实验结果改进了瓦盖几何尺寸，选用了合理过渡圆角，解决了瓦盖断裂问题。

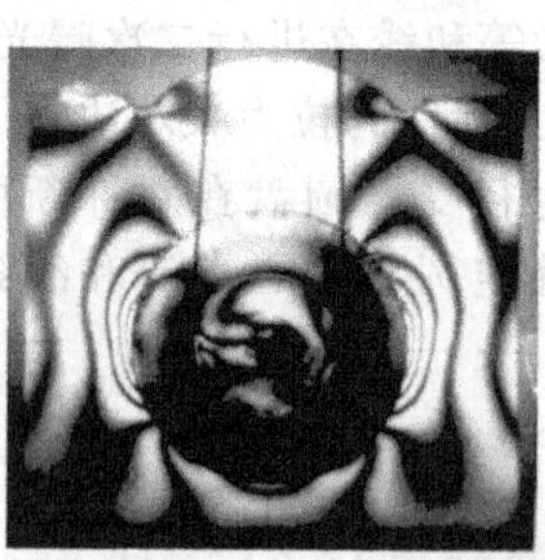

(a)

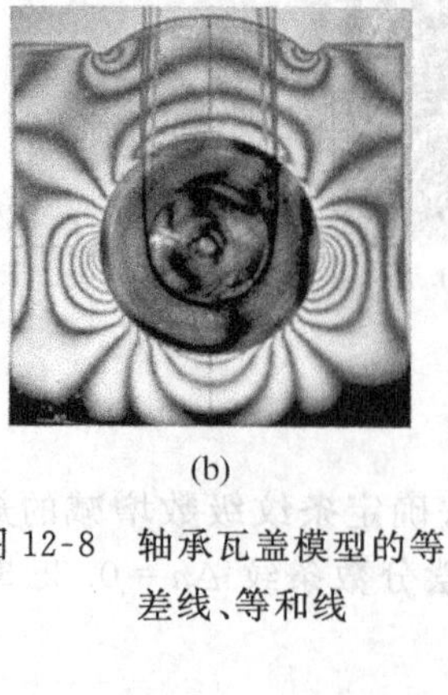

(b)

图 12-8 轴承瓦盖模型的等差线、等和线

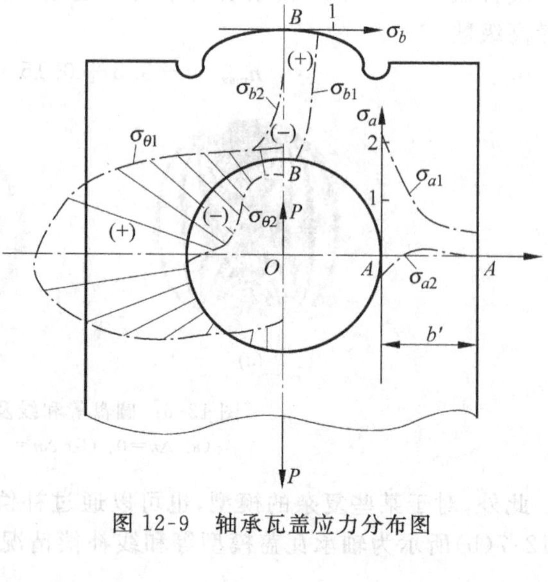

图 12-9 轴承瓦盖应力分布图

第13章 云纹法

云纹法是可以测定位移场及应变场的实验应力分析方法。云纹法(Moire)一词原意是指丝绸云纹,两块半透明的丝绸重叠在一起会出现云纹现象,因此得名。用它来测量构件的位移和应变有很多优点。它测量时所使用的设备简单,应用范围广。此法可运用于各种材料,包括常用工程材料以及有特殊性能的材料,如低弹性模量的,各向异性的,复合或聚合材料等;可以应用于静荷与动荷,包括测定瞬时冲击或长期蠕变等,可以用于测量较大量程的变形——弹性、塑性直至破坏的大变形;还可以用于测定裂缝附近的弹塑性应变场,板、壳,以及二维与三维稳定等问题。云纹法的不足之处是在测量弹性范围的微小应变时,还缺乏足够的灵敏度与准确度,但是近年来在这方面已有不少进展。

13.1 云纹法的基本原理

13.1.1 基本现象

云纹方法的测量用元件是由平行等距离黑线组成的栅,如图13-1所示。黑线称为栅线,相邻栅线的间距称为节距,节距的倒数等于栅线密度,与栅线垂直的方向称为主方向。两块节距相等的栅称为等节栅,两块节距大小有差异的栅称为异节栅。若将两块平板制的异节栅相重叠,令其栅线互相并行则会出现与栅线平行的亮暗相间的干涉条纹。这种亮纹或暗纹即为云纹,见图13-2。若将两块等节栅相重叠,并能相对

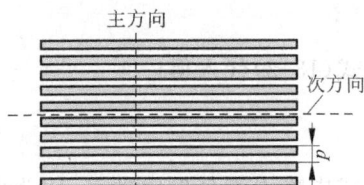

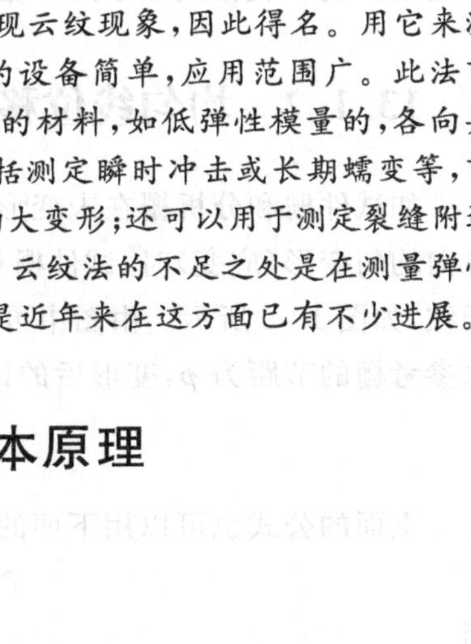

图13-1 平行栅

转动而使栅线错开一微小夹角(简称栅线错角),则因栅线的交叉而形成亮暗相同的条纹,如图13-3所示。以上是形成云纹干涉现象的两种基本情况。

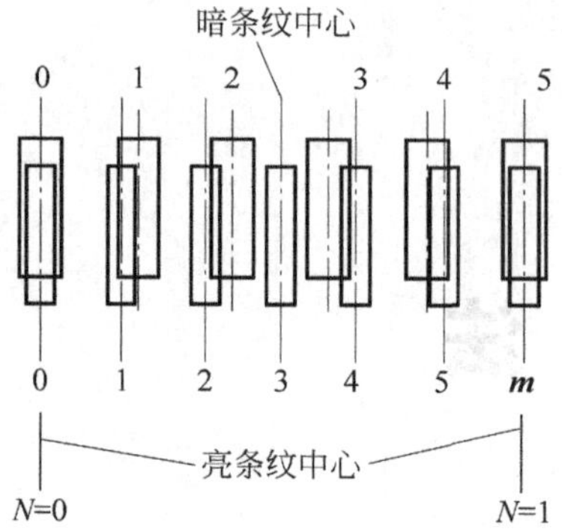

图13-2 栅线平行形成亮、暗条纹

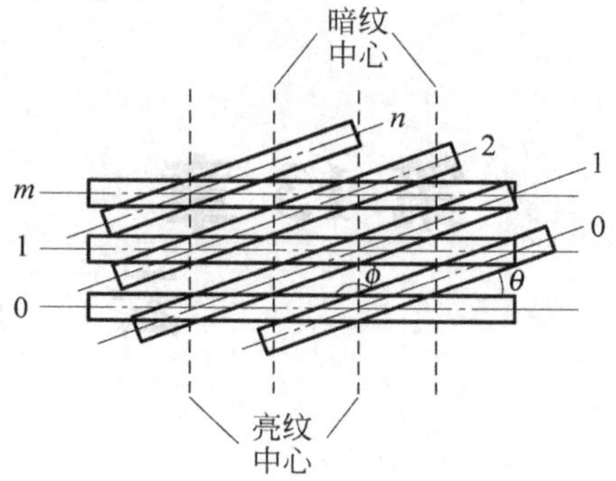

图13-3 栅线交叉形成亮、暗条纹

实际测量变形时配合使用的两块栅,一是将栅线制于试件表面随试件一起变形,称为试件栅;另一块栅是不变形的分析栅(或称参考栅),由复制有栅线的干板构成。将此两块栅互相重叠在一起就会形成云纹干涉。若需避免两块栅的直接接触,则可通过透镜使一块栅成像于另一栅上以形成干涉。

13.1.2 均匀线位移引起的云纹效应

如试件栅和分析栅在未变形前互相平行且节距相等,当试件栅产生沿栅线的主方向均匀变形(应变)时,试件栅相当于变为一异节栅,它们相干将产生平行于栅线的云纹,如图13-2所示。由图中可以看出相邻条纹之间产生了一个原节距的变形。设原参考栅的节距为 p,变形后的试件栅节距为 p_1,相邻条纹的间距为 δ,则

$$\varepsilon=\pm\frac{p}{\delta} \tag{13-1}$$

上面的公式也可以用下面的关系导出,由图13-2得知

$$\delta = mp = (m\pm 1)p_1 \tag{13-2}$$

而

$$\varepsilon=\frac{p_1-p}{p} \tag{13-3}$$

将式(13-2)代入得

$$\varepsilon=\pm\frac{p}{\delta-p}\approx\pm\frac{p}{\delta} \tag{13-4}$$

上式中略去了分母中的 p,因为它相对于 δ 是高级微量,式(13-4)和式(13-1)是相同的。

13.1.3 纯转动产生的云纹效应

当两栅等节距，且试件栅不产生线位移，仅对参考栅转动一角度 θ，见图 13-3，此时云纹(亮条纹)产生于栅线交点的连线且平分两栅线所夹的钝角 ϕ。θ 与 ϕ 的关系为

$$\begin{cases}\phi = \dfrac{\pi+\theta}{2} \\ \theta = 2\phi - \pi\end{cases} \tag{13-5}$$

当 θ 很小时，$\phi \approx \dfrac{\pi}{2}$，即云纹和栅线垂直，在这种情况下，相邻云纹的间距与 θ 的关系可由下式表示：

$$\delta = \frac{p}{\tan\theta} = \frac{p}{\theta} \tag{13-6}$$

由式(13-6)可以看出，当 θ 增大时，δ 迅速变小，即条纹迅速增密。实际上当 θ 为 30°左右时条纹已不可分辨。

13.1.4 均匀线变形和转动同时存在的云纹效应

设参考栅为水平放置，试件栅从原来水平的位置转了一个角度 θ，并且节距由 p 变为 p_1，如图 13-4 所示，现在来求各种量(p、p_1、δ、θ、ϕ)之间的关系。考虑△ABF 中 $AB = \dfrac{p_1}{\sin(\phi-\theta)}$，△$ABE$ 中 $AB = \dfrac{p}{\sin\phi}$，由此可以得出

$$\begin{cases}\dfrac{p_1}{\sin(\phi-\theta)} = \dfrac{p}{\sin\phi} \\ p_1 = \dfrac{p\sin(\phi-\theta)}{\sin\phi}\end{cases} \tag{13-7}$$

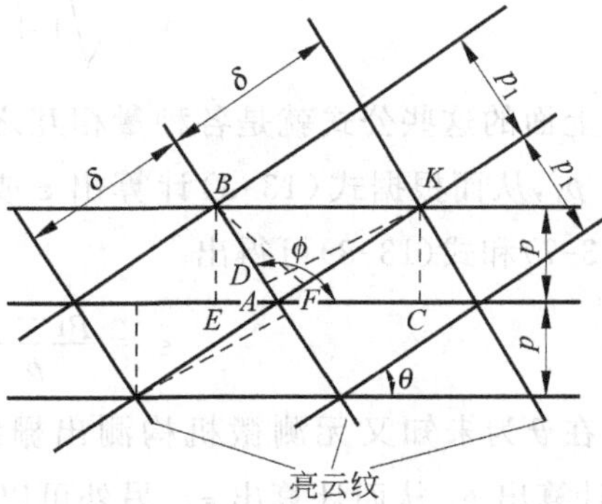

图 13-4 均匀线变形和转动同时存在的云纹效应

整理得

$$\tan\phi = \frac{p\sin\theta}{p\cos\theta - p_1} \tag{13-8}$$

考虑△AKC 及△AKD 中的几何关系可得

$$AK = \frac{p}{\sin\theta} = \frac{\delta}{\sin(\phi-\theta)}$$

由此得出

$$\delta = \frac{p\sin(\phi-\theta)}{\sin\theta} \tag{13-9}$$

根据上式和式(13-7)也可写成

$$\delta = \frac{p_1\sin\phi}{\sin\theta} \tag{13-10}$$

由式(13-8)可以得到

$$\sin\phi = \frac{p\sin\theta}{\sqrt{p^2\sin^2\theta+(p\cos\theta-p_1)^2}}$$

将此式代入式(13-10)得

$$\delta = \frac{pp_1}{\sqrt{p^2\sin^2\theta+(p\cos\theta-p_1)^2}} \tag{13-11}$$

根据式(13-9)可得

$$\tan\theta = \frac{p\sin\phi}{\delta+p\cos\phi} = \frac{\sin\phi}{\frac{\delta}{p}+\cos\phi} \tag{13-12}$$

或写成

$$\sin\theta = \frac{\sin\phi}{\sqrt{\sin^2\phi+\left(\frac{\delta}{p}+\cos\phi\right)^2}} \tag{13-13}$$

由式(13-12)和式(13-10)可以得出

$$p_1 = \frac{\delta}{\sqrt{1+\left(\frac{\delta}{p}\right)^2+2\frac{\delta}{p}\cos\phi}} \tag{13-14}$$

上面的这些公式就是各种量相互之间的关系。根据这些公式可以测出有关量，算出 p_1，从而根据式(13-3)计算出 ε 或者计算出 θ。例如在 θ 已知的情况下，根据式(13-7)和式(13-3)可得出

$$\varepsilon = \frac{p_1-p}{p} = \frac{\sin(\phi-\theta)}{\sin\phi} \tag{13-15}$$

在 θ 为未知又无测微机构测出栅线的倾角时，可以根据式(13-14)，由测出的 δ、ϕ 计算出 p_1 从而计算出 ε。另外可以看出有以下两种特殊情况。

(1) $\theta=0, p\neq p_1$。此时根据式(13-8)得出 $\phi=0$，由式(13-11)可以得出

$$\delta = \frac{pp_1}{p-p_1}, \quad \frac{p_1-p}{p} = \pm\frac{p}{\delta}$$

这就是只有线变形的情况。

(2) $\theta\neq0, p=p_1$。由式(13-11)得

$$\delta=\frac{p}{\sqrt{\sin^2\theta+(\cos\theta-1)^2}}=\frac{p}{2\sin\dfrac{\theta}{2}}$$

如 $\theta\ll1$,则 $\theta=\dfrac{p}{\delta}$,这就是纯转动的情况。

13.2 二维位移场位移及应变的测定

13.2.1 几何法

在一般的二维位移场中存在着 ε_x、ε_y、γ_{xy}。在小应变时 $\varepsilon_x=\dfrac{\partial u}{\partial x}$,$\varepsilon_y=\dfrac{\partial v}{\partial y}$,$\gamma_{xy}=\dfrac{\partial u}{\partial y}+\dfrac{\partial v}{\partial x}=\theta_x+\theta_y$,而且各点的位移是连续变化着的。但是对于局部的一个小区域来说,可以看做近似均匀的应变场。这样我们就可以利用13.1节讨论的公式求出 ε、θ。在求全部应变量时需要分两步:首先令分析栅和试件栅平行 x 轴,此时可求得 ε_y、θ_x;然后再平行 y 设置两栅,此时可求得 ε_x,θ_y。

13.2.2 位移导数法

在一般二维位移场中变形后的试件栅一般为一曲线,它们和分析栅相交处的连线即为亮条纹处,见图13-5。图中虚线为亮条纹的位置。由图中可以看出在任一亮条纹所经过的各栅线交点处其栅线序数的差值为一常数,即

$$N=m-n \tag{13-16}$$

并可看出在 $N=0,1,2,\cdots$ 诸条纹上的试件栅各点分别有沿分析栅主方向的位移 $0,1p,2p,\cdots$。取分析栅主方向为 x 轴向,并以 U 表示上述沿 x 轴向的位移,则

$$U=Np,\quad N=0,1,2,\cdots \tag{13-17}$$

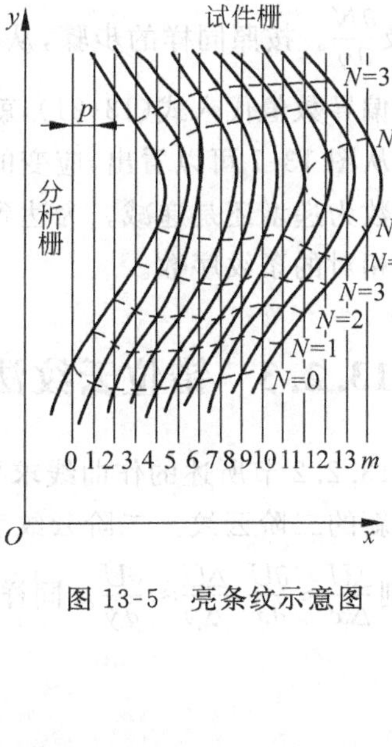

图13-5 亮条纹示意图

当试件栅和分析栅的夹角逐渐增大时,形成的条纹就不断增密,在栅线密度为每毫米数线至数十线的情况下,当栅线夹角大于30°时,条纹就变得过密、过细而形成灰色的背景,凭目力已分辨不出条纹,可以看成已不形成干涉。所以通常采

用两组相正交的栅线所构成的试件栅(见图 13-6),用平行线分析栅(见图 13-1)先后平行于两组变形前的试件栅,在变形后即可分别和试件栅的每一组栅线形成干涉而测出 x、y 方向的变形。和 x 方向类似,令 V 为 y 方向的位移,则

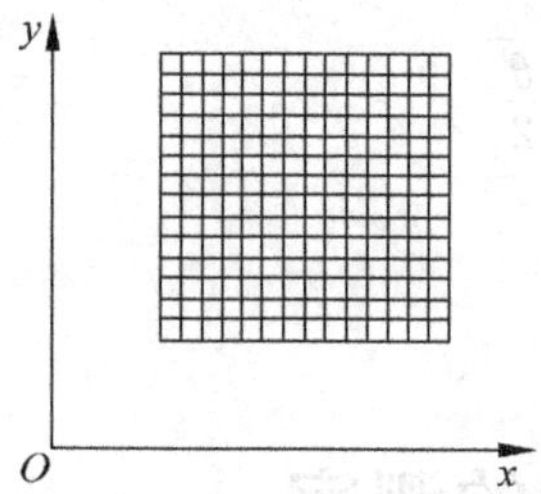

图 13-6 正交栅

$$V = N'p, \quad N' = 0,1,2,\cdots \tag{13-18}$$

上面分别得出了表示 U 位移场及 V 位移场的云纹图像。云纹图像表示沿分析栅主方向的位移场,每一条纹表示为沿分析栅主方向的等位移线。相邻条纹其位移相差一个节距。

对式(13-17)及式(13-18)取导,得

$$\begin{cases} \dfrac{\partial U}{\partial x} = p\,\dfrac{\partial N}{\partial x}, & \dfrac{\partial U}{\partial y} = p\,\dfrac{\partial N}{\partial y} \\ \dfrac{\partial V}{\partial x} = p\,\dfrac{\partial N'}{\partial x}, & \dfrac{\partial V}{\partial y} = p\,\dfrac{\partial N'}{\partial y} \end{cases} \tag{13-19}$$

小变形时的应变分量可以表示为

$$\varepsilon_x = \frac{\partial U}{\partial x}, \quad \varepsilon_y = \frac{\partial V}{\partial y}, \quad \gamma_{xy} = \frac{\partial U}{\partial y} + \frac{\partial V}{\partial x} \tag{13-20}$$

由式(13-19)及式(13-20)可得

$$\varepsilon_x = p\,\frac{\partial N}{\partial x}, \quad \varepsilon_y = p\,\frac{\partial N'}{\partial y}, \quad \gamma_{xy} = p\left(\frac{\partial N}{\partial y} + \frac{\partial N'}{\partial x}\right) \tag{13-21}$$

根据上面的应变公式,试件各点应变的大小可以用作图法求出。图 13-7(a)的云纹图像表示 U 位移场。算出 A 点应变状态的步骤如下:通过 A 点作平行于 x 轴及 y 轴的直线,根据其相交各条纹的位置及相应的条纹序数分别绘出位移曲线如图 13-7(b)、(c)所示,测出此两曲线上对应于 A 点的切线倾角 θ 与 θ',其正切就等于 $\dfrac{\partial N}{\partial x}$及$\dfrac{\partial N}{\partial y}$。按照同样的步骤,从表示 V 位移场的云纹图像可以得出$\dfrac{\partial N'}{\partial x}$及$\dfrac{\partial N'}{\partial y}$。将这些偏导数值代入式(13-21),就可求出 A 点的应变状态。

从图 13-7 可以看出,应变的正负取决于位移曲线的斜率的正负,亦即需确定条纹序数为递增还是递减。为达到这一要求,并不需要确定绝对的条纹序数,而只需要确定相对的条纹序数。

13.2.3 错位云纹法

13.2.2 节所述的作曲线求导数的方法也可以用两张同样的云纹图进行错位而获得新的二阶云纹。二阶云纹表示了 ΔU、ΔV 的等值线。若错位 Δx 或 ΔV 相当微小,则$\dfrac{\Delta U}{\Delta x}\approx\dfrac{\partial U}{\partial x}$,$\dfrac{\Delta U}{\Delta y}\approx\dfrac{\partial U}{\partial y}$。同样也可以得出$\dfrac{\Delta V}{\Delta y}\approx\dfrac{\partial V}{\partial y}$,$\dfrac{\Delta V}{\Delta x}\approx\dfrac{\partial V}{\partial x}$。如果试件栅和分析

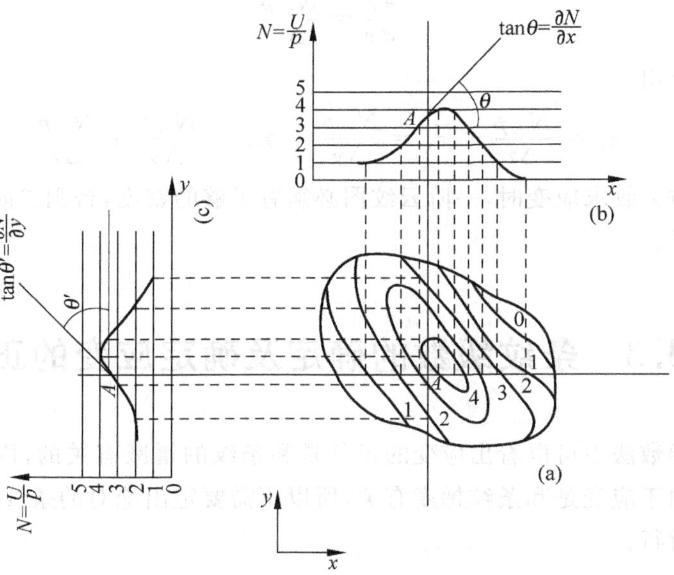

图 13-7 图解法求应变

栅的主方向为 x，则一阶云纹反映了 U 的等值线，令错位前的某点的位移为 $N_x p$，错位 Δx 后的位移为 $N_{x1} p$，则其差为

$$N_{x1} p - N_x p = (N_{x1} - N_x) p = N_{xx} p \tag{13-22}$$

式中，N_{xx} 为 x 方向错位的二阶云纹级数。图 13-8 中阴影部分即为 $N_{xx} p$，式(13-22)又可表示为

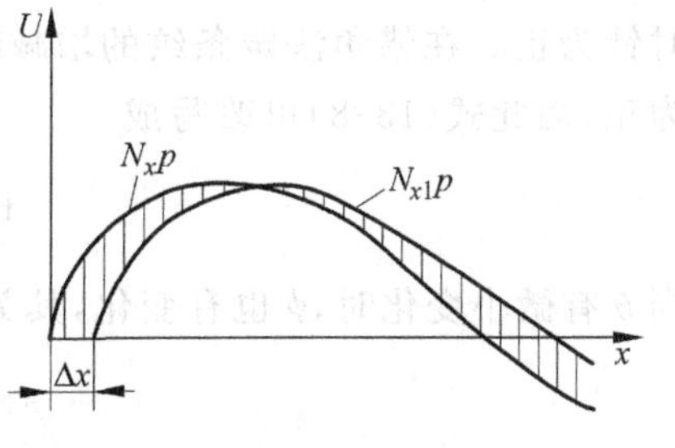

图 13-8 错位云纹法

$$N_{x1} p - N_x p = U(x + \Delta x, y) - U(x, y) = \frac{\partial U}{\partial x}, \quad \Delta x = N_{xx} p$$

故

$$\frac{\partial U}{\partial x} = \frac{N_{xx} p}{\Delta x} \tag{13-23}$$

如果将反映 U 的等值线的云纹在 y 方向错位 Δy 则可得

$$\frac{\partial U}{\partial y} = \frac{N_{xy} p}{\Delta y} \tag{13-24}$$

同样，当试件栅和分析栅主方向为 y 轴向时，所得出的是反映 V 等值线的云纹图。当该图在 y 方向错位可得

$$\frac{\partial V}{\partial x} = \frac{N_{yy} p}{\Delta y} \tag{13-25}$$

而在 x 方向错位可得

$$\frac{\partial V}{\partial x}=\frac{N_{yx}p}{\Delta x} \tag{13-26}$$

这样就可以求出

$$\varepsilon_x=\frac{N_{xx}p}{\Delta x},\quad \varepsilon_y=\frac{N_{yy}p}{\Delta y},\quad \gamma_{xy}=\frac{N_{xy}p}{\Delta y}+\frac{N_{yx}p}{\Delta x} \tag{13-27}$$

当用错位云纹求应变时，一阶云纹图必须有足够的密度，否则二阶云纹将会太稀而使精度降低。

13.3 条纹级数的确定及确定应变的正负

从位移导数法中可以看出应变的正负是和条纹的增减有关的，因此必须确定条纹的级数。由于应变是和条纹梯度有关，所以不需要定出绝对的条纹级数，只要定出相对的级数就行。

13.3.1 错角法定条纹的增减及应变的正负

当参考栅和试件栅有一个微小的夹角时，因 $\sin\theta=\theta$，$\cos\theta=1$，则式(13-8)可以写成 $\tan\phi=\dfrac{p\theta}{p-p_1}$。在式(13-8)的推导中是试件栅旋转，参考栅线为水平轴，θ 以逆时针为正。在错角法定条纹的增减时，旋转参考栅比较方便，θ 从试件栅量起逆时针为正，因此式(13-8)可改写成

$$\tan\phi=\frac{p\theta}{p-p_1} \tag{13-28}$$

当 θ 有微小变化时，ϕ 也有变化，其关系可以通过对上式进行微分求得：

$$\sec^2\phi\mathrm{d}\phi=\frac{p\mathrm{d}\theta}{p-p_1} \tag{13-29}$$

从式中可以看出，$p_1>p$ 时，当 $\mathrm{d}\theta>0$，$\mathrm{d}\phi$ 也大于零，当 $\mathrm{d}\theta<0$ 时 $\mathrm{d}\phi<0$，转向相同；而 $p_1<p$ 时，当 $\mathrm{d}\theta>0$ 时则 $\mathrm{d}\phi<0$，$\mathrm{d}\theta<0$ 时 $\mathrm{d}\phi>0$，转向相反。由此可以定出应变的正负，即转向相同时应变为正，条纹递增，转向相反时条纹递减，应变为负。上面的规则也可以总结为条纹总是跟着较密的栅转。

图 13-9 是这种方法的图解，图中 $p_1>p$，当分析栅逆时针转动 $\mathrm{d}\theta$ 时，条纹逆时针转动 $\mathrm{d}\phi$。如 $p_1<p$ 时，情形相反。

图 13-10 的云纹图表示三点受压圆盘的 V 位移场，参考栅的主方向系垂直方向。

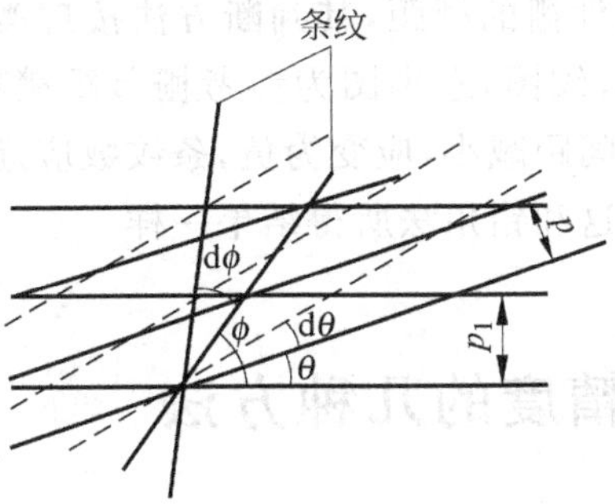

图 13-9　错角法定条纹的图解

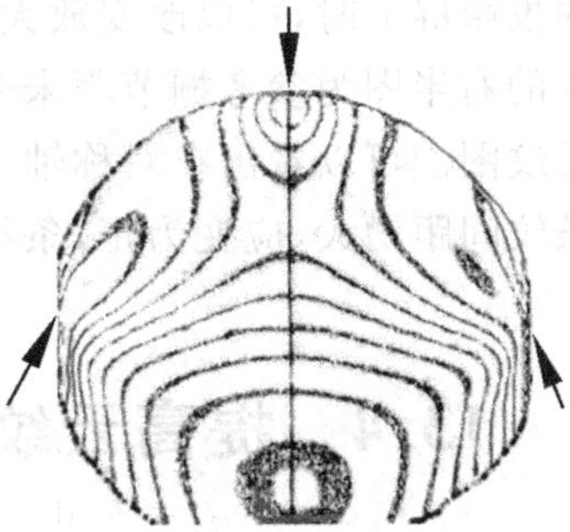

图 13-10　三点受压圆盘的 V 位移场云纹图

图 13-11 右半图为参考栅未错角前的原有云纹图。左半图为参考栅逆时针转动一个角度 $\Delta\theta$ 后的云纹图。可以看出，这时上端中部三条条纹顺时针旋转，而中部下端各条纹为逆时针旋转，可见上端应变为压应变，条纹数递减，而下端为拉应变，条纹数递增；令圆盘顶端为起始坐标，并定其坐标轴上第一条条纹数为 100，则其他各条条纹数见图 13-12。

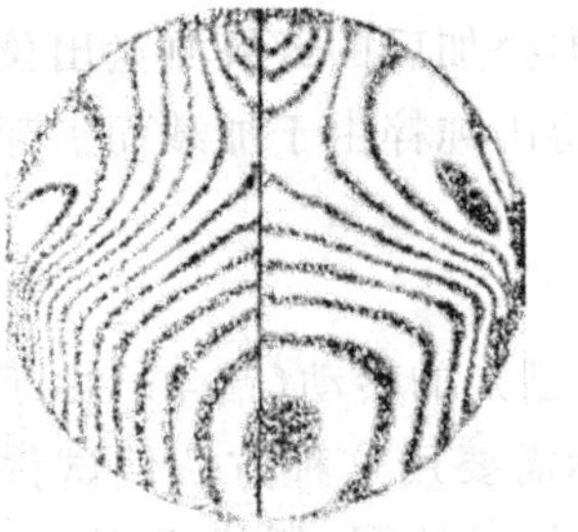

图 13-11　左右半云纹图

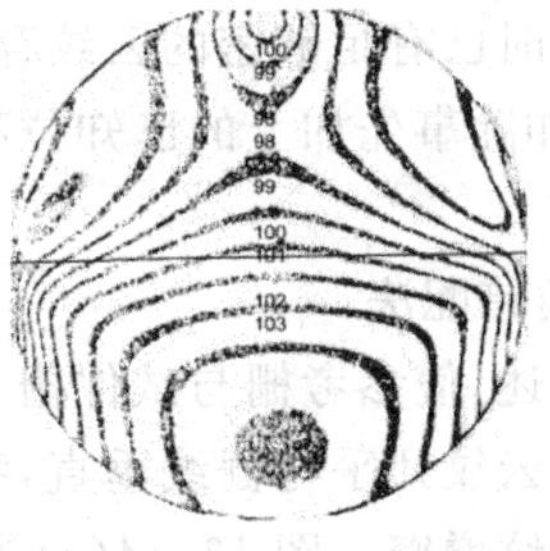

图 13-12　圆盘相对条纹级数的确定

13.3.2　用异节法确定条纹的增减及应变的正负

异节法是利用改变参考栅的节距来观察云纹的变化，定出应变的正负及条纹的增减。令 p_1 为变形后的试件栅节距，p 为原参考栅节距，$p'=p+\Delta p$ 为另一参考栅节距，如 $p_1>p$，此时令参考栅节距稍有增大，即 $\Delta p>0$（但 p 仍小于 p_1），则条纹间距增大；可以设想当 $p=p_1$ 时条纹间距为无穷大。相反当 Δp 为正时，若条纹间距增大则应变为正，条纹数递增；若条纹间距减小则应变为负，条纹数递减。这也可以总结为条纹跟着密栅走的原则。参考栅节距的变化除掉可以变换栅片外，当参考栅设在成像

图 13-13　异节法左、右半图参考栅节距变化形成的云纹图

透镜后的投影屏上时，可以改变放大率以改变试件栅的栅距，其判断方法按理类推。图 13-13 的右半图为参考栅节距未变时的原有云纹图，左半图为参考栅节距稍有增大后的云纹图。可以看出在对称轴上，上端条纹间距减小，应变为负，条纹数应递减，而下端条纹间距增大，应变为正，条纹数应递增，这和错角法所得结果一样。

13.4 提高云纹法测量精度的几种方法

云纹法的精度主要决定于位移分布曲线的精度，当云纹有足够密度时，在作位移曲线时有足够的数据点，因此就有足够的精度。为了使云纹有足够的密度可以采取多种方法。

13.4.1 错配法

这种方法是令参考栅相对于试件栅在未加载前作一已知的线变形或角变形，使得在未加载时已有足够密的云纹存在。在加载后根据叠加后的云纹测量出位移或应变，然后再扣除事先加上的已知位移（或应变），从而得出纯粹由于加载而引起的位移或应变。

1）转角错配法

如上所述，使参考栅与试件栅之间产生一微小的已知的转动（错角），由于转动而形成的初始云纹几乎与栅线垂直，我们可以根据实际需要用这种方法使试件在某一个方向上云纹增密。图 13-14(a)为一对径受压圆盘的云纹图，栅线平行于 y 轴，因此云纹图表示 x 方向的位移 u 的分布。为了增加 y 方向的云纹密度，可以在加载前，令参考栅相对试件栅转动一微角度 $\Delta\theta$，由此而得出垂直于栅线的云纹，见图 13-14(b)。图 13-14(c)为错角云纹和加载云纹的叠加，即图 13-14(a)和(b)的叠加，可以看出在 y 方向有足够的云纹密度。但是在 x 方向仍无足够的云纹密度，为此可以另想办法。

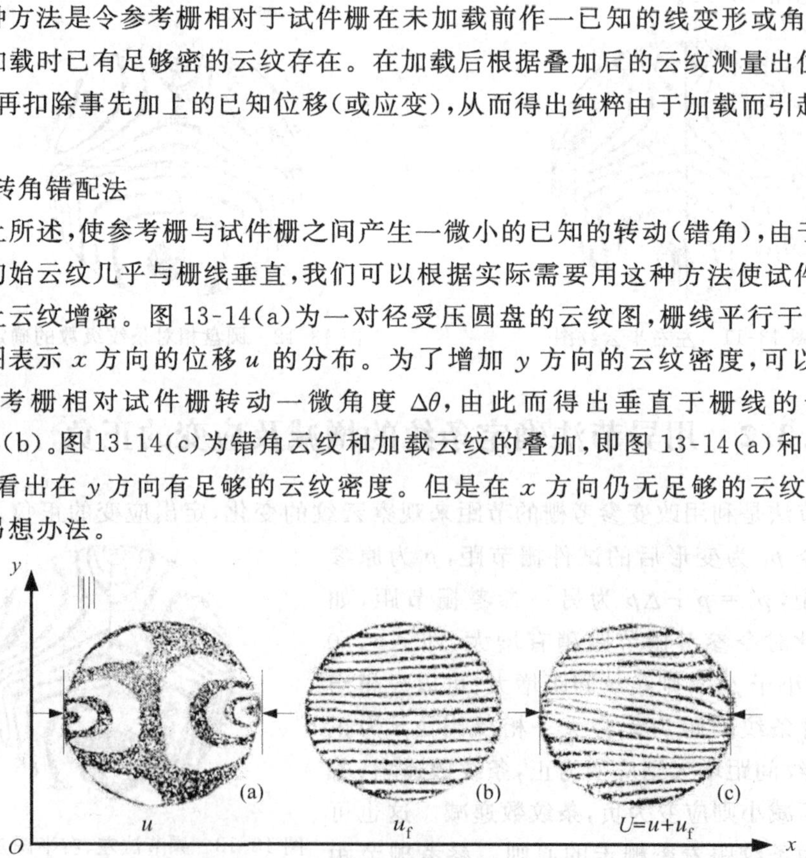

图 13-14 转角错配法加载后组合云纹图

2) 异节法(线错配法)

这种方法是将原来和试件栅具有相同节距 p 的参考栅，换作不同节距的参考栅，其节距 $p=p\pm\Delta p$，这样就相当于试件有一个均匀的线应变(虚应变)。在加载前就会形成平行于栅线的云纹，图 13-15(b)即为在加载前由于线错配而得出的云纹图，图 13-5(c)为加载后的组合云纹图。与图 13-15(a)比较，可以看出在 x 方向已具有足够的条纹密度。

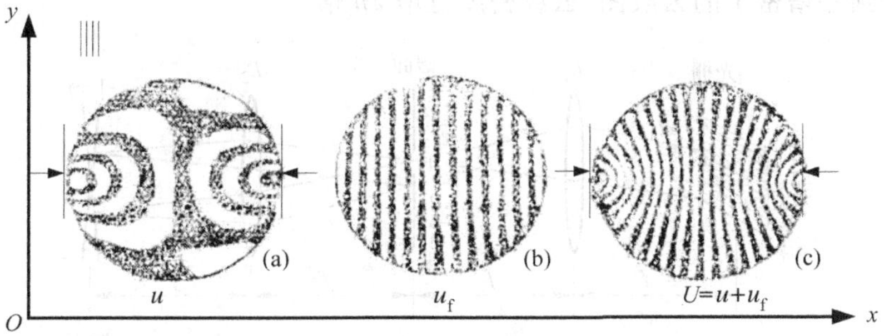

图 13-15 异节法加载后组合云纹图

3) 混合错配法

为了在一张图上同时增加 x、y 方向的条纹密度，可以采用错角与异节法相混合，即在加载前利用异节参考栅，同时又转动一个微小角度，其效果如图 13-16(b)所示。图 13-16(c)为加载后的组合云纹图。与图 13-16(a)相比较，可以看出在 x、y 方向上都有足够的云纹密度。

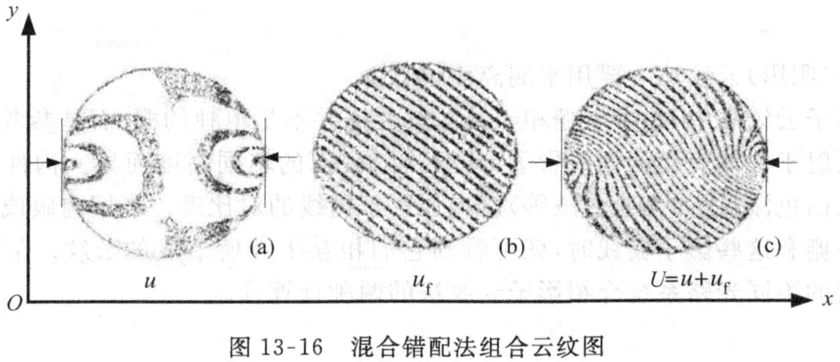

图 13-16 混合错配法组合云纹图

13.4.2 光学滤波法

利用栅线的衍射效应及滤波方法也可以使条纹增密，图 13-17 为滤波装置简图。平行光照射光栅后产生衍射，通过透镜 L_1 将在衍射平面(谱面)形成垂直方向的亮点，它们分别代表 0 级、±1 级、±2 级、……的衍射光，我们利用光阑，如只让±1 级通过，则在像面上将形成比原栅线密 1 倍的光栅图像。如只让 ±2 级通过，则像面上的栅距是原栅距的 $\frac{1}{4}$。在进行滤波处理时可以将变形后的试件栅置于透镜 L_1 前。经过滤波处理后将会在栅面处得到一个栅距为原栅距 $\frac{1}{2n}$ 倍的变形栅（n 为通过的衍射光级数）。此时再在像面上搁置一相应密度的参考栅 $\left(\text{栅距为原试件栅的}\frac{1}{2n}\right)$，这样就可以得到一增密了的云纹图，云纹密度也增 $2n$ 倍。

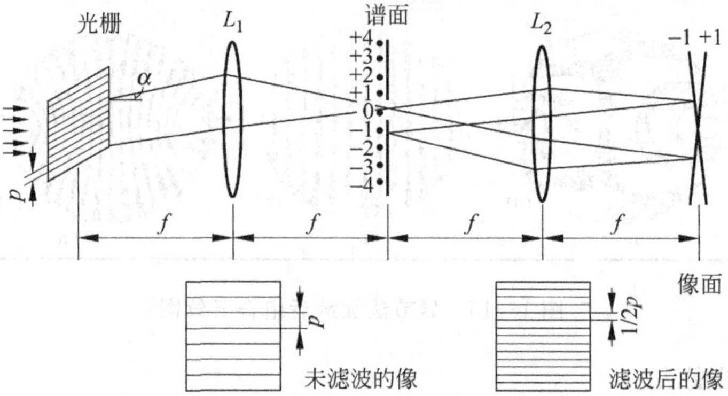

图 13-17 光学滤波法增密条纹

13.5 影子云纹法

影子（阴影）云纹法主要用来测离面位移。

在影子云纹法中，和参考栅相干涉的试件栅并不是单独的栅，而是参考栅在光线照射下投射于构件表面的栅线影子，其形状随表面的不同高度而异。构件表面最好涂抹无光白色涂料（如无光白漆等）以增加影子栅线的对比度。当用肉眼或通过相机观察参考栅和这些影子栅线时，就可看到它们相互干涉所形成的云纹。下面根据照射和接收的不同光路系统介绍影子云纹法的两种计算式。

13.5.1 平行光照射和平行光接收系统

如图 13-18 所示，平行入射光可通过远处射来的光线，或在凸透镜焦点处放置点光源而实现。由栅板平面内的栅线主方向和垂直于栅板平面的法线所构成的平面称为栅板的主平面，入射光应该与栅板主平面平行。平行接收光可通过置于远处的相机，或将相机镜头置于凸透镜后的焦点处而实现。

设参考栅的节距为 p，入射的平行光与栅板法线相交 α 角，平行接收光与法线交

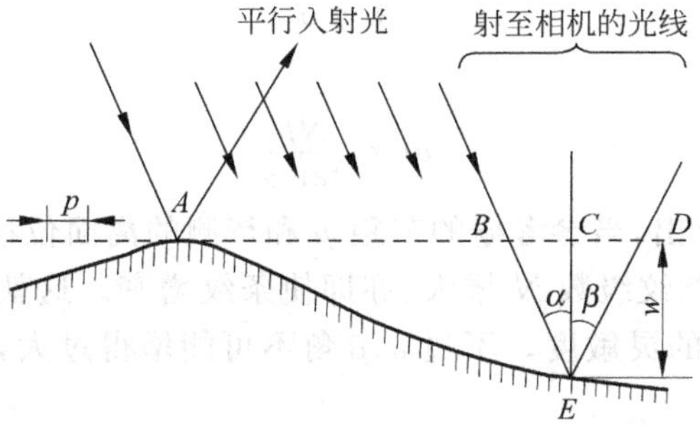

图 13-18 平行光照射和平行光接收系统

β 角。(入射与接收光线均平行于栅板主平面)平行入射光将参考栅 AB 间的栅线投射到构件表面的 AE 部分,虽然一般地说影子栅线将变为曲线,但是 AB 与 AE 部分的栅线总数是相等的,并可用相同的序数来标志栅线。设 AB 或 AE 部分共有 n 条栅线,即

$$AB = np \tag{13-30}$$

又设参考栅的 AD 部分共有 m 条栅线,则

$$AD = mp \tag{13-31}$$

在相机的像面(或毛玻璃)处可以观察到 AE 部分 n 条影子栅线与 AD 部分 m 条栅线相干涉所形成的云纹。由栅线间隙入射的光线 BE 在 E 点形成亮点。设反射光线 ED 由参考栅间隙 D 处射出,则此点在相机的像面处将形成一个亮点,而一系列这样的亮点轨迹就形成一条通过 D 点的亮条纹。按照减型云纹的规律,此条纹的级数 N 应是式(13-31)与式(13-30)的栅线序数之差,即

$$N = m - n \tag{13-32}$$

设 w 为 E 点与参考栅栅平面间的垂直距离,则

$$BD = w(\tan\alpha + \tan\beta) \tag{13-33}$$

又

$$BD = AD - AB \tag{13-34}$$

将式(13-30)、式(13-31)代入,则

$$BD = (m - n)p = Np \tag{13-35}$$

由式(13-32)、式(13-33)和式(13-35)可得

$$w = \frac{Np}{\tan\alpha + \tan\beta} \tag{13-36}$$

上式即影子云纹法的离面位移(指偏离参考栅栅平面的垂直距离)场方程,亦即由栅平面起量的构件表面的等高线或等深线方程。上式中不论参数 α 和 β 如何变化,当 $w=0$ 时,$N=0$,即零级条纹总是通过构件表面与参考栅相接触的那些点。这可有助于确定其他条纹的级数。

一种常用的特殊情况是从参考栅平面的法线方向观察(拍摄记录)影子云纹,此时

$$\beta = 0 \tag{13-37}$$

则式(13-36)简化为

$$w = \frac{Np}{\tan\alpha} \tag{13-38}$$

从式(13-36)可看出，当参考栅的节距 p 和待测的离面位移 w 为一定时，适当增大 α、β 角会相应地使条纹级数 N 增大，亦即使条纹增密。这就提高了影子云纹法测量离面位移或等高线的灵敏度。不过 α、β 角不可能增得过大，否则会使条纹的对比度显著降低。

图 13-19(a)、(b)、(c)为由影子云纹法测出的受相同均布载荷的圆板在不同周边支承条件下的等挠度线。

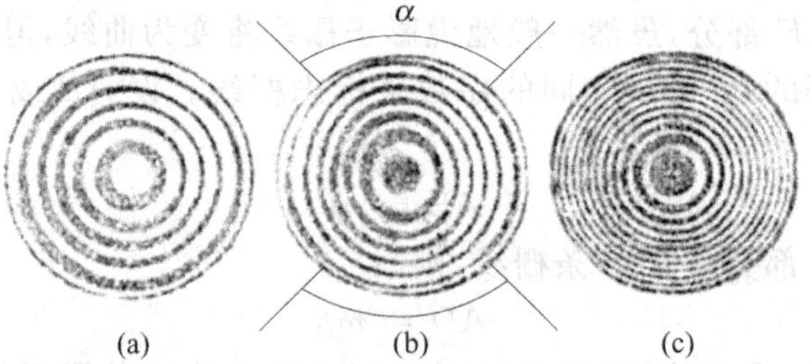

图 13-19　均匀受压圆板的等挠度线

(a) 周边固定；(b) 周边在 α 角范围内为简支，其余为固定；(c) 周边简支

13.5.2　点光源与点接收系统

上面介绍的平行光入射与接收系统，需要光源或相机与构件间的距离与构件尺寸相比较为大，或者需要在光源与构件间，以及相机与构件间放置孔径大小与构件尺寸相当的透镜。这样就限制了构件的尺寸不能太大。现要介绍的点光源与点接收系统，可把光源与相机镜头近似地简化为“点”，它们与构件间可相距有限距离。构件尺寸大小只受覆盖其上的参考栅尺寸的限制。

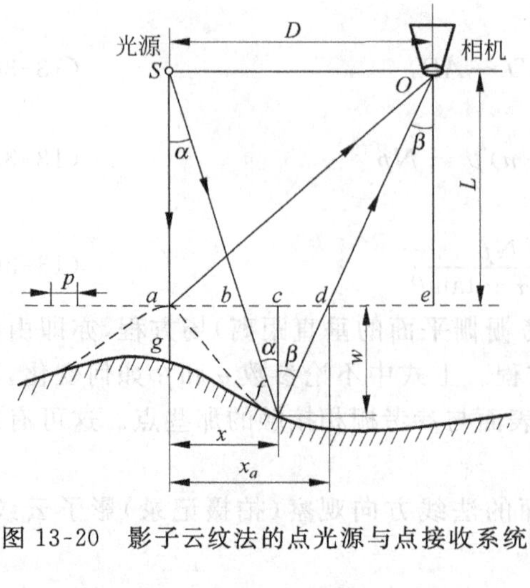

图 13-20　影子云纹法的点光源与点接收系统

现在推导一个点光源及相机镜头距参考栅等距(等于 L)的系统，如图 13-20 所示。假定参考栅与构件表面接触于 a 点。如果不是真接触的话，则可如图所示有一个虚的接触点，这对于推导的一

般性并无影响。设参考栅的 ab 间有 n 条栅线,即

$$ab = np \tag{13-39}$$

入射光将此 n 条参考栅栅线投射于构件表面 gf 上,形成影子栅线。其形状一般地说将随构件表面的不同高低而变为曲线。但是影子栅线的总数仍为 n 条,它的栅线序数也仍和 ab 部分的参考栅栅线一样。设参考栅的 ad 部分有 m 条栅线,即

$$ad = mp \tag{13-40}$$

在相机的像面处,可观察到由于 ad 部分的 m 条栅线和 gf 部分的 n 条影子栅线相干涉而形成的影子云纹。设透过参考栅栅线的间隙 d 观察到构件表面 f 处有亮条纹通过,此条纹级数 N 为

$$N = m - n \tag{13-41}$$

F 点离参考栅的间距 w 为

$$w = \frac{bd}{\tan\alpha + \tan\beta} \tag{13-42}$$

$$bd = ad - ab \tag{13-43}$$

由式(13-39)~式(13-41)及式(13-43)得

$$bd = Np \tag{13-44}$$

代入式(13-42)得

$$w = \frac{Np}{\tan\alpha + \tan\beta} \tag{13-45}$$

或

$$w = \frac{Np}{\dfrac{x}{L+w} + \dfrac{D-x}{L+w}}$$

由上式可解出

$$w = \frac{NpL}{D - Np} \tag{13-46}$$

式中,D 为光源与相机间的距离;L 为它们与参考栅平面间的距离。由上式可看出,不同的条纹级数 N 表示不同的构件表面等高线。但因分子分母中都包含 N,所以各相邻条纹间的高度差值并不相等。但当

$$D \gg Np \tag{13-47}$$

时,式(13-46)近似等于

$$w = \frac{NpL}{D} \tag{13-48}$$

此时各相邻条纹间都间隔相等的高度差。

由于通常是按照参考栅上坐标 x_a 确定条纹位置的,它在实际构件上 f 点的坐标 x 可根据投影关系而得出,即

$$\frac{x_a - x}{w} = \frac{D - x_a}{L}$$

可得

$$x = x_a - \frac{w}{L}(D - x_a) \tag{13-49}$$

这样就得出实际构件上离参考栅面距离为 w 的 f 点的坐标。

当测量沿 y 轴的等高线时，同样可得出

$$y = y_a - \frac{w}{L}(D - y_a) \tag{13-50}$$

这一系统只需将覆盖构件的参考栅面积制作得较大，则被测构件的尺寸也可较大。

影子云纹法由于无需单独制作试件栅，因而是测量构件挠度或等高线的简单实用的方法。其应用并不限于与工程强度有关的构件或模型。我们曾对北京猿人头盖骨模型的轮廓，地质力学模型的表面起伏，病人的受伤脚底在治疗过程中(肌肉)外形的复原等问题，借助影子云纹法的等高线进行测定，取得了较好的效果。

影子云纹法所需的参考栅栅线密度随构件外形起伏程度而异。较大的起伏要用较稀的栅线，栅线密度比面内云纹法使用的要低得多，通常使用的大致由每毫米一线至每毫米数线。

13.6 反射云纹法

解薄板问题常需测定与弯矩和扭矩有关的曲率和扭率。它们虽可由薄板的挠度经两次求导而得出，但是每一次求导都会导致误差的扩大。反射云纹法可以测定板的斜率分布，只需经一次求导就可得出曲率或扭率，所以测定斜率分布对于板的强度与刚度问题都是需要的。

图 13-21(a)为反射云纹法的光路系统简图。图中左面为板的模型，板的右侧面为经抛光的反射镜面。与板相距 d 的右侧放置一白底上面有黑栅线的反射型栅板，此栅在光线照射下通过板的反射镜面可形成虚像，这种在板未受载前的栅线的虚像

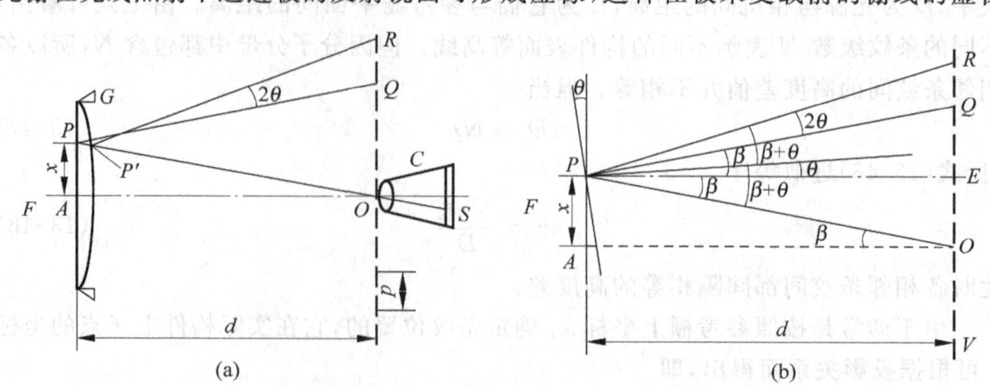

图 13-21 反射云纹法光路系统简图

就相当于参考栅由于板的反射镜面加工时可能存在的不平度，所以参考栅线可能有初始的畸变。通过反射栅中部小孔右边的相机，经一次曝光可记录下此参考栅线。在板受载后，其镜面所形成的反射栅的虚像将随之发生变形，虚像的最终变形包含了这种受载变形以及未受载前的初始畸变。此虚像就相当于试件栅，可通过相机的第二次曝光将其录下，则相机的两次曝光就形成参考栅和试件栅的重叠，它们相干涉而形成的云纹只与板在受载后所产生的变形有关。因为可以设想当载荷减小至零时，则试件栅只反映初始畸变，此时栅线的几何形状和参考栅完全一样，两栅相重叠就不会形成云纹。

板在未受载时，设反射栅线间隙 Q 点通过板的镜面上 P 点处反射而在相机的毛玻璃屏上 S 点处成像，此像点是亮点，如图 13-21(a)所示。在板受载后，设在此同一 S 点有另一栅线间隙的 R 点通过板上 P' 点反射而成像(亮点)。许多这样的亮点轨迹将形成通过 S 点的亮条纹。设

$$OR = mp \tag{13-51}$$

$$OQ = np \tag{13-52}$$

一般来讲，反射栅上的栅线经过板的镜面反射而在相机毛玻璃屏上成像后，原来是直线的栅线会发生变形，但是该栅线及其相应的栅线像的栅线序数仍可视作相等，栅线的总数经成像后也不会改变。设经过 S 点的条纹级数为 N，则此级数应为经过 R 与 Q 点的栅线序数之差，即

$$N = m - n \tag{13-53}$$

在板为小挠度的情形下，P 与 P' 两点非常趋近，而且 P' 点处板的斜率 $\tan\theta$ 可近似地代表 P 点变形后的斜率 $\frac{\partial w}{\partial x}$。式中 x 与反射栅栅线的主方向平行。由于 P 点在变形前后倾角由零增至 θ，相应经两次曝光可在 S 点形成由 Q 点的像点的重叠，所以下面应可导出在何种条件下，经过 S 点的条纹正好表示板上通过 P 点的等斜率线，亦即在相机像面处形成的反射云纹可表示小挠度板沿反射栅栅线主方向的等斜率线。

图 13-21(b)表示在板的挠度的影响可忽略时，只考虑 P 点转角 θ 的影响，则 PQ 与 PR 间的夹角等于 2θ。由图 13-21(a)及式(13-51)～式(13-53)可知

$$RQ = RO - QO = mp - np = Np \tag{13-54}$$

又设 OP 的倾角为 β，由图 13-21(b)可知

$$RQ = RE - QE = d\tan(2\theta + \beta) - d\tan\beta \tag{13-55}$$

其中 PE 在图 13-21(b)中为水平线，OA 为相机的光轴(位于水平位置)。

由式(13-54)、式(13-55)可得

$$\frac{Np}{d} = \frac{\tan 2\theta + \tan\beta}{1 - \tan 2\theta\tan\beta} - \tan\beta$$

即

$$\frac{Np}{d}(1-\tan 2\theta\tan\beta)=\tan 2\theta(1+\tan^2\beta) \tag{13-56}$$

小挠度板的转角 θ 很微小，则

$$\tan 2\theta\approx 2\theta\approx 2\frac{\partial w}{\partial x} \tag{13-57}$$

由式(13-56)、式(13-57)可得

$$\frac{\partial w}{\partial x}=\frac{\dfrac{Np}{2d}}{1+\dfrac{Np}{d}\tan\beta+\tan^2\beta} \tag{13-58}$$

式中，$\tan\beta=\dfrac{x}{d}$。

如果对图 13-21(a)的光路系统稍加改变，以便使 d 可增大为板的长或宽的若干倍，则式(13-58)分母中的$\dfrac{Np}{d}$及 $\tan\beta$ 均将远小于 1，因而可略去分母中的第二及第三项，于是式(13-58)可化简为

$$\frac{\partial w}{\partial x}=\frac{Np}{2d} \tag{13-59}$$

导得的上式证明：反射云纹可表示沿反射栅主方向的等斜率线。

将反射栅在其平面内旋转 90°，可得出表示板沿 y 方向等斜率线的反射云纹，同样可导出与式(13-59)相似的斜率算式：

$$\frac{\partial w}{\partial y}=\frac{N'p}{2d} \tag{13-60}$$

式中，N' 表示沿 y 方向等斜率线的反射云纹的条纹级数。

图 13-22 表示对图 13-21(a)的光路加以改进的系统，图 13-21(a)中的反射栅已改用由均匀漫射光源 D 照射的透射栅 G，经过倾斜 45°角的分光镜 M 而投影至板的镜面，所形成的虚像就构成板未变形前的参考栅。在板变形后，栅的虚像就构成试件栅。通过分光镜右边相机的两次曝光，录下相重叠的参考栅及试件栅，就可得到表示板的等斜率线的反射云纹。这一改进的光学系统除了可方便地增大板与相机镜头光

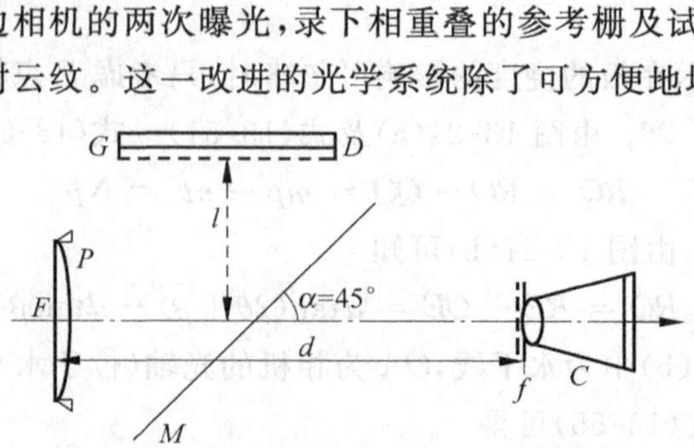

图 13-22 反射云纹法改进的光路系统

阑 f 间的距离 d 外，透射栅的栅线密度还可大于图 13-21(a)的反射栅。例如，图 13-21(a)的系统曾用反射栅的栅线节距 $p=2.11$ mm 测量板变形后的斜率，在图 13-22 的改进光路系统中，就可采用 $p=0.51$ mm 的透射栅，较密的栅线有利于提高反射云纹法的灵敏度。

只需将图 13-22 中的透射栅在栅平面内旋转 90°，就可得出表示板沿 y 方向的等斜率线的反射云纹。

反射云纹法不用单独制作试件栅，所以简化了实验操作。为了由板的斜率分布得出其曲率分布，可用作图法或数值法进行求导，也可用 13.2 节中所述的错位云纹法，由反射云纹图错位而得出可表示等曲率线的二阶云纹图。

13.7 高分辨率显微镜扫描云纹法

高分辨率显微镜扫描云纹法与传统的几何云纹法相类似，两者最主要的区别在于：①传统的几何云纹法使用的光栅频率低于 100 线/mm，而显微镜扫描云纹法(基于扫描探针显微镜)使用的光栅频率最高可达 7042×103 线/mm，使得位移测量灵敏度得到有效提高；②传统的几何云纹法使用的是实物型参考栅，而高分辨率显微镜扫描云纹法中无需使用实物型参考栅，利用高分辨率显微镜所配置的扫描源代替几何云纹法中的参考栅线，扫描参考栅与试件栅叠合，两者频率匹配时可形成云纹条纹。与云纹干涉法相比，高分辨率显微镜扫描云纹法的优势体现在：测量系统基于普通商用扫描式显微镜，视场分辨率高，参考栅参数可调整，测量精度高，操作简单易行。高分辨率显微镜扫描云纹法包括电子束云纹法、扫描电镜云纹法、原子力显微镜云纹法、聚焦离子束云纹法等。

13.7.1 电子束云纹法

图 13-23 所示为电子束云纹法的原理示意图。电子束云纹系统通常由扫描电子显微镜(scanning electronic microscope, SEM)、图形发生器、电子束掩模板组成。电子束云纹由试件栅与电子束扫描线叠合而成。通过调整试件栅和参考栅的方位，可以分别得到 U 场和 V 场的云纹条纹图。

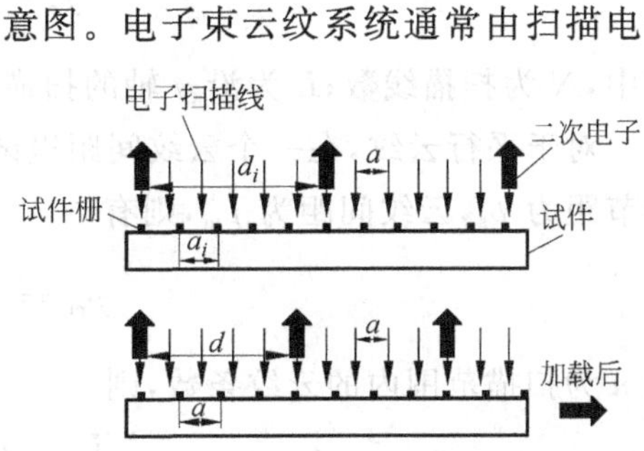

图 13-23 电子束云纹法原理示意图

应变分量 ε_x、ε_y、γ_{xy} 可以由云纹图和下式计算得到

$$\varepsilon_x = \frac{\partial U}{\partial x} = \frac{a}{d_x},\quad \varepsilon_y = \frac{\partial V}{\partial y} = \frac{a}{d_y} \tag{13-61}$$

$$\gamma_{xy} = \frac{\partial U}{\partial y} + \frac{\partial V}{\partial x} = \frac{a}{d_{xy}} + \frac{a}{d_{yx}} \tag{13-62}$$

式中，a 为参考栅节距；d_x、d_y 分别为 U 场和 V 场内沿 x 轴和 y 轴方向的相邻云纹条纹的间距。通过改变 SEM 的放大倍数，可以方便放大或者缩小测试区域。调节图形发生器的参数，可以获得不同扫描范围下的云纹图。该方法适用于微米尺度区域的变形测量。

13.7.2 扫描电镜云纹法

与电子束云纹法一样，扫描电镜云纹是在扫描电镜平台上形成的云纹，此时的电子束直接由 SEM 系统控制(但无图形发生器)，云纹条纹由试件栅与电子束扫描线叠加而成。该方法适用于微米尺度区域的变形测量。电子束扫描线可视为参考栅。作为扫描电镜云纹的特例是平行云纹(见图 13-24)和转角云纹(见图 13-25)。在更为一般的情况下，变形试件栅与 SEM 扫描线叠加得出的云纹为曲线云纹。

图 13-24 SEM 平行云纹

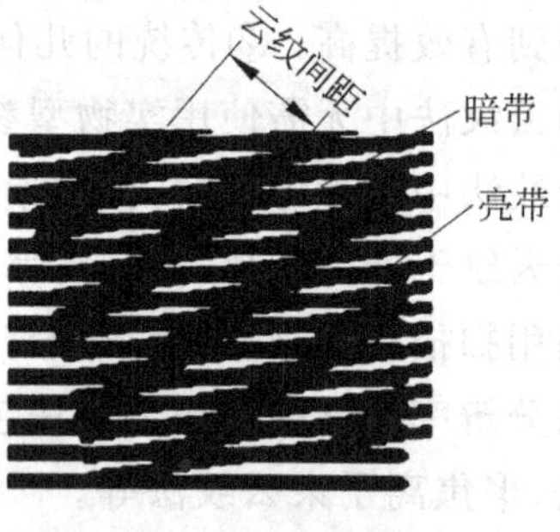

图 13-25 SEM 转角云纹

测量中，若 SEM 放大倍数 K 一定，则参考栅频率 f_r 可以定义为

$$f_r = \frac{1}{p_r} = \frac{N}{L} \tag{13-63}$$

式中，N 为扫描线数；L 为沿 y 轴的扫描范围；p_r 代表参考栅节距。

对于平行云纹，在一个云纹间距里试件栅栅线数与扫描线数之差等于 1，设试件栅节距为 p_s，云纹间距为 p_m，则有

$$p_m = \frac{p_s p_r}{|p_s - p_r|} \tag{13-64}$$

设 n 为扫描范围内的云纹条数，则

$$L = n p_m = N p_r \tag{13-65}$$

由两式可知当扫描范围满足以下条件时便会出现级数为 n 的云纹条纹：

$$L = p_s(N \pm n) \tag{13-66}$$

其中,正号表示扫描线栅距大于试件栅节距($p_r > p_s$),负号表示 $p_r < p_s$。式(13-66)给出了 SEM 平行云纹的形成条件。对于转角云纹,利用坐标转换关系可以求出云纹间距及其与扫描线之间的夹角。

13.7.3 原子力显微镜云纹法

在原子力显微镜测量系统中,利用微悬臂梁端部的探针扫描样品表面。扫描探针和样品表面之间的近场力会导致悬臂梁产生挠度,并在探针扫描中形成反馈信号。通过该信号可转换为样品表面的形貌图像,并输出到显示器上。基于原子力显微镜测量平台,在原子力显微镜云纹法的测量中,利用原子力显微镜得到微/纳米视场,由原子力显微镜扫描器的扫描线(参考栅)和试件栅叠加形成微/纳米云纹。图 13-26 所示为 AFM 的形成原理图。AFM 扫描云纹法对试件变形的分析方法与 SEM 云纹法非常类似,云纹形成的条件同式(13-66)。该方法可适用于微/纳米尺度区域的全场变形测量。

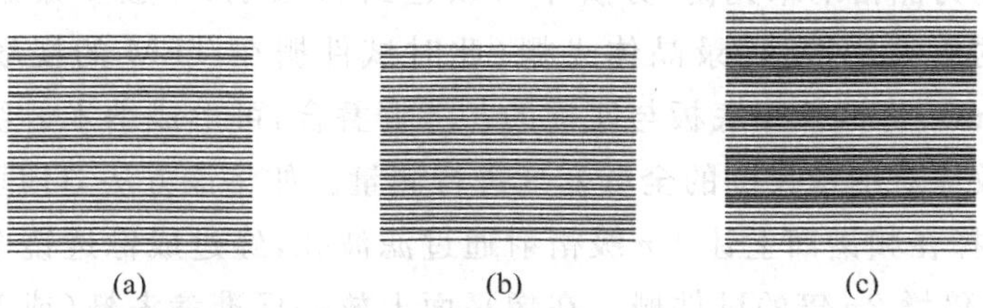

图 13-26 AFM 云纹的形成原理

(a) AFM 扫描线;(b) 试件栅;(c) AFM 扫描云纹(两栅叠合)

13.7.4 聚焦离子束云纹法

聚焦离子束(focused ion beam, FIB)系统集成了制备光栅和云纹测量的双重功能。一方面,它可以直接在试件表面刻蚀制栅;另一方面,在 FIB 下,试件栅与离子束扫描线频率匹配时,可得到 FIB 云纹,并应用于变形测量。FIB 云纹测量中,参考栅频率具体可由视场内的扫描线数确定。图 13-27 所示为利用 FIB 加工得到的不同节距的栅线,图 13-28 为 FIB 云纹的形成原理图。

在实施上述的扫描云纹测量时,对参考栅的标定是很重要的步骤,在标定后可方便地确定视场参数如放大倍数、视场尺寸等。

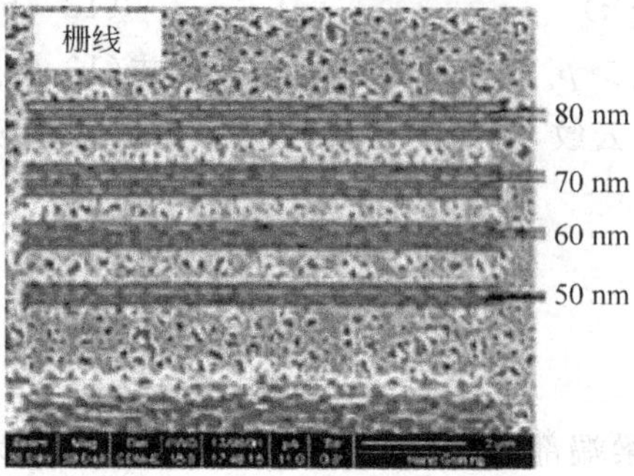

图 13-27 FIB 刻蚀得到的不同节距栅线

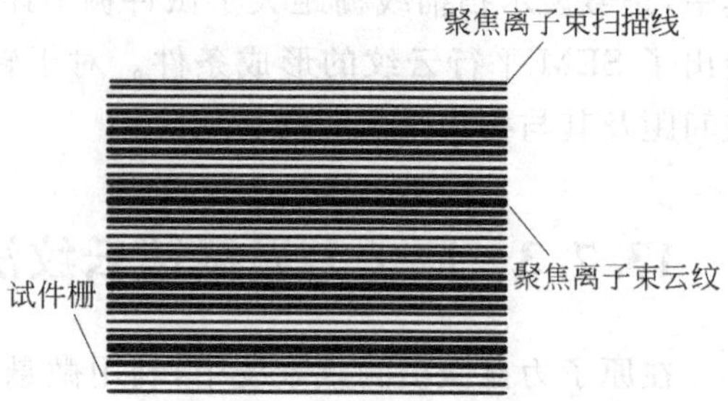

图 13-28 FIB 云纹的形成原理

13.7.5 透射电子显微镜纳米云纹法

透射电子显微镜(TEM)纳米云纹法利用晶体(原子或分子)的规则排列做试件光栅,与标准参考栅叠合形成云纹条纹,经光学滤波后可得到高质量的云纹图。该方法试件栅为晶格纳米光栅,分辨率可以达到 Å 级别,一般步骤如下:在 TEM 下采用合适的放大倍数,记录晶体光栅(此时试件栅在 TEM 的视场下的频率为 10～40 线/mm);将试件栅底板与匹配的参考栅叠合,可形成纳米云纹。利用这种方法可以有效地对纳米尺度的全场变形进行测量。如将该方法与傅里叶光学滤波系统结合,选择在频谱面上让 $\pm n$ 级衍射通过滤波孔,经过成像透镜 7 后在像平面 8 上再现频率倍增 $2n$ 倍的试件栅。在像平面上放一标准参考栅(或变形前的试件栅)。当两栅的频率匹配时即可在相平面后观察到倍增 n 倍的云纹条纹,通过 CCD 采集到计算机。一般来讲,当 $n>2$ 时,衍射效果较差,一般采用 ±1、±2 的衍射级次进行测量(见图 13-29)。

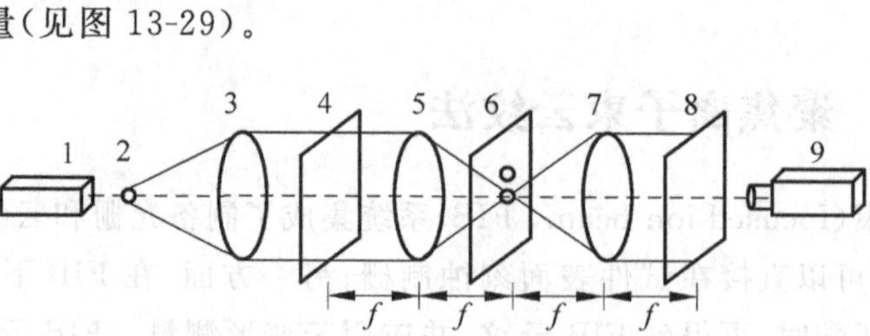

图 13-29 傅里叶光学滤波系统

1—激光器;2—扩束镜;3—准直镜;4—物平面;5—变换透镜;

6—频谱面;7—成像透镜;8—相平面;9—CCD

按照以上原理,利用放大 300 000 倍的 Si(111)晶体试件栅与 20 线/mm 的正交标准光栅叠加干涉形成的原始 STM 云纹如图 13-30(a)所示,采用倍增 2 倍的栅线与 40 线/mm 的单向标准光栅叠加干涉形成的 STM 云纹如图 13-30(b)所示。

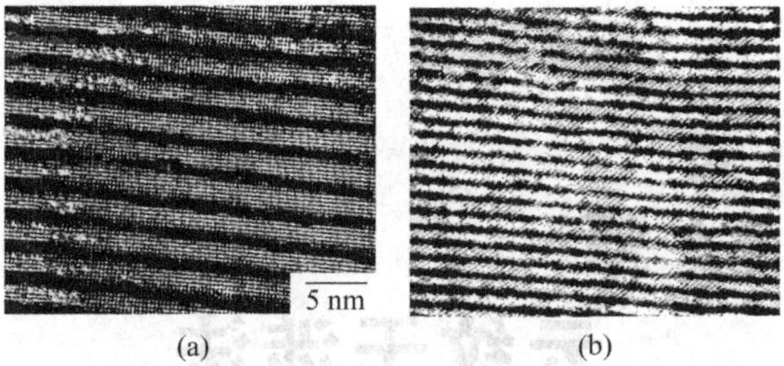

图 13-30 TEM 载波云纹图

(a) 原始云纹；(b) 倍增云纹(2 倍)

第14章 云纹干涉法

由于云纹法所用栅线密度不可能很高，其测量灵敏度受到很大限制。D. Post 等人建议将近代光栅技术引入云纹法，即在被测试件表面复制高密度衍射光栅，以大大提高测量变形的灵敏度。但其基本原理却不同于云纹法，它是通过由变形栅衍射的不同的波前相干涉产生的条纹以获取变形信息的。从本质上说，这是一种波前干涉方法，其基本理论和实验装置是与全息干涉法、散斑干涉法，特别是双光束散斑干涉法类同的。只是由于历史发展上和云纹法的某些联系，这种方法才被称为云纹干涉法。

云纹干涉法由于采用栅线密度为 600～1200 线/mm，甚至超过 2000 线/mm 的高密度衍射光栅作为试件栅，其测量灵敏度和全息干涉法、散斑干涉法一样，可达到波长量级，比传统云纹法要高出 15～60 倍。此外，这种方法还具有全场分析、实时观测、高反差条纹，以及直接获取面内位移场和应变场等优点。近几年来，云纹干涉法在基本理论、实验技术、试件栅复制工艺等方面正趋于完善，而且已经在应变分析、复合材料、断裂力学、残余应力测量等方面获得了成功应用，是一种具有发展和应用前景的新的实验力学方法。

14.1 衍射光栅

14.1.1 衍射方程

衍射光栅是由很多平行、等宽、等间距的狭缝组成的。产生反射衍射光波的称为反射式衍射光栅(见图14-1(a))，产生透射衍射光波的称为透射式衍射光栅(见

图 14-1(b))。在云纹干涉法中一般采用反射式衍射光栅，但对于某些透明塑料模型，也可采用透射式衍射光栅。

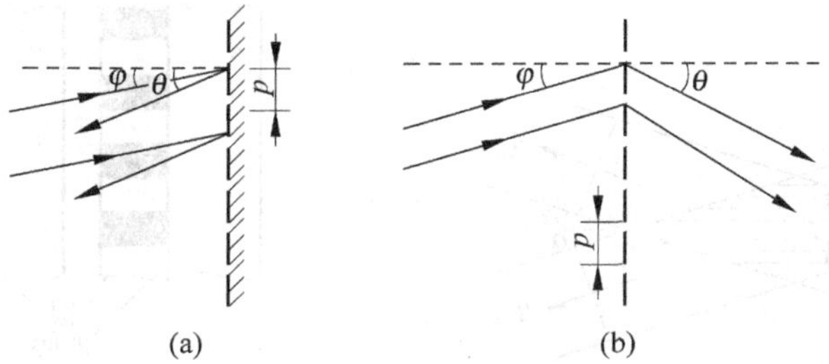

图 14-1 振幅型衍射光栅

(a) 反射式光栅；(b) 透射式光栅

反射式衍射光栅和透射式衍射光栅具有相同的光栅方程。当波长为 λ 的平行光束，以 φ 角为入射角入射光栅时，根据两相邻狭缝的光束之间的光程差为 $m\lambda$ 可计算出第 m 级光谱与对应衍射角 θ 之间的关系式，即光栅方程为

$$p(\sin\varphi + \sin\theta) = m\lambda \tag{14-1}$$

式中，p 为光栅常数，即栅线节距。当衍射光方向与入射光方向处于光栅平面法线方向同一侧时，式中的 θ 取正号，反之取负号。光栅方程是用来确定光波入射角不同级次光谱衍射角之间的关系的。

图 14-1 所示光栅是通过改变透射或反射性能形成平行狭缝而产生衍射的，这是振幅型衍射光栅。这种光栅的零级谱要比其他级的光强大很多。而云纹干涉法通常并不需要零级谱，而只要正负一级谱，因此这种光栅的效率很低。一般的衍射光栅包括云纹干涉法所用的光栅都是位相型光栅，它是由等距、平行的凹凸狭缝产生衍射的，根据表面凹凸波浪形状的不同和制作方式不同，又分正弦型全息光栅和锯齿形闪耀光栅两种。但无论哪种光栅，它们的光栅方程都和式(14-1)相同。只是它们的各个级次的光谱的光强分配不同而已。

14.1.2 全息光栅

两束准直的激光以一定的角度在空间相交时，如图 14-2 所示，在其相交的重叠区域将产生一个稳定的具有一定空间频率的空间虚栅，虚栅的节距 p 与激光波长 λ 和两束激光的夹角 2α 有关，并由下式决定：

$$p = \frac{\lambda}{2\sin\alpha} \tag{14-2}$$

将涂有感光乳胶的全息干板置于图 14-2 所示的空间虚栅光场中，经曝光后，干板上将记录下栅距为 p 的平行等距干涉条纹。经过显影以后的底板其曝光区域中含有银粒，而在未曝光的区域银粒从乳胶上脱落。在底板干燥过程中有银粒的区域将限制乳胶收缩，无银粒区域的乳胶收缩较多，这样便形成图 14-3 所示的波浪形表面，这个波浪形表面便构成了节距为 p 的正弦位相型全息光栅。将这块光栅作为模板，便可用它在试件上复制相同节距的位相型试件栅。

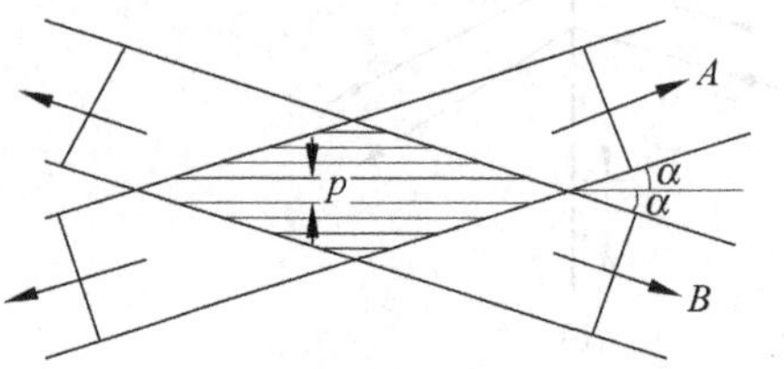

图 14-2　全息光栅底板曝光

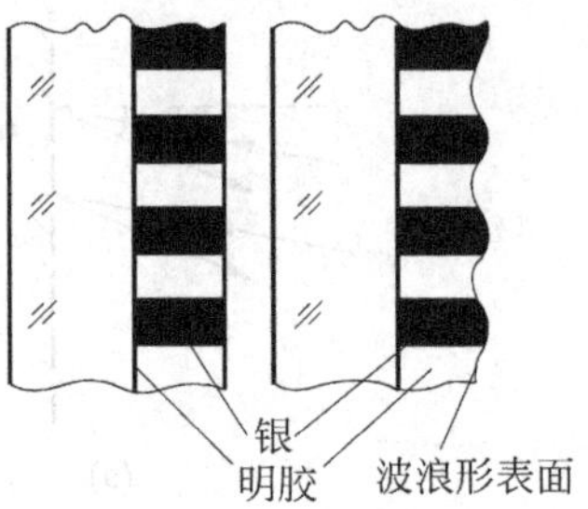

图 14-3　位相型光栅的形成

14.1.3　闪耀光栅

闪耀光栅的特点是能够将衍射光波的光强集中在所需要的某一级光谱上。对于云纹干涉法一般需要集中在正负一级光谱上，因此，闪耀光栅比全息光栅具有更高的衍射效率，并能更好地满足云纹干涉法的需要。

闪耀光栅的闪耀特性决定于光栅表面的沟槽形状。以图 14-4(a)为例，当沟槽斜面与光栅平面成 β 角，垂直于光栅平面入射的平行光束在沟槽面上的入射角则为 β，因而将在 $\theta=2\beta$ 的衍射方向得到光谱的最大相对光强。其节距，即光栅常数 p 可以根据光波波长和衍射方向由光栅方程式(14-1)确定。

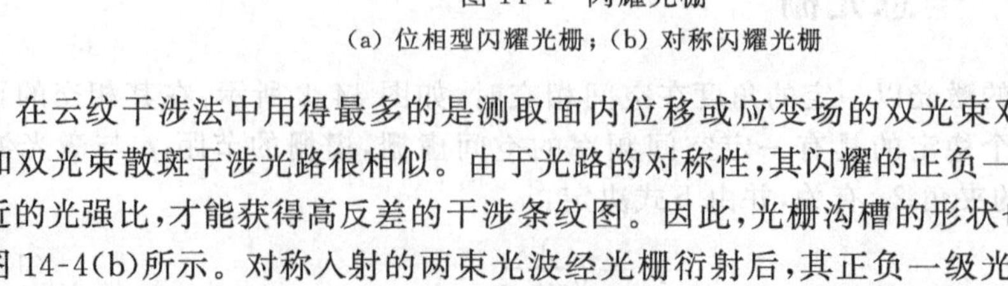

图 14-4　闪耀光栅

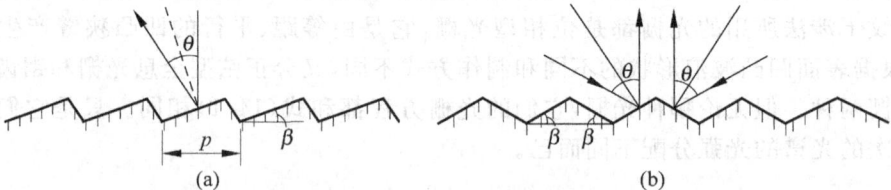

(a) 位相型闪耀光栅；(b) 对称闪耀光栅

在云纹干涉法中用得最多的是测取面内位移或应变场的双光束对称入射光路，它和双光束散斑干涉光路很相似。由于光路的对称性，其闪耀的正负一级衍射谱应有相近的光强比，才能获得高反差的干涉条纹图。因此，光栅沟槽的形状也应是对称的，如图 14-4(b)所示。对称入射的两束光波经光栅衍射后，其正负一级光谱的衍射方向应垂直光栅平面。根据这个条件，当入射光波波长 $\lambda=6328$ Å，光栅节距 $p=\dfrac{1}{600}$ mm，由光栅方程式(14-1)可求得入射光波的入射角为 $\theta=\pm\arcsin\dfrac{\lambda}{p}=\pm22.314°$，其沟槽斜面的倾角应为$\beta=\frac{\theta}{2}=11.157°$。

当光栅频率为1200线/mm,其节距为1/1200 mm时,可求得其入射光波的入射角应为49.408°,而沟槽倾角则应为24.704°。

闪耀光栅的原刻模板是用精密的刻划机和专门的钻石刀具刻制出来的。刻制光栅模板不仅要严格地控制栅线节距,而且刀具的形状也要符合光栅沟槽的要求,以满足一定的光栅闪耀特性。原刻模板是很贵重的,一般的闪耀光栅都是从原刻模板复制过来的。我国已研制成功了专门用于云纹干涉法的原刻光栅及其复制光栅。

14.1.4 试件栅复制

试件上的光栅,即试件栅,通常是用光栅模板即母栅复制。母栅可以是全息光栅,也可以是闪耀光栅。用作母栅的全息光栅可以是在全息台上直接制成的正弦型位相栅。而用作母栅的闪耀光栅却不是原刻的锯齿型位相栅,而是由原刻光栅在极严格的工艺条件下复制成的母栅。因为原刻光栅过于昂贵。

试件栅的复制工艺应尽量保证试件栅和母栅的吻合一致而不失真。常用的复制工艺方法目前有铸塑法和转移法两种。

(1) 铸塑法:首先将常温固化胶和固化剂混合均匀后浇注在经清洗干净的试件表面,然后将母栅的栅线表面覆盖在胶层上,施加一定的压力挤出多余的胶液并使胶层均匀。待胶层固化后即可起模,带有栅线的胶层留在试件表面形成试件栅。为了使胶层和试件粘结牢固并使母栅脱模容易,试件表面应涂粘结剂或在母栅表面涂布脱模剂。最后可在试件栅表面再镀一层铝膜以提高衍射效率。其工艺流程如图14-5所示。

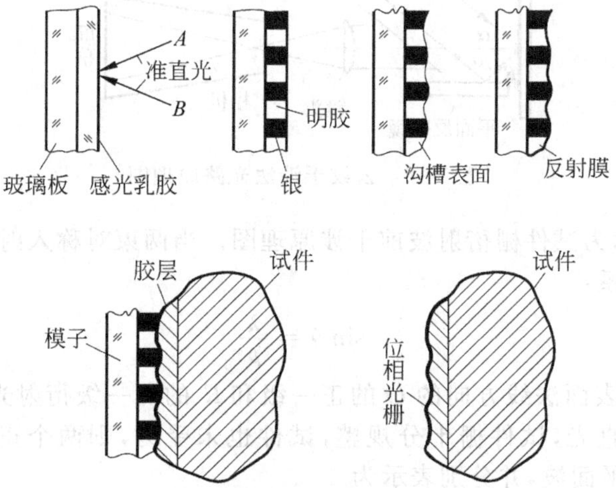

图14-5 试件栅复制工艺

(2) 转移法:先在母栅表面涂布一层分离油层,再在表面蒸镀一层金属反射薄膜。将清洗干净的试件表面浇注一层常温固化胶,并将镀好金属反射层的栅面压在试件表面的胶层上。待胶层固化后,取下母栅,则具有栅线的金属薄膜便被转移到试件表面了。这种方法也是通常制造衍射光栅的所谓一次复制法。

上述两种复制试件栅的工艺具有较高的栅线质量,但工艺技术比较严格而不易掌握。近年来,人们正致力于研究简易的试件栅复制工艺,并取得了进展。

14.2 面内位移场

14.2.1 面内位移场实时观测

云纹干涉法可以测量全场面内位移。这不仅克服了通常的全息干涉法不能直接获取面内位移场的困难,比云纹法、散斑照相法具有更高的灵敏度,而且其量程也不像散斑干涉法那样受到极严格的限制。此外,这一方法还可以对面内位移进行全场实时观测,这也是其他光学干涉方法难以实现的。

图14-6为云纹干涉法光路原理图,准直光束的一半直接照射到试件栅上形成一束入射光,另外一半经过平面反射镜改变方向形成另外一束入射光 R。由于平面反射镜与试件栅垂直,O、R 光为关于试件栅表面法线的对称入射光,射角均为 α。

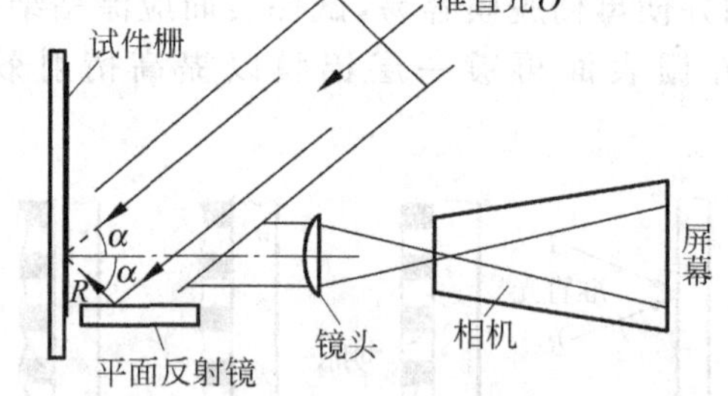

图14-6 云纹干涉法光路原理图

图14-7所示为试件栅衍射波前干涉原理图。当两束对称入射光波 O 和 R 的入射角符合以下关系:

$$\sin\theta = \frac{\lambda}{p} \tag{14-3}$$

则将获得沿试件表面法线方向的 O 的正一级和 R 的负一级衍射光波。如两束对称入射的光波为准直光,试件栅十分规整,试件也未受力,则两个正负一级的衍射波 O_o 及 R_o 可视为平面波,并分别表示为

$$\begin{cases} O_o = A e^{i\varphi_0} \\ R_o = A e^{i\varphi_r} \end{cases} \tag{14-4}$$

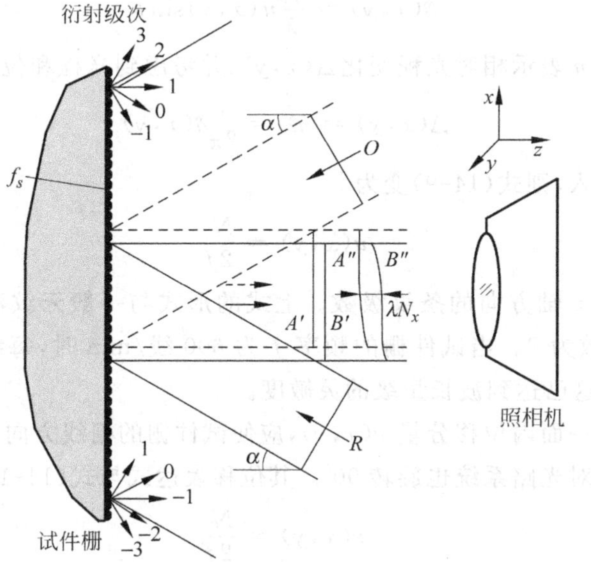

图 14-7 波前干涉原理图

式中,A 为振幅;对于平面波,位相 ψ_0 和 ψ_r 皆为常数。

当试件受力发生变形,则平面波变为和表面位移有关的翘曲波前,其位相也将发生相应的变化。翘曲波前 O_P 和 R_P 可分别表示为

$$\begin{cases} O_P = A e^{i[\psi_0 + \phi_0(x,y)]} \\ R_P = A e^{i[\psi_r + \phi_r(x,y)]} \end{cases} \tag{14-5}$$

式中,$\phi_0(x,y)$和 $\phi_r(x,y)$为由于表面位移而引起的位相变化。当试件表面具有三维位移时,位相变化 $\phi_0(x,y)$和 $\phi_r(x,y)$与 x、z 方向的位移 u、w 有如下关系:

$$\begin{cases} \phi_0(x,y) = \dfrac{2\pi}{\lambda}[w(x,y)(1+\cos\theta) + u(x,y)\sin\theta] \\ \phi_r(x,y) = \dfrac{2\pi}{\lambda}[w(x,y)(1+\cos\theta) - u(x,y)\sin\theta] \end{cases} \tag{14-6}$$

两束衍射波前经过成像系统以后在照相底板上发生干涉,底板所记录的光强可表示为

$$\begin{aligned} I &= (O_P + R_P)(O_P + R_P) \\ &= 4A^2\cos^2\frac{1}{2}[\psi_0 - \psi_r + \phi_0(x,y) - \phi_r(x,y)] \\ &= 4A^2\cos^2\frac{1}{2}[\alpha + \delta(x,y)] \end{aligned} \tag{14-7}$$

$$\alpha = \psi_0 - \psi_r, \quad \delta(x,y) = \phi_0(x,y) - \phi_r(x,y) \tag{14-8}$$

式中,α 为两束平面波 O_0 和 R_0 的初始位相差,为一常数,并可等效于试件刚体平移所产生的均匀位相;$\delta(x,y)$为试件变形以后两束翘曲衍射波前的相对位相变化。根据式(14-6)可得

$$\delta(x,y)=\frac{4\pi}{\lambda}u(x,y)\sin\theta \tag{14-9}$$

如用波长数 n 表示相对光程变化 $\Delta(x,y)$，并考虑到光程和位相之间的关系，即

$$\Delta(x,y)=n\lambda=\frac{\lambda}{2\pi}\delta(x,y) \tag{14-10}$$

并将式(14-3)代入，则式(14-9)变为

$$u(x,y)=\frac{N_x}{2f} \tag{14-11}$$

其中，N_x 代表沿 x 轴方向的条纹级数。上式的形式与一般云纹法的位移表达式相似，但其倍增系数为 2。当试件栅的频率 f 为 600 线/mm 时，每级条纹所代表的位移为 0.833 μm，这已达到波长量级的灵敏度。

为了获得另一面内位移分量 $v(x,y)$，应使试件栅的栅线方向旋转 90°，并使试件及其加载系统相对光路系统也旋转 90°。其位移表达式与式(14-11)相同，即

$$v(x,y)=\frac{N_y}{2f} \tag{14-12}$$

式中，N_y 代表沿 y 轴方向的条纹级数。图 14-8 所示为三反镜光路云纹干涉系统，AB 和 CD 部分光线分别形成两个双准直光路，并应用于 U、V 位移场的测量。

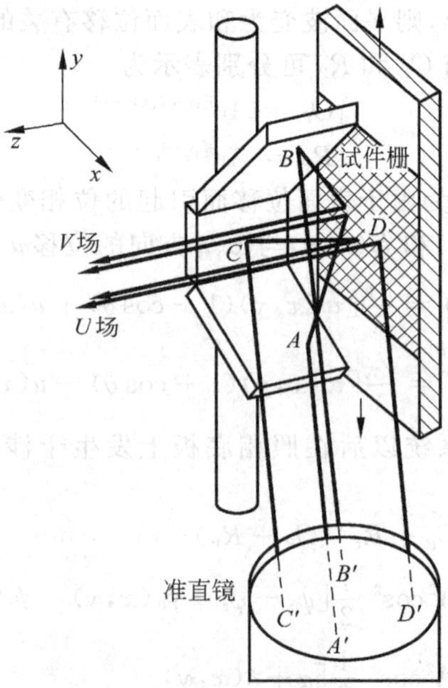

图 14-8 三反镜云纹干涉系统

图 14-9 所示为用上述方法获得的对径受压圆盘的面内位移分量 U 和 V 的全场条纹图。

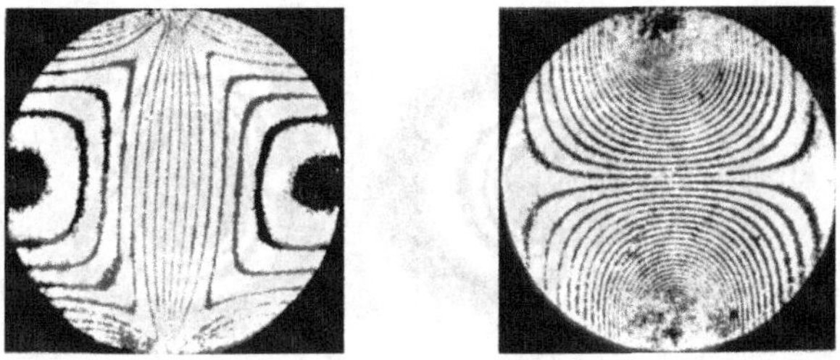
(a) (b)

图 14-9 对径受压圆盘云纹干涉条纹图
(a) U 场；(b) V 场

为了在一个试件上获得全部面内位移分量，通常需要在该试件表面复制两组互相垂直的光栅，即正交光栅，如图 14-10 所示。正交位相型光栅实际上是点阵格栅，它不仅能产生沿垂直光栅方向，即 x 和 y 方向的衍射光谱，而且还可以产生沿 $\pm 45°$ 方向的衍射光谱。由图 14-10 可知，沿 45°方向衍射光谱的相应光栅常数，或光栅节距 p' 与两组(x、y 方向的)平行栅节距 p 间有以下关系：

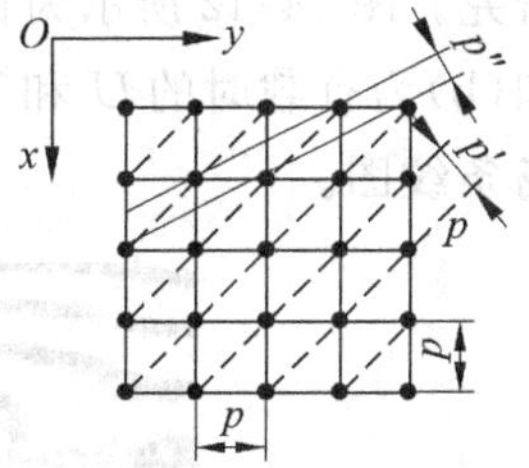

图 14-10 正交光栅示意图

$$p' = \frac{p}{\sqrt{2}} \tag{14-13}$$

其相应频率之间的关系则为

$$f' = \sqrt{2} f \tag{14-14}$$

由此可见，采用正交光栅不仅可以获得沿 x、y 方向的面内位移分量 U 和 V，还可以获得沿 45°方向的位移分量 Δ_{45}。该位移分量和条纹级数 n_{45} 有以下关系：

$$\Delta_{45} = \frac{n_{45}}{2\sqrt{2} f} \tag{14-15}$$

此外，由图 14-10 可知，正交光栅还可以产生节距为 p'' 所对应的衍射光谱，并可由此获得更多的其他不同的位移分量。

上述方法由于无需两次曝光并能实时观测，因而可有效地用于动静态应力和残余应力的测定。

钻孔法是测定残余应力的有效方法，通常采用电阻应变片测取释放应力。如在待测试件表面复制一规整的试件栅，并钻一小孔，使用上述方法获得由于应力释放而产生的全场位移条纹图。由于云纹干涉法有较高的灵敏度，因而可以获得足够多的干涉条纹。和电阻应变片方法相比则具有全场分析和直观性的特点。图 14-11 所示为铝合金喷丸试件钻孔法获得的位移场条纹图。

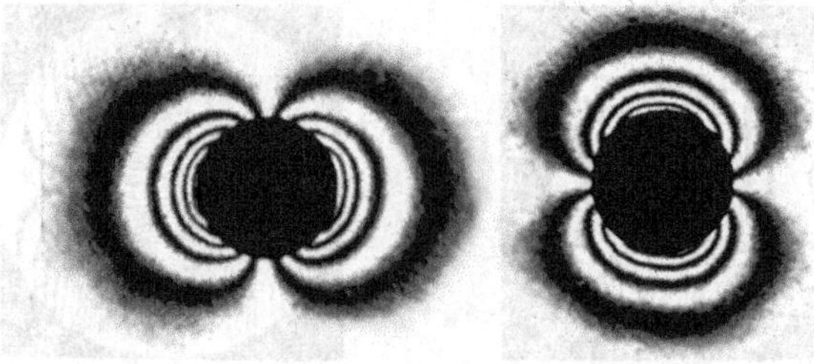

(a) (b)

图 14-11 钻孔法释放残余应力引起的位移条纹图

(a) U 场；(b) V 场

由于云纹干涉法具有实时观测和高灵敏度的优点，因而可以有效地用于断裂力学研究。图 14-12 所示为铝合金试件产生疲劳裂纹后的位移场条纹图。图 14-12(a)和(b)为有载时的 U 和 V 位移条纹图，图 14-12(c)和(d)为卸载后的残余变形位移场条纹图。

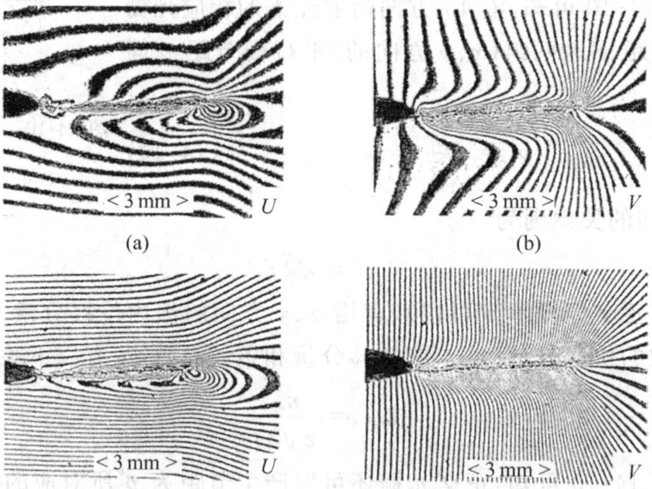

图 14-12 铝板疲劳裂纹区位移条纹图

14.2.2 差载面内位移场

由于光栅的灵敏度很高，试件栅复制工艺和光路系统的要求都极其严格，难以获得绝对准确和完善的衍射平面波。因此，上述实时法的式(14-4)所表达的无应力时正负一级衍射波 O_0 和 R_0 的位相 ψ_0 和 ψ_r 将不是常数，其位相差 α 也非常数，而是 x、y 的函数。当 $\alpha(x,y)$ 在全场仅变化一、二个波长时，其误差常常可以忽略。当衍射

平面波 O_0 和 R_0 畸变较大，$\alpha(x,y)$ 的波动所引起的误差不可忽略时，则必须采用差载面内位移场的测量方法。用这种方法可以获得无载和有载时的位移干涉条纹之差，从而消除了无载时初始干涉条纹所带来的误差。此外，不难理解，这一方法同样可以应用于测量对应于任意两个载荷之差的位移干涉条纹，因而对于某些变形较大，如弹塑性变形测量等需要进行分级加载的试验，这一方法更为有效。

设 $\alpha(x,y)$ 为零载时光栅畸变引起的正负一级衍射光波的位相差，即

$$\alpha(x,y) = \psi_1(x,y) - \psi_2(x,y) \tag{14-16}$$

为消除 $\alpha(x,y)$ 对位移场条纹图产生的误差，可通过旋转某一入射光波 O_0 或 R_0 的入射方向，或在光路中附加光楔方法叠加一虚位移场 $f(x,y)$，则零载时的两个衍射光波分别为

$$\begin{cases} O_0 = A\mathrm{e}^{\mathrm{i}[\psi_0(x,y)+f(x,y)]} \\ R_0 = A\mathrm{e}^{\mathrm{i}\psi_r(x,y)} \end{cases} \tag{14-17}$$

对零载时的两个衍射光波通过成像透镜（见图 14-6）进行第一次曝光，底板上所记录的光强分布为

$$I_1 = (O_0 + R_0)(O_0 + R_0) = 4A^2\cos^2\frac{1}{2}[\alpha(x,y) + f(x,y)] \tag{14-18}$$

当试件受力产生变形，正负一级衍射光波则将叠加由于表面位移而产生的位相变化 $\phi_0(x,y)$ 和 $\phi_r(x,y)$，试件变形以后的衍射光波变为

$$\begin{cases} O_P = A\mathrm{e}^{i[\psi_0(x,y)+f(x,y)+\phi_0(x,y)]} \\ R_P = A\mathrm{e}^{i[\psi_r(x,y)+\phi_r(x,y)]} \end{cases} \tag{14-19}$$

第二次曝光时，底板 H 所记录的光强分布为

$$\begin{aligned} I_2 &= (O_p + R_P)(O_P + R_P) \\ &= 4A^2\cos^2\frac{1}{2}[\alpha(x,y) + \delta(x,y) + f(x,y)] \end{aligned} \tag{14-20}$$

$$\begin{cases} \alpha(x,y) = \psi_0(x,y) - \psi_r(x,y) \\ \delta(x,y) = \phi_0(x,y) - \phi_r(x,y) \end{cases} \tag{14-21}$$

两次曝光的总光强分布为

$$\begin{aligned} I &= I_1 + I_2 \\ &= 4A^2\left\{1 + \cos\left[\alpha(x,y) + f(x,y) + \frac{1}{2}\delta(x,y)\right]\cos\frac{1}{2}\delta(x,y)\right\} \end{aligned} \tag{14-22}$$

上式中的前一项余弦函数为一高频成分。将两次曝光的记录底板经显影定影处理后，置于如图 14-21 所示的高通滤波光路中，即可获得符合下列条件的暗条纹位移全场图：

$$\cos\frac{1}{2}\delta(x,y) = 0 \tag{14-23}$$

即

$$\delta(x,y)=(2n+1)\pi,\quad n=0,\pm 1,\pm 2,\cdots \tag{14-24}$$

由式(14-21)可知，$\delta(x,y)$为不包含光栅畸变误差，仅仅由加载产生变形所引起两衍射波前的位相差。它只反映面内位移而不受离面位移的影响，其定量关系和以上所述式(14-9)～式(14-12)完全相同。

图 14-13 给出了对径受压圆盘实验的位移场条纹图。由于复制的试件栅有较大畸变，采用实时法观测所得到的位移条纹明显失真，如图 14-13(a)所示。图 14-13(b)则为采用上述两次曝光法所获得的消除了试件栅初始畸变的差载位移场条纹图。

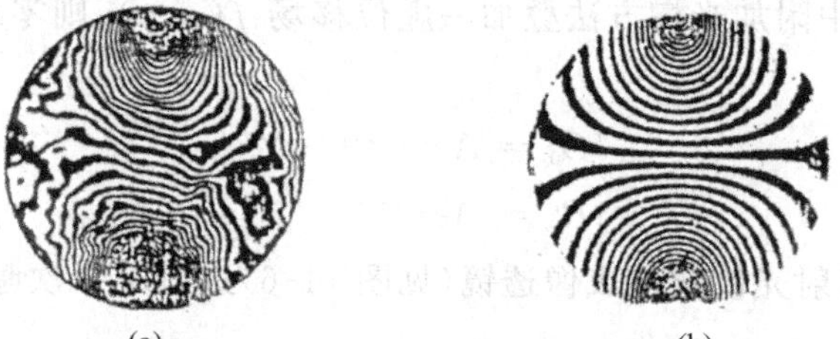

图 14-13 对径受压圆盘的两种位移条纹图

(a) 实时法；(b) 两次曝光法

作为一个上述方法有效的应用实例，图 14-14 给出了复合材料拉伸实验的面内位移全场条纹图。

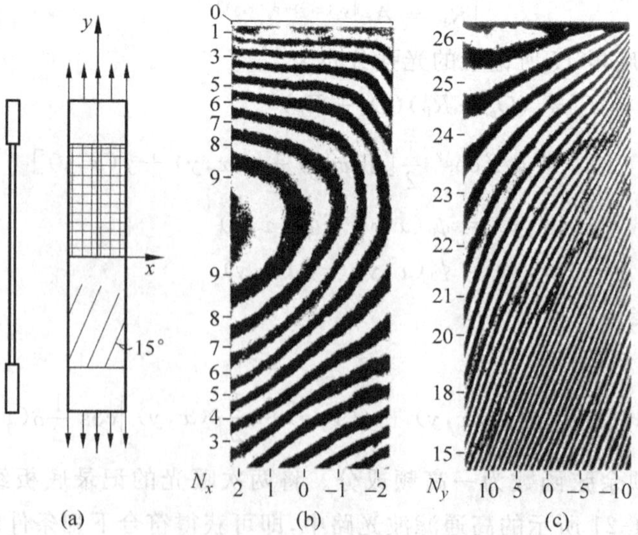

图 14-14 复合材料拉伸的云纹干涉条纹图

(a) 试件尺寸；(b) V 场；(c) U 场

14.3 三维位移场

在通常情况下，试件表面不仅有面内位移，也有离面位移，即使对于平面应力问题也存在着与试件厚度变化有关的离面位移。当用一束准直光入射变形以后的试件栅，经试件栅衍射的翘曲波前不仅包含有面内位移信息，也包含有离面位移信息。14.2 节所介绍的双光束对称入射的云纹干涉法，其目的是直接获取不包含离面位移影响的面内位移场。本节将介绍同时获取面内位移和离面位移的测量方法。这一方法的特点是将全息技术引入云纹干涉法，以分别获得试件栅正负一级衍射波前所包含的全部位移信息，并经数据处理以获得离面位移和面内位移。

图 14-15 所示为进行三维位移场测量的云纹干涉法光路系统。和图 14-6 的双光束云纹干涉光路比较，其主要不同在于光路中利用分光镜分出两束参考光 O' 和 R'，以便对正负一级衍射波前分别进行全息记录。对称入射试件栅的两束光波其入射角 θ 仍必须满足衍射方程式(14-3)的要求，以便获得试件表面法线方向的正负一级衍射波。当遮挡住一束入射光 R 及其相应的参考光 R'，可用全息底板 H，并用两次曝光法记录试件变形前和变形后的衍射光波 O_0 和 O_P：

$$\begin{cases} O_0 = A\mathrm{e}^{\mathrm{i}\psi_0(x,y)} \\ O_P = A\mathrm{e}^{\mathrm{i}[\psi_0(x,y)+\phi_0(x,y)]} \end{cases} \tag{14-25}$$

式中，$\psi_0(x,y)$ 为试件栅初始状态对 O_0 产生的位相；$\phi_0(x,y)$ 为试件变形产生的位相

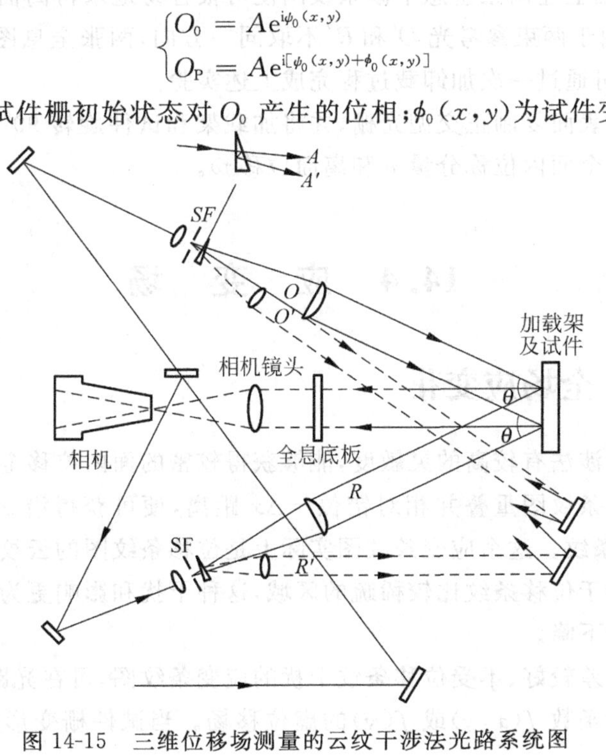

图 14-15　三维位移场测量的云纹干涉法光路系统图

变化。用参考光照射经处理后的全息底板，可以同时再现 O_0 和 O_P 光波，并获下式所示的光强分布：

$$I_0 = (O_0 + O_P)(O_0 + O_P) = 4A^2\cos^2\frac{1}{2}\phi_0(x,y) \tag{14-26}$$

如将另一束入射光 O 及参考光 O' 遮挡，并用两次曝光法记录试件变形对另一入射光产生的位相变化，同理可得

$$I_r = (R_0 + R_P)(R_0 + R_P) = 4A^2\cos^2\frac{1}{2}\phi_r(x,y) \tag{14-27}$$

显然，位相变化 $\phi_r(x,y)$ 和 $\phi_r(x,y)$ 都包含面内位移和离面位移的信息，它们的定量关系表示式(14-6)中，分析该式可知

$$\phi_0(x,y) + \phi_r(x,y) = \frac{4\pi}{\lambda}w(x,y)(1+\cos\theta) \tag{14-28}$$

$$\phi_0(x,y) - \phi_r(x,y) = \frac{4\pi}{\lambda}u(x,y)\sin\theta \tag{14-29}$$

如用干涉条纹级数 n_0 和 n_r 代替位相 $\phi_0(x,y)$ 和 $\phi_r(x,y)$，则有

$$(n_0 - n_r)\lambda = 2w(x,y)(1+\cos\theta) \tag{14-30}$$

$$(n_0 + n_r)\lambda = 2u(x,y)\sin\theta \tag{14-31}$$

由上式可知，根据上述两张全息干涉条纹图便可很容易地求得离面位移 w 和面内位移 u。实际上，由于两束参考光 O' 和 R' 不取同一方向，两张全息图可以记录在一张全息干板上，并可通过一次加卸载过程完成上述实验。

如果在试件表面复制正交型光栅，并将加载架和试件旋转 90°，则可用上述相同的方法获得另一个面内位称分量 v 和离面位移 w。

14.4 应 变 场

14.4.1 全场应变花

由于云纹干涉法有较高的灵敏度，能够获得较密的面内位移全场条纹图，将两张相同的面内位移条纹图重叠并相对错位一 Δx 距离，便可获得沿 x 方向的面内位移导数，即应变场条纹。这个应变条纹图实际上是位移条纹图的云纹图，它包含有位移条纹的干扰。对于位移条纹比较稀疏的区域，这种干扰和影响更为明显，其应变云纹图的质量也大为下降。

为了获得反差较好、不受位移条纹干扰的应变条纹图，可在光路中使入射的某一光波附加一线性函数 $f(x,y)$ 或 $f(y)$ 的虚位移场。当试件栅变形后，其正负一级衍射波为

$$\begin{cases} O_P = Ae^{i[\psi_0+\phi_0(x,y)+f(y)]} \\ R_P = Ae^{i[\psi_r+\phi_r(x,y)]} \end{cases} \tag{14-32}$$

经照相底板曝光所记录的光强分布为

$$I_1 = 4A^2\cos^2\frac{1}{2}[\alpha(x,y)+\delta(x,y)+f(y)] \tag{14-33}$$

$$\alpha(x,y)=\psi_0(x,y)-\psi_r(x,y)$$

$$\delta(x,y)=\phi_0(x,y)-\phi_r(x,y)$$

如将照相底板沿 x 方向错位 Δx,并假设试件表面的物象之比为一,则第二次曝光所记录的光强分布可表示为

$$I_2 = 4A^2\cos^2\frac{1}{2}[\alpha(x+\Delta x,y)+\delta(x+\Delta x,y)+f(y)] \tag{14-34}$$

两次曝光后的总光强分布为

$$I = 4A^2\left\{1+\cos\left[\delta(x,y)+\alpha(x,y)+f(y)+\frac{\Delta\delta+\Delta\alpha}{2}\right]\cos\frac{\Delta\delta+\Delta\alpha}{2}\right\} \tag{14-35}$$

$$\begin{cases} \Delta\delta = \delta(x+\Delta x,y)-\delta(x,y) \\ \Delta\alpha = \alpha(x+\Delta x,y)-\alpha(x,y) \end{cases} \tag{14-36}$$

式中的 $f(y)$ 为快变化的位相函数,相当于高频载波成分。将具有上述光强分布的底板置于高通滤波系统中可以获得满足以下条件的暗条纹位移场:

$$\cos\frac{\Delta\delta+\Delta\alpha}{2}=0 \tag{14-37}$$

当试件栅比较规整,其初始位相 ψ_1 和 ψ_2 可视为常数,则 $\Delta\alpha=0$,条纹仅仅反映 $\Delta\delta(x,y)$ 的分布。当

$$\Delta\delta(x,y)=(2n+1)\pi,\quad n=0,\pm1,\pm2,\cdots \tag{14-38}$$

时,可获得暗条纹。由式(14-9)可知

$$\Delta\delta(x,y)=\frac{4\pi\sin\theta}{\lambda}\cdot\frac{\partial u}{\partial x}\Delta x \tag{14-39}$$

或

$$\varepsilon_x=\frac{\Delta\delta(x,y)}{\Delta x}\cdot\frac{\lambda}{4\pi\sin\theta} \tag{14-40}$$

如试件栅为正交型光栅,将加载架和试件旋转 90°便可同样获得沿 y 方向的面内位移导数,即 ε_y 的应变条纹图。根据正交栅可以在 45°方向产生衍射波的特性,只要将加载架和试件旋转 45°便可用上述方法获得 45°方向的 ε_{45} 应变全场条纹图。可见,在采用正交栅作为试件栅时,便可以较容易地获得 ε_x、ε_y、ε_{45} 的全场应变花条纹图。

运用上述方法测定了有孔拉伸板的应力集中。图 14-16 所示为拉伸板圆孔附近沿 x、y 和 45°方向的位移场条纹图。图 14-17 所示为错位量为 0.64 mm 时的 ε_x、ε_y、ε_{45} 的有孔拉板的全场应变花条纹图。

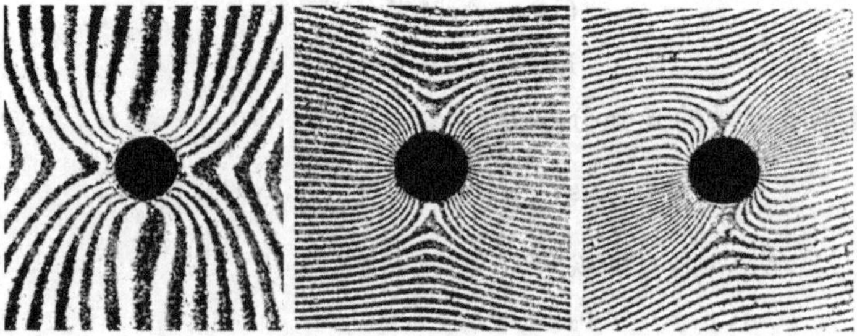

(a) (b) (c)

图 14-16 有孔拉伸板的位移场条纹图

(a) U 场；(b) V 场；(c) 45°位移场

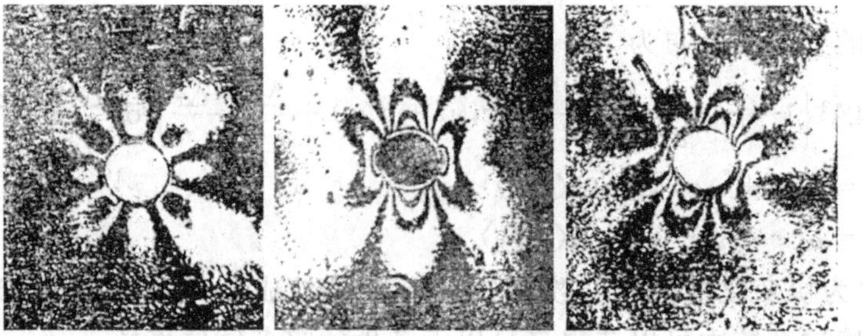

(a) (b) (c)

图 14-17 有孔拉板的全场应变花条纹图(错位量为 0.64 mm)

(a) ε_x 场；(b) ε_y 场；(c) ε_{45} 场

14.4.2 应变场实时观测

为了对全场应变条纹图进行实时观测和记录，可在光路系统中置一玻璃平晶，采用如图 14-18 所示的光路系统。

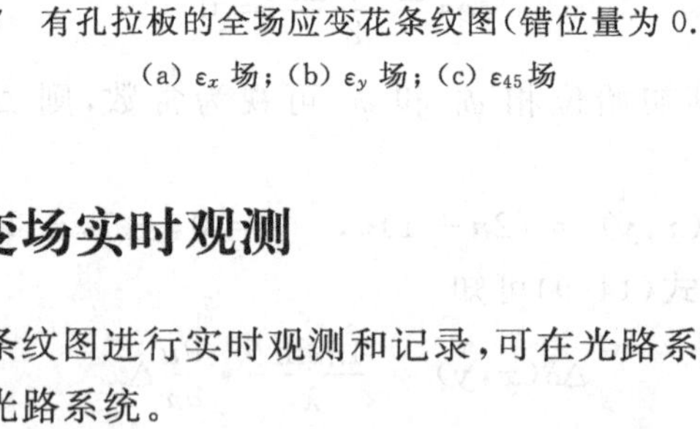

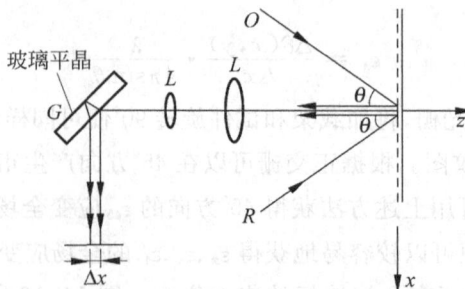

图 14-18 应变场实时观测光路图

当试件受力产生变形后，经试件栅衍射的带有位移信息的正负一级波前 O_P 和

R_P 经玻璃平晶 G 的内外表面反射，被分解为具有错位量为 Δx 的波前 O_P、O'_P 和 R_P、R'_P。设附加虚位移的线性函数为 $f(y)$，则 4 个波前可分别表示为

$$\begin{cases} O_P = Ae^{i[\psi_0+\phi_0(x,y)+f(y)]} \\ R_P = Ae^{i[\psi_r+\phi_r(x,y)]} \end{cases} \tag{14-41}$$

$$\begin{cases} O'_P = Ae^{i[\psi_0+\phi_0(x,y)+f(y)]} \\ R'_P = Ae^{i[\psi_r+\phi_r(x,y)]} \end{cases} \tag{14-42}$$

后两个式子可表示为

$$\begin{cases} O'_P = Ae^{i[\psi_0+\phi_0(x,y)+\Delta\phi_0+f(y)]} \\ R'_P = Ae^{i[\psi_r+\phi_r(x,y)+\Delta\phi_r]} \end{cases} \tag{14-43}$$

由于 4 个波前同时为照相底板所记录，故其总光强为

$$I = (O_P + R_P + O'_P + R'_P)(O_P + R_P + O'_P + R'_P)^* \tag{14-44}$$

将式(14-41)和式(14-43)代入，并考虑到试件栅比较规整时，ψ_0 和 ψ_r 皆为常数，$\Delta\alpha = 0$，可得

$$I = 4A^2\left\{1 + \cos\left[f(y) + \delta + \alpha + \frac{\Delta\delta}{2}\right]\cdot\left[\cos\frac{\Delta\delta}{2} + \cos\frac{\Delta w}{2}\right] + \cos\frac{\Delta\delta}{2}\cos\frac{\Delta w}{2}\right\} \tag{14-45}$$

式中

$$\delta = \phi_0(x,y) - \phi_r(x,y)$$

$$\alpha = \psi_0 - \psi_r$$

$$\Delta\delta = \Delta\phi_0(x,y) - \Delta\phi_r(x,y) = \frac{4\pi\sin\theta}{\lambda}\cdot\frac{\partial u}{\partial x}\Delta x \tag{14-46}$$

$$\Delta w = \Delta\phi_0(x,y) + \Delta\phi_r(x,y) = \frac{4\pi}{\lambda}(1+\cos\theta)\frac{\partial w}{\partial x}\Delta x \tag{14-47}$$

由上式可知，光强分布中除附加位移的高频信息外，还包含有 $\Delta\delta(x,y)$ 和 $\Delta w(x,y)$，即面内位移导数 $\frac{\partial u}{\partial x}$ 和离面位移导数 $\frac{\partial w}{\partial x}$ 的信息。它实际上是 $\Delta\delta$ 和 Δw 两个信息互相调制和叠加的结果。对于某些离面位移梯度较小的情况，可以获得较清晰的面内位移导数，即应变场的条纹图。上述分析说明，该应变条纹图可以进行实时观测和记录。图 14-19 所示为用上述方法，并实时记录的全场应变条纹图。

14.4.3 差载应变场

当试件栅不很规整，衍射波前的初始位相 ψ_0 和 ψ_r 不是常数，$\Delta\alpha$ 不能忽略，或者初载时具有位相差 $\Delta\alpha$，则必须考虑如何消除零载初始误差或初载位相差 $\Delta\alpha$ 的影响。采用第一次滤波错位和两次滤波的方法可以获得消除零载或初载影响的差载应变场条纹图。实验的光路系统则仍和图 14-6 所示的对称入射云纹干涉法光路系统相同。

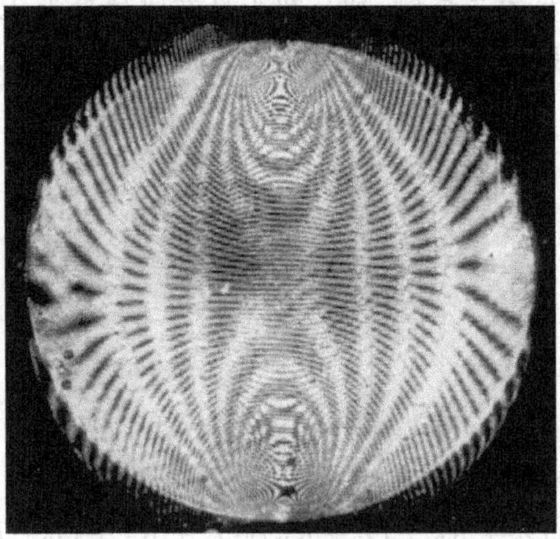

图 14-19 应变场实时观测条纹图

令初载(或零载)时的衍射波前 O_0 和 R_0 的初始位相差为 $\alpha(x,y)=\psi_0(x,y)-\psi_r(x,y)$,并在初载时叠加一虚位移场 $f(x)$,进行第一次曝光记录衍射波前 O_0 和 R_0:

$$\begin{cases} O_0 = A\mathrm{e}^{\mathrm{i}[\psi_0(x,y)+f(x)]} \\ R_0 = A\mathrm{e}^{\mathrm{i}\psi_r(x,y)} \end{cases} \tag{14-48}$$

所记录的光强分布则为

$$I_1 = 4A^2\cos^2\frac{1}{2}[\alpha(x,y)+f(x)] \tag{14-49}$$

加载以后在光路中再叠加另一虚位移场 $F(y)$,并设 $\phi_0(x,y)$ 与 $\phi_r(x,y)$ 为加载变形产生的位相变化,则加载后两个衍射波为

$$\begin{cases} O_P = A\mathrm{e}^{\mathrm{i}[\psi_0(x,y)+\phi_0(x,y)+f(x)+F(y)]} \\ R_P = A\mathrm{e}^{\mathrm{i}[\psi_r(x,y)+\phi_r(x,y)]} \end{cases} \tag{14-50}$$

令 $\delta(x,y)=\phi_0(x,y)-\phi_r(x,y)$,则第二次曝光所记录的光强分布为

$$I_2 = 4A^2\cos^2\frac{1}{2}[\alpha(x,y)+\delta(x,y)+f(x)+F(y)] \tag{14-51}$$

两次曝光所记录的总光强为

$$I = I_1 + I_2 = 4A^2\left\{1+\cos\left[\alpha(x,y)+f(x) + \frac{\delta(x,y)+F(y)}{2}\right]\cdot\cos\frac{1}{2}[\delta(x,y)+F(y)]\right\} \tag{14-52}$$

将记录上述光强分布的底板部署于滤波光路系统中,如图 14-20 所示,并使垂直方向的两个光谱通过滤波孔,便可获得上述方程中第二个余弦函数$[\delta(x,y)+F(y)]$的信息。此时可用成像透镜 L 将该信息的条纹成像在底板上,通过底板错位进行错位前和错位后的两次曝光可以获得两组错位条纹的叠加。令错位量为 Δx,则两次曝

光的总光强为

$$I' = K\left\{\cos^2\frac{1}{2}[\delta(x,y)+F(y)]+\cos^2\frac{1}{2}[\delta(x+\Delta x,y)+F(y)]\right\}$$
$$= K\left\{1+\cos\left[\delta(x,y)+F(y)+\frac{\Delta\delta(x,y)}{2}\cos\frac{\Delta\delta(x,y)}{2}\right]\right\} \tag{14-53}$$

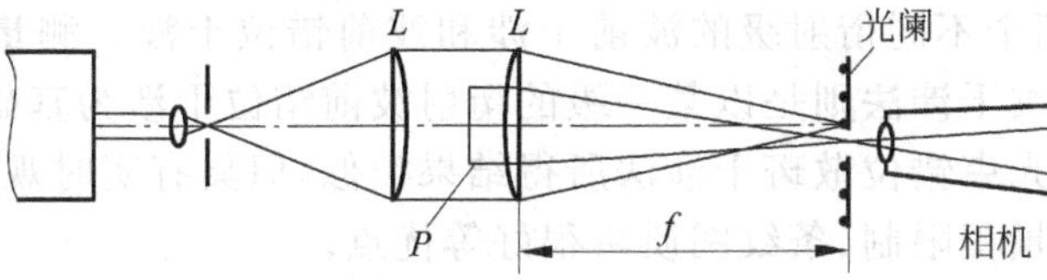

图 14-20　滤波光路系统

将通过滤波错位两次曝光记录的上述光强分布的底板再置于滤波系统中，取其高频成分便可获得满足 $\cos\dfrac{\Delta\delta(x,y)}{2}=0$ 的暗条纹。

由上述式(14-46)，可得

$$\varepsilon_x = \frac{\partial u}{\partial x} = \frac{\Delta\delta(x,y)}{4\sin\theta\Delta x} \tag{14-54}$$

用条纹数 n 表示为

$$\varepsilon_x = \frac{n\lambda}{2\sin\theta\cdot\Delta x} \tag{14-55}$$

当条纹级数为半数级条纹时，可获得暗条纹。

用上述方法进行了对顶受压圆盘的典型试验，初载和末载之比为 1∶3。图 14-21(b)给出了用上述方法获得的差载应变场条纹图，图 14-21(a)和(c)则是用一般的错位两次曝光法获得的对应于初载和末载的应变场条纹图。对比 3 个条纹图不难看出，差载应变条纹正是末载和初载应变条纹之差，从而证明了上述方法的可靠性。

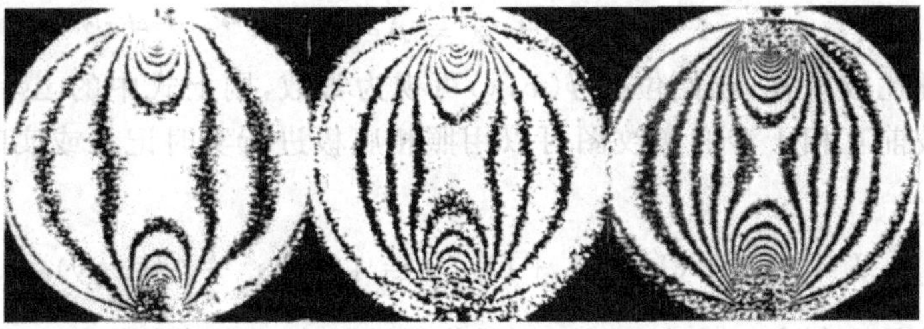

(a)　(b)　(c)

图 14-21　对顶受压圆盘应变 ε_x 条纹图

(a) 初载；(b) 差载；(c) 末载

正如差载面内位移场所具有的优点一样，差载应变场的获得不仅可以消除试件栅不规整所带来的误差，而且特别适合于需要逐级加载的大变形测量。

14.5 三维位移导数场

上述各种测量面内位移场和应变场的云纹干涉法都离不开双光束对称入射的光路，其基本原理是两个不同衍射级的波前干涉和波前错位干涉。测量三维位移导数场的单光束错位云纹干涉法则是以某一级的衍射波前错位干涉为基础的。这个方法所得实验结果和单光束错位散斑干涉法所得结果类似，但具有实时观测和记录、不受面内位移的干扰和量程限制、条纹图质量很好等优点。

光路原理如图 14-22 所示，设准直光以 θ_i 角入射试件栅，第 m 级的衍射波的衍射角为 θ_r，它们之间的关系附和光栅方程 $p(\sin\theta_i+\sin\theta_r)=m\lambda$。

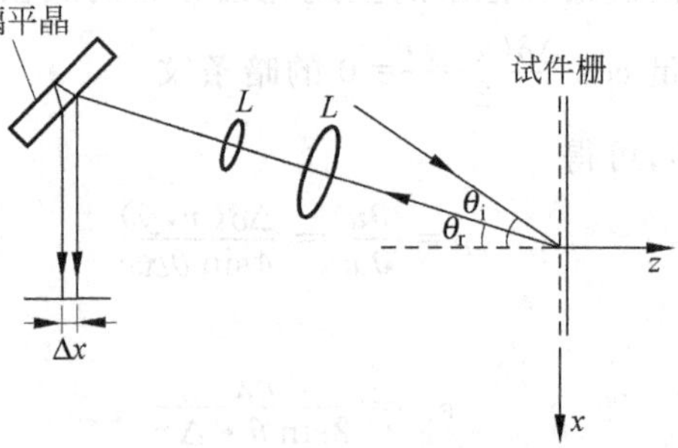

图 14-22 单光束错位光路图

设试件受力变形以后的衍射波前为 O_P，由于变形而产生位相变化为 $\phi(x,y)$，并设未受力时的初始位相为 $\psi(x,y)$，则

$$O_P = Ae^{i[\psi(x,y)+\phi(x,y)]} \tag{14-56}$$

经错位平晶或其他错位器错位后的衍射波前为 O_P'，并设 Δx 为错位量，则

$$O_P' = Ae^{i[\psi(x+\Delta x,y)+\phi(x+\Delta x,y)]} = Ae^{i[\psi(x,y)+\Delta\psi+\phi(x,y)+\Delta\phi(x,y)]} \tag{14-57}$$

当试件栅比较规整，初始位相 $\phi(x,y)$ 可视为常数，则上式中的 $\Delta\phi=0$，上述互相错位的两个波前互相干涉的条纹图可以用照相底板进行实时记录或实时观测。其光强分布为

$$I=(O_P+O_P')(O_P+O_P')^*=4A^2\cos^2\frac{1}{2}\Delta\phi(x,y) \tag{14-58}$$

根据光波的入射角 θ_i 和衍射角 θ_r，可获得试件表面位移和位相变化的关系为

$$\phi(x,y)=\frac{2\pi}{\lambda}[w(x,y)(\cos\theta_i+\cos\theta_r) + u(x,y)(\sin\theta_i+\sin\theta_r)] \tag{14-59}$$

由于错位 Δx 而引起的位相差则为

$$\Delta\phi(x,y)=\frac{2\pi}{\lambda}\left(\frac{\partial w}{\partial x}(\cos\theta_i+\cos\theta_r)+\frac{\partial u}{\partial x}(\sin\theta_i+\sin\theta_r)\right)\Delta x \tag{14-60}$$

为方便起见，通常可用两个错位器同时记录零级和一级衍射波，并令入射光波的入射角满足方程 $\sin\theta_i=\dfrac{\lambda}{p}$，则其零级和一级衍射波的衍射角分别为

$$\begin{cases}\theta_{r0}=0\\ \theta_{r1}=-\theta_i\end{cases}\tag{14-61}$$

代入式(14-60)，并令 $\theta_i=\theta$，则可同时获得两个反映位移导数场的条纹分布图，即

$$\begin{cases}\Delta\phi_0=\dfrac{4\pi}{\lambda}\cos\theta\cdot\dfrac{\partial w}{\partial x}\Delta x\\ \Delta\phi_1=\dfrac{2\pi}{\lambda}\left[\dfrac{\partial w}{\partial x}(1+\cos\theta)+\dfrac{\partial u}{\partial x}\sin\theta\right]\Delta x\end{cases}\tag{14-62}$$

根据两张条纹分布图和条纹级数与位相之间的关系便可由上二式解得面内位移导数 $\dfrac{\partial u}{\partial x}$ 和离面位移导数 $\dfrac{\partial w}{\partial x}$。由此可见，通过同时记录不同衍射级波前的错位与干涉条纹可以同时获得面内位移导数和离面位移导数。

为了获得全部的三维位移导数场，可采用正交型试件栅。当用一束平行准直光垂直入射正交栅时，可以获得不同方向衍射的频谱，如图 14-23 所示。此时，其入射角 θ_i 则为零度，沿 x 和 y 方向的正负一级衍射波的衍射角则为 $\pm\theta$。如用 4 个错位器同时记录沿 x 和 y 方向衍射的正负一级衍射波 O_{1x}、O_{-1x} 和 O_{1y}、O_{-1y} 的错位波前，则可同时获得

$$\begin{cases}\Delta\phi_{1x}=\dfrac{2\pi}{\lambda}\left[\dfrac{\partial w}{\partial x}(1+\cos\theta)-\dfrac{\partial u}{\partial x}\sin\theta\right]\Delta x\\ \Delta\phi_{-1x}=\dfrac{2\pi}{\lambda}\left[\dfrac{\partial w}{\partial x}(1+\cos\theta)+\dfrac{\partial u}{\partial x}\sin\theta\right]\Delta x\\ \Delta\phi_{1y}=\dfrac{2\pi}{\lambda}\left[\dfrac{\partial w}{\partial x}(1+\cos\theta)-\dfrac{\partial v}{\partial x}\sin\theta\right]\Delta x\\ \Delta\phi_{-1y}=\dfrac{2\pi}{\lambda}\left[\dfrac{\partial w}{\partial x}(1+\cos\theta)+\dfrac{\partial v}{\partial x}\sin\theta\right]\Delta x\end{cases}\tag{14-63}$$

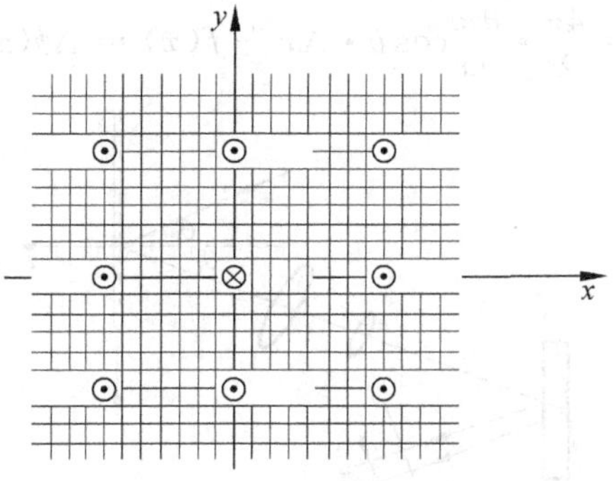

图 14-23 正交栅衍射谱

由以上四式不难解得三个位移分量 u、v、w 沿 x 方向的位移导数$\frac{\partial u}{\partial x}$、$\frac{\partial v}{\partial x}$和$\frac{\partial w}{\partial x}$。如果变换错位方向，即令错位器转动 90°，其错位量为 Δy，并对上述四束衍射波前进行错位干涉记录，则可获得三个沿 y 方向的位移导数分量$\frac{\partial u}{\partial y}$、$\frac{\partial v}{\partial y}$和$\frac{\partial w}{\partial y}$。

上述方法无需两次曝光技术，可以对已变形的试件进行实时观测和记录。由于这一方法可以同时获得几个三维位移导数分量，因而对某些不可重复的实验更为有效。

14.6 弯曲板的曲率场

如上所述，为了获得单纯的离面位移导数场，可采用图 14-24 所示的光路系统，令入射准直光的入射角为

$$\theta_i = \arcsin \frac{\lambda}{p} \tag{14-64}$$

并取零级衍射波进行错位干涉，可以获得如式(14-62)中第一式所表达的相对位相变化。如用干涉条纹级数 N_d 表示则为

$$\frac{\partial w}{\partial x} = \frac{N_d \lambda}{2\Delta x_1 \cos\theta} \tag{14-65}$$

当被测对象为一弯曲的平板时，则所获得的便是板的弯曲斜率条纹图。

由于云纹干涉法有较高的灵敏度并不受量程限制，因而可以获得很密的斜率条纹图，该条纹是可以实时观测和记录的。由于条纹密集，只要将两张相同的斜率条纹图叠合错位，或对斜率条纹进行错位前与错位后的两次曝光记录，便可获得离面位移的二阶导数，即板的曲率条纹图。显然该曲率条纹图中包含了密集的斜率条纹。为了消除斜率条纹，提高曲率条纹的反差，可以将图 14-24 中的错位平晶更换为具有某一倾角 β 的楔块，使错位干涉产生的位相变化 $\Delta\phi(x,y)$ 中附加一线性虚位相函数 $f(x)$，则式(14-62)的第一式变为

$$\Delta\phi_f(x,y) = \frac{4\pi}{\lambda} \cdot \frac{\partial w}{\partial x}\cos\theta \cdot \Delta x + f(x) = \Delta\phi(x,y) + f(x) \tag{14-66}$$

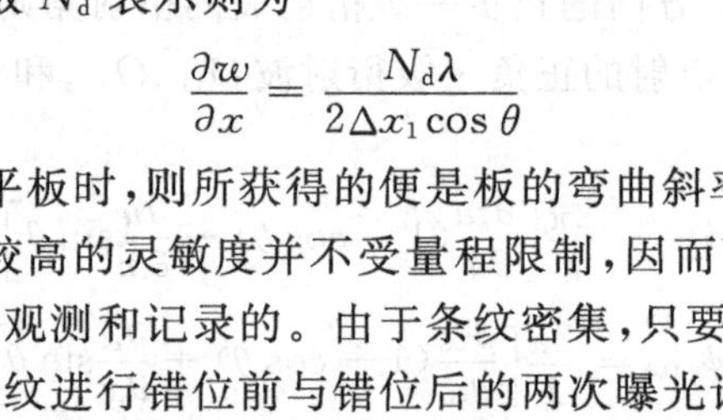

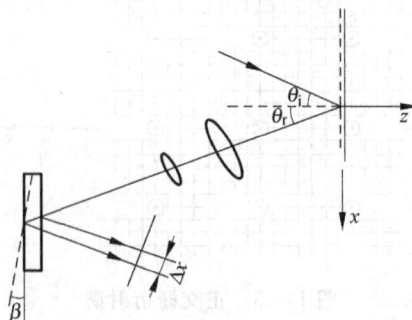

图 14-24 测量曲率、斜率的光路图

将记录上述位相变化的底板 H 沿 x 方向错位 $-\Delta x_2$，并在错位前和错位后进行两次曝光记录，两次记录的光强分布分别为

$$I_1 = K\cos^2 \frac{1}{2}[\Delta\phi(x,y) + f(x)] \tag{14-67}$$

$$\begin{aligned} I_2 &= K\cos^2 \frac{1}{2}[\Delta\phi(x+\Delta x_2,y) + f(x)] \\ &= K\cos^2 \frac{1}{2}[\Delta\phi(x,y) + \Delta^2\phi(x,y) + f(x)] \end{aligned} \tag{14-68}$$

其总光强为

$$I = I_1 + I_2 = K\left\{1 + \cos\left[\Delta\phi(x,y) + f(x) + \frac{\Delta^2\phi(x,y)}{2}\right]\cos\frac{\Delta^2\phi(x,y)}{2}\right\} \tag{14-69}$$

将记录上述光强的底板置于高通滤波光路系统中，由于上式第一个余弦函数为高频成分，便可获得满足下列条件的二阶位移导数：

$$\cos\frac{\Delta^2\phi(x,y)}{2} = 0$$

由 $\Delta\phi(x,y)$ 的表达式可知

$$\Delta^2\phi(x,y) = \frac{4\pi}{\lambda}\cos\theta\frac{\partial^2 w}{\partial x^2}\Delta x_1 \cdot \Delta x_2 \tag{14-70}$$

用曲率条纹级数 N_p 表示则可得

$$\frac{\partial^2 w}{\partial x^2} = \frac{N_p\lambda}{2\Delta x_1\Delta x_2\cos\theta} \tag{14-71}$$

式中，Δx_1 为玻璃楔块产生的错位量；Δx_2 为照相底板机械平移的错位量。由于灵敏度较高，条纹密集，错位量仅 1～2 mm，因而不会引起明显误差。

用上述方法测定了周边固定、中心受集中力作用的圆平板的斜率条纹图和曲率条纹图，如图 14-24 和图 14-25(a)所示。由于圆板受力和变形的对称性，其水平坐标轴上的条纹级数代表$\frac{\partial^2 w}{\partial x^2}$分布，而垂直坐标轴上的条纹级数则代表水平坐标轴上的$\frac{\partial^2 w}{\partial y^2}$分布，因而根据图 14-25(b)提供的一张曲率条纹图便可由下式求得圆板的弯矩分布：

$$\begin{cases} M_x = D\left(\dfrac{\partial^2 w}{\partial x^2} + \nu\dfrac{\partial^2 w}{\partial y^2}\right) \\ M_y = D\left(\dfrac{\partial^2 w}{\partial y^2} + \nu\dfrac{\partial^2 w}{\partial x^2}\right) \end{cases} \tag{14-72}$$

图 14-26(a)和(b)分别给出了圆板曲率分布和弯矩分布，并与圆板的理论解答进行了比较。

上述方法可以获得反差很好的曲率全场条纹图，因而可以直观地了解弯曲平板

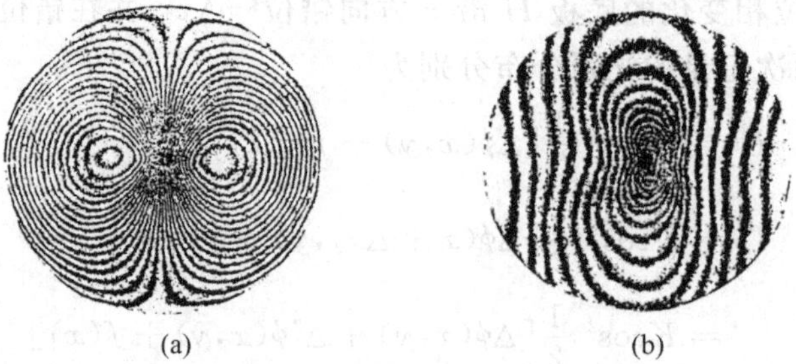

图 14-25 圆板斜率、曲率条纹图

(a) $\frac{\partial w}{\partial x}\left(\frac{\partial w}{\partial y}\right)$；(b) $\frac{\partial^2 w}{\partial x^2}\left(\frac{\partial^2 w}{\partial y^2}\right)$

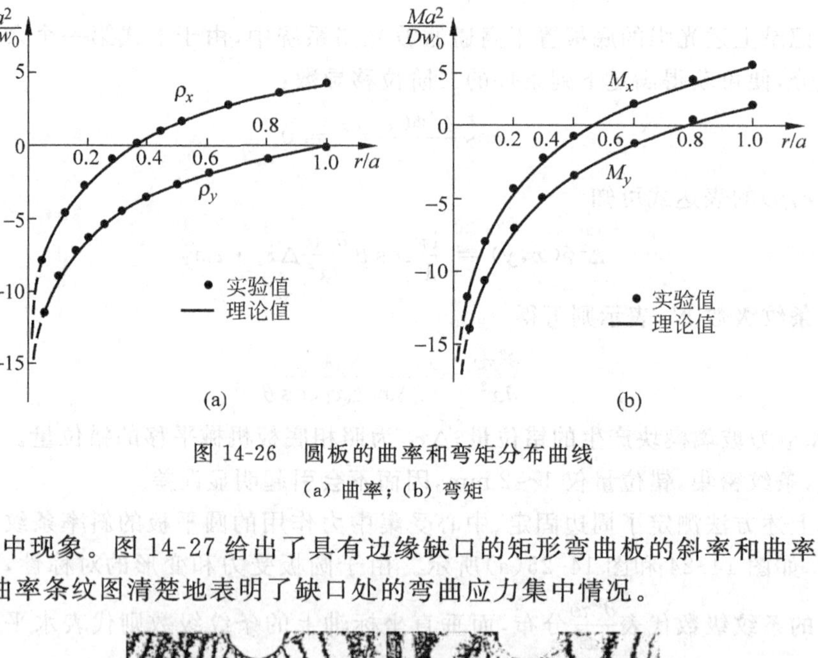

图 14-26 圆板的曲率和弯矩分布曲线

(a) 曲率；(b) 弯矩

的应力集中现象。图 14-27 给出了具有边缘缺口的矩形弯曲板的斜率和曲率分布条纹图，其曲率条纹图清楚地表明了缺口处的弯曲应力集中情况。

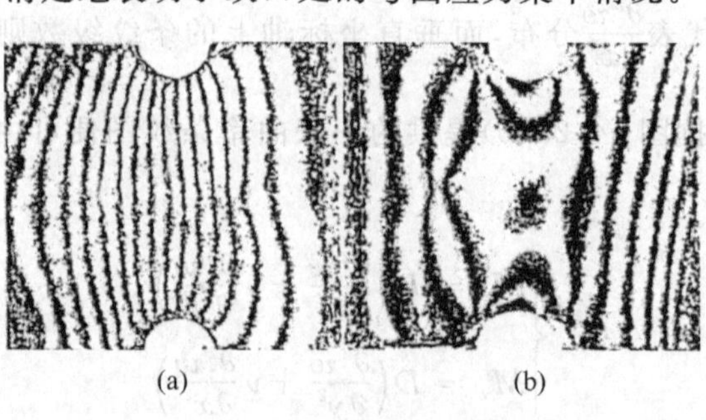

图 14-27 弯曲矩形板的斜率、曲率条纹图

(a) $\frac{\partial w}{\partial x}$；(b) $\frac{\partial^2 w}{\partial x^2}$

14.7 高温云纹干涉技术

在图 14-6 所示的云纹干涉法光路图中，反射镜要靠近试件(栅)，该光路无法应用于高温测量。可采用图 14-7 所示的双光束光路或图 14-28 所示的四光束光路。由 O_1 和 O_2 反射镜发出的准直光用于 U 场位移测量，而 O_3 和 O_4 发出的准直光可应用于 V 场云纹测量。图 14-29 为自行研制的高温云纹干涉仪器的照片，可与商用的高温加载系统配合使用，进行高温材料力学性能如高温弹性系数和泊松比以及蠕变性能的测定，使用温度可达到 1000℃。

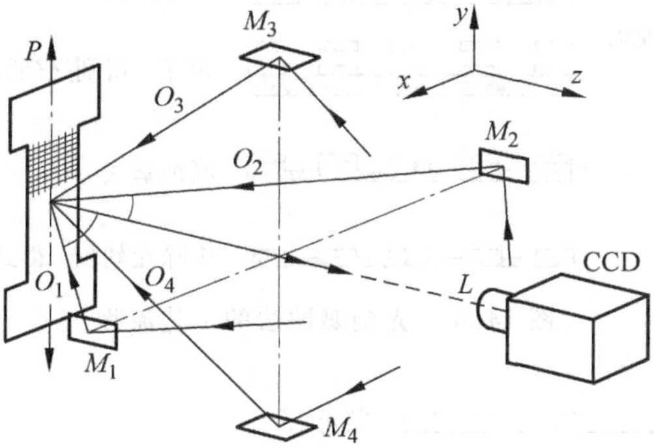

图 14-28　四光束云纹干涉测量光路

图 14-29　高温云纹干涉仪

进行高温测量时，高温栅是最重要的变形测量元件，一般可采用光刻腐蚀法或双镀层光刻法等制栅方法在试件表面制栅。图 14-30 为光刻腐蚀法的工艺流程示意图。在制栅前，先检查试件表面，当表面达不到镜面量级的粗糙度时，需要对试件表面进行抛光。之后在试件表面涂布光刻胶，然后进行光刻制栅。由于正性光刻胶有较高的分辨率，故多采用正性光刻。曝光和显影要充分，使光刻胶在显影和漂洗后，光刻除胶部分应达到基底，之后可进行湿法腐蚀以便在材料基底表面形成位相光栅。双镀层光刻法的工艺流程如图 14-31 所示，在对试件表面进行抛光后，镀第一层金属，然后在试件表面涂布光刻胶，采用光刻系统进行曝光，形成光刻胶光栅，然后在光刻胶表面镀第二层金属，除胶后在试件表面形成有两次镀膜的双镀层光栅，再应用于 1000℃范围的高温全场变形测量。

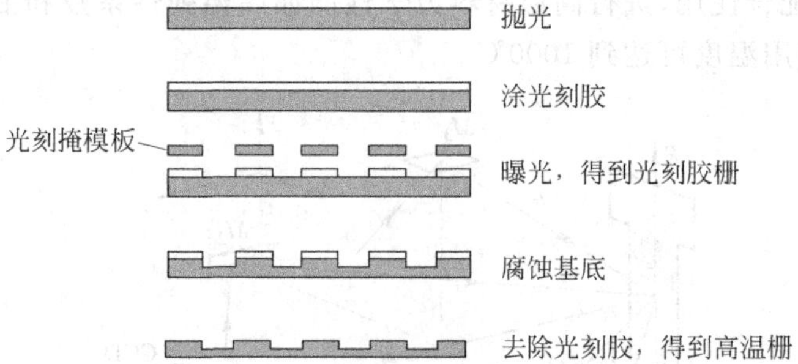

图 14-30 光刻腐蚀法的工艺流程

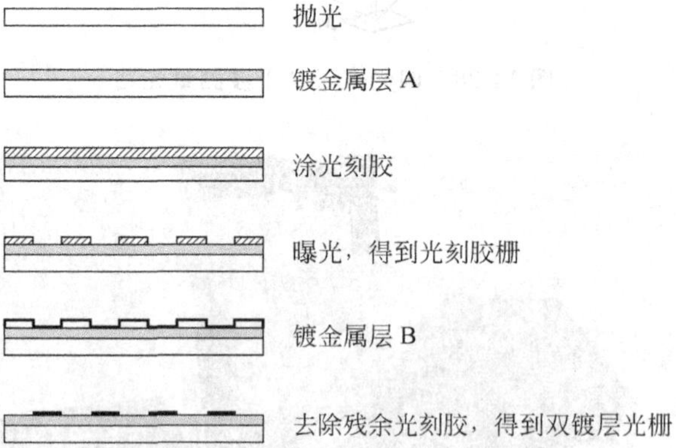

图 14-31 双镀层光刻法的工艺流程

制作云纹干涉使用的高密度云纹光栅时可采用图 14-32 所示的可动光源系统制栅，该光路利用旋转的光楔形成可动光源双光束干涉系统，基于时间平均的思想可有效地消除干涉形成的光场内的散斑噪声。所制作光栅的频率与双光束夹角 2φ 和激光的波长 λ 有关，并由下式决定：

$$f=\frac{2\sin\varphi}{\lambda} \tag{14-73}$$

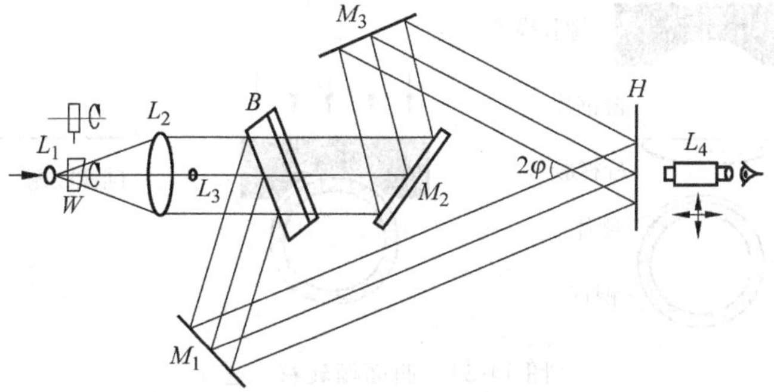

图 14-32 可动光源制作高密度栅的系统

L_1、L_2、L_3：透镜；L_4：目镜；M_1、M_2、M_3：反射镜；W：楔块；B：分光镜；H：感光平面

由上式，在给定波长下可制栅最大频率 $f=\frac{2}{\lambda}$。当 $\lambda=4579\text{Å}$ 时，可制作的光栅频率为 $f=4368$ 线/mm。

应用实例：

(1) 焊接残余变形测量

采用双镀层光刻法在 45 号钢板表面制作耐高温光栅，然后进行焊接，焊接后工艺过程中所产生的残余变形直接记录到光栅上，将栅放置于云纹干涉系统中可得到焊缝附近的云纹条纹图，如图 14-33 所示。据此可以得到焊缝附近的残余应变分布规律。

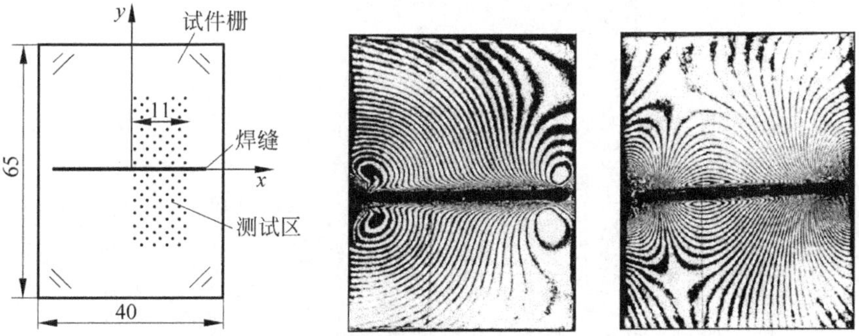

图 14-33 45 号钢板焊接残余变形测量

(2) 发电厂高温管道蠕变应变的测量

发电厂高温管道蠕变应变的测量，可利用光刻腐蚀法或双镀层光刻法将光栅制作在不锈钢薄片上，结合曲面栅转移工艺对发电厂高温管道的蠕变进行在线测量。测量中，将管道的保温层打开，并对测试段管道进行机械打磨，将光栅栅片通过点焊的方式与管道表面连接。在不同的蠕变时间段，结合高温固化硅橡胶并采用高温曲面转移光栅工艺(见图 14-34)将变形栅进行变形复制，复制后，将光栅展成平面，放入云纹干涉系统，得到反映管道蠕变变形的条纹，并应用于管道蠕变应变分析。硅橡

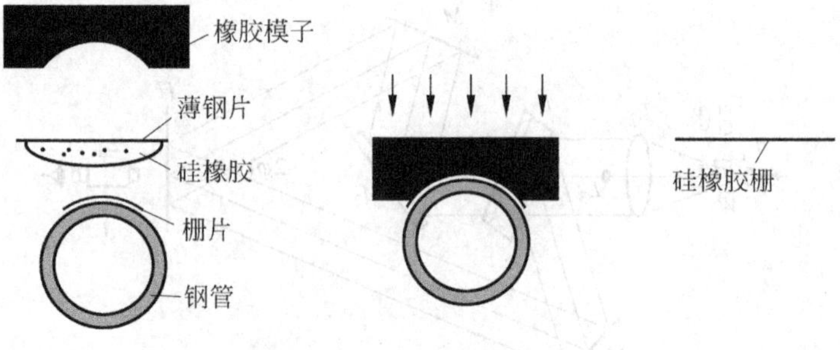

图 14-34 曲面栅转移工艺

胶光栅不易保存，一般要再做一次环氧树脂转移制备可供长时间使用的分析栅，工艺流程如图 14-35 所示。

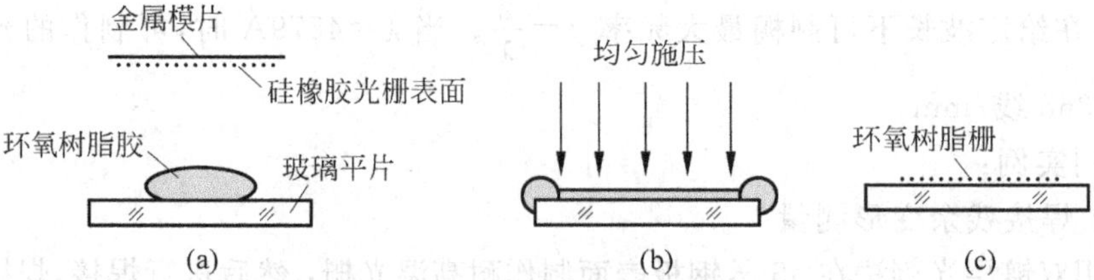

图 14-35 分析栅制备工艺

第15章 散斑干涉法

散斑干涉法是20世纪70年代发展起来的一种实验力学方法，它是一种非接触式的测量物体位移和应变的技术。这种方法除具有全面、直观等优点外，其特点是不必在所测构件上附加一些受感元件(如光弹性法中的贴片、云纹法中的密栅、电测法中的应变计等)，光路简单，计算方法也比较简便，可以用于实物和模型的测量，对于透明物体来说还可以测量物体内部的变形和应力。因此目前这种方法得到了重视和推广。

散斑法的具体做法有很多。本章重点介绍单光束散斑照相的方法进行面内位移的测量，从而使读者对散斑干涉法有一个初步的了解。

15.1 散斑的形成

当相干光照射到引起漫反射的物体表面时，物体各部位所发出的次波在物体表面的前方相干而形成大量的明暗的斑点，叫做散斑。这种散斑是非定域的，在物体前方空间的各个位置都存在，也叫做客观散斑。散斑的分布是随机的，但是对于一定物体表面的固定的光源来说，其分布规律是一定的。也就是散斑的空间结构只决定于照射的光源以及被照射物体表面的结构。

由于散斑和所照射的表面存在着固定的关系，我们在物体位移前和位移后分别将散斑记录在一张照相底板上。底板上的复合散斑图即反映了物体表面各点位移的变化。通过适当处理可以将这种位移信息显露出来而加以量测。

15.2　散斑的记录

散斑的记录一般有两种方法。一种是将底板放在散斑场中（一般是靠近物体表面），直接感光，这样记录下来的散斑是客观散斑，图 15-1 为记录客观散斑的示意图。有时为了消除物体的刚体位移，可以将底板的一端固定在物体表面上。客观散斑的尺寸可以很小，但随着离物体表面距离的增加，散斑的尺寸也会增大。

另一种记录散斑的方法是用照相机（或成像透镜系统）来记录。图 15-2 为这种记录方法的示意图。利用这种方法记录的散斑，实际上是客观散斑的夫朗禾费衍射图像。如把客观散斑看成是一个光点，则底板记录的散斑像则是该光点的衍射斑。图 15-3 作出了透镜记录散斑的关系图，物面上一点 $P(\varepsilon_1,\varepsilon_2)$ 通过透镜成像于像面上相应一点 $Q(x_1,x_2)$，Q 点为一放大了的爱里斑。图 15-4 为一典型激光散斑图的放大照片。我们可以认为底板上有很多透明的小孔，这些小孔是随机的但和物体表面有一定的关系，如图 15-5 所示。

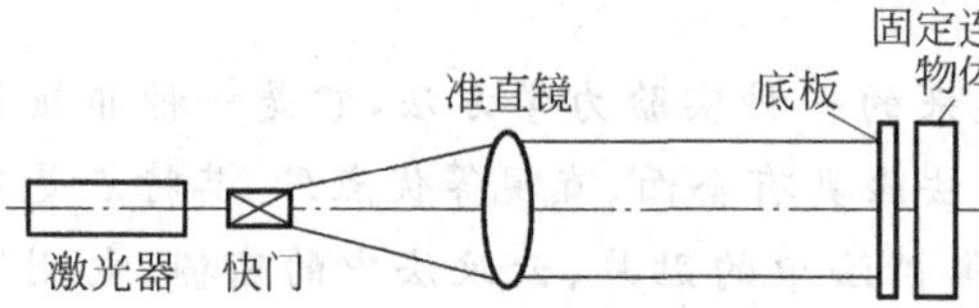

图 15-1　客观散斑记录示意图

图 15-2　主观散斑记录示意图

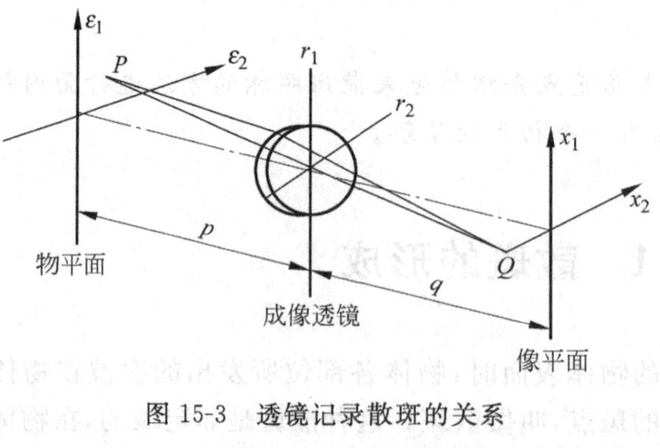

图 15-3　透镜记录散斑的关系

图 15-4　激光散斑放大图

在双曝光照相中分别将变形前后的散斑像记录在同一张底板上，因此在底板上形成无数对双孔，双孔的取向和间距与各点的变形一致，它们是随各点的位置而变化的，如图 15-6 中的 A 及 B 点。放大来看，双孔的取向和大小是不一样的，但是它们的取向和间距是连续变化的，在很小的范围内可以看成取向和间距相同。

在分析记录底板上的散斑像时，应注意到像面上双孔间的距离和物面上散斑位移的距离间存在一个比例系数（即放大倍数）。

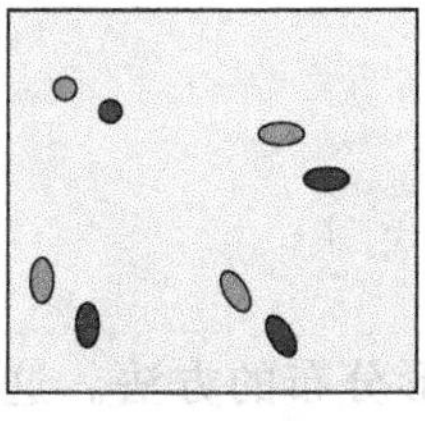

图 15-5 散斑双孔

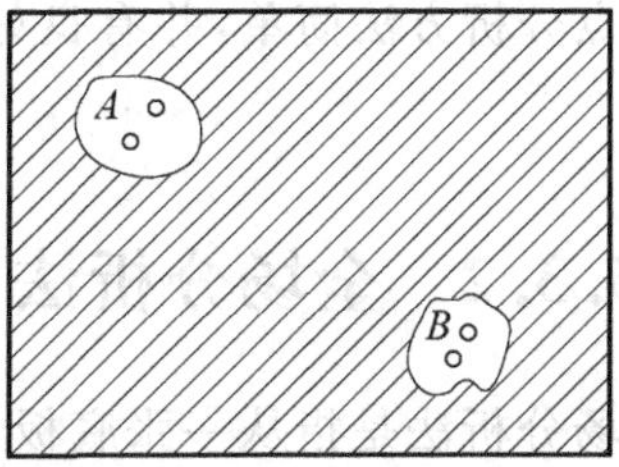

图 15-6 底板上的双孔

15.3 双曝光散斑图的分析

15.3.1 逐点分析法

将很细的平行激光束照射在双曝光记录的散斑底板上，由于激光束直径很小，根据15.2节的讨论，可以认为在激光束照射的范围内位移的取向和间距是相同的。因此根据双孔衍射原理，在屏幕上将出现杨氏条纹。条纹的方向与双孔方向垂直，条纹的间距与双孔的距离成反比。即

$$h=\frac{\lambda l}{d} \tag{15-1}$$

式中，h 为条纹间距；而 $d=Md_0$，d_0 为物面位移，M 为放大倍数。因而有

$$d_0=\frac{\lambda l}{Mh} \tag{15-2}$$

图15-7为逐点分析法光路图，图15-8为屏幕上光强分布图。

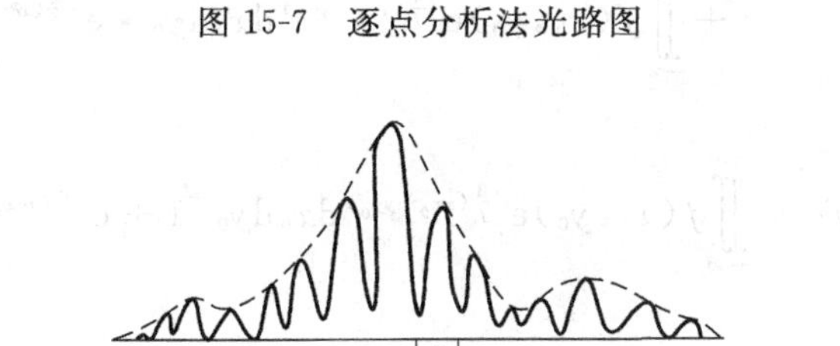

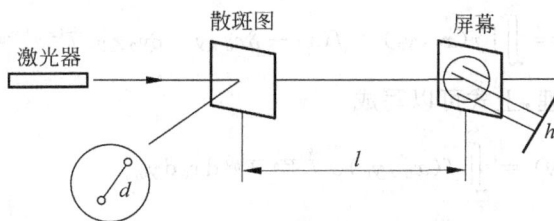

图 15-7 逐点分析法光路图

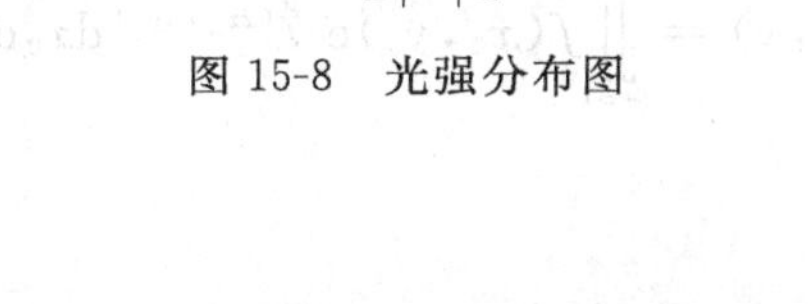

图 15-8 光强分布图

逐点分析方法简单,并有良好的精度,在进行全场测量时可采用自动扫描记录装置。

15.3.2 全场分析法

全场分析法是指从一张底板上一次观察出全场变形分布的方法。这种分析法的光学装置如图 15-9 所示。

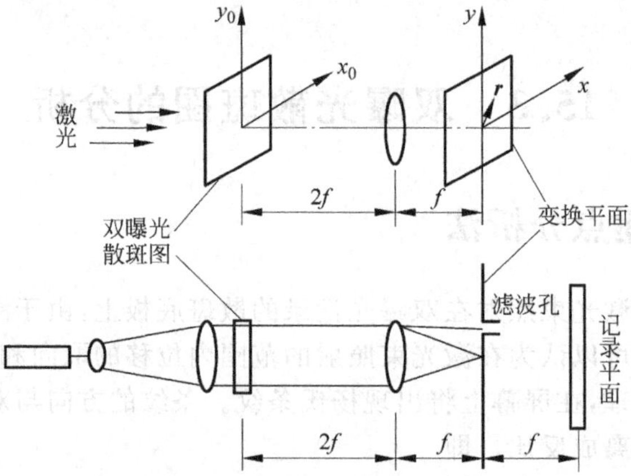

图 15-9 全场分析法光路图

当平行光照射在双曝光记录的底板上时,底板上散斑像就好像很多透明的小孔。一族孔为变形前的散斑像,另一族为变形以后的散斑像。令变形前记录的散斑孔在平行光照射时透过的复振幅为 $f(x_0,y_0)$,而另一族孔的复振幅为 $f(x_0-\delta x_0,y_0-\delta y_0)$,这两族孔在变换平面上点 $P(x,y)$ 上形成的复振幅为

$$U(x,y)=\iint_{-\infty}^{\infty}[f(x_0,y_0)+f(x_0-\delta x_0,y-\delta y_0)]\mathrm{e}^{-\frac{\mathrm{i}k}{f}(xx_0+yy_0)}\mathrm{d}x_0\mathrm{d}y_0 \qquad (15\text{-}3)$$

根据傅里叶平移定理,上式可以写成

$$\begin{aligned}U(x,y)=&\iint_{-\infty}^{\infty}f(x_0,y_0)\mathrm{e}^{-\frac{\mathrm{i}k}{f}(xx_0+yy_0)}\mathrm{d}x_0\mathrm{d}y_0\\&+\iint_{-\infty}^{\infty}f(x_0,y_0)\mathrm{e}^{-\frac{\mathrm{i}k}{f}(xx_0+yy_0)}\mathrm{d}x_0\mathrm{d}y_0\cdot\mathrm{e}^{-\frac{\mathrm{i}k}{f}(x\delta x_0+y\delta y_0)}\end{aligned}$$

则

$$U(x,y)=\iint_{-\infty}^{\infty}f(x_0,y_0)\mathrm{e}^{-\frac{\mathrm{i}k}{f}(xx_0+yy_0)}\mathrm{d}x_0\mathrm{d}y_0\left[1+\mathrm{e}^{-\frac{\mathrm{i}k}{f}(x\delta x_0+y\delta y_0)}\right] \qquad (15\text{-}4)$$

令

$$F(x,y)=\iint_{-\infty}^{\infty}f(x_0,y_0)\mathrm{e}^{-\frac{\mathrm{i}k}{f}(xx_0+yy_0)}\mathrm{d}x_0\mathrm{d}y_0,$$

$$\boldsymbol{r} = x\boldsymbol{i} + y\boldsymbol{i}, \quad \boldsymbol{d} = \delta x_0\boldsymbol{i} + \delta y_0\boldsymbol{j}$$

则

$$U(x,y) = F(x,y)\left[1 + e^{\frac{ik}{f}(\boldsymbol{r}\cdot\boldsymbol{d})}\right] \tag{15-5}$$

在变换平面上的光强分布为

$$I(x,y) = 4I_0(x,y)\left[\cos^2\frac{k}{2f}(\boldsymbol{r}\cdot\boldsymbol{d})\right] \tag{15-6}$$

式中 $I_0(x,y)$为由变形前的第一族散斑孔而引起的衍射光强，后面括弧内是一个双孔或双缝干涉因子。

当 d 在整个面上为常数时，则在变换平面将出现与 d 方向相垂直的杨氏干涉条纹。$d=\frac{\lambda f}{h}$，其中 h 为条纹距，这和逐点测量法的公式是一样的。但是当物体表面的位移并非相同时，即 d 不是常数，则在变换平面上将看不见条纹，此时可以在变换平面上选取一滤波孔，孔的位置向量为 $\boldsymbol{r}(x,y)$，通过孔后面的透镜成像于像平面上。

当

$$rd = n\lambda f \tag{15-7}$$

时，光强最亮；而当

$$rd = \left(n + \frac{1}{2}\right)\lambda f \tag{15-8}$$

时，光强最暗。式中 $n=0,\pm1,\pm2,\cdots$。

如果 $\boldsymbol{r}$ 与 $\boldsymbol{d}$ 之间的夹角为θ，则

$$\boldsymbol{r}\cdot\boldsymbol{d} = |\boldsymbol{r}|\cdot|\boldsymbol{d}|\cos\theta$$

因此有

$$|\boldsymbol{d}|\cos\theta = \begin{cases} \dfrac{\left(n+\frac{1}{2}\right)\lambda f}{|\boldsymbol{r}|}, & \text{暗条纹} \\ \dfrac{n\lambda f}{|\boldsymbol{r}|}, & \text{亮条纹} \end{cases} \quad n = \pm1, \pm2, \cdots \tag{15-9}$$

由此可见，$|\boldsymbol{d}|\cos\theta$ 代表 d 沿 $\boldsymbol{r}$ 方向的位移分量，经滤波孔所得到的条纹图就是这种分量的等值线图，它表示了全场位移分布。

$\boldsymbol{r}$ 的大小和方向在分析过程中是可以选择的，而且可以变化，所以测量的灵敏度是可以调节的。但是当 $\boldsymbol{r}$ 越大时光强将越弱，同时物体边缘部分的像将越模糊。为了提高清晰度，可以用多孔记录的办法来加以改善。

15.4 散斑照相法的应用

散斑照相可以用来测量应力分析中三个重要参量，即面内位移、离面位移和表面转角，下面作以简单介绍。

15.4.1 面内位移

根据前面讨论的内容可知，用双曝光法记录变形前后的散斑照片通过全场傅里叶变换处理后，可以得到各点位移 $\boldsymbol{d}$ 沿 $\boldsymbol{r}$ 方向的位移分量。如果我们在变换平面 x 轴上选一孔，再在 y 轴上选一孔就可以分别得出 d_x 和 d_y，对于平面问题来说就可以得出各点的应变和应力。

15.4.2 转角测量

反光漫反射体表面的转动使得空间散斑产生转动。当入射光线靠近物体表面法线，漫射表面 A 绕面内的轴转动小角 θ 时，在空间的客观散斑也就转动了 2θ 角。在距离 A 为 s 的平面 A_0 上，散斑平移了 $2\theta s$，如图 15-10 所示。通过对 A_0 平面散斑的测量就可以换算出物体表面各点的转角。其记录装置如图 15-11 所示，漫反射面 A 由激光光束照明，用物镜 L 在照相底板 H 上给 A_0 平面成像。A_0 平面和 A 不重合，如在漫射表面 A 上对焦就不可能观察到角的转动。令 s 为 A_0 与 A 之间的距离，当 A 面转动一小角时在 A_0 平面上的散斑移动 $2\theta s$，利用双曝光技术将变形前后 A_0 平面上的散斑记录下来，然后对该底板进行全场分析，将 $d=2\theta s$ 代入式(15-8)或式(15-9)，则

$$2s(\boldsymbol{r}\cdot\boldsymbol{\theta})=\begin{cases}n\lambda f, & \text{亮条纹}\\ \left(n+\dfrac{1}{2}\right)\lambda f, & \text{暗条纹}\end{cases} \tag{15-10}$$

式中，n 为整数。

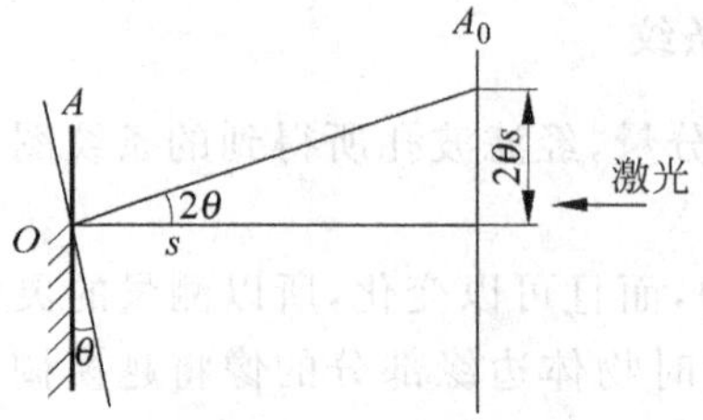

图 15-10 转角测量

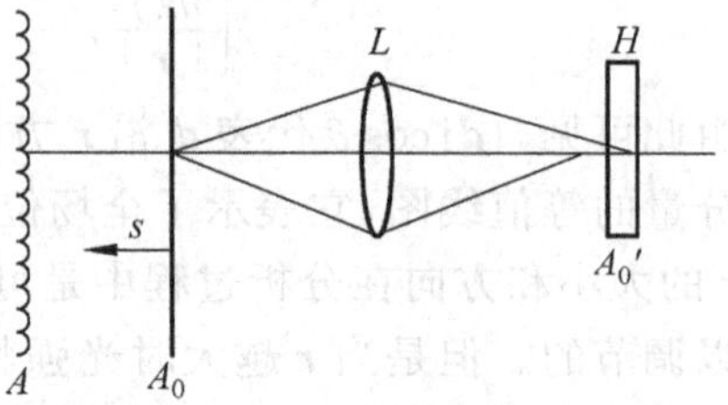

图 15-11 转角测量的记录装置

由此得到 θ 沿 $\boldsymbol{r}$ 方向的分量的等值线。和测量面内位移一样，当滤波孔选在 x 轴和 y 轴上，则得到在此两个方向的转角等值线。

此法可用于直接测定板壳弯曲时的斜率，因为若板弯曲时挠度为 w，板面坐标为 x、y，则

$$\frac{\partial w}{\partial x}=\theta_x=\begin{cases}\dfrac{(2n+1)\lambda f}{4sx}, & n\text{ 为整数,暗条纹}\\ \dfrac{n\lambda f}{2sx}, & n\text{ 为整数,亮条纹}\end{cases} \tag{15-11}$$

$$\frac{\partial w}{\partial y}=\theta_y=\begin{cases}\dfrac{(2n+1)\lambda f}{4sy}, & n\text{ 为整数,暗条纹}\\ \dfrac{n\lambda f}{2sy}, & n\text{ 为整数,亮条纹}\end{cases} \tag{15-12}$$

由$\frac{\partial w}{\partial x}$、$\frac{\partial w}{\partial y}$就可求得板的曲率,进而求得应力、应变或截面弯矩等数据。

15.4.3 离面位移测量

离面位移即指物体在平行于观察方向上的位移,亦称纵向位移。下面介绍一种测离面位移的方法。

当激光照明的漫射体在平行于观察方向上有纵向移动时,利用测面内位移的同样方式不能确定离面位移,因为物体位移的方向与记录底板的法向平行。在两次曝光的图样中,上述“双孔”的概念不能成立,解决这个问题的一个办法是改变记录底板的方向。由前面讨论可以看出,记录底板对两种位移(横向和纵向)测量上的差异主要是记录底板平面和物体表面位移的相互取向,只要底板的位置放置恰当,使得散斑的位移能在底板上形成“双孔”,就可以测出离面位移。譬如在斜面上(与表面法线成一角度)搁置照相底板,或用透镜记录斜平面上散斑的位移。

15.5 散斑照相法测量的范围

散斑照相法所测量的最小位移由前面“双孔”的简单比拟可以看出,只要位移大到使散斑像面上位移前后的两个像点能分辨出来可以看成“双孔”就行。根据瑞利判据,这种最小位移相当于一个像斑的直径,其平均直径大小为

$$s=1.2\,\frac{\lambda q}{p} \tag{15-13}$$

式中,λ 为照射光的波长;q 为物镜到像平面的距离;p 为透镜的直径。当物体离稳定镜距离较远,则上式可以写成

$$s=1.2\lambda F \tag{15-14}$$

式中,F 为相对孔径的倒数,俗称光圈数。

根据式(15-14),散斑像的直径一般为几微米,这也就是散斑照相所能测量的最小位移。

这个方法能测量很大位移，只要位移的大小使底板上的两族散斑像能看成"一群双孔"，而不是两族彼此无关的孔群。在进行傅里叶变换时它受到变换平面上干涉条纹分辨能力的限制。

15.6 双光束散斑干涉法

双光束散斑干涉法的光路布置如图 15-12 所示。两束成相干的准直光照射在试件的表面上形成一个合成散斑图，这个散斑图的光强与两束光的相对位相(或光程差)有关。当试件变形后，各散斑点将因两束光照射在该点处的光程差有所改变，其光强也相应有所改变。当光程差为整数波长时，该点的光强将和未变形时一样，我们称之为"相关"。相关点所组成的条纹代表着变形量(光程差)的等值线，因而可以进行位移的精密测定，其灵敏度可以小于$\frac{\lambda}{2}$。

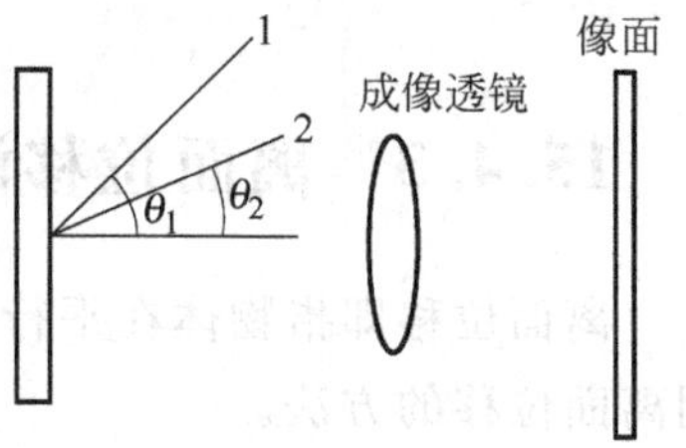

图 15-12 光路布置

15.6.1 "相关"条纹的分析

设平行光束 1 在像面上的波前为

$$E_1 = A_1 e^{i\phi_1}$$

平行光束 2 在像面上的波前为

$$E_2 = A_2 e^{i\phi_2}$$

合成的像面波前复振幅为

$$E = E_1 + E_2$$

合成光强为

$$I = (E_1 + E_2) \cdot (E_1 + E_2)^* = A_1^2 + A_2^2 + 2A_1A_2\cos\delta$$

式中，$\delta = \phi_1 - \phi_2$。令 $A_1 = A_2$，则上式可写成

$$I = 2A^2(1 + \cos\delta) \tag{15-15}$$

I 在像面上是坐标 x、y 的函数。因为 δ 是随机分布的，所以光强也是随机分布的。式(15-15)就是散斑图的光强公式。当物体变形后，由于各点的两光束之间相对光程差的变化，像面上的光强为

$$I' = 2A^2[1 + \cos(\delta + \delta')] \tag{15-16}$$

采取双曝光法记录变形前后两个散斑图，其组合光强为

$$\begin{aligned} I_{\mathrm{T}} &= I + I' = 2A^2[2 + \cos\delta + \cos(\delta + \delta')] \\ &= 4A^2\left[1 + \cos\left(\delta + \frac{\delta'}{2}\right)\cos\frac{\delta'}{2}\right] \end{aligned} \tag{15-17}$$

式中，δ'是各点的两照明光在变形后所产生的附加位相差，$\delta' = \frac{\Delta'}{x}2\pi$，$\Delta'$为附加光程差。

当 $\delta' = (2n+1)\pi$ 时，

$$I_{\mathrm{T}} = 4A^2 \tag{15-18}$$

当 $\delta' = 2n\pi$ 时，

$$I_{\mathrm{T}} = 4A^2(1 + \cos\delta) \tag{15-19}$$

此时 $I = I'$，$I_{\mathrm{T}} = 2I$，我们称之为“相关”。

可以通过不同的途径把上述两种情况的点所组成的条纹显现出来，通过它们来计算物体上的位移。

15.6.2 条纹的显现

实现条纹的显现主要有以下几种方法。

(1) 实时法。先对未变形情况下的散斑场照相，显影定影后将底板精确复位，此时负片上透光点正好与实在的散斑场暗点对应，这样就只有很微弱的光通过。这时将实物加载，凡是光程差为波长整数倍的地方，情况和未加载时相同，在底板上的透光量仍很微弱，其他地方则因加载前后光程差的改变而有较多的光通过。通过负片可以看到明暗的条纹，它们代表了等光程差线。暗条纹为 $\Delta' = n\lambda$，$n = 0, 1, 2, \cdots$，亮条纹为 $\Delta' = \left(n + \frac{1}{2}\right)\lambda$ 的那些点。

(2) 滤波法。根据式(15-17)可以认为两次曝光后的组合光强是一个直流项(常数项)加上一交流项(变量)。将底板放在信息处理系统中，在频谱面上挡去零频就可以看到明暗的条纹。此时亮条纹代表 $\Delta' = n\lambda$ 的那些地方，暗条纹代表那些 $\Delta' = \left(n + \frac{1}{2}\right)\lambda$ 的地区。

(3) 滤波孔法。在两次曝光之间，给底板一微小的面内错动了的散斑图，这样在信息处理系统中的频谱面上会出现杨氏条纹。将滤波孔取在杨氏条纹处，在像面上出现明暗条纹，明暗条纹的意义与上面滤波法相同。

15.6.3 条纹与位移的关系(光程差与位移的关系)

在图 15-12 的光路布置情况下，为了分析变形后光线 1′与 2′的相对光程差 Δ'，先分析光线 1 与 $1'$ 的光程差。设光线由 P 点移动到 P' 点,见图 15-13。图中 $P'c=u, Pc=w$。光程差

$$\begin{aligned}\Delta_1 &= paP + Pc = ab + bP + Pc \\ &= c\sin\theta_1 + Pc(1+\cos\theta_1) \quad (15\text{-}20)\end{aligned}$$

$$\Delta_1' = -[u\sin\theta_1 + w(1+\cos\theta_1)]$$

同样可得

$$\Delta_2' = -[u\sin\theta_2 + w(1+\cos\theta_2)]$$

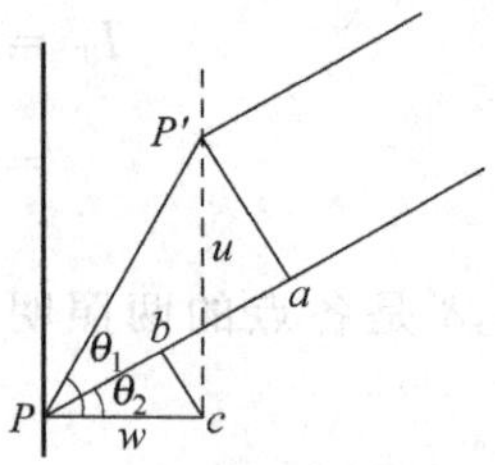

图 15-13 物体位移与光程变化

因此光束 $1'$、$2'$ 的相对光程差

$$\Delta' = \Delta_1' - \Delta_2' = -[u(\sin\theta_1 - \sin\theta_2) + w(\cos\theta_1 - \cos\theta_2)] \quad (15\text{-}21)$$

由上式可以看出,一张双曝光散斑图不能求出 u、w 两个未知量,因此必须改变 θ,得到两张散斑图才能解出 u、w。应当注意在图 15-12 的光路布置下,P 点如有 y 方向的位移 v,在相对光程差 Δ' 中是可以忽略的。欲求 v,照明光必须在 yz 平面内。

如果要单独求得面内位移 u(或 v),可以令 $\theta_2 = -\theta_1$,这样式(15-21)可简化为

$$\Delta' = -2u\sin\theta \quad (15\text{-}22)$$

图 15-14 为这种光路示意图。为了单独求出 w,可采用图 15-15 的光路。图中采用了一参考的散斑面,这个面的光波与试件表面的光波在像面上合成为一散斑图。这种情况下,变形以后相对光程差

$$\Delta' = 2w \quad (15\text{-}23)$$

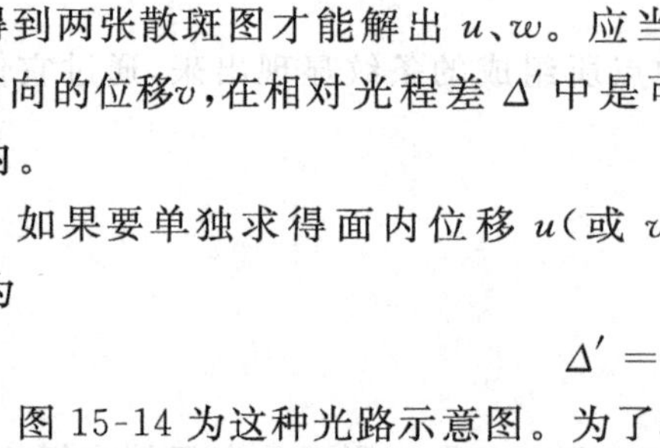

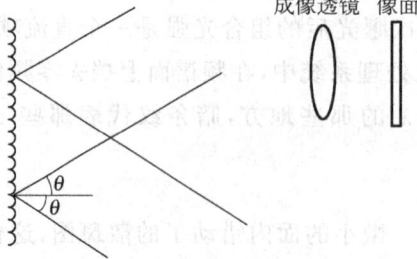

图 15-14 求面内位移的光路图

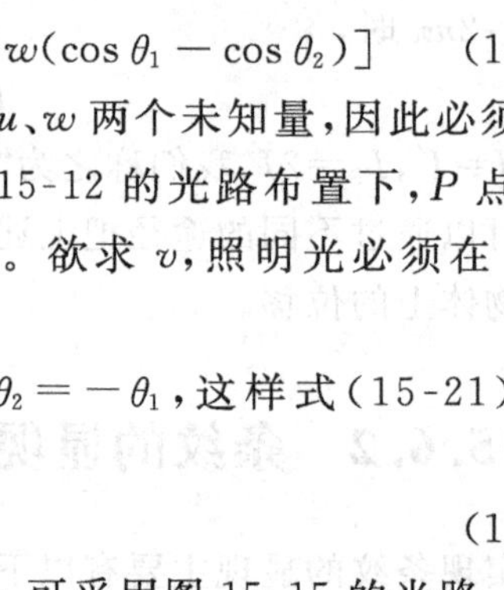

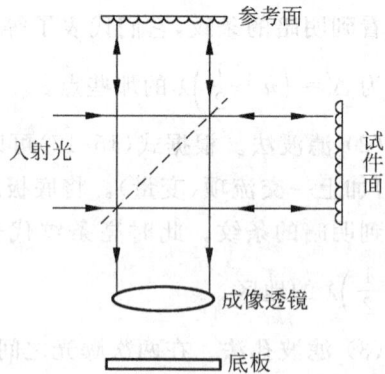

图 15-15 单独求面内位移 w 的光路图

有了 Δ' 与位移的关系,再根据条纹显现的性质就可以根据条纹级数计算位移了。例如利用滤波显现条纹时,式(15-22)可写成

$$-2u\sin\theta = \left(n+\frac{1}{2}\right)\lambda, \quad n = 0,1,2,\cdots(\text{暗条纹})$$

$$-2u\sin\theta = n\lambda, \quad n = 0,1,2,\cdots(\text{亮条纹})$$

15.7 错位散斑干涉法

错位散斑法的光路如图 15-16 所示，试件表面由一光束照明(最好是准直光)，在照相机成像透镜之前放一光楔。这样，在所示加载以前，没有通过光楔的光波在像面上的散斑场和通过光楔的光波在像面上的散斑场组成一个散斑场。这犹如双光束干涉法一样，在这里两个在像面的波前并不是由于两光束而引起的，它是错了位的两个完全相同的散斑场的组合。比如 $P(x,y)$ 点和 $P(x+\Delta x,y)$ 点将在 x_0、y_0 像平面上组成一点。

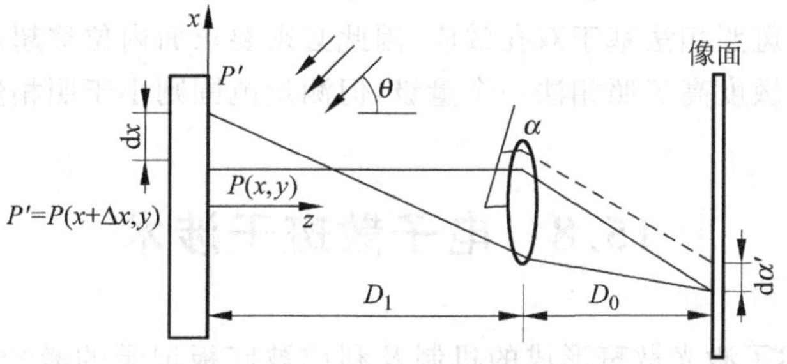

图 15-16 错位散斑记录光路

当物体加载而变形后，像面上一点的光强将决定于物面上对应的两点 $P(x,y)$ 和 $P(x+\Delta x,y)$。两点因相对位移而产生相对光程差。设 $P(x+\Delta x,y)$ 和 $P(x,y)$ 间产生相对位移 Δu、Δw、Δv，则相对光程差的关系(可参阅图 15-12)为

$$\Delta'_{xx} = -[\Delta u\sin\theta + \Delta w(1+\cos\theta)] \tag{15-24}$$

而 $\Delta u = \dfrac{\partial u}{\partial x}\cdot \mathrm{d}x$，$\Delta w = \dfrac{\partial w}{\partial x}\cdot \mathrm{d}x$，故上式可写成

$$\Delta' = -\left[\frac{\partial u}{\partial x}\sin\theta + \frac{\partial w}{\partial x}(1+\cos\theta)\right]\mathrm{d}x \tag{15-25}$$

$\mathrm{d}x$ 即为错位量($\mathrm{d}x = \Delta x$)，根据几何关系有

$$\mathrm{d}x' = D_0(\mu-1)\alpha, \quad \mathrm{d}x = D_1(\mu-1)\alpha \tag{15-26}$$

式中，μ 为光楔的折射率。

式(15-26)的推导可参阅图 15-17。图中

$$\beta = \frac{\alpha}{\mu}, \quad \gamma = \alpha - \beta = \frac{\alpha(\mu-1)}{\mu}, \quad \theta = \mu\gamma,$$

所以 $\theta = (\mu-1)\alpha$。由此得出

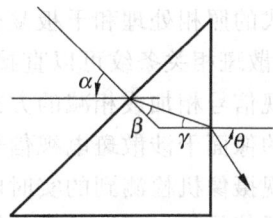

$$\mathrm{d}x' = \theta D_0 = D_0(\mu-1)\alpha, \quad \text{而}\ \mathrm{d}x' = -\frac{D_0}{D_1}\mathrm{d}x,$$

所以 $\mathrm{d}x = D_1(\mu-1)\alpha$。

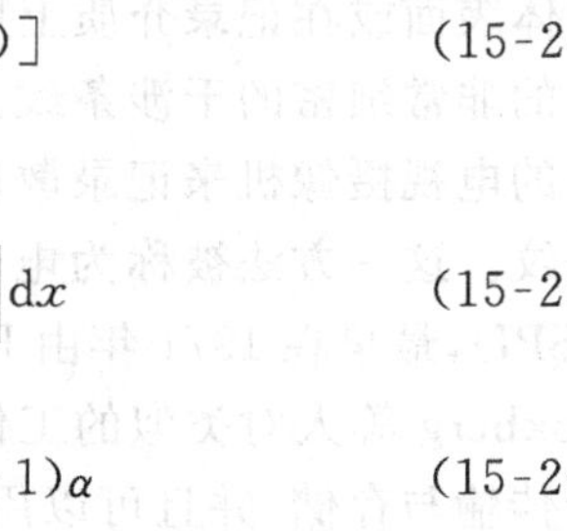

图 15-17 光楔折射的几何关系

当楔块转 90°,倾斜方向为 y 向时,则可得

$$\Delta'_{xy}=-\left[\frac{\partial u}{\partial y}\sin\theta+\frac{\partial w}{\partial y}(1+\cos\theta)\right]\mathrm{d}y \tag{15-27}$$

式中脚标 x 表示投射面在 xz 平面,y 表示在 y 方向错位。同样可以得到

$$\Delta'_{yy}=-\left[\frac{\partial v}{\partial y}\sin\theta+\frac{\partial w}{\partial y}(1+\cos\theta)\right]\mathrm{d}y \tag{15-28}$$

$$\Delta'_{yx}=-\left[\frac{\partial v}{\partial x}\sin\theta+\frac{\partial w}{\partial x}(1+\cos\theta)\right]\mathrm{d}x \tag{15-29}$$

根据式(15-24)、式(15-27)～式(15-29)还不足以解出 6 个位移导数,因此还必须改变 θ 补充两个类似的方程。

错位散斑条纹的分析与显现和双光束完全相同,有关公式同样适用。由于散斑干涉法基于某一点光强的干涉,因此面内位移不应超过一个散斑直径,否则就会出现双孔效应。而散斑照相法基于双孔效应,因此必须要求面内位移超过一个散斑直径。散斑干涉法的灵敏度高于照相法一个量级,但测量范围则小于照相法。

15.8 电子散斑干涉术

15.7 节讲述了激光散斑形成的机制及利用被底板记录的激光散斑图案来测量物体表面的面内位移、离面位移以及离面位移导数(表面斜率)的原理和方法,并在 15.6 节中给出了利用双光束散斑干涉法在照相底板上进行两次曝光所形成的相关条纹测量面内位移与离面位移的数学分析和光路布置。在该方法中使用的记录介质的分辨率比全息干涉测量中所要求的相对要低一些,因为这里只需要记录和分析在物体表面或在记录介质上所形成的散斑,而无须记录和分析由物光和参考光干涉形成的非常细密的干涉条纹。散斑的尺寸通常在 5～100 μm 范围内,因此,可以使用普通的电视摄像机来记录散斑图案,并且可以利用模拟信号的处理方法获得散斑相关条纹。这一方法被称为电子散斑干涉术(electronic speckle pattern interferometry, ESPI),最早在 1971 年由 Butters 和 Leendertz 的实验所验证。之后, Biedermann 和 Løkberg 等人对类似的工作进行过深入的研究。由于电视信号可以用电子的方式进行传输与存储,并且可以用电视机进行显示,因此,在 ESPI 测量中无须借助于任何形式的照相处理和干板复位等难以操作的实验环节来显示或实时观察散斑相关条纹,散斑相关条纹可以直接在电视屏幕上进行实时显示。在早期的 ESPI 中利用对电视信号相加或相减的方式来观察散斑强度的相关条纹。在相减方式中,物体变形前的像面干涉散斑电视信号以电子方式存储在记录介质中。当物体发生变形后,由电视摄像机检测到的实时电视信号与存储在记录介质中的变形前电视信号相减,相减后信号经过滤波处理并矫正后在电视屏幕上即可显示实时的相关条纹。对于相加方法,相应于两种状态的光场在电视摄像管的阴极处相加。电视摄像机检测到相加

后的光强，和相减方法一样，信号被矫正和滤波处理后，在电视监视器上同样可以观察到相关条纹。

20 世纪 80 年代，由于微电子技术和计算机技术的快速发展，模拟电视信号可以通过模数转换(A/D)被数字化为数字图像加以存储或进行运算。散斑图案的滤波或相加、相减等处理可以通过数字运算来进行，使得散斑图案以及散斑相关条纹的处理更加灵活方便。为区别于模拟信号处理的电子散斑干涉术，有时也把用数字图像进行处理的电子散斑干涉术称为数字散斑干涉术(digital speckle pattern interferometry, DSPI)。当然，在这一技术发展的过程中也曾有文献把它称为电视全息(TV holography 或 video holography)或光电全息(electro-optic holography)，但在今天看来其本质都是相同的。因此，为了避免混淆，本章将采用最为广泛使用的名称 ESPI，这也是它的发明者 Butters 和 Leendertz 在 1974 年所确定的名称。

Butters 和 Leendertz 首先使用摄像管(vidicon tube)在电视屏幕上看到了代表受激振圆板振型的条纹图案(如图 15-18 所示)，他们所采用的光路如图 15-19 所示。被激光照射的漫射表面将其接收到的光波反射后通过置于其前方的可变光圈，该光波经透镜变换后与由分光镜引入的参考光束相叠加，然后在摄像管靶上形成干涉散斑。漫射物体表面的位置变化将会引起表面反射光波和参考光波之间的光程差发生变化，从而导致干涉散斑的明暗变化而产生条纹。用该方法获得的条纹图案(见图 15-18)与用时间平均全息干涉术所得到的条纹图案完全一致，而且当改变激振频率时，可以看到的条纹图案的变化与用频闪实时全息干涉术所看到的条纹变化相同。然而，在这里既不需要频闪同步装置，也不需要干板的精确复位就可以立即观察到振动物体的振动形态。

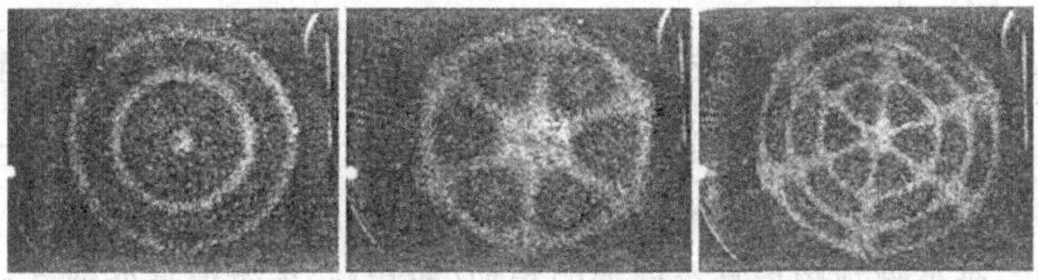

图 15-18 电视屏幕显示的圆盘典型振型图

(引自 J. N. Butters and J. A. Leendertz, 1971)

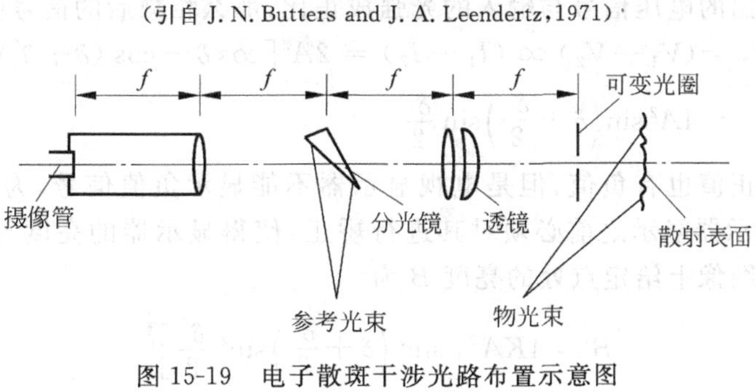

图 15-19 电子散斑干涉光路布置示意图

上述处理过程的原理可以用图 15-20 说明，由于摄像管的累积效应，可以在视频信号的时间积分过程中实现相加处理，因此，其处理过程与时间平均法的处理过程相同，可以用来显示反映稳态振动振型的相关条纹(见 15.6 节)。若使用一个视频存储器，则不仅可以实现视频信号的相加，也可以实现视频信号的相减处理，其原理见图 15-21。在这样的条件下，物体处于初始状态时由电视摄像机获得的输出信号被记录在视频存储器中，存储器可以是录像机、光盘或固态存储器。当物体发生变形时，摄像机的实时信号与存储器中的初始信号进行电子相减。两幅图像中散斑相关的区域将产生合成的零值信号，不相关的区域则产生非零信号。由 15.6 节的分析可知，变形前后的合成光强分别为

$$I = 2A^2(1+\cos\delta) \tag{15-30}$$

$$I' = 2A^2[1+\cos(\delta+\delta')] \tag{15-31}$$

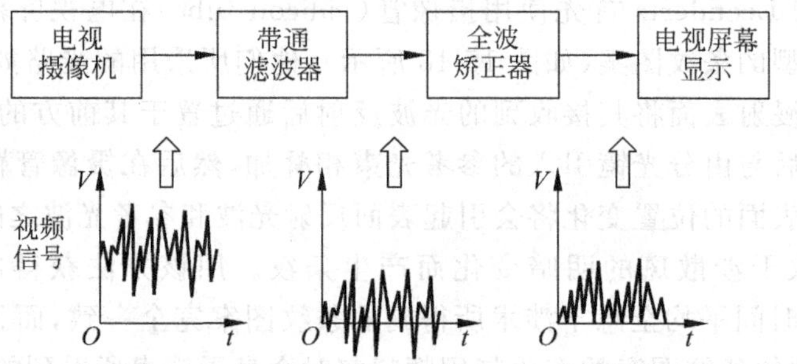

图 15-20　不带外部视频信号存储器的相加条纹信号处理显示示意图

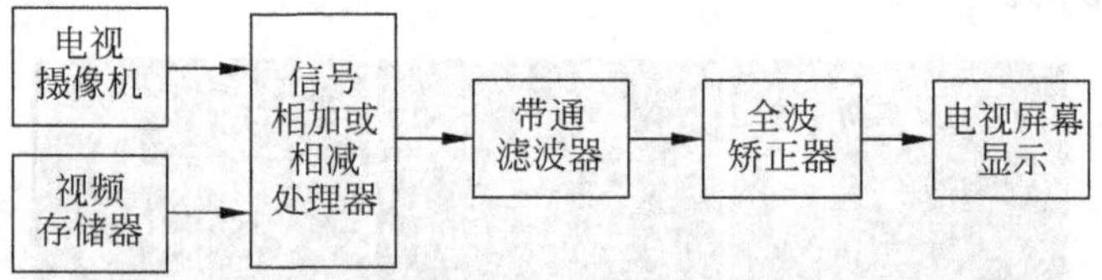

图 15-21　带外部视频信号存储器的相加(或相减)条纹信号处理显示示意图

如果摄像机输出的电压信号与输入的光强成正比，那么相减后的信号由下式给出：

$$\begin{aligned} V_S &= (V_1 - V_2) \propto (I_1 - I_2) = 2A^2[\cos\delta - \cos(\delta+\delta')] \\ &= 4A^2\sin\left(\delta+\frac{\delta'}{2}\right)\sin\frac{\delta'}{2} \end{aligned} \tag{15-32}$$

这一信号既有正值也有负值，但是电视显示器不能显示负值信号，为了避免信号损失，在 V_S 送显示器显示之前必须对其进行矫正，使得显示器的亮度与 $|V_S|$ 成正比，因此在显示器图像上给定点处的亮度 B 为

$$B = 4KA^2\left[\sin^2\left(\delta+\frac{\delta'}{2}\right)\sin^2\frac{\delta'}{2}\right]^{\frac{1}{2}} \tag{15-33}$$

式中，K 为比例常数。

如果沿 δ' 的等值线对 B 取平均消除散斑，最后得到屏幕上亮度的最大值 B_{max} 和最小值 B_{min} 分别为

$$B_{max} = 2KA^2, \quad \delta' = (2n+1)\pi, \quad n = 0,1,2,\cdots \tag{15-34a}$$

$$B_{min} = 0, \quad \delta' = 2n\pi, \quad n = 0,1,2,\cdots \tag{15-34b}$$

研究发现，通过消除高频噪声和散斑强度均值化可以得到可见度更高的条纹，使强条纹的清晰度得到增强。

15.9 数字散斑干涉术

15.8 节介绍了利用电子技术获取散斑相关条纹的视频模拟信号处理方法。随着微电子技术和计算机技术的迅速发展，自 20 世纪 80 年代以来，高速模数转换(A/D)和数据传输技术以及大容量的数据存储技术，也得到了迅速发展和广泛应用。尤其是近几年的发展，数字图像技术已进入人们的日常生活，如：数码照相机、数码摄像机、MP4 视频播放器以及 DVD 等，无须体积庞大的数字图像采集卡就可以获得能被计算机识别的各种格式的数字图像。早期的图像采集卡不仅速度慢、容量小，而且体积很大。在国内，80 年代中期，最早由中国自动化研究所研制的分辨率为 512×512 像素、256 级灰度的伪彩色数字图像采集处理卡有 4 个帧存体，即可以存放 4 幅 512×512×8 b 的黑白图像，由两块面积约 12 cm×30 cm 的印刷电路板组成。因为那时 PC 的内存还远远小于存放数字图像所需要的内存空间，因此，一块图像采集卡，实际上既承担了把模拟视频信号转换为数字图像的功能，同时还具备数字图像的暂存功能。而且，由于计算机速度和容量的限制，数字图像也不能由计算机的显示器直接显示，还必须配备一台专用的图像显示器，其系统构成如图 15-22 所示。

图 15-22 早期的计算机数字图像采集处理系统

早期的计算机数字图像采集处理系统，是在 DOS(disk operating system)磁盘操作系统下运行的。由 CCD(charge couple device，电荷耦合器件)摄像头输出的模拟视频信号经数字图像采集卡的 A/D 芯片转换为数字图像信号，可以被冻结并存放在采集卡上的帧存体中，计算机可以读取帧存体内的图像数据，也可以把经过处理的图像数据写入帧存体中。同时，帧存体内的数字图像信号也可以经数模(D/A)转换芯片转换为模拟信号送图像显示器显示。由于这时的图像采集处理卡还不具备图像数

据的实时运算功能，因此，不可能像在 15.8 节所介绍的模拟系统那样，利用这样的数字图像采集处理系统来观察散斑的实时相关条纹。而必须首先把物体变形前后的两幅散斑图像分别采集存放在图像卡的两个不同的帧存体中，或转存到计算机的磁盘中，然后，通过专用程序读取变形前后的散斑图像并进行相减处理后，再送到帧存体中才能在图像显示器上显示出散斑相关条纹。

如今，各种品牌型号的数字图像采集处理卡已是数不胜数。按连接方式分，除了有直接插入计算机主板扩展槽上的 PCI 接口卡，也有使用方便、可以热拔插的 USB 接口采集卡。由于有了带数字信号输出的摄像头，有的采集卡不仅可以接收模拟信号输入，也接收数字信号输入。还有的摄像头也可以通过计算机的 IEEE 1394 标准接口直接采集数字图像。利用图像卡的开发商所提供的库函数，不仅可以实现多种图像处理功能，而且对于输入的图像也可以进行实时处理并实时显示处理结果，对于 NTSC 制标准复合视频信号其速度可达 30 帧/s。

15.10　电子散斑测量变形的几种典型的光路布置

15.10.1　测量面内位移的对称入射光路

根据 15.6.3 节的分析可知，在图 15-12 中，当 $\theta_1=-\theta_2=\theta$ 时，相关条纹所代表的光程差仅与面内位移有关，而且是与两光束所在的平面平行的面内位移分量。按此要求，测量面内位移的实际光路可按图 15-23 实现。图中，D 为被测表面，由激光器发出的相干光源经扩束镜扩束后被准直镜准直为平行光 U_P，平行光束被分光棱镜

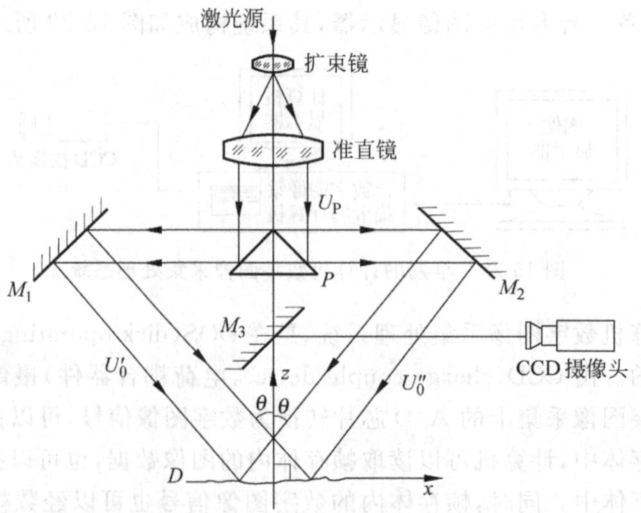

图 15-23　对面内位移敏感的散斑相关干涉光路

P 分解为两束光 U_0' 和 U_0'' 后分别由反射镜 M_1 和 M_2 反射至被测物体表面 D 上。U_0' 和 U_0'' 经 D 表面漫反射后通过反射镜 M_3 被 CCD 摄像头的镜头成像在摄像头的 CCD 靶面上。CCD 摄像头将 U_0' 和 U_0'' 在靶面上干涉形成的散斑转变为视频信号并经数字图像采集系统转换为数字图像显示在计算机屏幕上，或被冻结并储存于计算机的硬盘中。在图 15-23 的光路中，若用一个可以产生面内转动的圆盘作为被测表面 D 进行实验，当圆盘发生一个很小的面内转角 $\Delta\beta$ 时（如图 15-24 所示），由于转动所产生的位移在 x 方向上的分量 u 为

$$u = \Delta\beta y \tag{15-35}$$

利用转动前后的两幅数字散斑图像相减即可观察到图 15-25 所示平行于 x 轴的相关条纹。由式(15-34)的关系可知，在 x 轴上，即 $y=0$ 的地方出现 0 级条纹，且为暗条纹。在满足

$$2\Delta\beta y \sin\theta = n\lambda, \quad n = 0,1,2,\cdots \tag{15-36}$$

的地方将重复出现暗条纹。很显然，当 θ 一定时，y 与 $\Delta\beta$ 成反比。因此，$\Delta\beta$ 要控制在比较小的转角上才能获得疏密合适的平行条纹。

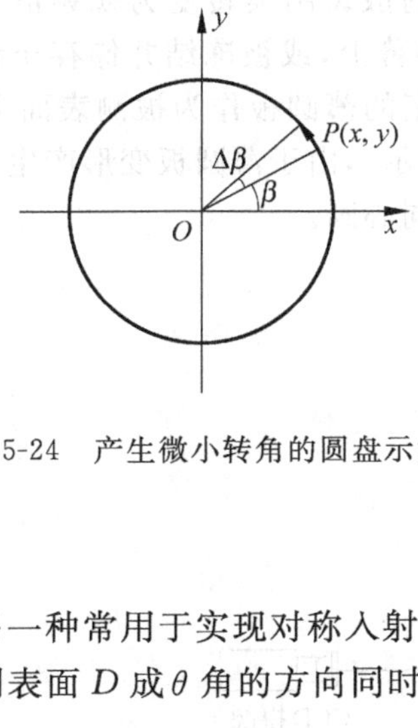

图 15-24 产生微小转角的圆盘示意图

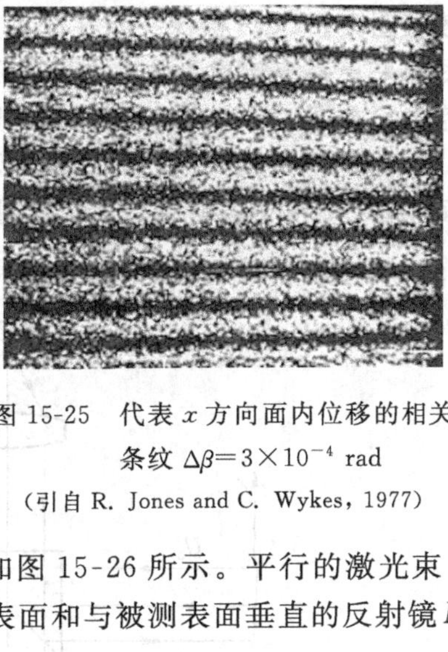

图 15-25 代表 x 方向面内位移的相关条纹 $\Delta\beta=3\times10^{-4}$ rad

（引自 R. Jones and C. Wykes, 1977）

另一种常用于实现对称入射的光路布置如图 15-26 所示。平行的激光束 U_P 从与被测表面 D 成 θ 角的方向同时照射到被测表面和与被测表面垂直的反射镜 M 上，

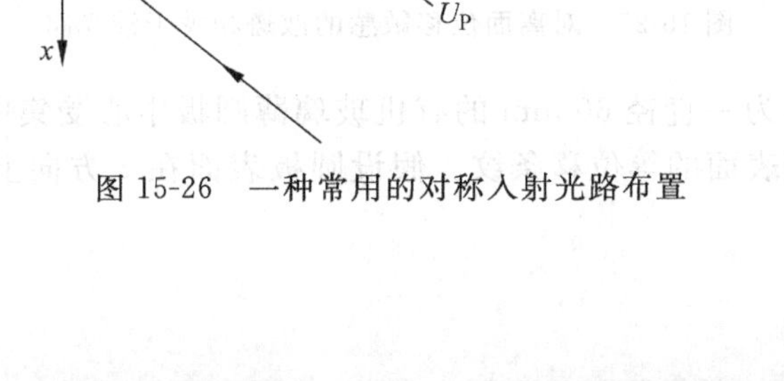

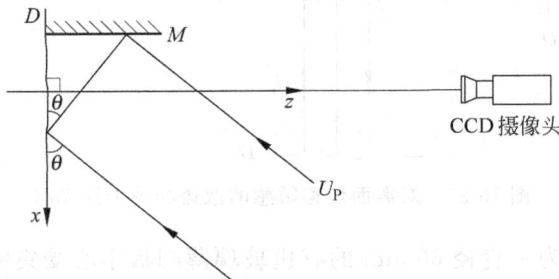

图 15-26 一种常用的对称入射光路布置

经反射镜 M 反射到被测表面的光束与被测表面的夹角同样为 θ。因此，在 CCD 摄像机的观察方向 z 上可以得到与图 15-23 所示光路相同的结果。该光路布置虽然所使用的光学元件较少，但所要求的平行光场要比第一种光路大一倍。因此，在被测表面较小时比较适合使用该光路。

15.10.2 测量离面位移的同轴入射光路

上面介绍了对面内位移敏感的两种光路布置，相对而言，这两种光路在实验室比较容易实现，条纹与位移的关系也比较简单。而通常用于离面位移测量的典型光路也有两种：一种是基于迈克耳逊干涉光路的漫射参考光布置；另一种是与同轴全息干涉光路类似的平滑参考光布置。

基于迈克耳逊干涉光路的漫射参考光布置如图 15-27 所示。被准直镜准直为平行光的激光束 U_P 经半反半透镜 B 被分为两束光 U_o 和 U_r，并分别照射被测表面 D 和参考漫射面 D'。置于半反半透镜另一侧的 CCD 摄像头的镜头可以透过同一半反半透镜将由两漫射表面 D 和 D' 发出的漫射光成像于同一 CCD 靶面上，并且干涉产生散斑图案。CCD 摄像头将在靶面上干涉形成的散斑图案转变为视频信号并经数字图像采集系统转换为数字图像显示在计算机屏幕上，或被冻结并储存于计算机的硬盘中。在图 15-27 的光路中，若用一个周边固定的薄圆板作为被测表面 D 进行实验，当薄圆板中心受集中力作用时(如图 15-28 所示)，由于薄圆板变形产生 z 方向的离面位移，其等位移线是一组以作用点为圆心的同心圆。

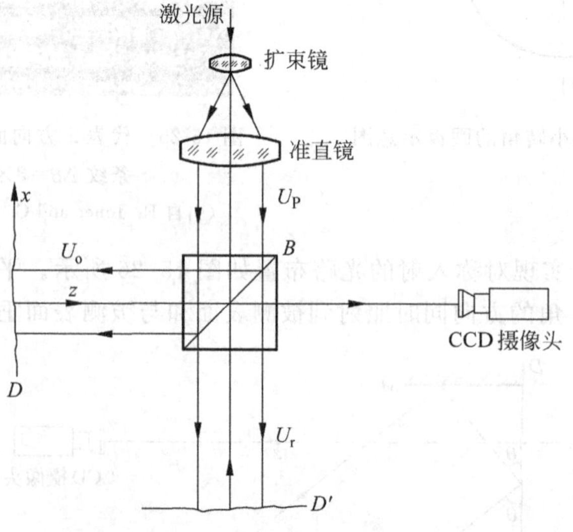

图 15-27 对离面位移敏感的散斑相关干涉光路

图 15-29 所示为一直径 60 mm 的有机玻璃薄圆板中心受集中力作用产生 6 μm 的中心位移时圆板表面的等位移条纹。假设圆板表面在 z 方向上的位移为 w，则根

据式(15-34)和图 15-27 可知，在满足

$$2w = n\lambda, \quad n = 0,1,2,\cdots \tag{15-37}$$

的地方为暗条纹。

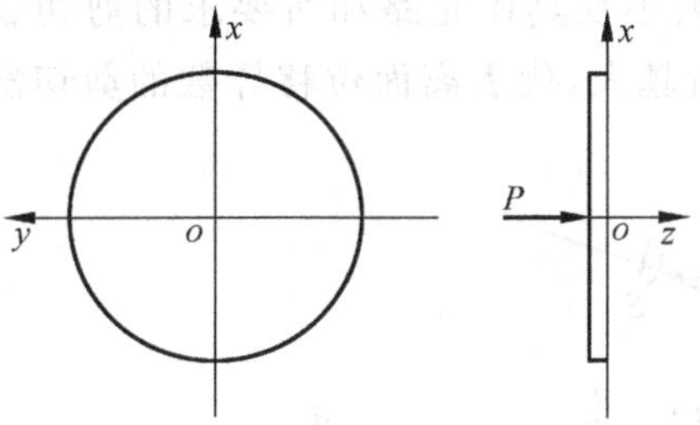

图 15-28 中心受集中荷载作用的圆盘示意图

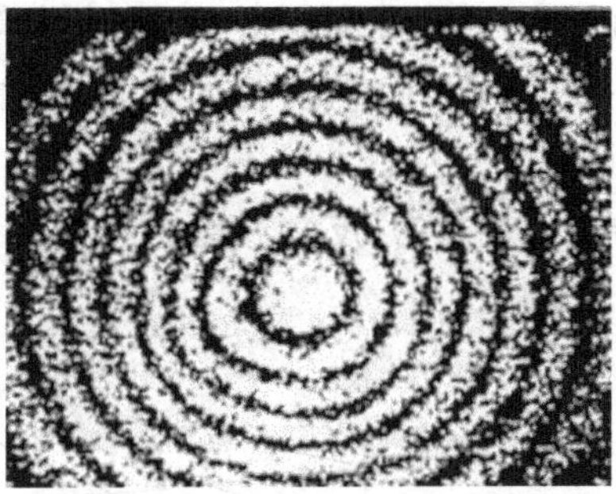

图 15-29 z 方向离面位移的相关条纹（引自 A. R. Ganesan，C. Joenathan and R. S. Sirohi，1987）

平滑参考光光路布置如图 15-30 所示。自激光器发出的激光被分为两束，其中一束经扩束镜 S 扩束为球面波 U_P 照射到被测物体表面 D 上，由被测表面反射的物光波 U_o 经透镜 L 成像于 CCD 的靶面上；另一束经扩束镜 R 扩束为球面参考光波 U_r 直接照射到被置于 CCD 靶面之前的半反半透镜 B 上，再经半反半透镜反射到 CCD 靶面上与物光波相遇而发生干涉，在 CCD 靶面上形成干涉散斑。用与前面相同的方法采集变形前后的两幅干涉散斑图样进行相减运算，同样可以获得代表被测表面离面位移大小的散斑相关条纹。

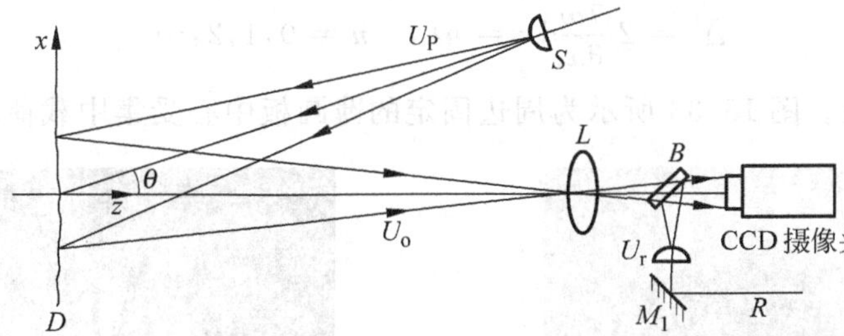

图 15-30 测量离面位移的平滑参考光光路布置

15.10.3 离面位移导数的测量光路

根据 15.7 节的分析可知，利用在成像镜头前放置光楔的方法可以使物面上相距为 dx 的两束光波在镜头后面的像面上相遇而产生散斑干涉图样。变形前后的相关条纹与位移沿错位方向的导数值有关，这一方法被称为错位散斑干涉法，通常也把它

称为剪切散斑干涉法。基于这一原理，若在图 15-16 中的像面处放置一 CCD 摄像机，即成为一个对离面位移导数敏感的电子剪切散斑干涉光路。在实际应用中，为了避免图 15-16 中玻璃楔的边缘对成像的影响，错位用的玻璃楔通常被制成图 15-31 中的形状，即一半为楔形，另一半为等厚的玻璃片，这一光学元件也被称为剪切镜。在一般的光路中，剪切镜的楔角通常较小，其大小视具体光路和所要求的剪切量而定，通常为 1°左右。对于一定的位移量，剪切量越大，代表离面位移导数的剪切散斑干涉条纹就越密，反之亦然。

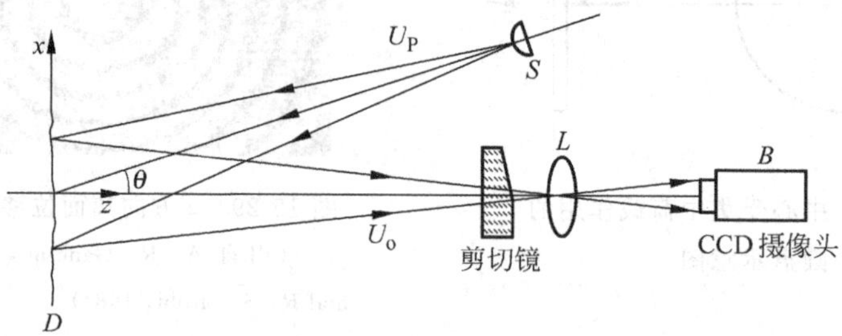

图 15-31 利用剪切镜做剪切元件的剪切散斑干涉光路

若光楔引起像面上的错位为 dx'（如图 15-32 所示），其对应的物面上的错位为 dx，则由式(15-27)及图 15-31 可知，由于错位所导致的相对光程差为（注意到在图 15-31 中 $\theta=0$）

$$\Delta' = 2\frac{\partial w}{\partial x}dx \tag{15-38}$$

同样地，在满足

$$\Delta' = 2\frac{\partial w}{\partial x}dx = n\lambda, \quad n = 0,1,2,\cdots \tag{15-39}$$

时将出现暗条纹。图 15-33 所示为周边固定的薄圆板中心受集中载荷时对应于 x 方

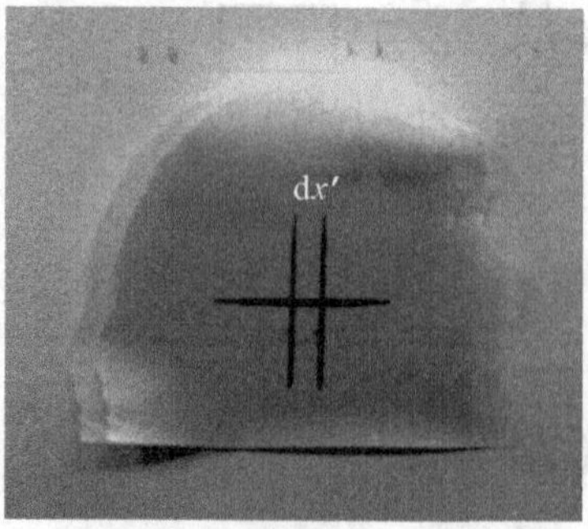

图 15-32 剪切镜引起的图像错位

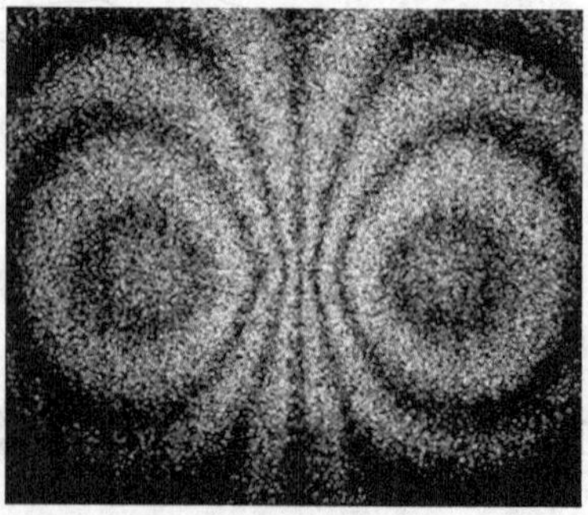

图 15-33 电子剪切散斑相关条纹

向的电子剪切散斑相关条纹。

15.11 电子散斑形貌测量术

按照 15.10 节所给出的各种光路，利用 ESPI 技术可以进行面内位移、离面位移和离面位移导数场的测量。在测量面内位移的光路(见图 15-23)中，如果被测物体的表面不是平面，而是一个曲面时(如图 15-34 所示)，只要让被测物发生一个很小的转角，即可通过测量发生微小转角时的面内位移来确定被测物表面的形状。其原理如下。

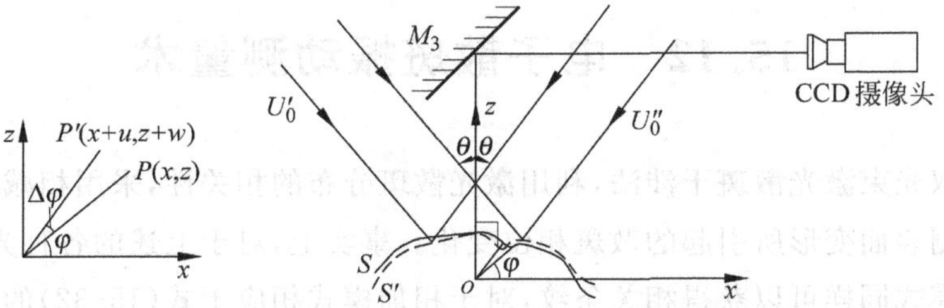

图 15-34 被测物绕 y 发生微小转动时所产生的表面面内位移

在图 15-34 中，假设被测物的曲表面 S 发生了微小的转角 $\Delta\varphi$，则由图中所给出的几何关系可知

$$u = \Delta\varphi\cos\left[\frac{\pi}{2} - \left(\varphi + \frac{\Delta\varphi}{2}\right)\right]\sqrt{x^2 + z^2} \tag{15-40}$$

由于 $\Delta\varphi \ll 1$，因此，上式可简化为

$$u = \Delta\varphi z \tag{15-41}$$

由与式(15-35)同样的分析可知，当满足

$$2\Delta\varphi z \sin\theta = n\lambda, \quad n = 0,1,2,\cdots \tag{15-42}$$

时出现黑条纹。很显然，相同的 z 值形成明暗相间的等高线，并且相邻两级黑条纹间的高度差为

$$\Delta z = \frac{\lambda}{2\Delta\varphi\sin\theta} \tag{15-43}$$

图 15-35 是用该方法测得的立方体和圆柱体的表面等高线。

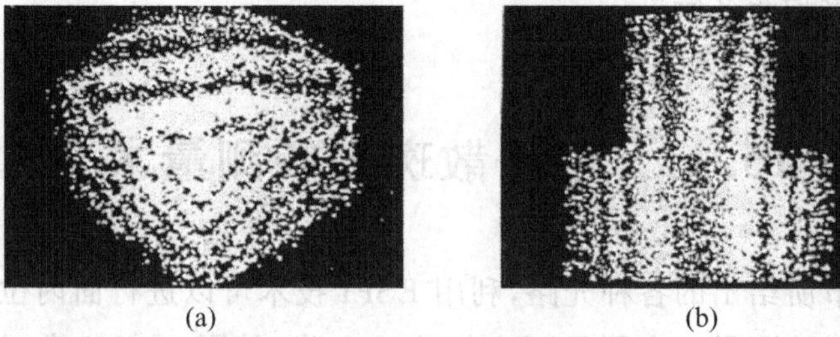

图 15-35 不同物体的 ESPI 等高线

(引自 A. R. Ganesan and R. S. Sirohi, 1988)

(a) 立方体；(b) 圆柱体

15.12 电子散斑振动测量术

对于双光束激光散斑干涉法，利用激光散斑分布的相关性，采用相减模式可以得到由于被测表面变形所引起的散斑相位变化。事实上，对于上述的各种光路布置，若采用相加模式同样可以获得相关条纹，对于相加模式相应于式(15-32)的光强分布为

$$I = I_1 + I_2 = 2A^2[2+\cos\delta+\cos(\delta+\delta')]$$
$$=4A^2\left[1+\cos\left(\delta+\frac{\delta'}{2}\right)\cos\left(\frac{\delta'}{2}\right)\right] \tag{15-44}$$

两幅散斑图相加的光强分布为上式所表示的关于变形前后相位差的余弦分布，基于时间平均方法的原理，对于多幅散斑图随时间的累加，由式(15-31)可知，其结果可用下式表示：

$$I_\tau = 2A^2\left\{1+\frac{1}{\tau}\int_0^\tau \cos[\delta+\delta'(t)]\mathrm{d}t\right\} \tag{15-45}$$

其中，$\delta'(t)$为物体的位置随时间变化所引起的相位变化。假设物体上一点的位置随时间的变化为 $a(t)$，并且满足

$$\delta'(t) = \frac{4\pi}{\lambda}a(t) \tag{15-46}$$

当物体作简谐振动，即 $a(t)=a_0\sin\omega t$，并且振动周期$\frac{2\pi}{\omega}$远远小于累积时间 τ 时，式(15-45)成为

$$I_\tau = 2A^2\left\{1+\frac{1}{\tau}\int_0^\tau \cos\left[\delta+\frac{4\pi}{\lambda}a(t)\right]\mathrm{d}t\right\} \tag{15-47}$$

$$I_\tau = 2A^2\left[1+\mathrm{J}_0\left(\frac{4\pi}{\lambda}a_0\right)\cos\delta\right] \tag{15-48}$$

这里，J_0 为零阶贝塞尔函数。在时间 τ 内光强的累积效果 I_τ 是以 a_0 为变量的贝塞尔函数。物体的振幅表现为随机散斑的对比度的变化，最小的对比度发生在

$$a_0 = \frac{n\lambda}{4}, \quad n = 1,2,3,\cdots \tag{15-49}$$

的区域内。图 15-36 是用时间平均法获得的钢板的振型，振动频率为 3720 Hz。

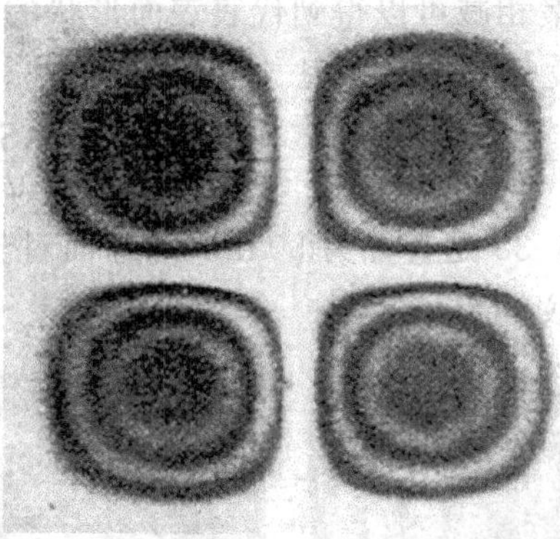

图 15-36　用时间平均法获得的钢板振型图
（引自 S. Ellingsrud and G. O. Rosvoid，1992）

15.13　使用光纤的电子散斑干涉光路

光纤的使用不仅可以使电子散斑干涉光路变得简单，光学元件得到节省，而且还可以使实验过程变得易于操作。例如，利用平移照明光源的方法可以进行形貌测量，而无需采用 15.10 节介绍的旋转物体的方法。把光纤缠绕在 PZT 上也可以方便地改变参考光的位相，以实现相移的功能。图 15-37 是采用光纤导光的对称入射光路，

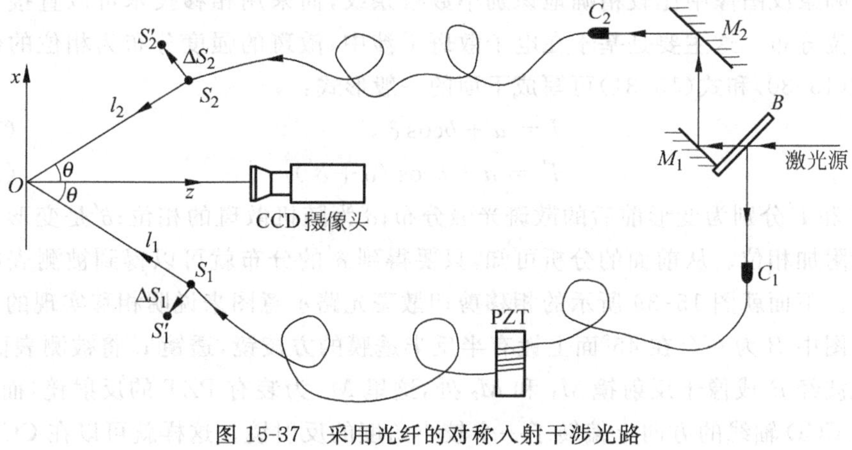

图 15-37　采用光纤的对称入射干涉光路

自激光器发出的激光经分光镜 B 被分成两束，一束经光纤耦合器 C_1 耦合进入光纤 1 至 S_1 出射，照明被测表面 D；另一束经光纤耦合器 C_2 耦合进入光纤 2 至 S_2 出射，从另一侧照明被测表面 D。两束光的中心线与观察方向 z 的夹角为 θ，出射口 S_1 和 S_2 离 O 点的距离分别为 l_1 和 l_2，并且关于 z 轴呈对称入射。假设 $l_1=l_2=l$，且让两个光纤出口在垂直于入射光束中心线的方向上分别按图示方向移动 ΔS_1 和 ΔS_2，利用移动前后的两幅散斑图案相减可以得到代表表面形状的相关条纹。由 Rodriguez-Vera 等人的分析可知，条纹分布满足方程

$$x\left(\frac{\Delta S_1}{\lambda l}\cos\theta-\frac{\Delta S_2}{\lambda l}\cos\theta\right)-z\left(\frac{\Delta S_1}{\lambda l}\sin\theta+\frac{\Delta S_2}{\lambda l}\sin\theta\right)=n \tag{15-50}$$

其中，n 为条纹级数。图 15-38 是直径为 50 mm 的球面对于不同的 ΔS_1 和 ΔS_2 同移动量所得到的散斑相关条纹。

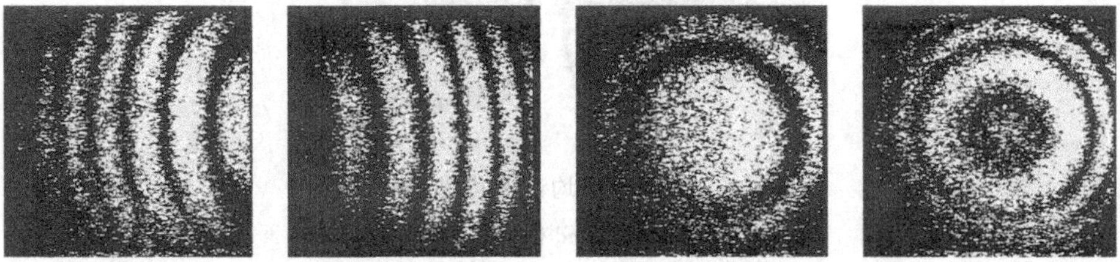

$\Delta S_1=60,\ \Delta S_2=0$　　$\Delta S_1=0,\ \Delta S_2=60$　　$\Delta S_1=60,\ \Delta S_2=60$　　$\Delta S_1=100,\ \Delta S_2=100$

图 15-38　对于不同的 ΔS_1 和 ΔS_2 位移量(μm)的 ESPI 条纹图

(引自 R. Rodriguez-Vera, D. Kerr and F. Mendoza-Santoyo, 1992)

15.14　电子散斑干涉中的相移技术

由于散斑的影响，给电子散斑条纹图的识别带来了很大的困难，几乎不太可能直接从单幅条纹图像中比较精确地识别小数级条纹，而采用相移技术可以直接得到条纹的相位分布。这主要是基于在电子散斑干涉中，散斑的强度分布为相位的余弦函数。式(15-30)和式(15-31)可写成下面的一般形式：

$$I=a+b\cos\delta \tag{15-51}$$

$$I'=a+b\cos(\delta+\delta') \tag{15-52}$$

其中，I 和 I' 分别为变形前后的散斑光强分布；δ 为随机散斑的相位；δ' 是变形对散斑引起的附加相位。从前面的分析可知，只要得到 δ' 的分布就可以得到被测表面的变形分布。下面就图 15-39 所示的相移剪切散斑光路示意图来说明相移实现的原理和装置。图中 B 为一个在 45°面上镀有半反半透膜的方棱镜，透镜 L 将被测表面 D 的漫射光波经 B 成像于反射镜 M_1 和 M_2 处，这里 M_1 为装有 PZT 的反射镜，而 M_2 则是在与 CCD 轴线的方向上偏转了一个较小角度的反射镜。这样就可以在 CCD 的靶

面上得到两个相互错位的像。通过驱动 PZT 可以使 M_1 沿 z 方向平移，若 M_1 平移的距离正好使经 M_1 到达 CCD 的光线和经 M_2 到达 CCD 的光线之间的光程差为 1/4 的波长时，在 CCD 上散斑的光强分布将变为

$$I_1 = a + b\cos\left(\delta + \frac{\pi}{2}\right) \tag{15-53}$$

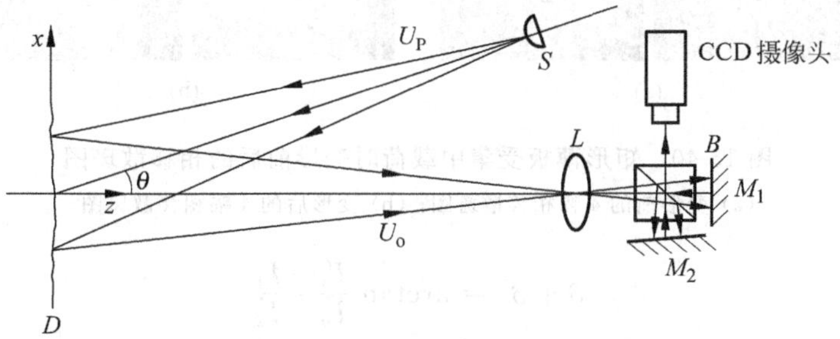

图 15-39　相移剪切散斑光路示意图

同样，对于图 15-23 和图 15-30 所示测量面内位移和离面位移的光路，都可以通过在反射镜 M_1 上装置 PZT 的方法来实现相移的功能。图 15-40 为一受集中载荷的矩形板，利用图 15-30 的光路获得的一组代表离面位移的散斑图。其中图 15-40(a)为变形前采集的 4 幅光程差各相差 1/4 波长的散斑图，图 15-40(b)为变形后的 4 幅光程差各相差 1/4 波长的散斑图。由式(15-51)可知，变形前后的 8 幅散斑图的光强分别如下。

变形前：

$$I_0 = a + b\cos\delta$$

$$I_1 = a + b\cos\left(\delta + \frac{\pi}{2}\right)$$

$$I_2 = a + b\cos(\delta + \pi)$$

$$I_3 = a + b\cos\left(\delta + \frac{3\pi}{2}\right)$$

变形后：

$$I'_0 = a + b\cos(\delta + \delta')$$

$$I'_1 = a + b\cos\left(\delta + \frac{\pi}{2} + \delta'\right)$$

$$I'_2 = a + b\cos(\delta + \pi + \delta')$$

$$I'_3 = a + b\cos\left(\delta + \frac{3\pi}{2} + \delta'\right)$$

根据三角关系，可得变形前后的相位分布分别为

$$\delta = \arctan\frac{I_3 - I_1}{I_0 - I_2} \tag{15-54}$$

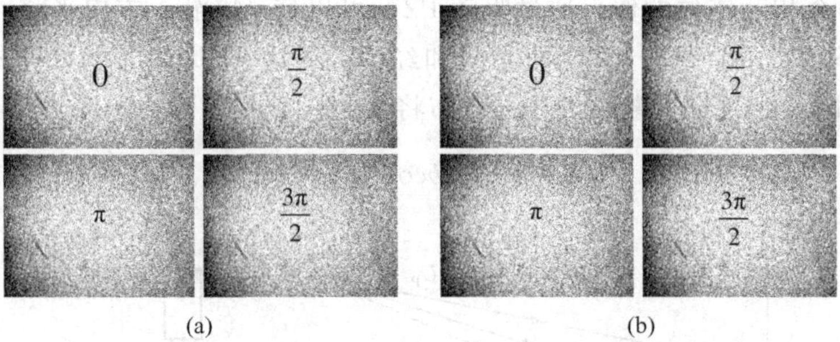

图 15-40　矩形薄板受集中载荷时变形前后的相移散斑图

(a) 变形前的 4 幅相移散斑图；(b) 变形后的 4 幅相移散斑图

$$\delta + \delta' = \arctan \frac{I_3' - I_1'}{I_0' - I_2'} \tag{15-55}$$

对于图 15-40(a)，利用式(15-54)计算后可得图 15-41 所示的变形前散斑的随机相位分布，而对于图 15-40(b)，利用式(15-55)计算后可得图 15-42 所示的变形后散斑的随机相位分布。将式(15-55)与式(15-54)相减可得

$$\delta' = \arctan \frac{I_3' - I_1'}{I_0' - I_2'} - \arctan \frac{I_3 - I_1}{I_0 - I_2} \tag{15-56}$$

图 15-41　变形前散斑相位分布

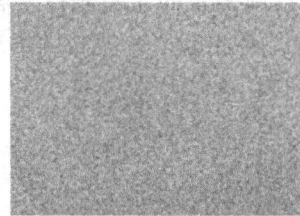

图 15-42　变形后散斑相位分布

即图 15-43 所示的包裹相位图，经去包裹处理可得图 15-44 所示的相位分布图。

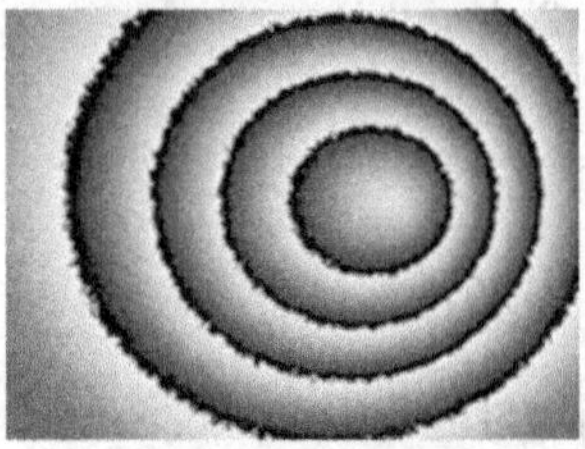

图 15-43　变形引起的相位变化包裹图

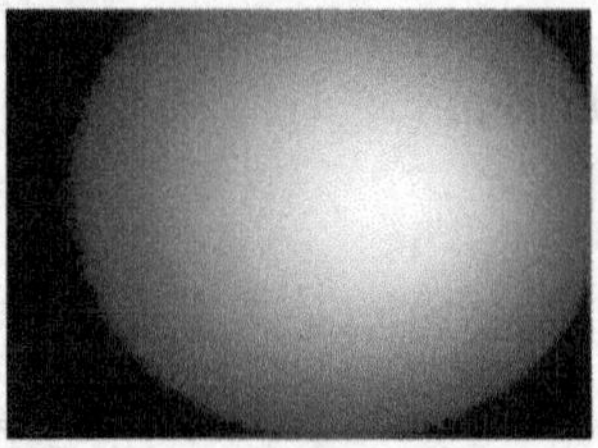

图 15-44　变形引起的相位分布图

自从 20 世纪 70 年代发明电子散斑干涉技术以来，至今已经过去了 40 多年。可是，这一技术的应用还远远不如人们所期望的那样。其中最主要的原因是因为散斑

既向人们展示了她愿意向人们提供信息的一面，但又总是让你不能很好地得到她，也不知这是她的含蓄还是她的狡诈。也难怪 Løkberg 曾经把她比成丑小鸭，这只丑小鸭能变成一只美丽的天鹅吗？也许还需要很多人的努力才能回答。然而，在许多无需精确定量的场合，她还是发挥了巨大的作用。早在 ESPI 技术刚刚问世不久，Y. Y. Hung 就发明了利用剪切散斑技术检测飞机轮胎内部缺陷的仪器，在飞机制造中发挥了重要的作用。如今，每一只飞机轮胎都必须接受这种仪器的检查后才能投入使用。

第16章 数字图像相关方法

16.1 引 言

传统的光测力学的数据采集是利用胶片或干板记录带有被测物体表面位移或变形信息的光强分布，通过显影定影得到照片。但是，由于显影定影操作费时费力，实验条件难于精确控制，实验结果难于精确重复，不利于后续的计算机图像处理。进入20世纪70年代，光电子技术与数字图像技术飞速发展，特别是近年来随着CCD摄像机、计算机软硬件及数字图像处理技术的飞速发展，人们希望寻求不需要显影定影操作而直接获得图像并处理得到感兴趣物理量分布的方法，一系列的“数字”光测力学技术应运而生。在这其中，图像相关 (digital image correlation, DIC) 或又被称为数字散斑相关测量 (digital speckle correlation measurement，DSCM)技术是当前最活跃、最有生命力的光测技术之一。

数字图像相关方法是由日本的Yamaguchi和美国University of South Carolina的W. H. Peters和W. F. Ranson等人在20世纪80年代几乎同时独立提出的。该方法直接利用被测物体表面变形前后两幅数字图像的灰度变化来测量该被测试件表面的位移和变形场。因此，数字图像相关方法本质上属于一种基于现代数字图像处理和分析技术的新型光测技术，它通过分析变形前后物体表面的数字图像获得被测物体表面的变形(位移和应变)信息。其他基于相关光波干涉原理的光测方法(如，全息干涉法、电子散斑干涉法、云纹干涉法等)，一般都要求使用激光作为光源，光路较复杂，测量需要在暗室环境进行，并且测量结果易受外界振动的影响，这些限制条件使得这些光测方法通常只能应用于实验室内的隔振平台上进行科学研究测量，而难以在无隔振实验条件以及实际工程现场进行测量。

与基于相关光波干涉原理的光测方法相比，数字图像相关方法显然具有一些特殊的优势，这些优势包括以下方面。

(1) 实验设备、实验过程简单。被测物面的散斑模式可以通过人工制斑技术获得或者直接以试件表面的自然纹理作为标记，仅需用单个或两个固定的CCD摄像机拍摄被测物体变形前后的数字图像。

(2) 对测量环境和隔振要求较低。用白光或自然光作为照明光源，无须激光光源和隔振台，避免了对测量环境的较高要求，容易实现现场测量。

(3) 易于实现测量过程的自动化。不需要胶片记录，避免了烦琐的显定影操作；也不需要进行干涉条纹定级和相位处理，能充分发挥计算机在数字图像处理中的优势和潜力。

(4) 适用测量范围广泛。可与不同空间分辨率的图像采集设备(如扫描电子显微镜、原子力显微镜等)结合，从而可进行宏观、微观甚至纳观尺度的变形测量。

经过20多年的发展，该方法日渐成熟和完善，作为一种非接触、光路简单、精度高、自动化程度高的光学测量方法，该方法受到了广泛的重视，并在科学研究和实际工程应用的多个领域中获得无数成功的应用。

需要说明的是，二维数字图像相关方法利用一个固定的摄像机拍摄变形前后被测平面物体表面的数字图像，再通过匹配变形前后数字图像中的对应图像子区获得被测物体表面各点的位移。使用单个摄像机的二维数字图像相关方法，局限于测量平面物体表面的面内位移，并且要得到可靠的测量结果，还有一些例外限制条件，如要求：①被测物面应是一个平面或近似为一平面；②被测物体变形主要发生在面内，离面的位移分量非常小；③摄像机靶面与被测平面物体表面平行(即摄像机光轴与被测物面垂直或近似垂直)，并且成像系统畸变可以忽略不计。显而易见，如果被测物体表面为曲面或者物体的变形是三维的，上述二维数字图像相关方法显然不再适用，无法完成测量任务。

但如果被测物体表面不能近似为一平面或者为起伏较大的曲面，或者物体表面出现了显著的离面位移，此时二维数字图像相关方法则不再适用，而基于双目立体视觉原理的三维数字图像相关方法则适合这些情况下的变形测量。三维数字图像相关方法可对平面或曲面物体的表面形貌及三维变形进行测量，适用测量范围广泛，在工程上的应用前景尤为广阔。缺点是需要精确标定双目立体视觉摄像系统，实验和数据处理过程较二维数字图像相关方法要更加复杂。本章主要介绍二维数字图像相关方法，本章中下面提到的数字图像相关方法都是指二维数字图像相关方法，而关于三维数字图像相关方法，有兴趣的读者可参考后面的文献。

16.2 数字图像相关的基本原理

数字图像相关在实际应用中通常通过以下3个步骤实现全场变形测量。

(1) 通过数字图像相关测量图像采集系统获取变形前、后变形物体表面的数字图像。

(2) 利用数字图像相关方法计算变形前物体表面数字图像中各离散点的位移矢量。

(3) 通过位移数据来计算应变。

16.2.1 数字图像相关测量系统

二维数字图像相关测量系统的组成如图16-1所示。被测平面物体放置在加载设备中，CCD摄像机的光轴垂直于试件表面(即使摄像机靶面与被测平面物体表面平行)对其准确聚焦成像。在施加载荷过程中忽略被测物体表面微小离面位移的影响，假设试件表面只有面内位移。为了给相关匹配过程提供特征，通常要求试件表面具有类似散斑图的随机灰度分布。

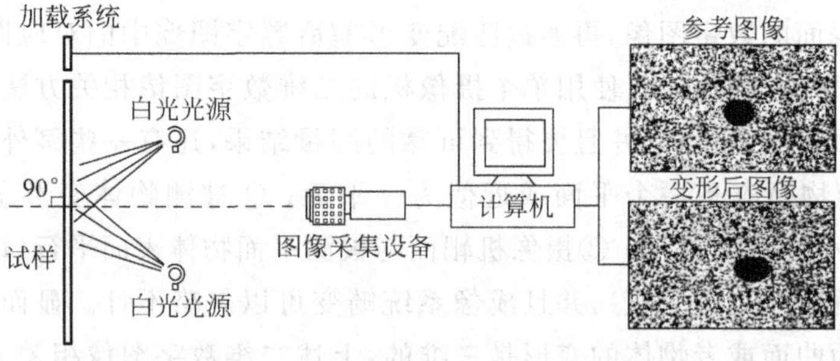

图16-1 二维数字图像相关测量系统

由于数字图像相关方法处理的是数字化图像，为此需要图像采集和数字化设备。常见的图像采集设备是CCD和图像卡组合而形成的图像采集和数字化设备，或者是数字化的图像采集设备(如数字CCD或CMOS摄像机)。图像采集设备实时采集不同载荷下试件的表面图像，数字化后，每幅数字图像被离散成为 $M\times N$ 像素的灰度阵列，并存入计算机硬盘。通常将最开始的图像称为“变形前图像(或参考图像)”，其余的各幅图像称为“变形后图像”。

16.2.2 数字图像相关方法的基本原理

利用二维数字图像相关测量变形物体表面位移的基础是匹配变形前、后变形物体表面数字图像中的对应几何点，如图 16-2 所示。在变形前的图像中，取以所求位移点(x, y)为中心的$(2M+1)\times(2M+1)$的正方形图像子区，在变形后的目标图像中通过一定的搜索方法，并按某一相关函数来进行相关计算，寻找与参考图像子区的相关系数$C_{f,g}(\boldsymbol{p})$为最大值或最小值（取决于所选择的相关函数）的以(x', y')为中心的目标图像子区以确定所求点(x,y)的位移 u、v。因此，参考图像子区和目标图像子区之间的相关系数是待求变形参数矢量 $\boldsymbol{p}$ 的函数：

$$C_{f,g}(\boldsymbol{p}) = \mathrm{Corr}\{f(x,y), g(x',y')\} \tag{16-1}$$

式中，$f(x,y)$ 是参考图像子区中坐标为(x,y)点的灰度；$g(x',y')$ 是目标图像子区中对应点(x',y')的灰度；Corr 是描述 $f(x,y)$和 $g(x',y')$在某种相似程度上的函数（相关函数有多种数学形式，在 16.3 节中将详细讨论相关函数的选择问题）。

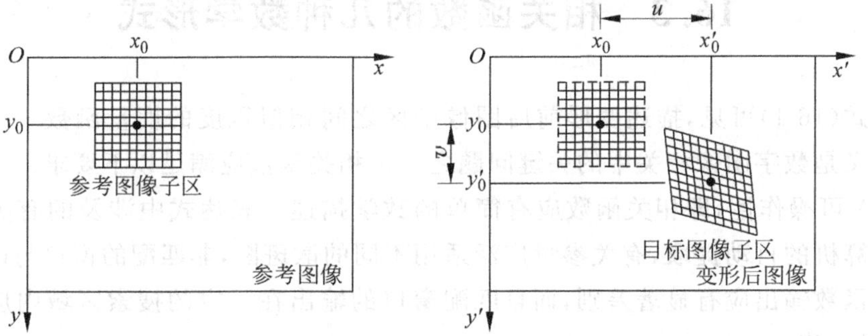

图 16-2 二维数字图像相关方法基本原理示意图

16.2.3 整像素位移算法

数字图像相关方法在实际应用中通常分两步进行：首先通过相关搜索获得整像素的位移，然后再对其进行亚像素位移测量。整像素位移的获得也有两种方法。

(1) 在空域进行，此处不再赘述。

(2) 在频域进行。

在数字图像处理中，图像的相关也常用频域分析方法进行。频域分析方法中定义二维函数 $f(x,y)$和 $g(x',y')$的互相关(cross correlation)函数为

$$\begin{aligned} C_{fg}(x,y) &= f(x,y) \circ g(x',y') \\ &= \iint_{-\infty}^{+\infty} g(\xi,\eta)h(x+\xi, y+\eta)\,\mathrm{d}x\mathrm{d}y \end{aligned} \tag{16-2}$$

式中，∘运算符表示相关运算。式(16-2)的离散化形式为

$$C_{fg}(x,y)=f_c(x,y)\circ g_c(x',y')=\sum_{u=-M}^{M}\sum_{v=-M}^{M}f_c(x,y)g_c(x',y') \tag{16-3}$$

其中，$f_c(x,y)$和$g_c(x',y')$是$f(x,y)$和$g(x',y')$对应的离散化函数，并且假定都是周期函数，其两个方向的周期分别是$2M+1$。式(16-3)的计算可以直接在空域中进行，但在频域中计算则更为有效。设$f_c(x,y)$、$g_c(x,y)$的快速离散傅里叶变换为$F_c(u,v)$和$G_c(u,v)$，由傅里叶分析中的相关定理可知

$$f_c(x,y)\circ g_c(x,y)\Leftrightarrow F_c(u,v)G_c^*(u,v) \tag{16-4}$$

此处 * 表示复共轭。上式表明，空域上的相关等价于频域上的共轭相乘。在频域中式(16-4)的计算可以通过两次 FFT 运算和一次 FFT 逆运算完成。虽然频率域相关方法速度较快，但是对于图像子区变形和转动较敏感，因此在实验固体力学中常用的是空域数字图像相关方法。

16.3 相关函数的几种数学形式

由式(16-1)可见，描述变形前后图像子区之间相似程度的度量函数——相关函数的定义是数字图像相关中的关键问题之一。相关函数应满足以下要求。

(1) 可操作性，即相关函数应有简单的数学描述。表达式中涉及的有关物理量易于计算机的自动提取，有关参量广泛适用不同的散斑图，非匹配的窗口与匹配窗口的相关函数输出应有显著差别，而且匹配窗口的输出在一定的搜索区域内应为最大值(或最小值)。

(2) 可靠性。尽管由散斑场本身决定了各样本间均应存在一定的差别，但由于经过了摄像设备的空间离散化抽样和采集系统的有限级灰度量化，不同样本间可能均与模板存在一定程度的相似。因而相关识别存在一定的错误概率。相关函数应对数字样本的细微差别足够敏感，从而拥有较大的搜索成功概率。

(3) 抗干扰性。变形前后的散斑图可能有照明条件引起的灰度分布的微小变化，图像摄入系统也存在着电子噪声。好的相关函数应能容忍这些因素的存在，仍保持较稳定的输出。

(4) 较小的计算量，数字相关法是一种全场的测量技术，需进行许多点的相关搜索，相关函数占据了所有计算量的绝大部分。因此，相关函数的计算量决定了相关识别的测量速度。

在众多相关的文献中，与数字图像相关的最常用的相关函数的定义形式主要有以下几种。

(1) 标准化相关函数：

$$C(u,v)=\frac{\sum_{x=-M}^{M}\sum_{y=-M}^{M}[f(x,y)g(x+u,y+v)]}{\sqrt{\sum_{x=-M}^{M}\sum_{y=-M}^{M}f(x,y)^2}\sqrt{\sum_{x=-M}^{M}\sum_{y=-M}^{M}g(x+u,y+v)^2}} \tag{16-5}$$

标准化相关法用相关窗口内的灰度平方和来对直接相关法得到的相关系数作归一化，使 $C(u,v)$ 的取值范围为[0,1]。通过相关函数最大值，可以确定两函数的相似程度。当两函数具有相同特征时，相关函数最大值通常应该大于0.8，当最大相关函数值小于0.6时，可认为搜索到的目标是可疑的，或目标受到较大的干扰。因此标准化相关法不但给定了目标的位置，也给出了目标的可信度。

(2) 标准化协方差相关函数：

$$C(u,v)=\frac{\sum_{x=-M}^{M}\sum_{y=-M}^{M}[f(x,y)-f_{\mathrm{m}}][g(x+u,y+v)-g_{\mathrm{m}}]}{\sqrt{\sum_{x=-M}^{M}\sum_{y=-M}^{M}[f(x,y)-f_{\mathrm{m}}]^2}\sqrt{\sum_{x=-M}^{M}\sum_{y=-M}^{M}[g(x+u,y+v)-g_{\mathrm{m}}]^2}} \tag{16-6}$$

标准化协方差相关法是利用两个相关函数的均方差来对协方差相关函数作归一化，相关函数 $C(u,v)$ 的取值范围为[−1,1]。当两个函数完全一致时，相关系数为1；完全不一致时，相关系数为0；完全相反时，相关系数为−1。由于方差归一化相关法是标准化的协方差函数，因此其具有对灰度线性变换的不变性。详细证明如下。

证 对相关目标的灰度作如下的线性变换：

$$g'(x',y')=a\times g(x',y')+b \tag{16-7}$$

则对图像 $g'(x',y')$ 作相关运算所得的相关系数为

$$\begin{aligned}
C'(x',y')&=\frac{\sum_{i=-M}^{M}\sum_{j=-M}^{M}[f(x_i,y_j)-\bar{f}][ag(x',y')+b-a\bar{g}-b]}{\left\{\sum_{i=-M}^{M}\sum_{j=-M}^{M}[f(x_i,y_j)-\bar{f}]^2\sum_{i=-M}^{M}\sum_{j=-M}^{M}[ag(x',y')+b-a\bar{g}-b]^2\right\}^{\frac{1}{2}}}\\
&=\frac{a\sum_{i=-M}^{M}\sum_{j=-M}^{M}[f(x_i,y_j)-\bar{f}]\sum_{i=-M}^{M}\sum_{j=-M}^{M}[g(x'_i,y'_j)-\bar{g}]}{a\left\{\sum_{i=-M}^{M}\sum_{j=-M}^{M}[f(x_i,y_j)-\bar{f}]^2\sum_{i=-M}^{M}\sum_{j=-M}^{M}[g(x'_i,y'_j)-\bar{g}]^2\right\}^{\frac{1}{2}}}\\
&=C(x',y')
\end{aligned}$$

对于目标和模板图像之间存在线性畸变的情况，标准化协方差相关函数仍能较好地评价它们之间的相似程度。而且该相关法能起到突出特征变化的效果，使得相关系数矩阵呈现明显的单峰分布，峰顶形状更尖锐。因此，该相关函数在实际中应用较多。

(3) 最小平方距离相关函数，其取值范围为[0,+∞]：

$$C(u,v)=\sum_{x=-M}^{M}\sum_{y=-M}^{M}[f(x,y)-g(x+u,y+v)]^2 \tag{16-8}$$

关于相关函数的选取，有兴趣的读者可以参阅 Tong W. 2005 年在 Strain 上发表的论文，第 2 篇参考文献[52]。

16.4 提高数字图像相关法中计算速度的方法

16.4.1 粗-细(金字塔)搜索法

为减少整像素相关计算的计算量，可以先对目标图像子区进行粗略的定位，然后逐步进行精确定位，直到获得所需要的定位精度为止。一种方法是：对原始图像的一个 2×2 或 3×3 区域进行平均得到一个像素，从而形成第二级图像，再在第二级图像的基础上用类似的方法构成第三级图像，依次类推。在相关运算时，首先在比较小的图像上定出目标的粗略位置，然后在上一级图像中精确定位，最后在原始图像上定位(注意：相关计算的图像子区要作相应的缩小和放大处理)。这样就实现了由粗到细的相关搜索定位。由于这些图像叠置起来很像古埃及的金字塔，因此这种算法又称金字塔搜索法。

粗-细搜索法的另一种算法形式是：先对整个搜索区域采用大步长来进行相关运算，找到相关函数的极大值后，再以此极大值为中心缩小相关搜索区域和步长进行相关计算。重复上述过程，直到在最小步长的相关系数矩阵中确定极大值点。

16.4.2 邻近域搜索法

当通过相关搜索的方法准确确定参考图像中的第一个计算点 P 在变形后图像中的对应点 P'后，对于参考图像中第一个计算点的相邻计算点 Q，在变形后图像中搜索时不必重新进行遍历全图的搜索。根据变形的连续性假设，只要在第一点变形后位置 P'附近的一个较小的区域内(如图 16-3 中虚线方框所示)搜索即可，这样只有第一点需要在全场搜索，其余点都可以在一个较小范围内搜索，因此大大节省了搜索时间。

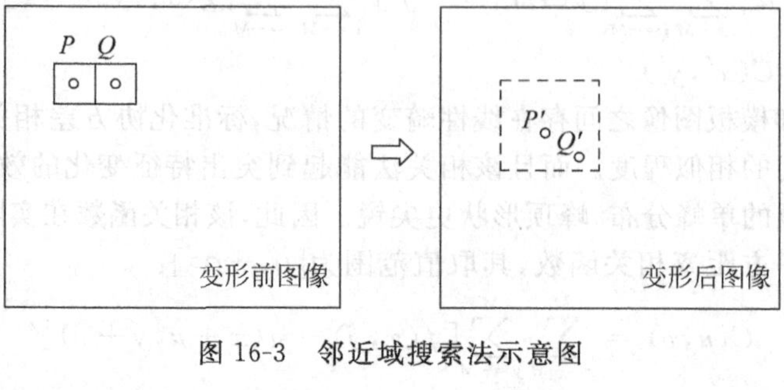

图 16-3 邻近域搜索法示意图

16.5 数字图像相关中的亚像素位移测量算法

由于数字图像记录的是离散的灰度信息，无论利用前面如何定义的相关函数进行相关搜索时窗口的平移都只能以整像素为单位来进行，因此整像素相关搜索所能获得的位移 u、v 只能是像素的整数倍。但是实际的位移值一般不恰好为整像素，而且整像素位移的定位精度在实际应用中也是远远不够的。由此可见，提高位移测量精度的亚像素位移测量算法也是数字图像相关中的关键技术之一。

为提高数字图像相关方法的测量精度，可以采取的方法主要有：①提高 CCD 的分辨率。在测量视场一定的条件下，提高光学测量系统精度最直接的方法就是提高 CCD 的分辨率，即增加像素点阵数。但是 CCD 的分辨率是有限的，这种提高硬件分辨率的代价也是相当昂贵的。如将常用的 512×512 的 CCD 提高到 1024×1024 的 CCD，价格上要相差几倍，甚至几十倍，并且在图像传输速度和图像存储容量方面都大大增加了对系统的要求。总之，通过提高硬件分辨率的方法来提高测量精度是不经济和有限制的。②可采用放大倍数更高的光学成像系统，但此时会相应地减小可测量的面积。③众多学者提出的各种亚像素位移定位方法。近 20 年来，在光测数字图像处理领域，许多研究人员试图通过利用软件处理的方法来解决图像中目标的高精度定位问题。如果能用软件方法将图像上的特征目标定位在亚像素级别，就相当于提高了测量系统的精度。例如，当算法的精度为 0.1 个像素，就相当于测量系统的硬件分辨率提高了 10 倍。因此，对图像中目标进行高精度的定位就成为提高光学测量系统测量精度的最重要的环节之一。这种亚像素定位技术具有十分重要的理论意义和实践意义，也是光测数字图像处理的重要特色技术之一。下面介绍数字图像相关方法中几种常用的亚像素位移测量算法，关于亚像素位移测量算法性能的评价可参考第 2 篇参考文献。

16.5.1 相关搜索的亚像素插值法

在整像素位移搜索时，通常是以一个像素为步长来移动模板子区的中心位置，从而来计算各个位置上的相关系数，找到相关系数取最大值的位置来获得位移信息的。同样，如果将步长改为 0.1 个像素，那么就得到 0.1 个像素量级的搜索精度；如果将步长改为 0.01 个像素，就得到 0.01 个像素量级的搜索精度。这里，我们假设步长为 0.01 个像素。

这样，首先需要做的就是得出每 0.01 像素上的灰度值。这就需要对离散灰度进行插值运算。一般来说有双线性插值(bilinear interpolation)、拉格朗日插值，和双三次样条插值(bicubic spline interpolation)。双线性插值又称为一阶插值算法，灰度值连续，灰度的一阶导数不连续。拉格朗日插值和双三次样条插值为高阶插值算法，灰度的一阶、二阶导数连续。由于这里我们需要的只是插值出亚像素上的灰度值，对灰度的导数并不关心，所以只需要用双线性插值就可以满足要求。如果用拉格朗日插值或者双三次样条插值，对于精度的提高并不明显，反而会大大提高运算量。

非整像素点(x, y)的灰度值可用双线性插值方法近似得到，假设(x, y)点在邻近的四个像素点(i, j)、$(i+1, j)$、$(i, j+1)$、$(i+1, j+1)$之间。亚像素点(x, y)上灰度值的双线性插值为

$$g(x,y) = A_{00} + A_{10}\alpha + A_{01}\beta + A_{11}\alpha\beta \tag{16-9}$$

式中

$$A_{00} = g(i,j)$$
$$A_{10} = g(i+1,j) - g(i,j)$$
$$A_{01} = g(i,j+1) - g(i,j)$$
$$A_{11} = g(i+1,j+1) + g(i,j) - g(i,j+1) - g(i+1,j)$$

这里α、β分别为(x, y)点到(i, j)点距离的水平、垂直分量。双线性插值示意图如图 16-4 所示。

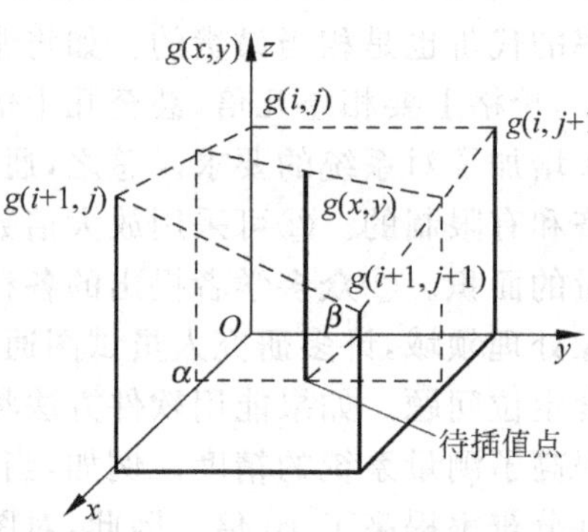

图 16-4 灰度的双线性插值示意图

实际计算中，通常选择整像素相关搜索得出的位置周围 8 个像素内的范围作为相关子区(模板)中心的搜索范围。中心从左上角依次在 x 方向或 y 方向以 0.01 个像素为步长移动。这样总共就得到 $100\times100=10\,000$ 个相关系数，取这 10 000 个相关系数极大值所在的位置作为搜索到的目标相关子区的中心。图 16-5 是相关子区中心的搜索示意图。

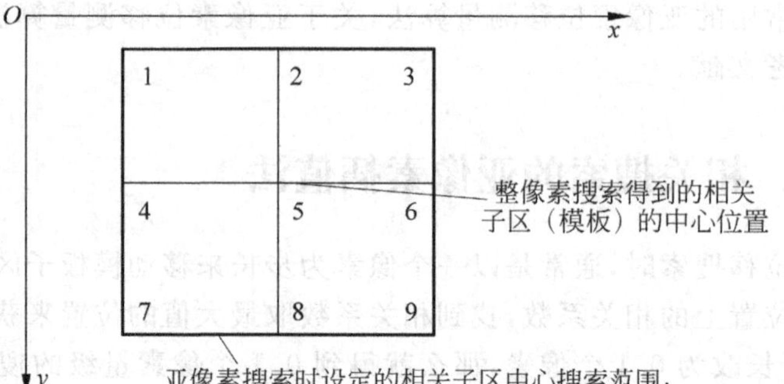

图 16-5 灰度插值搜索的中心搜索位置示意图

如果能对目标图像进行理想插值(重建)，那么理论上的相关定位精度取决于搜索步长的大小。但是由于图像中各种噪声和插值算法误差的影响，当步长小到一定的程度后，得到的定位精度是没有意义的。实验表明步长取 0.01 个像素即可。在理

想情况下，这种亚像素定位精度为0.02～0.1个像素。

该方法计算量大（虽然采用一些快速相关搜索方法可在一定程度上减小计算量），但是效果并不理想。这是因为通过灰度插值方法重构近似连续的散斑图像灰度场与真实的情况有很大的差别，且由于各种噪声的影响，其获得的精度有限，实际上该方法现在已很少采用。

16.5.2　曲面拟合、插值法求解亚像素位移

图16-6显示了整像素位移相关的搜索结果及其相邻8个点的相关系数矩阵。对于该相关系数矩阵可以将其拟合或插值为连续曲面，然后求出该曲面的极值点作为亚像素位移的求解结果。

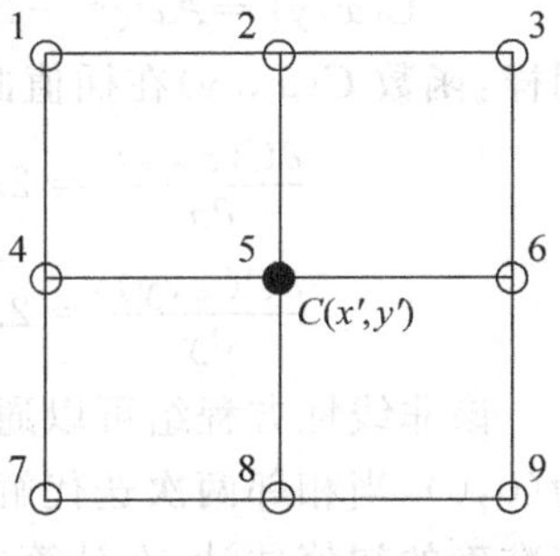

图16-6　整像素位移搜索结果及其相邻8个点

常用的曲面拟合方法有高斯函数拟合和二次多项式拟合。对于相关系数曲面较平缓的情况，高斯拟合不仅需要较大的拟合窗口，而且可能产生较大的误差，因此实际中多采用二元二次多项式来拟合相关函数曲面。对整像素位移搜索到的(x',y')周围各点的相关系数，都可用下面的二元二次函数表示：

$$C(x_i,y_j)=a_0+a_1x_i+a_2y_j+a_3x_i^2+a_4x_iy_j+a_5y_j^2 \tag{16-10}$$

对于$n\times n$（n通常取3、4或5）的拟合窗口就有$n\times n$个式(16-10)，因此可以用最小二乘法来求解二次曲面的待定系数$a_0,a_1,\cdots,a_5$。对3×3的拟合窗口上式也可以写成下面的矩阵形式：

$$\begin{bmatrix}
\sum_{i=1}^{9}1 & \sum_{i=1}^{9}x_i & \sum_{i=1}^{9}y_i & \sum_{i=1}^{9}x_i^2 & \sum_{i=1}^{9}x_iy_i & \sum_{i=1}^{9}y_i^2 \\
\sum_{i=1}^{9}x_i & \sum_{i=1}^{9}x_i^2 & \sum_{i=1}^{9}x_iy_i & \sum_{i=1}^{9}x_i^3 & \sum_{i=1}^{9}x_i^2y_i & \sum_{i=1}^{9}x_iy_i^2 \\
\sum_{i=1}^{9}y_i & \sum_{i=1}^{9}x_iy_i & \sum_{i=1}^{9}y_i^2 & \sum_{i=1}^{9}x_i^2y_i & \sum_{i=1}^{9}x_iy_i^2 & \sum_{i=1}^{9}y_i^3 \\
\sum_{i=1}^{9}x_i^2 & \sum_{i=1}^{9}x_i^3 & \sum_{i=1}^{9}x_i^2y_i & \sum_{i=1}^{9}x_i^4 & \sum_{i=1}^{9}x_i^3y_i & \sum_{i=1}^{9}x_i^2y_i^2 \\
\sum_{i=1}^{9}x_iy_i & \sum_{i=1}^{9}x_i^2y_i & \sum_{i=1}^{9}x_iy_i^2 & \sum_{i=1}^{9}x_i^3y_i & \sum_{i=1}^{9}x_i^2y_i^2 & \sum_{i=1}^{9}x_iy_i^3 \\
\sum_{i=1}^{9}y_i^2 & \sum_{i=1}^{9}x_iy_i^2 & \sum_{i=1}^{9}y_i^3 & \sum_{i=1}^{9}x_i^2y_i^2 & \sum_{i=1}^{9}x_iy_i^3 & \sum_{i=1}^{9}y_i^4
\end{bmatrix}\cdot\begin{bmatrix}a_0\\a_1\\a_2\\a_3\\a_4\\a_5\end{bmatrix}=\begin{bmatrix}
\sum_{i=1}^{9}C_i\\
\sum_{i=1}^{9}C_ix_i\\
\sum_{i=1}^{9}C_iy_i\\
\sum_{i=1}^{9}C_ix_i^2\\
\sum_{i=1}^{9}C_ix_iy_i\\
\sum_{i=1}^{9}C_iy_i^2
\end{bmatrix} \tag{16-11}$$

函数 $C(x,y)$ 在拟合曲面的极值点应满足以下方程组：

$$\frac{\partial C(x,y)}{\partial x} = a_1 + 2a_3 x + a_4 y = 0 \tag{16-12}$$

$$\frac{\partial C(x,y)}{\partial y} = a_2 + 2a_5 y + a_4 x = 0 \tag{16-13}$$

于是，由式(16-12)、式(16-13)就可求出拟合曲面的极值点位置：

$$x = \frac{2a_1 a_5 - a_2 a_4}{a_4^2 - 4a_3 a_5},\quad y = \frac{2a_2 a_3 - a_1 a_4}{a_4^2 - 4a_3 a_5} \tag{16-14}$$

同理，对已获得的整像素点周围 9 点的相关系数矩阵可利用拉格朗日插值法插值为以下形式的四次曲面：

$$C(x,y) = Ax^2y^2 + Bx^2y + Cx^2 + Dxy^2 + Exy + Fx + Gy^2 + Hy + I \tag{16-15}$$

同样，函数 $C(x,\ y)$ 在插值曲面的极值点应该满足以下方程组：

$$\frac{\partial C(x,y)}{\partial x} = 2Axy^2 + 2Bxy + 2Cx + Dy^2 + Ey + F = 0 \tag{16-16}$$

$$\frac{\partial C(x,y)}{\partial y} = 2Ax^2y + Bx^2 + 2Dxy + Ex + 2Gy + H = 0 \tag{16-17}$$

该非线性方程组可以通过 Newton 迭代法求出其极值点位置。迭代的初值估计为(0,0)，当相邻两次迭代解之差的绝对值小于设定阈值时迭代终止。由于使用了比较准确的初值估计，在计算中一般迭代 3～4 次即收敛。

求出变形后位置 x、y 后，就可以通过下式求出位移：

$$u = x - x_0,\quad v = y - y_0 \tag{16-18}$$

式中，x_0、y_0 分别为变形前计算子区的中心位置；u、v 分别为通过上述方法计算得出的 x、y 方向位移。

16.5.3　基于梯度的亚像素位移算法

该算法的基本思想如下：令 $f(x,y)$、$g(x',y')$ 分别表示变形前、变形后的子区图像。根据变形及数字图像的基本假设，当图像子区足够小且物体作微小位移时，则该子区可看成作近似刚体运动，此时有

$$f(x,y) = g(x',y') \tag{16-19}$$

其中

$$x' = x + u + \Delta x,\quad y' = y + v + \Delta y \tag{16-20}$$

式中，u、v 分别为原图像中所求位移点$(x,\ y)$的整像素位移；Δx、Δy 分别为与 x、y 方向整像素位移对应的亚像素位移。将式(16-20)对 Δx、Δy 进行一阶泰勒展开并舍去高阶小量，可得

$$\begin{aligned} & g(x+u+\Delta x, y+v+\Delta y) \\ = & g(x+u, y+v) + \Delta x \cdot g_x(x+u, y+v) \\ & + \Delta y \cdot g_y(x+u, y+v) \end{aligned} \tag{16-21}$$

其中，g_x、g_y 为灰度的一阶梯度，其计算方法将在本节后面讨论。

对于真实的微小位移 Δx、Δy，应使下面的最小平方距离相关函数取驻值：

$$C(\Delta x,\Delta y)=\sum_{x=-M}^{M}\sum_{y=-M}^{M}[f(x,y)-g(x+u+\Delta x,y+v+\Delta y)]^2 \tag{16-22}$$

即

$$\frac{\partial C}{\partial(\Delta x)}=0,\quad \frac{\partial C}{\partial(\Delta y)}=0 \tag{16-23}$$

经推导可得

$$\boldsymbol{\Delta}=\boldsymbol{A}^{-1}\boldsymbol{B} \tag{16-24}$$

其中

$$\left\{\begin{aligned}
\boldsymbol{A}&=\begin{bmatrix}\sum\sum\left(\frac{\partial g}{\partial x}\right)^2 & \sum\sum\frac{\partial g}{\partial x}\frac{\partial g}{\partial y}\\ \sum\sum\frac{\partial g}{\partial x}\frac{\partial g}{\partial y} & \sum\sum\left(\frac{\partial g}{\partial y}\right)^2\end{bmatrix}\\
\boldsymbol{B}&=\begin{bmatrix}\sum\sum(f-g)\frac{\partial g}{\partial x}\\ \sum\sum(f-g)\frac{\partial g}{\partial y}\end{bmatrix}\\
\boldsymbol{\Delta}&=\begin{bmatrix}\Delta x\\ \Delta y\end{bmatrix}
\end{aligned}\right. \tag{16-25}$$

由式(16-24)、式(16-25)可以看出，利用基于梯度的亚像素位移算法求解亚像素位移的关键是灰度梯度 g_x、g_y 的计算。关于不同的灰度梯度算法对亚像素位移求解精度的影响在后面第 2 篇参考文献中有详细论述。这里只引用其结论，将灰度梯度算法取为

$$g_x=\frac{1}{12}g(x-2,y)-\frac{8}{12}g(x-1,y)+\frac{8}{12}g(x+1,y)-\frac{1}{12}g(x+2,y) \tag{16-26}$$

$$g_y=\frac{1}{12}g(x,y-2)-\frac{8}{12}g(x,y-1)+\frac{8}{12}g(x,y+1)-\frac{1}{12}g(x,y+2) \tag{16-27}$$

16.5.4 Newton-Raphson 迭代法

Newton-Raphson 迭代法(简称 N-R 法)考虑了图像子区形状的变化，最初由 Bruck 等(1989 年)提出。该方法较坐标轮换法明显地减少了计算量，且可以同时获得位移和应变信息，但是需要较准确的初值估计(实际上常用整像素相关搜索结果作为迭代初始值)。该方法抛弃了对图像子区作应变为零的假设，考虑有应变存在的情况。图 16-7 为引入一阶位移梯度(应变)对该子区上任意点 $Q(x,y)$ 位移的影响的示意图。

设变形前图像子区 A 的中心点为 $P(x_0,y_0)$，$Q(x,y)$ 为中心点附近的某一点。两点坐标关系为：$\Delta x=x-x_0$；$\Delta y=y-y_0$。变形后 A 映射为图像子区 B，B 的中心点为 $P'(x_0',y_0')$，原 $Q(x,y)$ 点变为 B 子区的 $Q'(x',y')$。在前面的方法中，我们不考

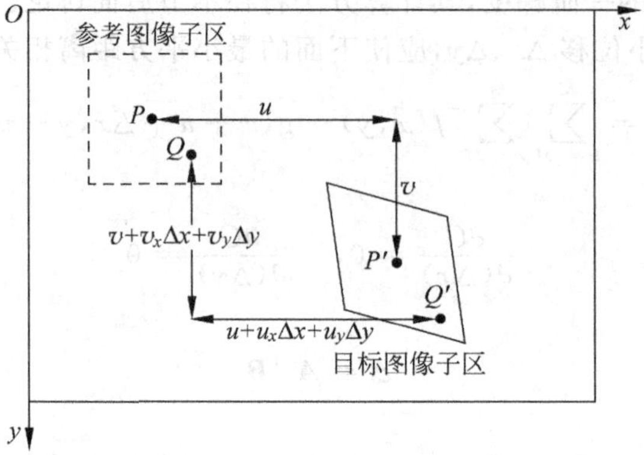

图 16-7　考虑应变影响的变形前、后图像子区

虑应变信息，即认为变形前的图像子区 A 作近似刚体平移运动，图像子区的形状不发生变化，子区内每一像素点的位移都相等。

为了改进测量方法，提高测量精度，在这里摈弃对相关子区中应变为零的假设，考虑有应变存在的情况，见图 16-7。即分别引入一阶甚至二阶位移梯度对该子区上任意点 $Q(x,y)$ 位移的影响。这样，就使本方法可以适用材料大部分的受载情况，扩大了适用范围。

对 $Q(x,y)$ 点变形后的坐标 (x',y') 函数作泰勒级数展开，如保留到位移的一阶导数项，则 $Q'(x',y')$ 的坐标表示为

$$\begin{cases} x' = x + \xi(x,y,\boldsymbol{p}) \\ y' = y + \eta(x,y,\boldsymbol{p}) \end{cases} \tag{16-28}$$

其中

$$\begin{cases} \xi(x,y,\boldsymbol{p}) = u + \dfrac{\partial u}{\partial x}x + \dfrac{\partial u}{\partial y}y \\ \eta(x,y,\boldsymbol{p}) = v + \dfrac{\partial v}{\partial x}x + \dfrac{\partial v}{\partial y}y \end{cases}$$

为描述变形后图像子区形状的形函数。

为方便计算，这里我们选用最小平方距离相关系数，当然也可以选用其他相关函数。对于离散情况，该式为

$$C(\boldsymbol{p}) = \sum_{x=-M}^{M}\sum_{y=-M}^{M}\{f(x,y) - g[x+\xi(x,y,\boldsymbol{p}), y+\eta(x,y,\boldsymbol{p})]\}^2 \tag{16-29}$$

令 $p_1=u, p_2=u_x, p_3=u_y, p_4=v, p_5=v_x, p_6=v_y$，于是这 6 个参数可以唯一地确定相关子区变形后的位置和形状，所以，相关函数 C 就是关于 $p_1, p_2, \cdots, p_6$ 6 个参数的函数。从式(16-29)可以看出相关系数 C 的取值范围是 $[0,\infty)$，当变形前后的图像子区最相似的时候，相关系数 C 取最小值。此时应该有

$$\nabla C=\left(\frac{\partial C}{\partial p_i}\right)_{i=1,2,\cdots,6}$$

$$=-2\left\{\sum_{x=-M}^{M}\sum_{y=-M}^{M}[f(x,y)-g(x',y')]\cdot\frac{\partial g(x',y')}{\partial p_i}\right\}_{i=1,2,\cdots,6}=0 \quad (16\text{-}30)$$

上式可用 Newton-Raphson 迭代法求解：

$$\nabla C(\boldsymbol{p}^{k+1})=\nabla C(\boldsymbol{p}^{k})+\nabla\nabla C(\boldsymbol{p}^{k})\cdot(\boldsymbol{p}^{k+1}-\boldsymbol{p}^{k})=0 \quad (16\text{-}31)$$

式中，$\boldsymbol{p}^0$ 代表最初的估计值；$\boldsymbol{p}^k$ 为第 k 次迭代初值；$\boldsymbol{p}^{k+1}$ 为迭代后的逼近值。$\nabla\nabla C(\boldsymbol{p})$是相关函数的二次偏导，通常被称为 Hessian 矩阵：

$$\nabla\nabla C(\boldsymbol{p})=-2\left\{\sum_{x=-M}^{M}\sum_{y=-M}^{M}[f(x,y)-g(x',y')]\cdot\frac{\partial g^2(x',y')}{\partial p_i\partial p_j}-\frac{\partial g(x',y')}{\partial p_i}\cdot\frac{\partial g(x',y')}{\partial p_j}\right\}_{\substack{i=1,2,\cdots,6\\ j=1,2,\cdots,6}} \quad (13\text{-}32)$$

根据 Vendroux 和 Knauss 的研究，我们可以对 Hessian 矩阵作近似处理。由于进行了比较准确的初值估计，也即假定找到了相关子区变形后比较准确的位置，因此，可以认为变形前后对应像素点的灰度值近似相等，即：$f(x,y)\approx g(x',y')$。这样，就得到$[f(x,y)-g(x',y')]\approx 0$，也即可以将上式复杂的前一部分忽略。于是得到

$$\sum_{x=-M}^{M}\sum_{y=-M}^{M}[f(x,y)-g(x',y')]\cdot\frac{\partial^2 g(x',y')}{\partial p_i\partial p_j}\approx 0 \quad (16\text{-}33)$$

所得到的近似 Hessian 矩阵为

$$\nabla\nabla C(\boldsymbol{p})=2\sum_{x=-M}^{M}\sum_{y=-M}^{M}\left[\frac{\partial g(x',y')}{\partial p_i}\cdot\frac{\partial g(x',y')}{\partial p_j}\right]_{\substack{i=1,2,\cdots,6\\ j=1,2,\cdots,6}} \quad (16\text{-}34)$$

因此

$$\nabla\nabla C(\boldsymbol{p}^k)\cdot(\boldsymbol{p}^{k+1}-\boldsymbol{p}^k)=-\nabla(\boldsymbol{p}^k) \quad (16\text{-}35)$$

经推导可得

$$\boldsymbol{p}^{k+1}=\boldsymbol{p}^k-\frac{\nabla(\boldsymbol{p}^k)}{\nabla\nabla C(\boldsymbol{p}^k)} \quad (16\text{-}36)$$

写成分量形式为

$$\boldsymbol{p}_i^{k+1}=\boldsymbol{p}_i^k-\frac{\left[\dfrac{\partial C}{\partial \boldsymbol{p}_l^k}\right]_{l=1,2,\cdots,6}}{\left[\dfrac{\partial^2 C}{\partial \boldsymbol{p}_m^k\partial \boldsymbol{p}_n^k}\right]_{\substack{m=1,2,\cdots,6\\ n=1,2,\cdots,6}}} \quad (16\text{-}37)$$

此时可以通过 Newton-Raphson 迭代法求解位移和变形信息。但由于(x',y')不是整像素，所以(x',y')上的灰度值 $g(x',y')$是通过整像素上的灰度值进行插值得到的。通常的做法是通过双三次样条插值方法(bicubic spline interpolation)来获得亚像素位置的灰度和灰度梯度值的。关于双三次样条插值方法详见第 2 篇参考文献。

这样,利用整像素位移搜索结果作为迭代初值,就可以进行 Newton-Raphson 迭代,迭代的收敛条件为相邻两次迭代结果的位移波动和应变波动小于设定的阈值。

近来,为避免 Newton 迭代法计算量较大的缺点及为改善 N-R 方法的收敛特性,有学者提出了另外一些优化计算方法如拟牛顿(Quisi-Newton)法,Levenburg-Marquart 方法等。但是,尽管采取各种措施使收敛速度得到提高,该方法在寻找局部最小值时仍然要耗费较多的计算时间。

16.5.5　坐标轮换法

有学者认为,如果要考虑到模板的平移、转动以及伸缩的情况,就应该引入多个参数对相关系数的影响。对于多个自变量的情况,可以采用沿不同坐标轴轮换优化的方法。例如,计算 6 个参数$\left(u、v、\frac{\partial u}{\partial x}、\frac{\partial u}{\partial y}、\frac{\partial v}{\partial x}、\frac{\partial v}{\partial y}\right)$的相关时,首先改变 u、v,并保持其余 4 个参数不变。找到使相关系数取极值的 u、v 值后,再变化另外两个参数$\left(\frac{\partial u}{\partial x}、\frac{\partial v}{\partial y}\right)$,其余 4 个参数保持不变,当找到使相关系数取极值的$\left(\frac{\partial u}{\partial x}、\frac{\partial v}{\partial y}\right)$值时,对最后两个参数$\left(\frac{\partial u}{\partial y}、\frac{\partial v}{\partial x}\right)$也进行类似的处理。

第一轮相关处理结束后,为提高相关精度可以进行多次相关处理,直至整个双参数相关两次相关系数变化小于一个指定阈值为止。对于双参数相关的情况,有些文献称之为坐标轮换法,也有些文献称之为十字搜索法。该方法较插值算法可较大地减少计算量。然而随着 Newton-Raphson 迭代法的出现,该方法已很少见之于实际应用。

16.6　全场应变场测量方法

如同其他任何一种实验测量方法一样,数字图像相关方法在实际应用中由于各种因素(如照明光强的波动、图像采集过程中的各种噪声以及程序计算中的舍入误差等)的影响,不可能完全精确地恢复真实的位移场。从可查资料中可知,各种自编或商业 DIC 软件所报道可达到的位移测量精度在±(0.02～0.1)像素之间。如果直接对位移场进行差分来计算应变,则位移场中包含的噪声将会被进一步恶性放大,从而得到不可信的应变计算结果。因此如何从含噪声的离散位移数据中准确地提取人们往往更关注的应变信息就成为该方法中的一个较为关键的问题。

需要说明的是,在数字图像相关中利用经典的 Newton-Raphson 算法可直接给出各计算点的位移梯度(应变)信息,但应变严重依赖于图像的局部灰度信息,以及 CCD 噪声、插值误差等的影响,直接得到的应变有较大的波动,研究显示仅当被测物体的应变大于1%时N-R方法的应变计算结果才是可靠的。因此有研究显示通过对原始的位移场信息平滑去噪后再通过数值差分计算会获得比N-R算法直接给出应变信息更可靠的应变计算结果。遗憾的是,利用有限元进行平滑或薄板样条来对含噪声离散位移数据进行平滑的方法,其数学形式和编程执行都显得异常复杂和烦琐,不适合于一般应用和推广。

第2篇参考文献提出了一种基于位移场逐点局部最小二乘拟合的应变估计方法,与对位移场数据先用有限元或薄板样条平滑再差分的方法相比,该方法不仅基本原理清晰、容易理解,而且非常容易编程实现。

16.7 应用实例

作为数字图像相关方法的一个典型应用实例,下面对单侧边带半圆缺口的试样(材料为GH4169高强度合金钢)在单向疲劳拉伸(加载频率10 Hz,加载幅度0~10.5 kN)作用下的全场变形进行计算。实验前试样表面先用砂纸打磨,打磨后表面出现的随机斑点可看做人工散斑(作为变形载体随试样表面一起变形),试样牢固夹持在材料力学试验机上。试样疲劳加载前后表面的图像由CCD摄像机采集(图像分辨率为768×576像素,8b灰度),变形前被测试件表面图像如图16-8(a)所示,施加疲劳载荷一定时间后试件表面图像如图16-8(b)所示。需要说明的是,在图16-8(a)中方框内为要进行相关计算的区域,而方框内的半圆形区域为要避免计算的无效区域(半圆形缺口)。

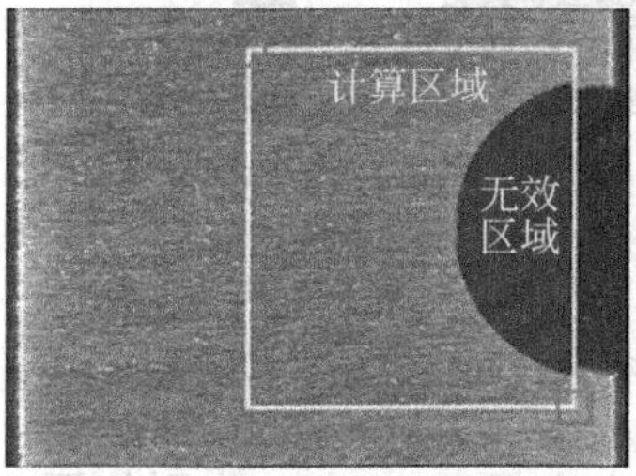

(a)

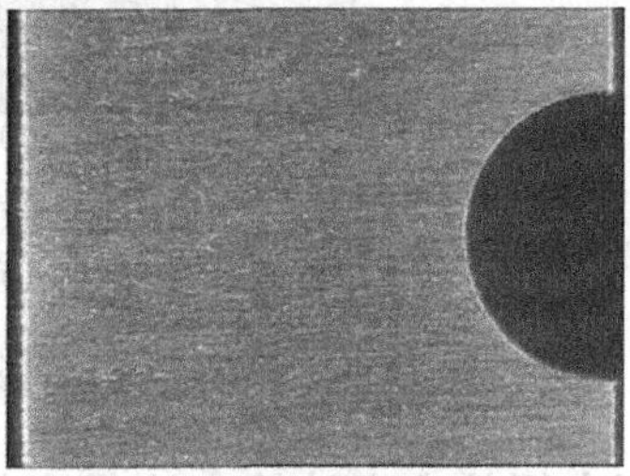

(b)

图16-8 参考图像(a)和变形后图像(b)

用Visual Basic 6.0语言编制的数字图像相关方法软件会自动对计算区域内各计算点进行相关计算(这里计算子区为41像素,相邻两个计算点的距离为5像素),当计算到已预先标定为无效区域的点时程序自动跳过这些点以避免无意义的计算。由数字图像相关方法直接计算得到的位移场(U场、V场)如图16-9所示。图16-9显示x方向的位移较小,由于各种噪声的影响其变形规律不明显。由于载荷沿y方向，因此相对而言，y 方向的变形规律清晰可见。

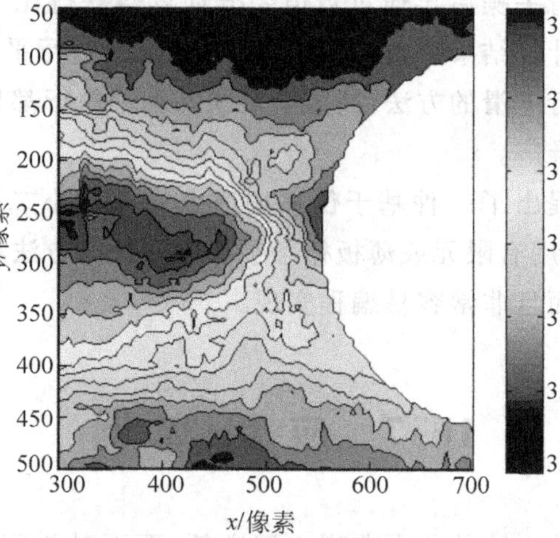

(a)

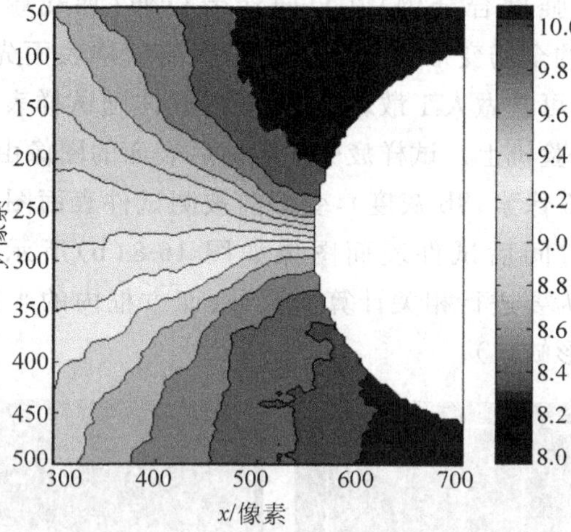

(b)

图 16-9　由 N-R 方法计算得到(a)U 和(b)V 位移场

按照前面介绍的应变计算方法得到的应变场 ε_x、ε_y、γ_{xy} 分别如图 16-10(a)、(b)和(c)所示，这里应变计算窗口大小为 21×21 点(相当于 100×100 像素大小的图像区域)。图 16-10 的计算结果显示在半圆缺口根部有明显的应力集中，且 y 方向的正应变要远大于 x 方向的正应变和剪应变，这与实际情况符合。

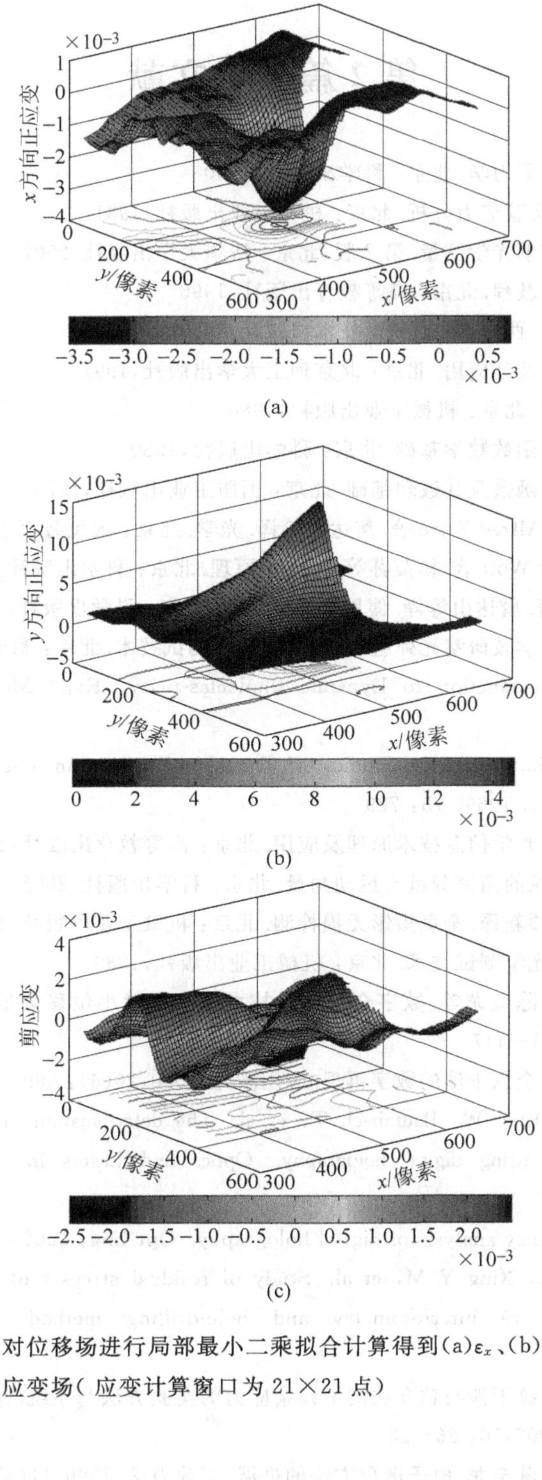

图 16-10 对位移场进行局部最小二乘拟合计算得到(a)ε_x、(b)ε_y 和(c)γ_{xy} 应变场(应变计算窗口为 21×21 点)

第2篇参考文献

[1] 戴福隆等.现代光测力学.北京：科学出版社，1990

[2] 张如一，陆耀桢.实验应力分析.北京：机械工业出版社，1981

[3] 金观昌.计算机辅助光学测量.第2版.北京：清华大学出版社，2007

[4] 赵清澄.光测力学教程.北京：高等教育出版社，1996

[5] 李景镇.光学手册.西安：陕西科学技术出版社，1986

[6] 于美文.光学全息及其应用.北京：北京理工大学出版社，1994

[7] 梁诠廷.物理光学.北京：机械工业出版社，1980

[8] 孙树本.光学传递函数数学基础.北京：科学出版社，1980

[9] 麦伟麟.光学传递函数及其数理基础.北京：国防工业出版社，1979

[10] Eugene Hecht，Alfred Zajac 著.詹达山等译.光学.北京：人民教育出版社，1981

[11] Max Born，Emil Wolt 著.杨葭荪等译.光学原理.北京：科学出版社，1981

[12] Goodman J W 著.詹达山等译.傅里叶光学导论.北京：科学出版社，1979

[13] 天津大学材料力学教研室光弹组.光弹性原理及测试技术.北京：科学出版社，1990

[14] Dally J W. Introduction to Dynamic Pholoelas-ticity. Exp. Mech.，1980，20(10)：409～416

[15] Flynn P D. Photoelasticity Studies of Dynamic Stresses in High Modulus Malerials. Journal. SMPTE，1966，75：729

[16] 陈家璧，苏显渝.光学信息技术原理及应用.北京：高等教育出版社，2002

[17] 于起峰.基于图像的精密测量与运动测量.北京：科学出版社，2002

[18] 厄尔夫 R K.王臻新译.全息摄影无损检测.北京：机械工业出版社，1982

[19] 杨国光等.现代光学测试技术.北京：机械工业出版社，1986

[20] 许欣华，许方宇，陈金龙等.数字全息计量技术及其在微小位移测量中的应用.实验力学，2004，19(4)：443～447

[21] 黄晓箐，黄献烈.全息干涉的数字再现.应用激光，2000，20(6)：269～271

[22] Seebacher S，Osten W，Baumbach T，et al. The determination of material parameters of microcomponents using digital holography. Optics and Lasers in Engineering，2001，36：103～126

[23] Kreis T. Frequency analysis of digital holography. Opt Eng，2002，41(4)：771～778

[24] Ya M，Dai F L，Xing Y M，et al. Study of residual stresses of surface nanocrystalline material by moiré interferometry and hole-drilling method. Proc. SPIE，2001，4537：317～320

[25] 亚敏，戴福隆.云纹干涉与钻孔法测量残余应力的实验方法与系统.第十届全国实验力学学术会议.长沙，2002，10：26～28

[26] 秦玉文，戴嘉彬，陈金龙.电子散斑方法的进展.实验力学，1996，11(4)：410～416

[27] Gulker G, Hinsch K. electronic speckle pattern interferometry system for in site deformation monitoring on buildings. Opt. Eng., 1990, 29: 816～820

[28] Paoletti D, Anetta P Z. Manipulation of speckle fringes for non-destructive testing of defects in composites. Optics & Laser Tech., 1994, 26(2): 99～104

[29] Sivaganthan J, Ganesan A R. study of steel weldment using electronic speckle pattern interferometry. Journal of Testing and Evaluation, 1994, 22(1): 42～44

[30] 李喜德,刘兴福,陈志.焊缝缺陷的电子散斑现场检测技术研究.光子学报,1998,27(1): 911～918

[31] Melehman, Pomarico J A. digital speckle pattern interferometry applied to a surface roughnees study. Opt. Eng., 1995, 34: 1148～1152

[32] 贾书海,乐开端,谭玉山.电子散斑测振技术进展.应用光学,1999,20(4): 41～45

[33] 戴福隆,刘杰,王国韬.云纹干涉法及其在细观力学研究中的应用.内蒙古工业大学学报,1997,16(3): 42～50

[34] 谢惠民,戴福隆,邹大庆等.高温云纹干涉的进展.光学技术,1997,(2): 22～27

[35] 方岱宁,刘战伟,谢惠民等.力电耦合载荷作用下铁电陶瓷破坏行为的云纹干涉方法研究.实验力学,2003,18(2): 156～160

[36] 戴福隆,卿新林.云纹干涉条纹倍增方法研究.力学学报,1993,25(2): 193～200

[37] Dai F L, Fang J. Polarized sgearing moiré interferometry. Opt. Commu., 1988, 65(6): 411～414

[38] 方竞,戴福隆.偏振错位全息动态云纹干涉法.力学学报,1989,21(5): 607～612

[39] 任晓辉,钟国成,戴福隆.错位云纹干涉法测量三维位移导数场.力学学报,1991,23(1): 110～115

[40] 戴福隆,尚海霞,谢惠民.SEM扫描云纹法相移技术在MEMS中的应用.实验力学,2002,17(3): 254～259

[41] Han B, Post D. Immersion interferometer for microscopic moiré interferometry. Exp. Mech., 1992, 32(1): 38～41

[42] Czarnek R. Super high sensitivity moiré interferometry with optical multiplication. Opt. and Las. in Eng., 1990, 13(2): 87～98

[43] Basehore M, Post D. Moire method for in-plane and out-plane displacement measurement. Exp. Mech., 1981, 21(9): 321～328

[44] Asundi A, Cheung M T, Lee C S. Moire interferometry for simultaneous measurement of U,V,W. Exp. Mech., 1989, 29(3): 258～260

[45] Wang Y Y, Chiang F P. New moiré interferometry for measuring three-dimensional displacement. Opt. Eng., 1994, 33(8): 2654～2658

[46] Creath K. Phase-shifting speckle-pattern interferometry. Appl. Opt., 1985, 24:3053～3058

[47] Read D T. Young's modulus of thin films by speckle interferometry. Meas. Sci. Technol., 1998, 9: 676～685

[48] Huimin X, Fulong D, Haiqiang Y, et al. A study on the nanometer grid method with the

scanning tunneling microscope. Experimental Techniques, 1998, 22(4): 23～25

[49] Xie H M, Dietz P, Dai F L, et al. A study on the creep deformation of high temperature pipeline using the Moire method. International Journal of Pressure Vessels and Piping, 1997, 71(3): 219～223

[50] Xie H M, Li B, Geer R, et al. Focused ion beam Moire method. Optics and Lasers in Engineering, 2003, 40(3): 163～177

[51] 潘兵,谢惠民,续伯钦,戴福隆.用于物体表面形貌和变形测量的三维数字图像相关方法.实验力学,2007,22(6): 556～567

[52] Tong W. An evaluation of digital image correlation criteria for strain mapping applications. Strain, 2005, 41: 167～175

[53] 潘兵,谢惠民,续伯钦,戴福隆.数字图像相关中的亚像素位移定位算法进展.力学进展,2005,35(3): 345～352

[54] Pan B, Xie H M, Xu B Q, et al. Performance of sub-pixel registration algorithms in digital image correlation. Measurement Science & Technology, 2006, 17(6): 1615～1621

[55] 潘兵,谢惠民,戴福隆.数字图像相关方法中的亚像素位移测量算法研究.力学学报,2007,29(2): 245～252

[56] 潘兵,续伯钦,李克景.梯度算子选择对基于梯度的亚像素位移算法的影响.光学技术,2005,1: 26～31

[57] Lu H, Cary P D. Deformation Measurement by Digital Image Correlation: Implementation of a Second-order Displacement Gradient. Experimental Mechanics, 2000, 40(4): 393～400

[58] Wang H W, Kang Y L. Improved digital speckle correlation method and its application in fracture analysis of metallic foil. Opt. Eng, 41(11): 2793～2798

[59] 芮嘉白,金观昌.一种新的数字散斑相关方法及其应用,力学学报,1994,26(5): 599～607

[60] Pan B, Xie H M, Guo Z Q, et al. Full-field strain measurement using two-dimensional Savitzky-Golay digital differentiator in digital image correlation. Optical Engineering, 2007, 3: 033601

[61] 潘兵,谢惠民.数字图像相关中基于位移场局部最小二乘拟合的全场应变测量.光学学报,2007,27(11): 1980～1986

[62] Smith B W, LI Pa X, Tong W. Error Assessment for Strain Mapping by Digital Image Correlation. Experimental Techniques, 1998, July/August: 19～21

[63] 潘兵,谢惠民,续伯钦,戴福隆.应用数字图像相关方法测量缺陷试样的全场变形.实验力学,2007,3～4: 379～384